高等职业院校机电类“十二五”规划教材

机械制图

（第二版）

主　编　王　岩　赵　胤
副主编　赵　晶　刘文娟

内容简介

本书是为了适应高等职业教育的培养目标和教育特点，遵循"以必须、够用为度"和"强化应用、培养技能"的原则，按高职高专机电类教学指导委员会审定的《机械制图教学大纲》编写的，突出高职高专教育特色，在教学内容、形式、选材等方面对教材进行了调整、取舍和补充。本教材共分12章另加附录，内容主要包括：制图的基础知识与技能，正投影原理，基本体的投影，轴测投影图，组合体的视图，机件常用表达方法，标准件与常用件，零件图，装配图，焊接图，计算机辅助绘图（AutoCAD）等。力求完全符合与机械制图相关的国家标准规定。教材中增加了立体图例和细化解题步骤图例，以利于学生阅读和理解。在计算机绘图一章中，除介绍计算机绘图基本知识外，重点介绍常用绘图软件AutoCAD的使用特点和使用范围，并作一些绘图实例演示，以扩大学生知识面。本书理论与实践紧密结合，将"专业知识"和"操作技能"有机地融为一体，内容与本课程基本要求相比略有增加，给学生提供更多的学习空间。

本书是高职高专机电类规划教材。主要作为高职院校机类、近机类各专业机械制图课程的教材，同时编写了《机械制图习题集》与本教材配套使用。

图书在版编目（CIP）数据
机械制图/王岩，赵胤主编．—2版．—西安：西安交通大学出版社，2013.8
ISBN 978-7-5605-5612-3

Ⅰ.①机… Ⅱ.①王…②赵… Ⅲ.①机械制图-高等学校-教材 Ⅳ.TH126

中国版本图书馆CIP数据核字(2013)第196842号

书　　名　机械制图（第二版）
主　　编　王　岩　赵　胤
责任编辑　雷萧屹

出版发行　西安交通大学出版社
（西安市兴庆南路10号　邮政编码710049）
网　　址　http://www.xjtupress.com
电　　话　(029)82668357　82667874(发行中心)
(029)82668315　82669096(总编办)
传　　真　(029)82668280
印　　刷　西安明瑞印务有限公司

开　　本　787mm×1092mm　1/16　**印张** 21.125　**字数** 516千字
版次印次　2013年8月第2版　2013年8月第1次印刷
书　　号　ISBN 978-7-5605-5612-3/TH·95
定　　价　39.00元

读者购书、书店添货、如发现印装质量问题，请与本社发行中心联系、调换。
订购热线：(029)82665248　(029)82665249
投稿热线：(029)82664954
读者信箱：jdlgy@yahoo.cn

前　言

本教材是根据教育部“高职高专教育专业人才培养目标及规格”的要求，对高等职业教育机械类或近机械类专业的人才培养模式及教学内容体系改革进行调研和分析后，汲取高等职业教育在探索培养技术应用型专门人才方面的成功经验和教学成果的基础上，依据高职高专“机械制图教学基本要求”编写的。我们同时还编写了《机械制图习题集》与本教材配套使用。

本书在编写过程中，除认真总结和充分吸取各校近年来的教改经验和成果外，还力求反映情景教学和案例教学。

本书主要有以下特点：

1.贯彻基础理论教育以应用为目的的原则，教材内容的选择，力求体现高职特色。

2.为适应计算机绘图能力培养，结合 AutoCAD 2007 职业技能考证体系，通过案例教学形式，编写了计算机绘图知识。

3.难易程度适中，适当降低了截交线、相贯线的求解及画法难度，以工程应用为实例，以形体分析、规定画法、简化画法为主，针对性强、实用性强。

4.加强实践动手锻炼能力，培养学生分析问题和解决实际工程绘图问题的能力。教材中对实物测绘和徒手画图绘制草图方法进行了详细讲解。

5.全书文字精炼，语言通俗，图例讲解细腻，插图清晰，资料标准新，力求结合生产实际需要。

参加本书编写的人员有：主编辽宁机电职业技术学院王岩（第1、2、3章）、辽宁机电职业技术学院赵胤（第4、5、6、9章）；副主编辽宁地质工程职业学院赵晶（第7、10章及附录）、辽宁机电职业技术学院刘文娟（第12章1～9节）；杨凌职业技术学院（第11章）、陕西航空职业技术学院王晓辉（第8章），赵华（第12章10、11节）。

本书主要作为机械类、近机械类高职高专制图类教材，也可供有关工程技术人员参考。

尽管我们在编写过程中作出许多努力，但由于编者水平有限，书中内容难免有疏漏之处，恳请使用本书的广大师生及读者批评指正，并将意见和建议及时反馈给我们，以便在教材修订时加以改进。

编　者

2013年6月

目　录

绪　论 …… (1)
第 1 章　制图基础知识与技能 …… (3)
1.1　国家标准《技术制图与机械制图》的一般规定 …… (3)
1.2　绘图工具的使用方法 …… (10)
1.3　尺寸标注 …… (13)
1.4　几何作图 …… (16)
1.5　平面图形的画法 …… (19)
第 2 章　投影基础 …… (24)
2.1　投影法的基本知识 …… (24)
2.2　物体的三视图 …… (26)
2.3　点的投影 …… (29)
2.4　直线的投影 …… (31)
2.5　平面的投影 …… (37)
第 3 章　基本几何体的投影 …… (43)
3.1　平面立体的投影及其表面取点 …… (43)
3.2　曲面立体的投影及其表面取点 …… (46)
第 4 章　轴测投影图 …… (52)
4.1　轴测图的基本知识 …… (52)
4.2　正等测轴测图 …… (53)
4.3　斜二测轴测图 …… (58)
4.4　组合体的轴测图 …… (60)
第 5 章　立体表面的交线 …… (65)
5.1　截交线 …… (65)
5.2　相贯线 …… (75)
第 6 章　组合体 …… (83)
6.1　组合体及形体分析法 …… (83)
6.2　组合体的三视图画法 …… (85)
6.3　组合体的尺寸标注 …… (88)
6.4　读组合体三视图 …… (92)
第 7 章　机件的表示法 …… (100)
7.1　视图 …… (100)
7.2　剖视图的形成及其对应关系 …… (104)
7.3　断面图 …… (113)
7.4　局部放大图和简化画法 …… (115)
7.5　读剖视图 …… (118)
7.6　第三角画法简介 …… (120)

第 8 章　标准件和常用件 …………………………………………………………………………… (123)
8.1　螺纹……………………………………………………………………………………… (123)
8.2　螺纹紧固件………………………………………………………………………………… (130)
8.3　齿轮……………………………………………………………………………………… (135)
8.4　键、销连接 ………………………………………………………………………………… (141)
8.5　滚动轴承…………………………………………………………………………………… (143)
8.6　弹簧……………………………………………………………………………………… (147)
第 9 章　零件图 …………………………………………………………………………………… (150)
9.1　零件图的内容……………………………………………………………………………… (150)
9.2　零件上常见的工艺结构…………………………………………………………………… (152)
9.3　零件图的视图选择………………………………………………………………………… (157)
9.4　零件图上的尺寸标注……………………………………………………………………… (159)
9.5　零件图上的技术要求……………………………………………………………………… (167)
9.6　常见典型零件分析………………………………………………………………………… (183)
9.7　读零件图…………………………………………………………………………………… (190)
9.8　零件测绘…………………………………………………………………………………… (194)
本章小结 ……………………………………………………………………………………… (198)
第 10 章　装配图 ………………………………………………………………………………… (199)
10.1　装配图概述 ……………………………………………………………………………… (199)
10.2　装配图的规定画法和特殊画法 ………………………………………………………… (201)
10.3　装配图上的尺寸标注和技术要求 ……………………………………………………… (203)
10.4　装配结构的合理性简介 ………………………………………………………………… (204)
10.5　装配图中零部件的序号和明细栏 ……………………………………………………… (206)
10.6　读装配图和由装配图拆画零件图 ……………………………………………………… (208)
第 11 章　展开图与焊接图 ……………………………………………………………………… (213)
11.1　展开图 …………………………………………………………………………………… (213)
11.2　焊接图 …………………………………………………………………………………… (216)
第 12 章　AutoCAD 2007 基础知识 …………………………………………………………… (221)
12.1　AutoCAD 2007 基础操作 ……………………………………………………………… (221)
12.2　绘图环境设置及辅助功能介绍 ………………………………………………………… (229)
12.3　基本绘图命令使用 ……………………………………………………………………… (239)
12.4　基本编辑命令使用 ……………………………………………………………………… (250)
12.5　绘制与编辑复杂图形常用命令 ………………………………………………………… (262)
12.6　对象特性设置及图块创建和使用 ……………………………………………………… (268)
12.7　创建文字 ………………………………………………………………………………… (275)
12.8　尺寸标注 ………………………………………………………………………………… (282)
12.9　创建三维实体 …………………………………………………………………………… (292)
12.10　编辑三维实体…………………………………………………………………………… (300)
12.11　图形打印输出…………………………………………………………………………… (304)
附表……………………………………………………………………………………………… (309)

绪　论

1. 课程研究对象

在工程界，根据投影原理、标准或有关规定，表示工程对象，并有必要的技术说明的图，称为图样。图样是人们表达设计思想、传递设计信息、交流创新构思的重要工具之一。它在描述物体形状、大小、精度等性质方面，具有语言和文字无法相比的形象、直观之优势。图 0-1 是机械设计与制造的流程图。该图可以看出，图样是产品设计与制造过程中不可缺少的技术资料。从产品开发、构思草图、设计规划到装配图、零件图、加工工序图等各个阶段都离不开图样。

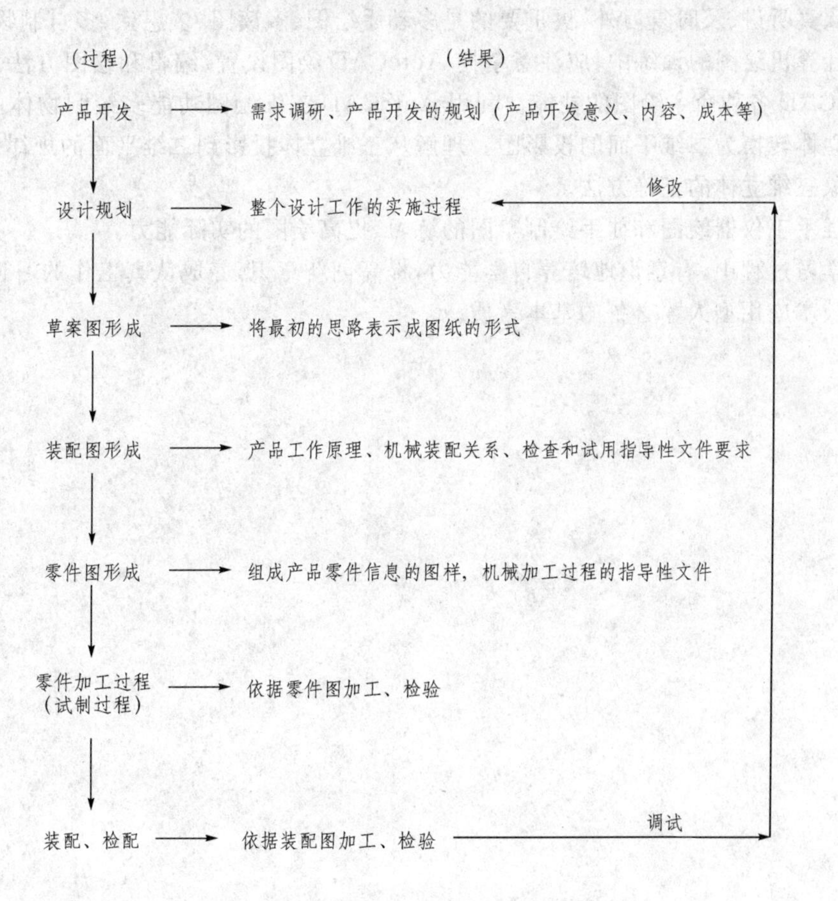

图 0-1　机械设计与制造的流程图

由上图可以看出，图样在设计阶段可以表达设计意图，在加工和检验时又是重要的依据。因此工程技术图样被称为工程界共同的技术语言，作为工程技术人员必须要很好地掌握它。

本课程是一门用来研究设计、绘制和阅读工程图样原理与方法的技术基础课。它的目的就是培养学生掌握制图学的基本原理，运用手工绘图和计算机绘图等手段，表达工程设计思想的能力与创造性地实施工程设计方案的能力。

2. 本课程的主要任务

①掌握应用正投影法,图示空间物体的基本理论与方法。

②培养学生三维空间思维和设计构形能力,为培养创新人材打下基础。

③培养学生计算机绘图、徒手绘制草图、手工仪器绘图的综合能力和阅读工程图样的能力。

④培养学生掌握和贯彻国家标准的有关规定,并能熟练地查阅工程图样中常用的国家标准。

⑤培养学生一丝不苟的工作作风和严谨的工作态度。

3. 本课程的学习方法

①本课程是一门实践性较强的课程。在学习投影理论的同时,应当注意分析物体模型、零件、部件的形状与结构特点,积累对物体的感性认识,总结它们的投影规律。

②除认真听讲、及时复习外,更重要的是多动手绘图、多读图、多想象、多自制物体模型。

③在计算机绘图的训练中,应注意掌握 AutoCAD 绘图设置、编辑和绘图方法。不断提高应用 AutoCAD 各种命令绘图的技能。利用 AutoCAD 三维绘图功能多绘制物体的三维图以及由三维立体转换为二维平面的投影图。理解从三维立体投影到二维平面的规律。掌握从工程图形想象三维立体的正确方法。

④加强手工仪器绘图和徒手绘制草图的练习,提高绘图的实际能力。

⑤在学习过程中,有意识地培养自学能力,提高创新意识,养成认真工作的习惯。这是 21 世纪工程技术应用型人才必备的基本素质。

第1章 制图基础知识与技能

图样是设计和生产中重要的技术资料。为便于组织生产、管理和技术交流，对于图样的画法、尺寸标注、技术要求及使用的符号等都需要作出统一的技术规定。为此，国家技术监督局和标准局发布实施了一系列有关制图的国家标准(简称“国标”)。它是各部门从事设计和生产时都必须严格遵守的技术标准。

本章从画图的技能方面着手，简要介绍国家标准《技术制图与机械制图》有关图纸幅面、比例、字体、图线和尺寸标准的一般规定；并介绍绘图仪器、工具及其使用方法，常用几何作图方法及平面图形的分析与绘图等内容。

1.1 国家标准《技术制图与机械制图》的一般规定

国家标准简称“国标”，用代号“GB”表示。代号“GB/T”则表示推荐使用的国家标准。“GB/T”后面的数字是该标准的编号，“—”后边的数字代表该标准颁布的年份。

1.1.1 图纸的幅面与格式(GB/T 14689—1993)

1. 图纸的幅面

为了便于图样的绘制、使用和管理，机件的图样均应画在具有一定格式和幅面的图纸上。因此有必要对图样的格式、画法、尺寸注法等作出统一的规定，这些规定就是有关制图的国家标准。

根据 GB/T14689—1993 的规定，绘制图样时优先采用表1-1所规定的5种基本幅面。

如果图纸幅面长和宽需要加长，选择加长的比例为短边的整数倍，如图1-1所示。

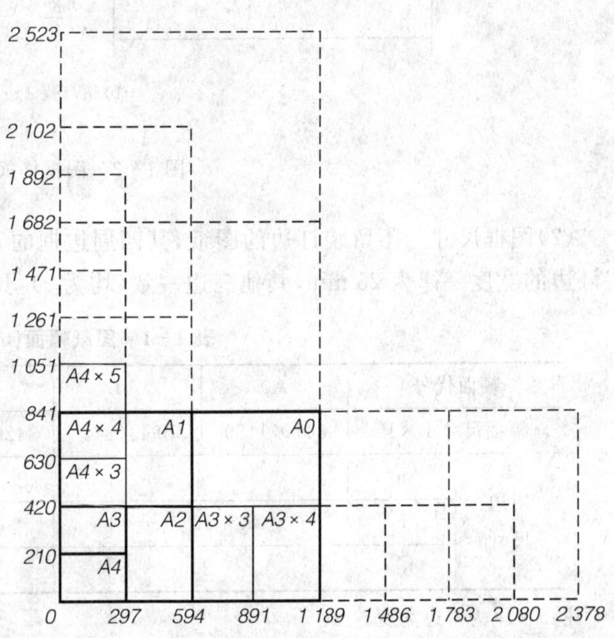

图1-1 基本幅面与加长幅面尺寸

2. 图框格式和尺寸

(1)图框格式　在图纸上应用粗实线画出图框。图框有两种格式：不留装订边和留装订边。同一产品中所有图样均应采用同一种格式。不留装订边的图纸，其图样格式如图1-2(a)所示。留有装订边的图纸，其图样格式如图1-2(b)所示。

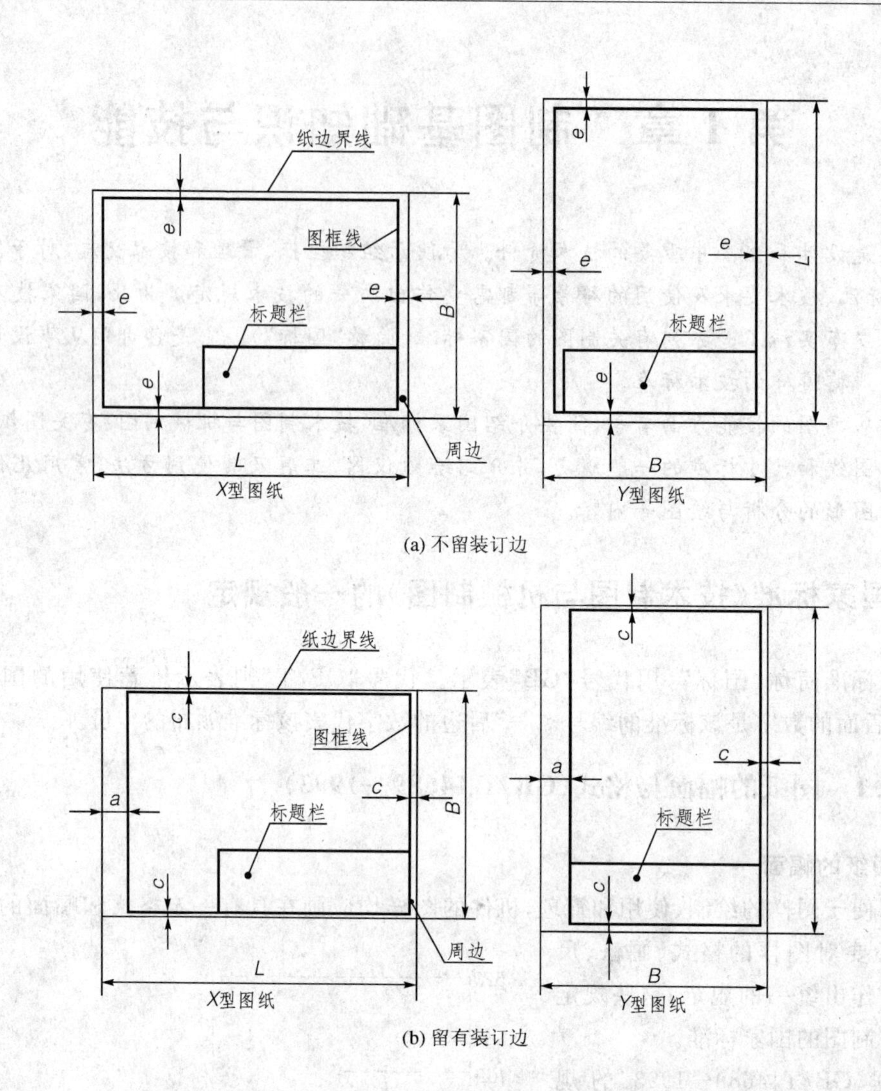

(a) 不留装订边

(b) 留有装订边

图 1-2　图框格式

(2)图框尺寸　不留装订边的图纸,其四周边框的宽度相同(均为 e);留装订边的图纸,其装订边的宽度一律为 25 mm,其他三边一致(均为 c),具体尺寸见表 1-1。

表 1-1　图纸幅面(mm)

<table>
<tr><td colspan="2">幅面代号</td><td>A0</td><td>A1</td><td>A2</td><td>A3</td><td>A4</td></tr>
<tr><td colspan="2">幅面尺寸 B×L</td><td>841×1189</td><td>594×841</td><td>420×594</td><td>297×420</td><td>210×297</td></tr>
<tr><td rowspan="3">周边尺寸</td><td>a</td><td colspan="5">25</td></tr>
<tr><td>c</td><td colspan="2">10</td><td colspan="3">5</td></tr>
<tr><td>e</td><td colspan="2">20</td><td colspan="3">10</td></tr>
</table>

注:a、c、e 为留边宽度。

(3)对中符号　为了使图样复制和缩微摄影时定位方便,应在图纸各边长的中点处,用粗实线绘制对中符号,线宽不小于 0.5 mm,长度从纸边界开始至伸入图框,处于标题栏范围内时,则伸入标题栏部分省略不画,如图 1-3 所示。

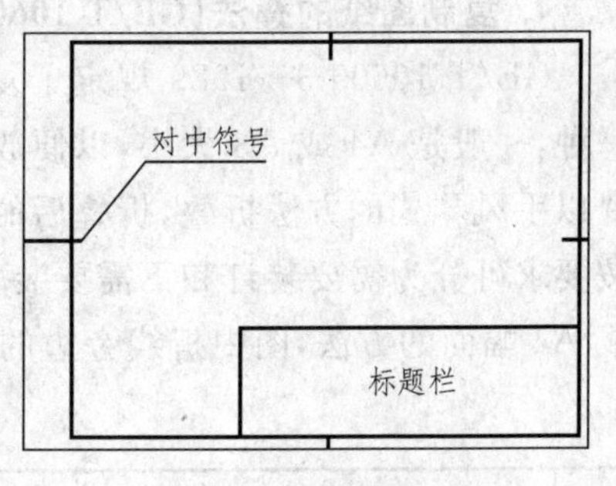

图 1-3　对中符号

3. 标题栏

为使绘制的图样便于管理及查阅,每张图都必须有标题栏。通常,标题栏应位于图框的右下角,由粗实线绘制外框。若标题栏的长边置于水平方向并与图纸长边平行时,则构成 X 型图纸;若标题栏的长边垂直于图纸长边时,则构成 Y 型图纸。如图 1-2 所示。看图的方向应与标题栏的方向一致。

为了利用预先印制好的图纸,允许将 X 型图纸的短边置于水平位置;或将 Y 型图纸的长边置于水平位置。此时,为了明确绘图与看图时的图纸方向,应在图纸下边对中符号处加画一个方向符号,如图 1-4(a)所示。方向符号是一个用细实线绘制的等边三角形,其大小及所在位置如图 1-4(b)所示。学校的制图作业中,标题栏建议采用图 1-5 格式。

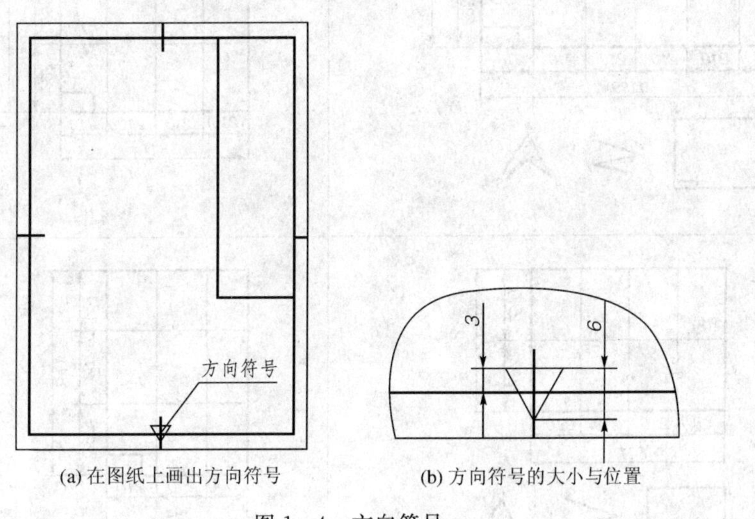

(a) 在图纸上画出方向符号　　(b) 方向符号的大小与位置

图 1-4　方向符号

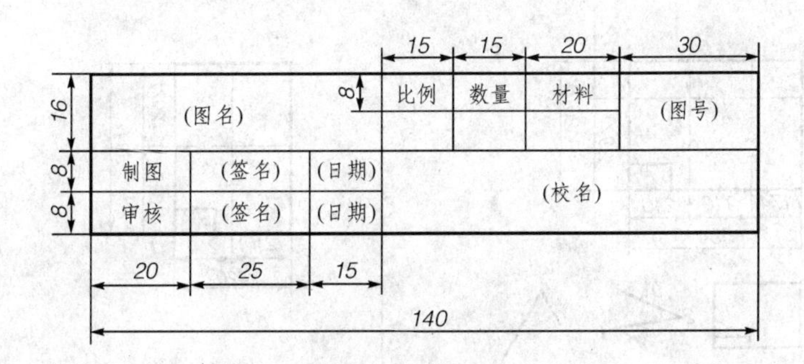

图 1-5　教学用的零件图标题栏

4. 复制图纸的叠法(GB/T 10609.3—1989)

GB/T 10609.3—1989 规定了复制图纸的折叠方法。折叠后的图纸幅面应是基本图幅的一种,一般是 A4 或 A3 大小,以便放入文件袋或装订成册保存。折叠时图纸正面应折向外方,并以手风琴式的方法折叠,折叠后的图纸,应使标题栏在右下外面,以便查阅。图纸折叠方法按要求可分为需要装订和不需要装订两种形式。表 1-2 列出不需要装订成册的复制图纸折成 A4 幅面的方法,图中折线旁边的数字表示折叠的顺序。

表 1-2 复制图纸的叠法

图幅	标题栏方位	
	在复制图的长边上	在复制图的短边上
A0	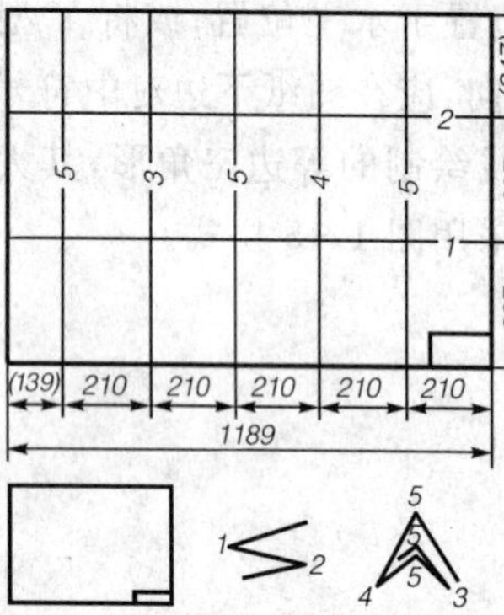 (139) 210 210 210 210 210; 1189; (247) 297 297; 841; 折叠顺序 1 2 3 4 5	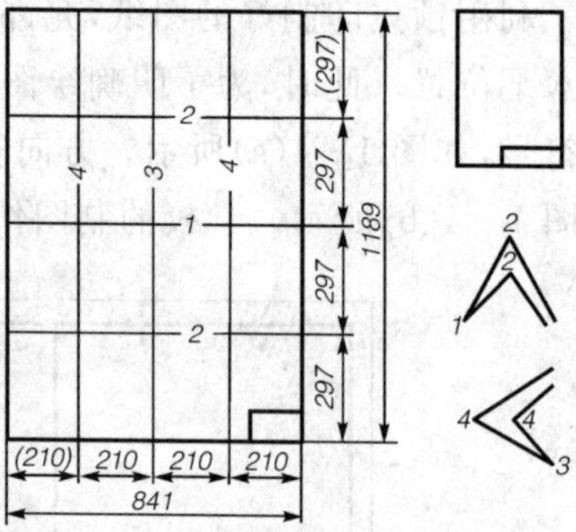 (210) 210 210 210; 841; (297) 297 297 297; 1189; 折叠顺序 1 2 3 4
A1	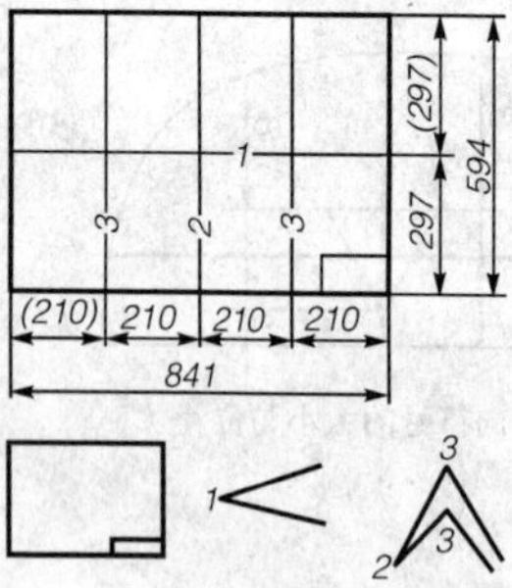 (210) 210 210 210; 841; (297) 297; 594; 折叠顺序 1 2 3	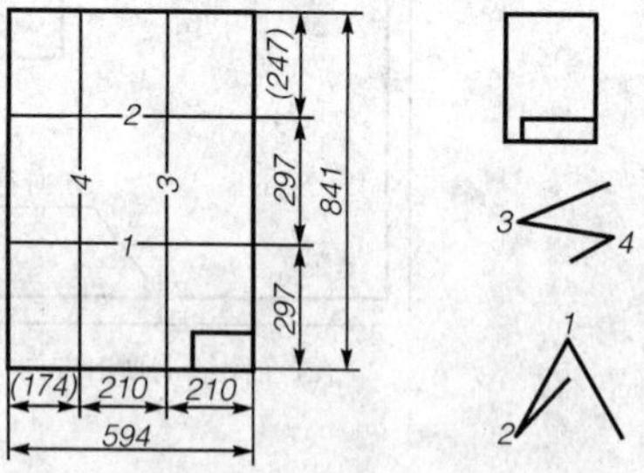 (174) 210 210; 594; (247) 297 297; 841; 折叠顺序 1 2 3 4
A2	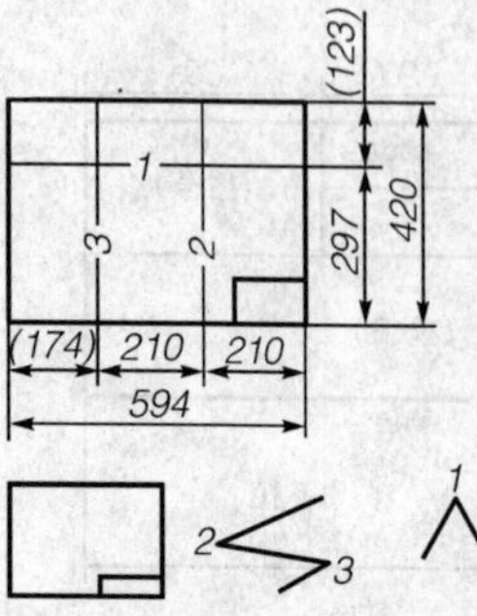 (174) 210 210; 594; (123) 297; 420; 折叠顺序 1 2 3	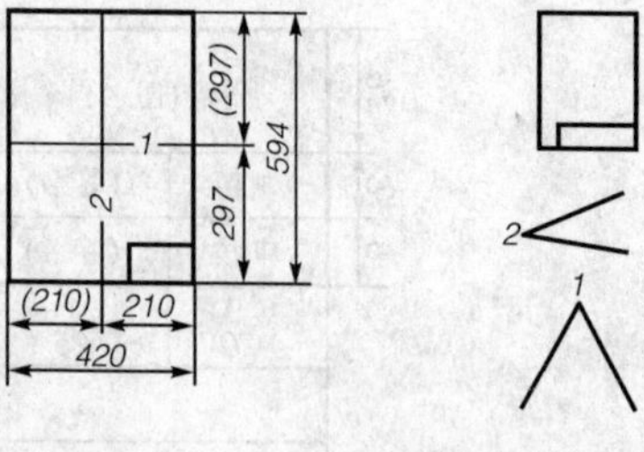 (210) 210; 420; (297) 297; 594; 折叠顺序 1 2

续表 1－2

图幅	标题栏方位	
	在复制图的长边上	在复制图的短边上
A3	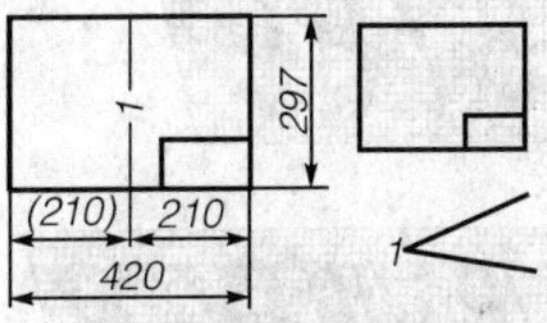	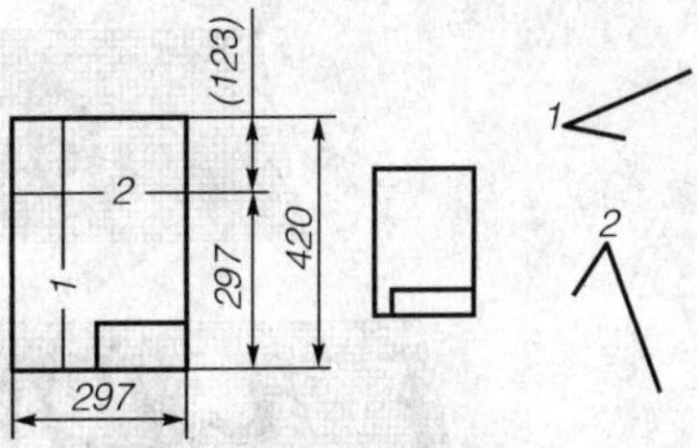

1.1.2　比例(GB/T 14690—1993)

1. 术语

图中图形与其实物相应要素的线性尺寸之比，称为比例。分为原值比例、放大比例、缩小比例。

2. 比例系列

①每张图样都要在标题栏的比例栏内注出所采用的比例。根据实物的形状、大小以及结构复杂程度不同，可优先选用表 1－3 中的缩小或放大的比例。

②无论采用何种比例绘图，图样中所注的尺寸数值均应为物体的真实大小，与绘图比例无关。

表 1－3　绘图的比例

原值比例	1:1
缩小比例	(1:1.5)　1:2　(1:2.5)　(1:3)　(1:4)　1:5　(1:6)　1:10 $1:1\times10^n$　$(1:1.5\times10^n)$　$1:2\times10^n$　$(1:2.5\times10^n)$　$(1:4\times10^n)$ $1:5\times10^n$　$(1:6\times10^n)$
放大比例	2:1　(2.5:1)　(4:1)　5:1　$1\times10^n:1$　$2\times10^n:1$　$1\times10^n:1$ $(2.5\times10^n:1)$　$(4\times10^n:1)$　$(5\times10^n:1)$

注：n 为正整数；不带括号的比例表示优先选择的比例。

1.1.3　字体(GB/T 14691—1993)

1. 基本要求

①在图样中书写的汉字、数字和字母，都必须做到“字体工整，笔画清楚，间隔均匀，排列整齐”。

②字体高度(用 h 表示)的公称尺寸系列为：1.8、2.5、3.5、5、7、10、14、20 mm。如需要书写更大的字，其字体高度应按$\sqrt{2}$的比率递增。字体的高度代表字体的号数。

③汉字应写成长仿宋体，并应采用国家正式公布推行的简化字。汉字的高度 h 不应小于 3.5 mm，其字宽一般为 $h/\sqrt{2}$。其书写要领是：横平竖直，注意起落，结构匀称，填满方格。

④字母和数字分 A 型和 B 型。A 型字体的笔画宽度(d)为字高(h)的 1/14，B 型字体的笔

画宽度(d)为字高(h)的 1/10。在同一图样上,只允许选用一种型式的字体。

⑤字母和数字可写成斜体和直体。斜体字字头向右倾斜,与水平基准线成 75°。

2. 字体书写示例

通常书写的字体有汉字、拉丁字母、罗马数字、阿拉伯数字,如图 1-6 所示。

(a) 阿拉伯数字

I II III IV V VI VII VIII IX X

(b) 罗马数字

汉字应字体工整笔画清楚排列整齐间隔均匀

院校系专业班级姓名制图审核序号件数名称比例材料重量备注

螺栓螺母螺钉技术要求铸造圆倒角起模斜度深度均布旋转球销锥热处理精度等级淬火

(c) 长仿宋体字

ABCDEFGHIJKLMN

OPQRSTUVWXYZ

abcdefghijklmn

opqrstuvwxyz

(d) 字母

$\phi 20^{+0.010}_{-0.023}$ $7^{\circ}{}^{+1^{\circ}}_{-2^{\circ}}$ $\frac{3}{5}$

10 js5 (±0.003) M24-6h

$\phi 25\frac{H6}{m5}$ $\frac{II}{2:1}$ $\frac{A}{5:1}$

6.3 R8 5% 3.500

(e) 字体综合举例

图 1-6 汉字、数字和字母书写示例

1.1.4　图线(GB/T 17450—1998)

1. 图线的型式及其应用

国家标准《技术制图》中，规定了 15 种基本线型，绘制机械图样使用 8 种基本图线，其名称、线型及应用见表 1-4。

表 1-4　常用图线规格

线型名称	线　型	图线宽度	一般应用
粗实线		d(0.5 mm)	可见轮廓线，可见棱边线
细实线		$d/2$(0.25 mm)	尺寸线及尺寸界线、剖面线、指引线、过渡线等
波浪线		$d/2$(0.25 mm)	断裂处的边界线、视图与剖视图的分界线
双折线		$d/2$(0.25 mm)	断裂处的边界线
细虚线		$d/2$(0.25 mm)	不可见轮廓线、不可见过渡线
线点画线		$d/2$(0.25 mm)	轴线及对称、中心线、齿轮节圆(线)及节线
粗点画线		d(0.5 mm)	限定范围的表示线、有特殊要求的线等
细双点画线		$d/2$(0.25 mm)	相邻辅助零件的轮廓线、可动零件的极限位置的轮廓线、轨迹线、中断线

注：表中虚线、细点划线，双点划线的线段长度和间隔的数值可供参考。图线的应用、举例只是常见的例子。

机械图样中，图线宽度 d 分为粗细两种，其公比为 $1:\sqrt{2}$，按图样的大小和复杂程度，在下列数系中选择：0.13、0.18、0.25、0.35、0.5、0.7、1、1.4、2(单位为 mm)。粗实线宽度优先采用 0.5 mm，图线的应用实例如图 1-7 所示。

2. 图线的画法

画图线时应注意以下几个问题，参考图 1-8 所示。

①在同一张图样中，同类图线的宽度应基本一致。虚线、点划线及双点划线的线段长度和间隔应各自大致相等。

②绘制圆的中心线时，圆心应为线段的交点。点划线和双点划线的首末两端应是线段而不是短划。

③在较小的图形上绘制点划线或双点划线有困难时，可用细实线代替。

④点划线应超出轮廓线 2～5 mm。

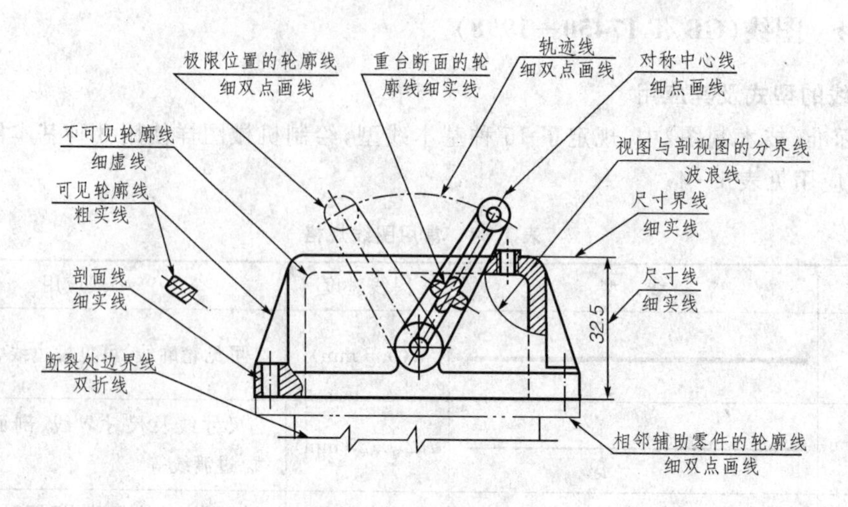

图 1-7　图线及其应用

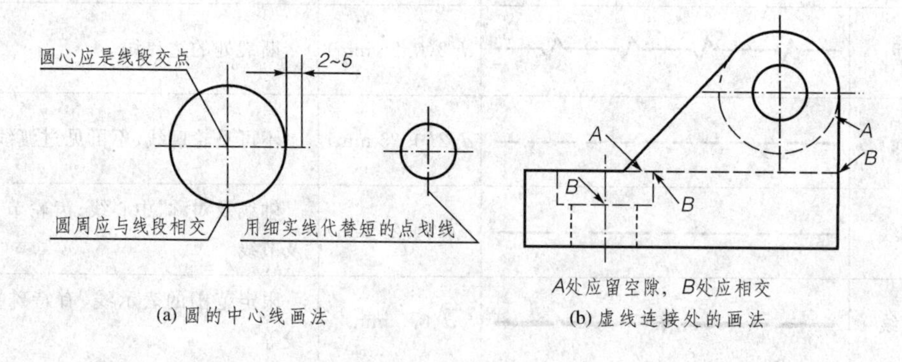

(a) 圆的中心线画法　　(b) 虚线连接处的画法

图 1-8　图线画法举例

⑤点划线、虚线、双点划线自身相交或与其他图线相交时，都应在线段处相交，不应在空隙或点处相交。

⑥当虚线处于粗实线的延长线上时，或当虚线圆弧与虚线直线相切时，虚线圆必须注意，图中的粗实线、虚线需相交画出。

1.2　绘图工具的使用方法

1.2.1　图板、丁字尺、三角板

1. 图板

图板是用来支承图纸的木板，板面应平坦光洁，木质纹理细密，软硬适中。如图 1-9 所示，画图时，需将图纸平铺在图板上。图板的左侧边称为导边，必须平直，否则影响绘图的准确性。绘图时，用胶带纸将图纸固定在图板左下方适当位置。注意不能使用图钉等其他硬物固定图纸，以免损坏图板板面。图板有大小不同的规格，根据需要来选定。

2. 丁字尺

丁字尺主要用于画水平线。它由尺头和尺身组成。尺头的连接处必须牢固，尺头的内侧边与尺身的上边(称工作边)必须垂直。如图 1－9 所示，使用时，左手扶住尺头，将尺头的内侧边紧贴图板的导边，上下移动丁字尺，使尺身工作边处于所需的准确位置，按自左向右的顺序，可画出一系列不同位置的水平线。

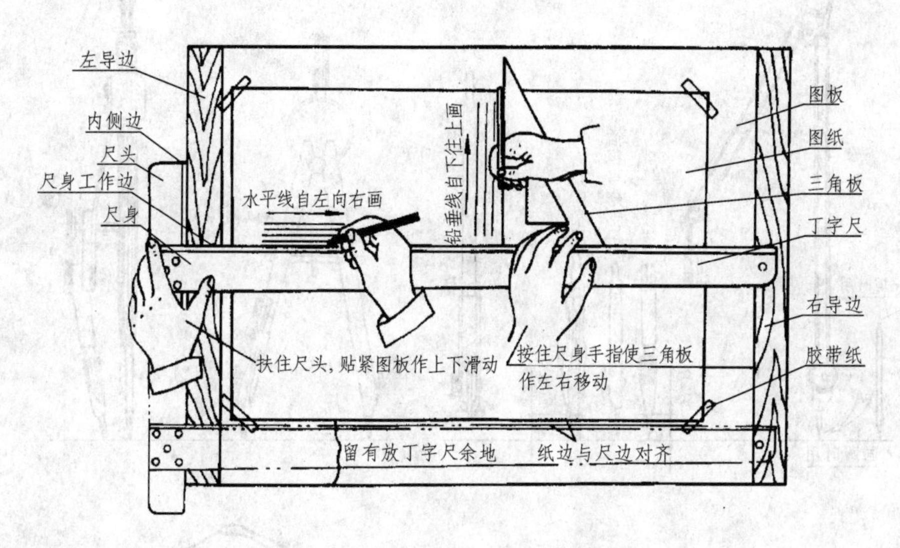

图 1－9　图板、丁字尺、三角板

3. 三角板

三角板有 45°角和 30°-60°角的各一块。将三角板与丁字尺配合使用，按自下向上顺序，可画出一系列不同位置的垂直线，还可画出与水平线成特殊角度的线条，如 30°、45°、60°的倾斜线。将两块三角板与丁字尺配合使用，可画出与水平线成 15°和 75°的倾斜线。两块三角板互相配合使用，可以任意画出已知直线的平行线和垂直线。如图 1－10 所示。

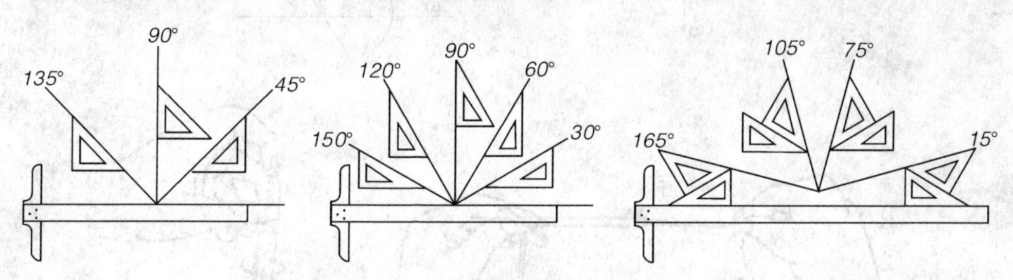

图 1－10　用丁字尺和三角板配合画特殊角度线

1.2.2　圆规和分规

1. 圆 规

圆规是用来画圆或圆弧的工具。圆规固定腿上的钢针具有两种不同形状的尖端，带台阶的尖端是画圆或圆弧时定心用的；带锥形的尖端可作分规使用。另一活动腿上具有肘形关节，可随时装换铅心插脚。

画图或画弧时，要注意调整钢针在固定腿上的位置，使两腿在合拢时针尖比铅心稍长些，然后将针尖全部扎入图板内，按顺时针方向转动圆规，并稍向前倾斜，此时，要保证针尖均垂直于纸面，如图 1-11 所示。

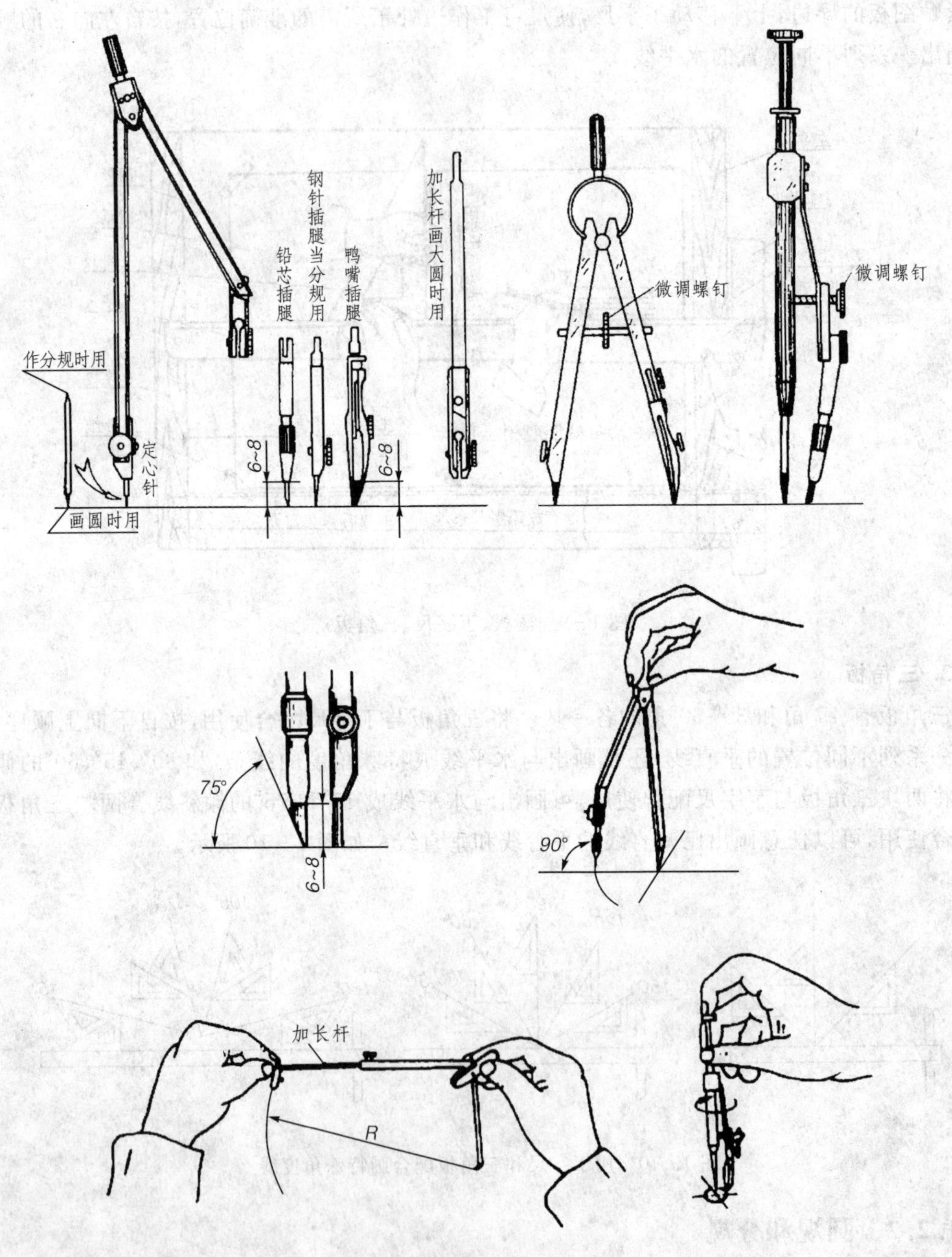

图 1-11　圆规分类及用法

2. 分 规

分规是用来量取尺寸、截取线段和等分线段的工具。分规的两腿端部有钢针，当两腿合拢时，两针尖应重合于一点，如图 1-12(a)所示。调整分规的的手法及分规的使用方法，如图

1-12(b)、(c)所示。

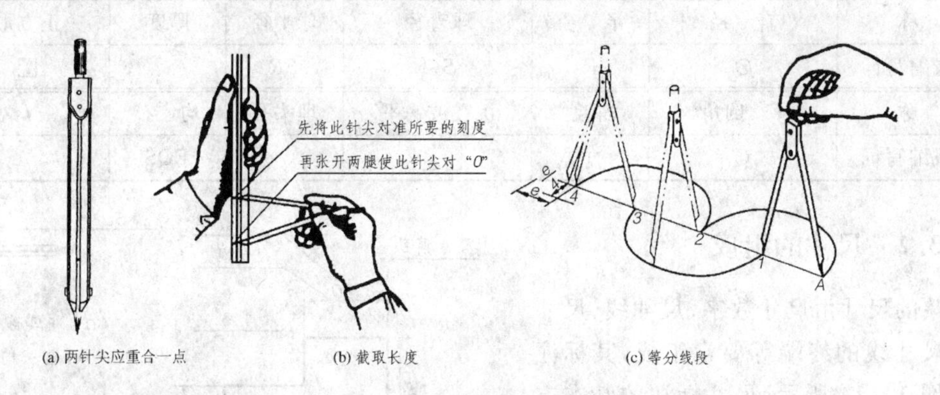

(a)两针尖应重合一点　(b)截取长度　(c)等分线段

图1-12　分规用法

3. 铅笔

铅笔是绘制图线的主要工具。绘图时要采用绘图铅笔,绘图铅笔分为软与硬两种型号,字母"B"表示软铅笔,字母"H"表示硬铅笔。"B"之前的数值越大,表示铅笔越软,"H"之前的数值越大,表示铅笔越硬。字母"HB"表示铅芯软硬适中的铅笔。

绘制机械图样,常用H或2H铅笔画底稿和加深细线;用HB或H的铅笔写字;用B或HB铅笔来画粗实线;

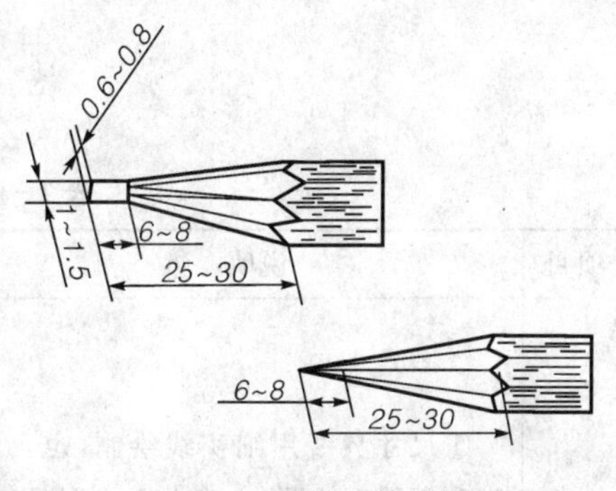

图1-13　铅芯的形状

将B或2B铅笔的铅芯装入圆规的铅芯插脚内,加深粗线的圆或圆弧。铅笔及铅芯的使用如图1-13所示。

1.3　尺寸标注

图样中的图形仅能表达机件的结构形状,其中各部分的大小和相对位置关系还必须由尺寸来确定,所以,尺寸也是图样中的重要内容之一,是制造、检验机件的直接依据。下面仅介绍GB/T 4458.4—1984《机械制图尺寸注法》,其余的将在后面的有关章节中阐述。

1.3.1　尺寸标注的基本规则

①机件的真实大小应以图样上所标注的尺寸值为依据,与绘图的比例及绘图的准确度无关。

②图样中的尺寸凡以mm为单位时,不需标注计量单位的代号或名称;如采用其他单位,则必须注明相应的计量单位的代号或名称,如米(m),厘米(cm)、度(°)等。

③机件的每一个尺寸,在图样上一般只标注一次,且应标注在反映该结构最清晰的图样上。

④图样中所标注的尺寸,为该图样所示工件的最后完工尺寸,否则应另加说明。

⑤标注尺寸时,应尽可能使用符号和缩写词。常用的符号和缩写词如表1-5所示。

表 1-5　常用的符号和缩写词

名　称	直　径	半　径	球直径	球半径	厚度	正方形
符号或缩写词	∅	R	$S∅$	SR	t	□
名　称	45° 倒角	深度	沉孔或锪平	埋头孔	均　布	
符号或缩写词	C	↧	⌴	⌵	EQS	

1.3.2　尺寸的组成

完整的尺寸由尺寸数字、尺寸线、尺寸界线和尺寸线的终端等要素组成，其标注示例如图 1-14 所示，尺寸标注的基本方法见表 1-6。

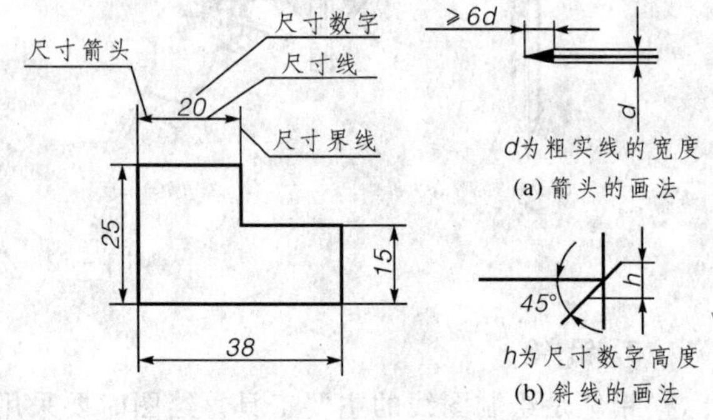

图 1-14　尺寸的组成

表 1-6　尺寸标注的基本方法

项目	说明	图例
尺寸界线	①尺寸界线用细实线绘制，也可以利用轮廓线图(a)或中心线图(b)作尺寸界线	轮廓线作尺寸界线；中心线作尺寸界线 (a)　(b)
	②尺寸界线应该与尺寸线垂直，当尺寸界线过于贴近轮廓线时，允许倾斜画出	从交点处引出尺寸界线；尺寸界线允许倾斜画出
	③在光滑过渡处标注尺寸时，必须用细实线将轮廓线延长，从它们的交点引出尺寸界线	
尺寸线	①尺寸线必须用细实线单独画出。轮廓线、中心线或它们的延长线均不可以作尺寸线使用 ②标注线性尺寸时，尺寸线必须与所标注的线段平行	尺寸线为中心线的延长线；尺寸线为轮廓线的延长线；尺寸线与轮廓线不平行；尺寸线与轮廓线重合；尺寸线与中心线重合 正确　错误

续表 1-6

项目	说明	图例
尺寸数字	①尺寸数字一般标注在尺寸线的上方或中断处	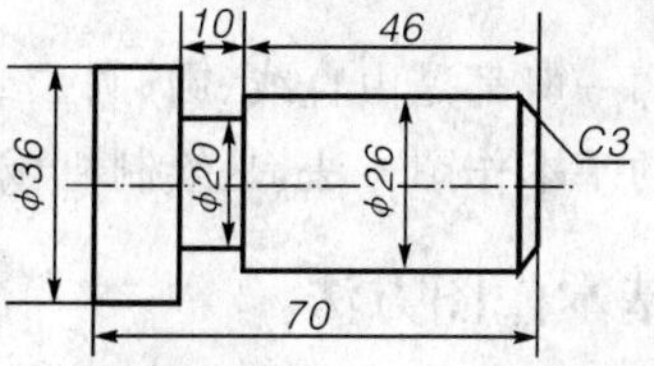 10 46 ϕ36 ϕ20 ϕ26 C3 70
	②线性尺寸的数字应按图(a)所示的方向填写，并尽量避免在图示 30°范围内标注尺寸。当无法避免时可按图(b)标注	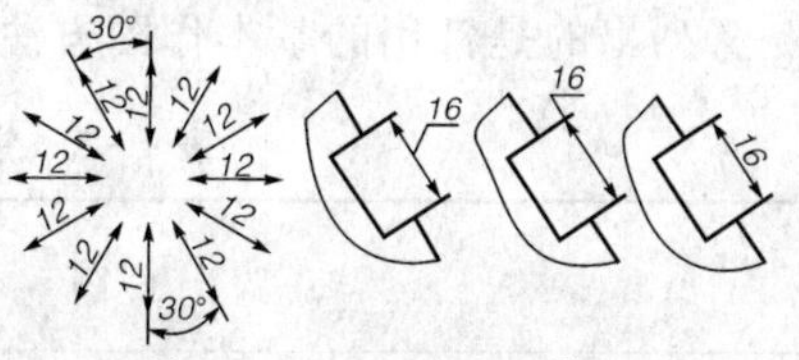 30° 12 12 12 12 12 12 12 12 12 12 12 12 30° (a) 16 16 16 (b)
	③尺寸数字不能被任何图线通过。当不可避免时，必须把图线断开直	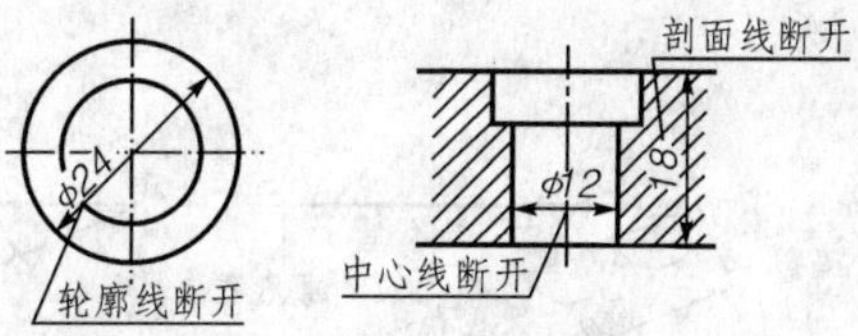 ϕ24 轮廓线断开 剖面线断开 ϕ12 18 中心线断开
直径与半径	①标注直径尺寸时，应在尺寸数字前加注符号“ϕ”，标注半径尺寸时，加注半径符号“*R*”	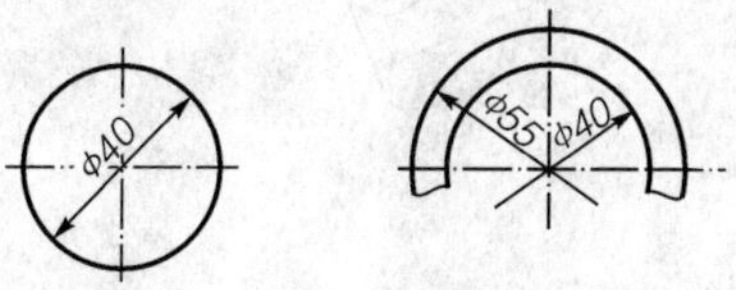 ϕ40 ϕ55 ϕ40
	②半径尺寸必须标注在投影为圆弧的图上，且尺寸线或其延长线应通过圆心	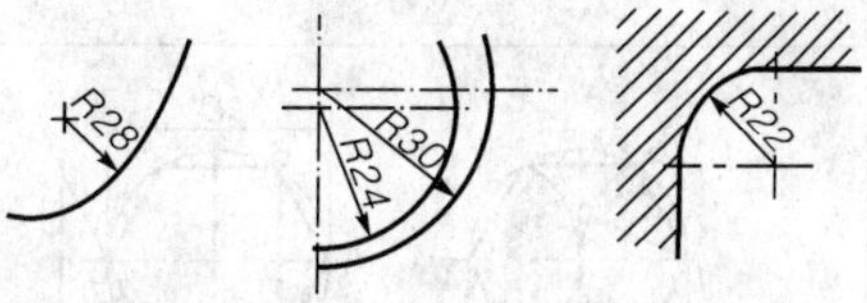 R28 R30 R24 R22
	③大圆及球半径的标注方法	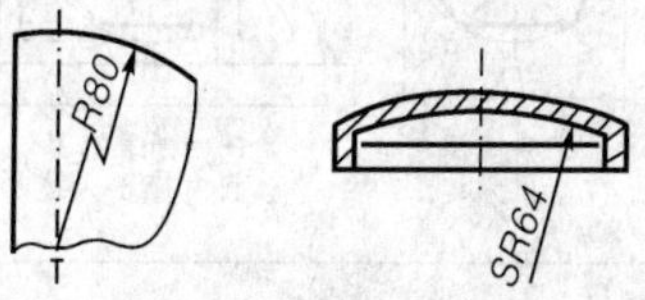 R80 SR64
狭小位置的尺寸标注	①有足够位置画箭头或写数字时，可将其中之一布置在外面 ②更小箭头和数字可以都布置在外面 ③标注一连串小尺寸时，可用小圆点或斜线代替箭头，但两端箭头仍应画出	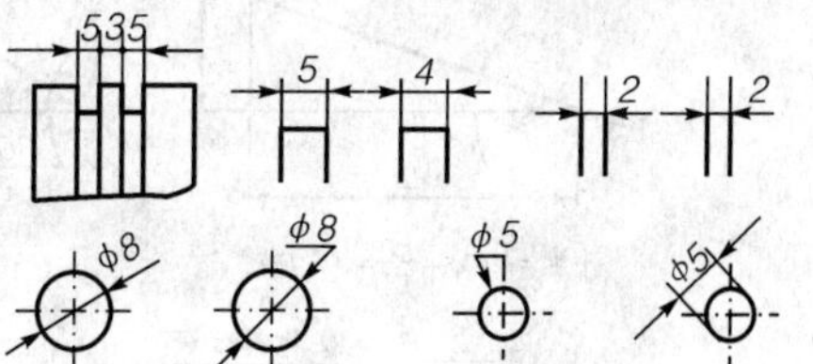 535 5 4 2 2 ϕ8 ϕ8 ϕ5 ϕ5 R6 R6 R3 R3 R3
角度	①角度的尺寸界限必须沿径向引出 ②角度的数字一律水平填写 ③角度数字应写在尺寸线的中断处，必要时允许写在外面或引出标注	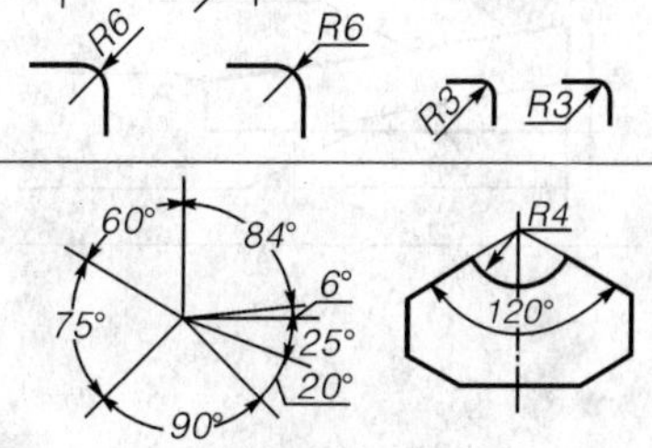 60° 84° 6° 75° 25° 20° 90° R4 120°

1.4 几何作图

机件的轮廓一般都是由直线、圆、圆弧或其他曲线等几何图形组合而成的。因此，熟练地掌握几何图形的基本作图方法，是绘制机械图的基础。

1.4.1 基本作图方法

表 1-7 列出的是常用的基本作图方法。

表 1-7 常用的基本作图方法

作图要求	图例	说明
等分直线段	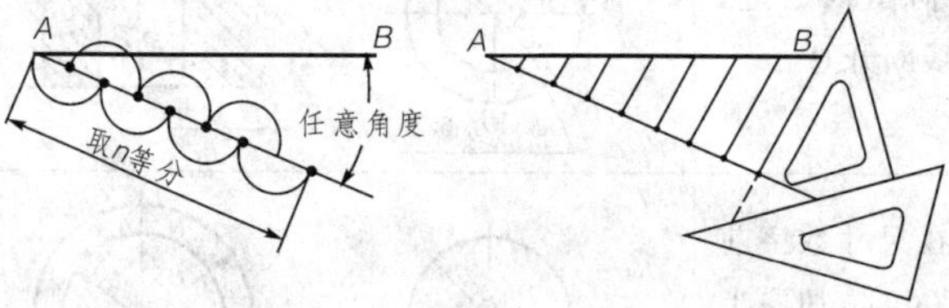 A B 任意角度 取n等分 A B	过已知线段的一端点，画任意角度的直线，并用分规从自线段的起点量取 n 等分。将等分的最末点与已知线段的另一端点相连，再过各等分点作。该线的平行线与已知直线相交即得到等分点。
六等分圆周及画正六边	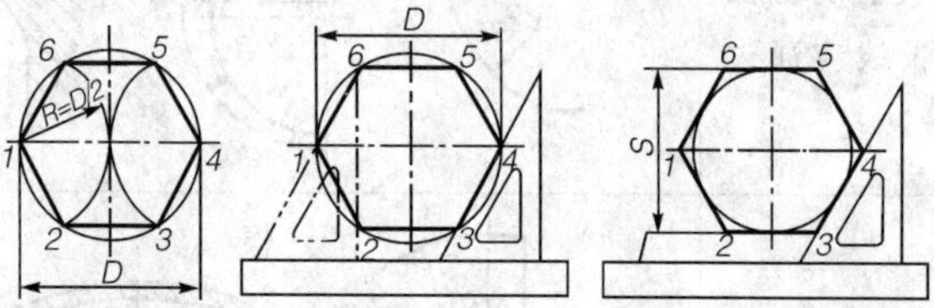 6 5 R=D/2 1 4 2 3 D 六等分圆周和作正六边形；D 6 5 1 4 2 3 已知对角距作圆内接正六边形；6 5 S 1 4 2 3 已知对边距作圆外切正六边形	按作图方法，分为用三角板作图和圆规作图两种。 按已知条件：有已知对角距作圆内接正六边形和已知对边距作圆外切正六边形两种。
过点作已知斜度的斜度线	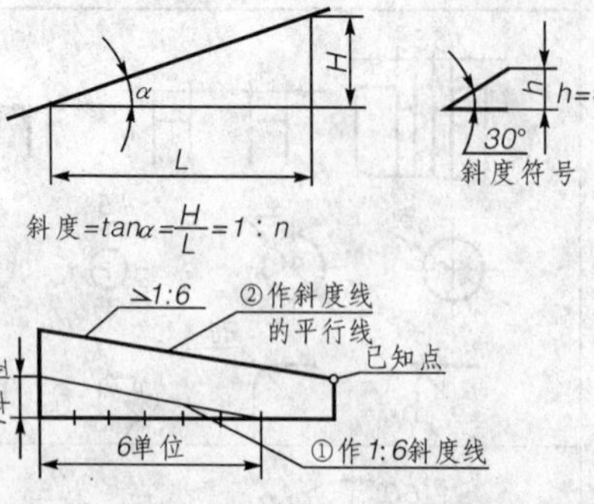 α H L 斜度$=\tan\alpha=\frac{H}{L}=1:n$；h h=字高 30° 斜度符号；∠1:6 ②作斜度线的平行线 已知点 1单位 6单位 ①作1:6斜度线	斜度是指一直线(或平面)相对另一直线(或平面)的倾斜程度，斜度大小用这两条直线(或平面)夹角的正切来表示，并把比值化为1∶n。图形中在比值前加注斜度符号“∠”，符号斜边的方向应与斜度的方向一致。作图方法如左图所示。

续表 1-7

作图要求	图例	说明
过点做已知锥度的锥度线	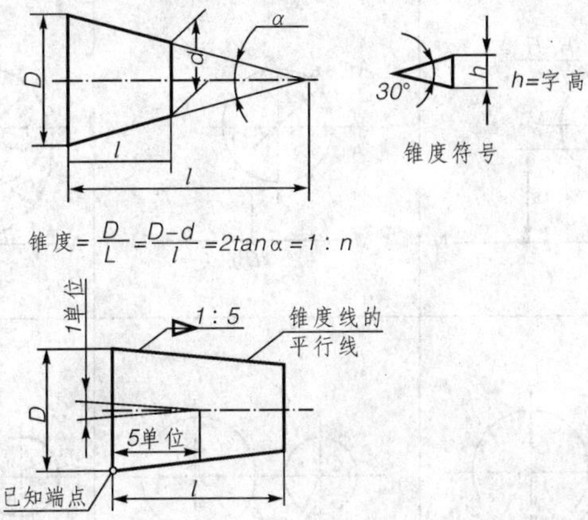α D d l L 30° h h=字高 锥度符号 锥度= D/L = (D-d)/l =2tanα =1 : n 1单位 1 : 5 锥度线的 平行线 D 5单位 l 已知端点	锥度是指正圆锥底圆直径与圆锥高度之比即锥度＝D/L＝$(D-d)/l$，并把比值化成 1∶n 的形式，在图形中用锥度符号“⊿”作比值前缀，符号方向应与锥度方向一致。作图方法如左图所示。
作与已知圆相切的直线	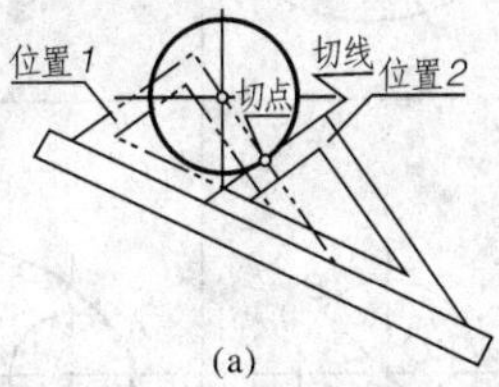位置1 切线 切点 位置2(a) 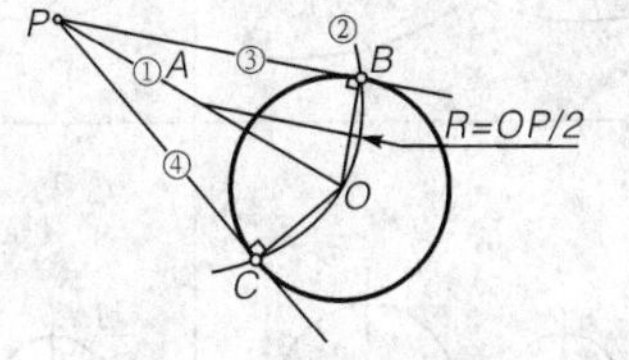P ①A ③ ② B R=OP/2 ④ O C(b) 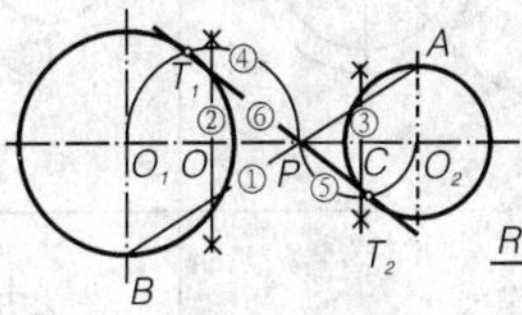④ T1 ② ⑥ ③ A O1 O ① P C O2 ⑤ T2 B(c) 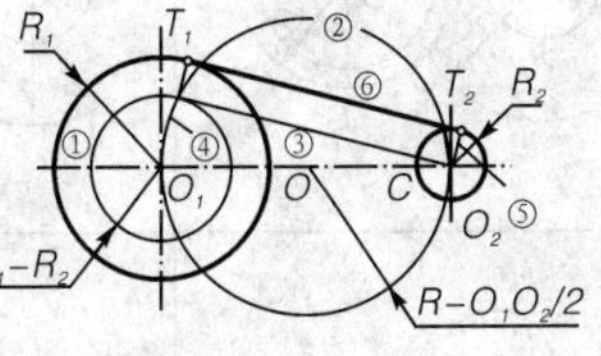R1 T1 ② ⑥ T2 R2 ① ④ ③ O1 O C O2 ⑤ R1-R2 R-O1O2/2(d)	与圆相切的直线，垂直于该圆心与切点的连线。根据这个性质，利用三角板的两直角边，便可作圆的切线，如图(a)。 也可用几何作图的方法，求作圆的切线，图(b)所示是过圆外一点作圆的切线；图(c)是作两圆的内公切线；图(d)是作两圆的外公切线。

1.4.2　圆弧连接作图举例

根据基本作图的方法，可以进行圆弧连接作图，表 1-8 是圆弧连接作图举例。

表 1-8　圆弧连接作图举例

作图要求	已知条件	作图方法和步骤		
		1. 求连接圆弧圆心 O	2. 求连接点(切点)A、B	3. 画连接圆弧并描粗
圆弧连接两已知直线	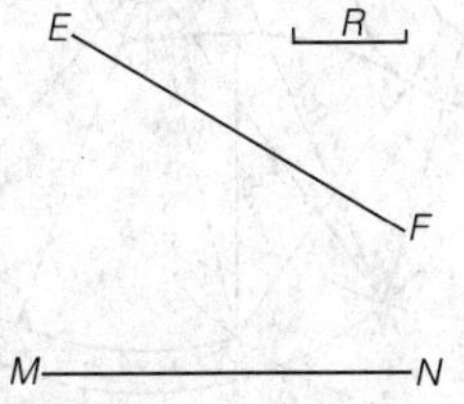E R F M N	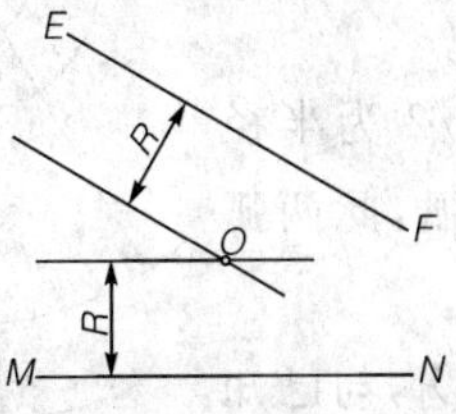E R F O R M N	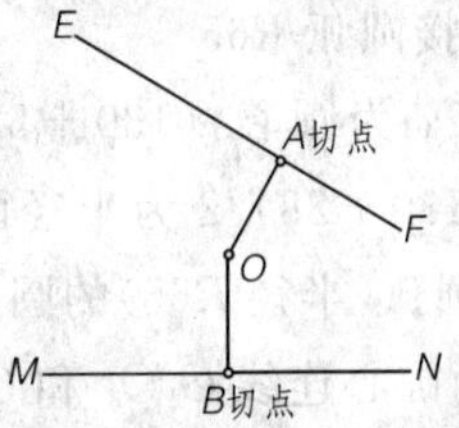E A切点 F O M N B切点	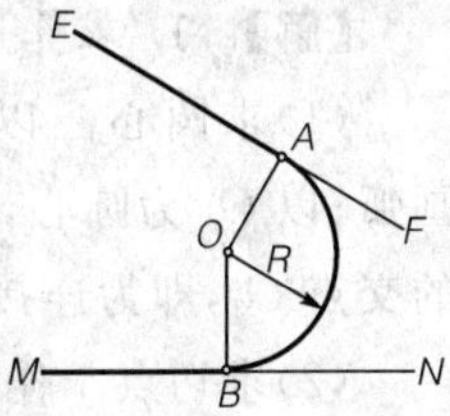E A O F R M N B

续表 1-8

作图要求	已知条件	作图方法和步骤		
		1. 求连接圆弧圆心 O	2. 求连接点(切点)A、B	3. 画连接圆弧并描粗
圆弧连接两已知直线和圆弧	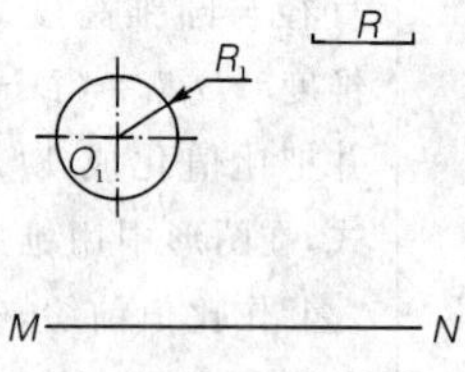	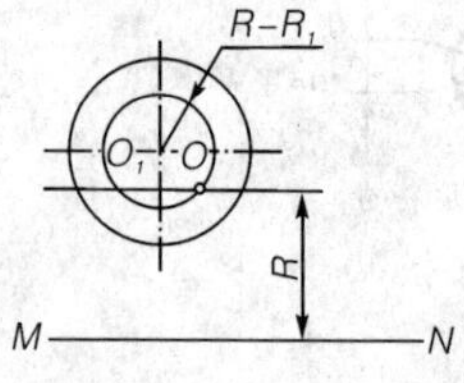	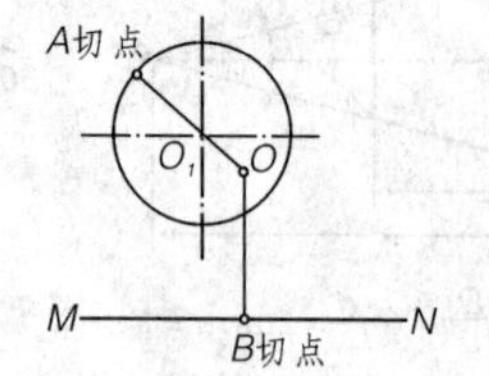	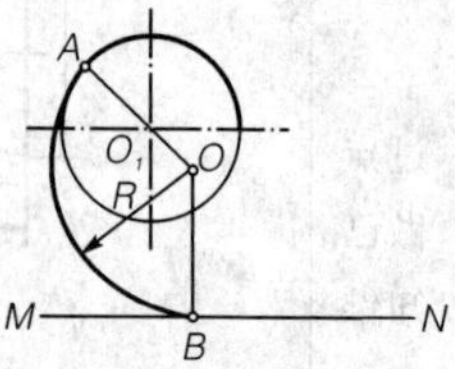
圆弧外切连接两已知圆弧	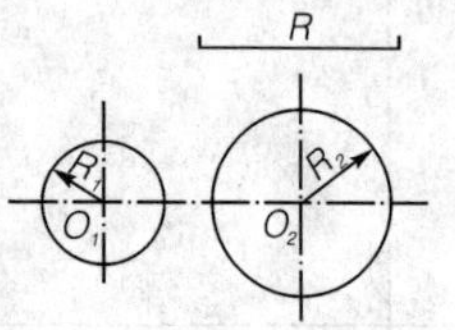	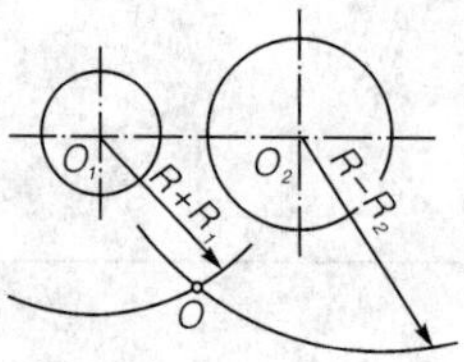	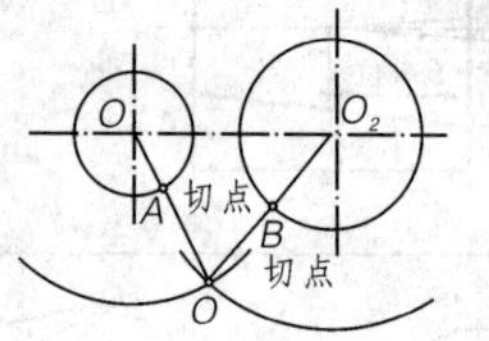	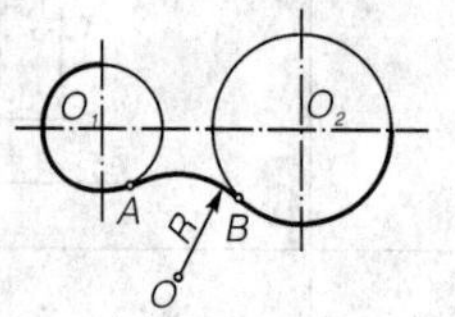
圆弧内切连接两圆弧	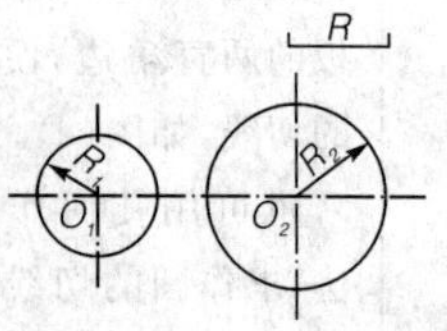	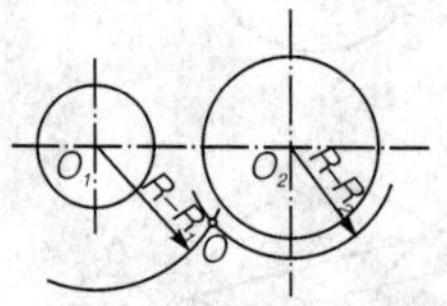	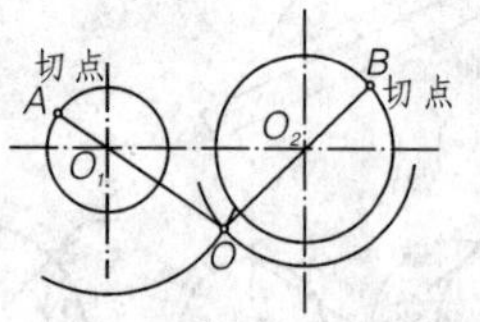	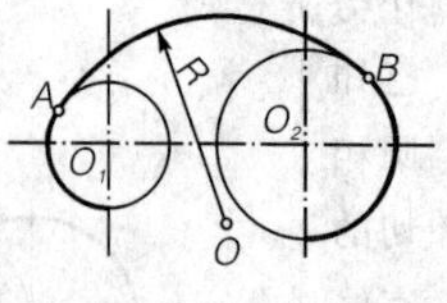
用内、切和外切连接圆弧	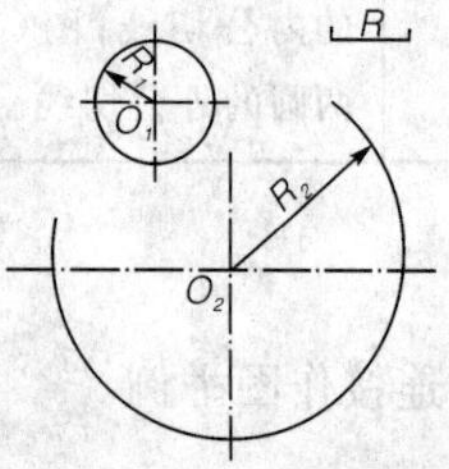	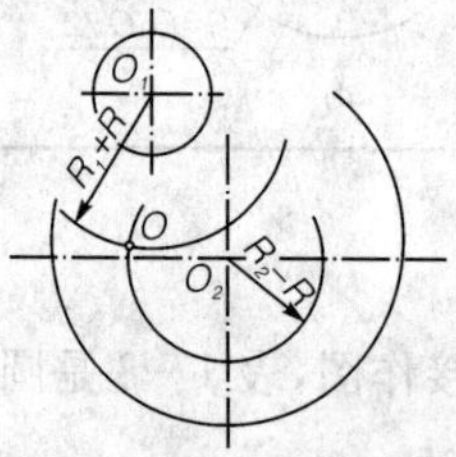	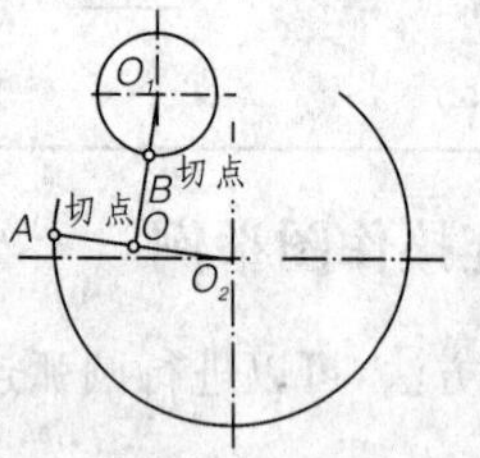	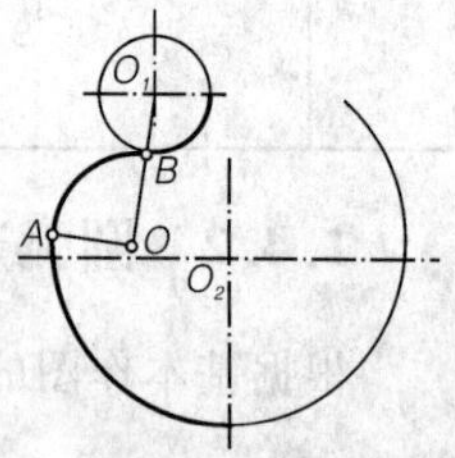

【例 1-1】 求作如图 1-15 所示的圆弧 $R65$ 和 $R102$,使 $R65$ 与 $\phi58$ 和 $\phi28$ 圆均外切,$R102$ 与 $\phi58$ 和 $\phi28$ 圆均内切。

【解】 1. 求作连接圆弧 $R65$

(1)求圆心　以 O_1 为圆心,(130+58)/2 为半径画弧;以 O_2 为圆心,(130+28)/2 为半径画弧,此两弧的交点 O_3,即为连接圆弧(半径 $R65$)的圆心。

(2)求切点　作两圆心连线 O_1O_3 和 O_2O_3,与已知两圆弧分别相交于 M、N 点,即为切点。

(3)画连接圆弧　以 O_3 为圆心,65 为半径,自点

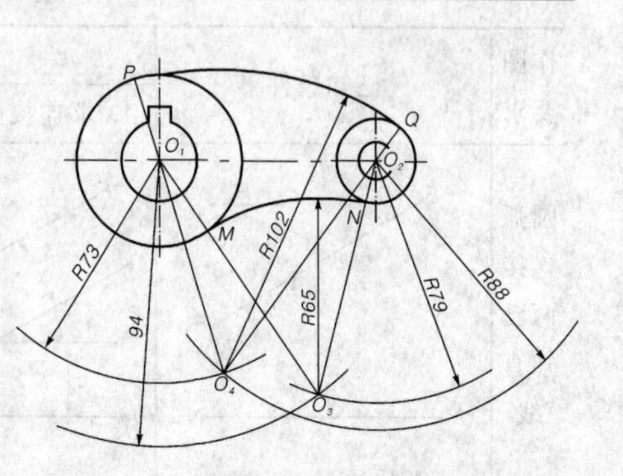

图 1-15　两圆弧间的圆弧连接

M 至 N 画圆弧，即完成作图。

2. 求作连接圆弧 $R102$

(1)求圆心　以 O_1 为圆心，(204－58)/2 为半径画弧；以 O_2 为圆心，(204－28)/2 为半径画弧，此两弧的交点 O_4，即为连接圆弧(半径 $R102$)的圆心。

(2)求切点　连接 O_4O_1 和 O_4O_2，并且延长与已知两圆弧交于 P、Q 两点，即为切点。

(3)画连接圆弧　以 O_4 为圆心，102 为半径，自点 P 至 Q 画圆弧，即完成作图。

1.5 平面图形的画法

平面图形是由一些基本图形(线段或线框)构成。有些线段可以根据所给定的尺寸直接画出；而有些线段则需利用线段连接关系，找出潜在的补充条件才能画出。要依据这方面的相互关系进行分析，在此基础上才能正确地画图和正确、完整地标注尺寸。

画平面图形前，要对图形进行尺寸分析和线段分析，以便明确平面图形的画图步骤，正确快速地画出图形和标注尺寸。

1.5.1 平面图形尺寸分析

平面图形中的尺寸，按其作用可分为两类。

(1)**定形尺寸**　确定平面图形中各线段形状大小的尺寸称为定形尺寸。

如线段的长度，圆或圆弧的直径和半径以及角度大小等，均为定形尺寸。如图 1－16 中的 15、ϕ20、ϕ5、R15、R12 等。

(2)**定位尺寸**　确定平面图形中线段或线框间相对位置的尺寸称为定位尺寸。

如图 1－16 中，8 是确定 ϕ5 圆位置的尺寸。有时，同一个尺寸既有定形尺寸又有定位尺寸的作用。如图 1－16 中，尺寸 75 既是决定手柄长度的定形尺寸，又是 R10 圆弧的定位尺寸。标注平面图形的尺寸时，首先应确定标注的起始位置，标注尺寸的起点称为尺寸基准。平面图形尺寸有水平和垂直两个方向，每一个方向均需确定尺寸基准。常以对称线、较长的直线或圆的中心线作为尺寸基准，见图 1－16。

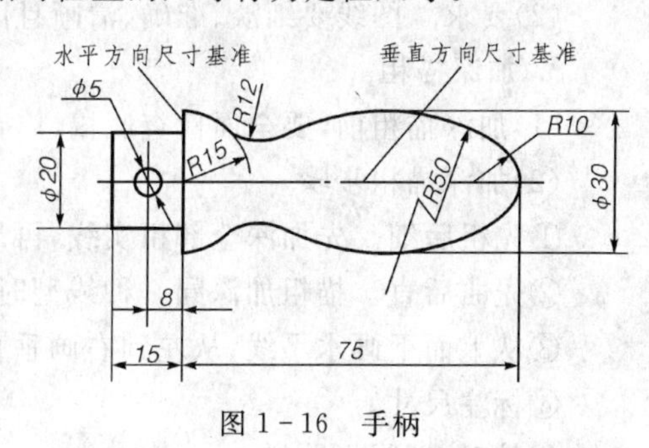

图 1－16　手柄

1.5.2 平面图形线段分析

平面图形中的线段(直线或圆弧)，根据其定位尺寸的完整与否，分为三类。

(1)**已知线段**　具有定形尺寸和齐全的定位尺寸的线段称为已知线段。具有圆弧半径或直径大小和圆心的两个定位尺寸的圆弧称为已知圆弧，如图 1－16 中 R15、R10 的圆弧。

(2)**中间线段**　具有定形尺寸和不齐全的定位尺寸的线段称为中间线段。具有圆弧半径或直径大小和圆心的一个定位尺寸的圆弧称为中间圆弧，如图 1－16 中 R50 的圆弧。

(3)**连接线段**　只有定形尺寸没有定位尺寸的线段称为连接线段。只有圆弧半径或直径大小没有圆心定位尺寸的圆弧称为连接圆弧，如图 1－16 中 R12 的圆弧。

画图时，应先画已知线段，再画中间线段，最后画连接线段。

1.5.3 绘图方法和步骤

1. 准备工作

①分析图形的尺寸与线段，拟定作图步骤。

②确定比例，选取图幅，固定图纸。

③画出图框和标题栏。

2. 绘制底稿

(1)画底稿步骤　画作图基准线确定图形位置，依次画出已知线段、中间线段和连接线段，见表 1-9。

表 1-9　绘制平面图形底稿的步骤

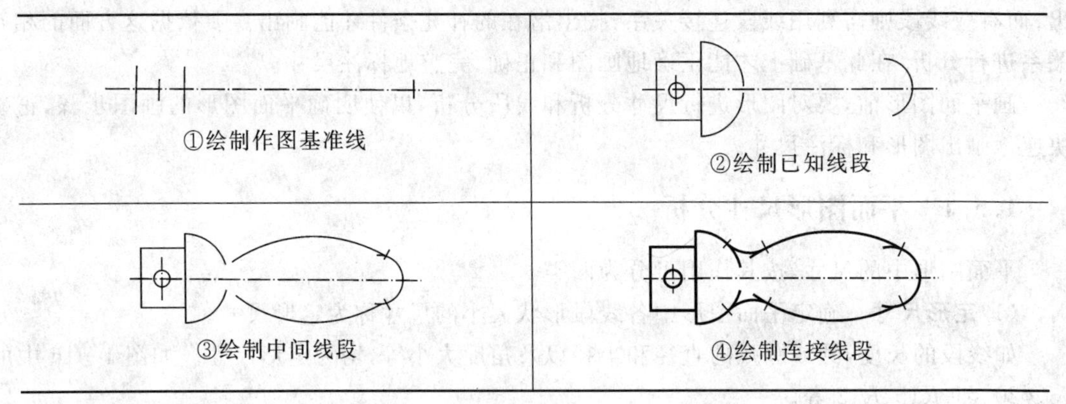

(2)要求　图线要细淡、准确、清晰且图面整洁。

3. 加深描粗

(1)加深描粗前，要全面检查底稿，修正错误，擦去多余的图线。

(2)加深描粗步骤

①先粗后细。先加深全部粗实线，再加深全部虚线、点画线及细实线等。

②先曲后直。描粗加深同一种线型时，应先画圆弧，后画直线。

③从上而下画水平线，从左到右画垂直线，最后画斜线。

④标注尺寸。

⑤校对，填写标题栏。

(3)要求　同类图线粗细浓淡一致，连接光滑，字体工整，图面整洁。

1.5.4 平面图形的尺寸标注

图形与尺寸的关系极为密切，同一图形如果标注的尺寸不同，则画图的步骤也就不同。但能不能正确地画出图形，主要是根据所给的尺寸是否齐全。标注平面图形的尺寸时，应对组成图形的各线段进行必要的分析，选定尺寸基准，再根据各图线不同的尺寸要求，注出平面图形必要的定位尺寸和全部的定形尺寸。表 1-10 为几种平面图形的尺寸标注示例，供分析参考。

表 1-10　平面图形的尺寸标注示例

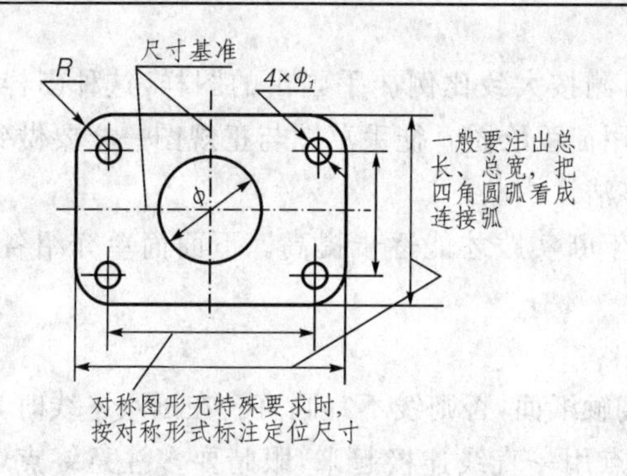

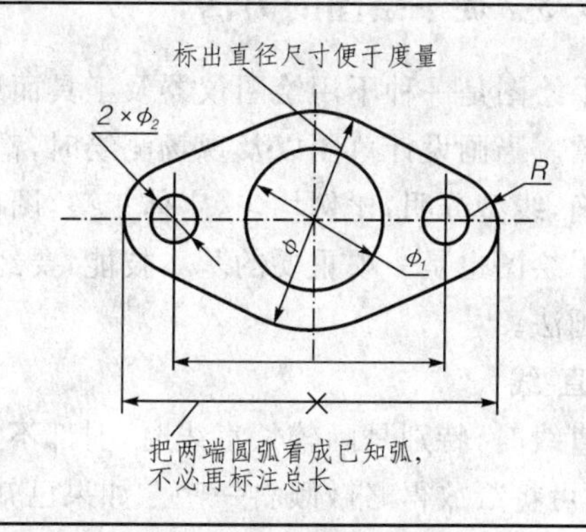

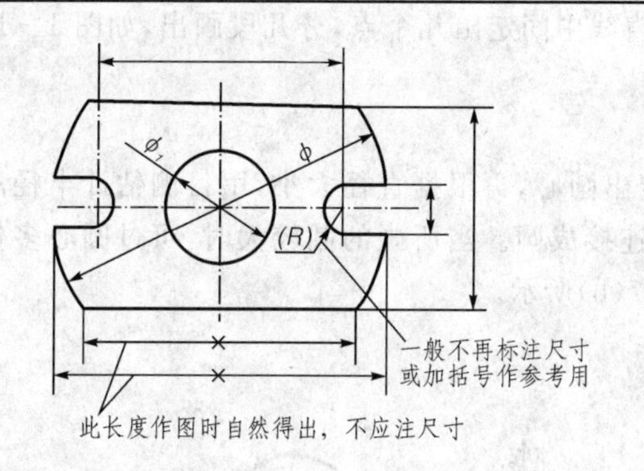

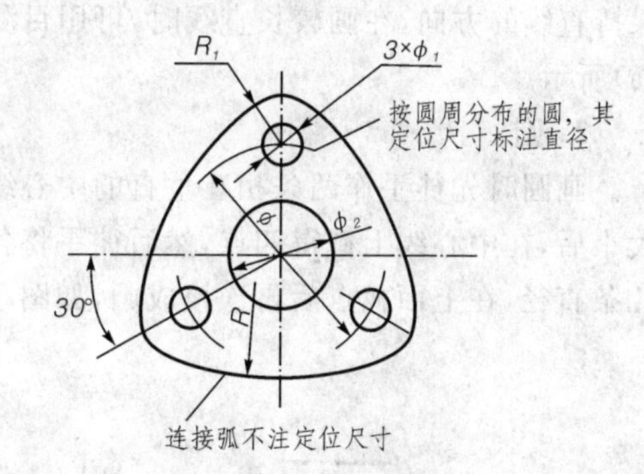

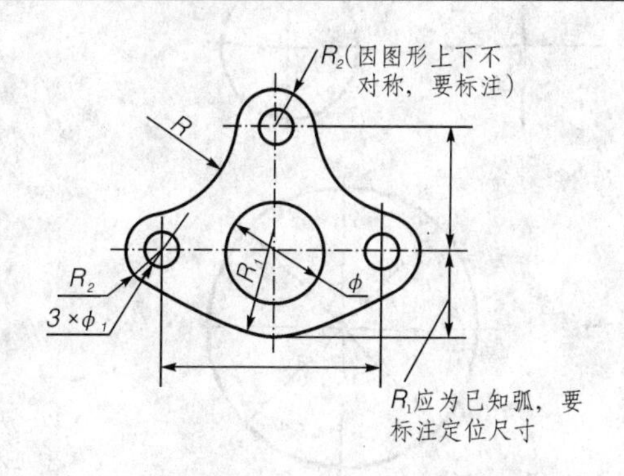

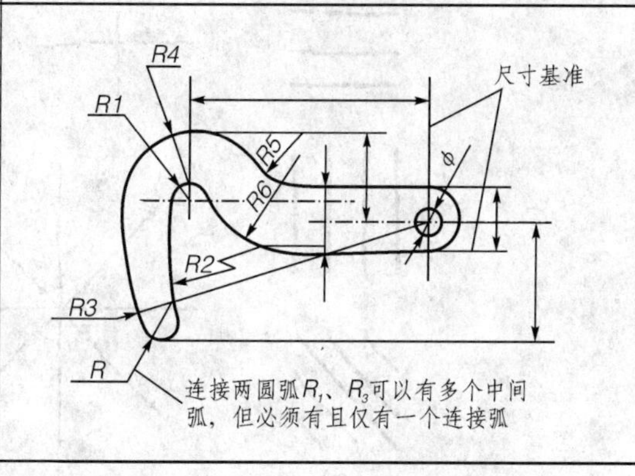

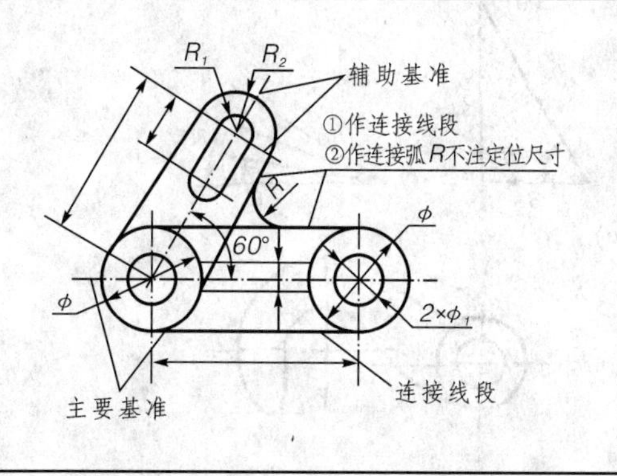

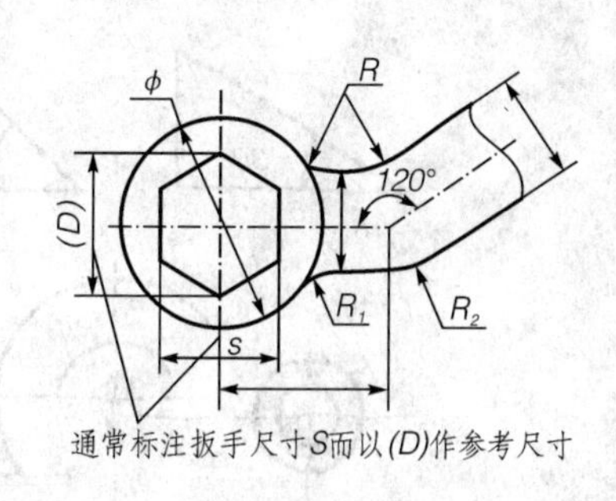

1.5.5 徒手绘图的方法

徒手绘图是一种不用绘图仪器及工具而凭目测按大致比例徒手画出的图样，这种图样称之为草图。当画设计草图以及现场测绘时，都采用徒手绘图。徒手草图与正规图一样要做到：图形正确，线型分明，比例均匀，字体工整，图面整洁。

徒手绘图也是一项重要的基本技能，要经过不断实践才能逐步提高。下面简单介绍各种图线的画法。

1. 直线

画直线时，特别是画较长直线时，肘部不宜接触纸面，否则线不宜画直。在画水平线时，为了方便，可将纸放得略微倾斜一些。如果已知两点用一直线连接起来，眼睛要多注意终点，以保持直线的方向，在画较长直线时，可用目测在直线中间定出几个点，分几段画出，如图 1-17(a)所示。

2. 圆

画圆时先徒手作两条相互垂直的中心线，定出圆心，再根据直径大小，用目测估计半径的大小后，在中心线上截得四点，然后徒手将各点连接成圆。当所画的圆较大时，可过圆心多作几条直径，在上面找点后再连接成圆，如图 1-17(b)所示。

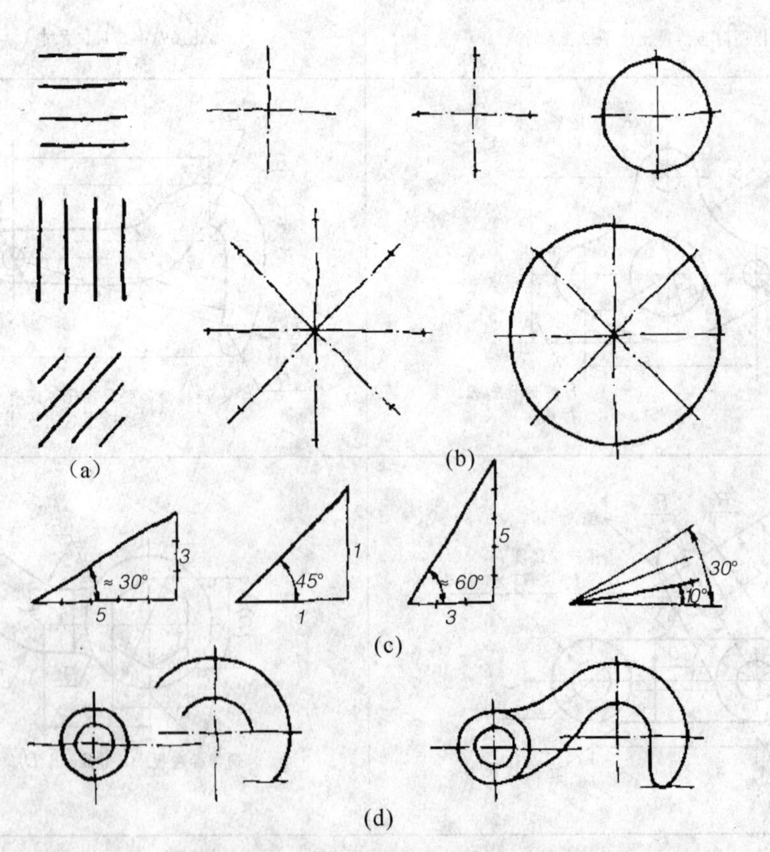

图 1-17　徒手绘图方法

3. 角度线

对 30°、45°、60°等常见角度，可根据两直角边的比例关系，定出两端点，然后连接两点即为所画的角度线。如画 10°、15°等角度线，可先画出 30°角后再等分求得，如图 1－17(c)所示。

4. 圆弧连接

先按目测比例作出已知圆弧，然后再徒手作出各连接圆弧，与已知圆弧光滑连接，如图 1－17(d)所示。

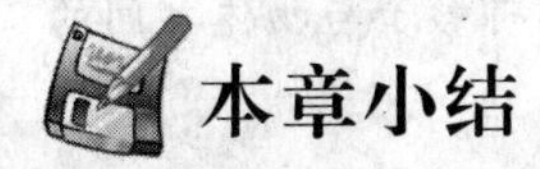

本章小结

本章重点介绍了制图的国家标准，学习完本章内容，应掌握制图的基础知识，具有初步绘制平面图形的能力。具体内容如下。

(1)《机械制图》国家标准的基本规定，主要包括制图基本规格，有图纸幅面、比例、字体、图线、尺寸标注法，标题栏等。

(2)学会正确使用常用绘图工具、仪器，掌握几何作图方法，做到作图准确、图线分明、字体工整、整洁美观。几何作图方法主要包括线段和圆的等分、正多边形和椭圆的绘制方法、锥度和斜度的画法及标注。

(3)绘制平面图形的基本方法和步骤　首先掌握尺寸分析，根据平面图形中的尺寸标注，确定基准进行分析，确定图形中的定位尺寸和定形尺寸；再进行线段分析，确定已知线段、中间线段和连接线段。并根据线段已知尺寸，进行分类，确定平面图形的绘图顺序。

绘图步骤　绘图比例——确定图幅——画草图——画出尺寸线——检查、修改——描深——填写尺寸数字及标题栏。

线型描深的顺序　先曲后直——先粗后细——先上后下——先竖直后水平。

(4)初步掌握徒手绘制草图的方法　草图并不是“潦草的图”；徒手画图的要点是徒手目测，先画后量，横平竖直，曲线光滑；草图应当比例协调一致，图面工整清晰，线型正确，粗细分明，字体工整。

第2章　投影基础

如何才能在一张平面图纸上，准确而全面地表达物体的形状和大小呢？用投影来表示。在生活中，投影现象随处可见。如灯光下的物影，阳光下的人影等。人们将影子与物体之间的关系经过几何抽象形成了“投影法”(GB/T 16948—1997)。

2.1　投影法的基本知识

投影法就是投射线通过物体，向选定的面投射，并在该面上得到图形的方法。根据光源、投射线和投影面三要素的相对位置，投影法可分为中心投影法和平行投影法。

2.1.1　中心投影法

如图 2-1 所示，光源 S 叫做投射中心，所选定的平面 P 叫做投影面。光线 SA 等叫做投射线（或投影线），投射线与投影面的交点 a 叫做 A 点在 P 面上的投影。图中$\triangle abc$ 就是$\triangle ABC$ 在 P 面上的投影。这种投射线都交于一点（投射中心）的投影方法叫做中心投影法。

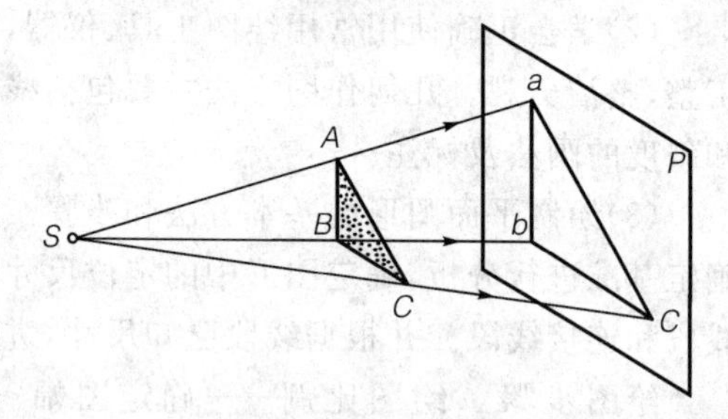

图 2-1　中心投影法

2.1.2　平行投影法

若将图 2-1 中的投射中心 S 移到离投影面无穷远处，则所有的投射线都相互平行，这种投射线相互平行的投影方法，叫做平行投影法，如图 2-2 所示。

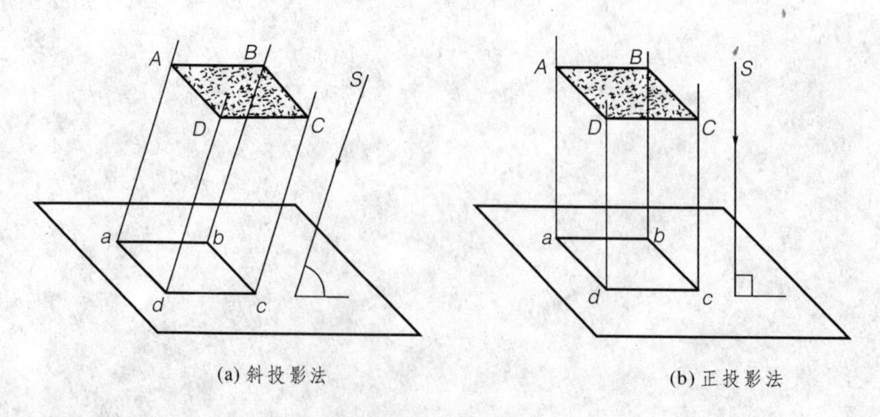

(a) 斜投影法　　(b) 正投影法

图 2-2　平行投影法

在平行投影中，投射线与投影面相倾斜的平行投影法称为斜投影法，如图 2-2(a)所示。投射线垂直于投影面的投影法称为正投影法，如图 2-2(b)所示。

2.1.3　工程上常用的几种投影图

各种投影法有各自的特点，适用于不同的工程图样。工程上常用的投影图有以下几种。

1. 透视图

利用中心投影法绘制的图样称透视图。透视图具有立体感和真实感，符合人的视觉习惯，因此在建筑、桥梁的外形设计中使用。但它度量性差，手工作图费时而且难度大，故在机械图样中很少应用。图2-3(a)为透视图样。

2. 轴测图

用平行投影法绘制的图样称轴测图。该图样具有一定的立体感，但度量性不理想，如图2-3(b)所示，适用于产品外观图。

3. 多面正投影图

用正投影法绘制的图样称多面正投影图。置一个投影面，应用正投影法得到的投影图为单面正投影图，如图2-3(c)所示。采用几个相互垂直的投影面，按正投影法从几个不同方向分别向各个投影面投射，所得到的一组正投影图，称为多面正投影图，如图2-4(a)所示。这种图虽然立体感差，但能完整地表达物体的形状，度量性好，便于指导加工和装配。

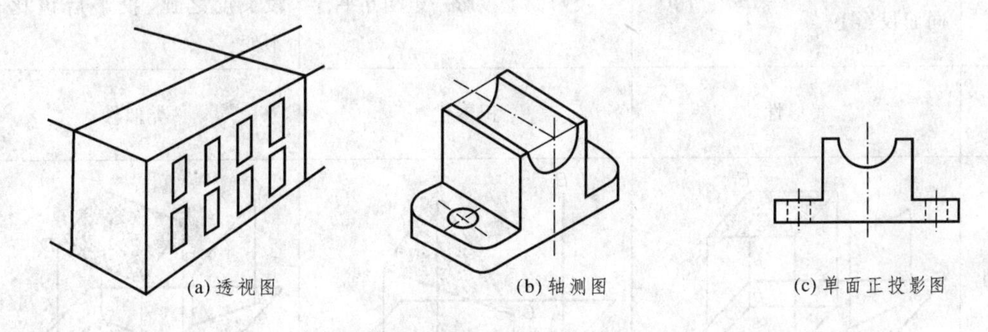

图2-3　几种常用的工程图样(一)

因此多面投影图被广泛应用于工程的设计和制造中。

经过几何抽象的物体称为立体。后续章节将重点介绍多面正投影图。正投影简称投影，用正投影法所绘制出物体的图形称为视图，见图2-4(b)，后面章节不再特别说明。

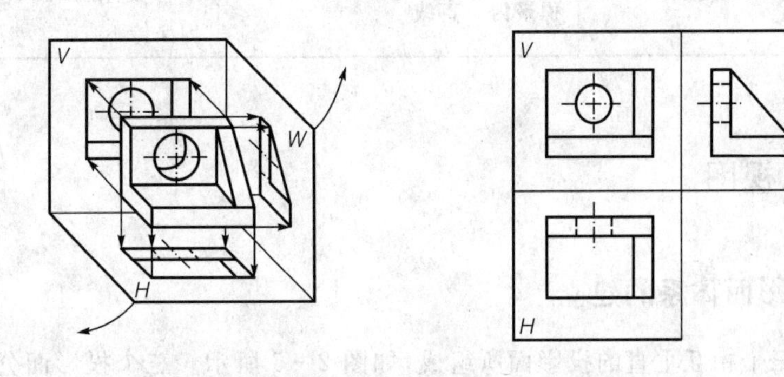

图2-4　几种常用的工程图样(二)

2.1.4 正投影的基本特征

正投影图度量性好，作图简便，这是由正投影的基本特性所决定的。正投影的基本特性见表 2-1。

表 2-1 正投影的基本特性

投影性质	从属性	平行性	定比性
图例	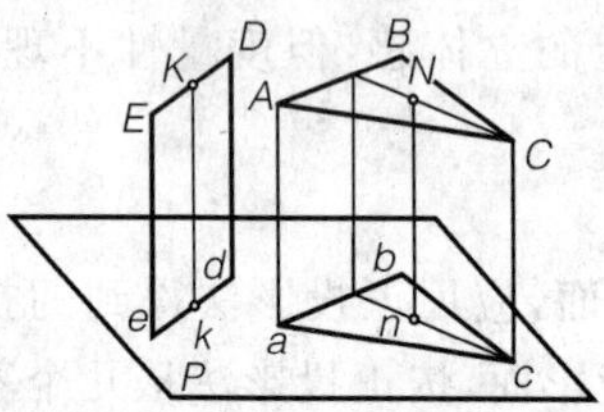	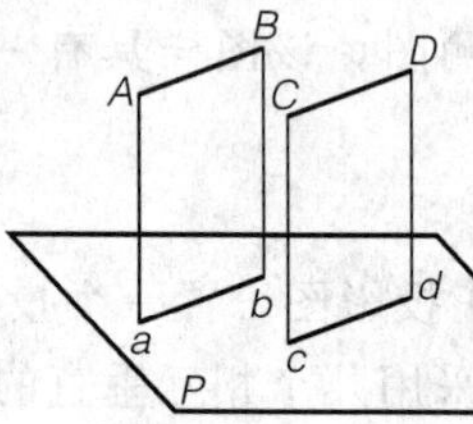	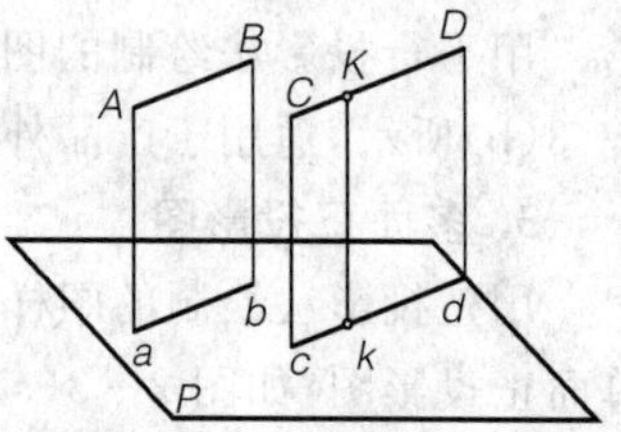
说明	点在直线（或平面）上，则该点的投影在直线（或平面）的同面投影上	空间平行的两直线，其在同一投影面上投影一定相互平行	点分线段之比，投影后该比值保持不变；空间平行的两线段长度之比，投影后该比值不变
投影性质	实形性	积聚性	类似性
图例	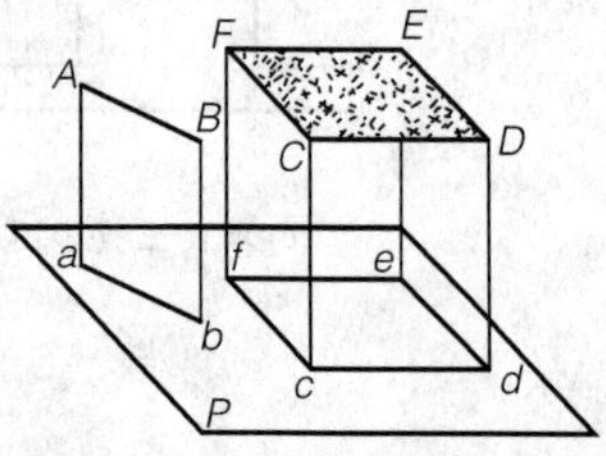	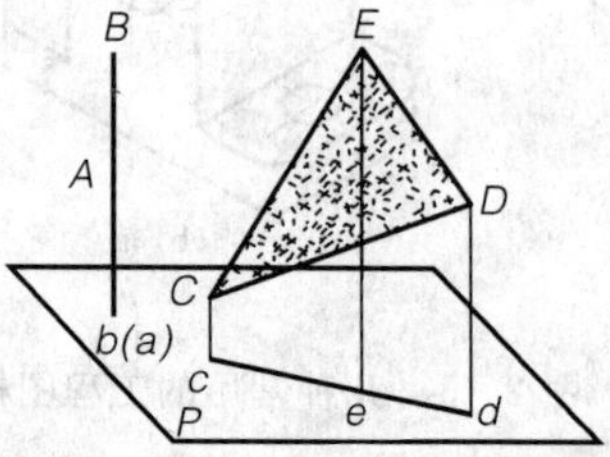	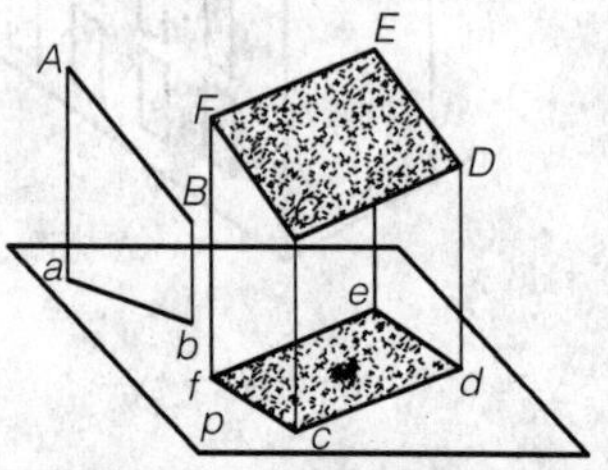
说明	直线、平面平行于投影面时，则在该投影面的投影反映直线的实长或平面的实形	直线、平面垂直于投影面时，则直线在该投影面上的投影积聚成一点，而平面的投影积聚为一直线	平面倾斜于投影面时，则平面在该投影面上的投影形状与原形状类似，表现为边数、平行关系、凹凸、直或曲线边均保持不变形

2.2 物体的三视图

2.2.1 三投影面体系的建立

三投影面是由三个相互垂直的投影面所组成，如图 2-5 所示。三个投影面分别是：正投影面，简称正面，用 V 表示；水平投影面，简称水平面，用 H 表示；侧立投影面，简称侧面，用 W 表示。若将 V、H、W 面看成无限大的平面，它们把空间分为八个分角。图 2-5 所示为第一分角。相互垂直的投影面之间的交线称为投影轴，它们分别是：

OX 轴(简称 *X* 轴)是 *V* 面与 *H* 面的交线，它代表长度方向；

OY 轴(简称 *Y* 轴)是 *H* 面与 *W* 面的交线，它代表宽度方向；

OZ 轴(简称 *Z* 轴)是 *V* 面与 *W* 面的交线，它代表高度方向；

OX、*OY*、*OZ* 相互垂直，交点 *O* 称为原点。

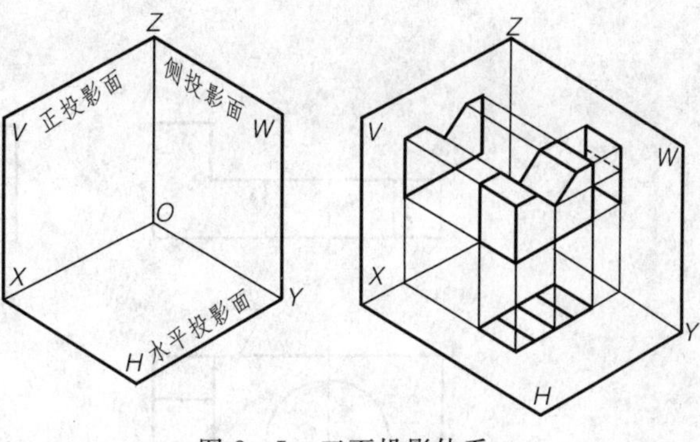

图 2-5　三面投影体系

2.2.2　物体的三视图

将物体放在三投影面体系第一分角中，按正投影法分别向各投影面投射。由前向后投射所得到的视图称为主视图；由上向下投射所得到的视图称为俯视图；由左向右投射所得到的视图称为左视图。然后正面不动，将水平面绕 *OX* 轴向下旋转 90°，将侧面绕 *OZ* 轴向右旋转 90°，如图 2-6(a)所示，旋转完成后，*H*、*W* 面重合到 *V* 面上，*OY* 轴也分成两处，在 *H* 面上的用 *OH* 表示，在 *W* 面上的用 *OW* 表示，如图 2-6(b)所示。最后，去掉面框、投影轴，得到物体的三视图，如图 2-6(c)所示。

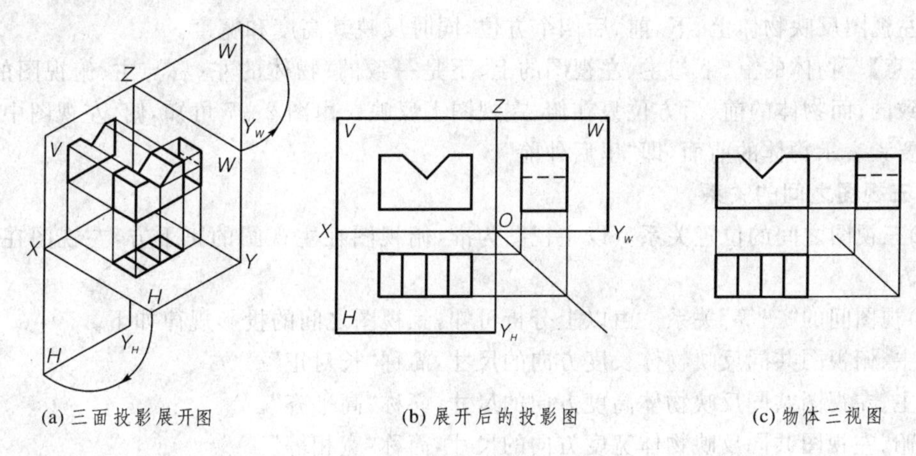

图 2-6　物体三视图的形成

2.2.3　物体与三视图的对应关系

物体的一个视图是不能反映物体的形状和大小的。一般采用三个视图来表示物体的形状，如图 2-7 所示。

1. 物体的形状与三视图之间的对应关系

(1)主视图　从物体前面向后看，主要得到物体前面的轮廓形状，用粗实线绘出。而后面被遮挡的轮廓形状，用虚线绘出。

(2)俯视图　从物体上面向下看，主要得到上面的轮廓形状，用粗实线绘出。而物体下面被遮挡的轮廓形状，用虚线绘出。

(3)左视图　从物体左面向右看，主要得到物体左面的轮廓形状，用粗实线绘出。物体右

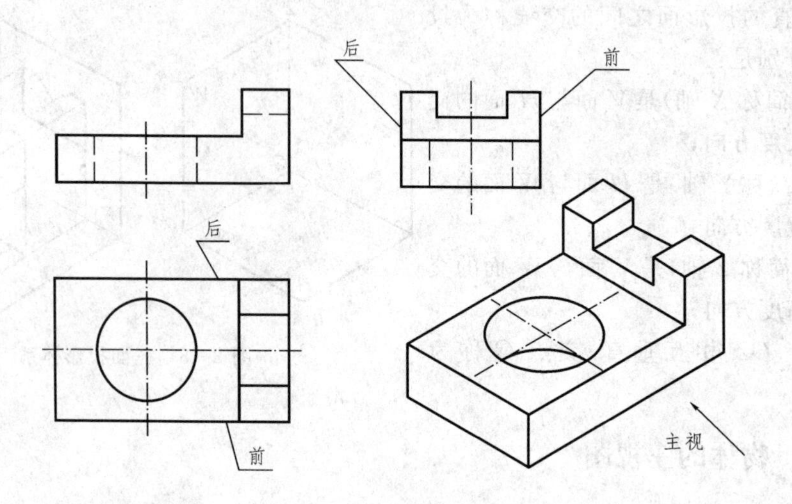

图 2-7　物体与三视图的对应关系

面被遮挡的轮廓形状,用虚线绘出。

2. 物体方位与三视图的关系

①主视图反映物体左、右、上、下四个方位,同时反映其高度和长度。

②俯视图反映物体左、右、前、后四个方位,同时反映其长度和宽度。

③左视图反映物体上、下、前、后四个方位,同时反映其高度和宽度。

【注意】　物体的上、下与主、左视图的上、下是一致的;物体的左、右与主、俯视图的左、右也是一致的;而物体的前、后方位只在俯、左视图上反映。由图 2-7 可知,俯、左视图中远离主视图的要素表示物体的前面,即“里后外前”。

3. 三视图之间的关系

(1)三视图之间的位置关系　以主视图为准,俯视图在主视图的正下方,左视图在主视图的正右方。

(2)视图间的“三等”关系　由以上分析可知,三视图之间的投影规律如下。

①主、俯视图共同反映物体长度方向的尺寸,简称“长对正”。

②主、左视图共同反映物体高度方向的尺寸,简称“高平齐”。

③俯、左视图共同反映物体宽度方向的尺寸,简称“宽相等”。

简言之:“长对正,高平齐,宽相等”。

应当指出,无论是整个物体,还是它的局部,都应符合“三等”关系。

2.2.4　徒手画物体三视图

首先将物体放置在三投影面体系中,使物体表面尽量多地与投影面平行或垂直。取较多地反映物体形状特征的方向作为主视图的投射方向。先画有特征的视图,再画其他视图,下面以图 2-8 所示的物体为例说明作图步骤。

(1)分析　图 2-8 轴承座轴测图中箭头所指方向较多地反映轴承座的形状特征。所以,将该方向作为主视图的投射方向较好。将立体底面放置成水平位置(平行 H 面),使上部的孔轴线垂直于正面。

(2)选择比例　比例应协调,确定图幅。

(3)布图　绘图前应粗略计算主、俯、左三视图的大小,根据图幅比例,使三视图与图纸边框应留有适当的距离。三个视图之间也应留有适当的距离。

(4)绘图步骤　如图2-9所示。

(5)注意事项　①画图的先后顺序为从形状特征视图开始,补画其他视图,本例应先画主视图,后画俯视图、左视图。先画中心线和主要轮廓,确定图形位置。先画圆或圆弧,后画直线。先画可见粗实线,再画其他部分。②画图时,物体的每一组成部分要符合"长对正,高平齐,宽相等"的关系。最好三个视图的对应部分一起画出。③底图结束后,仔细检查,纠正错误,擦去多余图线,按国家标准加深线条,使粗细分明。

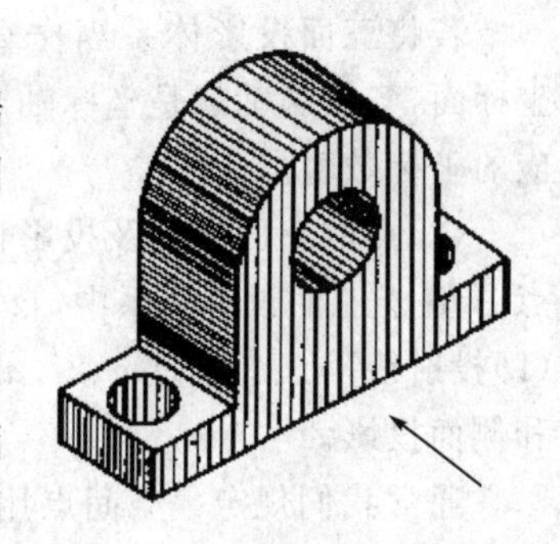

图2-8　轴承座轴测图

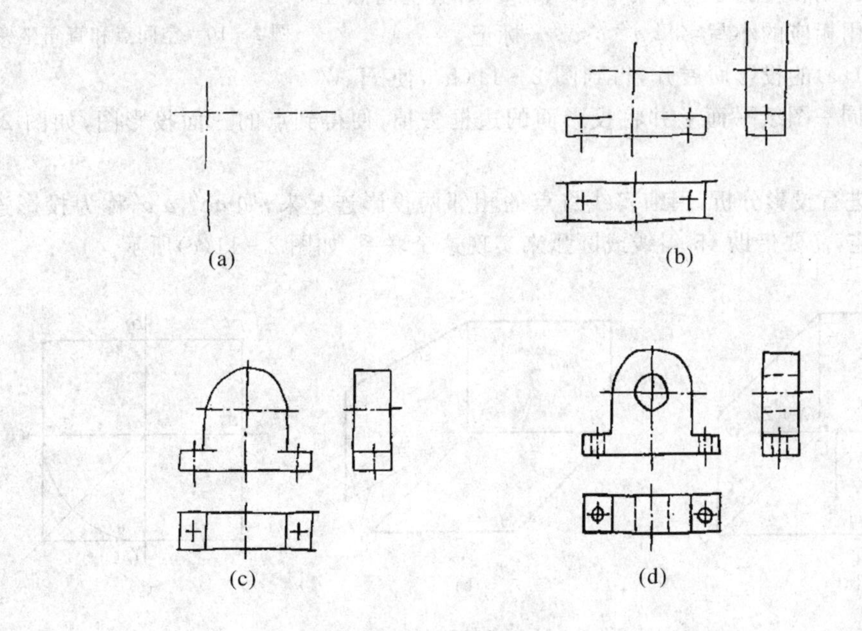

图2-9　轴承座草图的画法

2.3　点的投影

点、线、面是构成物体形状的基本几何元素,为了快速而准确地绘制物体的视图,有必要进一步分析点、线、面的投影规律和投影特征。

(1)点的空间位置和直角坐标　空间点的位置,由其直角坐标来确定。一般采用下列书写形式:$A(X,Y,Z)$,$A(25,20,30)$,$A(X_A,Y_A,Z_A)$等,其中X,Y,Z或相应的数字,均为该空间点到相应坐标面的距离,如图2-10所示。

若将三面投影体系当作直角坐标系，则各个投影面就是坐标面，各投影轴就是坐标轴。点到各投影面的距离，就是相应的坐标数值。

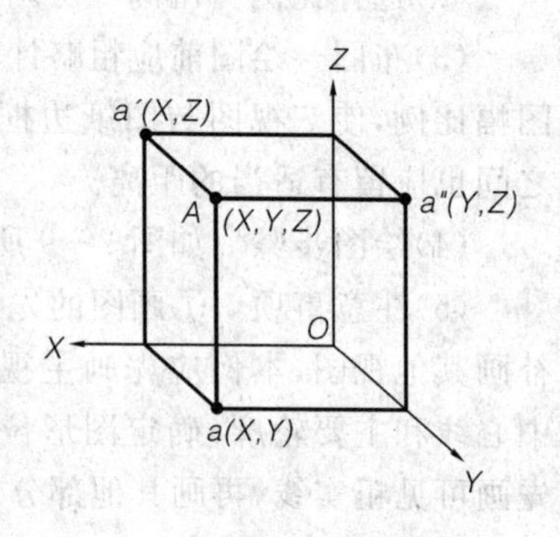

图 2-10　空间点和直角坐标系

(2)点的三面投影及投影特征 如图 2-11(a)所示，将空间点 A 置于三面投影体系中，自 A 点分别向三个投影面作垂线(即投射线)，三个垂足 a、a'、a''即为点 A 的水平投影、正投影和侧面投影。

通常我们规定　空间点用大写字母 A、B、C…标记；空间点在 H 面上的投影用相应的小写字母 a、b、c…标记；空间点在 V 面上的投影用相应的小写字母 a'、b'、c'…标记；空间点在 W 面上的投影用相应的小写字母 a''、b''、c''…标记。

将图 2-11(a)的投影面展开，得到图 2-11(b)，使 H、W 面与 V 面处于同一图纸平面上并将投影面的边框去掉，便得到点的三面投影图，如图 2-11(c)所示。

为了便于进行投影分析，用细实线将点的相邻两投影连起来，如 aa'，$a'a''$称为投影连线。a 与 a''不能相连，需要借助 45°斜线或圆弧来实现这个联系，如图 2-11(c)所示。

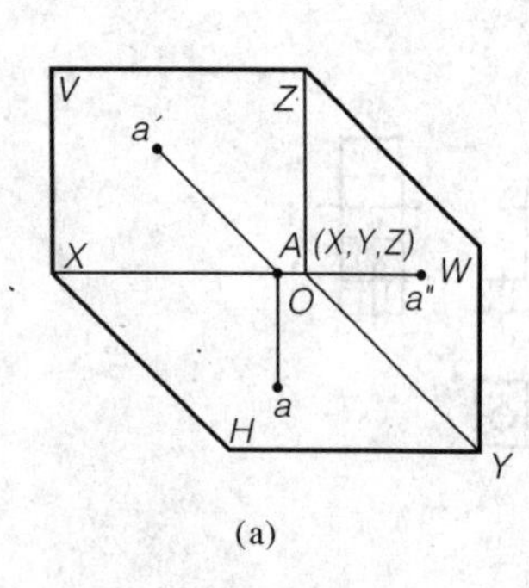

(a)

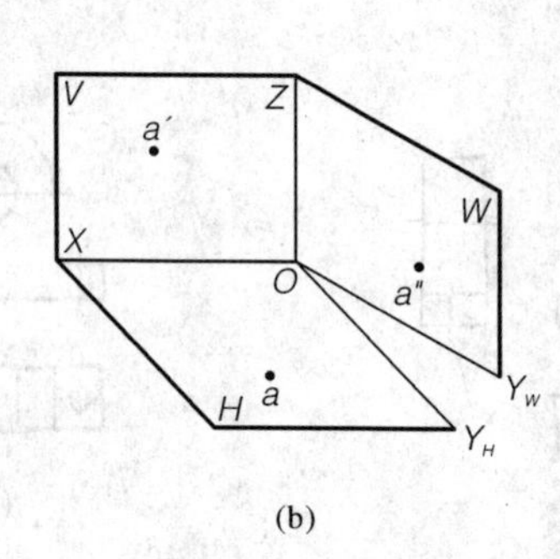

(b)

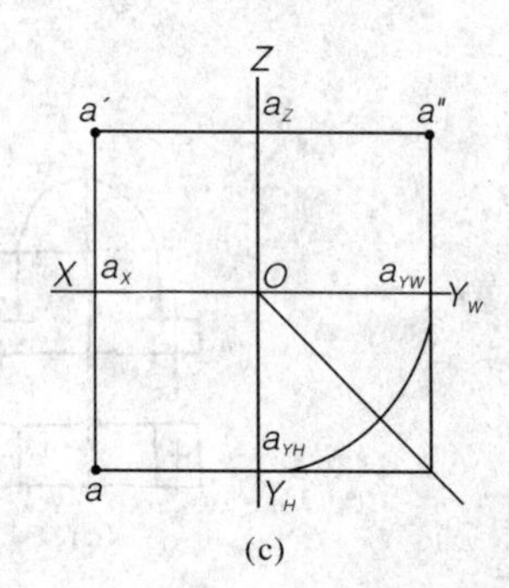

(c)

图 2-11　点的三面投影

从图 2-11 中可以看出，空间点 $A(X_A,Y_A,Z_A)$在三投影面体系中有惟一确定的一组投影(a,a',a'')；反之，如已知点 A 的三面投影即可确定点 A 的坐标值，也就确定了其空间位置。因此可以得出点的投影规律。

①点的两面投影的连线，必定垂直于相应的投影轴。即 $aa' \perp OX$，$a'a'' \perp OZ$，$aa_{YH} \perp OY_H$，$a''a_{YW} \perp OY_W$。

②点的投影到投影轴的距离分别等于点到三个投影面的距离，而且两两相等。即 $X_A = aa_{YH} = a'a_z$；$Y_A = aa_x = a''a_z$；$Z_A = a'a_x = a''a_{yw}$。

由此可见，点的投影与其坐标值是一一对应的，即 $a(X,Y)$，$a'(X,Z)$，$a''(Y,Z)$。根据点的投影规律，可由点 A 的三个坐标值(X_A,Y_A,Z_A)画出三面投影，也可以根据点的两面投影作出第三面投影。

【例 2-1】 如图 2-12(a)所示，已知点 $A(20,10,18)$，求作它的三面投影。

【解】 **作法一**　作图步骤如图 2-12(b)、图 2-12(c)所示。

①作出投影轴，定出原点 O。

②按坐标值 $X=20$，$Y=10$，$Z=18$，分别在 X、Y、Z 轴上量出 a_X，a_{YH}，a_{YW}，a_Z，如图 2-12(b)所示。

③过 a_X，a_{YH}，a_{YW}，a_Z，分别作投影连线垂直于投影轴，得交点 a，a'，a''即为所求，如图 2-12(c)所示。

作法二　作图步骤如图 2-12(d)～图 2-12(f)所示。

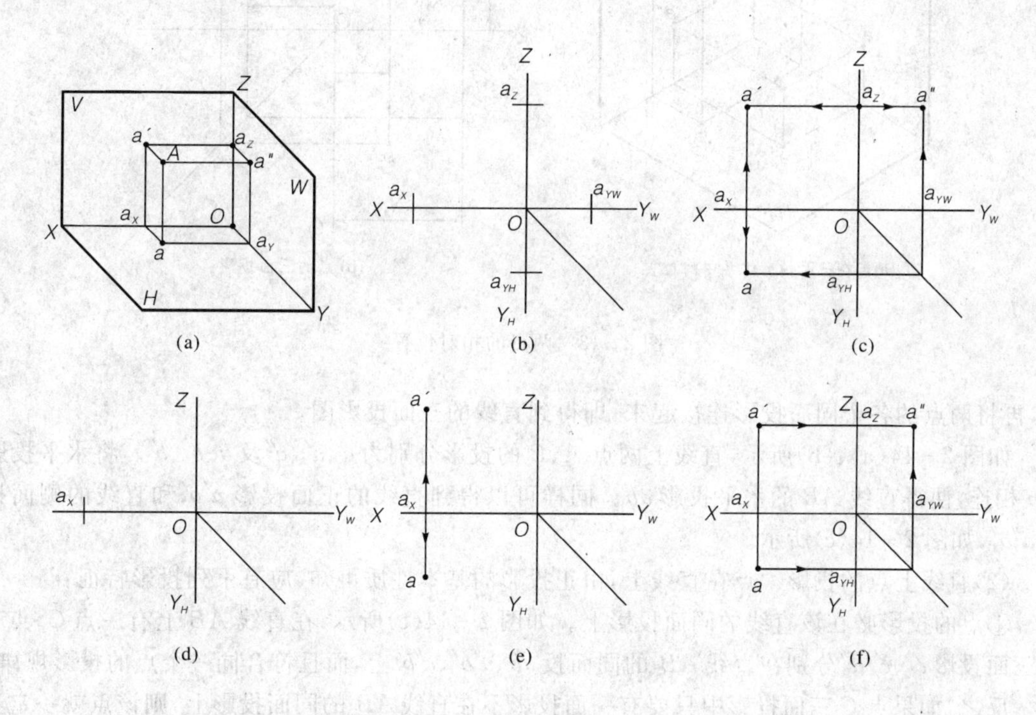

图 2-12　根据点的坐标求作点的三面投影

①在 X 轴上按 $X=20$ 得点 a_X，如图 2-12(d)所示。

②过 a_X 作投影连线垂直于 X 轴，由 a_X 向上截取 $Z=18$ 得投影 a'，由 a_X 向下截取 $Y=10$ 得投影 a，如图 2-12(e)所示。

③根据两面投影 a，a'求第三面投影 a''，如图 2-12(f)所示。

(3)点的相对位置　两点在空间的相对位置，可以由两点的坐标关系来确定，如图 2-13 所示。

两点的左右相对位置由 X 坐标确定，X 坐标值大者在左。故点 A 在点 B 左方。

两点的前后相对位置由 Y 坐标确定，Y 坐标值大者在前。故点 A 在点 B 后方。

两点的上下相对位置由 Z 坐标确定，Z 坐标值大者在上。故点 A 在点 B 下方。

2.4　直线的投影

直线的投影应包括无限长直线的投影和直线线段的投影，本节所研究的直线仅指后者。

(1)直线上三面投影的形成　直线的各面投影可由直线上两个点的同面投影来确定。根据"两点确定一条直线"的几何定理，在绘制直线的投影图时，只要作出直线上任意两点的投

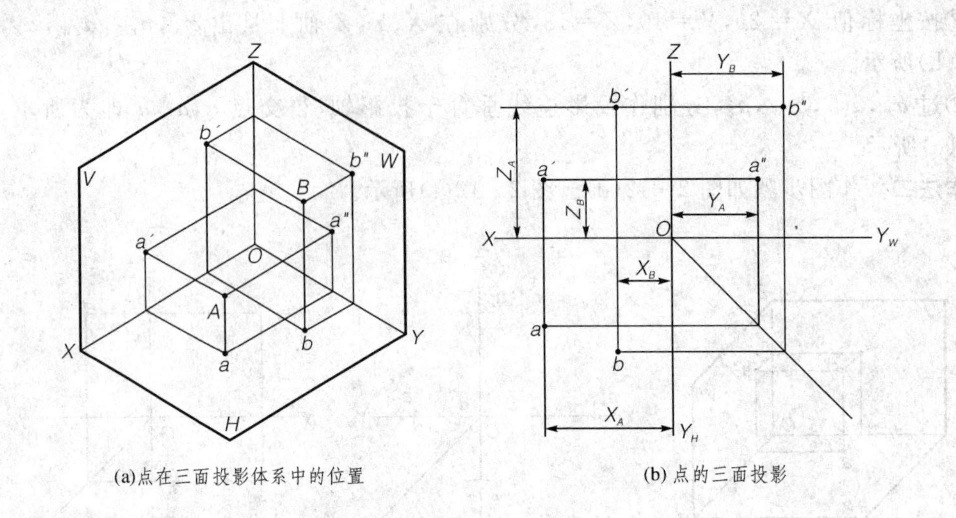

(a)点在三面投影体系中的位置　　(b) 点的三面投影

图 2-13　两点的相对位置

影，再将两点的各个同面投影连接起来，即得到直线的三面投影图。

如图 2-14(a)、(b)所示，直线上两点 A、B 的投影分别为 a、a'、a''及 b、b'、b''。将水平投影 a、b 相连，便得直线 AB 的水平投影 ab。同样可以得到直线的正面投影 $a'b'$ 和直线的侧面投影 $a''b''$，如图 2-14(c)所示。

(2)直线上点的投影　点在直线上，由正投影的基本性质可知，应有下列投影特征：

①点的投影必在该直线的同面投影上。如图 2-14(c)所示，在直线 AB 上有一点 C，点 C 的三面投影 c 、c'、c''分别在直线 AB 的同面投 ab、$a'b'$、$a''b''$上，而且符合同一个点的投影规律。

反之，如果点 C 三面投影中只要有一面投影不在直线 AB 的同面投影上，则该点就一定不在这条直线上。

②点分割线段之比等于其投影之比。如图 2-14(c)所示，点 C 将线段 AB 分割成 AC 和 CB，则 $AC:CB = ac:cb = a'c':c'b' = a''c'':c''b''$。

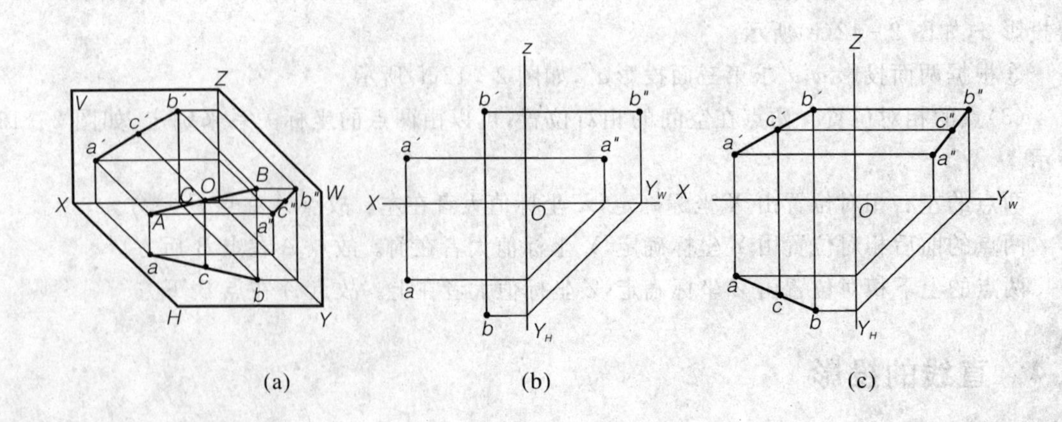

(a)　　(b)　　(c)

图 2-14　直线及直线上点的投影

【例 2-2】 已知直线 EF 的两面投影及 EF 上一点 C 的正面投影，求点 C 的水平投影，如图 2-15(a)所示。

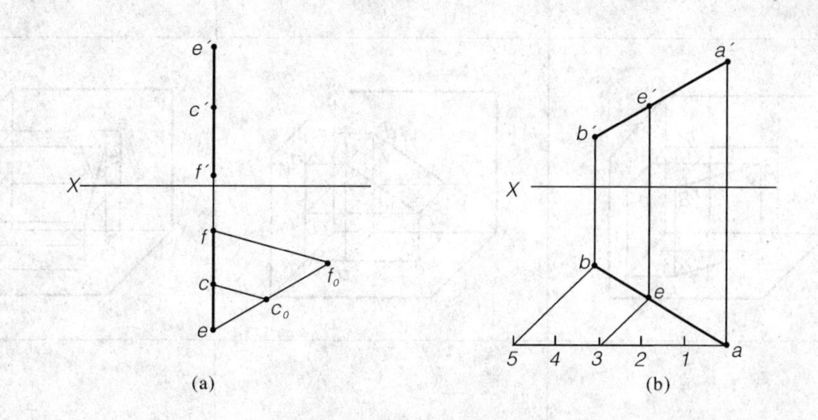

图 2-15　求点的水平投影

【解】 因为点 C 在直线 EF 上，因此必定符合定比 $e'c'$∶$c'f'$＝ec∶cf。所以过点 e 作一辅助线，取 $ec_0=e'c'$，$c_0f_0=c'f'$；连接 ff_0，过 c_0 作 $cc_0 /\!/ ff_0$ 交 ef 于 c 点即为所求。图 2-14(b)所示为已知点 E 分 AB 为 AE∶EB＝3∶2，求点 E 的投影的过程。

(3)直线对投影面的各种相对位置　空间直线相对于投影面的位置，有三种情况：一般位置直线；投影面平行线；投影面垂直线。后两类统称为特殊位置直线。

①一般位置直线。与三个投影面都倾斜的直线称为一般位置直线。如图 2-14 所示，直线 AB 即为一般位置直线。其投影特性如下。

1)一般位置直线在三个投影面上的投影均是倾斜直线。

2)一般位置直线在三个投影面上的投影长度均小于实长。

②投影面平行线。平行于一个投影面而与另外两个投影面倾斜的直线称为投影面平行线，线上任何点到所平行的投影面的距离是相等的。它在三投影面体系中，有三种位置：水平线——平行于 H 面，与 V、W 面倾斜的直线；正平线——平行于 V 面，与 H、W 面倾斜的直线；侧平线——平行于 W 面，与 H、V 面倾斜的直线。投影面平行线的投影特性及图例见表2-2。

表 2-2　投影面平行线的投影特性及图例

名称	水平线	正平线	侧平线
立体图	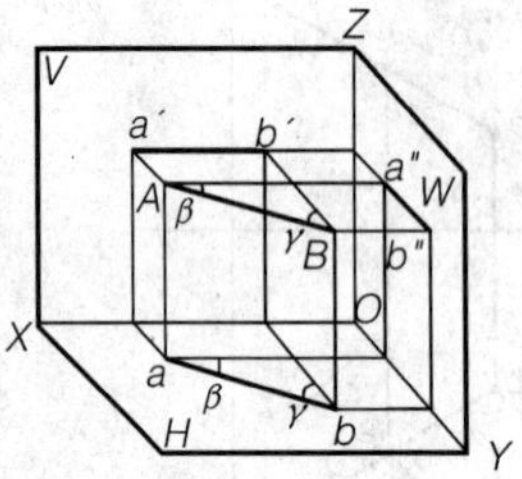	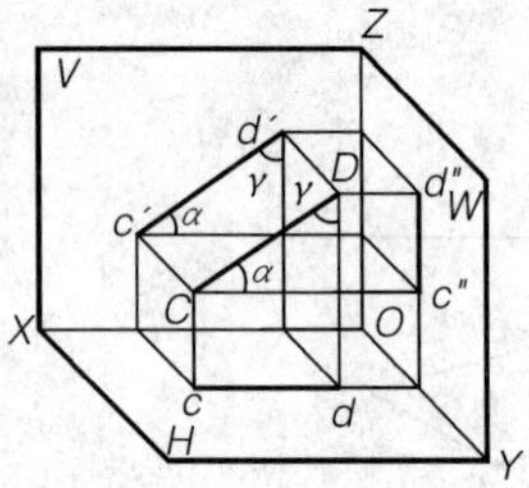	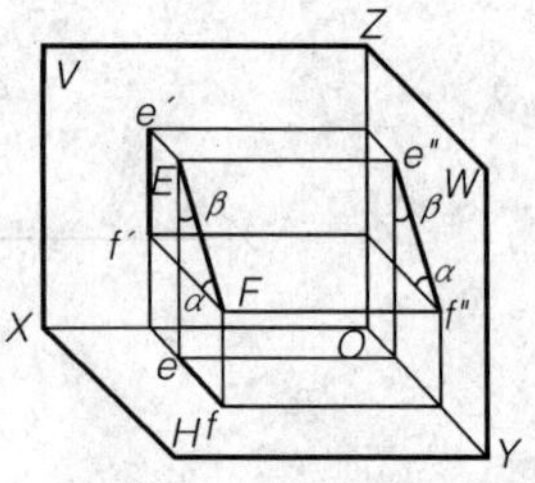
投影图	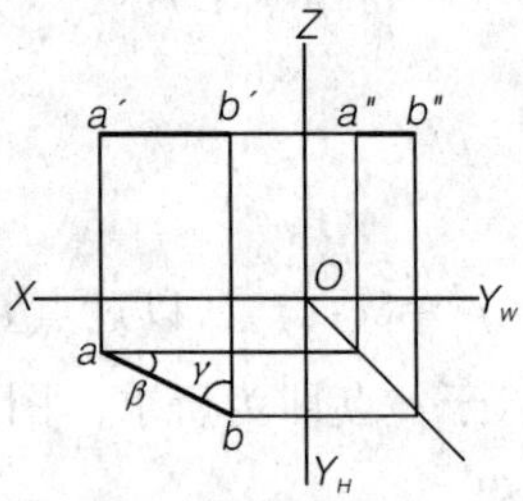	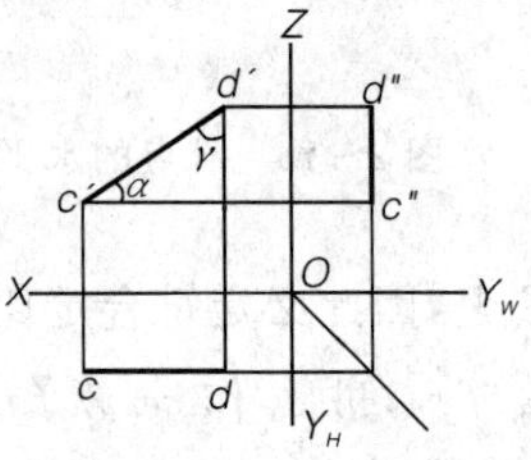	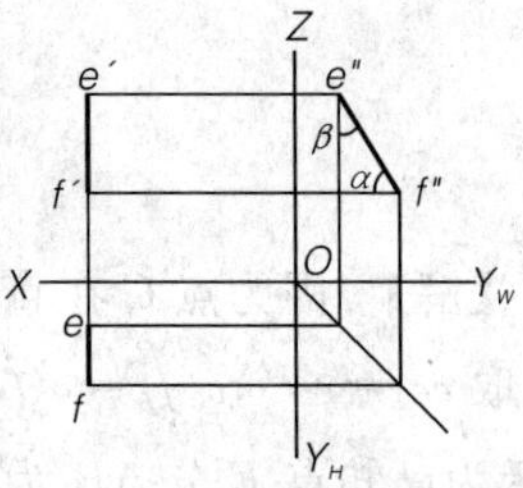
投影特点	1. 水平投影 $ab=AB$ 2. 正面投影 $a'b' \parallel OX$ 侧面投影 $a''b'' \parallel OY_W$ 3. ab 与 OX 和 OY_H 的夹角 β、γ 等于 AB 对 V、W 面的倾角。	1. 正面投影 $c'd'=CD$ 2. 水平投影 $cd \parallel OX$ 侧面投影 $c''d'' \parallel OZ$ 3. $c'd'$ 与 OX 和 OZ 的夹角 α、γ 等于 CD 对 H、W 面的倾角。	1. 侧面投影 $e''f''=EF$ 2. 水平投影 $ef \parallel OY_H$ 正面投影 $e'f' \parallel OZ$ 3. $e''f''$ 与 OY_W 和 OZ 的夹角 α、β 等于 EF 对 H、V 面的倾角。
	小结 1. 直线在所平行的投影面上的投影反映线段的实长。 2. 其他投影平行于相应的投影轴。 3. 反映实长的投影与投影轴所夹角度等于空间直线对相应投影面的倾角。		

注：α、β、γ 为直线与 H、V、W 面的倾角。

③投影面垂直线。垂直于一个投影面的直线称为投影面的垂直线，该直线必与另外两个投影面平行。它在三投影面体系中，也有三种位置：铅垂线——垂直于 H 面的直线；正垂线——垂直于 V 面的直线；侧垂线——垂直于 W 面的直线。

投影面垂直线的投影特性及图例见表 2-3。

表 2-3　投影面垂直线的投影特性及图例

名称	铅垂线	正垂线	侧垂线
立体图			
投影图			
投影特点	1. 水平投影 ab 成一点，有积聚性 2. $a'b'=a''b''=AB$ $a'b'\perp OX$，$a''b''\perp OY_W$	1. 正面投影 $c'd'$ 成一点，有积聚性 2. $cd=c''d''=CD$ $cd\perp OX$，$c''d''\perp OZ$	1. 侧面投影 $e''f''$ 成一点，有积聚性 2. $ef=e'f'=EF$ $ef\perp OY_H$，$e'f'\perp OZ$
	小结 1. 直线在所垂直的投影面上的投影积聚为一点。 2. 其他投影反映实长，且垂直于相应投影轴。		

【例 2-3】　判断图 2-16 所示正三棱锥上各条棱线对投影面的位置。

【解】　根据各直线的投影特性可判断出一般位置直线 SA、SC；水平线 AB、BC；侧平线 SB；侧垂线 AC。

(4)两直线的相对位置　两直线的相对位置有平行、相交、交叉三种情况。前两种位置的直线称为共面直线，后一种位置的直线称为异面直线。

①平行两直线。平行两直线的各组同面投影必定互相平行；反之，如果两直线的三组同面投影都互相平行，则两直线在空间一定互相平行，如图 2-17 所示。

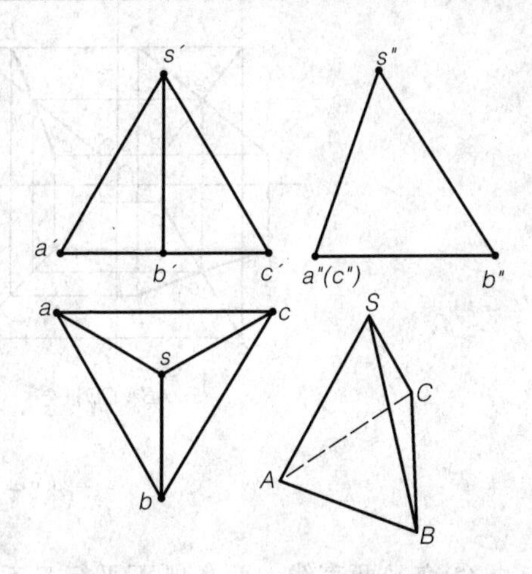

图 2-16　正三棱锥上直线的投影

对于一般位置直线，只要两组投影就足以判断它们是否平行；对于投影面平行线，则需要判断它们反映实长的投影是否互相平行。如图 2-17(b)所示的一对正平线是相互平行的。

但是，在图 2-18 中，虽然直线 AB 及 CD 在 V 面和 H 面上的同面投影都互相平行，但不反映实长，故不能就此判定为平行两直线。检查第三面投影可看出，这是不平行的两条侧平线。

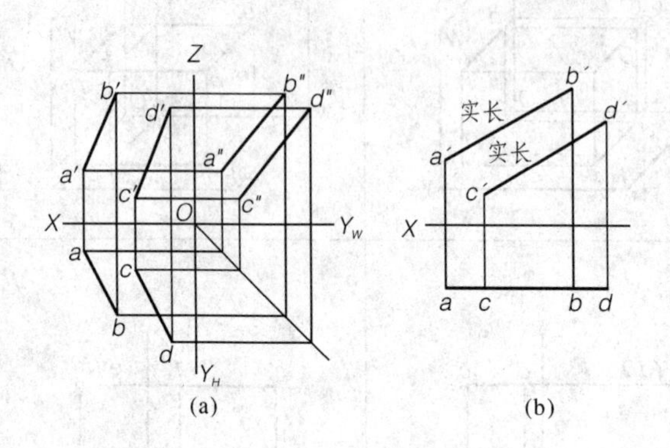

图 2-17 平行两直线的投影

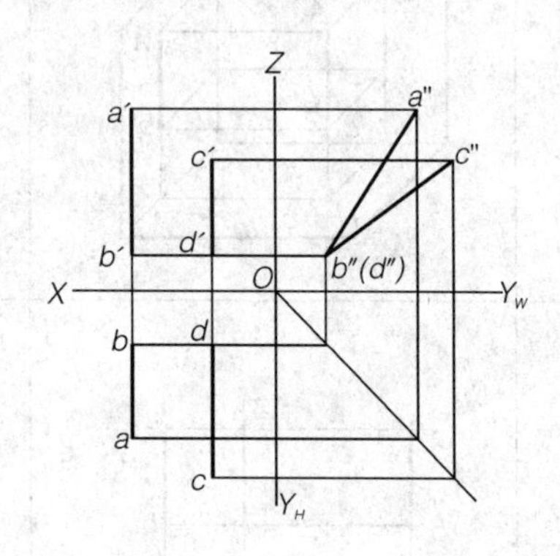

图 2-18 AB 和 CD 不平行

②相交两直线。相交两直线的各组同面投影也必定相交，而且交点的投影符合空间点的投影规律。

反之，若投影图中两直线在三个投影面上的同面投影都相交，且交点的投影符合空间点的投影规律，则此两直线在空间必定相交。

如图 2-19(a)所示，AB 与 CD 的三组同面投影都相交，且交点符合同一点的投影规律，所以 AB 与 CD 相交，交点为 E 点。

如图 2-19(b)所示，直线 AB 与 CD 三组同面投影虽都相交，但交点不符合同一点的投影规律，所以直线 AB 与 CD 不相交。

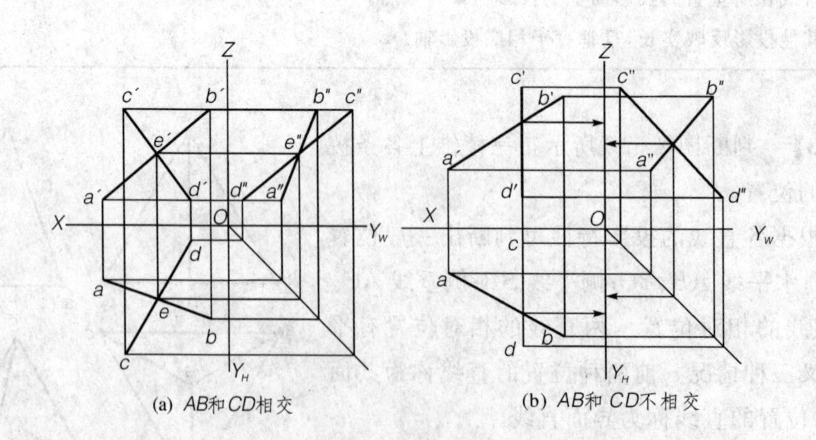

图 2-19 相交两直线的投影

③交叉两直线。两条既不平行又不相交的直线称为交叉直线。

交叉两直线的各面投影既不符合平行两直线的投影又不符合相交两直线的投影。

如图 2－18*AB* 和 *CD*，如图 2－19(b)所示 *AB* 和 *CD* 均为交叉两直线。

2.5　平面的投影

平面，一般都是指无限的平面。平面的有限部分称为平面图形，简称平面形。

2.5.1　平面的表示法

(1)用几何要素表示平面

①不在同一直线上的三个点(见图 2－20(a))。

②一直线和不在该直线上的一点(见图 2－20(b))。

③相交两直线(见图 2－20(c))。

④平行两直线(见图 2－20(d))。

⑤任意平面形(见图 2－20(e))。

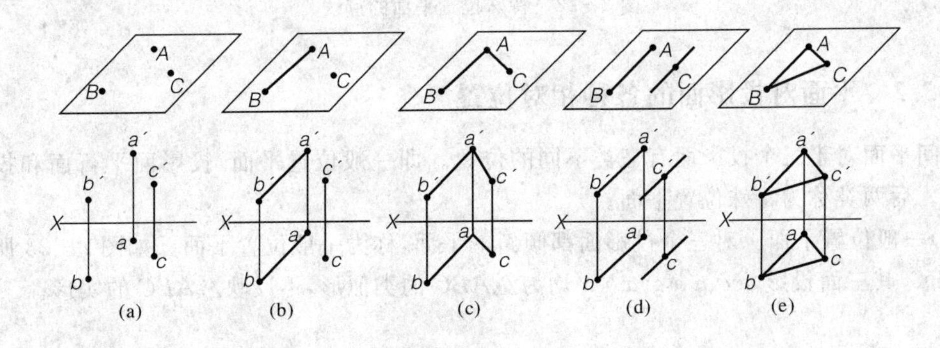

图 2－20　用几何要求表示平面

(2)用迹线表示平面　空间平面与投影面的交线称为平面的迹线，如图 2－21 所示，空间平面 *P* 与各投影面相交。

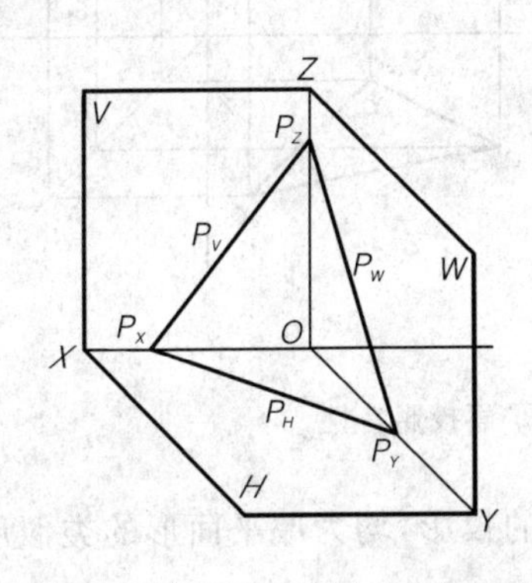

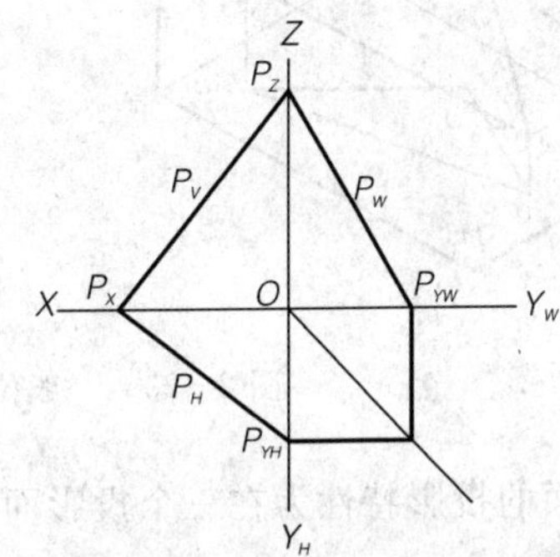

(a) 迹线在三投影体系中的位置　　(b) 迹线在三面投影图中的表示方法

图 2－21　用迹线表示平面

P_V——正面迹线，为 P 与 V 面交线。

P_H——水平迹线，为 P 与 H 面交线。

P_W——侧面迹线，为 P 与 W 面交线。

平面 P 与投影轴的交点，就是两条迹线的交点，称为迹线集合点，分别用 P_X、P_Y、P_Z 表示。

对特殊位置的平面，用两段短的粗实线表示有积聚性的迹线的位置，中间用细实线相连，并在两端标以符号，其画法如图 2－22 所示。

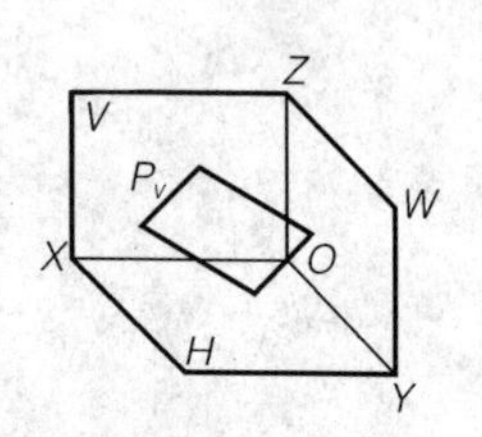

(a) 迹线在三投影面体系中的位置

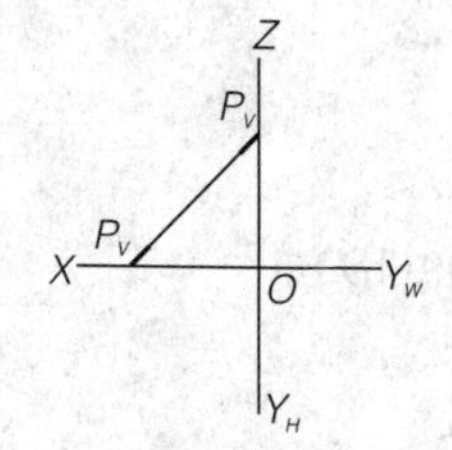

(b) 正垂面的迹线表示法

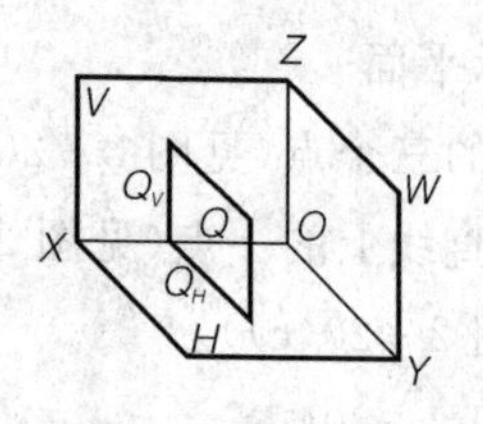

(c) 迹线在三投影面 体系中的位置

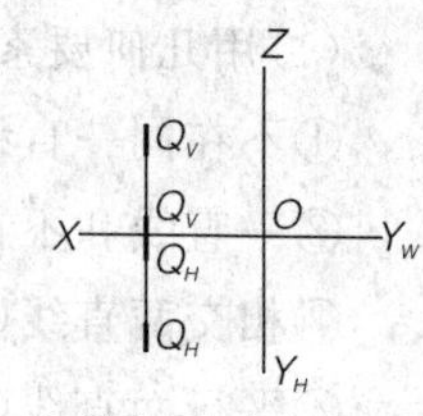

(d) 侧平面的迹线表示法

图 2－22　特殊位置平面的迹线

2.5.2　平面对投影面的各种相对位置

空间平面对于三个投影面有三类不同的位置。即一般位置平面，投影面平行面和投影面垂直面。后两类称为特殊位置平面。

(1)一般位置平面　对三个投影面都倾斜的平面，称为一般位置平面。如图 2－23 所示平面△ABC，其三面投影 abc、$a'b'c$、$a''b''c''$均为△ABC 的类似形，不反映△ABC 的实形。

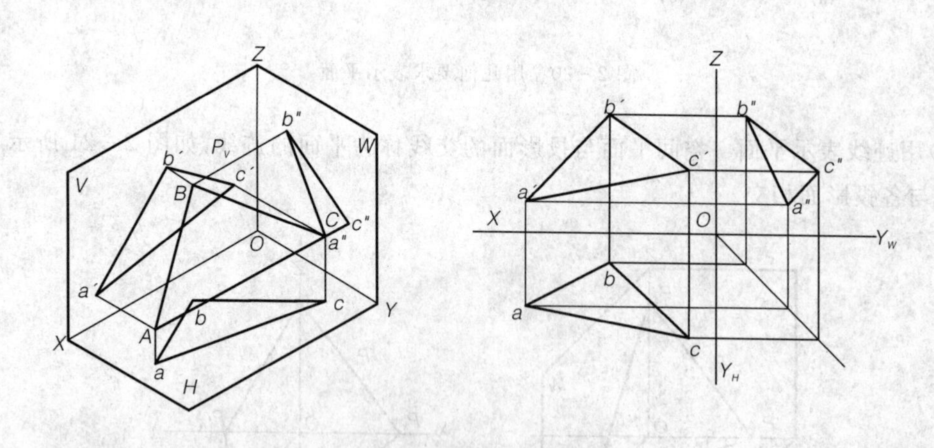

图 2－23　一般位置平面投影特性

一般位置平面的投影特性为在三个投影面上的投影，均为原平面形的类似形，都不反映真实形状。

(2)投影面平行面　平行于一个投影面的平面，称为投影面平行面。投影面平行面必与另两个投影面垂直。平行面有三种情况：水平面——平行于 H 投影面；正平面——平行于 V 投影面；侧平面——平行于 W 投影面。

投影面平行面的投影特性见表 2-4。

表 2-4 投影面平行面的投影特性

名称	水平面	正平面	侧平面
立体图	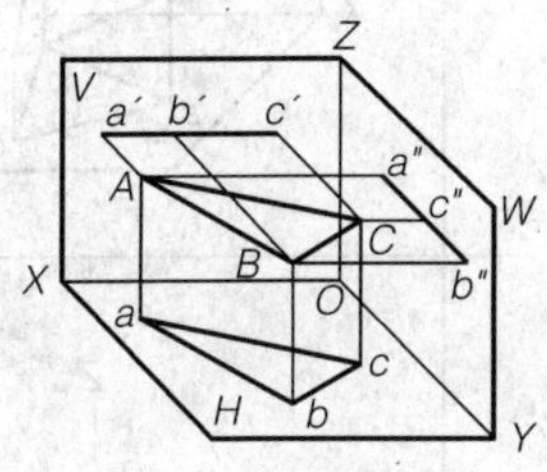	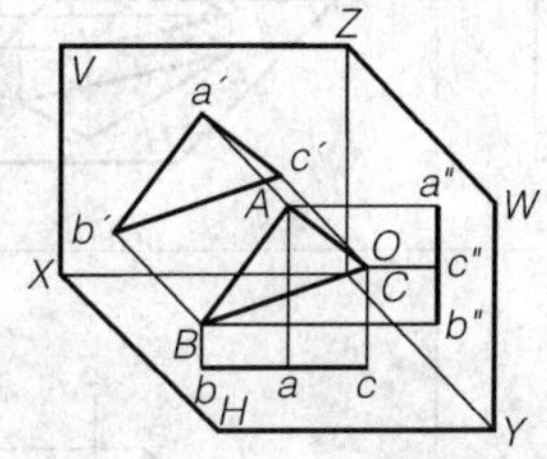	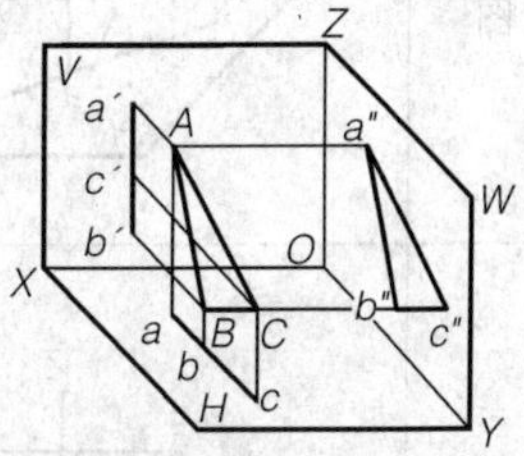
投影图	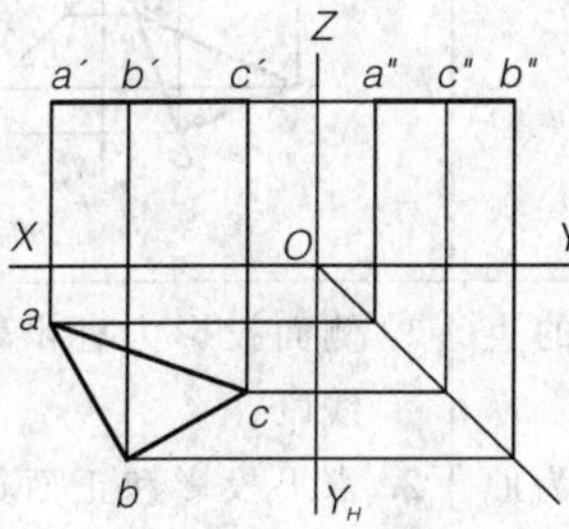	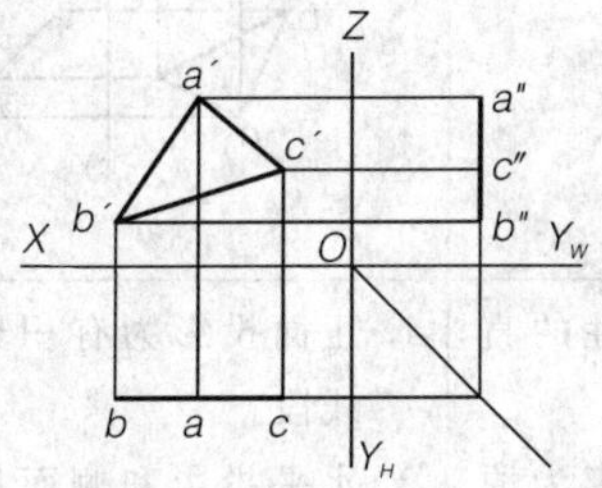	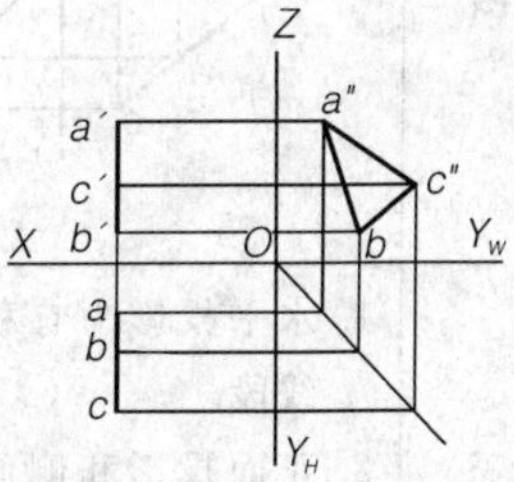
投影特性	1. 水平投影反映实形 2. 正面投影为直线段，有积聚，且平行于 OX 轴 3. 侧面投影为直线段，有积聚，且平行于 OY_W 轴	1. 正面投影反映实形 2. 水平面投影为直线段，有积聚，且平行于 OX 轴 3. 侧面投影为直线段，有积聚，且平行于 OZ 轴	1. 侧面投影反映实形 2. 水平面投影为直线段，有积聚，且平行于 O_{YH} 轴 3. 正面投影为直线段，有积聚，且平行于 OZ 轴
	小结 1. 投影面平行面在所平行的投影面上的投影反映实形。 2. 其他两面投影都积聚为直线段，并平行于相应的投影轴。		

(3)投影面垂直面　垂直于一个投影面，与另两投影面倾斜的平面，称为投影面垂直面。可分为三种情况：铅垂面——垂直于 H 投影面，与另两个投影面倾斜；正垂面——垂直于 V 投影面，与另两个投影面倾斜；侧垂面——垂直于 W 投影面，与另两个投影面倾斜。投影面垂直面的投影特性见表 2-5。

表 2-5　投影面垂直面的投影特性

名称	铅垂面	正垂面	侧垂面
立体图			
投影图			
投影特性	1. 水平投影为有积聚性的直线段。 2. 正面投影和侧面投影为原形的类似形。	1. 正面投影为有积聚性的直线段。 2. 水平投影和侧面投影为原形的类似形。	1. 侧面投影为有积聚性的直线段。 2. 水平投影和正面投影为原形的类似形。
	小结 投影面的垂直面在所垂直的投影面上的投影为直线段，有积聚性，其他投影为原形的类似形。		

2.5.3　面内的直线和点

(1)直线在平面内的几何条件　满足下列条件之一的直线在该平面内。

①通过平面内的已知两点。②含平面内的一已知点而又平行于平面内的一已知直线。

平面内有关直线的作图题，都是以上述两条为依据的。

(2)平面内的一般位置直线　只要在平面内两已知直线上各取一点，连接成直线即是平面上的直线。若无特殊投影特性，即是一般位置直线。

【例 2-4】　如图 2-24 所示，在已知平面△ABC 内作一任意直线。

【解】分析　根据直线在平面内的几何条件，可以用两种方法来求出此直线。

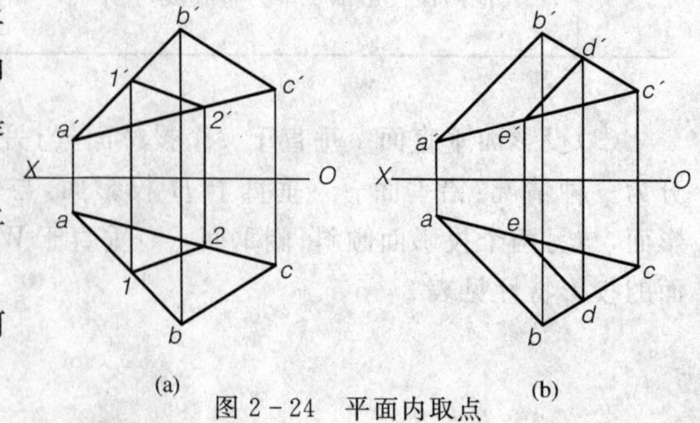

图 2-24　平面内取点

作法一　在△ABC内任二边上各取一点Ⅰ、Ⅱ连接Ⅰ、Ⅱ的同面投影12,$1'2'$即得一解。如图2-24(a)所示。

作法二　在△ABC内任一边上取一点D,过点D作直线DE平行于另一边AB,交AC于E点,即$d'e' \parallel a'b'$,$de \parallel ab$,则DE即为一解,如图2-24(b)所示。本例有无穷解。

【例2-5】　如图2-25(a)所示,判断ⅠⅡ是否在平面$P(ABC)$内。

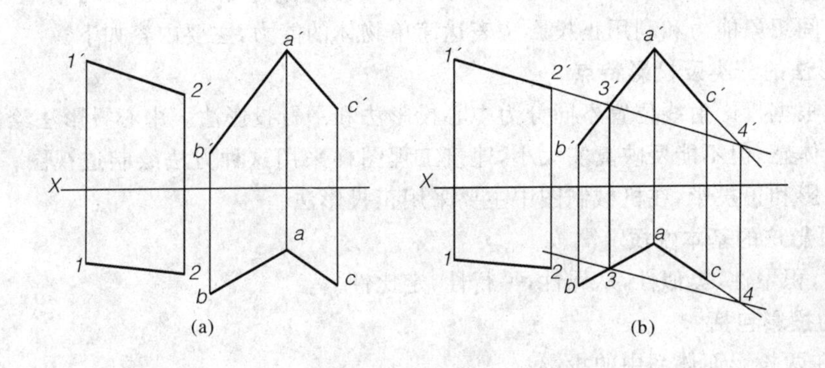

图2-25　判断直线是否在给定平面内

【解】分析　如ⅠⅡ在平面P内,则ⅠⅡ与AB、AC或者都相交;或者与其中一条相交而与另一条平行。否则,ⅠⅡ就不在平面P内而与AB、CA为交叉直线。

作图

①延长$1'2'$与$a'b'$、$a'c'$交于$3'$、$4'$。

②在ab、ac上分别求出3、4,并连接。现34和12线段不在一条线上。故ⅠⅡ不在P面内。

(3)平面内的投影面平行线　它的投影应符合投影面平行线的投影特性和满足直线在平面内的条件。

平面内的投影面平行线,其中一个投影反映其实长和对投影面的倾角;另一个投影反映线段到投影面的真实距离,且满足直线从属于平面的几何条件。为方便作图,常用它作为辅助线来解题。

【例2-6】　如图2-26所示,在已知平面△ABC中任意作一条正平线。

【解】分析　因为正平线的水平投影平行于OX轴,所以先作出正平线的水平投影,再求正面投影。

作图

①在△ABC的水平投影△abc上,经过任一点,如点a,作$am \parallel OX$轴交bc于m点。

②作出M点的正面投影m',连接$a'm'$,则AM即为所求,如图2-26所示。此题有无穷解。

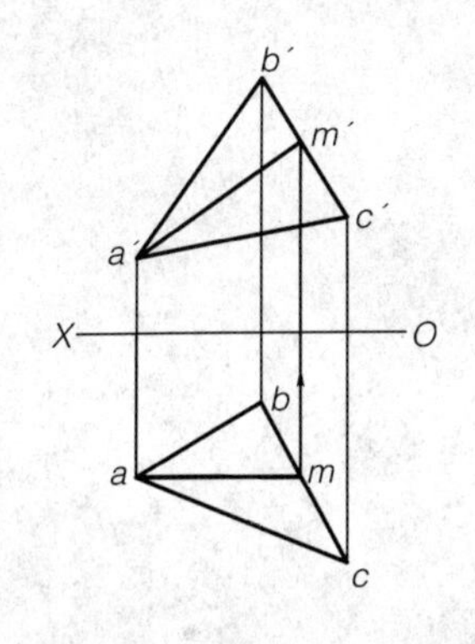

图2-26　平面上的正平线

同一平面上可以有无数条投影面平行线,而且都互相平行。

如果规定必须通过平面上一个点，或者距某个投影面的距离为给定值，则只有一个解。

本章小结

本章重点介绍了投影法的基础知识，及点、线、面的基本投影规律。学习本章节后，应该具有一定的空间想象能力和利用正投影法表达简单物体的能力，主要内容如下。

1. 投影法的分类及投影特点

投影法根据投影射线位置不同分为中心投影法和平行投影法。中心投影法绘制的图形具有较强的立体感，但不能反映真实大小，建筑工程图样采用这种方法绘制透视图；平行投影法又分为斜投影和正投影，在机械制图中主要采用正投影法。

2. 正投影法的基本性质

真实性，积聚性，类似性，从属性，平行性，定比性。

3. 点的投影包括

(1)点在两投影面体系中的投影；

(2)点在三投影面体系中的投影；

(3)点的投影与该点直角坐标的关系；

(4)点的相对位置、重影点及可见性。

4. 直线的投影包括

(1)直线的投影和直线上点的投影；

(2)直线对投影面的各种相对位置(任意、平行、垂直)；

(3)两直线的相对位置：平行、相交、交叉。

5. 平面的投影包括

(1)平面的两种表示法 ①用几何元素表示；②用有积聚性的迹线表示；

(2)平面对投影面的各种相对位置(任意、平行、垂直)；

(3)平面上的点和直线(一般位置直线，平行投影面的直线)判定方法。

第3章　基本几何体的投影

立体表面由若干平面围成，表面均为平面的立体称为平面立体；表面为曲面或平面与曲面的立体称为曲面立体。工程制图中，通常把棱柱、棱锥、圆柱、圆锥、球、圆环等简单立体称为基本几何体，简称基本体。

3.1　平面立体的投影及其表面取点

平面立体是由平面围成的实体，其表面都是平面，如棱柱、棱锥等。平面立体的各表面都是平面图形；面与面的交线是棱线；棱线与棱线的交点为顶点。

3.1.1　棱柱

1. 棱柱的三视图

棱柱的表面是棱面和底面，各棱线相互平行。当棱线与底面垂直时，称为直棱柱；倾斜时称为斜棱柱；当直棱柱的顶、底面为正多边形时，称为正棱柱。

如图3-1(a)所示，为便于画图和看图，常使棱柱的主要表面处于与投影面平行或垂直的位置。其顶面和底面平行于 *H* 面，在俯视图上反映实形，前后棱面是正平面，在主视图上反映实形，六棱柱的另外四个棱面为铅垂面，六个棱面在俯视图上积聚成直线并与六边形的边重合。六棱柱的六条棱线为铅垂线，其水平投影积聚在六边形的六个顶点上，正面投影和侧面投影都是垂直线。画棱柱体的三视图时，一般先画反映实形的底面的投影，然后再画棱面的投影，并判断可见性。正六棱柱的画图步骤如下。

①画对称中心线。

②画出反映顶、底面实形（正六边形）的水平投影。

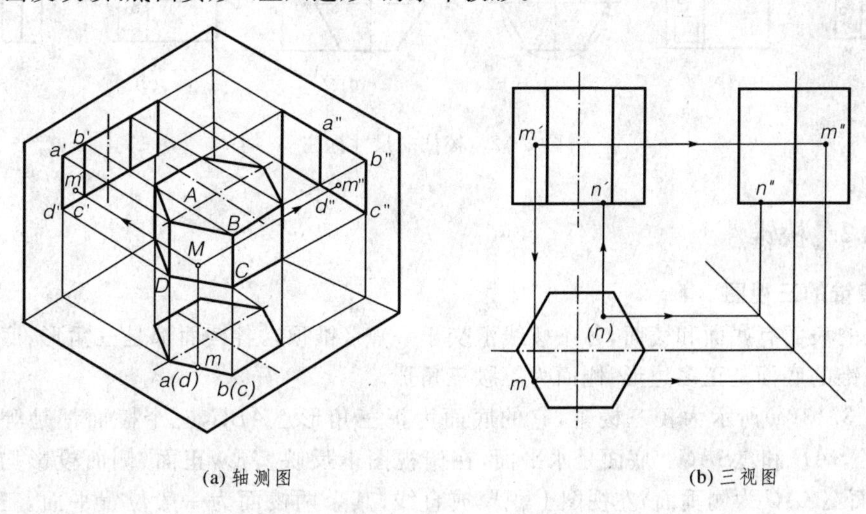

图3-1　正六棱柱的三视图与表面上的点

③根据棱柱的高度按三视图的投影关系画出其余两视图，如图 3-1(b)所示。

2. 棱柱表面上的点

平面立体表面上取点与平面上取点的方法相同。首先要根据点的投影位置和可见性确定点在哪个面上。对于特殊位置平面上点的投影，可以利用平面的积聚性求出；对于一般位置平面上的点须用辅助线的方法求出。

【例 3-1】 如图 3-1(b)所示，已知正六棱柱表面上点 M 的正面投影和点 N 的水平投影，求其另两个投影并判断可见性。

【解】分析 由图 3-1 可知，由于 m' 可见，点 M 在左前棱面上，该棱面为铅垂面，水平投影有积聚性，因此点 M 的水平投影仍可直接求出，由 m 和 m' 即可求出 m''。由于点 N 的水平投影 n 不可见，因此判断点 N 在底面上，该底面的正面投影和侧面投影均积聚成直线段，因此可利用积聚性求出 n' 和 n''。

作图

①由 m' 作投影连线求得 m，由 m' 和 m 求得 m''。

②由 n 作投影连线求得 n'，由 n 和 n' 求得 n''。

③判断可见性。可见性判断原则是：如果点所在面的投影可见（或者有积聚性），则点的投影也可见。由此可知 m' 和 m''、n' 和 n'' 均可见。

3. 棱柱的尺寸标注

棱柱的完整尺寸包括特征面形状尺寸和高度（指棱柱两特征面间的距离）尺寸。决定特征面形状的尺寸应集中标注在特征视图上，另两矩形视图上只标注一个高度尺寸，见图 3-2。

标注正方形尺寸时，采用在正方形边长尺寸数字前加注符号“□”的形式注出(图 3-2(b))。

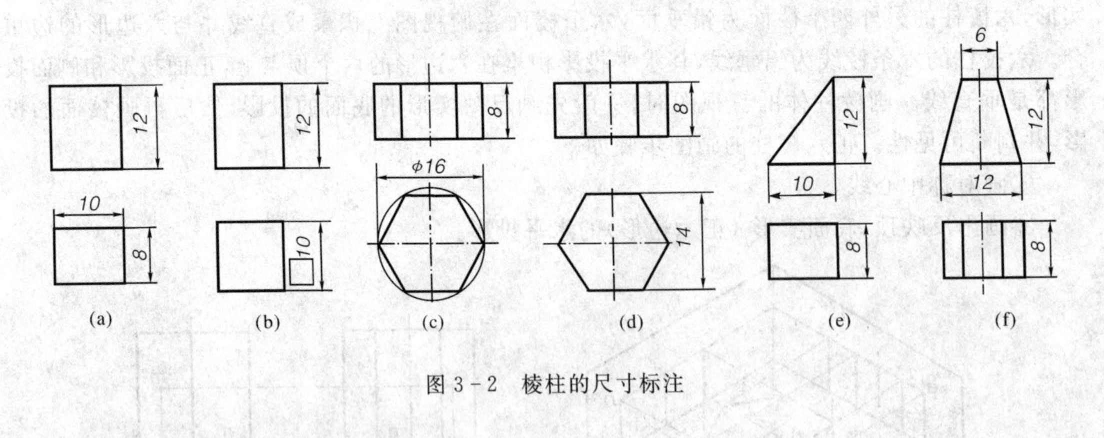

图 3-2 棱柱的尺寸标注

3.1.2 棱锥

1. 棱锥的三视图

棱锥的表面有底面和棱面，各条棱线汇交于一点（锥顶），各棱面都是三角形，底面为多边形。正棱锥的底面是正多边形，侧面为等腰三角形。

如图 3-3(a)所示为正三棱锥，它的底面为正三角形△ABC，三个棱面都是等腰三角形△SBC、△SAB 和△SAC。底面是水平面，在俯视图上反映实形，正面、侧面投影均积聚为直线段；棱面△SAC 为侧垂面，左视图上积聚成直线；其余两棱面为一般位置平面，三面投影都是类似形。

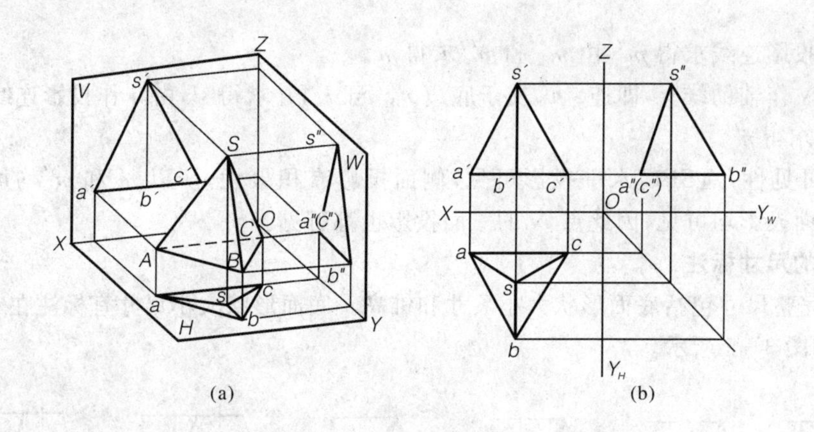

图 3-3　三棱锥的三视图

画棱锥的三视图时，先画底面和顶点的投影，然后再画出各棱线的投影，并判断可见性，画图步骤如下。

①画出反映底面实形的水平投影及有积聚性的其他两个投影，并确定顶点 S 的三面投影。

②画出三条棱线并加深，如图 3-3 所示。

2. 棱锥表面上的点

【例 3-2】　如图 3-4(a)所示，已知三棱锥表面上两点 M、N 的正面投影，求作 M、N 两点的其余两投影。

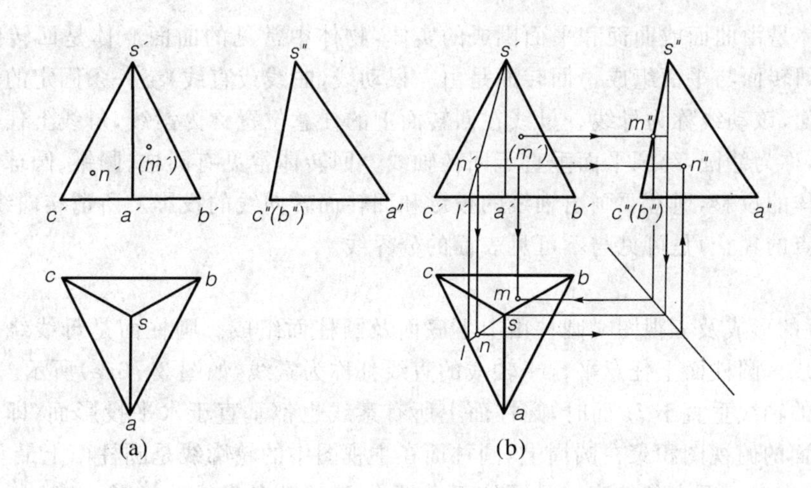

图 3-4　三棱锥表面上的点

【解】分析　由于 m' 不可见，可知点 M 在棱面△SBC 上，且平面 SBC 的侧面投影有积聚性，可利用积聚性求 m''，再由 m' 和 m'' 求出 m。点 N 处在△SAC 上，为一般位置平面，需要通过在平面上作辅助线的方法，求出点 N 的其余两投影。

作图

① 过作投影连线求得 m'',由 m' 和 m'' 求得 m。

②过点 N 作辅助线 sl,即连 $s'n'$ 交于底边 $a'c'$ 于 l',并求得 sl,由 n'作投影连线交 sl 上得 n,由 n' 和 n 求得 n''。

③判断可见性,$\triangle SBC$ 水平投影可见,侧面投影有积聚性,所以 m 和 m''均可见。棱面 $\triangle SAC$ 的三面投影均可见,因此点 N 的三面投影也都可见。

3. 棱锥的尺寸标注

棱锥的完整尺寸包括底面形状大小尺寸和锥高。底面形状大小尺寸宜标注在其反映实形的视图上,如图 3-5 所示。

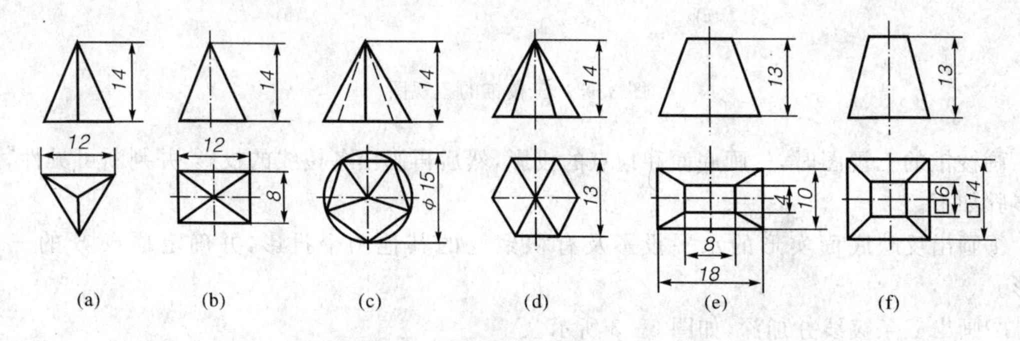

图 3-5 棱锥、棱台的尺寸标注

3.2 曲面立体的投影及其表面取点

曲面立体是由曲面或曲面和平面围成的实体,物体中常见的曲面立体是回转体。回转体由回转面或回转面与平面组成。回转面是由一根动线(曲线或直线)绕一条固定的轴线旋转一周形成的曲面,该动线称为母线。母线在回转面上的任意位置称为素线,母线上任一点的运动轨迹都是圆,称为纬圆,纬圆平面垂直于回转轴线。回转体常见有圆柱、圆锥、圆球等。

画回转体的投影,通常要画出轴线的投影和回转面转向线的投影。所谓转向线,即投影线与回转面切点的集合,是可见与不可见表面的分界线。

1. 圆柱

(1)圆柱的形成及三视图　圆柱由上下底面及圆柱面组成。圆柱面是母线绕与其平行的轴线旋转而成。圆柱面上任意平行于轴线的直线都称为素线,如图 3-6(a)所示。

当圆柱的轴线垂直于 H 面时,圆柱面上所有素线也都垂直于水平投影面,即圆柱面为铅垂面。圆柱面的俯视图积聚在圆周上,圆柱面在主视图中的轮廓线是圆柱面上最左、最右两条素线的投影,在左视图中的轮廓线是圆柱面上最前、最后两条素线的投影,底面为水平面,俯视图为圆(实形),主、左视图积聚为视图为大小相同的矩形,如图 3-6(b)所示。

画圆时,先画中心线,再画积聚性投影圆,最后画其余两视图。画图步骤如下。

①画俯视图的中心线及轴线的正面和侧面投影。

②画出投影为圆的俯视图。

③根据圆柱体的高画出另两个视图。如图 3-6(c)所示。

(2)圆柱表面上取点　由于圆柱面投影有积聚性,可利用积聚性作图。

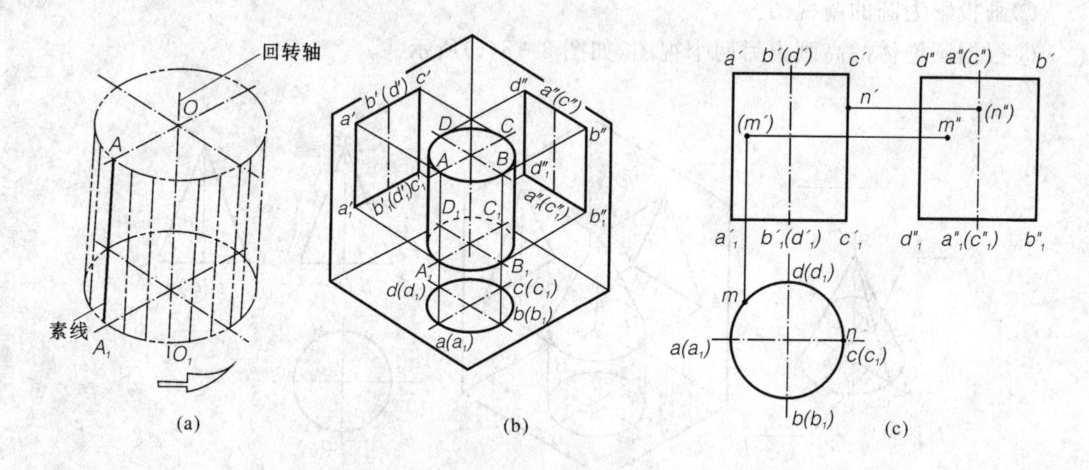

图 3 - 6　圆柱体的三视图与表面上的点

【例 3 - 3】 如图 3 - 6(c)所示,已知圆柱面上两点 M、N 的正面投影 m' 和 n',求水平投影和侧面投影。

【解】分析　由于圆柱面的水平投影有积聚性,所以圆柱面上两点 M、N 的水平投影也在该圆上,可直接求出 m、n,由 m'、n' 和 m、n 可求出 m''、n''。

作图

①从 m'、n' 作投影线与圆周相交得到,由于 m' 不可见,在后半圆柱面上,n' 在最右素线上,求出 m、n;

②由点 M、N 的两面投影可求出侧面投影 m'' 和 n'',如图 3 - 6(c)所示。

③可见性判断点 M 在后左圆柱面上,m''可见。点 N 在右半圆柱面上,n''不可见,如图 3 - 6(c)所示。

(3)圆柱尺寸标注　圆柱的完整尺寸包括径向尺寸和轴向尺寸。圆柱的直径尺寸一般标注在非圆视图上。如图 3 - 7 所示,当把圆柱尺寸集中标注在一个非圆视图上时,这个视图已能表达清楚圆柱的形状和大小。

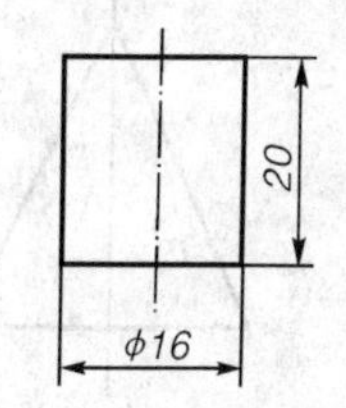

图 3 - 7　圆柱的尺寸标注

2. 圆锥

(1)圆锥的形成及三视图　圆锥体由圆锥面与底平面组成。圆锥面可看成是由一条母线 SA 绕与它相交的轴线回转而成。圆锥面上过锥顶 S 的任一直线称为素线,如图 3 - 8(a)所示。

如图 3 - 8(b)所示,当圆锥的轴线垂直于水平投影面时,圆锥的俯视图是圆,该圆既是圆锥面的投影,又是底平面圆的实形投影;主视图为等腰三角形,三角形的底边是圆锥底平面的积聚投影,两腰是圆锥面上最左、最右两条素线的投影;左视图也是等腰三角形,三角形的底边是圆锥底平面的积聚投影,两腰是圆锥面上最前和最后两素线的投影。

画图时,应先画中心线和轴线,再画投影为圆的视图,最后画锥顶和轮廓线的投影,画图步骤如下。

①画俯视图的中心线及轴线的正面和侧面投影。

②画投影为圆的俯视图。

③根据圆锥体的高画出另两个视图,如图 3-8(c)所示。

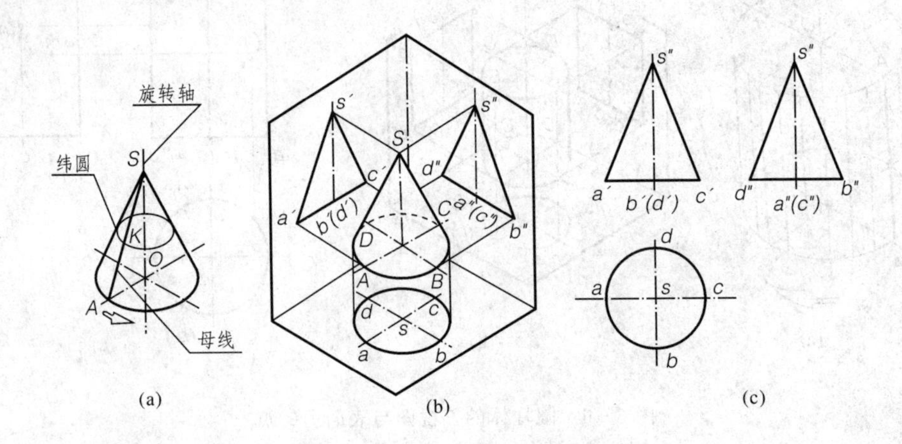

图 3-8 圆锥体的三视图

(2)圆锥表面上取点 由于圆锥面投影无积聚性,所以求圆锥表面上的点可用素线法和纬圆法。

【例 3-4】 图 3-9(a)所示,已知点 M 的正面投影 m',和点 N 的水平投影 n,求 M、N 两点的其余两投影。

【解】分析 由于圆锥的三面视图均无积聚性,所以圆锥面上求点方法必须用素线法或纬圆法,求出素线或纬圆的三面投影,然后在线或圆上确定点的投影。作图步骤如下(见图 3-9(b))。

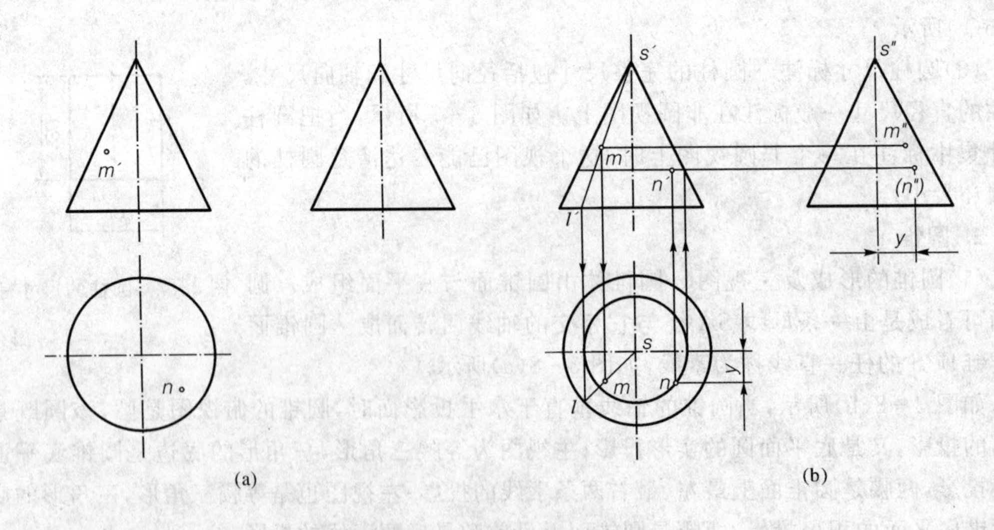

图 3-9 圆锥体表面上的点

方法一 用素线法求解

先过 m' 与锥顶 s' 作一条辅助素线 $s'l'$,求出 sl;再利用直线上点的重属性,求出 m;由 m'、

m 可求出 m''。

方法二　用纬线圆法求解

过 n 作纬圆的水平投影，此水平圆与圆锥底平面圆同心。其正面投影和侧面投影为垂直于轴线的直线，长度为纬圆的直径，n'、n''在此线上。

可见性判断由于点 M 在左前圆锥面上，三面投影均可见；点 N 在右前圆锥面上，所以 n'' 不可见。

(3)圆锥尺寸标注　圆锥的完整尺寸包括底圆直径尺寸和锥高。底面圆的直径尺寸，一般标注在非圆视图上。如图 3－10 所示，当把圆锥尺寸集中标注在一个非圆视图上时，一个视图已能完整地表达圆锥的形状与大小。

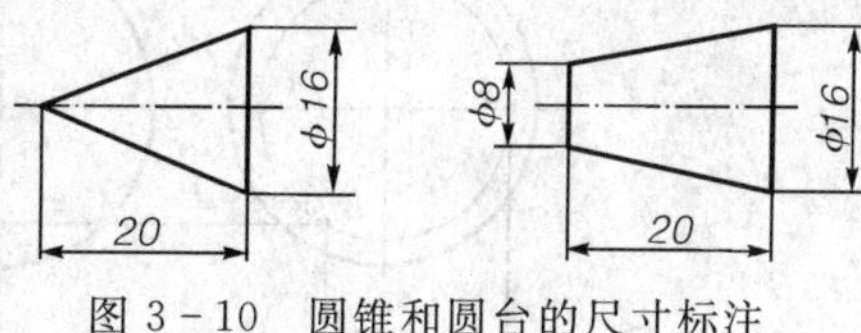

图 3－10　圆锥和圆台的尺寸标注

3. 圆球

圆球从任意方向投影都是圆，因此其三面投影都是直径相同的圆。三个圆分别是球面在三个投影方向上转向轮廓素线圆 A、B、C 的投影，如图 3－11(b)所示。A 在主视图中是 a'，它是前后半球可见与不可见的分界圆，在俯视图和左视图中都积聚成直线 a 和 a''，并与中心线重合，不必画出；同理，B 在俯视图上反映为 b，是上下半球可见和不可见的分界圆，其余两个视图为 b 和 b'，与中心线重合，不必画出；C 在左视图上反映为 c''，它是左右半球可见与不可见的分界圆，其余两个视图为 c 和 c'，与中心线重合，不必画出。

(1)画圆球的三视图时，先画中心线，再画圆球的轮廓线并加深，画图步骤如下。

①画三个视图的中心线。

②画出三个直径等于圆球直径的圆，如图 3－11(c)所示。

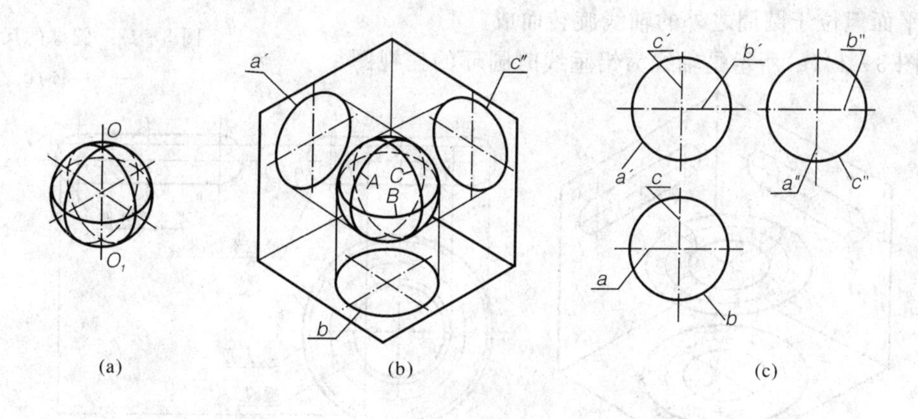

图 3－11　圆球的三视图

(2)圆球表面上的点　可以用纬圆法来确定圆球面上的点的投影。圆球面的纬圆可以是平行于 V 面，H 面或 W 面的圆。当点处于圆球的最大圆上时，可以直接求出点的投影。

【例 3－5】　如图 3－12 所示，已知圆球面上点 M 的水平面投影 m，求其他两面投影。

【解】分析　由于圆球面在三个投影面上均没有积聚性，要求点的另两面投影必须在圆球面上作辅助纬线圆，纬线圆为平行于 V 面、H 面或 W 面的圆。图 3－12(a)为平行于 V 面的纬线圆。

根据点 M 的位置和不可见性，可知点 M 位于圆球的前、右、下部分。

作图

①过 m 作辅助正平纬线圆的水平投影 12；

②求出辅助圆的正面投影即圆，点 M 在此圆上，由 m 可求出 m'。

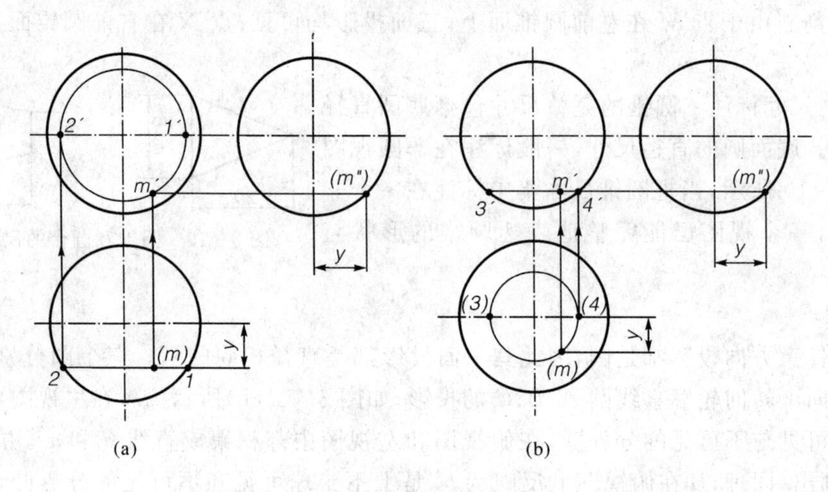

图 3-12　圆球表面求点

(3)球体尺寸标注　圆球体标注直径或半径尺寸，并在“ϕ”或“R”之前要加注球面代号“S”，见图 3-13。

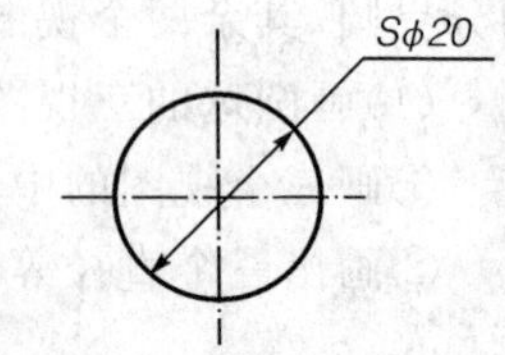

图 3-13　圆球的尺寸标注

4. 圆环

(1)圆环形成及三视图　圆环面可看成是以一圆为母线，绕与圆在同一平面但位于圆周之外的轴线旋转而成。

如图 3-14(a)所示是轴线为铅垂线时圆环的三视图。

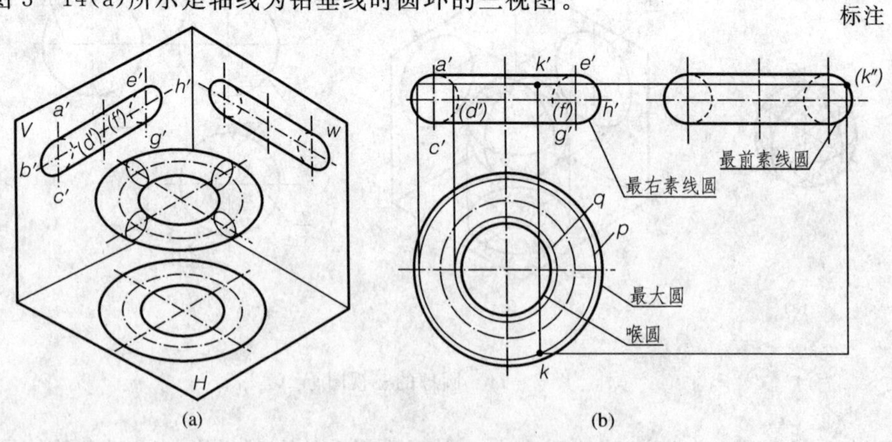

图 3-14　圆环及表面上点的投影

俯视图为两个实线同心圆，它是圆环对 H 面的转向轮廓线的投影，点画线圆为母线圆圆心的运动轨迹，它的正面投影重合在水平中心线上。

主视图由圆环的最左、最右素线圆以及最上、最下纬线圆的积聚投影组成。内环面看不见，画虚线。

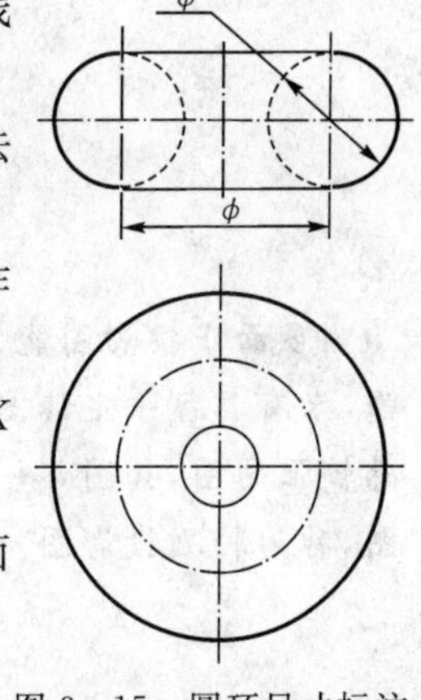

图 3－15　圆环尺寸标注

左视图与主视图类似，由圆环的最前、最后素线圆与最上、最下纬线圆的积聚投组成。

(2)圆环表面上取点　由于环面三面投影无积聚性，也应用纬圆法来求表面上点。

【例 3－6】　图 3－14(b)所示，已知圆环面上 K 的正面投影 k'，求作其另两个面投影。

【解】　可用纬圆法求解，过 k' 作纬圆，其水平投影是纬圆 P，点 K 在外环面上半部，所以 k 在纬圆 P 上，且 k 可见，再由 k，k' 求出 k''。

(3)圆环的尺寸标注　圆环标注的尺寸主要有中心距及内、外环面间的直径，如图 3－15 所示。

本章小结

本章重点介绍了基本几何体的画法和表面点投影的方法。学习完本章内容，应掌握具体内容如下。

(1)基本体包括平面立体和曲面立体　平面立体三视图的画法：主要包括棱柱、棱锥、棱台的三视图及尺寸标注。回转体三视图的画法：主要包括圆柱、圆锥、球体、圆环三视图及尺寸标注。

基本体三视图的主要绘图过程如下。

①确定主视图的投影方向后，分析基本体各表面相对投影面的相对位置；

②先画基准和对称面的投影；再画在投影面上能反映形状特征又具有显实性特点的面的投影；再完成具有积聚性特点面的投影；最后完成一般位置平面其他视图投影。

(2)掌握基本体表面上的线和点求画方法　立体表面求点的主要步骤如下。

①根据点可见和不可见的标注形式，确定点所属于的平面。

②分析所属的平面是否具有积聚性，求其在积聚性投影面上的投影。

③已知两面投影求第三面投影。

第 4 章　轴测投影图

多面正投影图能完整、准确地反映物体的形状和大小，且度量性好、作图简单，但立体感不强，只有具备一定读图能力的人才能看懂，如图 4-1(a)所示。有时工程上还需采用一种立体感较强的图，如图 4-1(b)所示，这种能同时反映物体长、宽、高三个方向形状，富有立体感的图，称为轴测投影图。本章主要介绍轴测投影图的基本知识和画法。

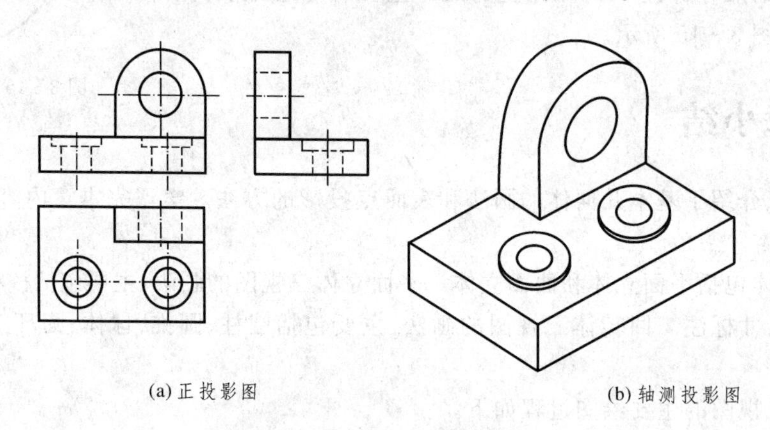
(a) 正投影图　(b) 轴测投影图

图 4-1　正投影图与轴测投影图的比较

4.1　轴测图的基本知识

4.1.1　轴测图的形成

将物体连同确定物体位置的直角坐标系，按投影方向 S 用平行投影法投影到某选定的投影面上，所得的具有立体感的图形，称为轴测投影图，简称轴测图，如图 4-2 所示。在轴测投影中我们把选定的投影面 P 称为轴测投影面；把空间直角坐标轴 OX、OY、OZ 在轴测投影面上的投影 O_1X_1、O_1Y_1、O_1Z_1，称为轴测轴；而把两轴测轴之间的夹角 $\angle x_1O_1y_1$、$\angle y_1O_1z_1$、$\angle z_1O_1x_1$ 称为轴间角；轴测轴上的单位长度与空间直角坐标轴上对应单位长度的比值，称为轴向伸缩系数。并用 p_1、q_1、r_1 分别表示 OX、OY、OZ 轴的轴向伸缩系数。

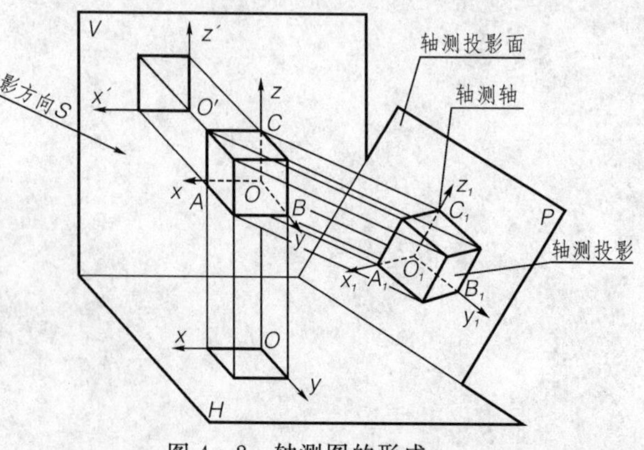

图 4-2　轴测图的形成

4.1.2　轴测图的种类

按投影方向与轴测投影面的夹角，轴测图可分为：

①正轴测图——轴测投影方向(投影线)与轴测投影面垂直的投影所得到的轴测图；

②斜轴测图——轴测投影方向(投影线)与轴测投影面倾斜时投影所得到的轴测图。

若按轴向伸缩系数的不同，轴测图又可分为：

①正（或斜)等测轴测图——$p_1=q_1=r_1$；

②正（或斜)二测轴测图——$p_1=q_1\neq r_1$；

③正（或斜)三测轴测图——$p_1\neq q_1\neq r_1$。

工程上常见的轴测图，如图 4-3 所示。本书只介绍正等测图和斜二测图。

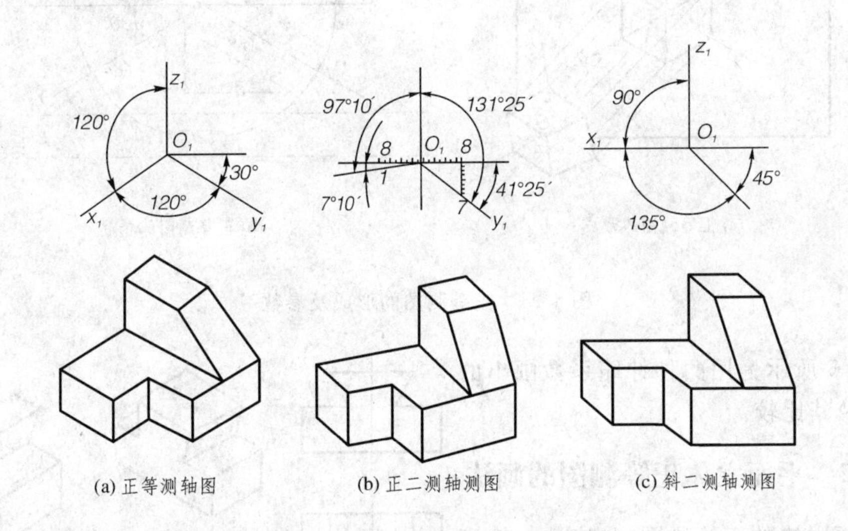

图 4-3 工程上常见的几种轴测图

4.1.3　正等测轴测图的形成及参数

由于轴测投影属于平行投影，因此轴测投影仍具有平行投影的基本性质。

①物体上与坐标轴平行的线段，在轴测图中也必定平行于相应的轴测轴。

②物体上互相平行的线段，在轴测图中仍然互相平行。

熟练掌握和运用以上性质，既能迅速而准确地画出轴测图，又能方便地识别轴测图画法中的错误。

4.2　正等测轴测图

4.2.1　正等测轴测图的形成及参数

如图 4-4(a)所示，如果使三条坐标轴 OX、OY、OZ 对轴测投影面处于倾角都相等的位置，也就是将图中立方体的对角线 AO 放成与轴测投影面垂直时，并以 AO 的方向作为轴测投影方向，这样所得到的轴测投影就是正等测轴测图，简称正等测图。

图 4-4(b)表示了正等测图的轴测轴、轴间角和轴向伸缩系数等参数及画法。从图中可以看出，正等测图的轴间角均为 120°，且三个轴向伸缩系数相等。经推证并计算可知 $p_1=q_1=r_1=0.82$。为使作图简便，实际画正等测图时采用 $p_1=q_1=r_1=1$ 的简化伸缩系数画图，即

沿各轴向的所有尺寸都按物体实际长度画图。但按简化伸缩系数画出的图形比实际物体放大了 1/0.82≈1.22 倍。

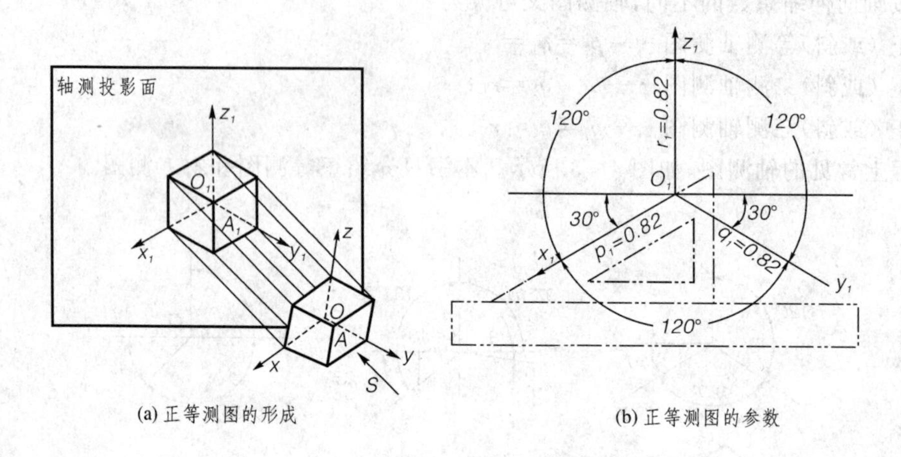

(a) 正等测图的形成　　(b) 正等测图的参数

图 4-4　正等测图的形成及参数

图 4-5 所示为用两种伸缩系数画出的正等测图及其比较。

4.2.2　平面立体正等测图的画法

画平面立体的正等测图，先应选好恰当的坐标轴，并画出相应的轴测轴，然后根据其坐标画出平面立体的各个顶点、棱线和平面的轴测投影，最后依次将它们连接即可。

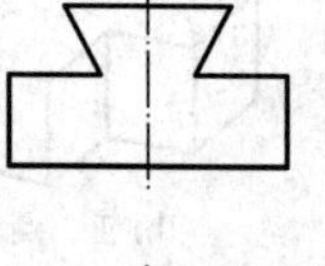

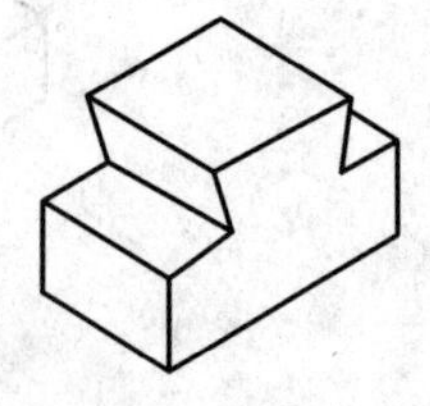

(a) 正投影图　(b) 伸缩系数为0.82　(c) 伸缩系数为1

图 4-5　两种伸缩系数的轴测图及其比较

【例 4-1】　画长方体的正等测图(图 4-6(a))。

【解】　根据长方体的特点，选择其中一个顶角作为空间坐标原点，并以过该顶角的三条棱线为坐标轴。先画出轴测轴，然后用各顶点的坐标分别定出长方体八个顶点的轴测投影，依次连接各顶点，即得长方体的正等测图，其作图方法与步骤如图 4-6(b)、(c)、(d)、(e)、(f)所示。

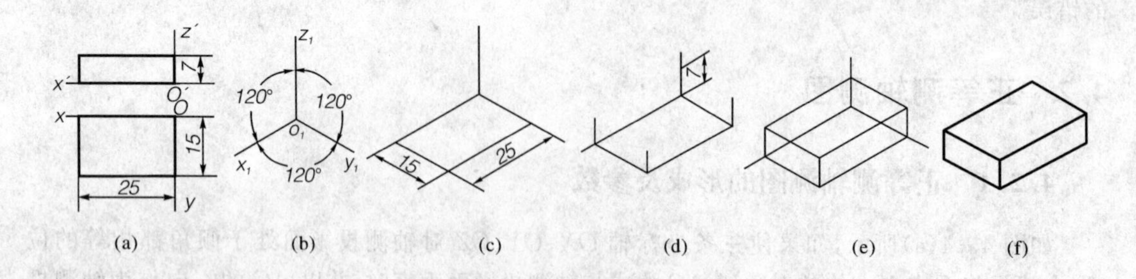

(a)　(b)　(c)　(d)　(e)　(f)

图 4-6　长方体正等测图的画法

【例 4-2】　绘制正六棱柱的正等测图。如图 4-7 所示。

【解】　根据正六棱柱上下底面都是处于水平位置的正六边形，且前后左右均对称的特点。

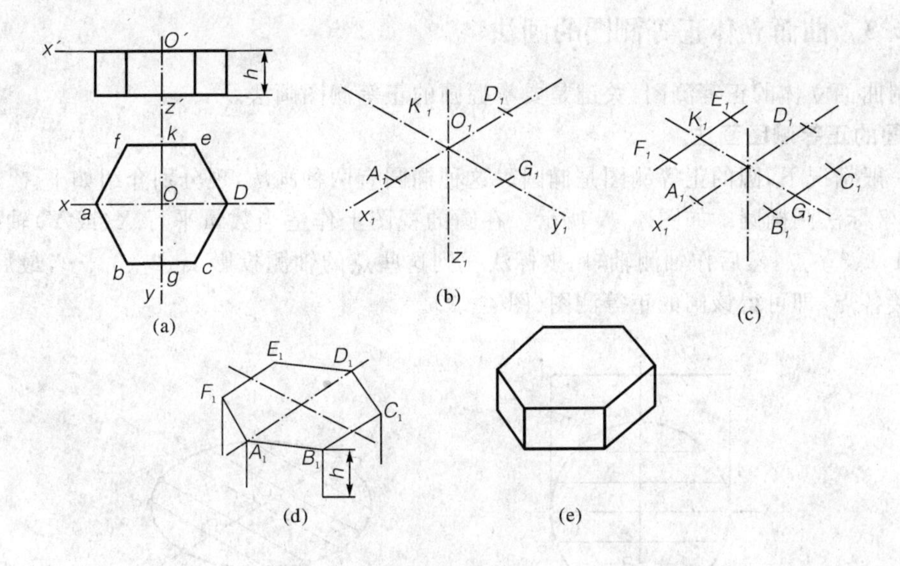

图 4-7　正六棱柱正等测图的画法

可取上下底面的对称中心 O 作为坐标原点，其坐标轴的选取如图 4-7(a)所示。作图时，先画出轴测轴，然后确定上底面各顶点的轴测投影，并依次连接即得上底面的轴测图。再根据棱高，按轴测图的平行性质画出各棱线，并确定底面各顶点的轴测投影，最后依次连接各可见点，即可画出正六棱柱的正等测图，其作图方法和步骤如图 4-7(b)、(c)、(d)、(e)所示。

【例 4-3】　求作图 4-8(a)所示切割体的正等测图。

【解】　图 4-8(a)所示切割体是由一长方体先后切去以梯形为底面的四棱柱和左前角的三棱锥形成的。因此，在画图时可先画出完整长方体的轴测图，然后逐一画出各切割部分，从而可得该立体的轴测图，其作图方法与步骤如图 4-8(b)、(c)、(d)、(e)、(f)所示。

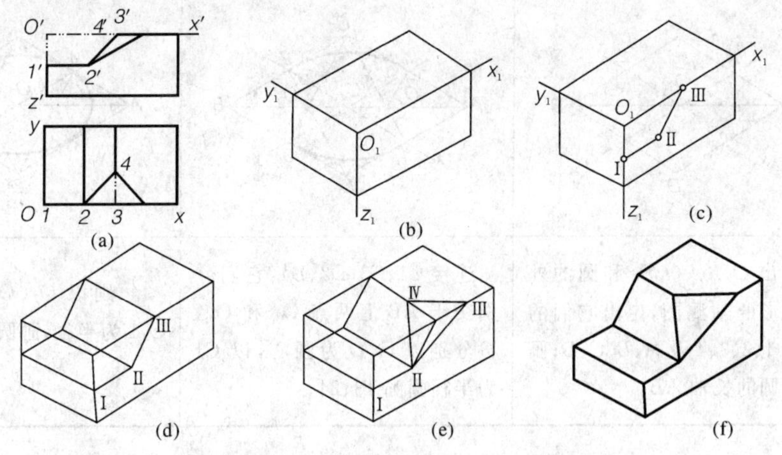

图 4-8　切割体正等测图的画法

4.2.3 曲面立体正等测图的画法

绘制曲面立体的正等测图,关键是要掌握圆的正等测图画法。

1. 圆的正等测图画法

在一般情况下,圆的正等测图是椭圆。这种椭圆有两种画法,现分别介绍如下。

(1)坐标法画椭圆　如图4-9所示。在圆的视图上作适当数量平行 X(或 Y)轴的弦,将圆分成1、2、3…点,然后作轴测轴,用坐标法找到这些点的轴测投影 1_1、2_1、3_1、…,最后用光滑曲线连接各点,即可得该圆的正等测图(图4-9)。

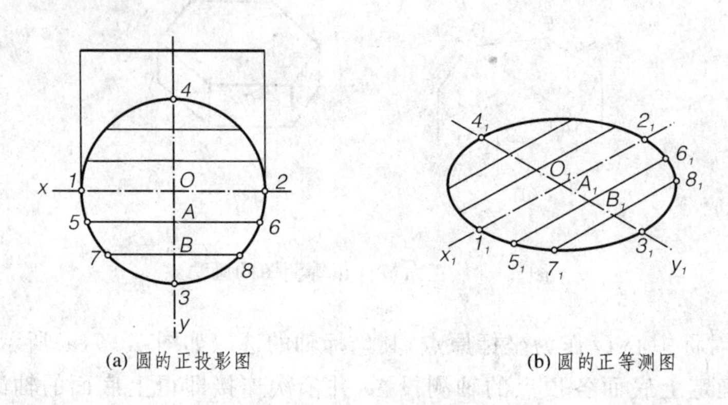

图4-9　坐标法画椭圆

(2)四心圆法画椭圆　用四心圆法画圆的正等测图—椭圆,快捷、方便、美观,但精确度不如坐标法。

表4-1　四心圆法画圆的正等测作图方法

作图	C, 4, 2, O_1, A, B, x_1, 1, 3, y_1, D	C, 4, 2, O_2, O_1, O_3, A, B, x_1, 1, 3, y_1, D	C, 4, 2, O_2, O_1, O_3, A, B, x_1, 1, 3, y_1, D
说明	画出 O_1X_1、O_1Y_1 和圆的外切方形的轴测图,定出它们的交点1、2、3、4及 A、B、C、D;画出椭圆的长轴 AB。	连接C1、C3、D2、D4,它们分别交于AB上两点 O_2 和 O_3,再分别以C、D为圆心,以C1为半径画圆13、24。	分别以 O_2、O_3 为圆心,以 $O_2$1为半径,画圆14、23。

2. 平行于各坐标面圆的正等测图画法

平行于各个坐标面的圆,由于其方向不同,因此椭圆的画法也不尽相同,这是由椭圆长短轴方向的变化而引起的。如图4-10所示,平行 xOy 坐标面的圆,其椭圆的长轴垂直于 O_1Z_1 轴,短轴则平行于 O_1Z_1 轴;平行于 yOz 坐标面的圆,其椭圆长轴垂直于 O_1x_1 轴,短轴平行于

O_1x_1 轴；平行于 xOz 坐标面的圆，其椭圆长轴垂直于 O_1y_1 轴，短轴则与 O_1y_1 轴平行。

以上种种变化，在作图时只要首先弄清圆所处的坐标面，抓住该坐标面椭圆的长短轴，按四心圆法即可作出相应圆的外切正方形的轴测图，从而就能作出平行于该坐标面圆的正等测图。

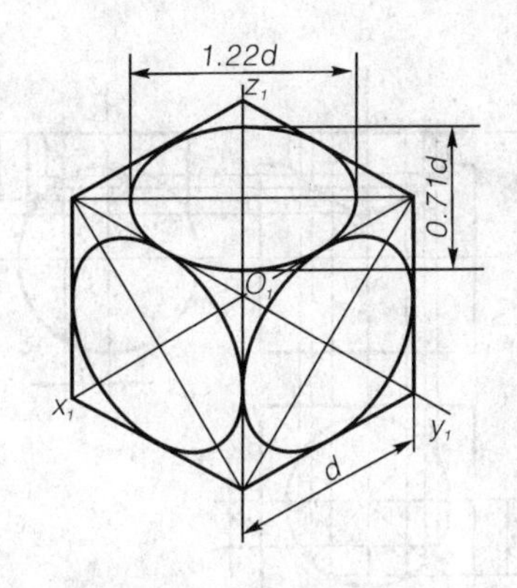

图 4－10　平行于各坐标面圆的正等测图的画法

3. 曲面立体正等测图画法举例

【例 4－4】　绘制圆锥台的正等测图，如图 4－11 所示。

【解】　根据圆锥台上下底圆的直径和高度，先画出上下底圆的椭圆，然后作两椭圆的公切线，即得圆锥台的轴测图，如图 4－11(a)、(b)、(c)所示。

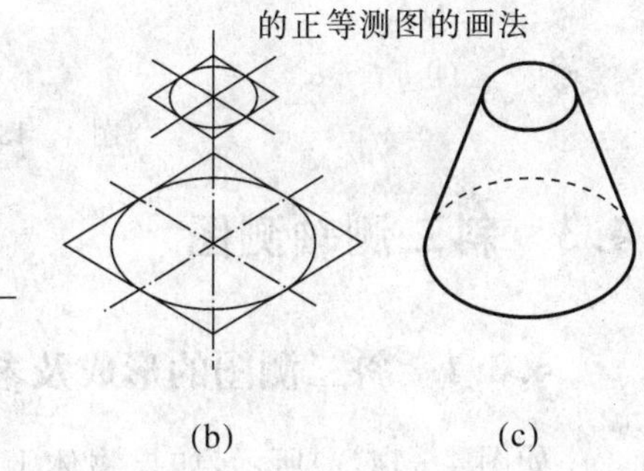

(a)　(b)　(c)

图 4－11　圆锥台的正等测图画法

【例 4－5】　求作切割圆柱的正等测图，如图 4－12 所示。

【解】　图 4－12(a)所示为一切割圆柱，可先画出圆柱的轴测图，然后用切割法画出切割圆柱的轴测图，其绘图方法与步骤如图 4－12(b)、(c)、(d)所示。

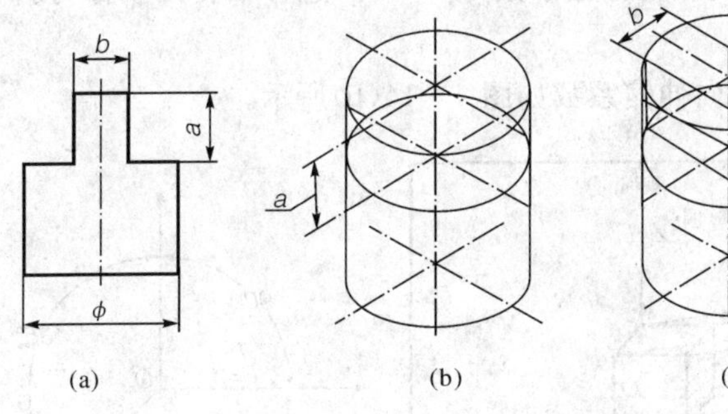

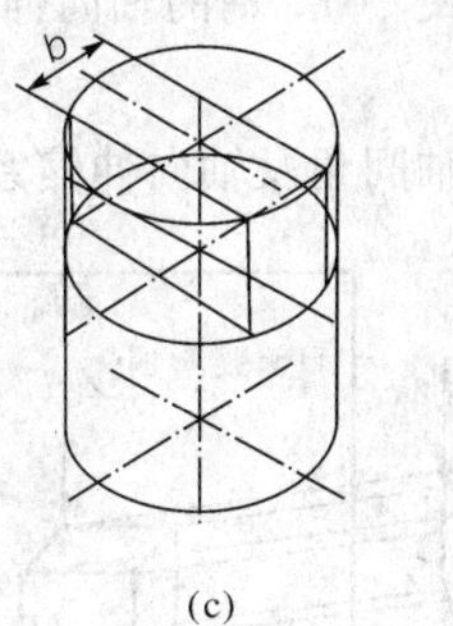

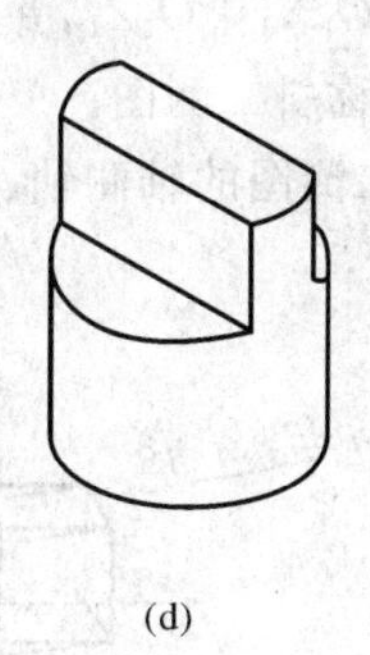

(a)　(b)　(c)　(d)

图 4－12　切割圆柱正等测图的画法

【例 4－6】　求作相交两圆柱的正等测图(图 4－13)

【解】　图 4－13(a)所示为两相交圆柱体，画其轴测图时除了应注意各圆柱的圆所处的坐标面，掌握轴测图中椭圆的长短轴方向外，还要注意轴测图中相贯线的画法。这里介绍两种轴测图中相贯线的画法。

①坐标法。根据正投影图中相贯线上点的坐标，画出相贯线上各点的轴测图，然后依次光滑连接，作图方法如图 4－13(b)所示。

②辅助切平面法。此法如同在正投影图中用辅助切平面法求相贯线一样，作图方法如图 4－13(c)所示。

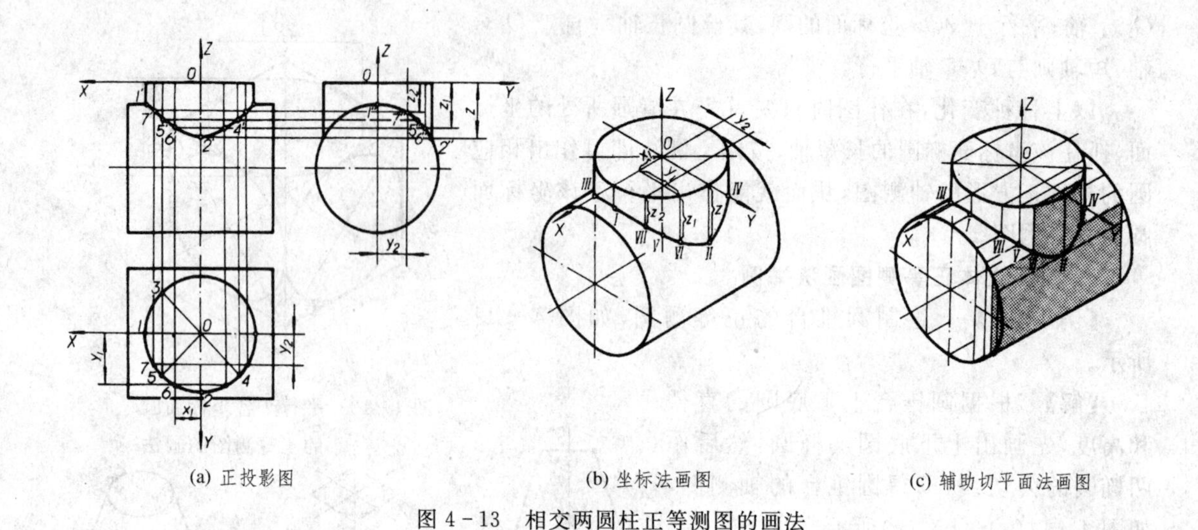

(a) 正投影图　　(b) 坐标法画图　　(c) 辅助切平面法画图

图 4-13　相交两圆柱正等测图的画法

4.3　斜二测轴测图

4.3.1　斜二测图的形成及参数

如图 4-14(a)所示，如果物体上的 XOY 坐标面平行于轴测投影面时，采用平行斜投影法，也能得到具有立体感的轴测图。当所选择的投影方向使 O_1X_1 轴与 O_1Y_1 轴之间的夹角为 135°，且 $O_1X_1 \perp O_1Z_1$，并使 O_1Y_1 轴的轴向伸缩系数为 0.5 时，这种轴测图就称为斜二等测轴测图，简称斜二测图。

斜二测图的轴测轴、轴间角及轴向伸缩系数如图 4-14(b)所示。

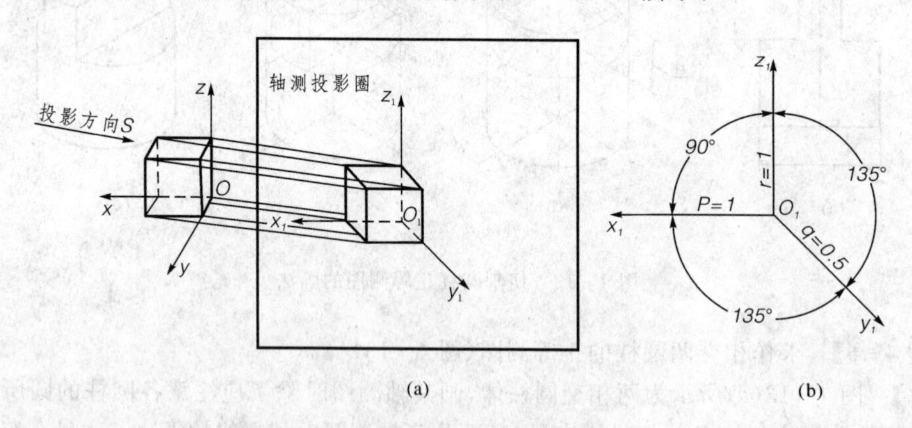

(a)　　(b)

图 4-14　斜二测图的形成及参数

4.3.2　斜二测图的画法

斜二测图在作图方法上与正等测图基本相同，也可采用坐标法、切割法、叠加法等作图方法。所不同的是，轴间角不同以及斜二测图沿 O_1y_1 轴只取实长的一半。由于斜二测图在平行于两坐标面上反映实形，因此画斜二测图时，应尽量把形状复杂的平面或圆等摆放在与

$x_1O_1z_1$ 面平行的位置上，以使作图简便、快捷。

【例 4-7】 绘制空心圆锥台的斜二测图，如图 4-15 所示。

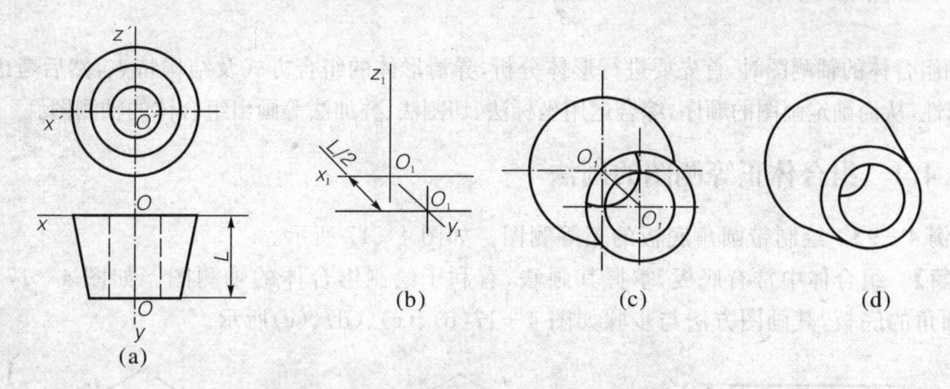

图 4-15　空心圆锥台斜二测图的画法

【解】 图 4-15(a)所示的空心圆锥台，单方向圆较多，故将其轴线垂直于 XOZ 坐标面，使前、后两底圆等均平行 $X_1O_1Z_1$ 面，其轴测图反映实形(圆)。作图方法与步骤如图 4-15(b)、(c)、(d)所示。

【例 4-8】 绘制法兰盘的斜二测图如图 4-16 所示。

【解】 图 4-16(a)所示的法兰盘，由于单方向圆较多，为便于作图，可将这些圆放置与 $x_1O_1z_1$ 平行，使它们的轴测图反映实形(圆)，其作图方法与步骤如图 4-16(b)、(c)、(d)、(e)、(f)所示。

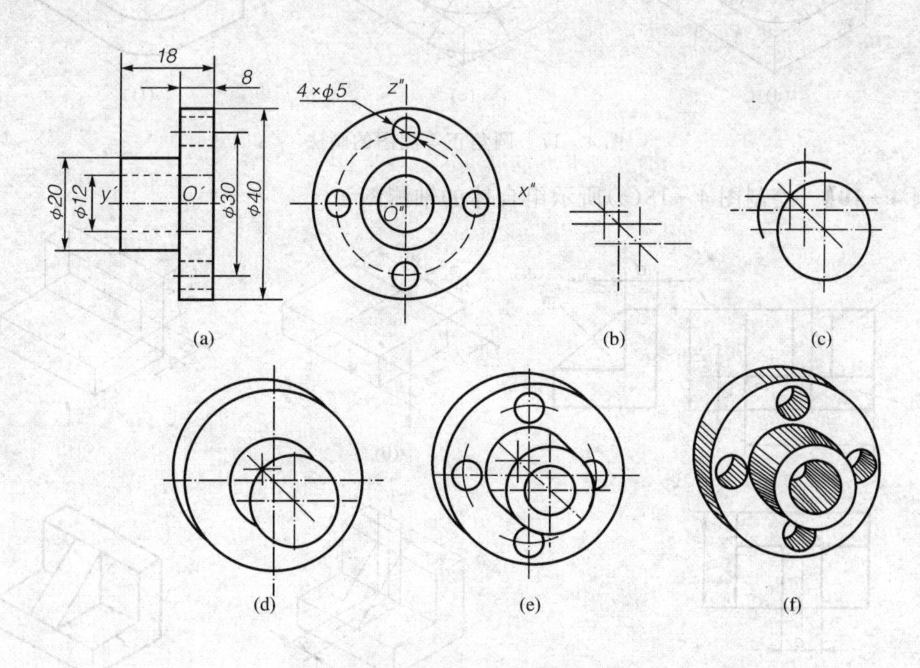

图 4-16　法兰盘斜二测图的画法

4.4 组合体的轴测图

画组合体的轴测图时，首先要进行形体分析，弄清形体的组合方式及结构特点，然后考虑表达的清晰性，从而确定画图的顺序，综合运用坐标法、切割法、叠加法等画出组合体的轴测图。

4.4.1 组合体正等测图的画法

【例 4-9】 绘制带圆角底板的正等测图。如图 4-17 所示。

【解】 组合体中常有底板，掌握其画法，有利于绘制组合体的轴测图。如图 4-17(a)所示带圆角的底板，其画图方法与步骤如图 4-17(b)、(c)、(d)、(e)所示。

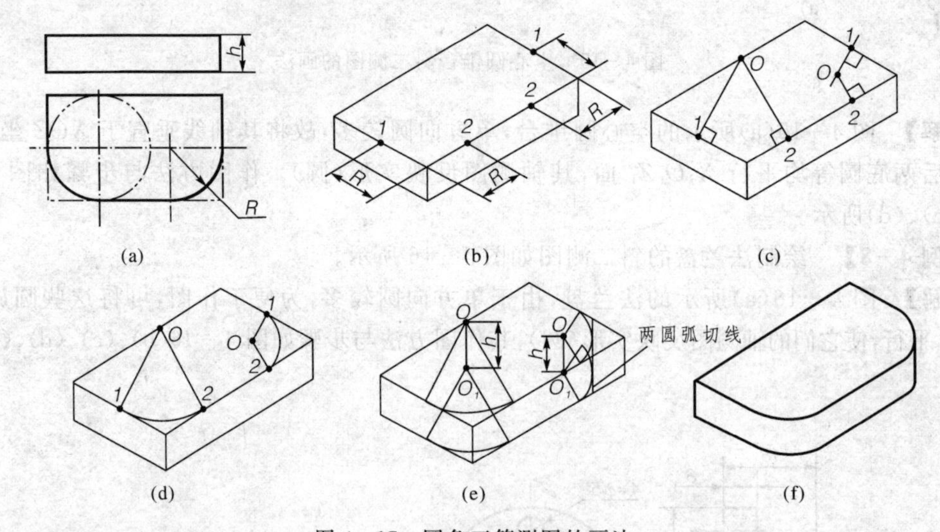

图 4-17 圆角正等测图的画法

【例 4-10】 绘制图 4-18(a)所示组合体的轴测图

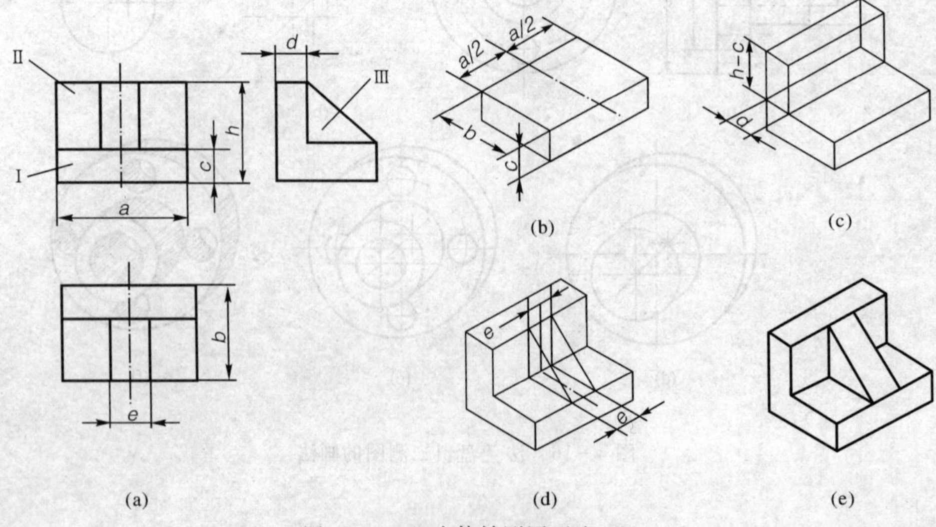

图 4-18 组合体轴测图画法(一)

【解】　该组合体可看成由底板Ⅰ、背板Ⅱ及斜支承板Ⅲ叠加而成。画图时先画底板，再画背板，最后画出斜支承板的轴测图，即将各部分的轴测图按一定的相对位置叠加起来，即得组合体的轴测图。作图方法与步骤见图 4-18(b)、(c)、(d)、(e)所示。

【例 4-11】　绘制支座的正等测图。(如图 4-20)所示。

【解】　根据支座三视图(图 4-19(a))可知，支座由带圆角的底板、带圆弧的支承板及三棱柱的肋板组成。画图时可逐个画出各部分形体，其画图方法与步骤如图 4-19(b)、(c)、(d)、(e)、(f)所示。

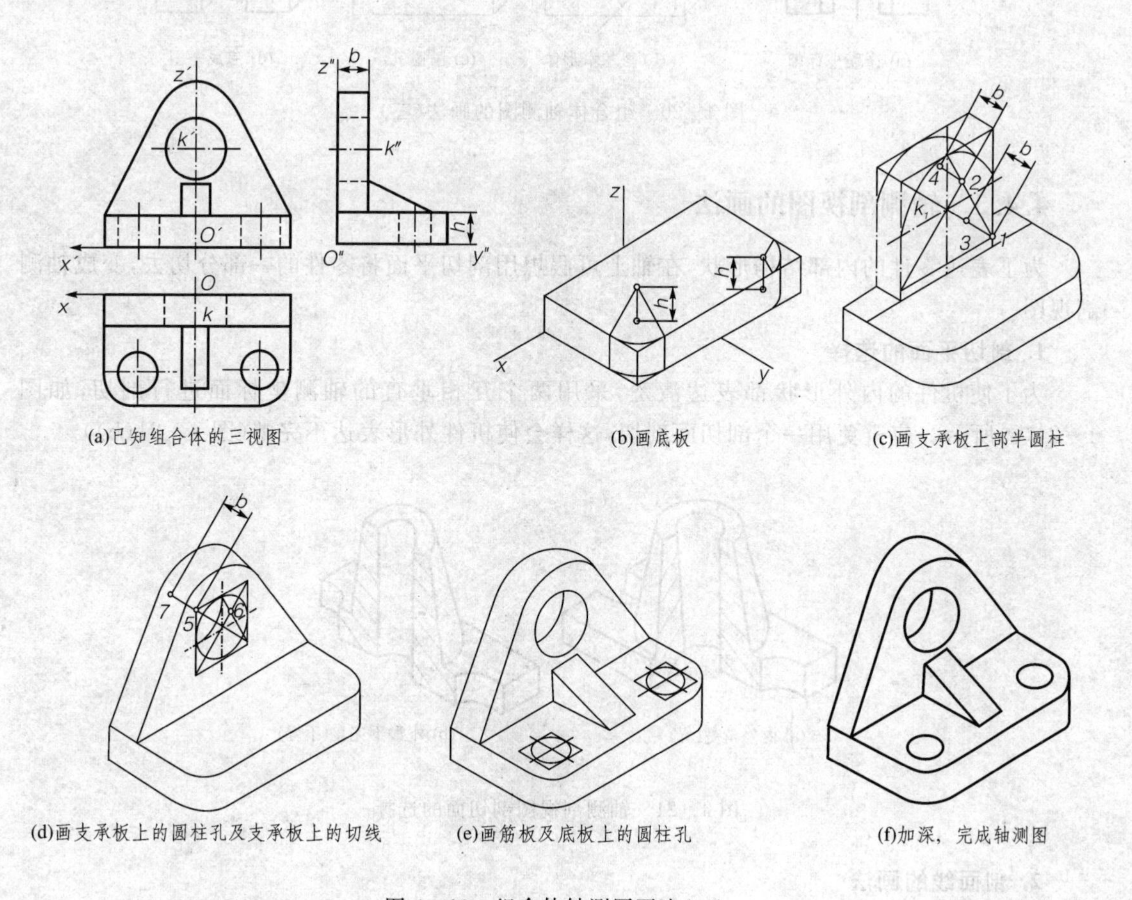

(a)已知组合体的三视图　(b)画底板　(c)画支承板上部半圆柱

(d)画支承板上的圆柱孔及支承板上的切线　(e)画筋板及底板上的圆柱孔　(f)加深，完成轴测图

图 4-19　组合体轴测图画法(二)

4.4.2　组合体斜二测图的画法

【例 4-12】　绘制图 4-20(a)所示组合体的斜二测图

【解】　从图 4-20(a)可知，该组合体是由一长方体切割成工字型形体后，再穿三个圆柱孔及开圆弧槽和方槽而成。画图时应先画出工型基本形体的轴测图，再用切割法逐个画出各切割部分的轴测图，即可画出组合体的斜二测图。具体作图方法与步骤如图 4-20 所示。

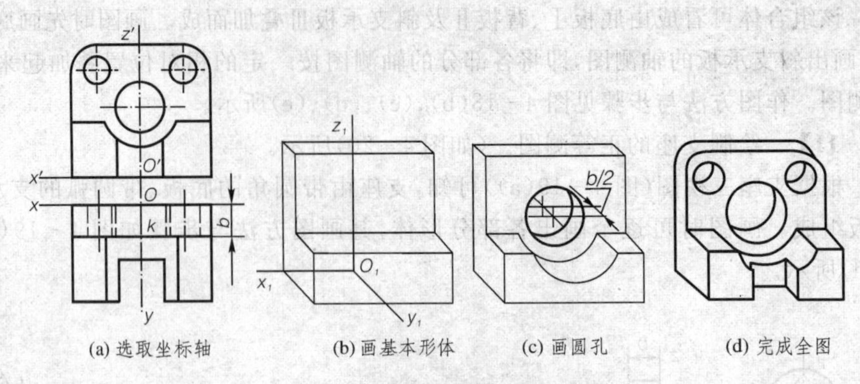

(a) 选取坐标轴　(b) 画基本形体　(c) 画圆孔　(d) 完成全图

图 4-20　组合体轴测图的画法(三)

4.4.3　轴测剖视图的画法

为了表达零件的内部结构形状,在轴上可假想用剖切平面将零件的一部分切去,变成轴测剖视图。

1. 剖切平面的选择

为了使机件的内外形状都表达清楚,采用两个互相垂直的轴测坐标面进行剖切,如图 4-21(a)所示。应避免用一个剖切面剖切,这样会使机件外形表达不完整(图 4-21(b))。

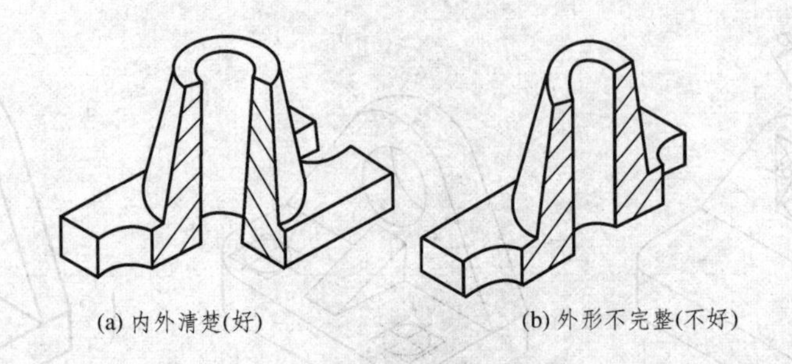

(a) 内外清楚(好)　(b) 外形不完整(不好)

图 4-21　轴测剖视图剖切面的选择

2. 剖面线的画法

在剖开的断面上,一律要画上等距、平行的细实线,其方向和画法如图 4-22 所示。

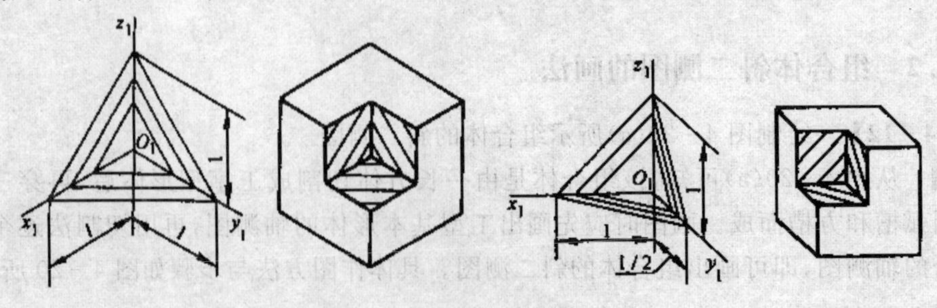

(a) 正等测图中的剖面线　(b) 斜二测图中的剖面线

图 4-22　轴测剖视图中剖面线的方向

3. 轴测剖视图的画法

画轴测剖视图的方法有两种。一种是先画出物体完整的轴测图，然后沿轴测轴方向用剖切面剖开，画出剖面和内部看得见的结构形状，如图 4 - 23 所示；另一种画法是先画出剖面形状，然后画外面和内部看得见的结构，如图 4 - 24 所示。前者宜于初学者采用，后者因在作图中减少不必要的辅助线，使辅助更为迅速。

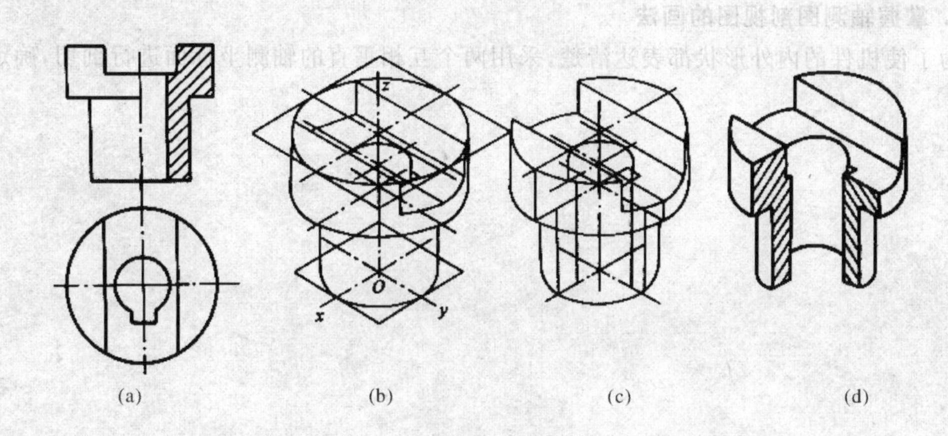

(a)　(b)　(c)　(d)

图 4 - 23　轴测图剖视图的画法(一)

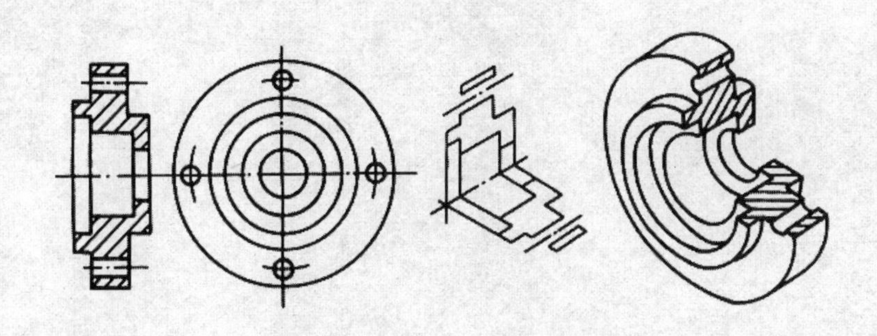

图 4 - 24　轴测图剖视图的画法(二)

本章小结

本章重点介绍了轴测图的基本知识，正等测轴测图和斜二测轴测图的画法，学习完本章内容，应具有绘制组合体轴测图的能力，掌握的具体内容如下。

1. 了解轴测图的基本知识

轴测图的分类；轴测图的基本性质。

2. 掌握基本体、组合体正等轴测图的画法

(1)正等轴测图的形成及参数；

(2)画图前一定要选好恰当的坐标轴，并画出相应轴测轴的投影，根据其坐标画出立体的各个顶点、棱线和平面胡轴测投影，最后依次连接即可；

(3)绘制曲面立体的正等测图,关键是要掌握圆的正等测图画法。

3. 掌握基本体、组合体斜二轴测图的画法

(1)斜二轴测图的形成及参数;

(2)画图前,应尽量将形状复杂的平面或圆等摆放在与 $x_1O_1z_1$ 面平行的位置上,以使作图简便、快捷。

4. 掌握轴测图剖视图的画法

为了使机件的内外形状都表达清楚,采用两个互相垂直的轴测坐标面进行剖切,确定剖切平面。

第 5 章　立体表面的交线

工程上常遇到表面有交线的零件，为了完整、清晰的表达出零件的形状以便正确的制造零件，应正确的画出交线。交线通常可分为两种，一种是平面与立体表面相交形成的截交线，如图 5-1(a)、(b)中箭头所示；另一种是两立体表面相交形成的相贯线，，如图 5-1(c)、(d)中箭头所示。

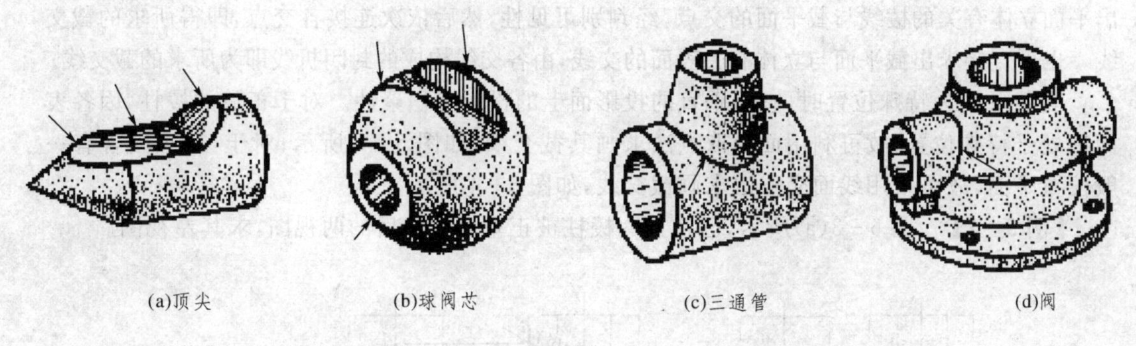

图 5-1　零件的表面交线举例

从图中可以看出，交线是零件上平面与立体表面或两立体表面的共有线，也是它们表面间的分界线。由于立体由不同表面所包围，并占有一定空间范围。因此，立体表面交线通常是封闭的。如果组成该立体的所有表面，所确定立体的形状、大小和相对位置已定，则交线也就被确定。

立体的表面交线在一般的情况下是不能直接画出来的(交线为圆或直线时除外)。因此，必须先设法求出属于交线上的若干点，然后把这些点连接起来。

本章着重介绍立体表面交线(截交线、相贯线)的画法。第三章已讲述的在立体表面上取点、线，它是本章求画立体表面交线的基础。

5.1　截交线

如图 5-2 所示，当立体被平面 P 所截时，该平面 P 称为截平面。它与立体表面的交线称为截交线，由截交线所围成的平面图形称为截断面。

由于立体表面的形状不同以及截平面所截切的位置不同，所以截交线也为不同的形状，但任何截交线都具有下列基本性质。

1. 共有性

截交线既属于截平面，又属于立体表面。故截交线是截平面与立体表面的共有线，截交线上的每一点均为截平面与立体表面的共有点。

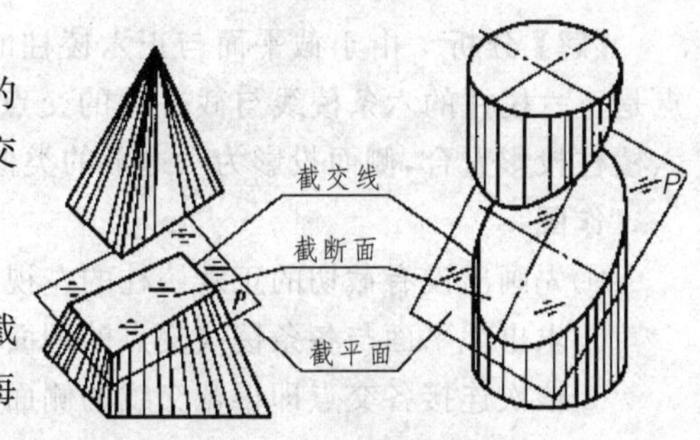

图 5-2　截交的基本概念

2. 封闭性

由于任何立体都占有一定的封闭空间，而截交线又为平面截切立体所得，故截交线所围成的图形一般是封闭的平面图形。

3. 截交线的形状

截交线的形状取决于立体的几何性质及其与截平面的相对位置。通常为平面折线、平面曲线或平面直线组成。

5.1.1 平面与平面立体相交

平面与平面立体相交，其截交线是一封闭的平面折线。求平面与平面立体的截交线，只要求出平面立体有关的棱线与截平面的交点，经判别可见性，然后依次连接各交点，即得所求的截交线。也可直接求出截平面与立体有关表面的交线，由各交线构成的封闭折线即为所求的截交线。

当截平面为特殊位置时，它所垂直的投影面上的投影有积聚性。对于正放的棱柱，因各表面都处于特殊位置，故可利用面上取点法求画其截交线，如图 5-3 所示；对于棱锥，因含有一般位置平面，故可采用线面交点法求画截交线，如图 5-4 所示。

【例 5-1】 图 5-3(a)所示，已知正六棱柱被正垂面截切后的两视图，求其左视图。

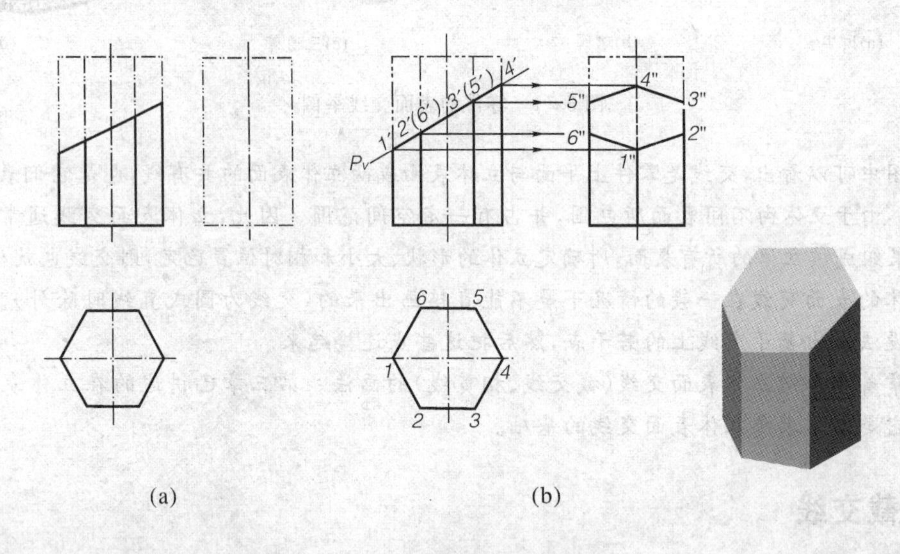

图 5-3 平面截切六棱柱

【解】分析 由于截平面与正六棱柱的六个棱面相交，所以截交线是六边形，六边形的顶点是正六棱柱的六条棱线与截平面的交点。截交线的正面投影积聚在 P_v 上，水平投影与正六棱柱投影重合，侧面投影为六边形的类似形。

作图

①先画出没有截切的正六棱柱的左视图。

②求出截平面与各条棱线交点的侧面投影 1″、2″、3″、4″、5″、6″。

③依次连接各交点即得截交线的侧面投影，如图 5-3(b)所示。

④擦去多余的线，完成左视图。

【例 5-2】 如图 5-4(a)所示，已知正四棱锥切口，试完成三视图。

【解】分析　正四棱锥的切口是由正垂面与侧平面截切而成，其截交线应为相连的五边形与三角形。由于正四棱锥的四个棱面均为一般位置平面，没有积聚投影，所以截交线的水平投影与侧面投影均需通过作图求出。

作图

先画出正四棱锥完整的俯视图与左视图，如图 5-4(b)所示。再求切口的投影，两截切面的交线是正垂线，首先求出交线的两面投影，再完成切口的投影。具体作图步骤如下。

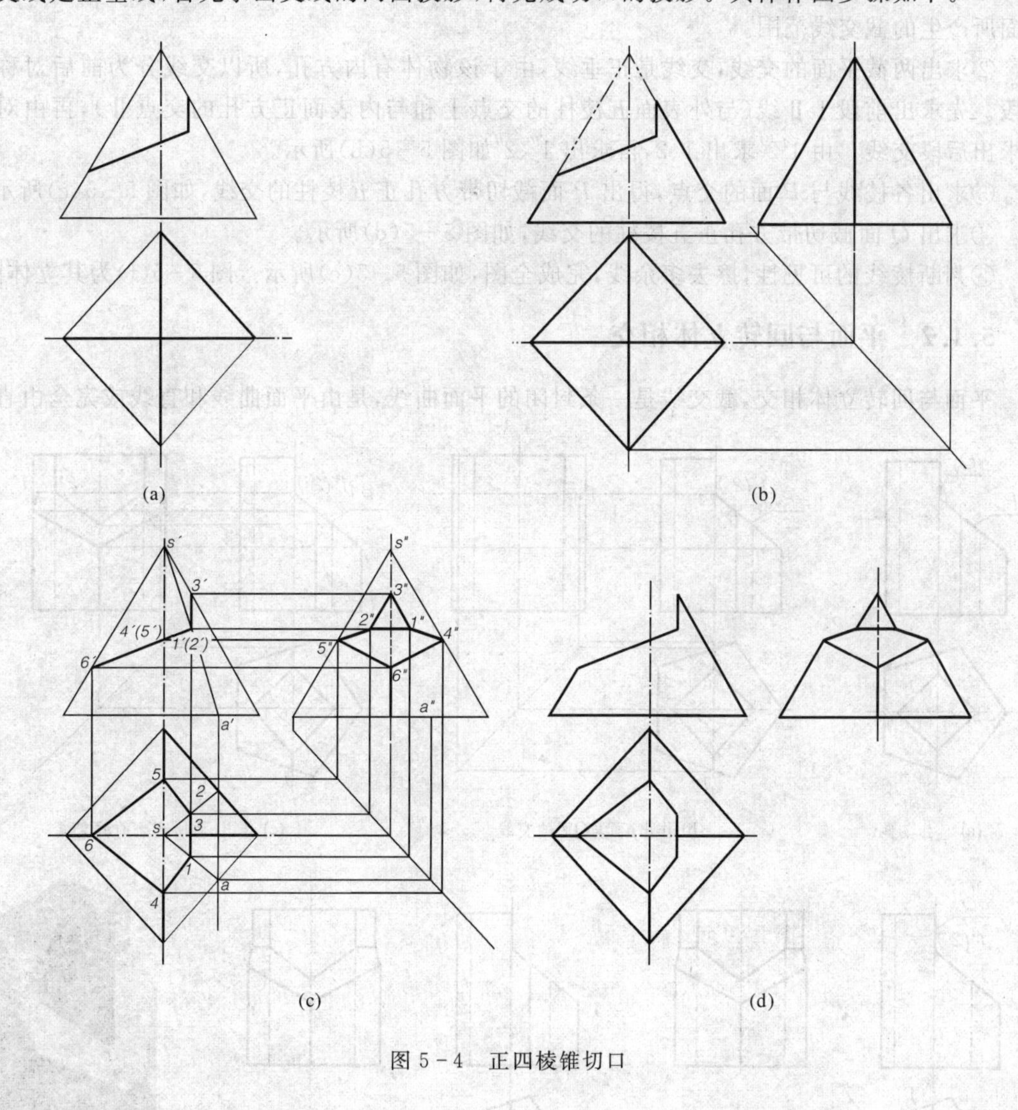

图 5-4　正四棱锥切口

①求两截平面的交线ⅠⅡ的投影。连接锥顶 S 和点 1 交底边于点 A，求出 SA 的投影，即由 $s'a'$ 求出 sa，最后求出 $s''a''$；最后求出 1、2 的投影 1′(2′)，求 1，2，再求出 1″、2″。

②求侧平面与四棱锥的截交线。先求侧平面与右侧棱交点 3 的投影，由 3′得 3″、3，再连接 1、2、3 和 1″、2″、3″完成截交线的投影，如图 5-4(c)所示。

③求正垂面与四棱锥的截交线。先求正垂面与侧棱交点 4、5、6 的投影，由 4′、5′、6′得 4、5、6 和 4″、5″、6″，再连接 1、2、4、5、6 和 1″、2″、4″、5″、6″完成截交线的投影，如图 5-4(c)所示。

④判断轮廓线的完整性与棱线的可见性。擦去多余线条完成三视图，如图 5-4(d)所示。

【例 5-3】 如图 5-5(a)、(f)所示，已知带方孔的正五棱柱的切口，试完成其三视图。

【解】分析 带方孔的正五棱柱的切口由正垂面 P 和侧平面 Q 组成，由于正五棱柱外表面及方孔的内表面在水平投影面上的投影有积聚性，可知 P 面截交线形状为八边形，Q 面截交线为两个矩形线框。

作图

①先画出完整的带方孔正五棱柱的左视图，由 P_v 与 Q_v 作出水平线与垂直线，确定 P、Q 两面所产生的截交线范围。

②求出两截平面的交线，交线是正垂线，由于该物体有内方孔，所以交线分为前后对称的两段。先求出前段ⅠⅡ线(与外表面五棱柱的交点Ⅰ和与内表面正方孔的交点Ⅱ)，再由对称性求出后段交线。由 $1'2'$ 求出 1、2，再求出 $1''$、$2''$ 如图 5-5(b)所示。

③求出各棱线与 P 面的交点，得出 P 面截切带方孔正五棱柱的交线，如图 5-5(c)所示。

④求出 Q 面截切带方孔正五棱柱的交线，如图 5-5(d)所示。

⑤判断棱线的可见性，擦去多余线，完成全图，如图 5-5(e)所示。图 5-5(f)为其立体图。

5.1.2 平面与回转立体相交

平面与回转立体相交，截交线是一条封闭的平面曲线，是由平面曲线和直线或完全由直线

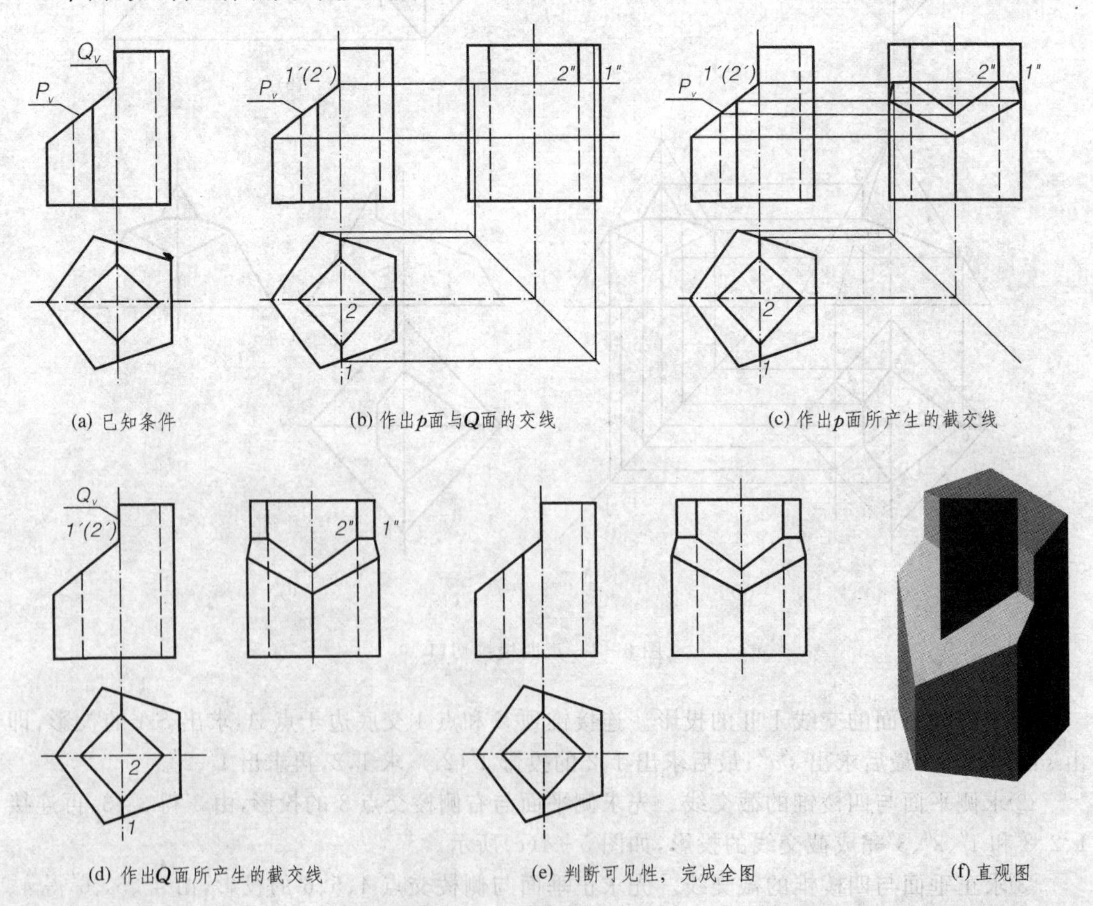

图 5-5 正五棱柱切口

所组成的平面图形。

求平面与回转立体截交线的作图步骤如下。

①根据平面与回转面的相对位置，分析截交线的形状及其在投影面上的投影特点。

②求共有点。先求出特殊点（即确定截交线范围的最高、最低、最前、最后、最左和最右点），后求一般点（前面介绍的立体表面上取点方法）。

③判断可见性，依次光滑连接各点的同面投影，并补全回转面轮廓线的投影。

下面分别介绍平面与圆柱、圆锥、圆球回转体表面相交截交线的画法。

1. 平面与圆柱相交

由于截平面与圆柱轴线的相对位置不同，所以圆柱的截交线有三种形状，见表 5－1。

表 5－1　圆柱的截交线

截平面位置	与轴线平行	与轴线垂直	与轴线倾斜
截交线形状	矩形	圆	椭圆
立体图	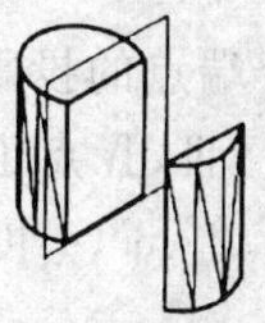	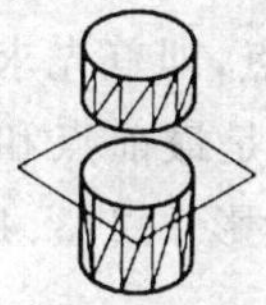	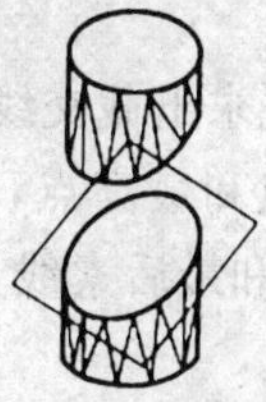
投影图	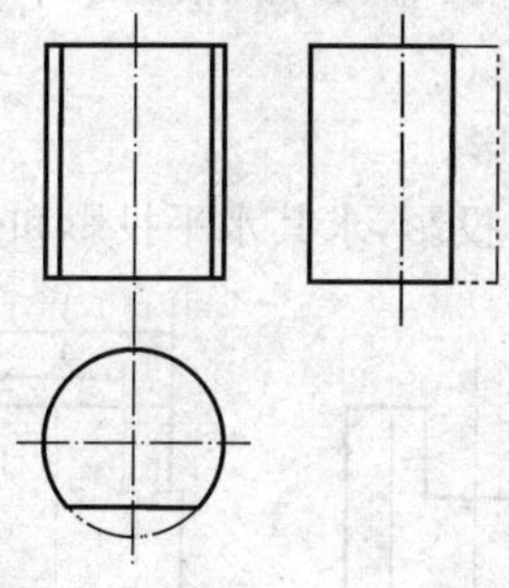	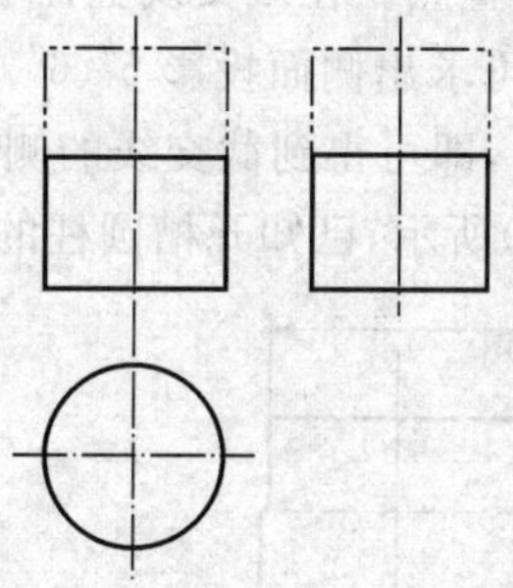	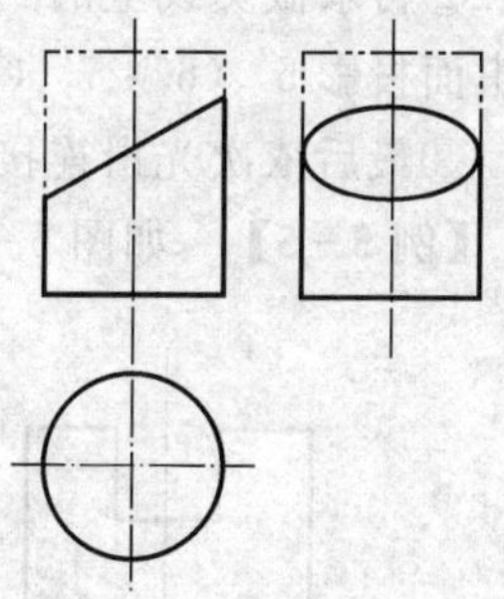

圆柱的截交线求法　圆柱的投影有积聚性，可利用积聚性求出截交线的投影。表 5－1 中前两种的情况，直接按截平面的位置找好投影关系即可得到截交线。第三种情况的截交线是椭圆，椭圆的形状和大小随截平面对圆柱轴线的倾斜程度不同而变化，但长短轴中总有一轴与圆柱的直径相等。因此，需先找出系列的特殊点，即截交线上极限位置点、截交线的特征点和回转轮廓线上的点等。再找出一般点，最后光滑连接这些点即得到截交线。

【例 5－4】　如图 5－6(a)所示，求圆柱被正垂面斜切的截交线。

【解】分析　截平面为正垂面斜切圆柱，因此截交线是椭圆。椭圆的正面投影有积聚性，水平投影与圆柱面的投影重合为圆，侧面投影为椭圆。根据投影规律，可由正面和水平投影求出侧面投影。如图 5－7(b)所示。

作图（见图 5－6(b)）

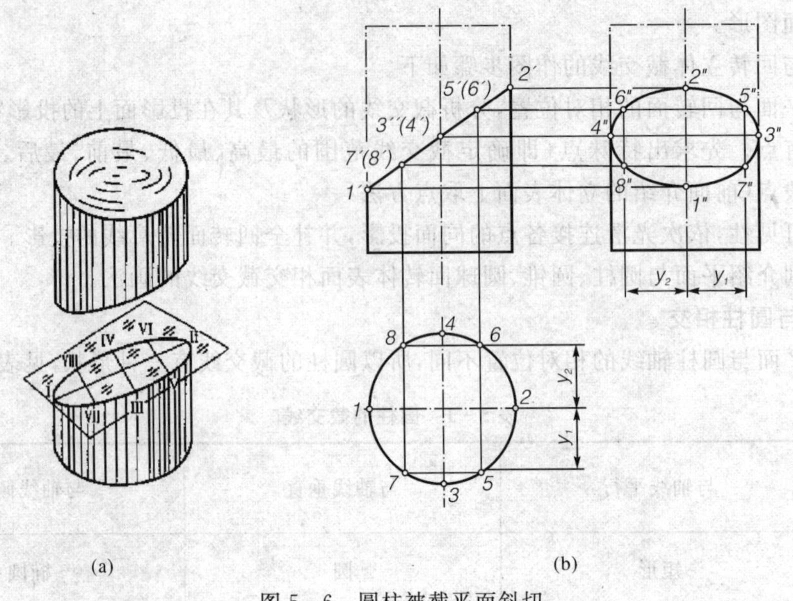

图 5-6 圆柱被截平面斜切

①先求出截交线上的特殊位置点，即首先求长、短轴的四个端点的投影。长轴上Ⅰ、Ⅱ点是最低点和最高点，短轴上Ⅲ、Ⅳ点是最前点和最后点。Ⅰ、Ⅱ、Ⅲ、Ⅳ点也在圆柱的最左、最右、最前和最后素线上。根据水平投影 1、2、3、4 和正面投影 1′、2′、3′、4′可求出侧面投影 1″、2″、3″、4″。

②再求截交线上的一般位置点。在截交线上任取Ⅴ、Ⅵ、Ⅶ、Ⅷ点，根据水平投影 5、6、7、8 和正面投影 5′、(6′)、7′、(8′)，可求出侧面投影 5″、6″、7″、8″。

③最后依次光滑连接各点，即可得到截交线的侧面投影。

【例 5-5】 如图 5-7(a)所示，已知开槽圆柱的正面投影，求其水平投影和侧面投影。

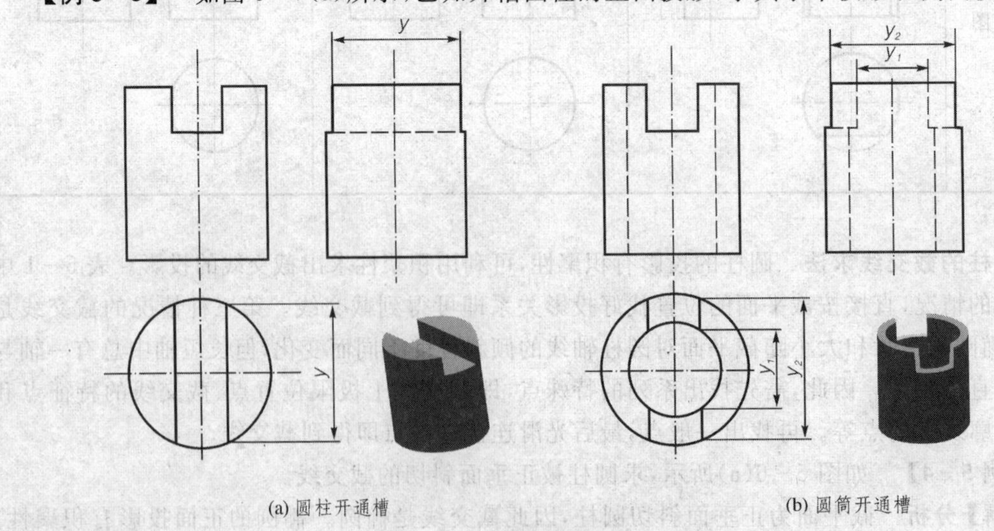

(a) 圆柱开通槽　　(b) 圆筒开通槽

图 5-7

【解】分析　通槽可看作是圆柱被两平行于圆柱轴线的侧平面及一个垂直于圆柱轴线的

水平面所截切，两侧平面截切圆柱的截交线为一矩形，水平面截切圆柱为前后各一段圆弧。图 5－7(b)所示为一圆筒开通槽的三视图，分析过程同开槽圆柱。

2. 平面与锥相交

由于截平面与圆锥轴线的相对位置不同，其截交线有五种不同的形状，详见表 5－2 圆锥体截交线。

表 5－2　圆锥体截交线

截平面的位置	与轴线垂直	过圆锥顶点	平行于任一素线	与轴线倾斜	与轴线平行
立体图					
投影图					
截交线的形状	圆	三角形	抛物线及直线	椭圆	双曲线及直线
截交线求法的要点	求圆心及半径	交点为锥顶，另两点在维圆上	求特殊点、即最高、最低、最前、最左、最后等极限位置点、转向轮廓线上的点及椭圆的长、短轴上的点；求一般点，采用纬圆法可得；判断可见性，光滑连接		

【例 5－6】　如图 5－8 所示，已知主视图，完成俯视图并画出左视图。

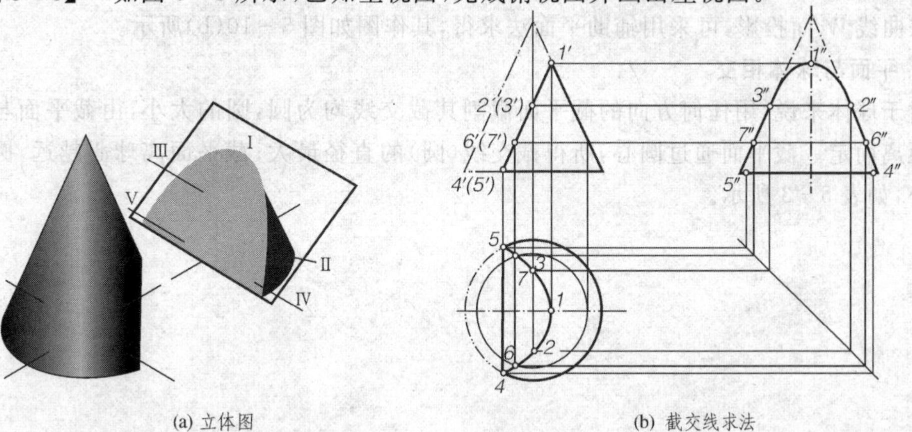

(a) 立体图　　(b) 截交线求法

图 5－8　圆锥与平面相交

【解】分析 截平面是正垂面且与素线平行，截交线形状为抛物线，主视图积聚成与轴线相交的线段，水平投影和侧面投影均为抛物线的类似形。如图 5-8(b)所示。

作图

①求特殊点。抛物线的最高点 1 位于最右素线上，由 1′可求出 1 和 1″。点Ⅱ、Ⅲ位于圆锥的最前、最后素线上，可由 2′、(3)′得 2″、3″、2、3。点Ⅳ、Ⅴ为最低点，也是位于底圆上的两个点，可直接求出 4、5、4″、5″。

②求一般点可用纬圆法。在截交线的主视图上(直线)过点Ⅵ、Ⅶ作纬线圆，求出纬线圆的水平投影(圆)和侧面投影(直线)，可由 6′、(7)′得 6、7；由 6、7 和 6′、7′，求出 6″、7″(此两点也在纬线圆的投影上)。

③依次光滑连接各点即得截交线的另两个投影。

【例 5-7】 如图 5-9 所示，求作圆锥台切口的水平投影和侧面投影。

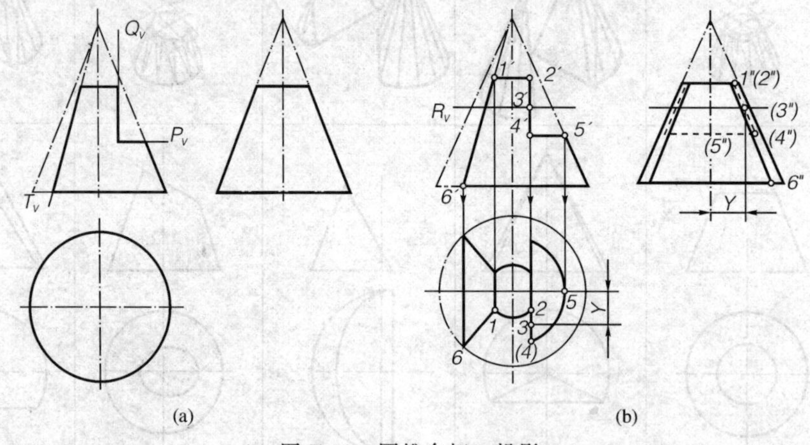

图 5-9 圆锥台切口投影

【解】 由图 5-10(a)可以看出圆锥台切口由三个平面截割而成，截平面 P 垂直于圆锥的轴线，其截交线为圆的一部分，H 面投影反映实形，V 面、W 面投影有积聚性。截平面 T 过圆锥的锥顶，截交线为三角形的一部分，V 面投影有积聚性，H 面、W 面投影均为三角形的一部分。截平面 Q 平行与圆锥的轴线，截交线为双曲线，W 面投影反映实形，其他两面投影具有积聚性。

由以上分析结果可知，除去双曲线的 W 面投影以外，其他投影都是直线和圆，可以直接画出。双曲线 W 面投影，可采用辅助平面法求得，其作图如图 5-10(b)所示。

3. 平面与球体相交

对于球体来说，用任何方向的截平面截割其截交线均为圆，圆的大小，由截平面与球心之间的距离而定。截平面通过圆心，所得截交线(圆)的直径最大；截平面离球心越远，圆的直径就越小，如表 5-3 所示。

表 5-3　圆球的截交线

说明	截平面为正平面	截平面为水平面	截平面为正垂面
轴测图	P	P	P
投影图	P_H	P_V	P_V

【例 5-8】　图 5-10 所示，已知一开槽半圆球的主视图，求其俯视图和左视图。

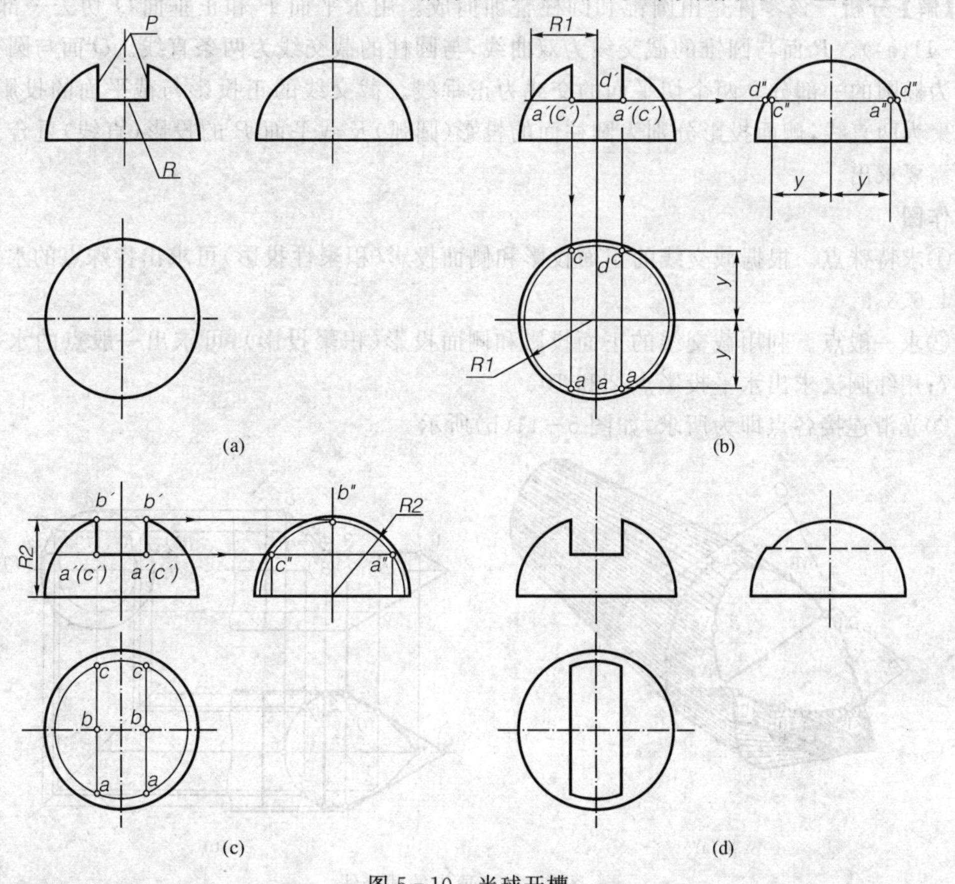

图 5-10 半球开槽

【解】分析　半圆球开槽是由两侧平面 P 与一水平面 R 截切而成的。侧平面 P 与半圆球的截交线在左视图上的投影是圆的一部分，在俯视图上的投影积聚为直线；水平面 R 与半圆球的截交线在俯视图上的投影是圆的一部分，在左视图上的投影积聚为直线；平面 P 与 R 的交线都是正垂线，在左视图上有部分为不可见。注意：左视图中半球的轮廓线在开槽处被截切。

作图

①求出水平面 R 与球面的交线。交线的水平投影为圆弧，侧面投影为直线，如图 5－11(b)所示。

②求侧平面 P 与球面的交线。交线的侧面投影为圆弧，水平投影为直线，如图 5－11(c)所示。

③补全半圆球轮廓线的侧面投影，并做出两截平面的交线的侧面投影（为虚线），完成全图，如图 5－11(d)所示。

5.1.3　同轴复合回转体的截交线

求同轴复合回转体的截交线投影，必须分析该形体是由哪些基本回转体组合而成，再分析截平面与被截切的各个基本体的相对位置、截交线的形状及其投影特征，然后逐个画出基本体的截交线投影，连成封闭的平面图形。

【例 5－9】　已知如图 5－11(a)所示，顶尖的主视图和左视图，完成顶尖的俯视图。

【解】分析　该零件是由圆锥和圆柱叠加而成。用水平面 P 和正垂面 Q 切去一部分（见图 5－11(a)）。P 面与圆锥的截交线为双曲线，与圆柱的截交线为两条直线。Q 面与圆柱的截交线为椭圆的一部分。两个切平面的交线为正垂线。截交线的正投影与截平面的投影重合，即积聚为两直线，侧面投影分别为圆柱面的投影（圆弧）及截平面 P 的投影（直线）重合。水平投影需要求出。

作图

①求特殊点。根据截交线的正面投影和侧面投影（积聚性投影）可求出特殊点的水平投影 1、3、4、6、8、9。

②求一般点。利用截交线的正面投影和侧面投影（积聚投影），可求出一般点的水平投影 5 和 7；用纬圆法求出水平投影点 2 和 10。

③光滑连接各点即为所求，如图 5－11(b)所示。

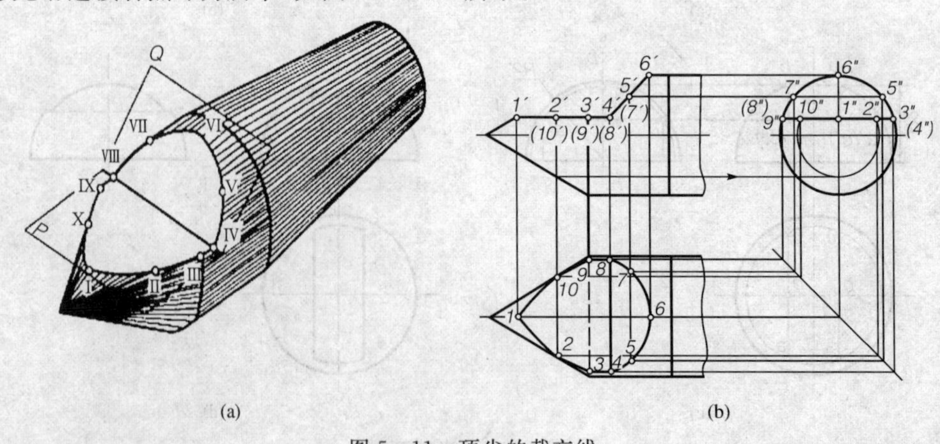

(a)　　(b)

图 5－11　顶尖的截交线

5.1.4　截断体的尺寸标注

标注截断体尺寸时，除了注出基本体的尺寸外，还应注出截平面的位置尺寸。当基本体与截平面之间的相对位置被尺寸确定后，截断体的形状和大小已经确定，截交线也就确定了。因此截交线不需要标注尺寸。图 5 - 12 中有“×”的尺寸不应注出。

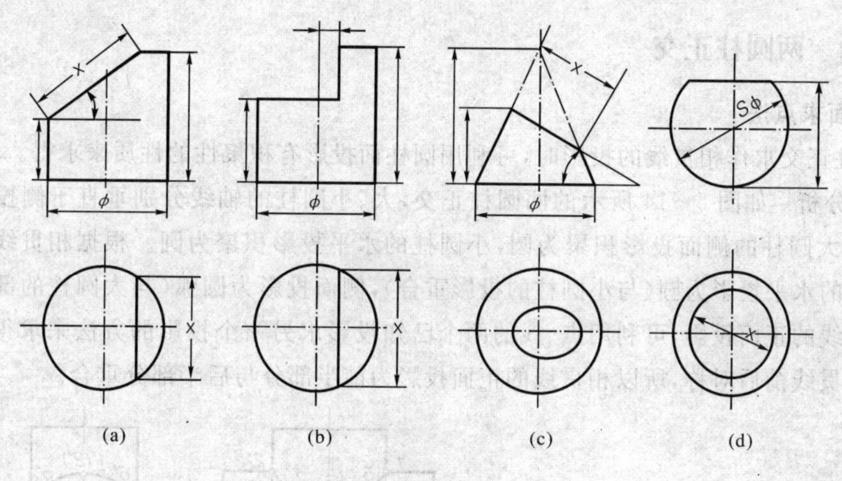

图 5 - 12　截断体的尺寸标注

5.2　相贯线

物体上常有立体表面彼此相交的情况，称为立体相贯。两立体相交在两立体表面所产生的交线称为相贯线，如图 5 - 13 所示。

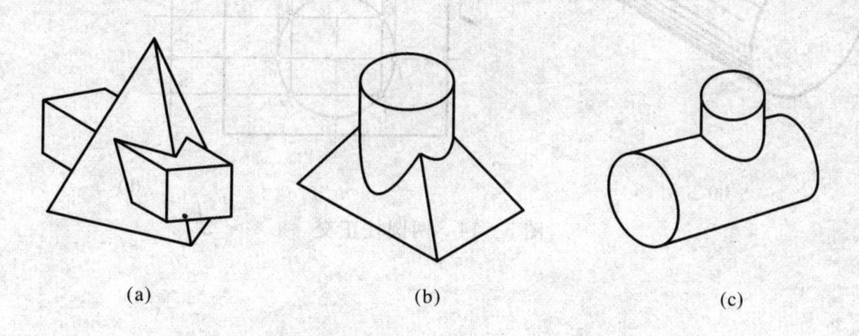

图 5 - 13　两立体表面的相贯线

两曲面立体的相贯线有下列基本性质。

(1)共有性　相贯线为相交两立体表面所共有，相贯线上的点是两曲面立体表面的共有点。

(2)封闭性　因为相贯两曲面体表面都是有限的，所以相贯线一般是闭合的空间曲线，特殊情况下是平面曲线或直线或不闭合的相贯(如两立体部分相贯)。

(3)相贯线的空间形状

①两平面立体相贯，相贯线为空间折线，如图 5 - 13(a)所示。

②平面立体与曲面立体相贯，相贯线为若干平面曲线组合的空间曲线，如图 5-13(b)所示。

③两曲面立体相贯，相贯线为空间曲线，如图 5-13(c)所示。

根据相贯线投影的性质，相贯线的画法实质是求两相贯体表面一系列共有点，然后光滑连接各点。本节主要介绍曲面立体相贯线的画法。常用的方法有两种：利用投影积聚性的方法和利用辅助平面的方法。

5.2.1 两圆柱正交

1. 表面求点法

两圆柱正交求作相贯线的投影时，可利用圆柱面投影有积聚性的性质来求得。

【解】分析 如图 5-14 所示的两圆柱正交，大、小圆柱的轴线分别垂直于侧投影面和水平投影面，大圆柱的侧面投影积聚为圆，小圆柱的水平投影积聚为圆。根据相贯线的性质可知，相贯线的水平投影为圆(与小圆柱的投影重合)，侧面投影为圆弧(与大圆柱的部分投影重合)。相贯线的正面投影，可利用点、线的两个已知投影求另一个投影的方法来求得。因两圆柱正交，相贯线前后对称，所以相贯线的正面投影为前半部分与后半部分重合。

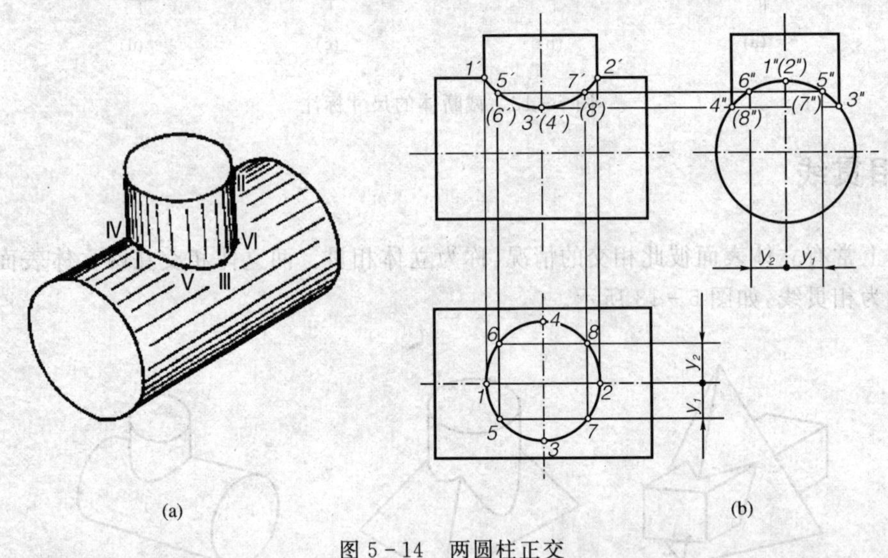

图 5-14　两圆柱正交

作图

①求特殊位置点投影。相贯线上的特殊点位于圆柱的轮廓素线上，故最高点Ⅰ、Ⅱ(也是相贯线的最左点和最右点)的正面投影 1′、2′，可直接定出，最低点Ⅲ、Ⅳ(也是最前点和最后点)的正面投影 3′、(4)′，可由侧面投影 3″、4″作出；

②求一般位置点投影。在水平投影中确定出 5、6、7、8，并作出其侧面投影 5″、6″、(7″)、(8″)，再按点的投影规律作出正面投影 5′、(6′)、7′、(8′)；

③将可见点 1′、5′、3′、7′、2′依次光滑连接，即为相贯线正面投影。

2. 相贯线的近似画法及简化画法

当两正交圆柱的直径差较大时，其相贯线的投影可采用用圆弧代替的近似画法，见图 5-15。

用圆弧代替相贯线投影作图时，以大圆柱半径为圆弧半径，其圆心在小圆柱轴线上。

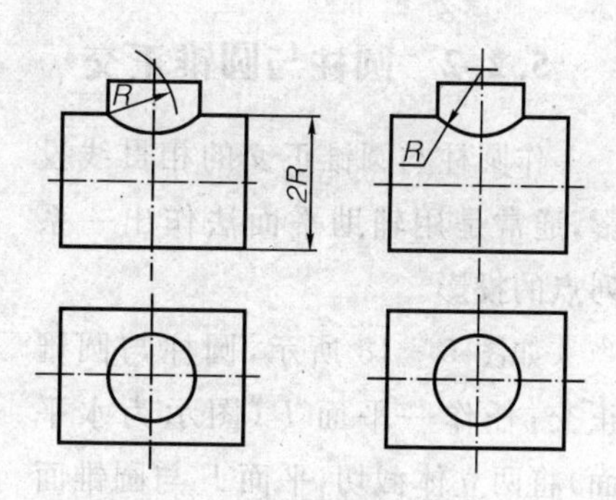

图 5-15　相贯线的近似画法

3. 相贯线的形状与弯曲方向

两个正交圆柱的相贯线，随着两圆柱直径大小的相对变化，其相贯线的形状、弯曲方向也起变化。

如图 5-16 所示，圆柱 D 同时与竖直方向的 A、B、C 三个圆柱正交，它的直径关系为 A 小于 D，B 等于 D，C 大于 D。从图上可以看出其相贯线的变化情况。A 与 D 的相贯线为上下弯曲的空间曲线；B 与 D 的相贯线为平面椭圆曲线，（投影为交叉直线）；C 与 D 的相贯线为左右弯曲的空间曲线。由此可知，当两个直径不等的圆柱相交时，相贯线在非积聚性投影中，其弯曲趋势总是向着大圆柱的轴线。

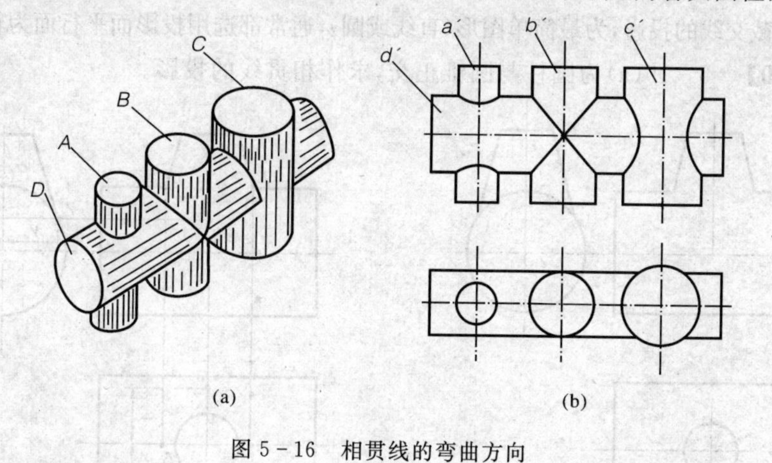

图 5-16　相贯线的弯曲方向

4. 相贯的三种形式

两圆柱外表面相交，其相贯线为外相贯线，见图 5-15；外圆柱面与内圆柱面相交，其相贯线为外相贯线，见图 5-17(a)；两内圆柱面相交，其相贯线为内相贯线，见图 5-17(b)。

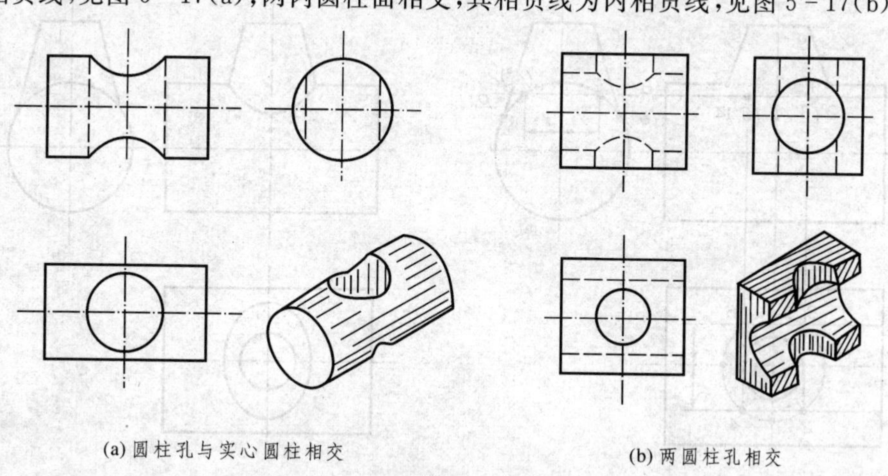

(a) 圆柱孔与实心圆柱相交　　(b) 两圆柱孔相交

图 5-17　两圆柱体相贯的常见情况

5.2.2 圆柱与圆锥正交

作圆柱与圆锥正交的相贯线投影，通常是用辅助平面法作出一系列点的投影。

如图5-18所示，圆柱与圆锥正交，任作一平面P(图示为水平面)将两立体截切，平面P与圆锥面的截交线(圆)及平面P与圆柱面的截交线(两平行直线)相交，用来截切两相交立体的平面P，叫做辅助平面。辅助平面可以是任意的，但选择的原则是使辅助平面与两立体表面的截交线的投影，为最简单图形(直线或圆)，通常都选用投影面平行面为辅助平面。

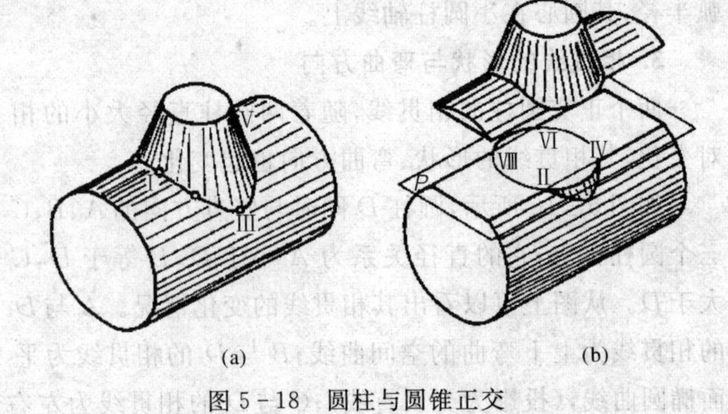

图5-18 圆柱与圆锥正交

【例5-10】 5-19(a)为圆柱与圆锥正交，求作相贯线的投影。

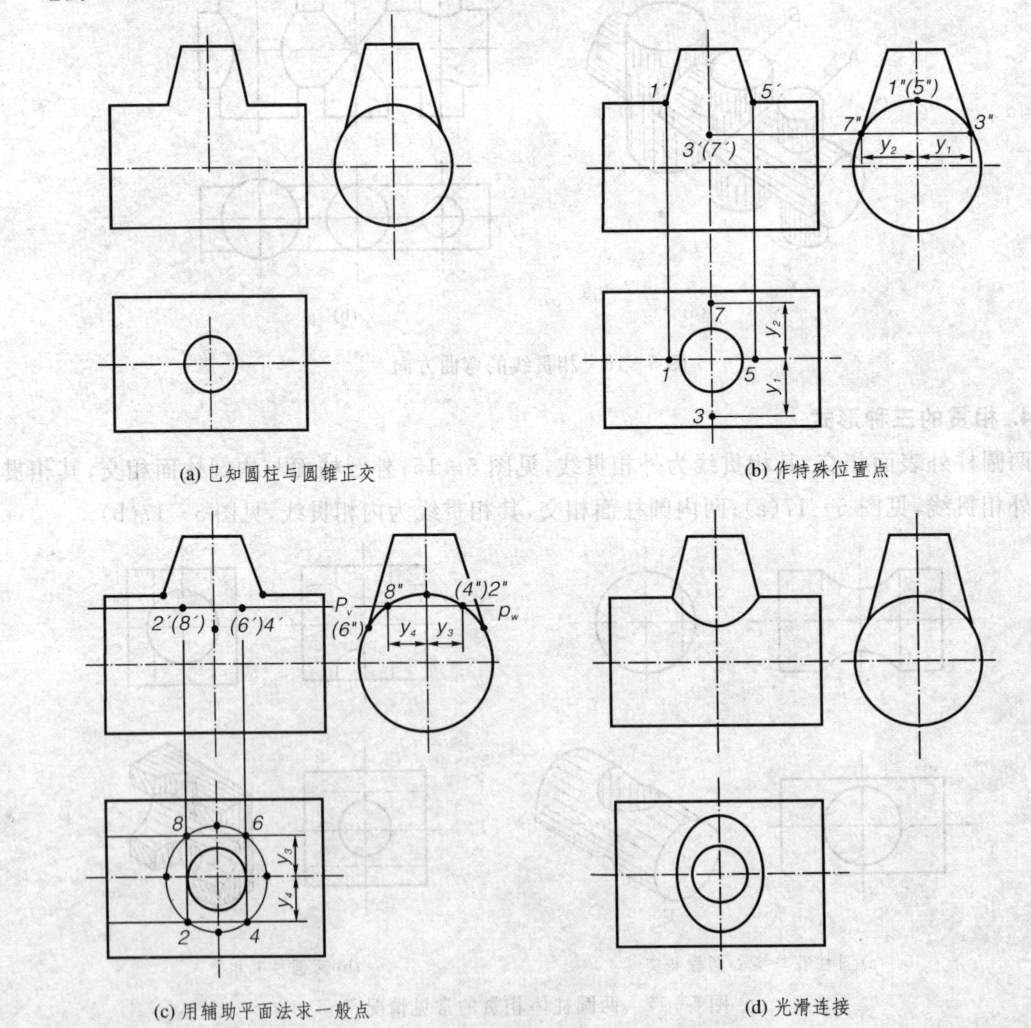

(a) 已知圆柱与圆锥正交

(b) 作特殊位置点

(c) 用辅助平面法求一般点

(d) 光滑连接

图5-19 圆柱与圆锥正交相贯线的作图步骤

【解】分析 因圆柱与圆锥正交，相贯线为前后对称的空间曲线。圆柱轴线垂直于侧投影面，相贯线的侧面投影为圆弧(与圆柱面的投影重合)，所以需要求出相贯线的正面投影和水平投影。

作图

①作特殊位置点投影。根据相贯线最高点(也是最左点和最右点)和最低点(也是最前点和最后点)的侧面投影 1″、(5″)、3″、7″可求出其正面投影 1′、5′、3′、(7′)及水平投影 1、5、3、7。

②用辅助平面法求一般位置点投影。在最高点和最低点之间作一辅助水平面 P，P 面截切圆锥截交线的水平投影为圆。截切圆柱找交线的水平投影为两条平行直线，截交线的交点 2、4、6、8 即为相贯线上的点。再根据水平投影 2、4、6、8 作出正面投影 2′、4′、(6′)、(8′)。

③将正面投影的可见点依次光滑连接即为相贯线的正面投影，不可见部分与可见部分重影。将水平投影的各点依次光滑连接即为相贯线的水平投影。

5.2.3 拱形柱、长圆柱与圆柱正交

【例 5-11】 图 5-20 所示为拱形柱与圆柱正交，求作相贯线。

【解】 如图 5-20(a)所示，将相贯体分解为上、下两部分，上半部分的相贯线为曲线(半圆柱与圆柱正交)，下半部分的相贯线为直线。相贯线的正面投影与拱形柱的积聚投影重合，水平投影为一段圆弧，只需求相贯线的侧面投影，如图 5-20(c)听示。

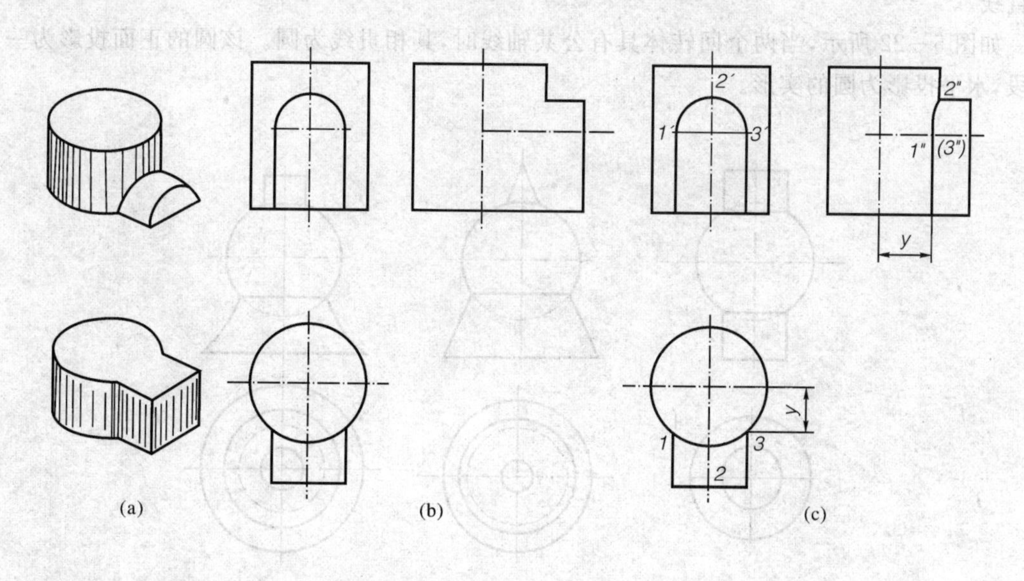

图 5-20 拱形柱与圆柱正交

【例 5-12】 如图 5-21(a)所示，补画出长圆孔与内、外圆柱正交的相贯线的正面投影。

【解】 长圆孔可以看成是从圆柱上取出一个与之正交的长圆柱，而长圆柱是由两个半圆柱和一个四棱柱组成的，因此相贯线的正面投影如图 5-21(b)所示。

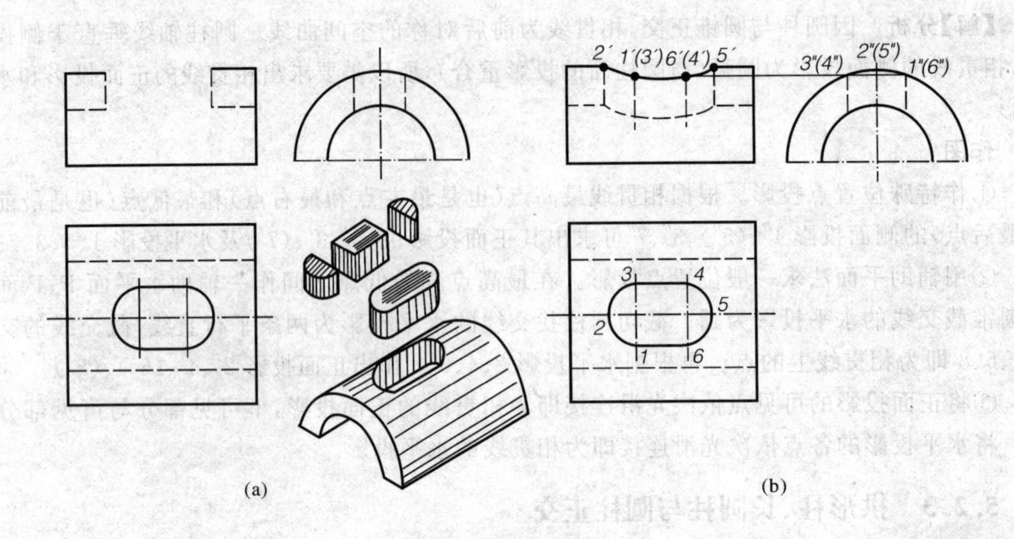

图 5-21　长圆柱与圆柱正交

5.2.4　相贯线的特殊情况

在一般情况下，两回转体的相贯线是空间曲线，但是在特殊情况下，也可能是平面曲线或是直线。

如图 5-22 所示，当两个回转体具有公共轴线时，其相贯线为圆。该圆的正面投影为一直线段，水平投影为圆的实形。

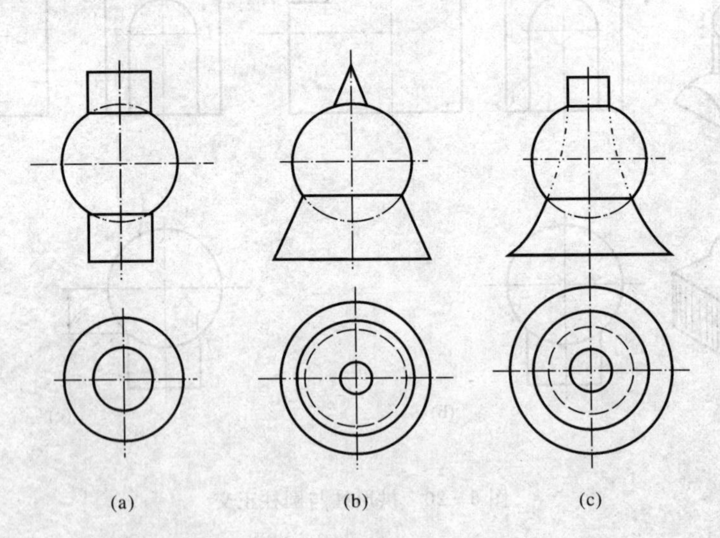

图 5-22　相贯线的特殊情况(一)

如图 5-23 所示，当圆柱与圆柱、圆柱与圆锥相交，并且公切于一个球面时，则相贯线为两个垂直于 V 面的椭圆，椭圆的正面投影积聚为直线段。

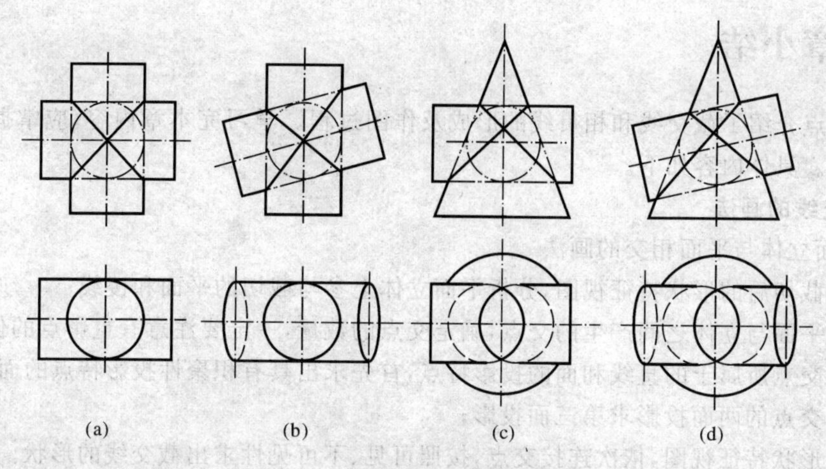

图 5－23　相贯线的特殊情况(二)

5.2.5　相贯体的尺寸标注

标注相贯体的尺寸时，除了标注出两相交的立体的尺寸外，还要标注出相交立体的位置尺寸，但相贯线不需要标注尺寸，见图 5－24。

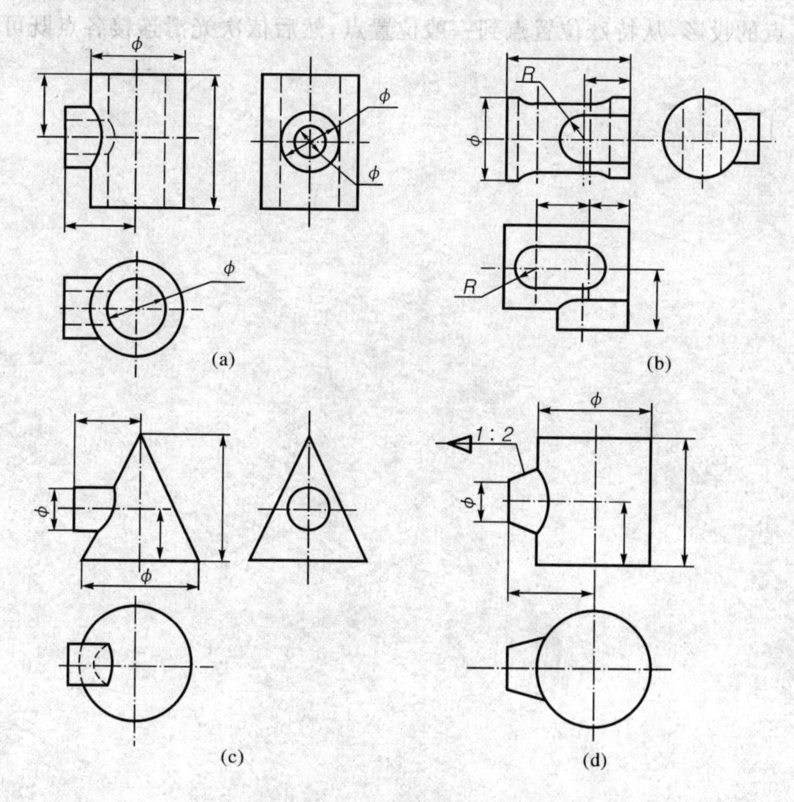

图 5－24　相贯线的尺寸标注

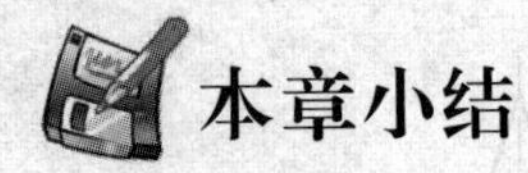

本章小结

本章重点介绍了截交线和相贯线的形成及作图过程。学习完本章内容，应掌握截交线及相贯线画法。具体内容如下。

1. 截交线的画法

(1)平面立体与平面相交的画法

①找出截切后的形状特征视图，分析平面立体上参与截切的平面和棱线；

②确定平面与立体之间产生的交点，确定交点的数量，一定要注意有重影点的位置；

③分析交点所属于的直线和面的投影特点，首先求出具有积聚性投影特点的面上的投影；

④已知交点的两面投影求第三面投影；

⑤按照形状特征视图，依次连接交点，按照可见、不可见性求出截交线的形状。

(2)曲面立体与平面相交的画法　求曲面立体截交线，就是要求出截平面与曲面立体上被截各素线的交点，特别要注意六个特殊位置点(最上、最下、最前、最后、最左、最右)，然后依次连接各点既可。

2. 相贯线的画法

求做相贯线的画法，有积聚性法、辅助平面法、辅助球面法。三种画法的关键都是找到两立体表面共有点的投影，从特殊位置点到一般位置点，然后依次光滑连接各点既可。

第6章 组合体

任何复杂的机器零部件,从形体角度看,都是由一些基本形体组合而成的。这种由两个或者两个以上的基本形体按照一定的连接方式组合而成的形体,称为组合体。本章主要学习组合体三视图的画图、读图及尺寸标注的方法,为以后学习零件图、装配图奠定基础。

6.1 组合体及形体分析法

6.1.1 组合体的组成方式

组合体的组成方式一般有叠加和切割两种。但常见的组合体主要是这两种方式的综合。如图6-1所示。

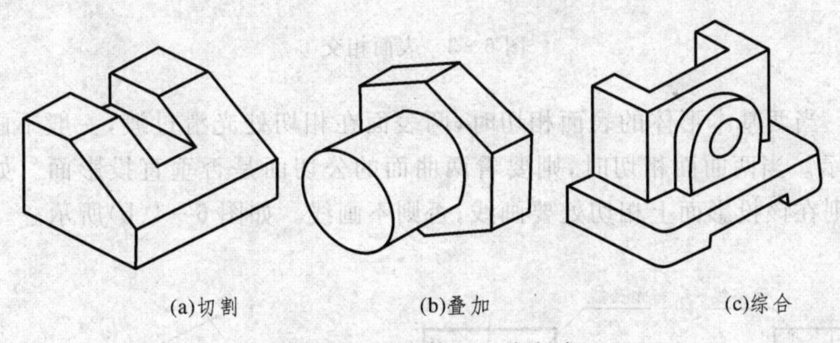

(a)切割　(b)叠加　(c)综合

图6-1 组合体的组成方式

6.1.2 组合体上相邻表面之间的连接关系

无论以何种方式构成组合体,其基本形体的相邻表面都存在一定的相互关系,其形式一般可分为平行、相切、相交等情况。

(1)平行　所谓平行是指两基本形体表面间同方向的相互关系,它又可以分为两种情况:平齐和不平齐。当两基本形体的表面平齐时,两表面为共面,表面接合处不画分界线;反之,如果两表面不平齐时,则应画出两者的分界线。如图6-2所示。

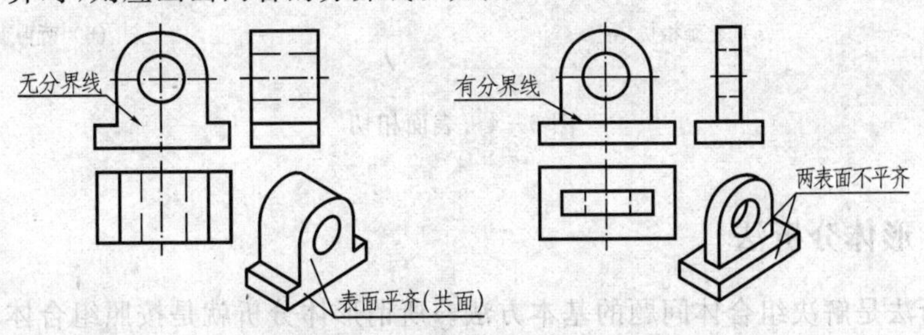

(a)表面平齐　(b)表面不平齐

图6-2 表面平行

(2)相交　当两基本形体的表面相交时,相交处会产生不同形式的交线,在视图中应画出这些交线的投影。如图 6-3 所示。

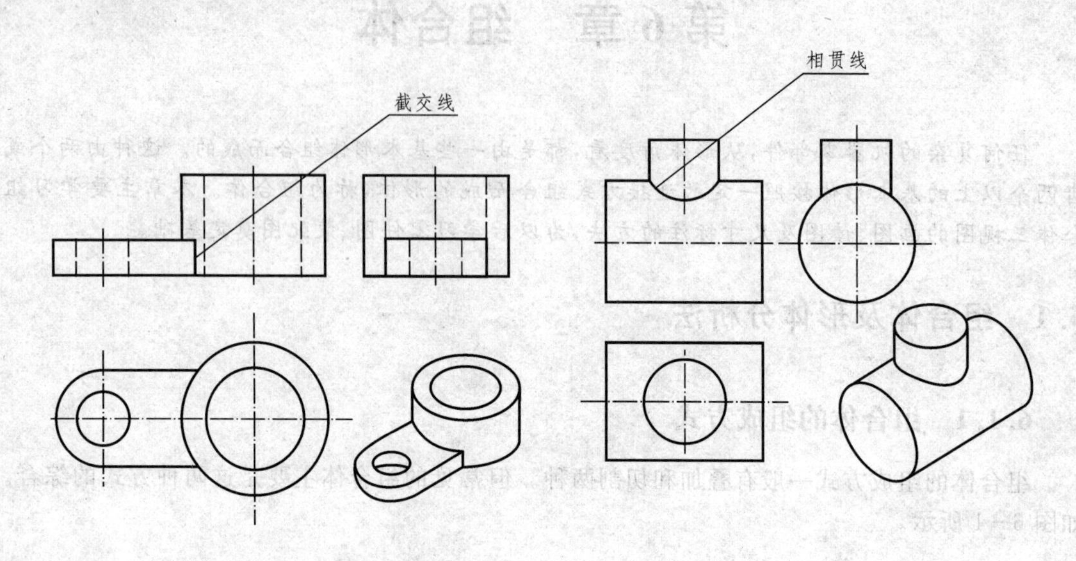

图 6-3　表面相交

(3)相切　当两基本形体的表面相切时,两表面在相切处光滑过渡,一般不画出切线。如图 6-4(a)所示。当两曲面相切时,则要看两曲面的公切面是否垂直投影面。如果公切面垂直于投影面,则在该投影面上相切处要画线,否则不画线。如图 6-4(b)所示。

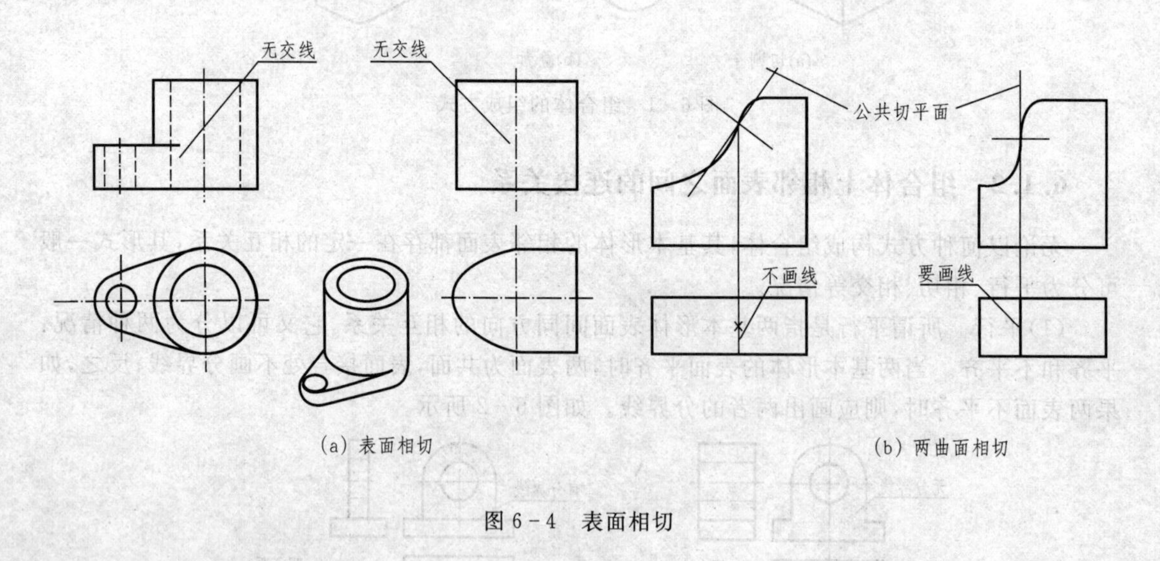

(a) 表面相切　　(b) 两曲面相切

图 6-4　表面相切

6.1.3　形体分析法

形体分析法是解决组合体问题的基本方法。所谓形体分析就是按照组合体的组成方式分解为若干个基本形体,以便弄清楚各基本形体的形状、它们之间的相对位置和表面连接关系,这种方法称为形体分析法。在以后的画图、读图及尺寸标注中会经常用到形体分析法。

6.2　组合体的三视图画法

6.2.1　组合体画法的方法和步骤

画组合体的三视图时，应按照一定的方法和步骤进行。下面以图 6－5 所示轴承座举例说明。

1. 形体分析

画图之前，首先应对组合体进行形体分析。分析组合体有哪几部分组成；各部分之间的相对位置；相邻两基本形体表面之间的连接关系等。图中轴承座由上部的凸台、轴承、支撑板、底板和肋板组成。凸台和轴承是两个垂直相交的空心圆柱体，在外表面和内表面上都有相贯线。支撑板、肋板和底板分别是不同形状的平板。支撑板的左右侧面都与轴承的外圆柱面相切，肋板的左右侧面都与轴承的外圆柱面相交，底板的顶面与支撑板、肋板的底面相互重合。

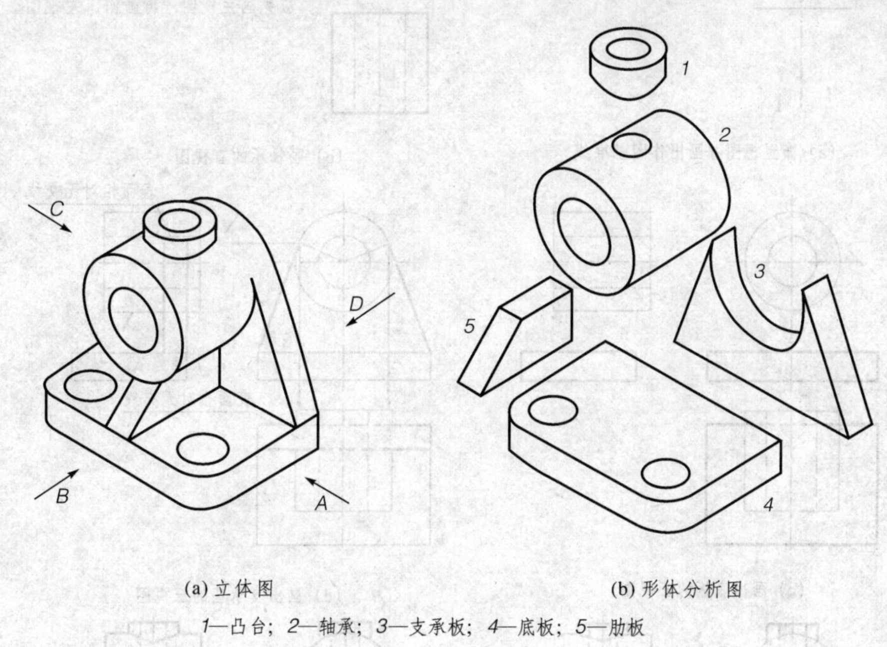

(a) 立体图　　(b) 形体分析图

1—凸台；2—轴承；3—支承板；4—底板；5—肋板

图 6－5　轴承座

2. 选择视图

选择视图首先应确定主视图投影方向。主视图一般应能明显反映出组合体各部分的形状和位置特征，即把能较多反应组合体形状和位置特征的某一面作为主视图的投射方向，并尽可能使形体上的主要表面或者主要轴线与投影面平行或垂直，同时还应考虑到以下两点。

①使其他两个视图上的虚线尽可能少些。

②尽量使画出的三视图长大于宽。

后两点不能兼顾时，以前面所讲主视图的选择原则为准。图 6－5 中所示 A、B、C、D 四个方向中 B 向作为主视图的投射方向最能满足以上要求。

主视图的方向确定后，其他视图的方向也随之确定，一般我们用主、俯、左三个视图来表达组合体的形状。

3. 选择图纸幅面和比例

根据组合体的复杂程度和尺寸大小,应选择国家标准规定的图幅和比例。在选择时应充分考虑到视图、尺寸、技术要求及标题栏的大小和位置等。

4. 布置视图,画作图基准线

根据组合体的总体尺寸通过简单计算将各视图均匀的布置在图框内。各视图位置确定后,用细点画线或细实线画出作图基准线。作图基准线一般为底面、对称面、重要端面、重要轴线等,如图 6-6(a)所示。

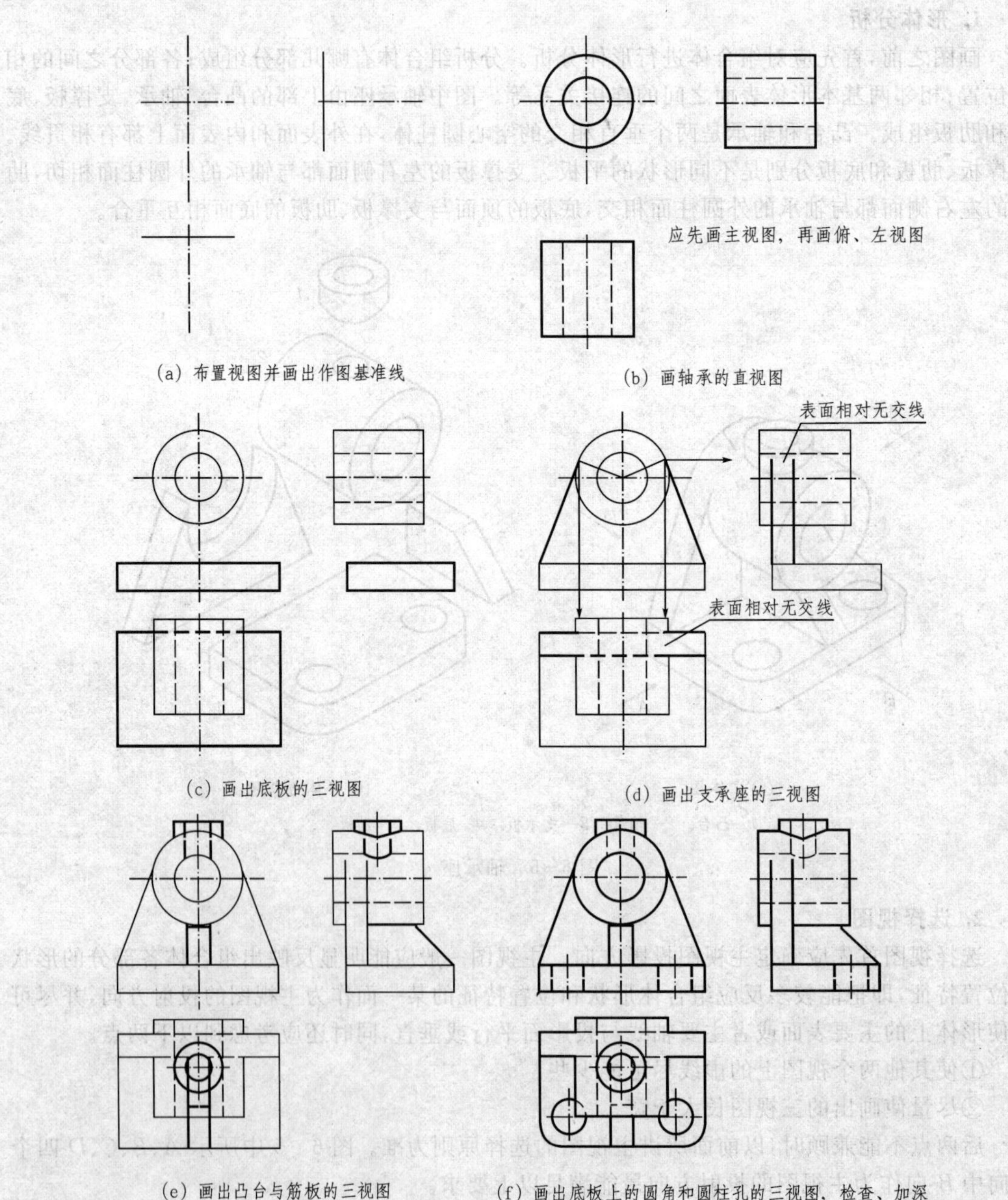

(a) 布置视图并画出作图基准线　(b) 画轴承的直视图

(c) 画出底板的三视图　(d) 画出支承座的三视图

(e) 画出凸台与筋板的三视图　(f) 画出底板上的圆角和圆柱孔的三视图，检查、加深

图 6-6　组合体三视图的作图步骤

5. 画底稿

依次画出每个简单形体的三视图，如图 6－6(b)～(f)所示，画底稿时应注意：

(1) 作图顺序　从主要基本体的三视图——次要基本体的三视图，按表面连接关系确定表达形式。如图中先画轴承和底板，后画支撑板和肋板；

(2)画每一个基本形体时，一般应该三个视图对应起来一起画。先画反映实形或有特征的视图，再按投影关系画其他视图。如轴承先画主视图，凸台先画俯视图等。

6. 检查、描深

检查底稿，改正错误，然后再描深，结果如图 6－6(f)所示。

6.2.2　画图举例

【例 6－1】　画出切割型组合体的三视图，如图 6－7(a)所示.

【解】　画切割型组合体三视图的步骤与叠加型相同，首先进行形体分析，其形成如图 6－7(b)所示。

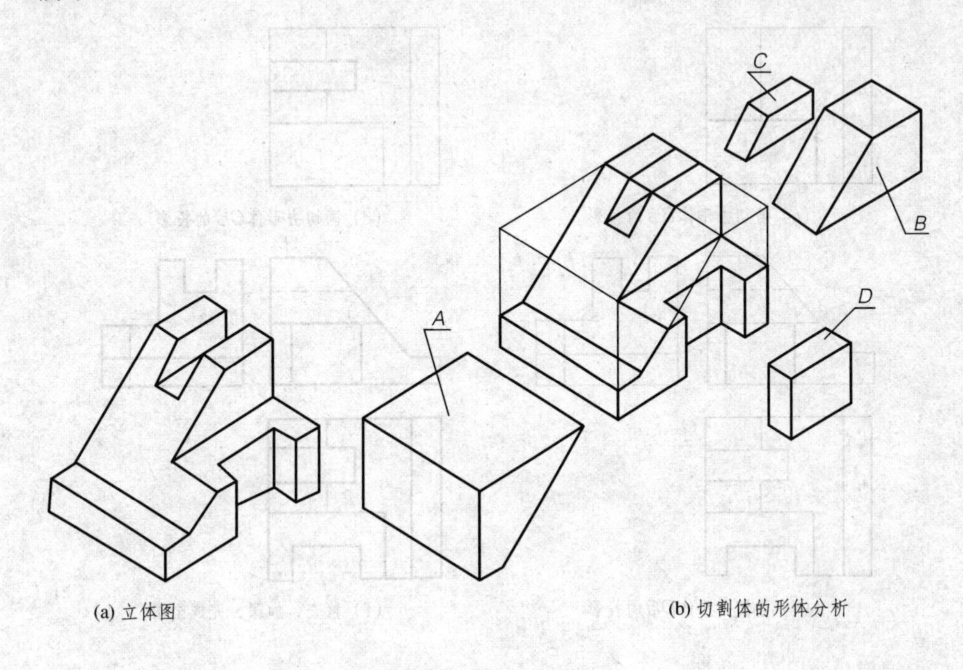

(a) 立体图　　(b) 切割体的形体分析

图 6－7　切割型组合体

作图时由一个简单的投影开始，按切割的顺序逐次画完全图。图 6－8 是切割型组合体的画图过程。

画切割型组合体的投影时应注意以下几点。

(1)认真分析组合体未被切割前基本体的形状，确定截切面的形状和位置，确定切割顺序。

(2)画图时先画截切面具有积聚性的投影，再根据切面与立体表面相交的情况画出其他两投影。

(3)如果切面为投影面垂直面，则该面的另两投影为类似形。

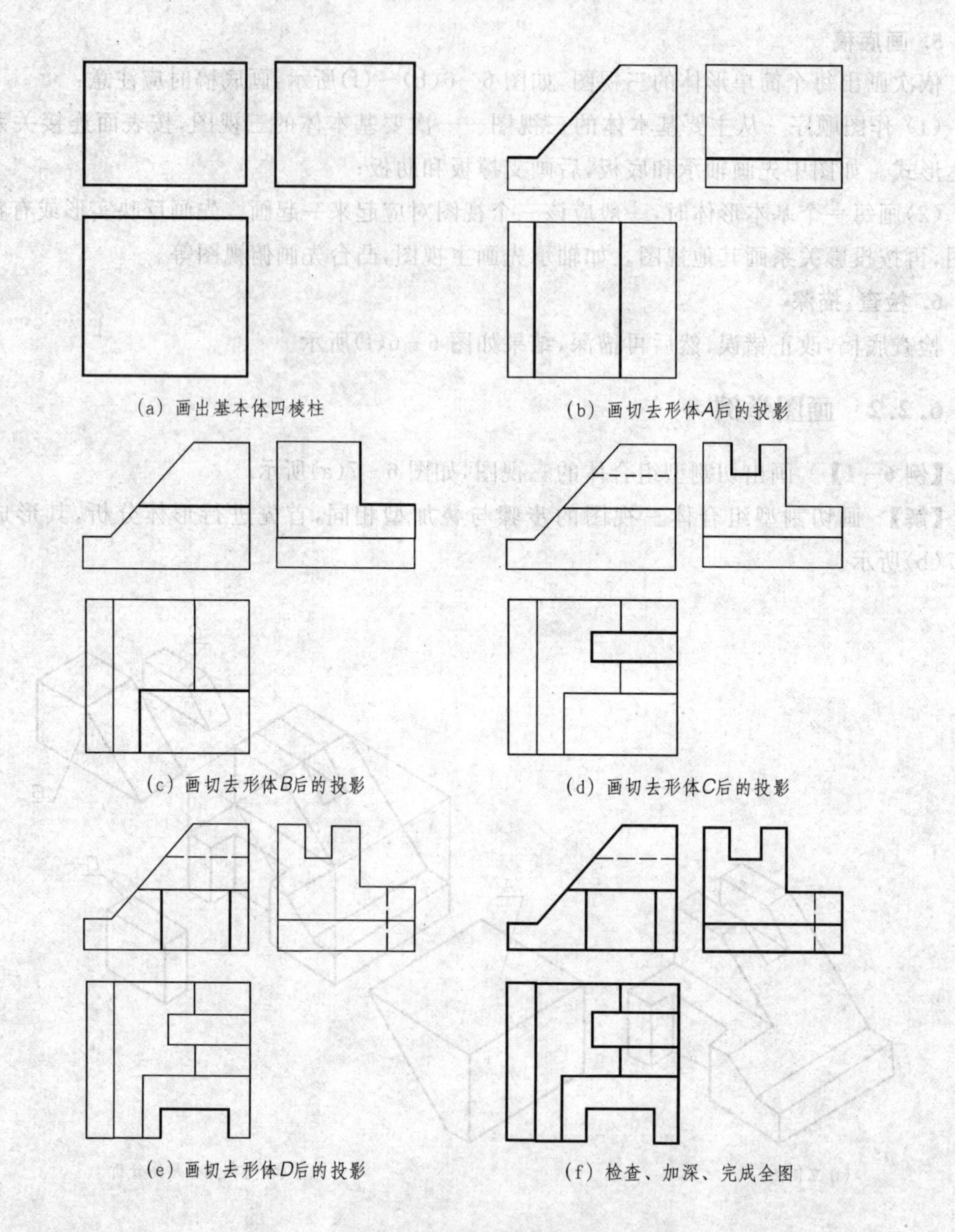

图 6-8　切割型组合体三视图的画图过程

6.3　组合体的尺寸标注

组合体的视图只能表达它的形状，而它的大小和各组成部分的相对位置则需要标注尺寸来确定。因此，标注组合体尺寸是全面表达组合体的一个重要方面。

对组合体尺寸标注的基本要求如下。

(1)正确　尺寸标注应符合国家标准的有关规定。

(2)完整　尺寸必须标注齐全，既不遗漏也不重复。

(3)清晰　尺寸标注要整齐、清晰,便于查看。

(4)合理　尺寸标注要满足机件的设计要求和制造工艺要求,便于加工和测量。

其中第一条尺寸标注正确已在第一章中作了介绍,第四条尺寸标注合理将在第九章“零件图”中作介绍,本节着重讨论如何使尺寸标注完整和清晰的问题。

6.3.1　尺寸标注要完整

要达到这个要求,首先必须了解组合体的尺寸种类。组合体一般包括三种类型尺寸,定形尺寸、定位尺寸和总体尺寸。下面以图 6-9 为例详细说明。

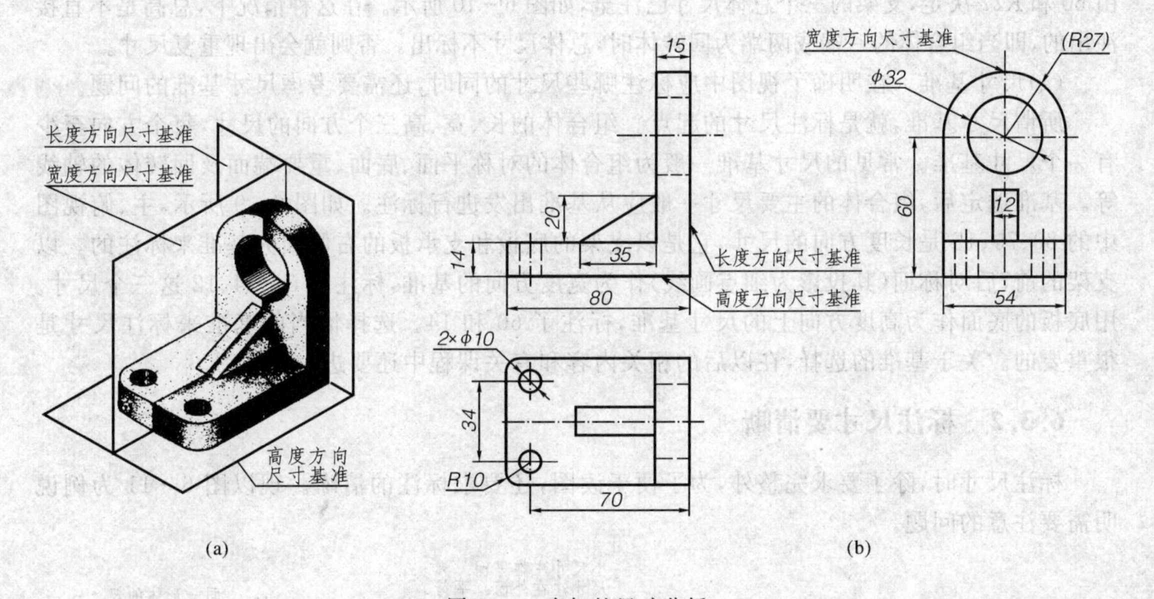

图 6-9　支架的尺寸分析

(1)定形尺寸　确定组合体各组成部分的长、宽、高三个方向的大小尺寸,称为定形尺寸。用形体分析法可将图 6-9 所示的支架分为三部分:底板、支承板和肋板。各部分的定形尺寸如图 6-10所示。底板的定形尺寸为长 80、宽 54、高 14 以及底板上两圆柱孔直径 $\phi10$;支承板的定形尺寸为长 15、宽 54、圆孔直径 $\phi32$ 和圆弧半径 $R27$;肋板的定形尺寸为长 35、宽 12 和高 20。

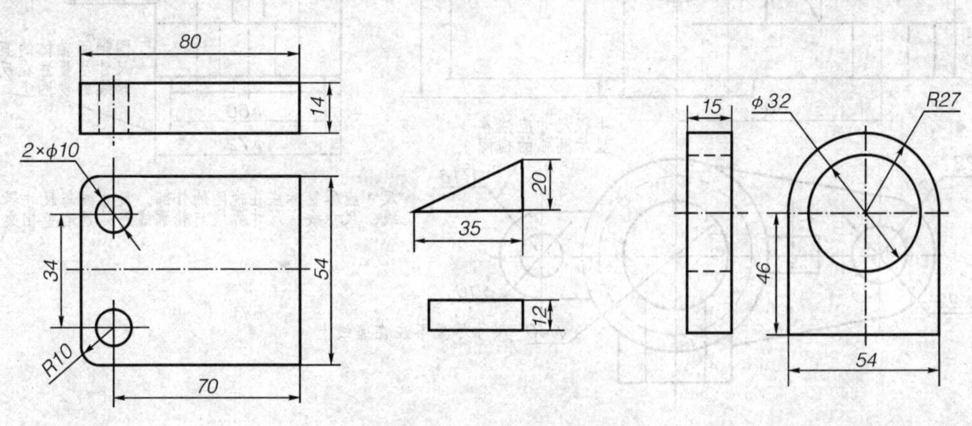

图 6-10　支架各组成部分的尺寸标注

(2)定位尺寸　表示组合体各组成部分相对位置的尺寸,称为定位尺寸。如图6-9所示,左视图中的60为支承板上轴孔高度方向的定位尺寸(孔的轴线至底板地面的距离);俯视图中的70和34分别为底板上两圆孔长度和宽度方向的定位尺寸;由于支承板和底板的前、后、右三面靠齐,肋板和底板的前、后对称面重合并和底板、支承板相结合,位置已完全确定,故不需要标注出其定位尺寸。

(3)总体尺寸　表示组合体外形大小的总长、总宽、总高尺寸,称为总体尺寸。如图6-9所示。

底板的长度80,即为支架的总长尺寸;底板宽度54,即为支架的总宽尺寸;支架的总高尺寸由60和*R*27决定,支架的三个总体尺寸已注全,如图6-10所示。在这种情况下,总高是不直接注出的,即当组合体的一端或两端为回转体时,总体尺寸不标出。否则就会出现重复尺寸。

(4)尺寸基准　在明确了视图中应标注哪些尺寸的同时,还需要考虑尺寸基准的问题。

所谓尺寸基准,就是标注尺寸的起点。组合体的长、宽、高三个方向的尺寸,每个方向至少有一个尺寸基准。常见的尺寸基准一般为组合体的对称平面、底面、重要端面及回转体的轴线等。基准选定后,组合体的主要尺寸一般应从基准出发进行标注。如图6-9所示,主、俯视图中的80、70、15是长度方向的尺寸,它是以支架的底板和支承板的右侧面为基准来标注的。以支架的前、后对称面(其投影为细点画线)作为宽度方向的基准,标注了54、34、12这三个尺寸。用底板的底面作为高度方向上的尺寸基准,标注了60和14。选择恰当的基准来标注尺寸是很重要的。关于基准的选择,在以后的相关内容和有关课程中还要进一步学习。

6.3.2　标注尺寸要清晰

标注尺寸时,除了要求完整外,为了便于读图,还要求标注的清晰。现以图6-11为例说明需要注意的问题。

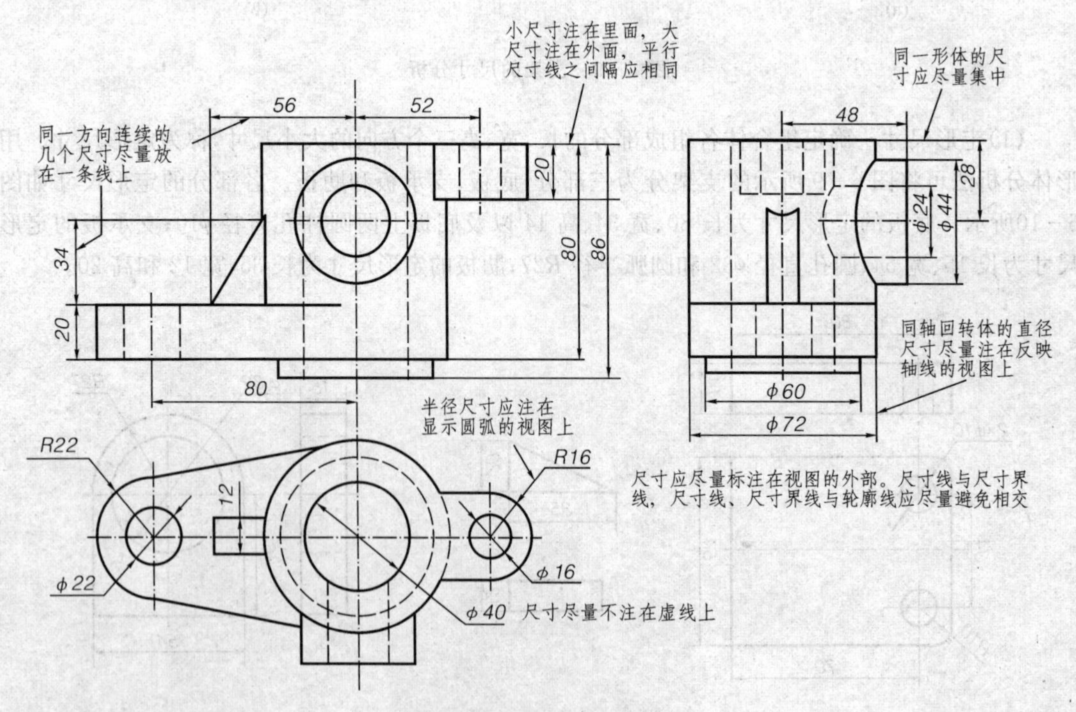

图6-11　支架的尺寸标注

①尺寸应尽量标注在表示形体特征最明显的视图上。如图中肋的高度尺寸 34，注在主视图上比注在左视图上为好；水平空心圆柱的定位尺寸 28，注在左视图上比注在主视图上为好；而底板的定形尺寸 $R22$ 和 $\phi22$ 则应注在表示该部分形状最明显的俯视图上。

②同一基本形体的定形尺寸以及相关联的定位尺寸要尽量集中标注。如图中将水平空心圆柱的定形尺寸 $\phi24$、$\phi44$ 从原来的主视图上移到左视图上，这样便和它的定位尺寸 28、48 全部集中在一起，因而比较清晰，便于寻找。

③尺寸应尽量注在视图的外侧，以保持图形的清晰。同一方向几个连续尺寸应尽量放在同一直线上。如图中将肋板的定位尺寸 56、搭子的定位尺寸 52 和水平空心圆柱的定位尺寸 48 排在一条线上，使尺寸标注显得较为清晰。

④同心圆柱的直径尺寸尽量注在非圆视图上，而圆弧的半径尺寸则必须注在投影为圆弧的视图上。如图中直立空心圆柱的直径 $\phi60$、$\phi72$ 均注在左视图上，而底板及搭子上的圆弧半径 $R22$、$R16$ 则必须注在俯视图上。

⑤尽量避免在虚线上标注尺寸。如图中直立空心圆柱的孔径 $\phi40$，若标注在主左视图上将从虚线引出，因此便注在俯视图上。

⑥尺寸线与尺寸界线，尺寸线、尺寸界线和轮廓线都应避免相交。相互平行的尺寸应按“小尺寸在内，大尺寸在外”的原则排列。

⑦内形尺寸与外形尺寸最好分别注在视图的两侧。

在标注尺寸时，有时会出现不能兼顾以上各点的情况，这时必须在保证尺寸标注正确、完整的前提下，灵活掌握，力求清晰。

图 6 - 12 列出了一些常见结构的尺寸标注法。从图中可以看出，当这些结构在某个投影

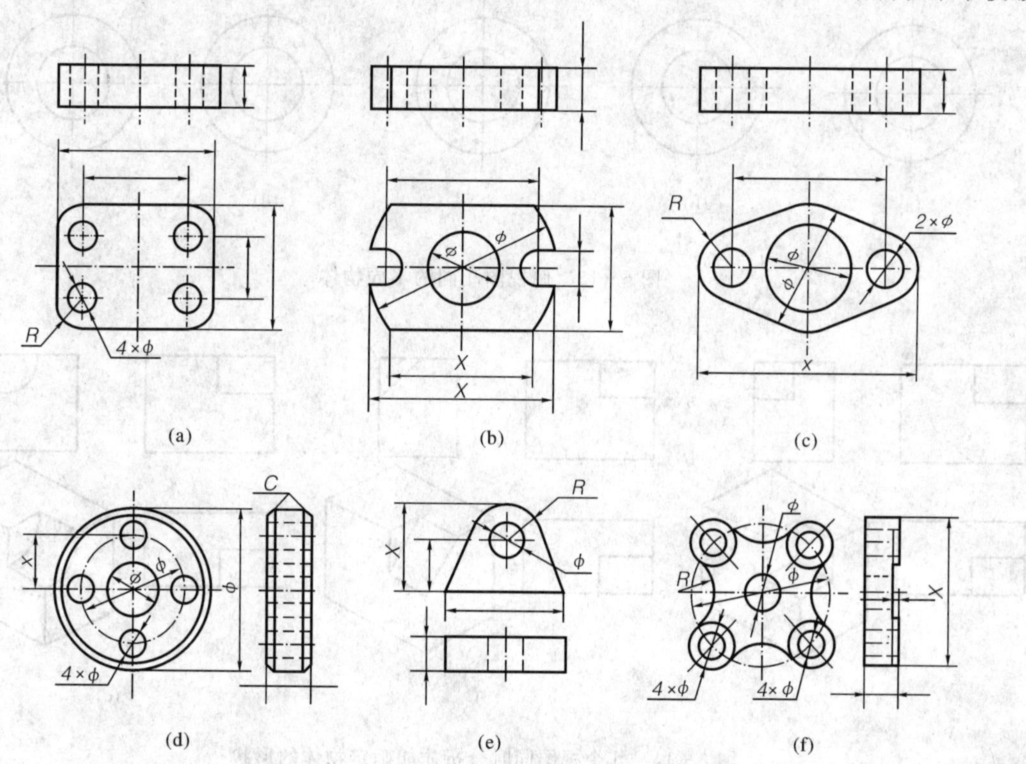

图 6 - 12　常见结构的尺寸标注

图中以圆弧为轮廓线时，一般不标注总体尺寸而是标注出圆心位置和圆弧半径或直径即可。如图 6-12(c)、(e)、(f)所示。但当圆弧只是作为圆角时，则既要注出圆角半径，也要标注出总长、总宽等尺寸。如图中 6-12(a)所示。其他尺寸请读者自行分析。

6.4 读组合体三视图

画图和读图是学习本课程的两个重要环节。画图是用视图来表达物体的形状。读图是根据视图想象物体的形状。所以，要能正确、迅速的读懂视图，必须掌握读图的基本知识和基本方法，培养空间想象能力和形体构思能力，并通过不断练习，逐步提高读图能力。

6.4.1 读图的基本知识

1. 几个视图联系起来看

一般情况下，一个视图不能完全确定物体的形状。如图 6-13 所示的五组视图，它们的俯视图都相同，但实际上是五种不同形状的物体。有时，两个视图也不能唯一确定物体的形状，如图 6-14 所示，它们的主、俯视图都相同，但也表示了三种不同形状的物体。

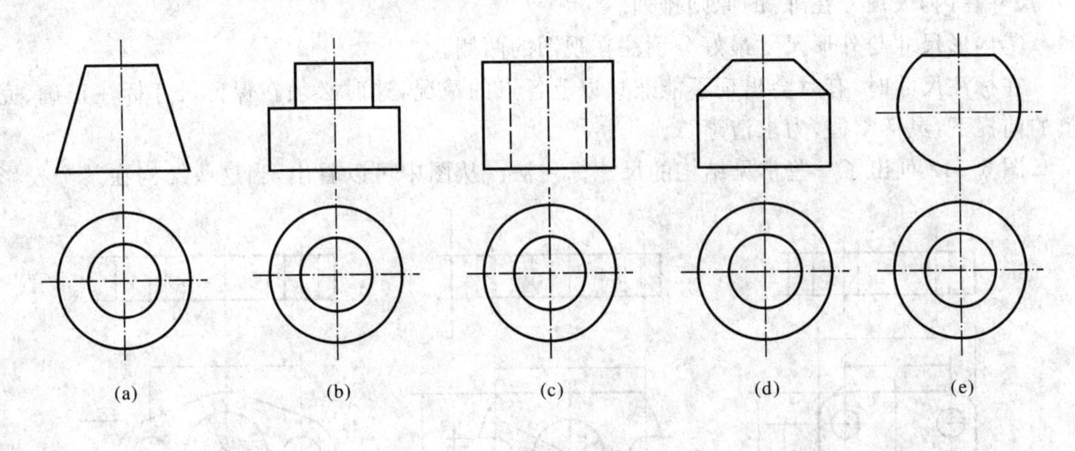

图 6-13 俯视图相同的不同物体

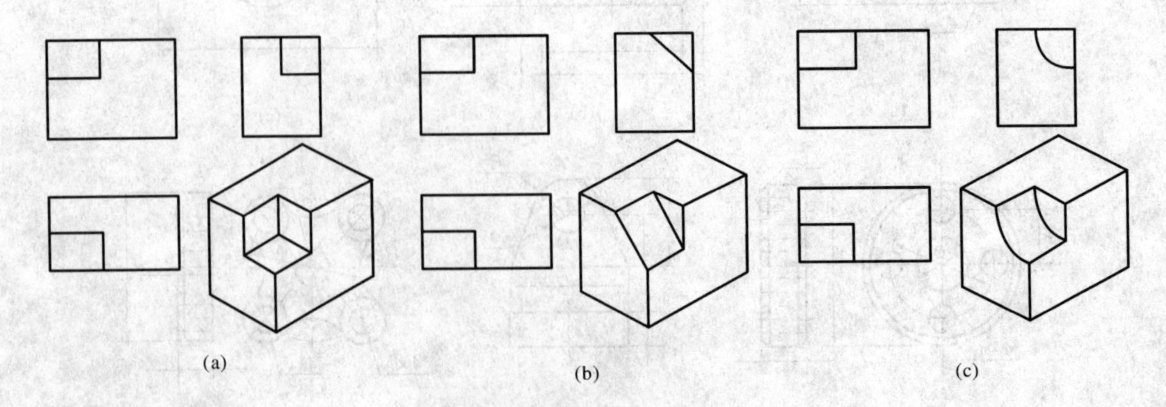

图 6-14 几个视图同时分析才能确定物体的形状

由此可见，读图时，不能单看一个或两个视图，必须把所有已知的视图联系起来看，才能想象出物体的准确形状。

2. 善于抓特征视图

所谓特征视图，就是把物体的形状特征和相对位置反映得最充分的那个视图。例如图 6－13中的主视图及图 6－14 中的左视图。找到这个视图，再配合其他视图，就能较快的想象物体的形状。

但是由于组合体的组成方式不同，物体的形状特征及相对位置并非总是集中在一个视图上，有时是分散于各个视图上。例如图 6－15 中的支架就是有四个形体叠加构成的。主视图反映物体 A、B 的特征，俯视图反映物体 D 的特征。所以在读图时要抓住反应特征较多的视图。

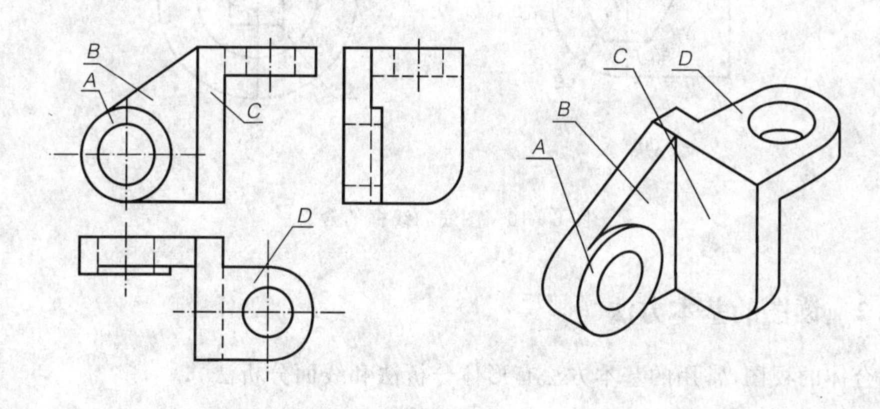

图 6－15　读图时应找出特征视图

3. 明确视图中图线和线框的含义

从前面有关内容可知，视图是由若干个封闭线框构成的，而每个线框又是由若干条图线所围成的，如图 6－16 所示。因此搞清楚视图中每一条图线（粗实线或虚线）和每一个封闭线框的含义，对读图和画图将有帮助。

(1)一条图线的含义

① 表示两表面交线的投影。如图 6－16(a)中的直线段 $a'b'$。

② 表示回转体上转向轮廓线的投影。如图 6－16(a)中的直线段 $c'd'$。

③ 表示具有积聚性的面（平面或柱面）的投影。如图 6－16(a)中的直线段 1′表示水平面（正六边形）的投影。曲线 4 表示处于铅垂位置半个圆柱面的投影。

(2)每一个封闭线框的含义

①一个线框表示物体的一个表面（平面或曲面或复合面）的投影，如图 6－16(a)中的线框 3、5 分别表示平面的投影；线框 2′表示复合面（平面和曲面的组合）的投影。

②相邻的两个线框，表示物体上位置不同的两个面的投影。如图 6－16 a 中的 3、5，图 6－16(b)中的 7、8，都分别表示位置不同的两个面的投影。

③在一个大的线框内所包含的各个小线框，表示在大的平面（或曲面）体上凸出或凹下的各个小平面（或曲面）体的投影。如图 6－16(a)中的线框 5，结合主视图可以看出是凸出的一个正六棱柱体的水平投影；而图 6－16(b)中的线框 6 是凹下的一个正四棱柱孔的投影。

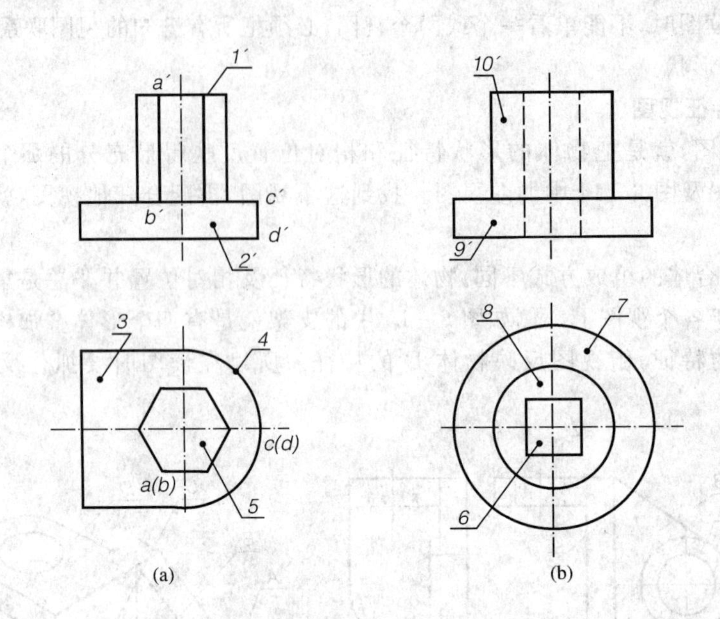

图 6-16　图线和线框的含义

6.4.2　读图的基本方法

读组合体的视图,常用的基本方法有形体分析法和线面分析法。

1. 形体分析法

运用形体分析法读图时,首先用“分线框,对投影”的方法,分析构成组合体的各基本体,找出反映每个基本体的形体特征的视图,对照其他视图想象出各基本体的形状。再分析各基本体间的相对位置、组合形式和表面连接关系,综合想象出组合体的整体形状。

下面以轴承座为例,说明用形体分析法读图的方法。

①从视图中分离表示各基本形体的线框。将主视图分为四个线框。其中线框Ⅲ为左右两个完全相同的三角形,因此可归纳为三个线框。每个线框代表一个基本形体,如图 6-17(a)所示。

②分别找出每个线框对应的其他投影,并结合各自的特征视图逐一构思它们的形状。如图 6-17(b)所示,线框Ⅰ的主俯两视图是矩形,左视图是 L 形,可以想象出该形体是一块直角弯板,板上钻了两个圆孔。

如图 6-17(c)所示,线框Ⅱ的俯视图是一个中间带有两条直线的矩形。其中左视图是一个矩形,矩形的中间有一条虚线,可以想象它的形状是在一个长方体的中间挖了一个半圆槽。

如图 6-17(d)所示,线框Ⅲ的俯、左两视图都是矩形。因此它们是两块三角形板对称的分布在轴承座的左右两侧。

(3)根据各部分的情况和它们的相对位置综合想象出其整体形状,如图 6-17(e)、(f)所示。

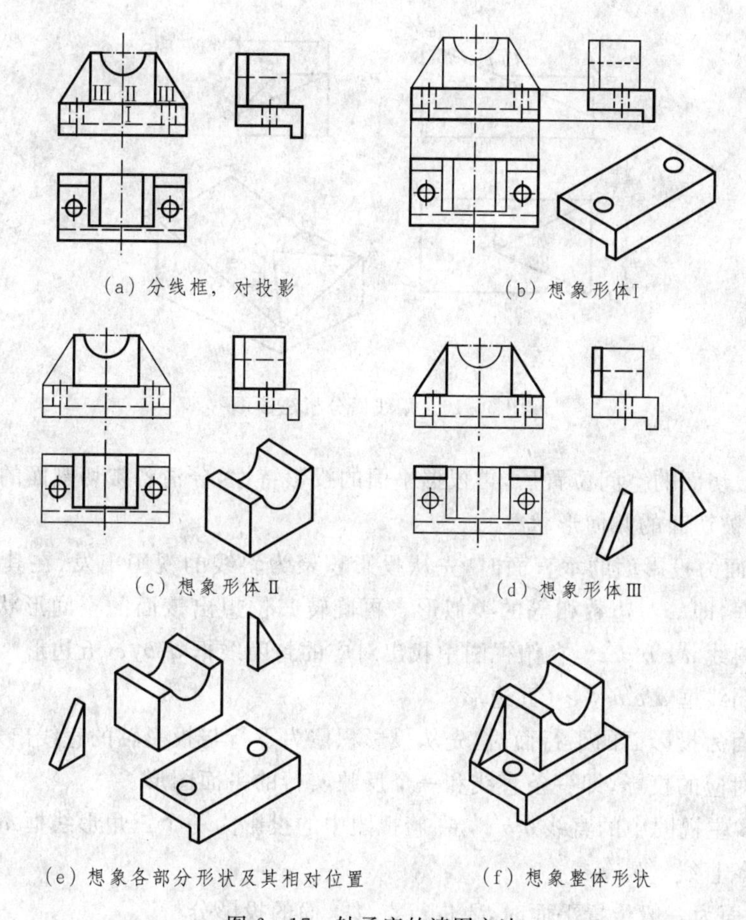

图 6-17 轴承座的读图方法

2. 线面分析法

当形体被多个平面切割，形体形状不规则或在某视图中形体结构的投影关系重叠时，应用形体分析法往往难于读懂。这就需要运用线、面投影理论来分析物体的表面形状、面与面的相对位置以及面与面之间的表面交线，并借助立体的概念来想象物体的形状。这种方法称为线面分析法。

下面以图 6-18 为例，介绍用线面分析法读图，具体方法和步骤如下。

【例 6-2】 已知主、俯视图，补画左视图，如图 6-18 所示。

【解】 (1)抓住特征对物体进行形体分析

图中所示物体的基本形体为长方体。所谓抓住特征，就是读懂物体上各被切面的空间位置和几何形状。搞清被切面的空间位置；从物体的外表面来读。

从主、俯视图可反映物体是用正垂面、水平面及一个一般位置平面切割。俯视图中有三个封闭的线框；其中线框 *abc* 为一个水平面的投影，线框 *bcdfe* 为一个正垂面的投影，而线框 *acd* 为一个一般位置平面的投影。

图 6-18 所示的物体是一个长方体被两个特殊位置平面及一个一般位置平面切割后而形成的。物体被特殊位置平面切割，在平面有积聚性的投影图上，较明显的反映出被切割的位置

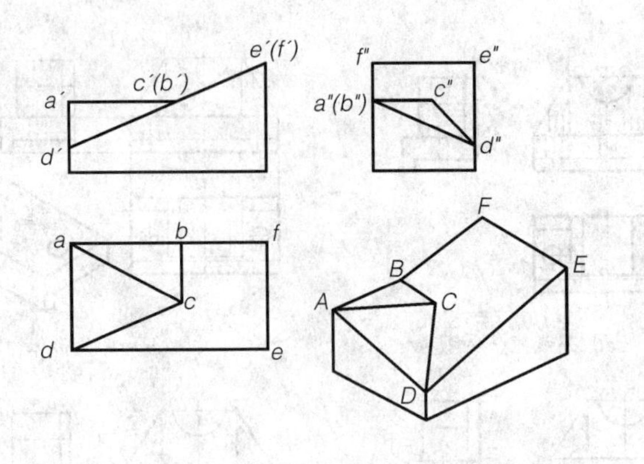

图 6-18　用线面分析法读图

特征。在搞清被切面的空间位置后，再根据平面的投影特性，分清各被切割面的几何形状。

(2)分析各被切面的几何形状

① 当被切面为投影面的垂直面时，先从投影积聚为斜线的视图出发，在其他两个视图上找出相应的线框，即一对边数相等的类似形。再旋转归位想出该面的空间形状。如图 6-18 主视图中一条斜线 $d'c'b'f'e'$，在俯视图中找出对应的封闭线框 $dcbfe$（五边形），在左视图中一定也是一个封闭线框 $d''c''b''f''e''$（五边形）。

②当被切面为投影面的平行面时，先从投影积聚为平行与投影轴的直线出发，在其他两视图中找出与它对应的投影，即一条直线和一个反映实行的平面图形。

如图 6-18 主视图中的直线 $a'b'c'$，在俯视图中的投影为一个三角形线框 abc，在左视图中一定积聚为一条直线 $a''b''c''$。

③ 当被切面为一般位置平面时，要进行点、线、面的投影分析。

如图 6-18 主视图中的左上角有一个直角三角形 $a'c'd'$，俯视图中也有一个$\triangle acd$，按平面的投影规律在左视图中能找到该平面的投影为一个$\triangle a''c''d''$。

读组合体的视图常常是两种方法并用，以形体分析法为主，线面分析法为辅。

3. 补视图、补漏线

由已知的两视图补画第三视图或由不完整的三视图补画视图中所缺的图线，是对读图和画图的一种综合训练。它能加深对投影概念的理解以及培养读图、绘图的能力。首先根据物体的已知视图想象物体的形状，然后根据投影关系补画第三视图或补画图中所缺的线。

【例 6-3】　已知支座主、俯视图，求作其左视图。如图 6-19(a)所示。

【解】　①形体分析。在主视图上将支座分成三个线框，按投影关系找到各线框在俯视图上的对应投影；线框Ⅰ是支座的底板，为长方形，其上有两处圆角，后部有矩形缺口，底部有一通槽；线框Ⅱ是个长方形竖板，其后部自上而下开一通槽，通槽大小与底板后部缺口大小一致，中部有一圆孔；线框Ⅲ是一个带半圆头的四棱柱，其上有通孔。然后按其相对位置，想象出形状，如图 6-19(f)所示。

②补画支座左视图。根据给出的两视图，可看出该形体是由底板、前半圆板和长方形竖板叠加后，切去一通槽，钻一个通孔而形成的。具体作图步骤见图 6-19(b)、(c)、(d)、(e)所示。最后加深，完成全图。

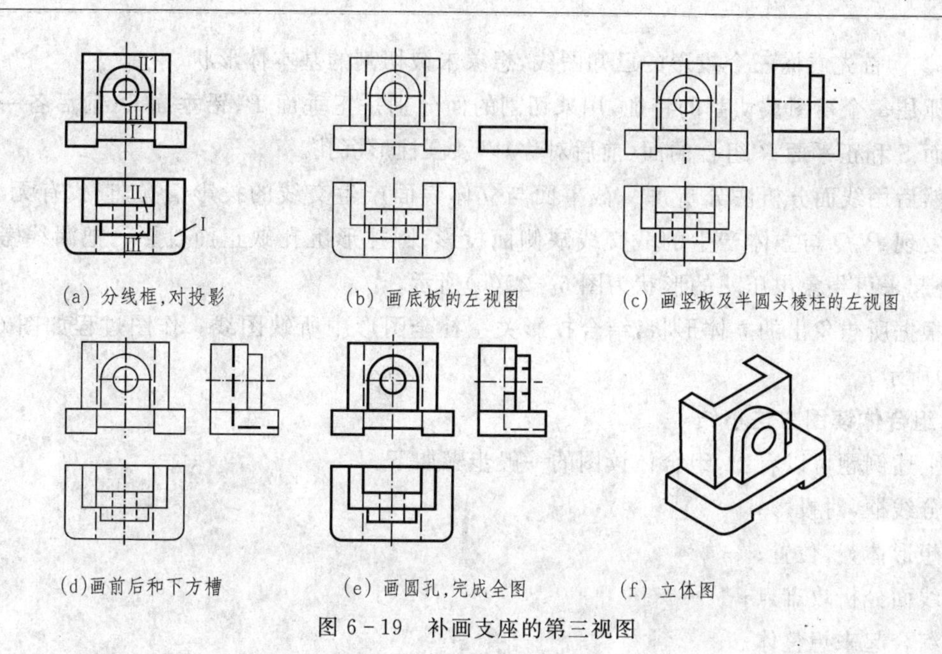

(a) 分线框，对投影　(b) 画底板的左视图　(c) 画竖板及半圆头棱柱的左视图

(d)画前后和下方槽　(e) 画圆孔，完成全图　(f) 立体图

图 6-19　补画支座的第三视图

【例 6-4】　试补全压块主、左视图中所缺的图线，如图 6-20(a)所示。

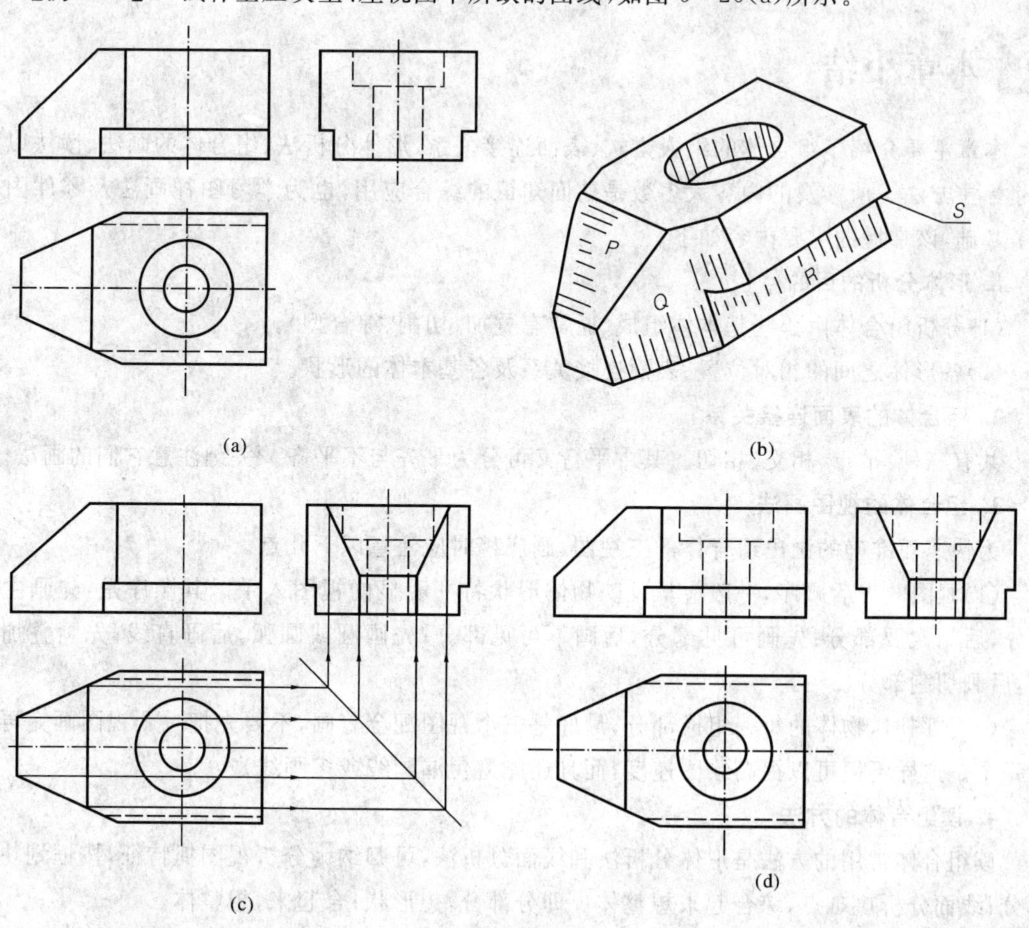

(a)　(b)　(c)　(d)

图 6-20　补画视图中漏线的方法

【解】①首先看懂三个投影的已知图线，想象未被切割的基本体形状。

②抓住每个视图被切割的特征，用来切割的面分别是正垂面 P、铅垂面 Q(前后各一个)、由水平面 S 和正平面 R 组合的面(前后对称)以及圆柱形沉孔。

③然后用线面分析法分析每一截平面与立体表面产生交线的投影情况，查找有无漏线。经查找发现 P、Q 与立体产生的截交线缺侧面投影；圆柱形沉孔缺正面投影。把漏线考虑进去，综合起来可想象出压块的形状为图 6-20(b)所示。

④根据所想象出的立体形状，结合投影关系补全图形中所缺图线。作图过程如图 6-20(c)、(d)所示。

4. 组合体读图方法小结

由上述例题可以看出，组合体读图的一般步骤如下。

①分线框，对投影；

②想形体，辨位置；

③线面分析攻难点；

④综合起来想整体。

本章小结

本章主要介绍了组合体的组成方式、表面连接关系、形体分析法、组合体的画法、读法以及尺寸标注方法。所涉及的内容大多数是前面知识的综合应用，也为学习图样画法及零件图奠定了基础，该掌握的主要内容如下。

1. 形体分析的目的

(1)分析组合体由哪些基本体组成(通常有叠加、切割、综合型)。

(2)各形体之间的相对位置、表面连接关系及各基本体的形状。

2. 组合体的表面连接关系

共有三种：平行、相交、相切。其中平行又可分为平齐与不平齐。关键注意它们的画法。

3. 组合体的视图画法

为快速而准确的画出组合体的三视图，画底稿时应注意以下几点。

(1)画图的先后顺序，一般应从反映物体形状特征明显的视图入手。其顺序是：先画主要部分，后画次要部分；先画可见部分，后画不可见部分；先画圆或圆弧，后画直线；先画叠加部分，后画切割部分。

(2)画图时，物体的每一组成部分，最好是三个视图配合着画，不要先把一个视图画完再画另一个。这样不但可以提高绘图速度，而且还能避免漏画线或多画线。

4. 读组合体的方法

读组合体常用的方法是形体分析法和线面分析法，可归纳为分析视图抓特征，按框划块分部分；线面分析攻难点，综合起来想整体。即分部分，想形状；合起来，想整体。

一般情况下，对于形体清晰的物体，特别是叠加型组合体，用形体分析法读图，把复杂的问题简单化，较容易读图，所以形体分析法是读图最基本的方法。

5. 组合体的尺寸标注

(1)形体分析，选定基准

通过分析，选定长、宽、高三个方向的尺寸基准。

(2)标注三类尺寸

①注出各形体的定形尺寸。

②注出各形体间的定位尺寸。

③注出总体尺寸。

(3)综合调整相关尺寸

第7章 机件的表示法

零件、部件和机器总称为机件。在生产实际中,由于机件的形状和结构多种多样,并且有的机件内、外形状和结构很复杂。为了准确、完整、清晰地表达机件的内外结构形状,国家标准规定了图样的画法。在机件工程图样的绘制中,综合运用这些表达方法,可将机件正确、完整、清晰地表达出来。

7.1 视图

视图是机件在多面投影体系中向投影面进行正投影所得到的图形,主要用来表达机件的外部形状。在视图中一般只画机件的可见部分,必要时才用虚线表达其不可见部分。视图包括:基本视图、向视图、局部视图和斜视图。

7.1.1 基本视图(GB/T 17451—1998)

表达形状比较复杂的机件时,可根据国标规定,在原有的三个投影面的基础上再增设三个投影面(见图7-1),组成一个正六面体,这六个投影面称为基本投影面。机件向基本投影面投射所得的视图,称为基本视图。除了前面所介绍的主、俯、左三个视图外,由右向左投射所得的称为右视图。由下向上投射所得的称为仰视图。由后向前投射所得的称为后视图。

图7-1 六个基本视图的形成

当投影面如图7-1所示展开时,基本视图的配置关系如图7-2所示。在同一张图纸内按图7-2配置视图时,一律不注视图的名称。如不能按图7-2配置视图时,应在视图上方标出视图的名称"X",在相应的视图附近用箭头指明投射方向,并注上同样的大写拉丁字母"X",如图7-3。具体应用时,并非要求将六个基本视图都画出来,而是根据机件形状的复杂程度和结构特点，选择若干个基本视图。

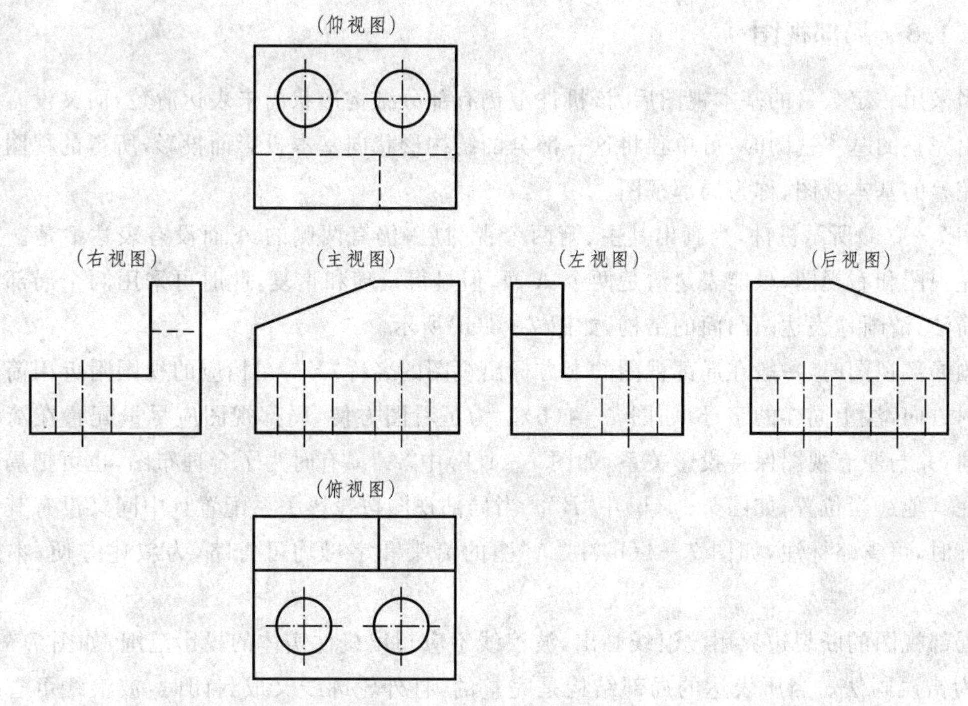

图 7-2　六个基本视图的配置

7.1.2　向视图

向视图是可以根据需要自由配置的视图，可配置在图纸的任意位置，但这时应标注出向视图的投射方向和名称。标注时，在向视图的正上方用大写英文字母水平标注出视图的名称，并在相应的视图附近用箭头指明获得该向视图的投影方向，标注上相同的字母，如图 7-3 所示的 A、B、C 三个向视图。

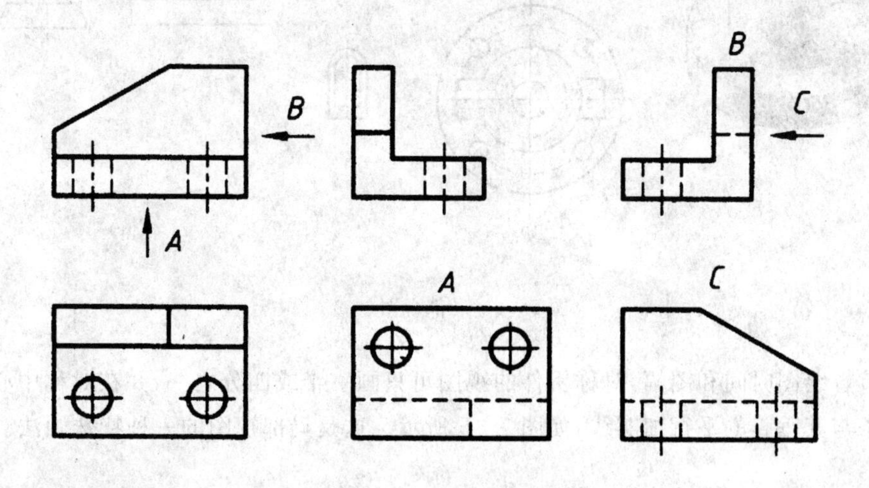

图 7-3　向视图的标注

在选择视图表达方案时，注意以表达完整、清晰为前提，优先选择基本视图的配置。

7.1.3 局部视图

当采用一定数量的基本视图后，该机件上仍有部分结构形状尚未表达清楚，而又没有必要再画出完整的基本视图时，可单独将这一部分的结构形状向基本投影面投影，所得的视图是一个不完整的基本视图，称为局部视图。

图 7-4(a)所示机件，当画出其主、俯两个视图后，仍有两侧的 *A* 面没有表达清楚。若再增加左视图和右视图，虽能表达清楚两个 *A* 面，但显得繁琐和重复，此时可采用两个局部视图就可简洁、清晰地表达两凸面的结构，如图 7-4(b)所示。

画局部视图时，一般在局部视图的上方标出视图的名称“*X*”，在相应的视图附近用箭头指明投射方向，注上同样的字母，如图 7-4(b)。为了看图方便，局部视图应尽量配置在箭头所指方向，并与原有视图保持投影关系，如图 7-4(b)中“*A*”。有时为了合理布图，也可把局部视图放在其他适当位置，如图 7-4(b)中“*B*”。当局部视图按投影关系配置且中间又没有其他图形隔开时，可省略标注，如图 7-4(b)中“*A*”图的箭头和字母均可省略，为叙述方便，本图未省略。

局部视图的断裂边界用波浪线画出，波浪线不应超出机件实体的投影范围，如图 7-4(c)所示为错误画法。当所表达的局部结构是完整的，且外轮廓线又成封闭时，波浪线可省略不画，如图 7-4(b)中的“*B*”。

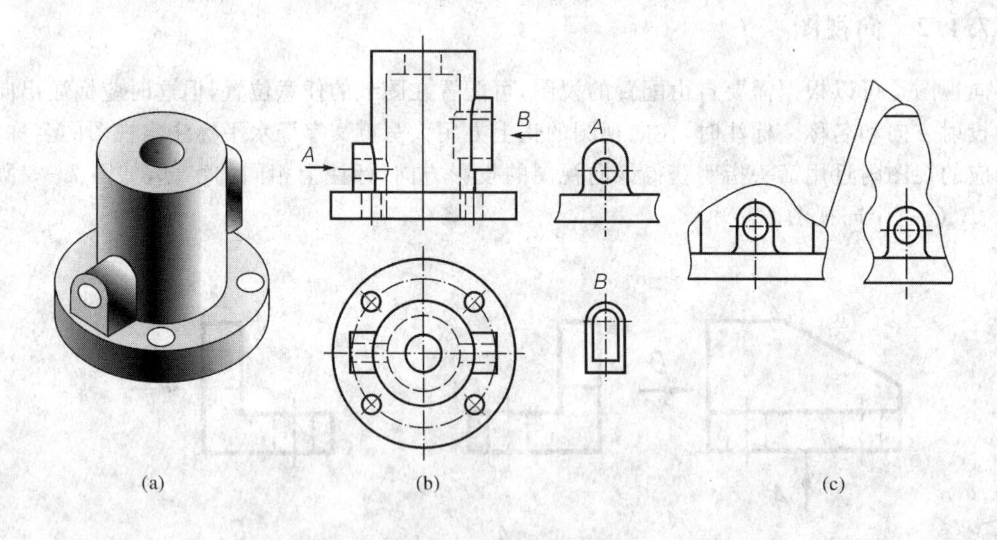

图 7-4 局部视图(一)

为了节省绘图时间和图幅，对称机件的视图可只画一半或四分之一，并在对称中心线的两端画出两条与其垂直的平行细实线，如图 7-5 所示。这是局部视图的一种特殊画法。

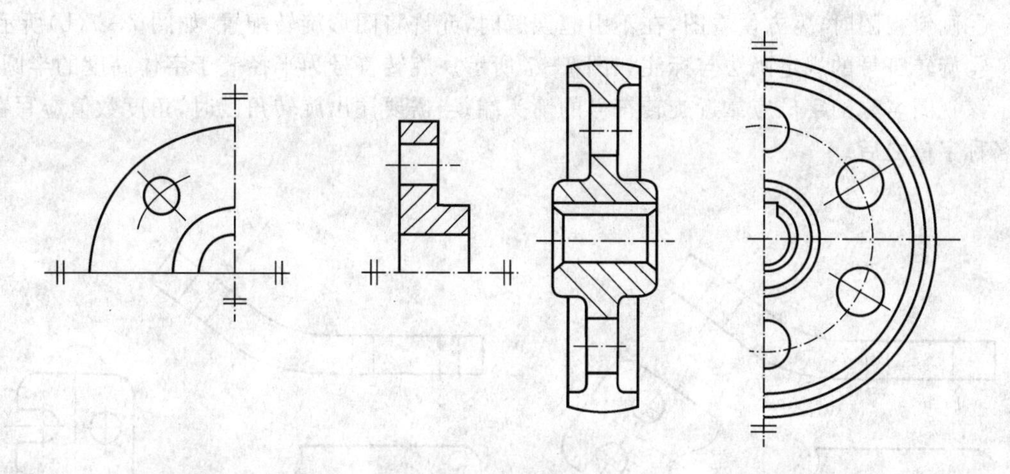

图 7-5　局部视图(二)

7.1.4　斜视图

图 7-6(a)为支板的两基本视图,其倾斜结构的俯视图不反映实形,因此表达得不清楚,画图也较困难,看图又不方便。为了清晰地表达支板的倾斜结构,可设置一个与倾斜结构平行且垂直于一个基本投影面的新投影面,然后将倾斜结构按垂直于新投影面的方向 A 进行投射,就得到反映它的实形的视图,所得的视图称为斜视图,斜视图是机件向不平行于基本投影面的平面投射所得的视图。斜视图的形成如图 7-6(b)所示。

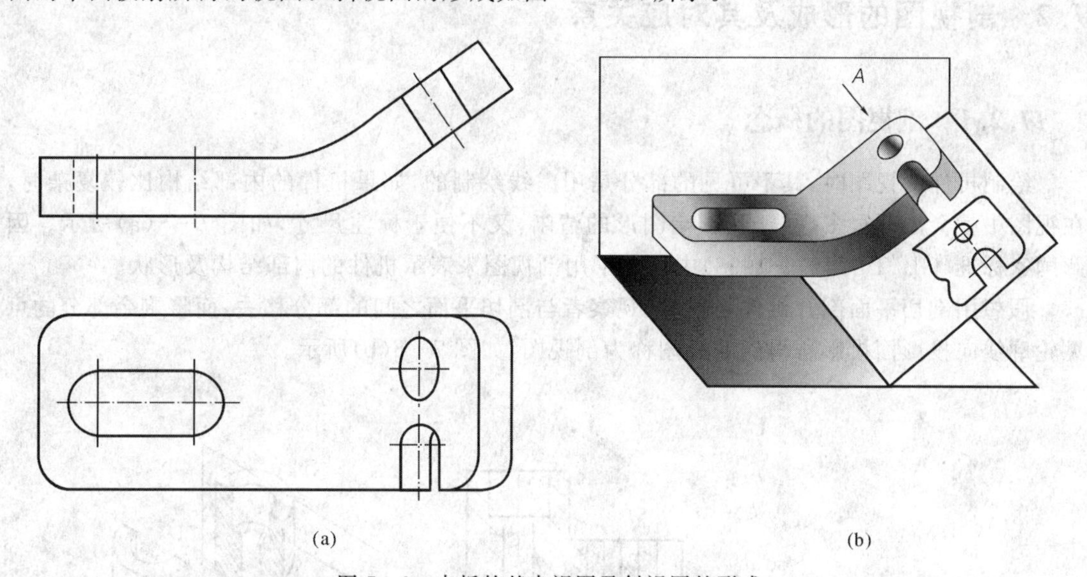

(a)　　(b)

图 7-6　支板的基本视图及斜视图的形成

画斜视图时应注意如下。

①斜视图通常用于表达机件上的倾斜结构。画出倾斜结构的实形后,机件的其余部分不必画出,用波浪线断开即可,如图 7-6 所示。

②画斜视图时,必须在视图的上方注明视图名称“X”,在相应视图附近用箭头指明投射方向,箭头应垂直于主体轮廓线,并注上相同字母。如图 7-7(a)所示。

③画斜视图时，为方便看图，在不引起误解时，允许将图形旋转配置，如图 7－7(b)所示。

④旋转符号的规定画法与标注如图 7－7 所示。旋转符号为半径等于字体高度的半圆弧。表示该视图名称的字母应靠近旋转符号的箭头端；当需要注出旋转角度时，角度数值应写在视图名称字母之后。

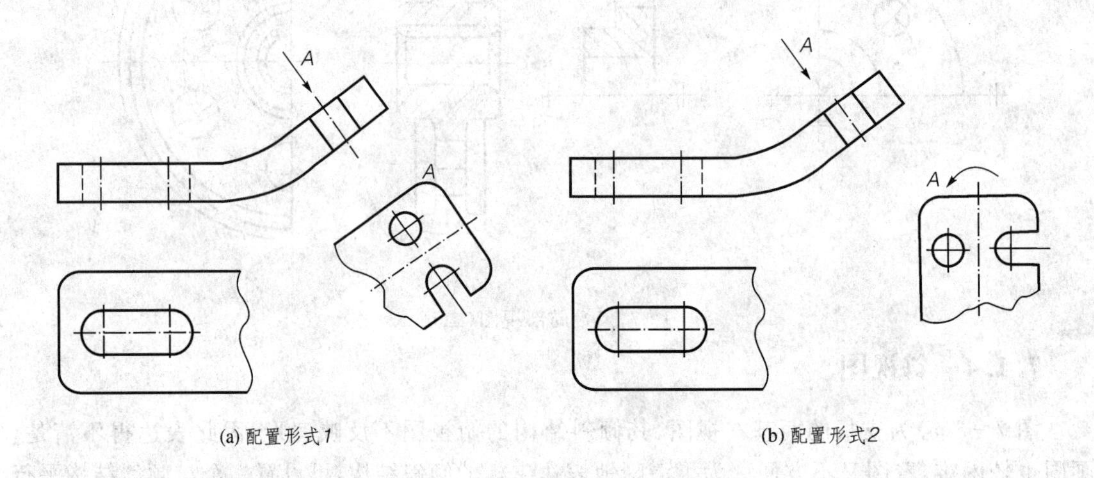

图 7－7　支板的斜视图和局部视图

7.2　剖视图的形成及其对应关系

7.2.1　剖视图的概念

绘制机件的视图时，其不可见的部分是用虚线绘制的，如果机件的内部结构比较复杂时，在视图中就会出现很多虚线，既影响图形的清晰，又不便于标注尺寸，如图 7－8(a)所示。因此国家标准(GB/T 17452—1998)中规定了用剖视图来表示机件的内部结构及形状。

假想用剖切平面剖开机件，将处在观察者与剖切平面之间的部分移去，而将剩余部分的可见轮廓线向投影面投影所得到的视图称为剖视图，如图 7－8(b)所示。

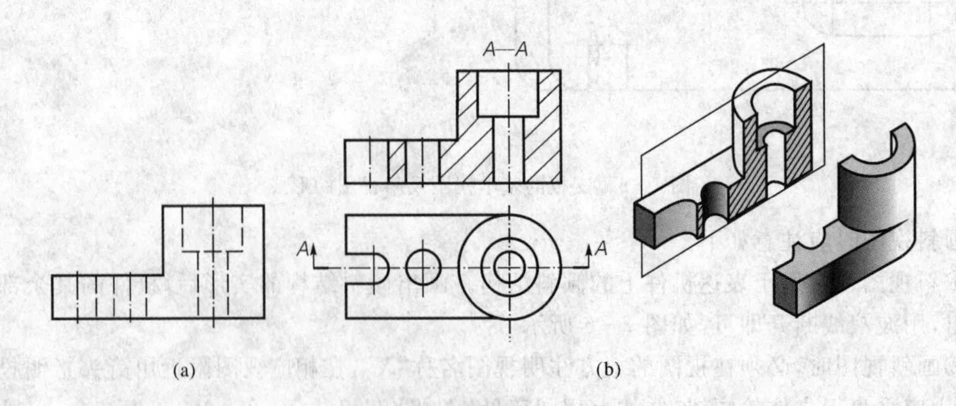

图 7－8　剖视图的概念

7.2.2　剖视图的画法

当剖切面将机件剖开后，将剩下部分用正投影法向基本投影面投影，凡可见轮廓线全部画出，不可见的轮廓线一般不画。被剖机件与剖切平面接触的部分即截断面，国家标准规定应画出剖面符号，以便清楚地表现出哪些是有材料的实体部分，哪些是空腔。为了区别被剖机件的材料，国家标准中规定了各种材料的剖面符号的画法，参见表 7-1。

在图 7-8 中，是假想用平行于正面且通过机件的对称位置的平面为剖切平面切开机件，然后移去剖切平面的前面部分，使机件内部孔、槽等结构显示出来，再画留下的部分进行投射，即在主视图上得到剖视图。在图中原来不可见的内部结构变成可见结构，因此，原来用虚线绘制的轮廓线就可用粗实线画出了。如图 7-8(b)所示。

表 7-1　剖面符号

材料名称	剖面符号	材料名称	剖面符号
金属材料（已有规定剖面符号者除外）	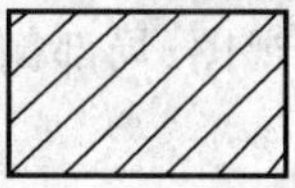	非金属材料（已有规定剖面符号者除外）	
线圈绕组元件	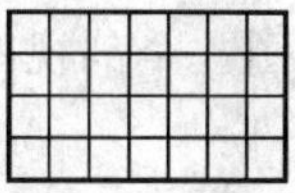	玻璃及供观察用的其他透明材料	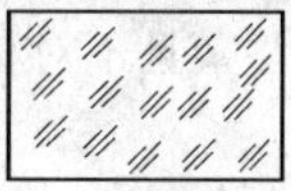
转子、电枢、变压器和电抗器等的叠钢片		液体	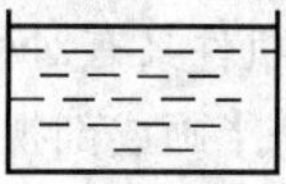
型砂、填砂、粉末冶金、砂轮、陶瓷刀片、硬质合金刀片等	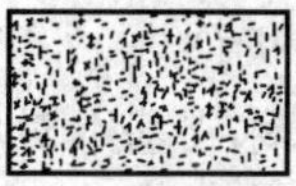	砖	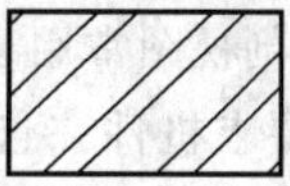

画剖视图时应注意以下几点。

①剖切平面一般应通过零件的对称面或内部孔、槽等结构的轴心线、且平行(或垂直)于某一投影面，以便反映结构的实形，避免出现不完整要素，如图 7-8(b)所示。

②由于剖切面是假想的，因此，当机件的某一个视图画成剖视图后，其他视图仍应完整地画出，如图 7-8(b)所示的俯视图。剖切平面后面的可见轮廓线的投影应全部画出，不能遗漏。在画剖视图时，可根据需要在某一视图上采用剖视，亦可以同时在几个视图上采用剖视，它们之间相互独立，不受影响；

③在同一张图纸中，同一个金属机件在所有视图中剖面符号(又称剖面线)，应画成间隔相等、方向相同且与水平线成 45°的细实线，如图 7-10 所示(特殊情况下当图形中的主要轮廓线与水平方向成或接近 45°时，该图形的剖面线也可画成与水平线成 60°或 30°的平行线，但倾斜方向必须与其它剖视图的 45°剖面线一致)；

④剖视图中还应画出剖切面后边的全部可见轮廓线，初学时往往容易漏画这些线条，如图 7-9(a)所示。作图中应该注意，不可见轮廓线一般不画(如图 7-9(a)中的虚线不画)。只有

对尚未表达清楚的结构,才用虚线画出。如图 7-9(b)所示。

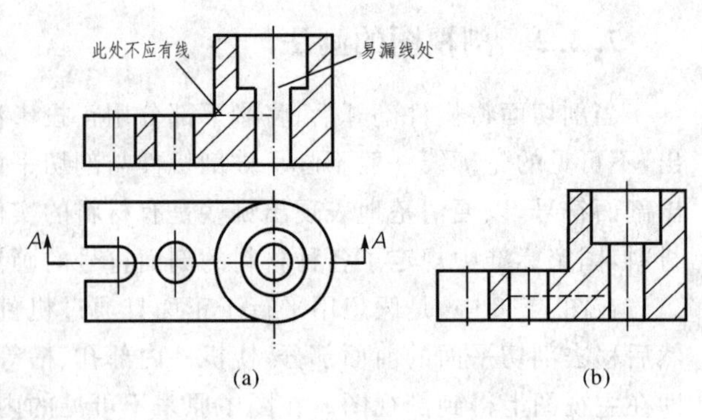

图 7-9　剖视图中的错误画法

⑤画剖视图时一般应在剖视图的上方用字母标出剖视图的名称"X—X",在相应的视图上用剖切符号表示剖切位置。剖切符号是用粗实线表示,它不能与图形轮廓线相交,其起止处用箭头画出投射方向,并标注出同样的字母"X—X"如图7-8(b)所示。当单一剖切平面通过机件的对称平面或基本对称平面,且剖视图按投影关系配置,中间又没有其他图形隔开时,可省略标注,见图7-11(b)所示。图7-8(b)中的标记也可省略。

7.2.3　剖视图的种类

按剖切的范围大小,剖视图分为全剖视图、半剖视图、局部剖视图。

1. 全剖视图

用剖切面完全剖开机件所得的剖视图,称为全剖视图。全剖视图用于表达外形简单,内部结构较复杂且不对称的机件,如前述图 7-8 中剖视图。全剖视图的标注方法按前述规定的方法标注。

2. 半剖视图

当机件具有对称平面时,在垂直于对称平面的投影面上投影所得的图形,可以对称中心线为界,一半画成剖视图,另一半画成视图,这种剖视图称为半剖视图。半剖视图适用于表达内、外部结构形状都复杂,且结构对称的机件。

半剖视图常用于需要在同一投影方向同时表达机件内、外部结构形状的情况。采用半剖视时,要求机件在选定的投影方向上必须是图形对称或基本对称。画图时,以对称中心线为界,将表达机件外部形状的半个外形视图与表达机件内部结构的半个剖视图组合为一个视图。这样,利用人们视觉上的对称性,根据一半的形状就能想象出另一半的结构形状。即同一个投影方向上"看到"了两个视图,如图 7-10 所示。

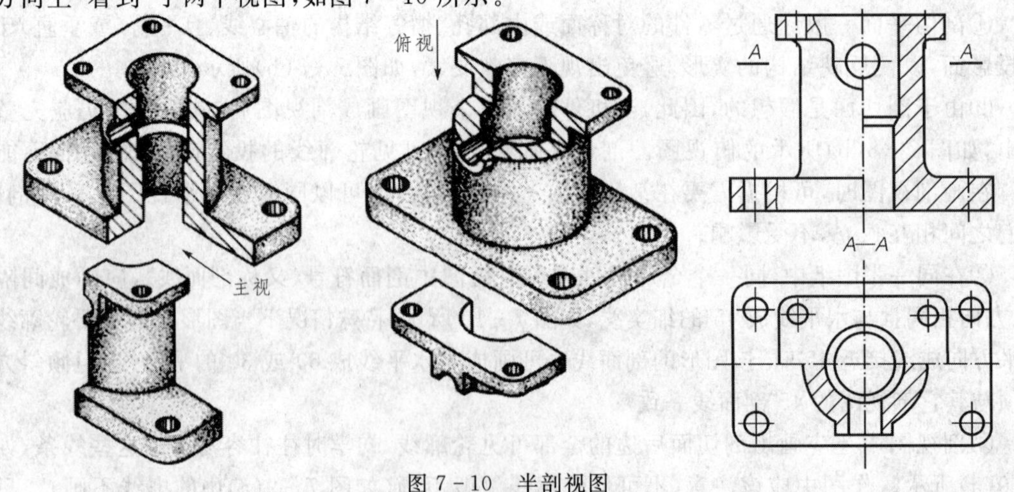

图 7-10　半剖视图

从图中可知，该零件的内、外形状都比较复杂，但前后和左右都对称。为了清楚地表达这个零件，将主视图和俯视图都画成半剖视图，从图 7-10 中可见：如果主视图采用全剖视图，则顶板下的凸台就不能表达出来。如果俯视图采用全剖视，则长方形顶板及四个小孔的形状和位置也不能表达出来。

画半剖视图时应注意以下几点。

①半个视图和半个剖视图之间必须以点划线为分界线，而不能画成粗实线或其他线型。如在图 7-11(a)中，将半个视图和半个剖视图的分界线画成粗实线是错误的。

②机件的内部结构由半个剖视图来表达，其外部形状则由半个视图来表达。因此，当半个剖视图已表达清楚的内部结构，在外形图中不必再用虚线表达。如图 7-11(a)中主视图中的虚线都应删去。

③剖视部分一般习惯画在视图中对称中心线的右边或上边。如图 7-11(b)中剖视部分的配置就不合适。

④半剖视图中，标注只画出一半机件对称图形的尺寸时，其尺寸线应略超出对称中心线，并仅在尺寸线的一端画出箭头，如图 7-11(a)$\phi10$ 尺寸标注。

半剖视图的标注方法按全剖视图规定的方法标注，如图 7-10 所示。正确的标注如图 7-11(c)中的主、俯视图。其中，由于 B—B 剖切平面通过机件的对称面，相应的剖视图按投影关系配置，相关主、俯视图之间又没有其他视图隔开，故对主视图的标注可省略。

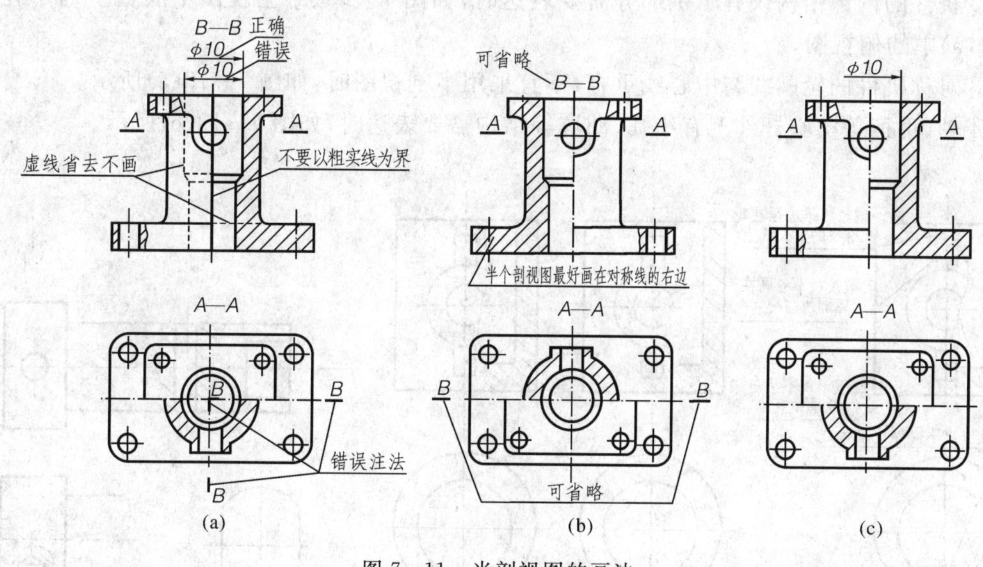

图 7-11　半剖视图的画法

3. 局部视图

用剖切平面局部地剖开机件所得的剖视图，称为局部剖视图。局部剖视图也是一种组合图形，它是由一部分外形视图和一部分剖视图组合而成的。两部分图形的分界线是波浪线。视图中既不宜用全剖视图，也不宜采用半剖视图时，可采用局部剖视图表达。如图 7-12 所示。

局部剖视图适用于下列情况。

①机件内、外部结构都复杂，且在投影面上的投影不对称的机件。如图 7-12(a)所示的机件，其主视图和俯视图的上下和左右都不对称。为了使零件的内部和外部都表达清楚，它的

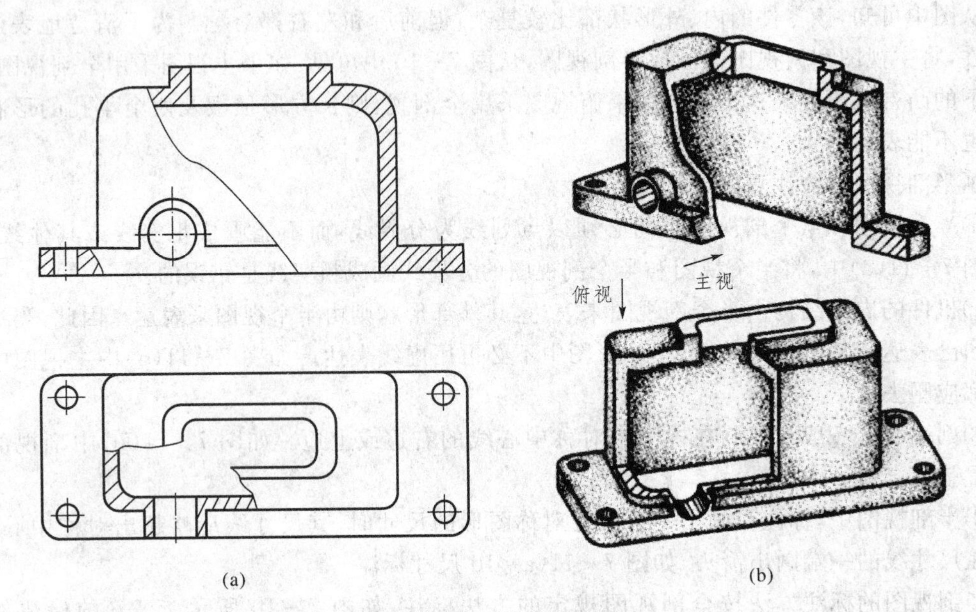

(a) (b)

图 7-12　局部剖视图的画法

两视图都不宜用全剖视图或半剖视图来表示，而局部地剖开零件就得到零件的局部剖视图。

②机件的内部结构仅有个别部分需要表达时，如图 7-12(a)主视图中底板上的小孔、图 7-12(a)中的俯视图。

③对称机件的轮廓线与中心线重合、不宜采用半剖视图时，如图 7-13(a)所示。

④轴、手柄等实心杆件上有小孔、凹坑等结构需要表达时，如图 7-13(c)所示。

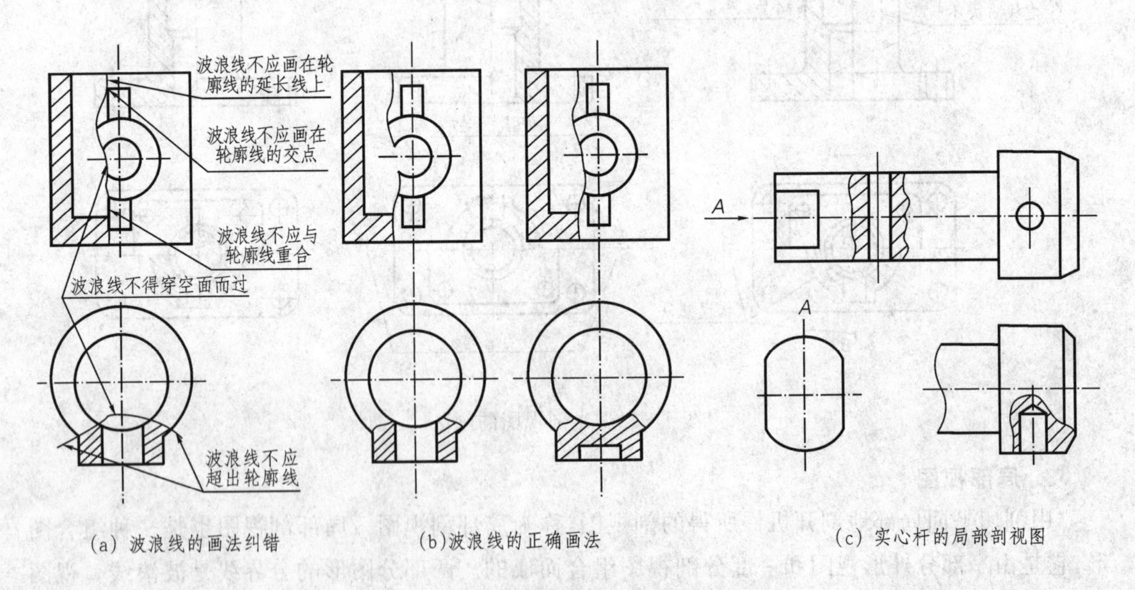

(a) 波浪线的画法纠错　(b)波浪线的正确画法　(c) 实心杆的局部剖视图

图 7-13　局部剖视图波浪线的画法

画局部剖视图时应注意以下几点。

①局部剖视图与整体之间以波浪线为界。局部剖视图中的波浪线可以视为机件上的不规则断面，故波浪线必须在机件的实体上，不能超出被切部分的实体轮廓或穿过空的区域，也不能与轮廓线重合和画在其他图线的延长线上，如图 7－13 所示。

②当剖切位置明确，并按投影关系配置时，局部剖视图一般不作标注。局部剖视图是一种较为灵活的表达方法，它不受图形是否对称、剖切范围大小等条件的限制。但是，在一个视图中，局部剖切的数量不宜过多，否则会使图形过于支离破碎而影响表达的清晰度。

7.2.4　剖切面的种类

画剖视图时，根据机件的结构特点，可选用单一剖切面、几个相交的剖切面（交线垂直于某一基本投影面）、几个平行的剖切平面等剖切方式，用这些种类的剖切面剖开机件，一般都可以画全剖视图和局部剖视图，而半剖视图常用于平行于基本投影面的单一剖切平面的剖切方法。

1. 单一剖切面

①用一个平行于基本投影面的平面剖切，前面所述的全剖视图、半剖视图和局部剖视图都是用一个平行于基本投影面的平面剖切所获得的剖视图。

②用不平行于任何基本投影面的平面剖切，又称为斜剖视图，如图 7－14 所示。斜剖视图常用于机件上倾斜部分的内部结构形状。例如图 7－14 所示的 B—B 剖视图，表达了所示机件倾斜的内部结构。斜剖视图必须进行标注，标注形式如图所示，注意标注时字母一律水平书写。斜剖视图一般按投影关系配置，必要时也可平移到其他适当位置，这时必须标注。在不致引起误解时，允许将剖视图旋转，但必须加旋转符号，其箭头方向为旋转方向。

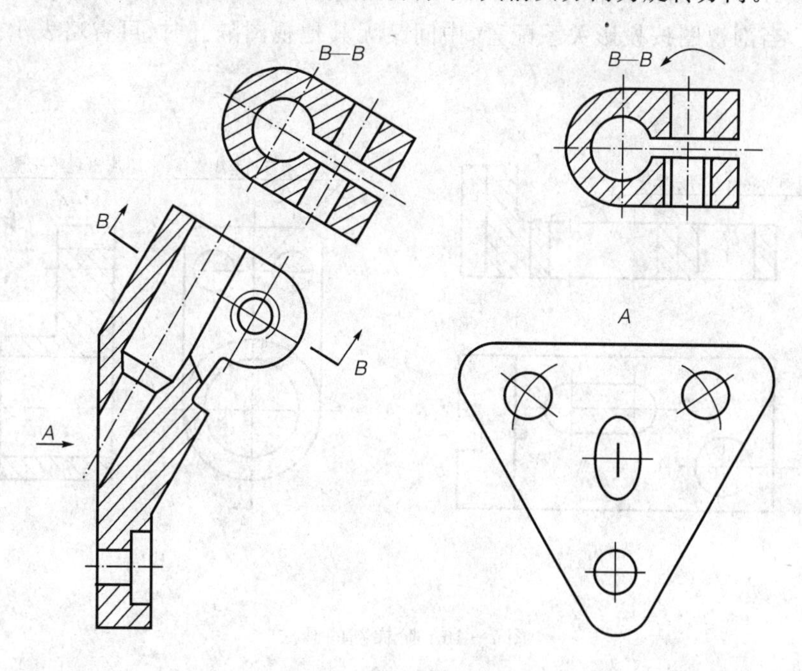

图 7－14　斜剖视图

2. 几个平行的剖切面

用几个平行的剖切面剖开机件称为阶梯剖。如图 7-15 所示的机件，就用了三个互相平行的剖切面剖切，得到 $A—A$ 剖视图。

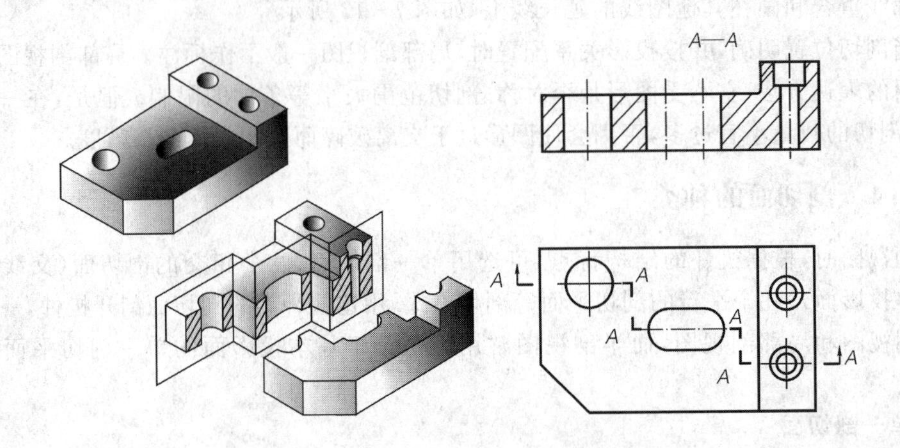

图 7-15　几个平行的剖切平面

几个平行的剖切面剖切适用于表达外形较简单，内形较复杂且难以用单一剖切面表达的机件。

采用几个平行的剖切面画剖视图时必须标注，用粗短画线表示剖切面的起、迄和转折位置，并标上相同的大写字母，在起、迄外侧用箭头表示投射方向。在相应的剖视图上用同样的字母注出“$X—X$”表示剖视图名称，如图 7-16 所示，当转折处地方有限又不致引起误解时，允许省略字母。当剖视图按投影关系配置，中间又无其他视图隔开时，可省略表示投射方向的箭头。

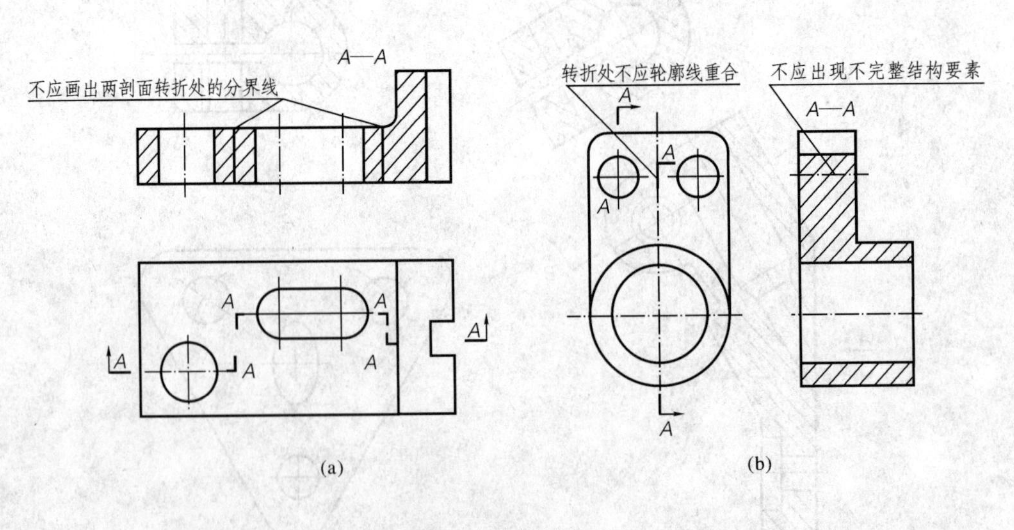

(a)　(b)

图 7-16　阶梯剖的画法

采用阶梯剖视时应注意如下。

①不应画出两剖切面转折处的分界线，如图 7－16(a)所示。

②转折处的剖切符号不应与轮廓线重合，如图 7－16(b)所示。

③不应出现不完整要素，如图 7－17(a)所示的阶梯剖是不正确的。只有当两个要素在图形上具有公共对称中心线或轴线时，可以各画一半，此时应以对称中心线或轴线为界，如图 7－17(b)所示。

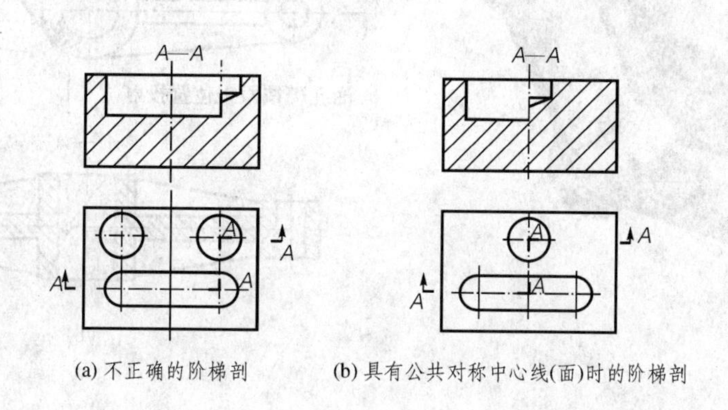

(a) 不正确的阶梯剖　　(b) 具有公共对称中心线(面)时的阶梯剖

图 7－17　不应出现不完整的要素及具有公共对称中心线的情况

3. 几个相交的剖切面

当机件的内部结构形状具有倾斜结构，用一个剖切平面或多个平行的剖切平面都不能表达完全，且机件倾斜结构与主体之间又有一个公共回转轴时，可用一对相交的剖切平面(交线垂直于某一基本投影面)对机件进行剖切，这种剖切方法称为旋转剖，如图 7－18 所示。旋转剖中采用的两剖切面的交线应垂直于某一投影面且与机件的公共回转轴线重合。

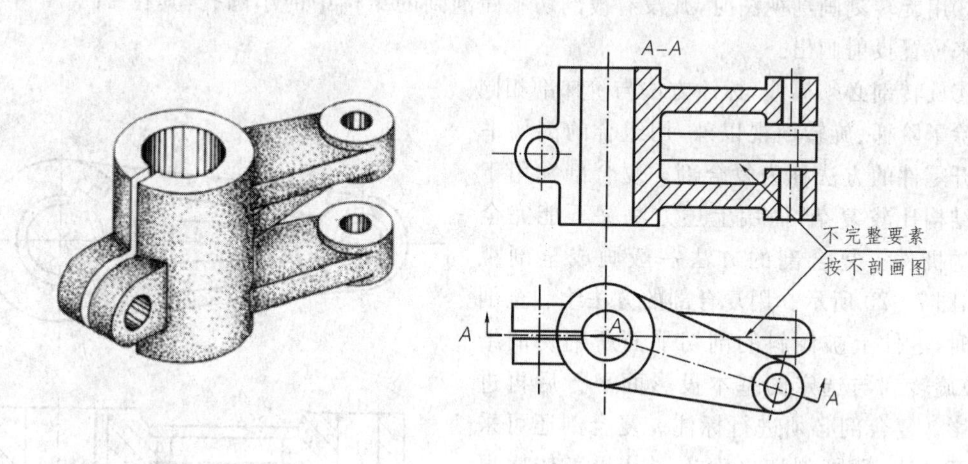

图 7－18　旋转剖切画法

采用旋转剖应注意如下。

①将倾斜结构旋转后再投射，其他结构形状一般仍按原来的位置投射，如图 7－19 所示的俯视图。

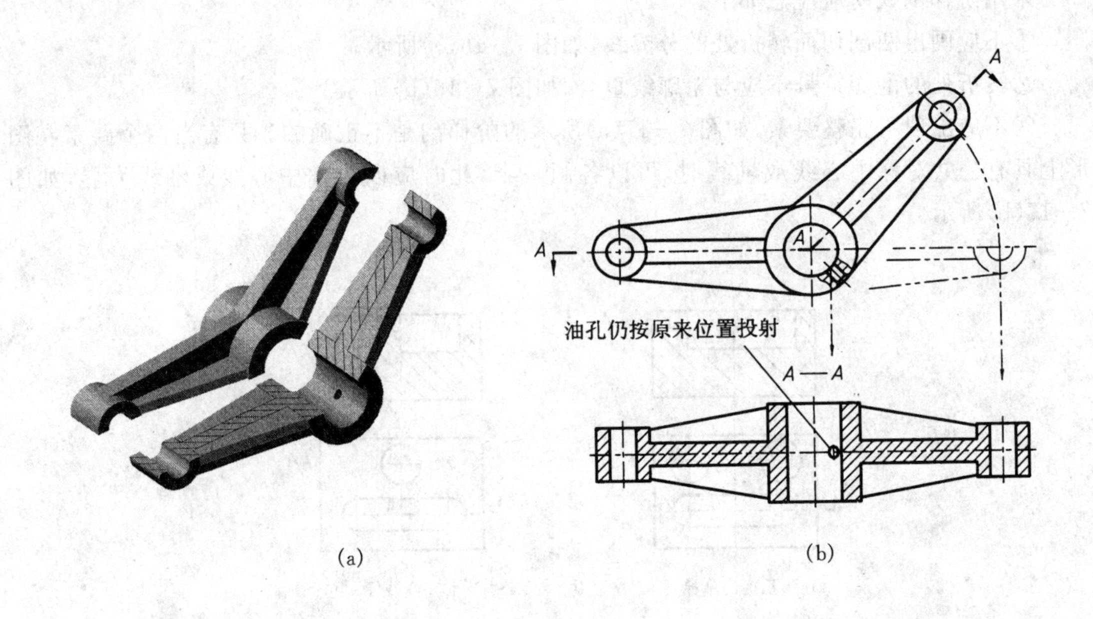

图 7-19　旋转剖示例

②当剖切后产生不完整要素时，应将此部分按不剖切绘制，如图 7-20 所示。用旋转剖画出的剖视图必须标注：在剖切平面的起始、转折、终止处画上带字母的剖切符号；在起始和终止处画出箭头（垂直于剖切符号）表明投影方向。并在相应的剖视图上方用英文字母注明其名称"X—X"，如图 7-18 所示。当剖视图按投影关系配置、中间又没有其他视图隔开时，可省略箭头。

③用旋转刻画剖视图时，凡没有被剖切平面剖到的结构中的小圆孔，其在"$A-A$"中即是按原来位置投射画出。

④旋转剖必须标注，标注方法与阶梯剖相同。

除了阶梯、旋转剖视以外，用组合的剖切平面剖开零件的方法称为复合剖。复合剖常用于内部结构比较复杂，而用上述方法又不能完全表达的机件。复合剖的方法一般画成全剖视图，如图 7-20 所示。用复合剖的方法绘制全剖视图时，零件上被倾斜的剖切平面所剖切的结构，应旋转到与选定的基本投影面平行后再进行投影。复合剖必须进行标注。复合剖还可采用展开画法，即把剖切平面连同其投影依次展开到同一投影面平行面后再进行投影。复合剖采用展开画法时，剖视图上方的名称应注成"X—X 展开"，如图 7-20 所示。

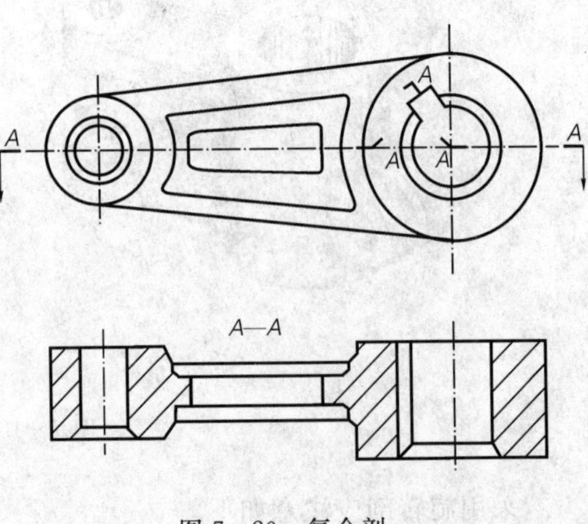

图 7-20　复合剖

7.3　断面图

断面图常用于表达机件上键槽、小孔、肋板、轮辐等，以及各种型材的断面形状。

7.3.1　断面图的概念

假想用剖切面将机件的某处切断，仅画出该剖切面与机件接触部分的图形，这种图形称为断面图，简称断面，如图7-21(a)所示。

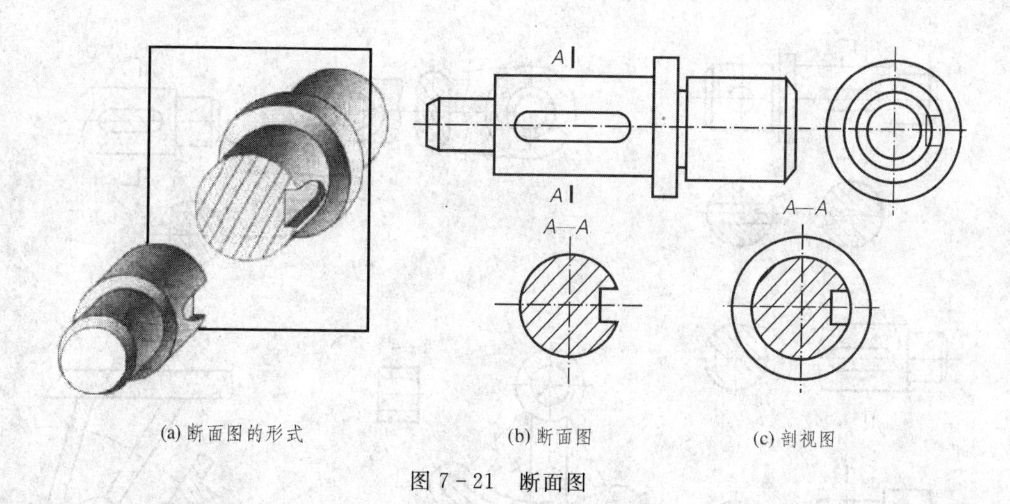

(a) 断面图的形式　(b) 断面图　(c) 剖视图

图7-21　断面图

图7-21是轴的两视图。在主视图中，画出了表示各段直径不相同的轴和键槽的投影。为了得到具有键槽的这段轴的断面的清晰形状，假想在键槽处用一个垂直于轴线的剖切平面将轴切断，画出它的断面图7-21(b)，在断面图上也要画出剖面符号。

断面图与剖视图的区别是：断面图只画出机件的断面形状；而剖视图则将机件处在观察者和剖切平面之间的部分移去后，除了断面形状以外，还要画出机件留下部分的投影，如图7-21(c)所示。

7.3.2　断面图的种类

断面图分移出断面图和重合断面图两种。

1. 移出断面

画在视图外的断面，称为移出断面，如图7-22所示。

移出断面的轮廓线用粗实线画出，在剖断面上可画剖面符号，也可不画。移出断面一般应用粗短画线"━"表示剖切位置，用箭头表示投射方向，并注上字母，在断面图的上方应用同样的字母标出相应的名称"X—X"，见图7-22(c)。配置在剖切线延长线上的不对称移出断面，可省略字母，但应标注投射方向。按投影关系配置的不对称移出断面，可省略投射方向的标注。剖切平面迹线上的对称移出断面以及配置在视图中断处的移出断面，均不必标注剖切位置和断面图的名称。

在画移出断面时应注意以下几点。

①为了看图方便，移出断面图应尽量画在剖切平面迹线的延长线上，在图7-22(a)断面

图即配置在剖切平面迹线的延长线上。必要时可将移出断面图配置在其他适当位置，如图7－22(c)、(d)所示。如果断面图对称，则不需标注；如果断面图不对称，则需标注出剖切平面的位置和投射方向。

②当剖切平面通过由回转面形成的孔和凹坑的轴线时，这些结构按剖视绘制，例如图7－22(e)所示右端的断面图等。

③当剖切平面通过非圆孔，会导致出现两个完全分离的断面时，则这些结构按剖视绘制，如图7－22(a)所示。

④当断面图形对称时，移出断面也可画在视图的中断处，如图7－22(b)所示。

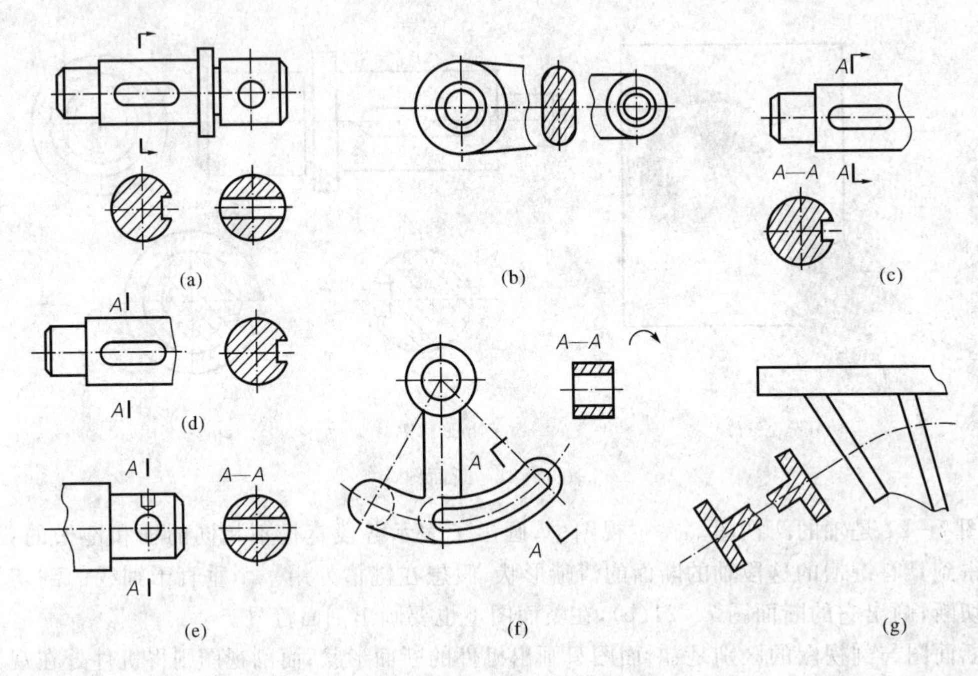

图7－22　移出断面图的画法

⑤移出断面的剖切平面应垂直于所表达结构的主要轮廓线。如图7－22(f)所示的剖切面垂直于圆弧的切线方向。在不致引起误解时，允许将图形旋转摆正，在断面的名称旁标注旋转符号。

⑥采用两个或多个相交的剖切平面剖开机件得出的移出断面图，图形中间用波浪线断开，如图7－22(g)所示。

2. 重合断面

在不影响图形清晰的条件下，断面也可画在视图内。画在被切断部分投影轮廓内的断面，称为重合断面。当视图中图线不多，将断面图画在视图内不会影响其清晰时，可采用重合断面图。如图7－23(a)所示吊钩的重合断面。重合断面的轮廓线用细实线绘制，当视图中的轮廓线与重合断面的图形重叠时，视图中的轮廓线仍应连续画出，不可间断，如图7－23(b)所示和图7－23(c)所示为肋板的断面图。

重合断面图的标注相当于移出断面图配置在剖切面迹线的延长线上，因此，不对称重合断面应注出剖切符号和投影方向，如图7－23(b)所示，对称的重合断面可省略标注。

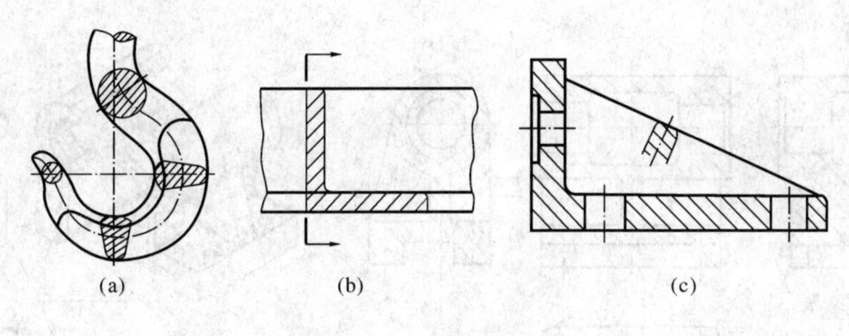

图 7-23　移出断面图

7.4　局部放大图和简化画法

除上面介绍的各种视图、剖视图等表达方法外，国家标准中还有其他一些规定画法和简化画法。

7.4.1　局部放大图

将机件的部分结构，用大于原图形所采用的比例画出的图形，称为局部放大图。

当机件上的某些细小结构在原图中表达得不清楚或不便于标注尺寸时，就可采用局部放大图。局部放大图可画成视图、剖视图、断面图，它与被放大部分的表达方式无关。如图7-24所示，局部放大图 *I* 画成视图，局部放大图 *II* 画成剖视图。

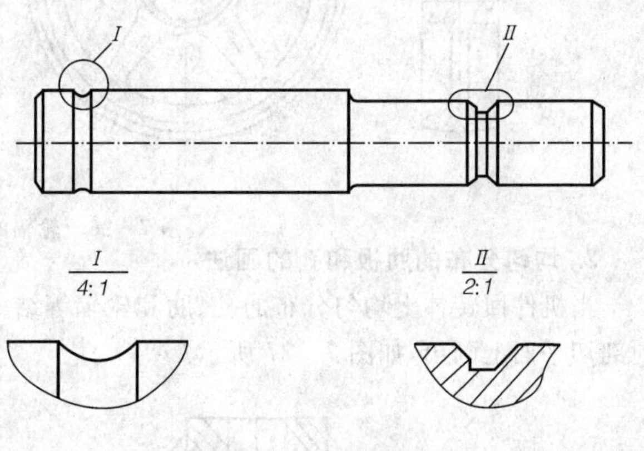

图 7-24　局部放大图

局部放大图应尽量配置在被放大部分的附近。当同一机件上有几个被放大的部分时，必须用罗马数字依次标明被放大的部位，并在局部放大图的上方标注出相应的罗马数字和所采用的比例，如图 7-24 所示。当机件上被放大的部分仅有一处时，在局部放大图的上方只需注明所采用的比例。同一机件上不同部位的局部放大图相同或对称时，只需要画出一个。

7.4.2　简化画法

为了简化作图和提高绘图效率，对机件的某些结构在图形表达方法上进行简化，使图形既清晰又简单易画，常用的简化画法如下。

1. 肋、轮辐及薄壁的画法

对于机件上的肋、轮辐及薄壁等，如按纵向剖切，这些结构都不画剖面符号，而用粗实线将它与邻接部分分开。如图 7-25 和图 7-26 所示。

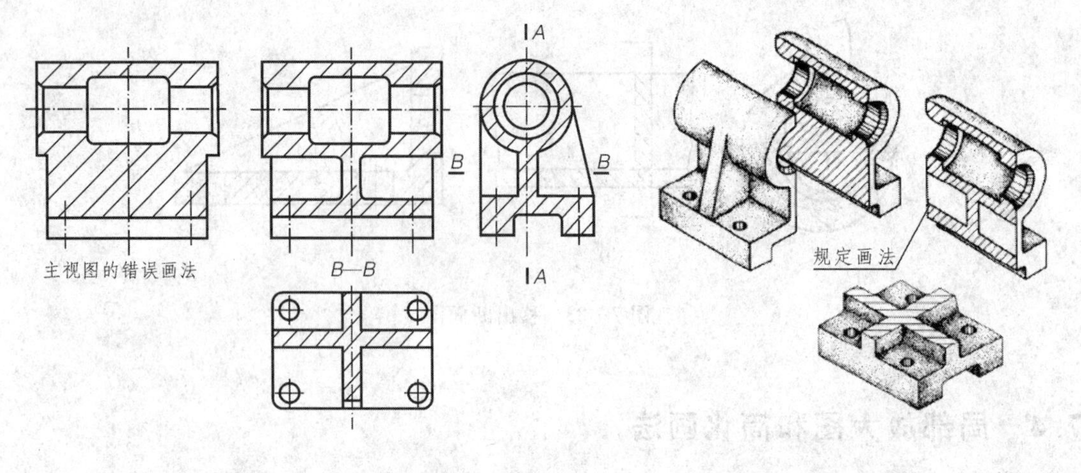

图 7－25 肋板的画法

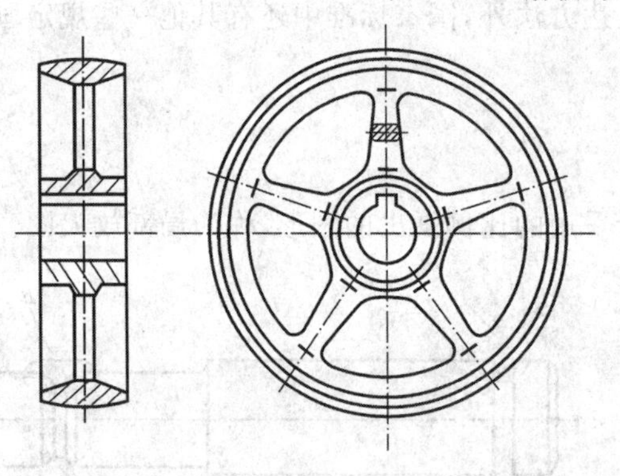
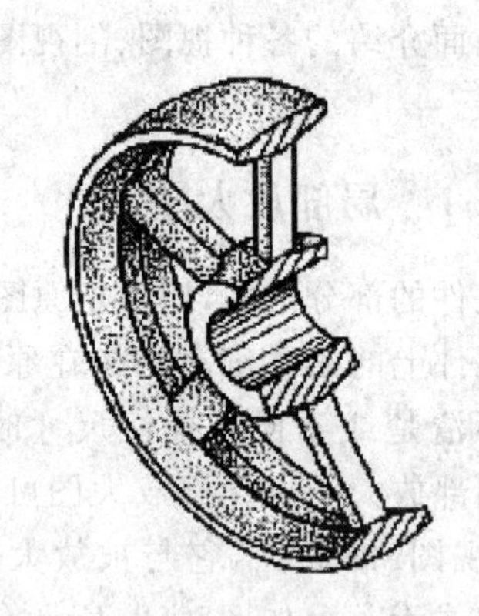

图 7－26 轮辐的画法

2. 均匀分布的肋板和孔的画法

当机件回转体上均匀分布的孔、肋和轮辐等结构不处于剖切平面上时，可将这些结构旋转到剖切平面上画出，如图 7－27 所示。

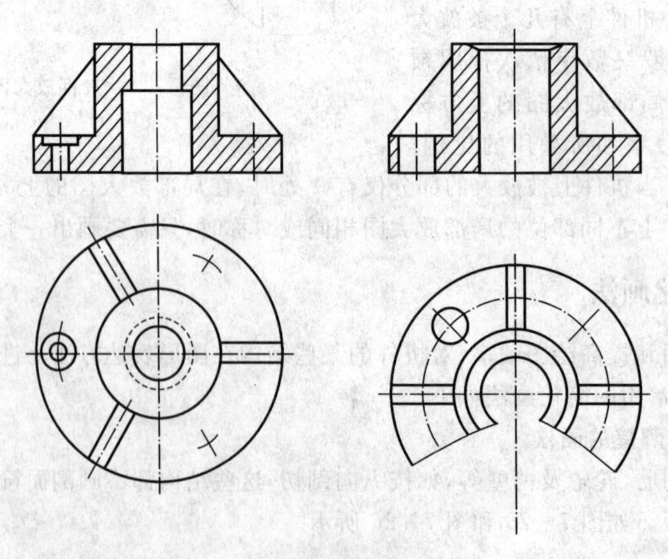

图 7－27 均匀分布肋、孔的画法

3. 相同结构要素的画法

当机件上具有相同的结构要素(如孔、槽)并按一定规律分布时,只需要画出几个完整的结构,其余的可用细实线连接或画出他们的中心位置,并在图中注明其总数,如图 7-28 所示。

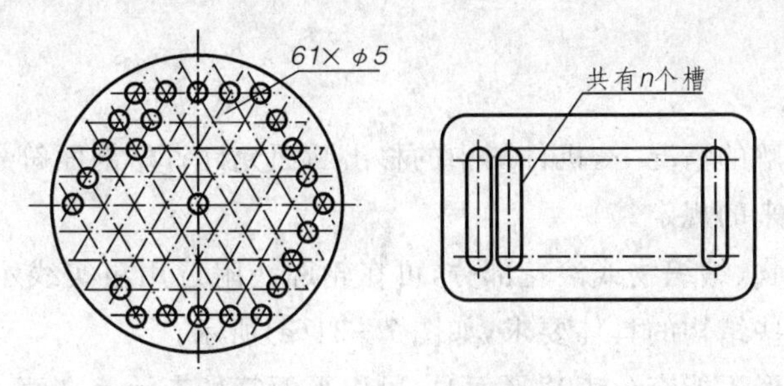

图 7-28　相同结构的画法

4. 断开画法

较长的机件(轴、杆、型材等)沿长度方向的形状相同或按一定规律变化时,可断开后缩短绘制,断开后的结构应按实际长度标注尺寸;断裂边界可用波浪线、双折线绘制,如图 7-29(a)、(b)所示;对于实心和空心轴可按图 7-29(c)绘制。

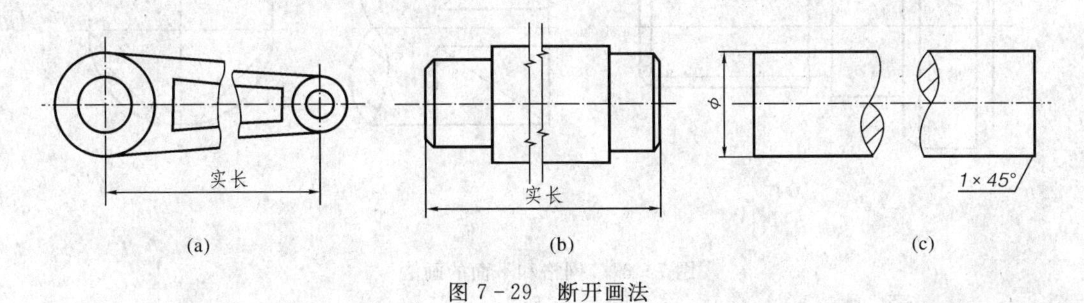

图 7-29　断开画法

5. 较小结构

①机件上较小结构如在一个图形中已表示清楚,其他图形可简化或省略不画,如图 7-30(a)中俯视图相贯线简化和主视图圆的省略。

②斜度和锥度较小时,其他投影也可按小端画出,如图 7-31(b)所示。

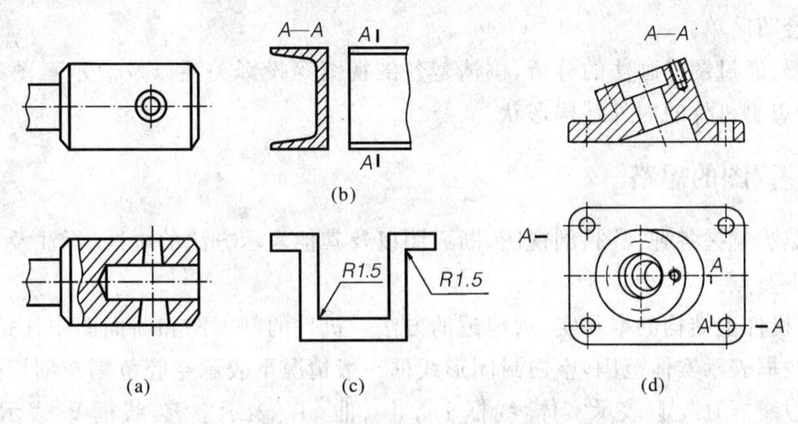

图 7-31　较小结构的画法

③在不致引起误解时,机件图中的小圆角或 45°小倒角均可省略不画,但必须注明尺寸或在技术要求中加以说明,如图 7-30(c)所示。

④与投影面倾斜角度小于或等于 30°的圆或圆弧,其投影可用圆或圆弧代替,如图 7-30 所示。

6. 其他简化画法

①在不致引起误解的情况下,机件图中的移出断面允许省略剖面符号,但剖切位置和断面图的标注必须遵照原来的规定。

②机件上有网状物、编织物或滚花部分,可在轮廓线附近用粗实线示意画出,并在零件图或技术要求中注明这些结构的具体要求,如图 7-31(a)所示。

③当回转体上图形不能充分表达平面时,可用平面符号表示该平面,如图 7-31(b)所示。

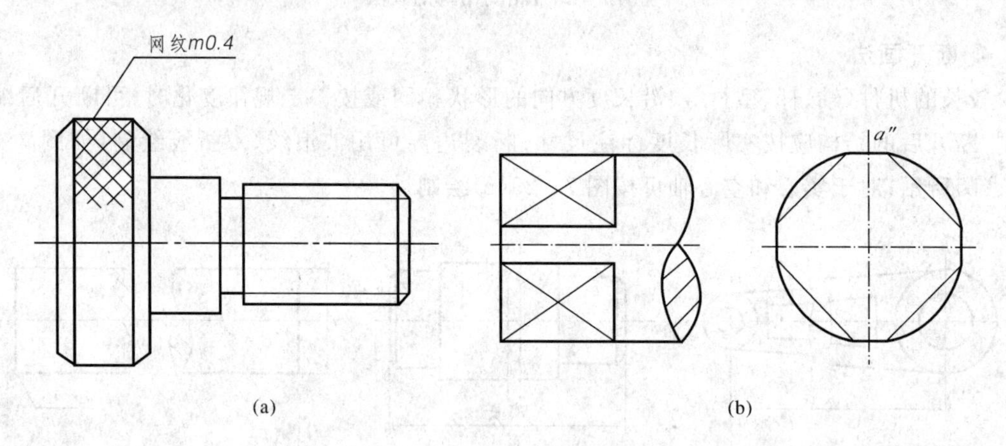

图 7-31　网格和平面的画法

7.5　读剖视图

前面介绍了机件常用的各种表达方法,在绘制机械图样时,应根据机件的结构综合运用各种视图、剖视图和断面图。选择方案要既能完整、清晰、简明地表示机件各部分内外结构形状,又看图方便绘图简单。

读剖视图,通过图样画法的分析,搞清楚各剖视图等投影关系以及表示意图,并应用形体分析法,从而想出机件的内外结构形状。

7.5.1　读图的思路

除了应熟悉掌握各种视图、剖视图、断面图以及其他表示方法的画法、标注及规定外,还应注重掌握如下要点。

(1)区分机件上结构的空与实、远与近的方法　机件的剖视图和断面图中凡是画有剖面符号的封闭形线框表示实体范围,空白封闭形线框一般情况下表示空腔范围及剖切面后的结构。如图 7-32 中线框Ⅵ′、Ⅶ′表示实体,线框Ⅰ′、Ⅱ′、Ⅲ′、Ⅳ′表示空腔,线框Ⅴ′表示剖切面后的肋板。

(2)确定机件上内部形状的方法　由于空白线框常常不能直接确定其形状,应从对应剖切位置的特征形线框或线段的形状想象其内形。如线框Ⅲ′、Ⅳ′对应线Ⅲ″和线框Ⅳ确定其形状,见图 7-32 所示。

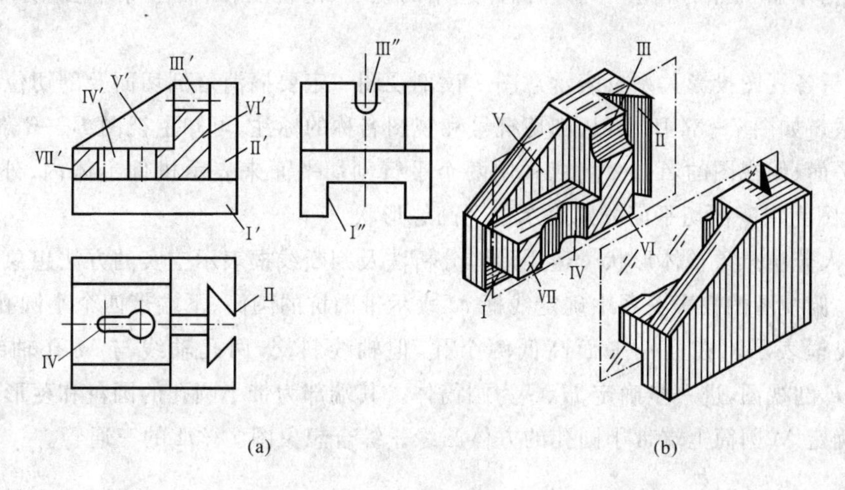

图 7-32　读剖视图(一)

(3)从局部线段推想整个面形的方法　由于剖视图一般不画虚线,读图时,应借助于剖视图中线段的延伸,判断整个面的形状和范围。如图 7-33 中线段Ⅰ′、Ⅱ′延伸到如图 7-33(b)所示线段,能想象出面Ⅰ、Ⅱ形状和范围。

(4)读半剖视图和局部剖视图　读半剖视时,以半个视图联想出整个视图,想象其整体外形;以半个剖视图联想整个剖视图,想象其整体内形,如读图 7-33(a)。

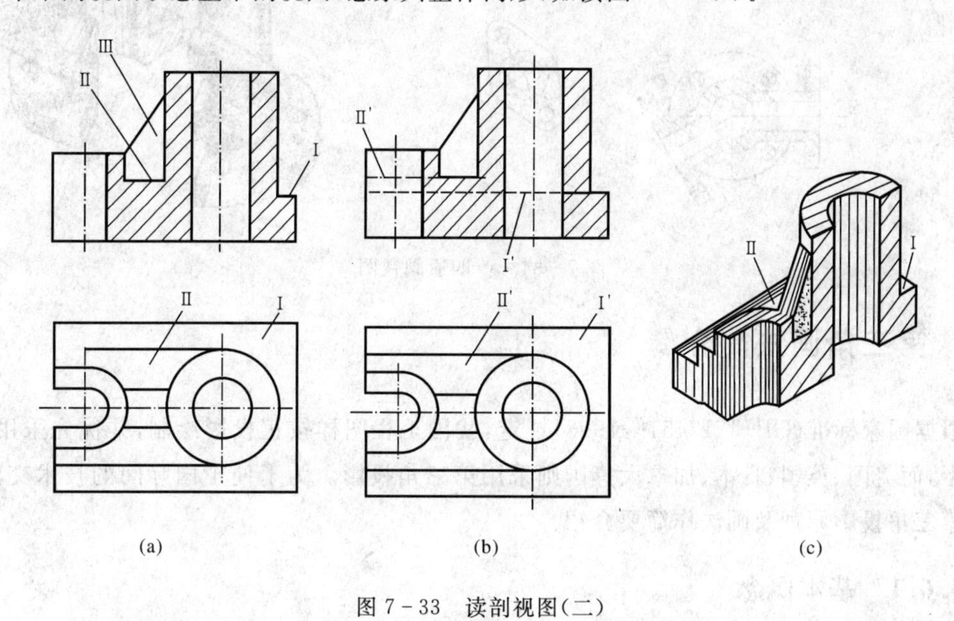

图 7-33　读剖视图(二)

读局部剖视图以波浪线为界,从剖视范围去想象内形,从视图范围去想象外形。

7.5.2 读图方法和步骤的举例

(1)概括了解机件的画法　了解机件选用的视图、剖视图、断面图等画法，明确其名称及数目。

(2)分析各视图投影关系及表示意图　读剖视图一定要搞消楚剖切面及剖切位置，确定投影对应关系。如图 7-34 所示，从剖切符号和视图名称的标注，可知主视图 *B—B* 剖视采用两相交剖切平面、俯视图的 *A—A* 剖视采用两个平行剖切平面来表示机件主体内、外形，*C—C*、*E—E* 剖视图为单一剖切平面分别表示三个凸缘形状。

(3)深入分析想象整体形状　运用形体分析法及判断线框表示空实的方法想象机件的内、外形，从主、俯视图的投影关系中确定线框 *M* 表示带凹坑的圆筒、下端带四个小圆孔的圆盘凸缘；*G*、*H* 线框表示不在同一平面高低两个孔，但轴线斜交，两孔轴线与 *M* 孔轴线正交；从 *C—C*、*E—E* 剖视图，进一步确定 *H*、*G* 为圆筒体。其端部为带小圆孔的圆盘和菱形的凸缘；从 *D* 向视图确定 M 圆筒上端带小圆孔的方体凸缘。综合想象图 7-34 的三通管。

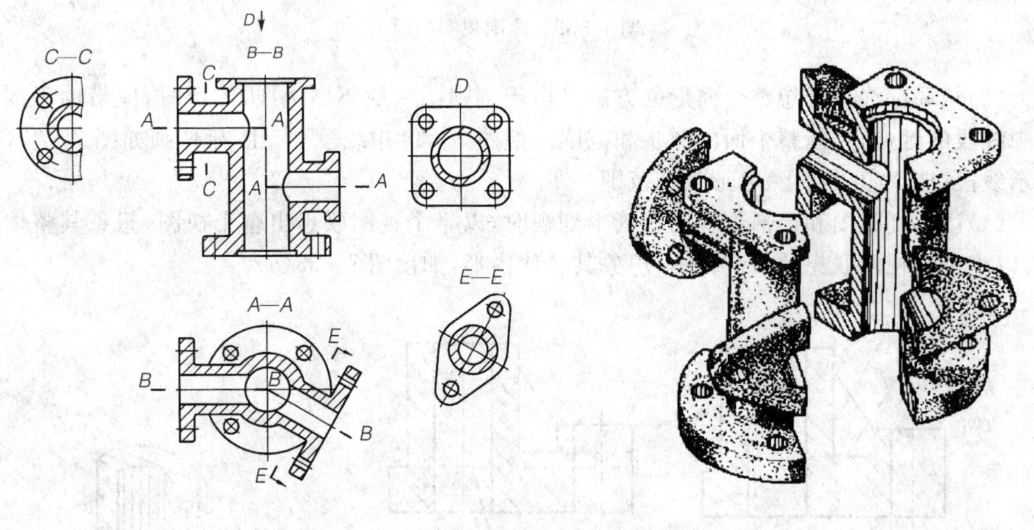

图 7-34　读四通阀视图

7.6 第三角画法简介

根据国家标准(GB/T 17451—1998)规定，我国工程图样按正投影绘制，并优先采用第一角投影，而美国、英国、日本、加拿大等国则采用第三角投影。为了便于国际间的技术交流，下面对第三角投影原理及画法作简要介绍。

7.6.1 基本概念

前面我们讲述三投影面体系将空间分成了八个角。第一分角是将物体放在第一分角，投影时保持观察者—物体—投影面的相对位置。而第三角投影是将物体放在第三分角，投影时保持观察者—投影面—物体的相对位置，此时将投影面看作是透明的，然后按正投影法得到的三视图是前视图、顶视图和右视图，如图 7－35 所示。

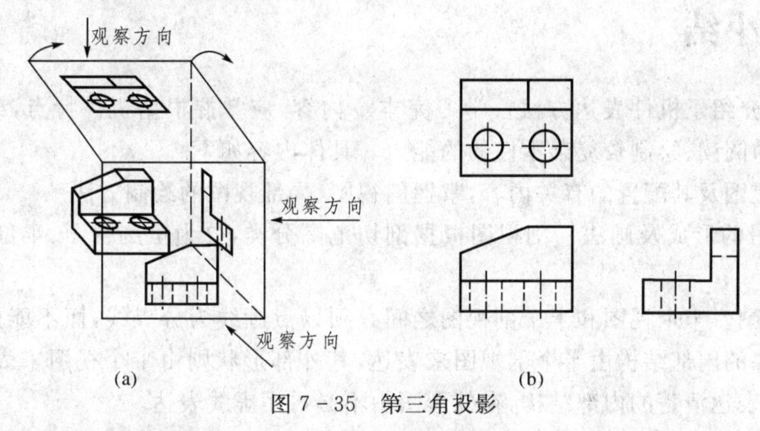

图 7－35　第三角投影

7.6.2　基本视图的配置

若再增加三个投影面，分别与原来的三个投影面垂直或平行，构成一个六面体，在第三角投影也可以从物体的前、后、左、右、上、下六个方向，向六个基本投影面投影得到六个基本视图，它们分别是前视图、顶视图、右视图、底视图、左视图和后视图。六个基本视图展开后，各基本视图的配置如图 7－36 所示。这六个基本视图仍然保持“长对正、高平齐、宽相等”的投影关系。

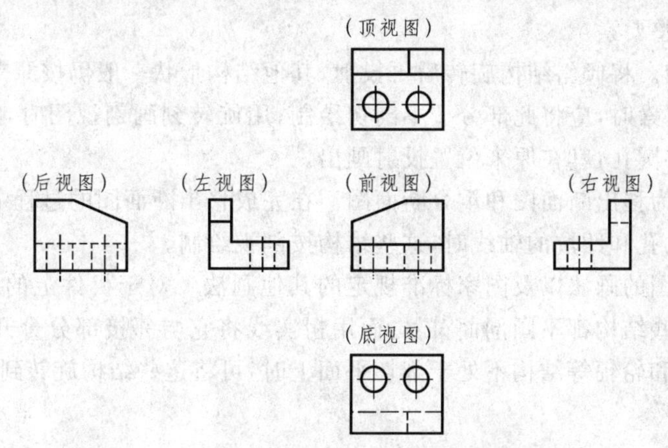

图 7－36　第三角投影中六个基本视图的配置

7.6.3　第三角画法的标志

国家标准(GB/T 14692—1983)中规定，采用第三角画法时，必须在图样中画出第三角投影的识别符号，而在采用第一角画法时，如有必要也可画出第一角投影的识别符号。两种投影的识别符号如图 7－37 所示。

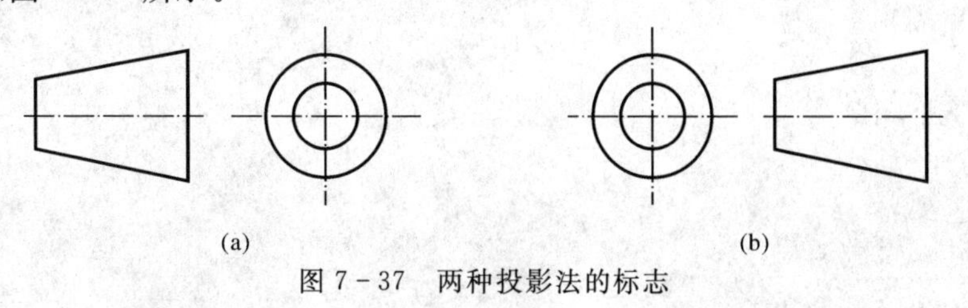

图 7－37　两种投影法的标志

本章小结

本章重点介绍了机件表达方法。学习完本章内容，应掌握根据机件特点，确定机件的画法，具有初步的阅读、绘制较复杂零件的的能力。具体内容如下。

(1)基本视图及其配置的有关内容，掌握斜视图、局部视图的绘制方法

(2)剖视图的形成及画法　剖视图根据剖切范围分类，分为全剖视图、半剖视图、局部剖视图。

①半剖视图。半个视图和半个剖视图之间必须以点画线为分界线，而不能画成粗实线或其他线型；机件的内部结构由半个剖视图来表达，其外部形状则由半个视图来表达。因此，当半个剖视图已表达清楚的内部结构，在外形图中不必再用虚线表达。

②局部剖视图。机件内、外部结构都复杂，且在投影面上的投影不对称的机件；对称机件的轮廓线与中心线重合、不宜采用半剖视图的机件；轴、手柄等实心杆件上有小孔、凹坑等结构需要表达的机件。

根据剖切平面相对位置分类，分为单一剖视图、阶梯剖视图、旋转剖视图、斜剖视图、复合剖视图的剖切方法。

③阶梯剖视图。不应画出两剖切面转折处的分界线；转折处的剖切符号不应与轮廓线重合；不应出现不完整要素。

④旋转剖视图。将倾斜结构旋转后再投射，其他结构形状一般仍按原来的位置投射；当剖切后产生不完整要素时，应将此部分按不剖切绘制；用旋转刻画剖视图时，凡没有被剖切平面剖到的结构中的小圆孔，其在原来位置投射画出。

(3)断面图分为移出断面图和重合断面图　在完成移出断面图的过程中，如果剖切平面通过由回转面形成的孔和凹坑的轴线时，这些结构按剖视绘制。

(4)局部放大图的画法以及国家标准规定的其他画法　对于机件上的肋、轮辐及薄壁等，如按纵向剖切，这些结构都不画剖面符号，而用粗实线将它与邻接部分分开；当机件回转体上均匀分布的孔、肋和轮辐等结构不处于剖切平面上时，可将这些结构旋转到剖切平面上画出。

第8章　标准件和常用件

在各种机械设备中，广泛使用螺栓、螺母、键、销、滚动轴承、弹簧、齿轮等零部件。将结构和尺寸全部标准化的零部件称为标准件。如螺栓、螺钉、双头螺柱、螺母、垫圈、键、销、滚动轴承等。将结构和尺寸实行部分标准化的零件称为常用件，如齿轮、弹簧等。国家有关标准规定了上述常用件和标准件的画法、代号及标记，不必画出其真实投影。

8.1　螺纹

8.1.1　螺纹的形成与结构

螺纹是一种常见结构，它是根据螺旋线的形成原理加工而成的。平面图形(三角形、矩形、梯形等)绕一圆柱(或圆锥)作螺旋运动，形成一圆柱(或圆锥)螺旋体——螺纹。螺纹分外螺纹和内螺纹两种，成对使用。在圆柱(或圆锥)外表面上加工的螺纹称为外螺纹；在圆柱(或圆锥)内表面上加工的螺纹称为内螺纹。

螺纹的加工方法很多，在车削螺纹时，工件夹在车床的卡盘中，绕其轴线作匀速旋转，车刀沿工件轴线方向作匀速移动，当刀尖切入工件后，在工件表面上便车出螺纹，如图8-1(a)所示。对于加工直径较小的螺孔，先用钻头钻出光孔，再用丝锥攻螺纹，如图8-1(b)所示。在加工螺纹的过程中，由于刀具的切入(或压入)构成了凸起和沟槽两部分，凸起的顶端称为螺纹的牙顶，沟槽的底部称为螺纹的牙底，螺纹各部分名称如图8-2所示。

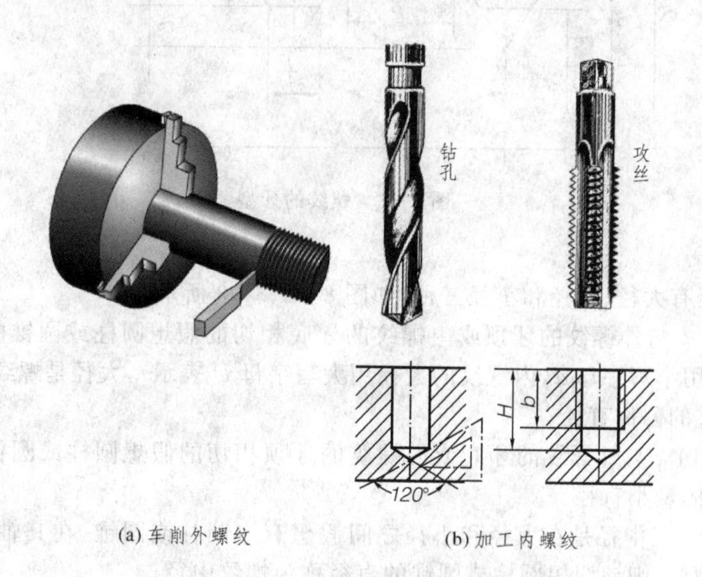

(a) 车削外螺纹　　(b) 加工内螺纹

图8-1　螺纹的加工方法

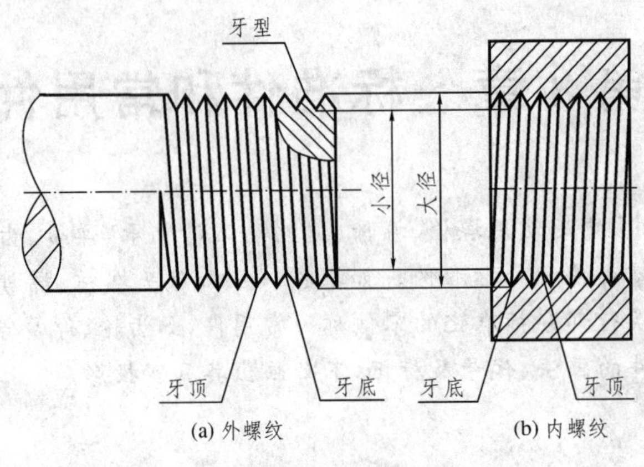

图 8-2　螺纹各部分名称

8.1.2　螺纹的基本要素

1. 牙型

在通过螺纹轴线剖面上，螺纹的轮廓形状称为牙型。相邻两侧面间的夹角为牙型角。常见的牙型有三角形、梯形、锯齿形等。最常见的螺纹牙型是等边三角形，称为普通螺纹，用大写字母“M”表示，如图 8-3 所示。其他常见牙型见表 8-1。

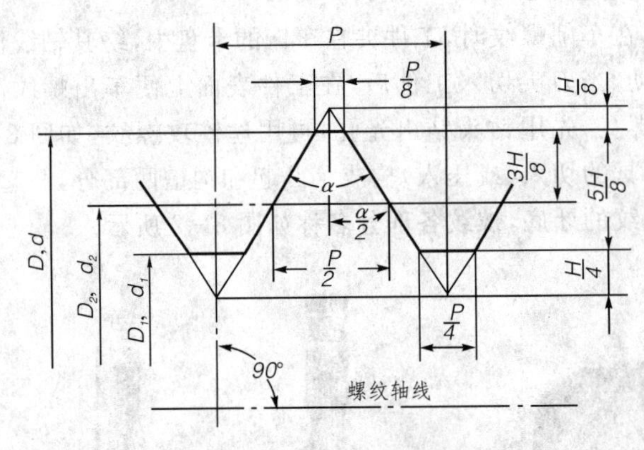

图 8-3　螺纹的牙型

2. 直径

螺纹的直径有大径、中径和小径三种，如图 8-2、8-3 所示。

大径(d、D)　与外螺纹的牙顶或内螺纹的牙底相切的假想圆柱或圆锥的直径，称为大径(外螺纹的大径用小写字母 d，内螺纹的大径用大写字母 D 表示)，大径是螺纹的最大直径。一般称大径为螺纹的公称直径。

小径(d_1、D_1)　与外螺纹的牙底或内螺纹的牙顶相切的假想圆柱或圆锥的直径，称为小径，小径是螺纹的最小直径。

中径(d_2、D_2)　中径是在大径和小径之间假想有一圆柱或圆锥，在其轴线剖面内素线上的牙宽和槽宽相等，则该假想圆柱或圆锥的直径称为螺纹中径。

3. 线数(n)

线数是指在同一圆柱面(或圆锥面)上形成螺纹的螺旋线条数。螺纹有单线螺纹和多线螺纹之分。只切削一条的称为单线螺纹；切削两条的称为双线螺纹；通常把切削两条或两条以上的称为多线螺纹。如图 8-4 所示。

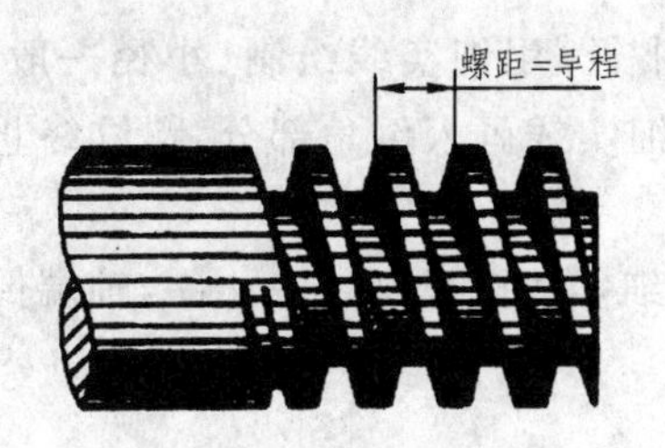

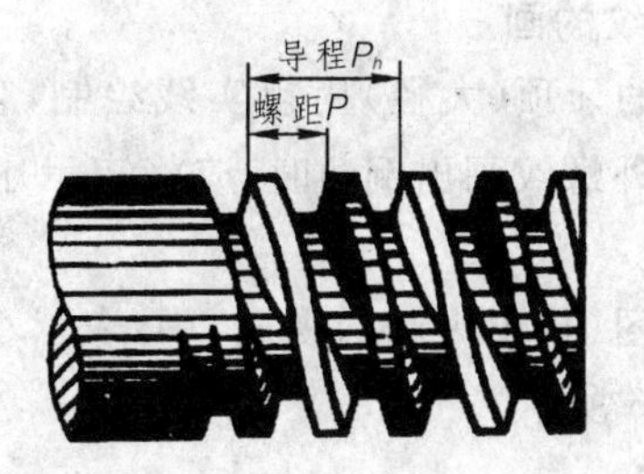

图 8-4　螺纹的线数

4. 螺距(P)和导程(P_h)

相邻两牙在中径线上对应两点间的轴向距离称为螺距。同一螺旋线上相邻两牙在中径线上对应两点之间的轴向距离称为导程。如图 8-4 所示，单线螺纹螺距和导程相同，而多线螺纹螺距等于导程除以线数。

螺距、导程、线数的关系为

$$\text{导程}(P_h) = \text{螺距}(P) \times \text{线数}(n)$$

5. 旋向

螺纹有左、右旋之分。沿轴线方向看顺时针方向旋入的螺纹，称为右旋螺纹；沿轴线方向看逆时针方向旋入的螺纹，称为左旋螺纹。判别螺纹旋向时，可将外螺纹轴线铅垂放置，螺纹可见部分是自左向右升起，即右高左低者为右旋螺纹；自右向左升起，即左高右低者为左旋螺纹，如图 8-5 所示。

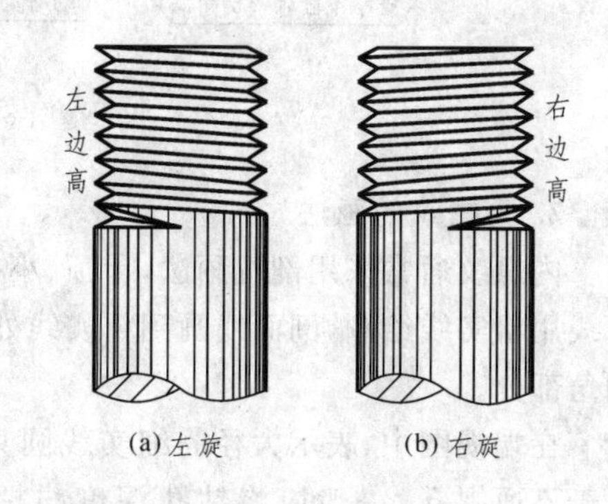

图 8-5　螺纹的旋向

螺纹的牙型、大径、旋向、线数和螺距称为螺纹的五要素。只有这五个要素都相同的内、外螺纹才能相互旋合。

8.1.3　螺纹的分类

1. 螺纹按用途分类

(1)紧固螺纹　粗牙螺纹、细牙螺纹、小螺纹。

(2)管螺纹　密封螺纹、非密封螺纹。

(3)传动螺纹　锯齿形螺纹、矩形螺纹、梯形螺纹。

(4)专用螺纹　氧气瓶螺纹、自攻螺纹等。

2. 按标准化程度分类

(1)标准螺纹　牙型、大径和螺距都符合国家标准的螺纹。

(2)特殊螺纹　若螺纹仅牙型符合标准，大径或螺距不符合标准的螺纹。

(3)非标准螺纹　凡牙型不符合标准的螺纹。

8.1.4　螺纹的规定画法

绘制螺纹的真实投影是十分繁琐的事情，并且在实际生产中也没有必要这样做。为了便于绘图，国家标准(GB/T 4459.1—1995)对螺纹的画法作了规定。按此画法作图并加以标注，就能清楚地表示螺纹的类型、规格和尺寸。

1. 外螺纹的画法

外螺纹的牙顶(大径)用粗实线绘制，牙底(小径)用细实线绘制(小径一般近似取 $d_1=0.85d$)。当外螺纹画出倒角时，应将表示小径的细实线画入倒角部分，螺纹终止线用粗实线绘制。

在端视图(投影为圆的视图)中，表示小径的细实线圆只画约 3/4 圈，轴端倒角圆省略不画，如图 8-6 所示。

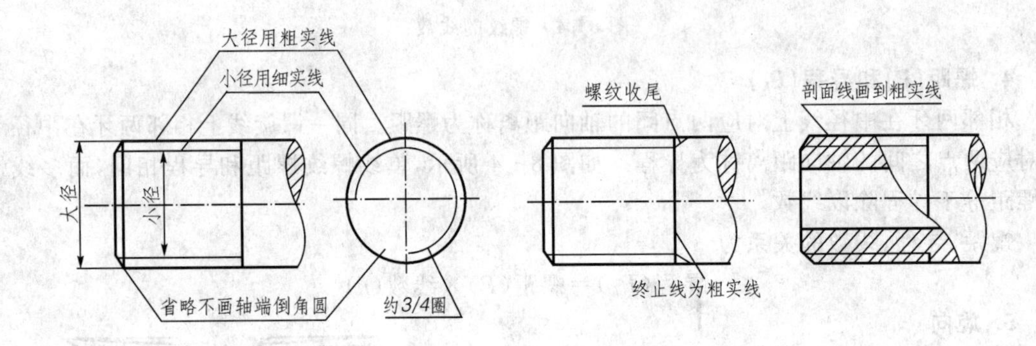

图 8-6　外螺纹的画法

2. 内螺纹的画法

内螺纹通常采用剖视画法，牙顶(小径)用粗实线绘制，牙底(大径)用细实线绘制，螺纹终止线用粗实线绘制，剖面线画到粗实线处，当内螺纹画出倒角时，应将表示牙底的细实线画入倒角部分。

在端视图中，表示大径的细实线圆只画约 3/4 圈，倒角圆省略不画，如图 8-7(b)所示。对于不通螺孔，一般应将钻孔深度与螺纹深度分别画出。钻孔深度一般应比螺纹深度大 $0.5D$，其中 D 为螺纹大径，钻孔圆锥角为 120°。

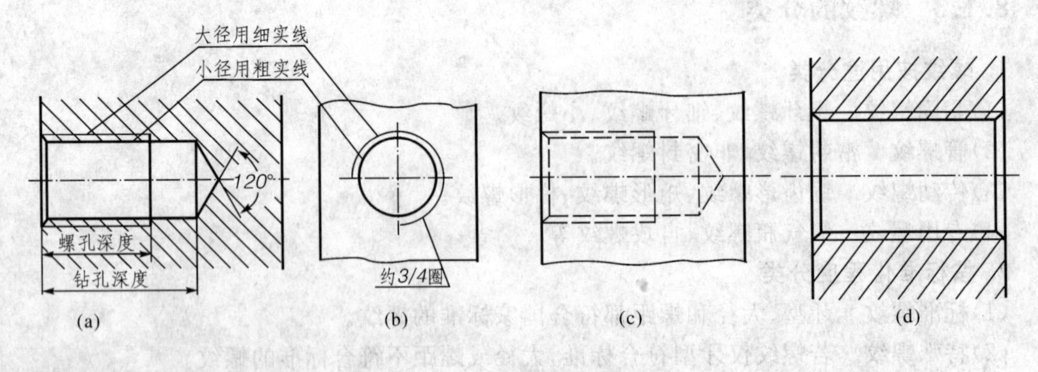

图 8-7　内螺纹的画法

不作剖视时，牙底、牙顶、螺纹终止线等均为虚线，如图 8-7(c)所示。

螺孔与螺孔、螺孔与光孔相贯时，只画粗实线的相贯线，如图 8-8 所示。

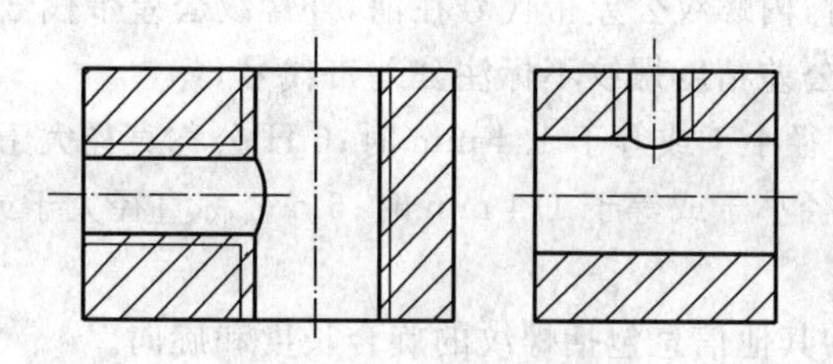

图 8-8　螺孔中相贯线的画法

3. 内、外螺纹旋合的画法

在剖视图中，内外螺纹的旋合部分应该按外螺纹的画法绘制，其余不重合部分按各自原有的画法绘制，如图 8-9 所示。

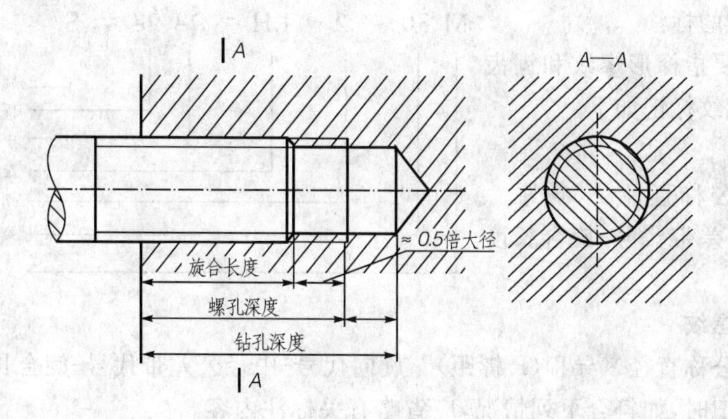

图 8-9　内、外螺纹旋合的画法

[**必须注意**]　表示内、外螺纹大径的细实线和粗实线，以及表示内外螺纹小径的粗实线和细实线应分别对齐。在剖视图中，实心螺杆按不剖绘制。

8.1.5　螺纹的标注方法

由于各种螺纹的画法都是相同的，螺纹规定画法不能真实表示螺纹种类及各要素的大小。因此，在图样上要按规定格式表示各要素。

1. 螺纹的标注

国家标准规定，标准螺纹用规定的标记标注，并标注在螺纹的公称直径上，以区别不同种类的螺纹。

(1)普通螺纹的标注

①完整的螺纹标记如下。

螺纹特征代号　公称直径 × 螺距　旋向代号－公差带代号－旋合长度代号

普通螺纹的特征代号(牙型符号)　用字母“M”表示。

公差带代号　普通螺纹公差带代号包括中径公差带代号和顶径公差带代号。如果中径公差带代号和顶径公差带代号相同时，则应注一个公差带代号。螺纹尺寸代号与公差带代号间用“-”分开。

表示内外螺纹旋合时，内螺纹公差带代号在前，外螺纹公差带代号在后，中间用斜线分开。

在下列情况下，中等公差精度螺纹不标注公差带代号。

内螺纹　5 H 公称直径小于或等于 1.4 mm 时；6 H 公称直径大于或等于 1.6 mm 时。

外螺纹　6 h 公称直径小于或等于 1.4 mm 时；6 h 公称直径大于或等于 1.6 mm 时。

② 其他信息代号

标记内有必要说明的其他信息包括螺纹的旋合长度和旋向。

对短旋合长度组的螺纹，宜在公差带代号后分别标注“S”“L”代号。旋合长度代号与公差带代号间用“-”分开。中等旋合长度组的螺纹不标注旋合长度代号(N)。

对左旋螺纹，应在旋合长度代号代号之后标注“LH”代号。旋合长度代号与公差带代号间用“-”分开。右旋螺纹不标注旋向代号。

普通螺纹标记示例：

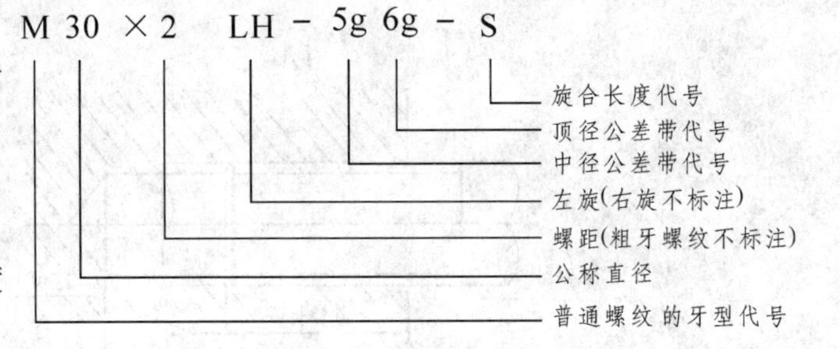

(2)传动螺纹的标注

传动螺纹主要指梯形螺纹和锯齿形螺纹，完整的螺纹标记如下。

①单线螺纹

特征代号　公称直径 × 螺距　旋向代号-中径公差带代号-旋合长度代号

②多线梯形螺纹

特征代号　公称直径×导程(P 螺距)　旋向代号-中径公差带代号-旋合长度代号

标注螺纹标记时，如符合下列情况，应省略有关标注内容。

a. 如中径和顶径公差带代号相同，只标注一次。

b. 右旋螺纹在标注时不必注明旋向，如为左旋，应注代号“LH”。

c. 当旋合长度为中(N)时，不标注代号“N”。长旋合长度用 L 表示，短旋合长度用 S 表示。

传动螺纹标记示例：

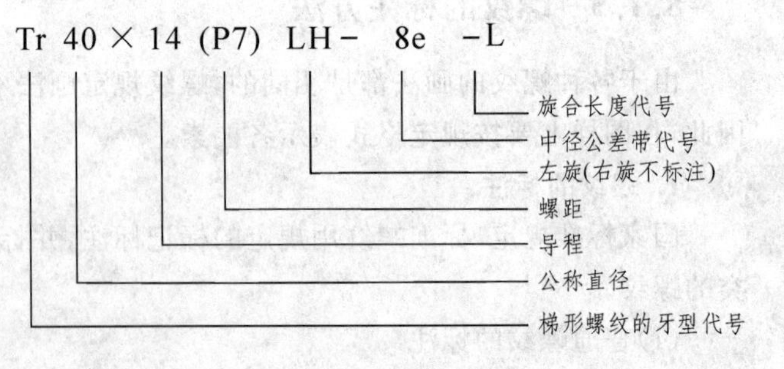

(3)管螺纹的标注

管螺纹分为密封的管螺纹和非密封的管螺纹。管螺纹的标记必须标注在大径的引出线上，其标记组成如下所示。

① 用螺纹密封的管螺纹

螺纹特征代号　尺寸代号-旋向代号

螺纹特征代号：R_c 表示圆锥内螺纹；R_p 表示圆柱内螺纹；R 表示圆锥外螺纹。

尺寸代号用 1/2、3/4、1、11 /4 、11 /2 ……表示。

旋向代号　左旋用 LH 表示，右旋不标注。

②非螺纹密封的管螺纹

螺纹特征代号　尺寸代号　公差等级代号-旋向代号

非螺纹密封的内、外管螺纹，特征代号为“G”。

尺寸代号用 1/2、3/4、1、11 /4 、11 /2 ……表示。

公差等级代号　外螺纹分 A、B 两个公差等级；内螺纹公差等级只有一种，故不加标记。

管螺纹的公称直径（尺寸代号）不表示螺纹大径，也不是管螺纹本身任何一个直径的尺寸。而一般是指加工有管螺纹或圆锥管螺纹管子的通孔直径，因而用指引线指在管螺纹大径上来标注，单位是英寸，如图 8-10 所示。管螺纹的大径、中径、小径及螺距等具体尺寸，可通过查阅相关标准获取。

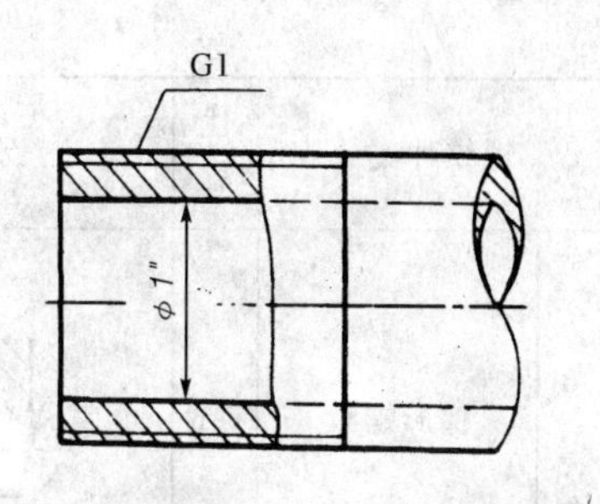

图 8-10　管螺纹的标注

常用螺纹标记示例见表 8-1。

表 8-1　常用标准螺纹的种类、牙型与标注

螺纹种类		代号	牙型略图	标注示例	说明
连接螺纹	普通粗牙纹	M	55°	M16-6g	粗牙普通螺纹，公称直径 16，右旋，中径与大径公差带均为 6g，中等旋合长度
	普通细牙纹	M	60°	M16×1-6H	细牙普通螺纹，公称直径 16，螺距 1，右旋，中径与大径公差带均为 6H，中等旋合长度
	非管螺纹密封	G	55°	G1A　G1	非螺纹密封的圆柱管螺纹。 G—螺纹特征代号 1—尺寸代号 A—外螺纹公差等级代号
螺纹密封管螺纹	圆锥内螺纹	R_c	55°	$R_c1\frac{1}{2}$　$R1\frac{1}{2}$	用螺纹密封的圆锥内螺纹。 R_c—用螺纹密封的圆锥内螺纹 R—用螺纹密封的圆锥外螺纹
	圆柱内螺纹	R_p			
	圆锥外螺纹	R			

续表 8-1

螺纹种类		代号	牙型略图	标注示例	说明
传动螺纹	梯形螺纹	Tr	30°	Tr36 12(P6)-7H	梯形内螺纹，公称直径 $d=36$，双线，导程12，螺距6，右旋，中径公差带为7H，中等旋合长度
	锯齿形螺纹	B	30°	B70 10LH-7c	锯齿形外螺纹，公称直径70，单线，螺距

(4)特殊螺纹和非标准螺纹的标注

对于特殊螺纹，标注时应在牙型符号前加注“特”字，必要时也可注出极限尺寸。

对于非标准螺纹，应画出螺纹的牙型，并注出所需要的尺寸及有关要求，如图 8-11 所示。

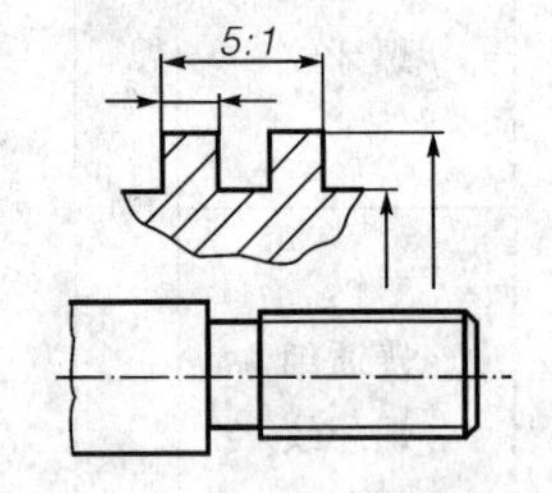

图 8-11 非标准螺纹的画法

8.2 螺纹紧固件

8.2.1 螺纹紧固件的标注

常用的螺纹紧固件有螺栓、双头螺柱、螺钉、螺母、垫圈等，如图 8-12 所示。它们的结构、尺寸都已标准化。使用时，可从相应的标准中查出所需的结构和尺寸。标准的螺纹紧固件标记的内容有：名称、标准编号、螺纹规格×公称长度，常用螺纹紧固件的标记示例见表 8-2。图 8-12 为常用的螺纹紧固件。

表 8-2 常用螺纹紧固件的标记示例

名称	标记示例	标记形式	说明
螺栓	螺栓 GB/T 5782—2000 M10×50	名称 标准编号 螺纹代号×公称长度	螺纹规格 d=M10、公称长度 l=50 mm(不包括头部)的六角头螺栓
双头螺柱	螺柱 GB/T 898—1998 M12×40	名称 标准编号 螺纹代号×公称长度	螺纹规格 d=M12、公称长度 l=40 mm(不包括旋入端)的双头螺柱
螺母	螺母 GB/T 6170—2000 M16	名称 标准编号 螺纹代号	螺纹规格 D=M16 的六角螺母

表 8 - 2

名称	标记示例	标记形式	说明
平垫圈	垫圈 GB/T 97.2—1985 16—140 HV	名称 标准编号 公称尺寸—性能等级	公称尺寸 $d=16$ mm、性能等级为 140 HV、不经表面处理的平垫圈
弹簧垫圈	垫圈 GB/T 93—1987 20	名称 标准编号 规格	规格(螺纹大径)为 20 mm 的弹簧垫圈
螺钉	螺钉 GB/T 65—2000 M10×40	名称 标准编号 螺纹代号×公称长度	螺纹规格 $d=$M10、公称长度 $l=40$ mm(不包括头部)的开槽圆柱头螺钉
紧定螺钉	螺钉 GB/T 71—1985 M5×12	名称 标准编号 螺纹代号×公称长度	螺纹规格 $d=$M5、公称长度 $l=12$ mm 的开槽锥端紧定螺钉

为了提高画图速度，螺纹紧固件各部分的尺寸(除公称长度外)都可用 d(或 D)的一定比例画出，称为比例画法(也称简化画法)。画图时，螺纹紧固件的公称长度 l 仍由被连接零件的有关厚度等决定。

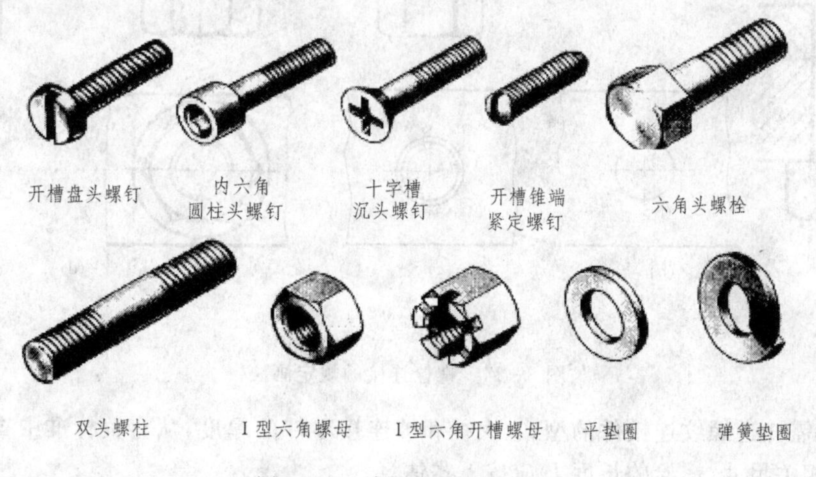

图 8 - 12　常用的螺纹紧固件

各种常用螺纹紧固件的比例画法，如图 8 - 13 所示。

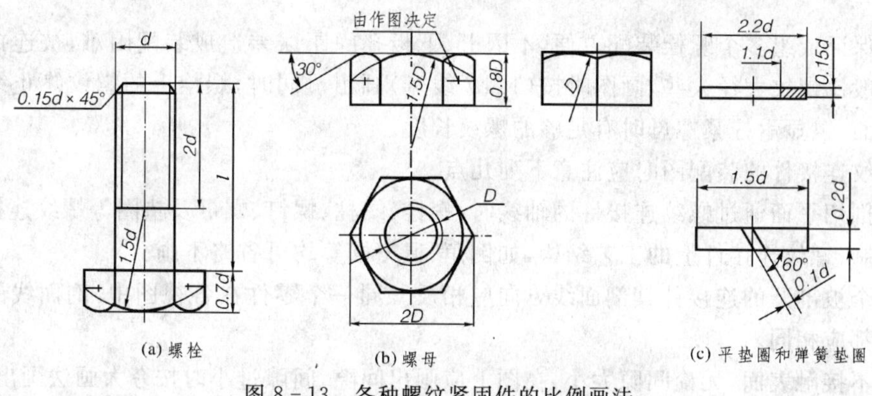

图 8 - 13　各种螺纹紧固件的比例画法

8.2.2 螺栓连接

螺栓连接由螺栓、螺母、垫圈组成。螺栓连接是将螺栓的杆身穿过两个被连接件的通孔，套上垫圈，再用螺母拧紧，使两个零件连接在一起的一种连接方式。螺栓连接用于连接两个不太厚、并容易钻出通孔的零件。

在装配图中，螺栓连接常采用比例画法，根据螺栓的公称直径 d 等按比例关系画出，其比例关系和画法如图 8-14 所示。

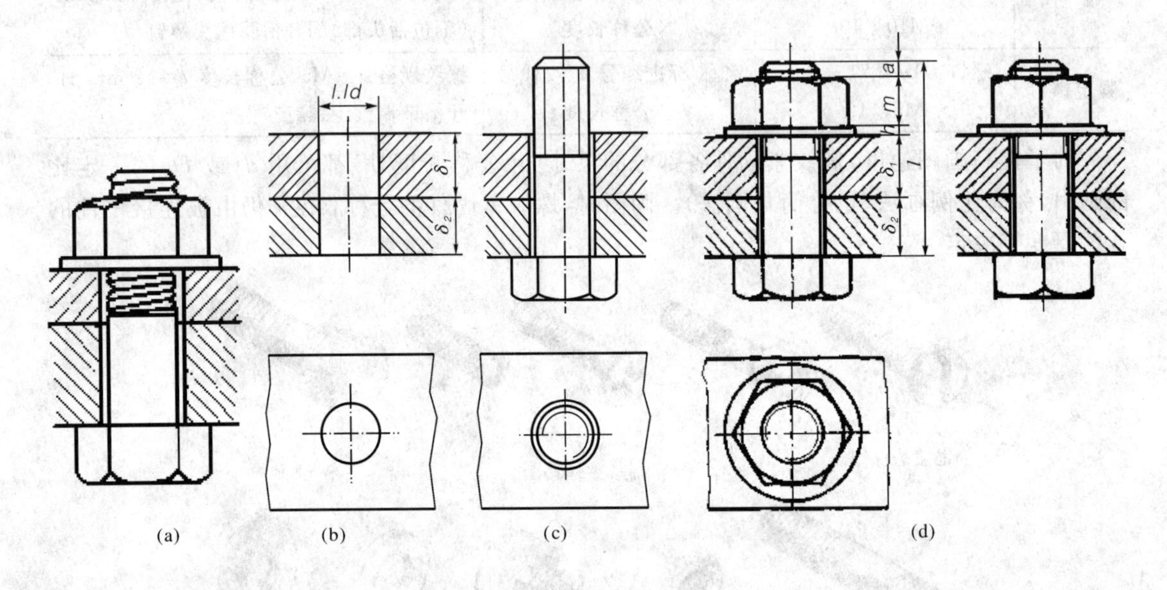

图 8-14 螺栓连接的规定画法

画图时需知道螺纹连接件的型式、大径和被连接零件的厚度，从有关标准中查出螺栓、螺母、垫圈的相关尺寸，螺栓的长度 L 应按下式估算。

L(螺栓长度) $\approx \delta_1 + \delta_2$(被连接零件的厚度) $+ h$(垫圈厚度) $+ m$(螺母厚度) $+ (0.3 \sim 0.4)d$(螺栓伸出螺母的长度)

根据上式估算出的螺栓长度，再从相应的螺栓标准所规定的长度系列中选取接近的标准长度。

为了保证成组多个螺栓装配方便，不因上、下板孔间距误差造成装配困难，被连接零件上的孔径一般比螺纹大径大些，画图时按(1.1d 线宽)画出。同时，螺栓上的螺纹终止线应低于通孔的顶面，以显示拧紧螺母时有足够的螺纹长度。

画螺纹连接件的装配图时应注意下列几点。

①当剖切平面通过螺纹连接件的轴线时，螺栓、螺柱、螺钉、螺母及垫圈等螺纹连接件均按未剖切绘制；螺纹连接件上的工艺结构，如倒角、退刀槽等均可省略不画。

②两个被剖开的连接件其剖面线方向应相反。同一个零件在各视图中，剖面线的倾斜方向和间隔都应相同。

③凡不接触表面，无论间隙大小，在图上应画出间隙，间隙过小时按夸大画法画出；两接触表面之间，只画一条轮廓线。

8.2.3　螺钉连接

螺钉连接不用螺母，而是将螺钉直接拧入零件的螺孔里，依靠螺钉头部压紧零件。一般是在较厚的零件上加工出螺孔，而在另一被连接零件上加工成通孔，然后把螺钉穿过通孔旋进螺孔，从而达到连接的目的，其连接画法如图 8-15 所示。

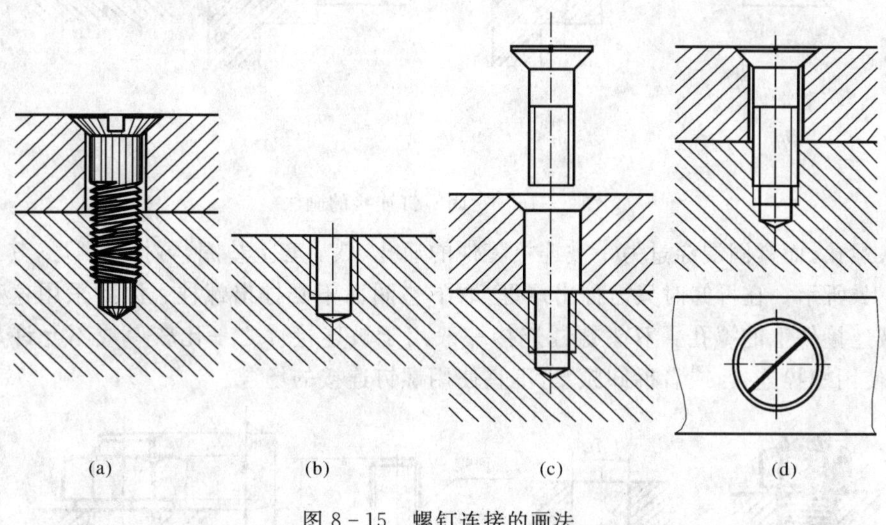

图 8-15　螺钉连接的画法

螺钉连接多用于受力不大和不常拆卸，而被连接件之一较厚的场合。

螺钉的有效长度 L 应按下式估算：

L(螺钉长度)≈δ(被连接零件的厚度)+b_m(螺钉旋入零件的长度)

螺钉旋入零件的长度 b_m 根据被旋入零件的材料而定。

钢和青铜　$b_m=1d$；

铸铁　$b_m=1.25d$ 或 $b_m=1.5d$；

铝　$b_m=2d$。

然后根据估算出的数值，再从相应的螺钉标准所规定的长度系列中，选取接近的标准长度。

为了使螺钉能压紧被紧固零件，螺钉的螺纹终止线应高出螺孔的端面，或在螺杆的全长上都有螺纹。

螺钉头部的一字槽用加粗的粗实线($2d$ 线宽)表示，在反映为圆的视图上按与水平方向成 45°画出，如图 8-15 所示。

在装配图中，对于不穿通的螺孔，也可以不画出钻孔深度，而按螺纹的深度画出。

紧固螺钉是用来固定两零件的相对位置，使他们不产生相对运动。

紧固螺钉分为柱端、锥端和平端三种。柱端紧固螺钉利用其端部小圆柱插入物体小孔或环槽中起定位、固定作用，阻止物体移动。锥端紧固螺钉利用端部锥面顶入物体上小锥坑起定位、固定作用，如图 8-16 所示。平端紧固螺钉则依靠其端平面与物体的摩擦力起定位作用。三种紧固螺钉能承受的横向力递减。

8.2.4　双头螺柱连接

双头螺柱连接由双头螺柱、螺母、垫圈组成。是在零件上加工出螺孔，双头螺柱的旋入端

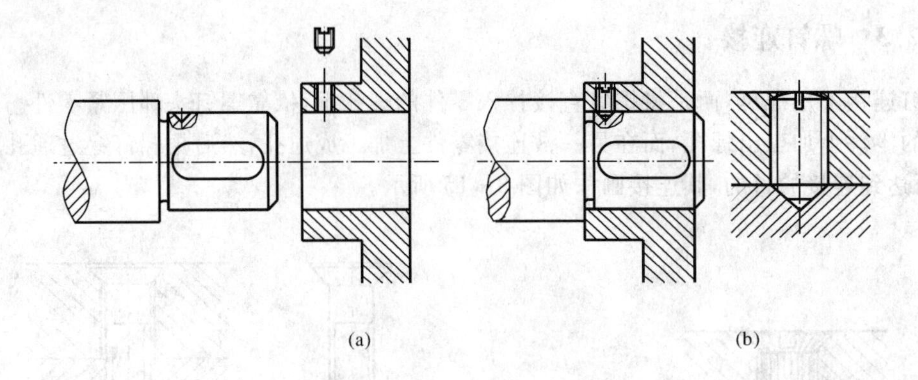

图 8-16　紧固螺钉连接的画法

全部旋入螺孔，而紧固端穿过另一被连接零件的通孔，然后套上垫圈，再拧紧螺母，其连接画法如图 8-17 所示。在拆卸时只需拧出螺母、取下垫圈而不必拧出螺柱。因此采用这种连接不会损坏被连接件上的螺孔。双头螺柱连接一般用于被连接件之一比较厚或不允许加工成通孔，不便使用螺栓连接，或者拆卸频繁，不宜使用螺钉连接的场合。

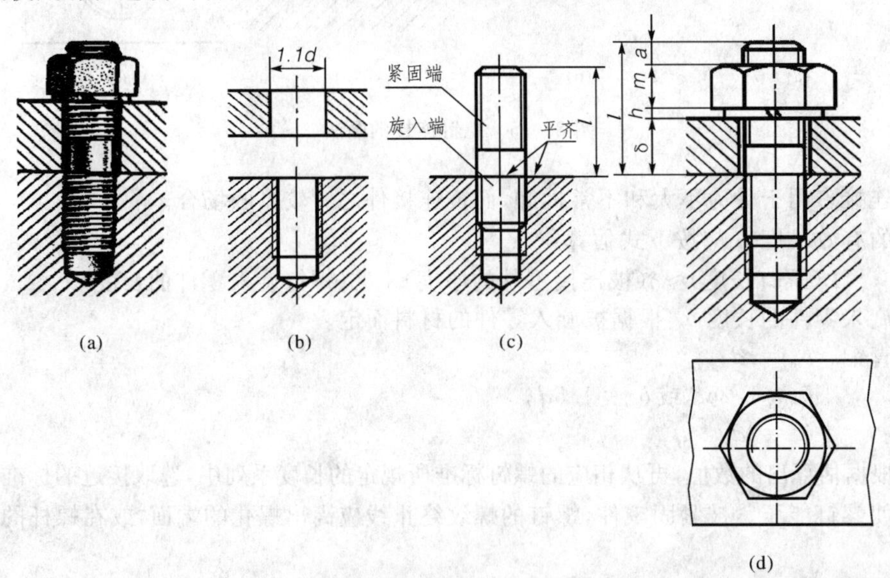

图 8-17　双头螺柱连接的画法

双头螺柱的有效长度 L 应按下式估算：

L(螺柱长度) $\approx \delta$(被连接零件的厚度) $+ h$(垫圈厚度) $+ m$(螺母厚度) $+ (0.3 \sim 0.4)d$(螺柱伸出螺母的长度)

双头螺柱旋入零件的一端的长度 b_m 的值与零件的材料有关。

钢和青铜　$b_m = 1d$；

铸铁　$b_m = 1.25d$ 或 $b_m = 1.5d$；

铝　$b_m = 2d$。

然后根据估算出的数值 L，再从相应的双头螺柱标准所规定的长度系列中，选取接近的标准长度。

旋入端应全部拧入零件的螺孔内，所以螺纹终止线与两零件的接触面平齐。

为确保旋入端全部旋入，零件上的螺孔的螺纹深度应大于旋入端的螺纹长度 b_m。在画图时，螺孔的螺纹深度可按 $b_m+0.5d$ 画出；钻孔深度可按 b_m+d 画出，也可以不画出钻孔深度，而仅按螺纹的深度画出。

8.3　齿轮

齿轮为常用件，广泛应用于机器中的传动零件。它能将一根轴的动力及旋转运动传递给另一轴，也可改变转速和旋转方向。齿轮上每一个用于啮合的凸起部分称轮齿。齿轮的种类很多，常用的齿轮按两轴的相对位置不同分如下三类。

圆柱齿轮传动用于两轴平行时，如图 8－18(a)所示。

圆锥齿轮传动用于两轴相交时，如图 8－18(b)所示。

蜗轮蜗杆传动用于两轴交叉时，如图 8－18(c)所示。

圆柱齿轮的轮齿有直齿、斜齿和人字齿等，其中最常用的是直齿圆柱齿轮。本节主要介绍直齿圆柱齿轮的基本参数及画法。

(a) 直齿圆柱齿轮

(b) 圆锥齿轮

(c) 蜗轮蜗杆

图 8－18　齿轮

8.3.1　直齿圆柱齿轮

最基本的齿轮传动是圆柱齿轮传动。常见的圆柱齿轮按其齿的方向分成直齿、斜齿和人字齿等。直齿圆柱齿轮由轮齿、幅板(或幅条)、轮毂等组成。

现以标准直齿圆柱齿轮为例，说明圆柱齿轮各部分的名称和尺寸关系，如图 8－19 所示。

1. 直齿圆柱齿轮各部分的名称及参数

(1) 齿数　齿轮上轮齿的个数，用 z 表示。

(2) 齿顶圆　通过轮齿顶部的圆，其直径用 d_a 表示。

(3) 齿根圆　通过轮齿根部的圆，其直径用 d_f 表示。

(4) 分度圆　设计、制造齿轮时计算轮齿各部分尺寸的基准圆，其直径用 d 表示。

(5) 齿距　在分度圆周上相邻两齿对应点之间的弧长，用 p 表示。

(6) 齿厚　一个轮齿在分度圆上的弧长,用 s 表示。

(7) 槽宽　一个齿槽在分度圆上的弧长,用 e 表示。在标准齿轮中,齿厚与槽宽各为齿距的一半,即 $s=e=p/2$,$p=s+e$。

(8) 齿顶高　分度圆到齿顶圆之间的径向距离,用 h_a 表示。

(9) 齿根高　分度圆到齿根圆之间的径向距离,用 h_f 表示。

(10) 齿高　齿顶圆到齿根圆之间的径向距离,用 h 表示。

(11)齿宽　沿齿轮轴线方向量得的轮齿宽度,用 b 表示。

(12)模数　如以 z 表示齿轮的齿数,齿轮上有多少齿,在分度圆周上就有多少齿距。因此,分度圆周长=齿距×齿数,即 $\pi d=pz$

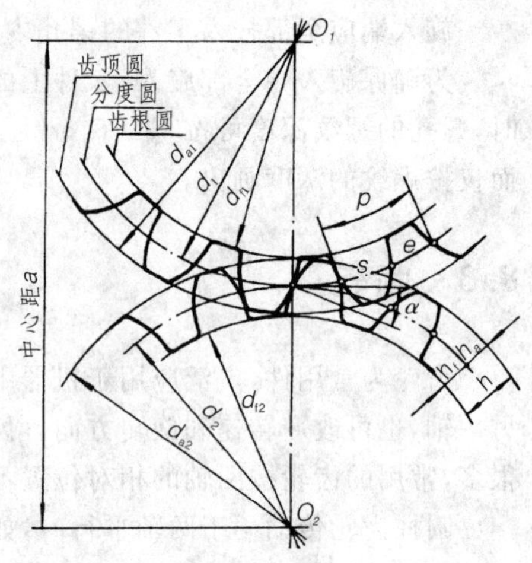

图 8-19　轮齿各部分的名称

$$d=\frac{p}{\pi}z$$

式中 π 是无理数,为了便于计算和测量,齿距 p 与 π 的比值称为模数(单位为 mm),用符号 m 表示,即

$$m=\frac{p}{\pi}$$

$$d=mz$$

由于模数是齿距 p 与 π 的比值。因此齿轮的模数 m 愈大,其齿距 p 也愈大,齿厚 s 也愈大。因而齿轮承载能力也愈大。为了便于设计和制造,减少齿轮成形刀具的规格,模数已经标准化。我国规定的标准模数值见表 8-3。

表 8-3　齿轮模数系列(GB/T 1357—1987)　　mm

第一系列	1,1.25,1.5,2,2.5,3,4,5,6,8,10,12,16,20,25
第二系列	1.75,2.25,2.75,3.5,4.5,5.5,7,9,14,18,22,28

注:选用时,优先选用第一系列,其次是第二系列。

(13)齿形角　齿轮的齿廓曲线与分度圆交点 P 的径向与齿廓在该点处的切线所夹的锐角 α 称为分度圆齿形角。通常所称齿形角是指分度圆齿形角。我国标准齿轮的分度圆齿形角为 20°,如图 8-19 所示。

只有模数和齿形角都相同的齿轮才能相互啮合。

2. 直齿圆柱齿轮的尺寸关系

在设计齿轮时要先确定模数和齿数,其他各部分尺寸都可由模数和齿数计算出来。标准直齿圆柱齿轮各基本尺寸关系计算公式见表 8-4。

表 8-4　直齿圆柱齿轮各基本尺寸关系计算公式

基本参数：模数 m 和齿数 z

序号	名称	代号	计算公式
1	齿距	p	$p = \pi m$
2	齿顶高	h_a	$h_a = m$
3	齿根高	h_f	$h_f = 1.25m$
4	齿高	h	$h = 2.25m$
5	分度圆直径	d	$d = mz$
6	齿顶圆直径	d_a	$d_a = m(z + 2)$
7	齿根圆直径	d_f	$d_f = m(z - 2.5)$
8	中心距	a	$a = \frac{1}{2}m(z_1 + z_2)$

8.3.2　直齿圆柱齿轮的画法

1. 单个圆柱齿轮的画法

国家标准规定，齿顶圆和齿顶线用粗实线绘制；分度圆和分度线用点画线绘制；齿根圆和齿根线用细实线绘制（或省略不画）。

在剖视图中，当剖切平面通过齿轮的轴线时，轮齿一律按不剖处理，齿根线用粗实线绘制，如图 8-20 所示。除轮齿部分外，齿轮的其他部分结构均按真实投影画出。

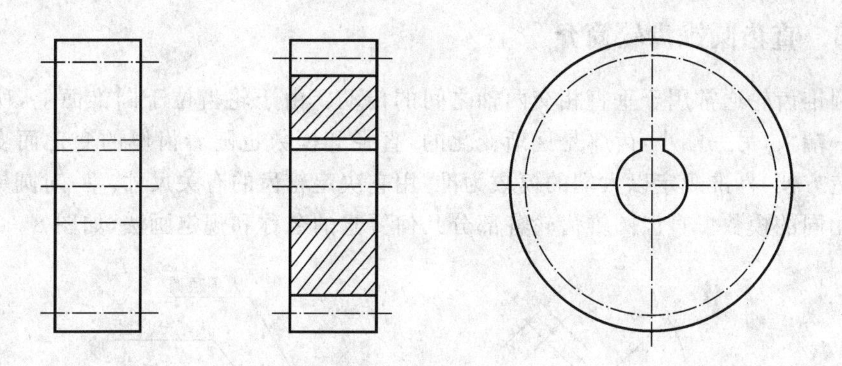

图 8-20　单个圆柱齿轮的规定画法

2. 圆柱齿轮的啮合画法

在反映圆的视图上，齿顶圆用粗实线绘制，两齿轮的分度圆相切，齿根圆省略不画。在不反映圆的视图上，采用剖视图时，在啮合区域一个齿轮的轮齿用粗实线绘制，另一个齿轮的轮齿按被遮挡处理，齿顶线用细虚线绘出如图 8-21(a)所示。齿顶线和齿根线之间的缝隙为 0.25 m(m 为模数)，如图 8-22 所示。

在不采用剖视图绘制时，在不反映圆的视图上，啮合区的齿顶线和齿根线均不画，分度圆用粗实线绘制；若不作剖视，则啮合区内的齿顶线不必画出，此时分度线用粗实线绘制。如图 8-21(b)所示。

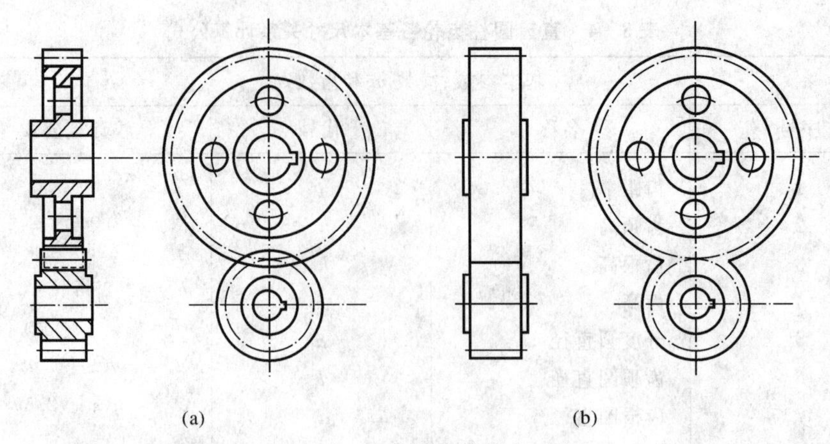

图 8-21 齿轮啮合的规定画法

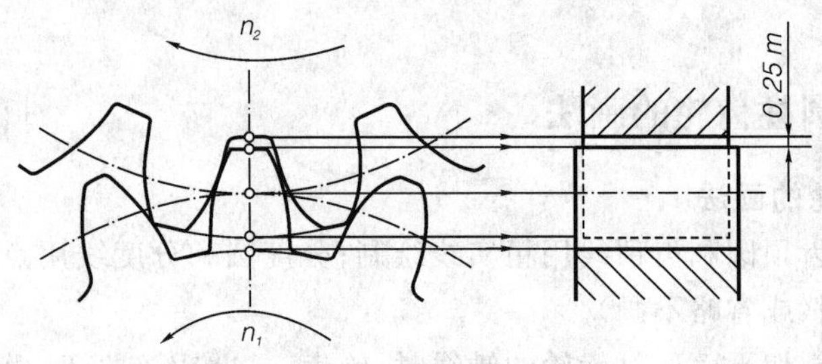

图 8-22 两个齿轮啮合的间隙

8.3.3 直齿圆锥齿轮简介

直齿圆锥齿轮通常用于垂直相交两轴之间的传动。由于轮齿位于圆锥面上，所以圆锥齿轮的轮齿一端大，另一端小，齿厚是逐渐变化的，直径和模数也随着齿厚的变化而变化。为了设计和制造方便，标准规定以大端的模数为准，用它决定轮齿的有关尺寸。一对圆锥齿轮啮合也必须有相同的模数。直齿圆锥齿轮各部分几何要素的名称和规定画法，如图 8-23 所示。

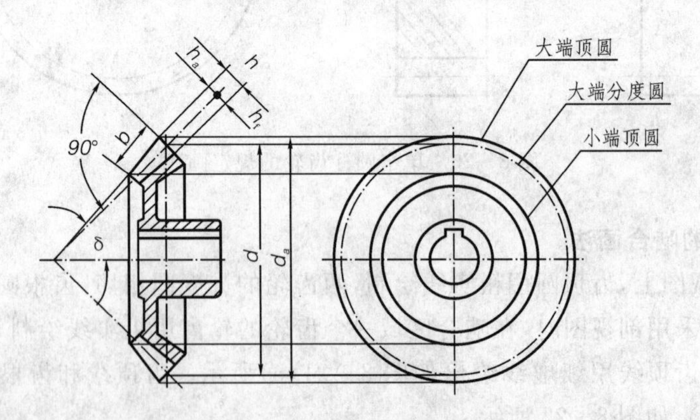

图 8-23 单个圆锥齿轮的规定画法

直齿圆锥齿轮各部分几何要素的尺寸，也都与模数 m、齿数 z 及分度圆锥角 δ 有关 。其计算公式见表 8-5。

表 8-5　直齿圆锥齿轮部分基本尺寸关系计算公式

基本参数：模数 m　齿数 z　另度圆锥角 δ			
序号	名称	代号	计算公式
1	齿顶高	h_a	$h_a=m$
2	齿根高	h_f	$h_f=1.2m$
3	齿高	h	$h=2.2m$
4	分度圆直径	d	$d=mz$
5	齿顶圆直径	d_a	$d_a=m(z+2\cos\delta)$
6	齿根圆直径	d_f	$d_f=m(z-2.4\cos\delta)$

直齿圆锥齿轮的规定画法与直齿圆柱齿轮基本相同，一般用主、左两个视图表示。

主视图画成剖视图，在投影为圆的左视图中，用粗实线表示齿轮大端和小端的齿顶圆，用点画线表示大端的分度圆，不画齿根圆。单个直齿圆锥齿轮的画图步骤如图 8-24 所示。

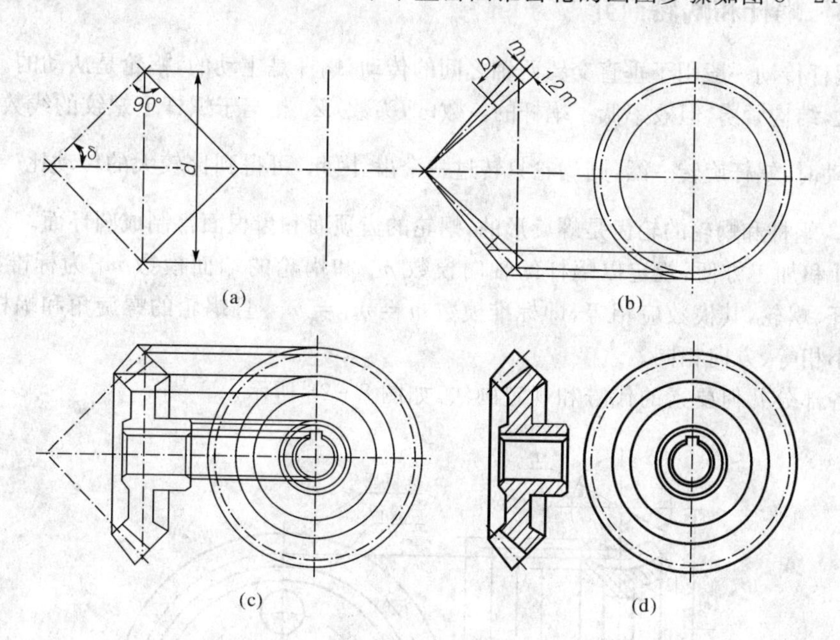

图 8-24　单个圆锥齿轮的画法步骤

圆锥齿轮的啮合画法，如图 8-25 所示。主视图画成剖视图，对于标准齿轮来说，由于两齿轮的分度圆锥面相切，因此，其分度线重合，画成点画线；在啮合区内，应将其中一个齿轮的齿顶线画成粗实线，而将另一个齿轮的齿顶线画成虚线或省略不画（在图 8-25 中，画成虚线）。左视图画成外形视图。

轴线垂直相交的两圆锥齿轮啮合时，两节圆锥角 δ_1' 和 δ_2' 之和为 90°，于是有下列尺寸关系

$$\tan\delta'_1=\frac{\frac{d'_1}{2}}{\frac{d'_2}{2}}=\frac{d'_1}{d'_2}=\frac{mz_1}{mz_2}=\frac{z_1}{z_2}$$

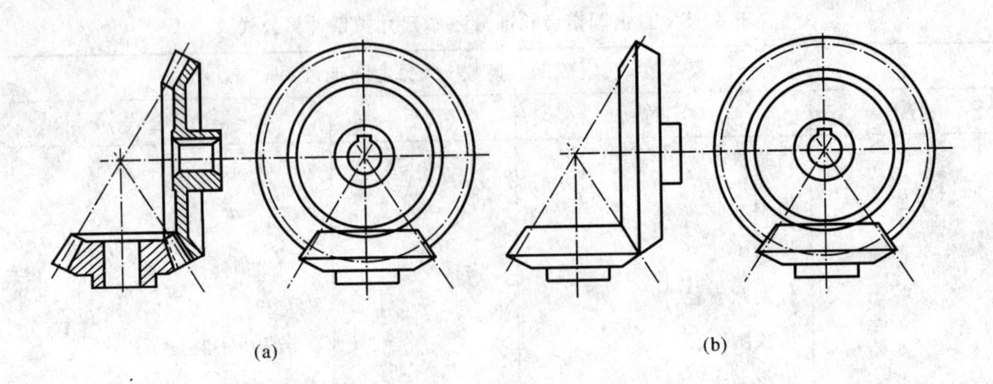

图 8-25　圆锥齿轮的啮合画法

$$\delta'_2 = 90° - \delta'_1 \quad 或 \quad \tan\delta'_2 = \frac{z_2}{z_1}$$

8.3.4　蜗杆和蜗轮简介

蜗轮蜗杆传动一般用于垂直交错两轴之间的传动，蜗杆是主动的，蜗轮是从动的。蜗轮蜗杆的传动比大，结构紧凑，但效率低。蜗杆的齿数(即头数) Z_1 相当于螺杆上螺纹的线数。蜗杆常用单头，在传动时，蜗杆旋转一圈，则蜗轮只转过一个齿。因此，可得到比较大的传动比$i=\frac{z_2}{z_1}$(z_2 为蜗轮齿数)。蜗杆和蜗轮的轮齿是螺旋形的，蜗轮的齿顶面和齿根面常制成圆环面。

为设计和加工方便，规定以蜗杆的轴向模数 m_x 和蜗轮的端面模数 m_t 为标准模数。一对啮合的蜗杆、蜗轮，其模数应相等，即标准模数 $m=m_x=m_t$。且蜗轮的螺旋角和蜗杆的螺旋线导程角大小相等、方向相同。

蜗轮各部分几何要素的代号和规定画法，如图 8-26 所示。

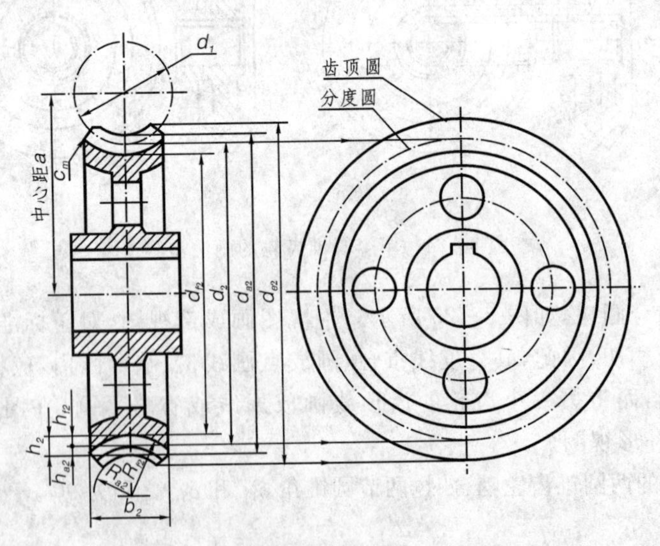

图 8-26　蜗轮的几何要素代号和画法

蜗轮蜗杆传动的啮合画法，在主视图中，蜗轮和蜗杆遮住的部分不必画出；在左视图中，蜗轮的分度圆和蜗杆的分度线相切，如图 8－27 所示。

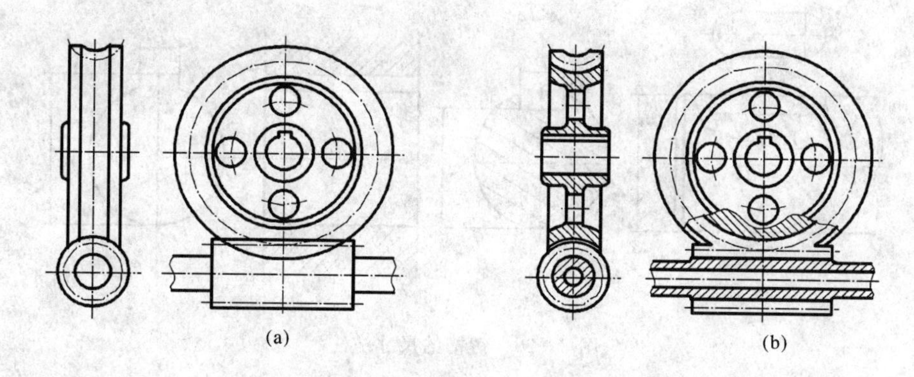

图 8－27　蜗轮蜗杆的啮合画法

8.4　键、销连接

8.4.1　键连接

为了使齿轮、皮带轮等零件和轴一起转动，通常在轮毂和轴上分别加工出键槽，用键将轴、轮连接起来，如图 8－28 所示。在被连接的轴上和轮毂孔中加工出键槽，先将键嵌入轴上的键槽内，再对准轮毂孔中的键槽（该键槽一般是穿通的），将它们装配在一起，便可以达到连接轴和轮的目的。

图 8－28　键连接

1. 常用键的型号

常用键有普通平键、半圆键和钩头楔键等多种。最常用的普通平键又有 A 型（圆头）、B 型（平头）和 C 型（单圆头）三种。键是标准件，其结构型式和尺寸都有相应的规定。键与键槽的型式和尺寸可从有关的标准中查出。

2. 键槽的画法和尺寸标注

键槽的型式和尺寸，也随键的标准化而有相应的标准（见书末附表）。设计中，键槽的宽度、深度和键的宽度、高度等尺寸，可根据被连接的轴径在有关标准中查得。轴上的键槽长和键长，应根据键的受力情况和轮毂宽等，在键的长度标准系列中选用（键长不超过轮毂宽）。

例如，已知轴径 $d=18$，轮毂宽 20，采用圆头普通平键，确定键槽的尺寸。从书末附表 12 中查得：键槽宽度 $b=6$；轴上的键槽深度 $t=3.5$，轮毂上的键槽深度 $t_1=2.8$。轴上键槽长 L 取标准值 18。键槽深度在图中标注为 $d-t=18-3.5=14.5$，$d+t_1=18+2.8=20.8$，如图 8－29所示。

3. 键连接的画法

普通平键连接的画法如图 8－30 所示，绘图时应注意以下几点。

① 连接时，普通平键的两侧面是工作面，它与轴、轮毂的键槽两侧面相接触，分别只画一条线。

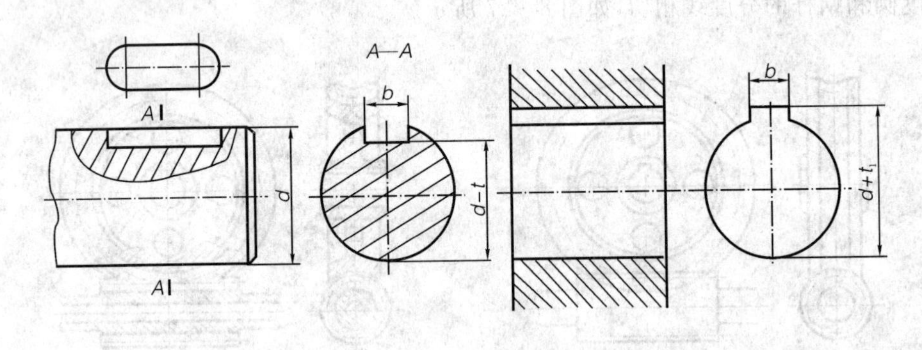

图 8 - 29　键槽的尺寸注法

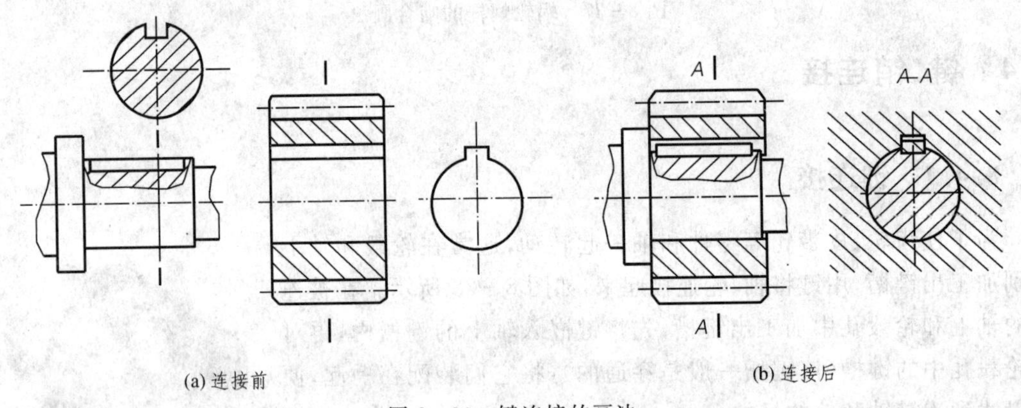

(a) 连接前　　(b) 连接后

图 8 - 30　键连接的画法

② 键的上、下底面为非工作面，上底面与轮毂槽顶面之间留有一定的间隙，用夸大画法画两条线。

③ 在反映键长方向的剖视图中，轴采用局部剖时，键按不剖处理。

8.4.2　销

常用的销有圆柱销、圆锥销和开口销等。圆柱销和圆锥销用作零件间的连接或定位；开口销用来防止连接螺母松动或固定其他零件。

销为标准件，其规格、尺寸可从有关标准中查得。表 8 - 6 为销的形式和标记示例。

柱销和圆锥销的连接画法如图8 - 31所示。

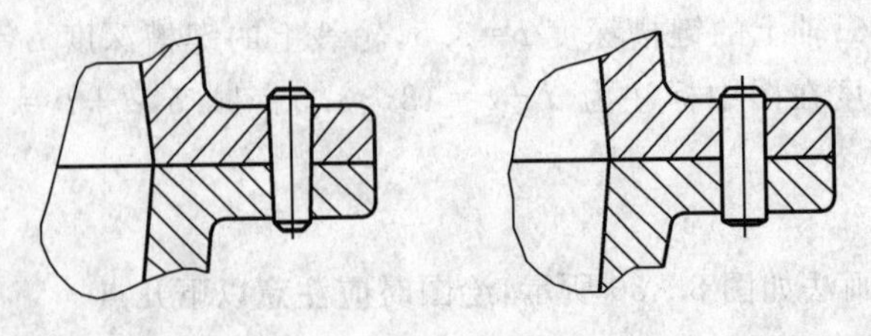

图 8 - 31　销连接的画法

表 8-6　销的型式、标记与连接画法

名称	标准号	图例	标记示例
圆锥销	GB/T 117—2000	0.8　1:50　R_1　R_2　d　a　l　a　$R_1 \approx d$　$R_2 \approx d+\frac{l-2a}{50}$	直径 $d=10$ mm，长度 $l=100$ mm，材料为 35 号钢，热处理硬度(28～38)HRC，表面氧化处理 A 型圆锥销 销 GB/T 117—2000 10×100 圆锥销的公称尺寸是指小端直径
圆柱销	GB/T 119.1—2000	≈15°　d　C　C　l	直径 $d=10$ mm，公差为 m6，长度 $l=80$ mm，材料为钢，不经表面热处理圆柱销 销 GB/T 119.1 10m6×80
开口销	GB/T 91—2000	b　l　a　c　d	公称规格为 4 mm(指销孔直径)，$l=20$ mm，材料为低碳钢，不经表面处理 销 GB/T 91 4×20

圆柱销或圆锥销的装配要求较高，销孔一般要在被连接零件装配时同时加工，这一要求需要在相应的零件图上注明。锥销孔的公称直径指圆锥销的小端直径，标注时应采用旁注法。锥销孔加工时按公称直径先钻孔，再选用定值铰刀扩铰成锥孔。

8.5　滚动轴承

滚动轴承的作用是支持轴旋转及承受轴上的载荷。由于其结构紧凑、摩擦力小，所以得到广泛使用。

滚动轴承是一种标准组件，由专门的标准件工厂生产，需用时可根据要求确定型号选购即可。在设计机器时，滚动轴承不必画出零件图，只需在装配图中按规定画法画出。

8.5.1　滚动轴承的结构和类型

1. 滚动轴承的结构

滚动轴承一般由内圈、外圈、滚动体、保持架等组成，如图 8-32 所示。

2. 滚动轴承的类型

(1) 向心轴承　适用于承受径向载荷，如深沟球轴承，如图 8-32(a)所示。

(2) 向心推力轴承　适用于同时承受轴向和径向载荷，如圆锥滚子轴承，如图 8-32(b)所示。

(3) 推力轴承　适用于承受轴向载荷,如推力球轴承,如图 8-32(c)所示。

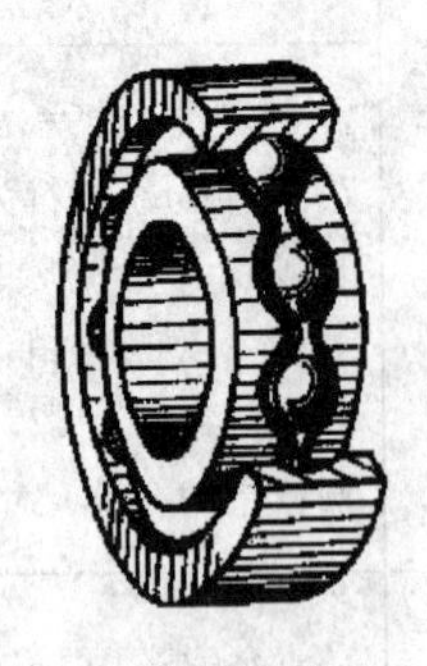

(a) 深沟球轴承

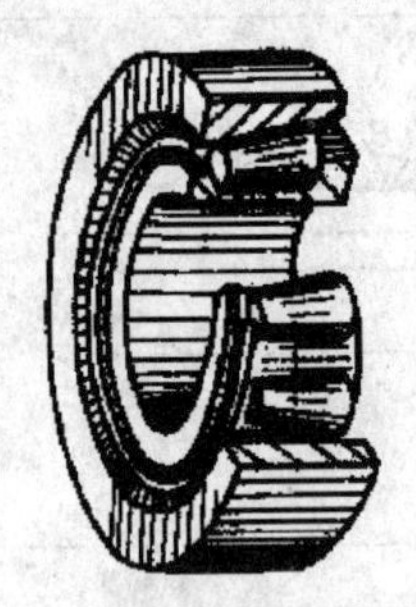

(b) 圆锥滚子轴承

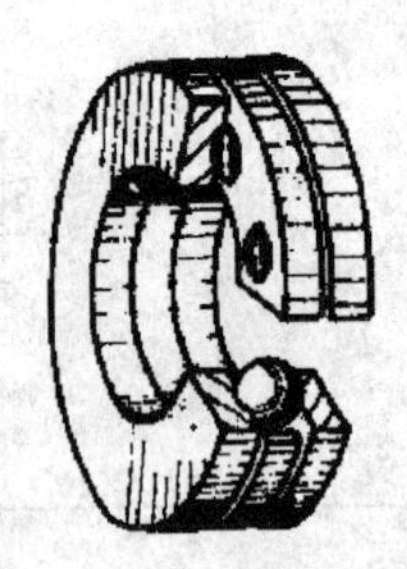

(c) 推力球轴承

图 8-32　滚动轴承

8.5.2　滚动轴承的代号

滚动轴承的种类很多,为了便于选用,国家标准规定用代号来表示滚动轴承。代号能表示出滚动轴承的结构、尺寸、公差等级和技术性能等特性。

滚动轴承代号由字母和数字组成。完整的代号包括前置代号、基本代号和后置代号三部分。其排列方式如下。

前置代号　基本代号　后置代号

1. 基本代号

基本代号表示轴承的基本类型、结构和尺寸,是轴承代号的基础。它由轴承代号、尺寸系列代号、内径代号构成,基本方式如下。

轴承类型代号　尺寸系列代号　内径代号

轴承类型代号用数字或字母来表示,如表 8-7 所示。

类型代号有的可以省略。如双列角接触球轴承的代号"0"均不写。

区分类型的另一重要标志是标准号,每一类轴承都有一个标准编号,例如,双列角接触球轴承标准编号为 GB/T 296—1994;调心球轴承标准编号为 GB/T281—1994。

尺寸系列代号由轴承的宽(高)度系列代号(一位数字)和直径系列代号(一位数字)左右排列组成。它反映了同种轴承在内圈孔径相同时,而宽度和外径及滚动体大小不同的轴承。尺寸系列代号不同的轴承其外廓尺寸不同,承载能力也不同。

尺寸系列代号有时可以省略。除圆锥滚子轴承外,其余各类轴承宽度系列代号"0"均省略;深沟球轴承和角接触球轴承的 10 尺寸系列代号中的"1"可以省略;双列深沟球轴承的宽度系列代号"2"可以省略。

表 8-7　轴承类型代号

代号	0	1	2		3	4	5	6	7	8	N	U	QJ
轴承类型	双列角接触球轴承	调心球轴承	调心滚子轴承	推力调心滚子轴承	圆锥滚子轴承	双列深沟球轴承	推力球轴承	深沟球轴承	角接触球轴承	推力圆柱滚子轴承	圆柱滚子轴承	外球面球轴承	四点接触球轴承

内径代号表示轴承的公称内径，表示滚动轴承内圈孔径。因其与轴产生配合，是一个重要参数，轴承内径代号见表 8-8。

表 8-8　轴承内径代号

轴承内径 / mm		内径代号	示 例
0.6～10(非整数)		用公称内径毫米数值直接表示，在其与尺寸系列号之间用“/”分开	深沟球轴承 618/2.5 $d=2.5$ mm
1～9(整数)		用公称内径毫米数值直接表示，对深沟及角接触球轴承 7、8、9 直径系列，内径与尺寸系列代号之间用“/”分开	深沟球轴承 625 深沟球轴承 618/5 $d=5$ mm
10～17	10	00	深沟球轴承 6200 $d=10$ mm
	12	01	
	15	02	
	17	03	
20～480(22、28、32 除外)		公称内径除以 5 的商数，商数为个位数，需在商数左边加“0”，如 08	深沟球轴承 6208 $d=40$ mm
≥500 以及 22、28、32		用公称内径毫米数值直接表示，但在与尺寸系列之间用“/”分开	深沟球轴承 62/500 $d=500$ mm 深沟球轴承 62/22　$d=22$ mm

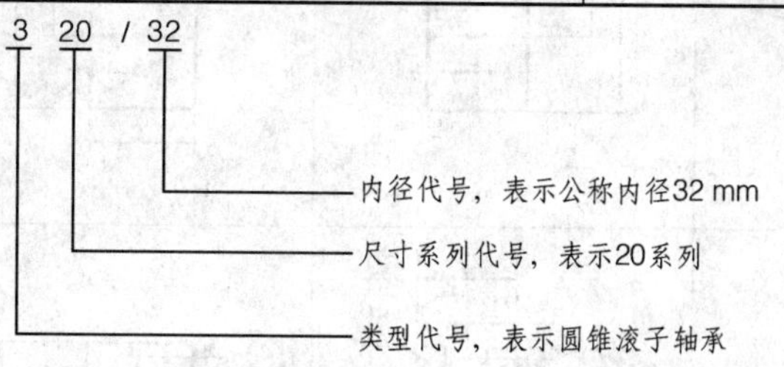

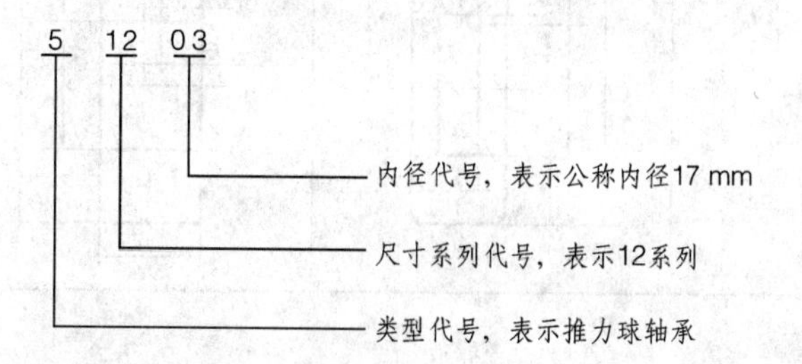

当只需表示类型时，常将右边的几位数字用 0 表示，如 6000 就表示深沟球轴承，3000 表示圆锥滚子轴承。

2. 前置、后置代号

前置代号用字母表示，后置代号用字母(或字母和数字)表示。前置、后置代号是轴承在结构形状、尺寸、公差、技术要求等有改变时，在基本代号左右添加的代号。

关于代号的其他内容可以查阅有关手册。

8.5.3　滚动轴承的画法

在装配图中，滚动轴承的轮廓按外径 D、内径 d 和宽度 B 等实际尺寸绘制，其余部分用规定画法或简化画法绘制，在同一图样中一般只采用一种画法，见表 8-9。

表 8-9　常用滚动轴承的画法

名称和标准号	查表主要数据	画法		
		规定画法	特征画法	装配
深沟球轴承 GB/T 246—1994	D d B	B A/2 B/2 A/2 A D 60° d	A B/5 2/3 B d D B	
圆锥滚子轴承 GB/T 297—1994	D d B T C	T C A/2 A A/4 A/2 T/2 15° D d B	2B/3 A B/6 d D 30° B	
推力球轴承 GB/T 301—1995	D d T	T 60° T/2 A T/2 A/2 D d	2A/3 A A/6 d D T	

1. 规定画法

在装配图中，规定画法一般采用剖视图绘制在轴的一侧，另一侧按通用画法绘制。具体画法见表8-10。

2. 简化画法

(1)通用画法

在剖视图中，当不需要确切地表示滚动轴承的外形轮廓、载荷特征、结构特征时，可用矩形线框及位于线框中央正立的十字形符号表示滚动轴承，如图8-33所示。

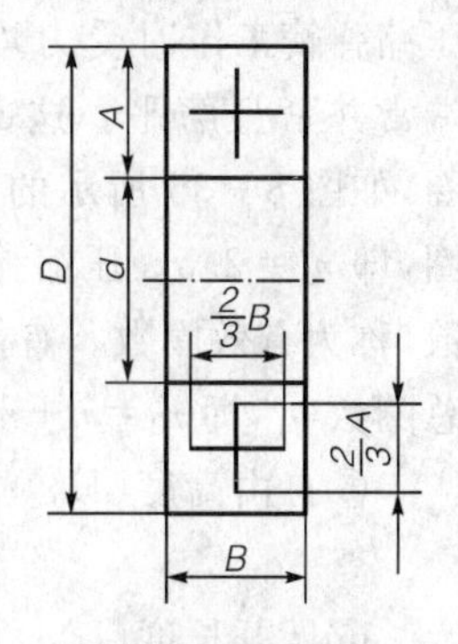

图8-33　滚动轴承的通用画法

(2)特征画法

在剖视图中，如需要比较形象地表示滚动轴承的结构特征时，可采用在矩形线框内画出其结构要素符号的方法表示，具体画法见表8-10。

对于这三种画法，国家标准《机械制图滚动轴承表示法》(GB/T 4459.7—1998)作了如下规定。

通用画法、特征画法、规定画法中的各种符号、矩形线框和轮廓线均用粗实线绘制。

绘制滚动轴承时，其矩形线框和外框轮廓的大小应与滚动轴承的外形尺寸一致，并与所属图样采用同一比例。

在剖视图中，用通用画法和特征画法绘制滚动轴承时，一律不画剖面符号。采用规定画法绘制时，轴承的滚动体不画剖面线，其各套圈可画成方向和间隔相同的剖面线。如轴承带有其他零件或附件(如偏心套，紧定套，挡圈等)时，其剖面线应与套圈的剖面线呈现不同方向或不同间隔。在不致引起误解时，剖面线也允许省略不画。

8.6　弹簧

弹簧是常用件，可用来减振、夹紧、测力和贮存能量等。是利用材料的弹性和结构特点，通过变形和储存能量来工作，当外力去除后能立即恢复原状。

弹簧的种类很多，常见的有螺旋弹簧、板弹簧和涡卷弹簧等。根据受力情况不同，最常用的圆柱螺旋弹簧又分为压缩弹簧、拉伸弹簧和扭转弹簧三种，如图8-34所示。本节重点介绍最常用的圆柱螺旋压缩弹簧的画法。

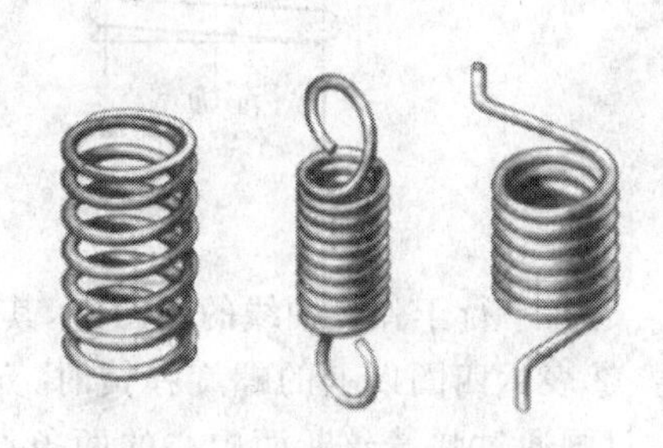

图8-34　圆柱螺旋弹簧

8.6.1　圆柱螺旋压缩弹簧的各部分名称及其尺寸

如图8-35所示。

①簧丝直径(d)　制造弹簧用的簧丝直径。

②弹簧直径

弹簧外径(D)　弹簧的最大直径。

弹簧内径(D_1) 弹簧的最小直径。

弹簧中径(D_2) 弹簧的平均直径 $D_2=D-d=D_1+d$。

③节距(t) 除支承圈外,相邻两圈沿轴向的距离。

④有效圈数(n)、支承圈数(n_2)和总圈数(n_1) 为了使压缩弹簧工作时受力均匀,保证轴线垂直于支承端面,两端常并紧且磨平。这部分圈数仅起支承作用,称为支承圈,如图 8-35 所示的弹簧,两端各并紧 1/2 圈、磨平 3/4 圈,即 $n_2=2.5$。压缩弹簧除支承圈外,具有相同节距的圈数,称为有效圈数。有效圈数 n 与支承圈数 n_2 之和,称为总圈数 n_1,即 $n_1=n+n_2$。

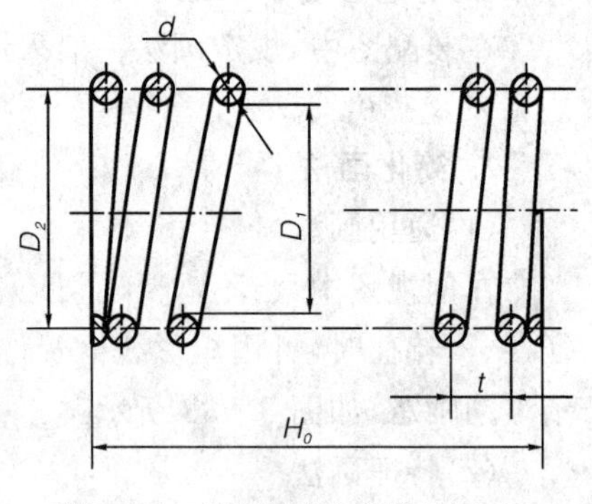

图 8-35 螺旋压缩弹簧的尺寸

⑤自由高度(H_0) 弹簧在不受外力时的高度。

$$H_0=n_t+(n_2-0.5)d$$

⑥展开长度(L) 制造弹簧时所需簧丝的长度,$L\approx\pi Dn_1$。

⑦旋向 与螺旋线的旋向意义相同,分为左旋和右旋两种。

8.6.2 圆柱螺旋压缩弹簧的规定画法

圆柱螺旋压缩弹簧可画成视图、剖视图或示意图,如图 8-36 所示。画图时,应注意以下几点。

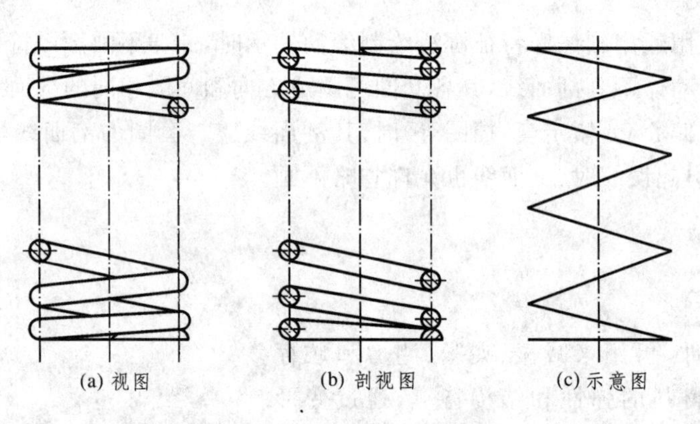

图 8-36 螺旋压缩弹簧的画法

①在平行于弹簧轴线的视图中,其各圈的轮廓应画成直线,如图 8-35(a)所示。

②表示四圈以上的螺旋弹簧时,允许每端只画两圈(不包括支承圈),中间各圈可省略不画,只画通过弹簧丝断面中心的两条点画线。当中间部分省略后,也可适当地缩短图形的长度。因为弹簧画法实际上只起一个符号作用,所以螺旋压缩弹簧要求两端并紧且磨平时,不论支承圈数多少,均可按图 8-36 的形式绘制。支承圈数在技术条件中另加说明。

③在装配图中,当弹簧中各圈采用省略画法时,弹簧后面被挡住的结构一般不画,可见部分只画到弹簧丝的剖面轮廓或中心线处,如图 8-37 所示。

④当弹簧被剖切,簧丝直径在图上等于或小于 2 mm 时,其断面可以涂黑表示,如图 8-38(a)所示,也可采用示意画法,如图 8-38(b)所示。

⑤右旋弹簧或旋向不作规定的螺旋弹簧在图上均画成右旋。左旋弹簧允许画成右旋,但无论画成左旋或右旋,图样上一律要加注表示左旋弹簧的字母“LH”。

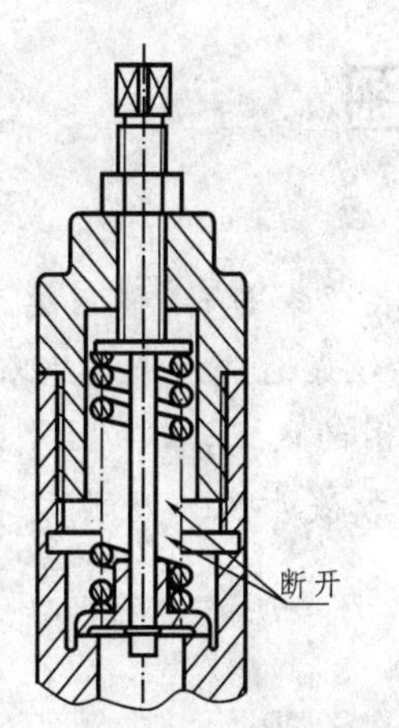

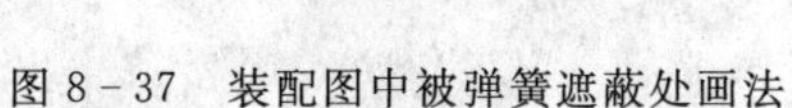
图 8-37　装配图中被弹簧遮蔽处画法

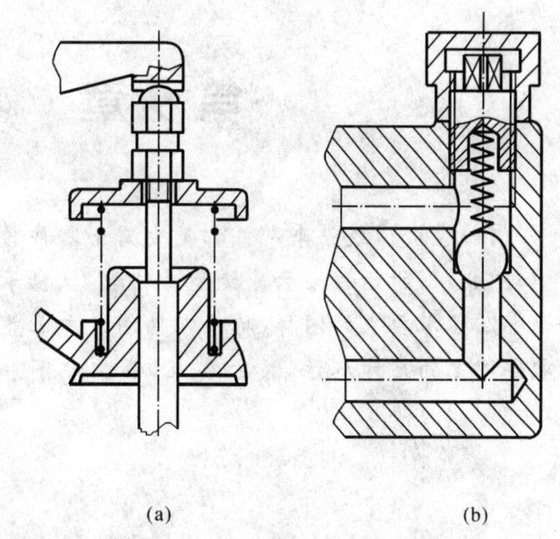

图 8-38　图中簧丝等于或小于 2mm 的画法

8.6.3　圆柱螺旋压缩弹簧的作图步骤

已知弹簧簧丝直径 $d=6$，弹簧外径 $D=42$，节距 $t=11$，有效圈数 $n=6$，支承圈数 $n_2=2.5$，右旋，其作图步骤如图 8-39 所示。

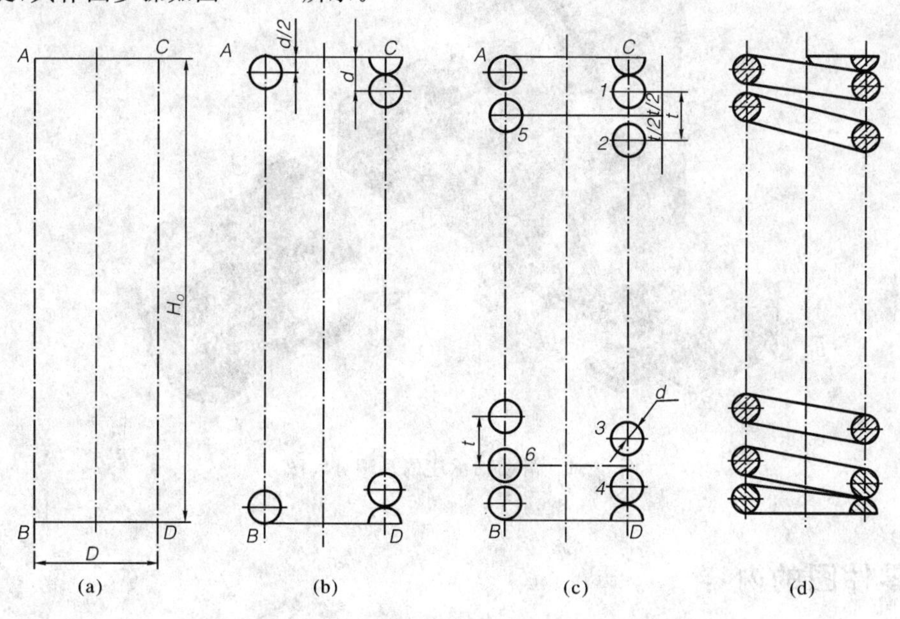

图 8-39　圆柱螺旋压缩弹簧的画图步骤

①根据弹簧中径 D_2 及自由高度 H_0，画出中径线和高度定位线，如图 8-39(a)所示。

②根据簧丝直径 d，画出两端的支承圈，如图 8-39(b)所示。

③根据节距 t，画出有效圈的簧丝小圆，如图 8-39(c)所示。

④按右旋弹簧作相应圆的公切线，中间部分省略不画，画出剖面线，完成全图，如图 8-39(d)所示。

第9章 零件图

任何一台机器或一个部件都是由若干零件按一定的装配关系和设计、使用要求装配而成的。如图9-1所示的轴承座就是由轴承盖、轴承、轴瓦等零件组成的。用来表达零件形状、结构、大小及技术要求的图样，称为零件图。本章主要讨论零件图的内容，零件上常见的工艺结构，零件图上的尺寸标注，技术要求，画零件图和读零件图的方法步骤以及典型零件分析等内容。

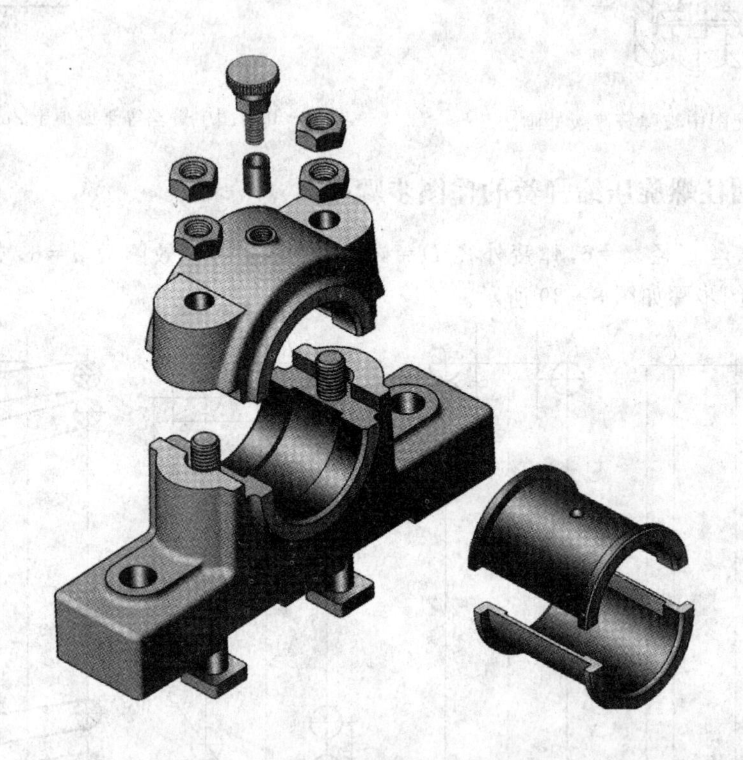

图9-1 滑动轴承座的轴测分解图

9.1 零件图的内容

9.1.1 零件图的作用

从零件的毛坯制造、机械加工工艺路线的制订、毛坯图和工序图的绘制、工夹具和量具的设计到加工检验及技术革新等，都要根据零件图来进行。因此，零件图是加工、检验零件的依据，是工业生产中最基本和最重要的技术文件之一。

9.1.2　零件图的内容

零件图不仅反映了设计者的设计意图，而且表达了零件的各种技术要求。图9-2是轴承座的零件图，从图中可知，一张完整的零件图应该包括以下内容。

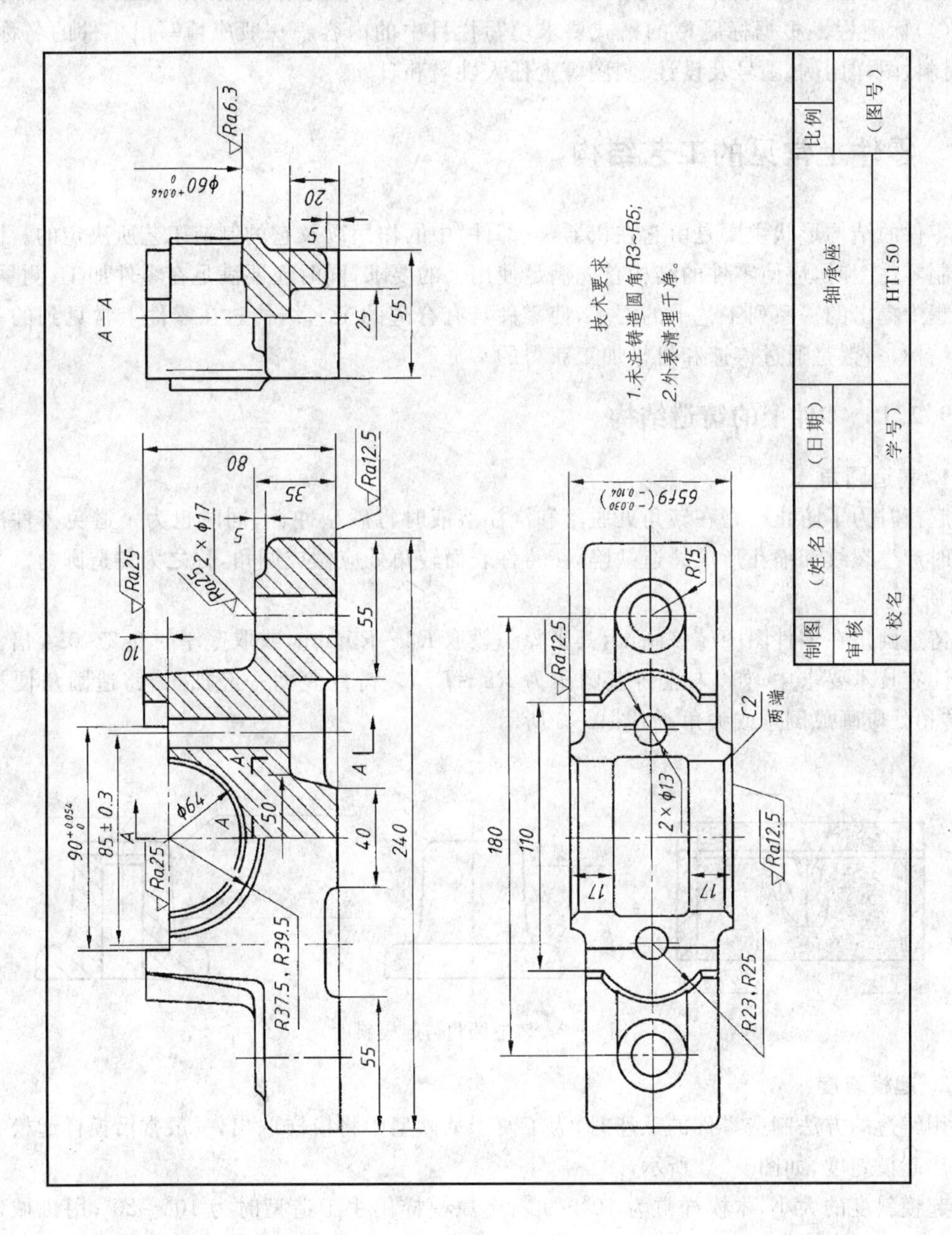

图9-2　轴承座零件图

(1)一组视图　在零件图中须用一组视图来表达零件的形状和结构，应根据零件的结构特点选择适当的剖视、断面、局部放大图等表示法，用最简明的方案将零件的形状、结构表达出来。

(2)完整的尺寸　零件图上的尺寸不仅要标注得完整、清晰;而且还要注得合理,能够完整表达设计意图,适宜于加工制造,便于检验。

(3)技术要求　用国家标准中规定的符号、数字、字母和文字等标注说明零件在制造、检验、安装时应达到的各项技术要求,如表面粗糙度、尺寸公差、形位公差及热处理要求,等等。

(4)标题栏　根据标题栏的格式要求填写栏目中的内容。一般应填写出零件的名称、数量、材料、图样比例、图号及设计、制图等责任人姓名和日期。

9.2　零件上常见的工艺结构

零件的结构形状主要是由它在机器(或部件)中的作用以及它的制造工艺所决定的。因此在绘制零件图时,应使零件的结构首先满足使用上的要求,同时还要满足在零件加工、测量、装配过程中提出的一系列工艺上的要求,使零件具有合理的工艺结构。在零件上常见到的一些工艺结构,多数是通过铸造和机械加工获得的。

9.2.1　零件上的铸造结构

1. 铸造圆角

起模时为了防止砂型在转角处脱落和浇注溶液时将砂型冲坏;同时也为了避免铸件冷却收缩时产生裂纹和缩孔形成铸造缺陷,在铸件表面转角处应做成圆角,称之为铸造圆角。如图 9-3 所示。

铸造圆角在零件图中应该画出,其半径一般取 $R3 \sim R5$ mm,或取壁厚的 0.2～0.4 倍。通常标注在技术要求中,如"未注铸造圆角为 $R3 \sim R5$"。铸件表面一经加工,铸造圆角便被切去,转角处应画成倒角或尖角,如图 9-3 所示。

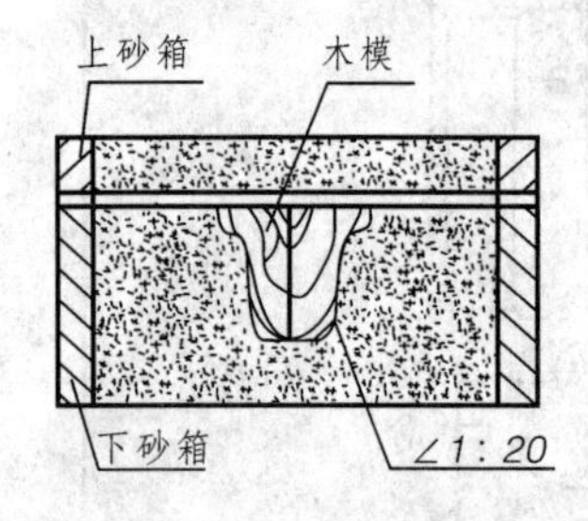

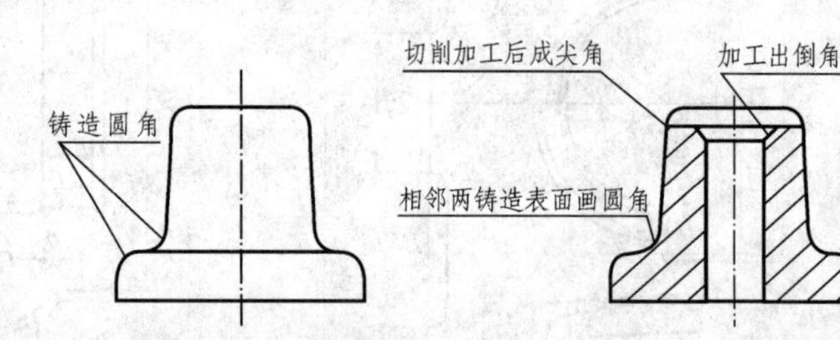

图 9-3　铸造圆角与起模斜度

2. 起模斜度

用铸造的方法制造零件的毛坯时,为了便于从砂型中将模样取出,一般常沿模样起模方向设计出起模斜度,如图 9-3 所示。

起模斜度的大小,木模样常为 10°～30°;金属模样用手工造型时为 10°～20°;用机械造型时为 0.50°～10°。

起模斜度在图样上可不予标注,也可以不画出。必要时,可以在技术要求中用文字说明。

3. 铸件壁厚

在浇铸零件时,为了避免因各部分冷却速度的不同而产生缩孔或裂纹等缺陷,应尽可能使铸件壁厚均匀或逐渐过渡。如图 9-4 所示。

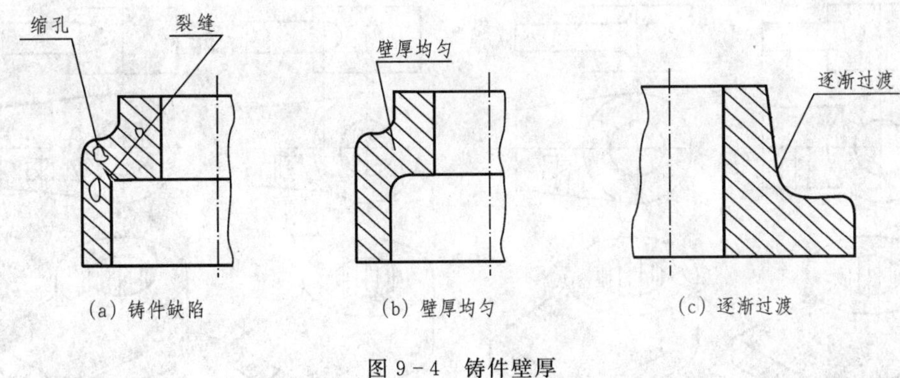

图9-4　铸件壁厚

4. 过渡线

由于设计、工艺上的要求，在机件的表面相交处，常常用铸造圆角或锻造圆角进行过渡，而使物体表面的交线变得不明显，我们把这种不明显的交线称为过渡线。为了区别相邻表面，需画出过渡线。过渡线的画法与没有圆角时交线的画法完全相同。只是两回转面相交时，过渡线不与圆角的轮廓线接触，如图9-5(a)所示。当两回转面的轮廓相切时，过渡线在切点附近应断开，如图9-5(b)所示。

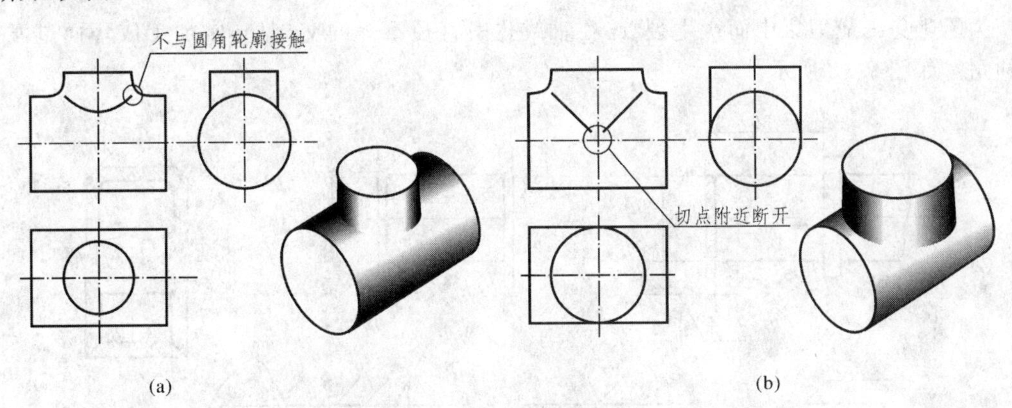

图9-5　两圆柱相贯时过渡线画法

对零件上常见肋板、连接板与平面或圆柱相交，且有圆角过渡时，过渡线的画法取决于板的截断面形状和相交或相切关系，如图9-6、图9-7所示。

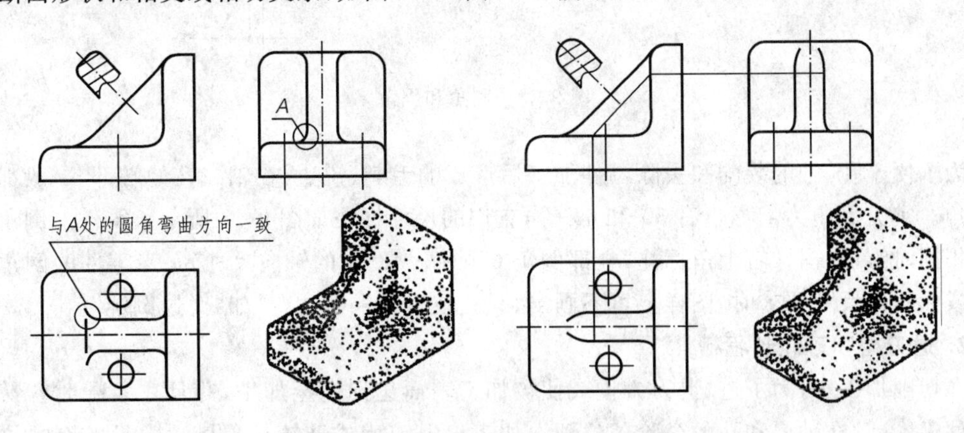

图9-6　肋板与平面相交过渡线画法

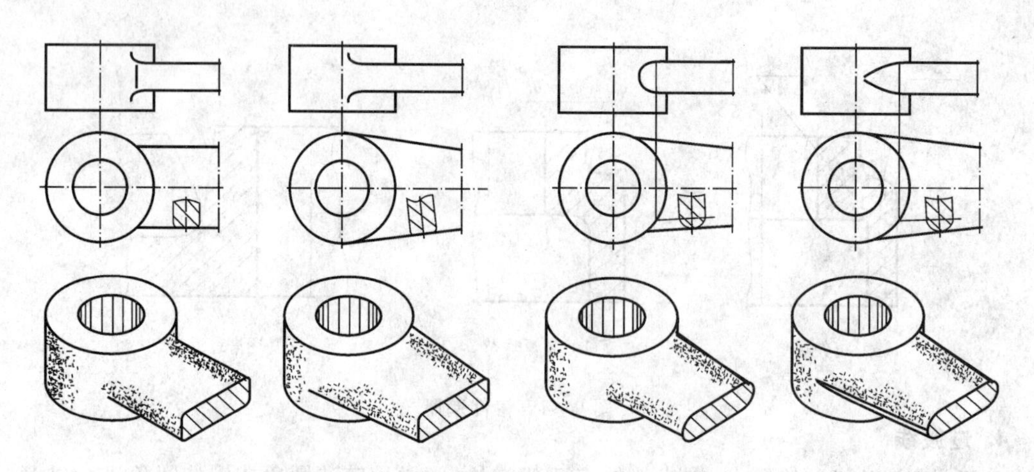

图 9-7 连接板与圆柱面相交或相切过渡线画法

9.2.2 机械加工结构

1. 圆角和倒角

为了避免因应力集中而产生裂纹，在轴或孔中直径不等的交接处，常加工成环面过渡，称为圆角。如图 9-8 所示。

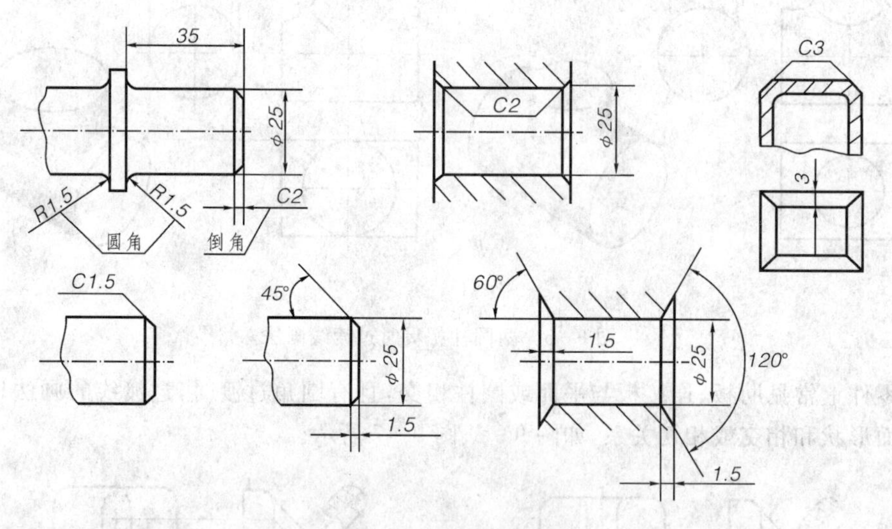

图 9-8 圆角和倒角

为了便于孔、轴的装配和去除零件加工后形成的毛刺、锐边，在轴或孔的端部，一般都加工成倒角。常见倒角为 45°，也有 30°和 60°等，它们的尺寸标注如图 9-8 所示。零件上倒角尺寸全部相同时，可在图样右上角标注“全部倒角 *C*×（×为倒角的轴向尺寸）”；当零件的倒角尺寸很小或无一定尺寸要求时，图样上可不画出，只在技术要求中注明，如“锐边倒钝”。

2. 退刀槽和砂轮越程槽

在切削加工中，为了进、退刀方便或使被加工表面达到完全加工，并且在装配时容易与有关零件靠紧，常在轴肩和孔的台阶部位预先加工出退刀槽或砂轮越程槽。常见的有螺纹退刀槽、砂轮越程槽、刨削越程槽等。其形式和尺寸可根据轴、孔直径的大小,从相应标准中查得。退刀槽的尺寸标注形式,一般可按“槽宽×直径”或“槽宽×槽深”标注。越程槽一般用局部放大图画出。如图9-9所示。

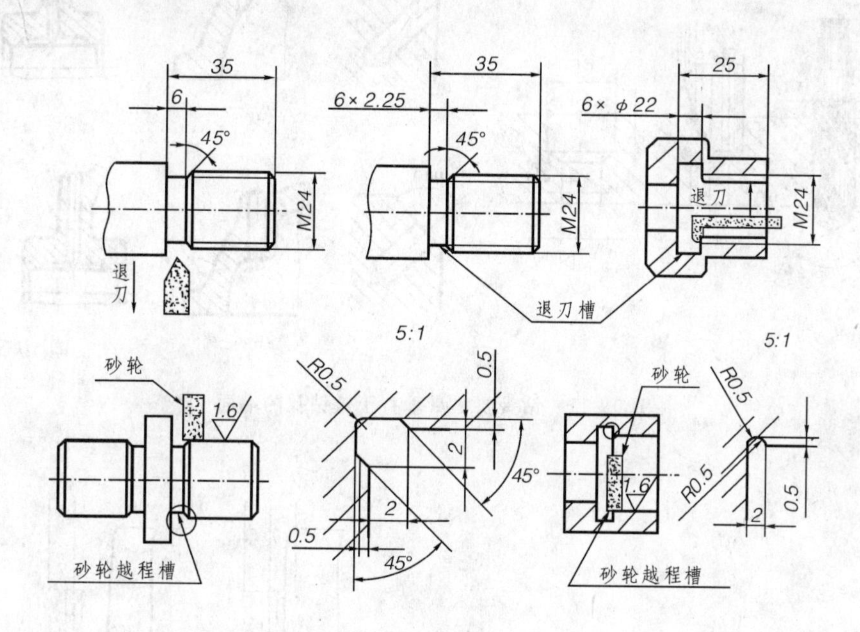

图9-9 退刀槽和砂轮越程槽

3. 钻孔结构

用钻头钻出的盲孔,在其底部有一个120°的锥角。钻孔深度指的是圆柱部分的深度,不包括锥坑,如图9-10(a)所示。在用钻头钻出的阶梯孔的过渡处,存在锥角为120°的圆台。其画法及尺寸注法如图9-10(b)所示。

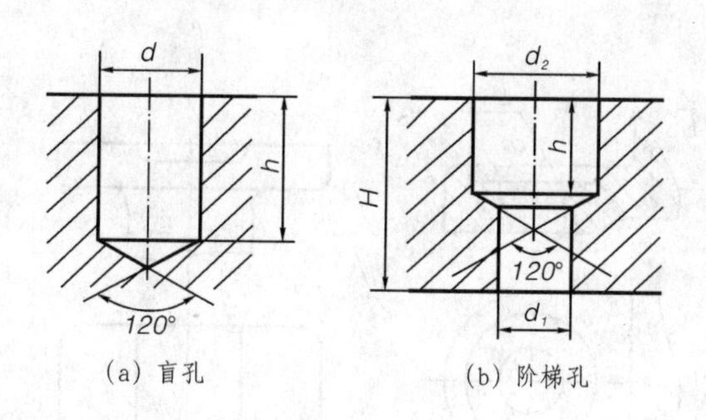

图9-10 钻孔结构

用钻头钻孔时,为保证钻孔准确和避免钻头折断,应使钻头轴线尽量垂直于被钻孔的零件表面,如图9-11所示。同时还要保证工具能有最方便的工作条件,如图9-12所示。

4. 凸台和凹坑

零件上凡是与其他零件接触的面,一般都要加工。为了降低机械加工成本及便于装配,应尽可能减少加工面积即接触面积。常见的方法是把要加工的部分设计成凸台或凹坑,并尽量使多个凸台在同一水平面上,以便加工,如图9-13所示。

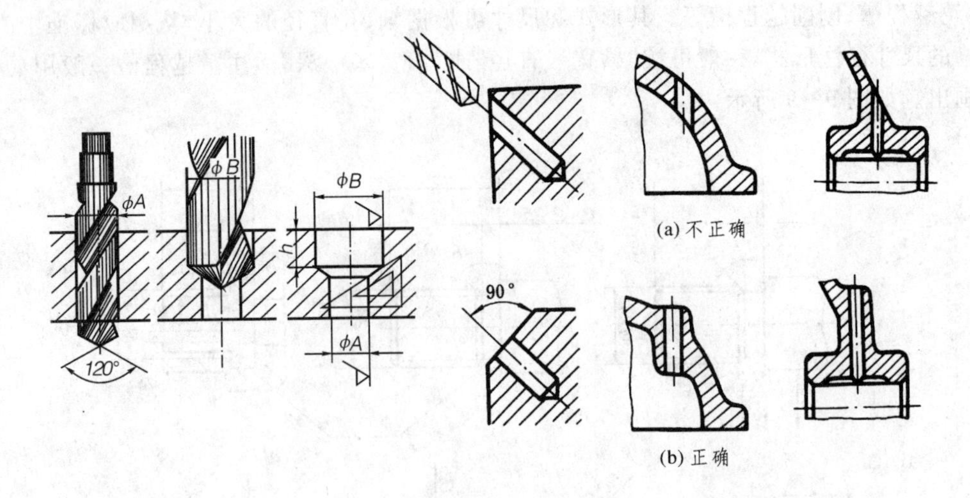

图 9-11　钻头要尽量垂直于被钻孔的端面

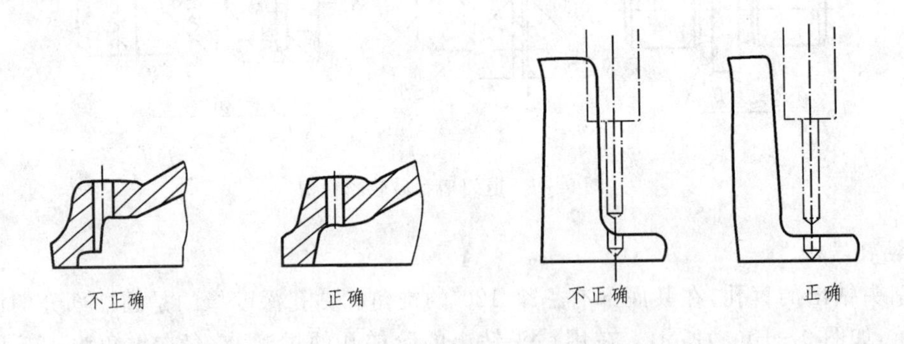

图 9-12　钻孔时要有方便的工作条件

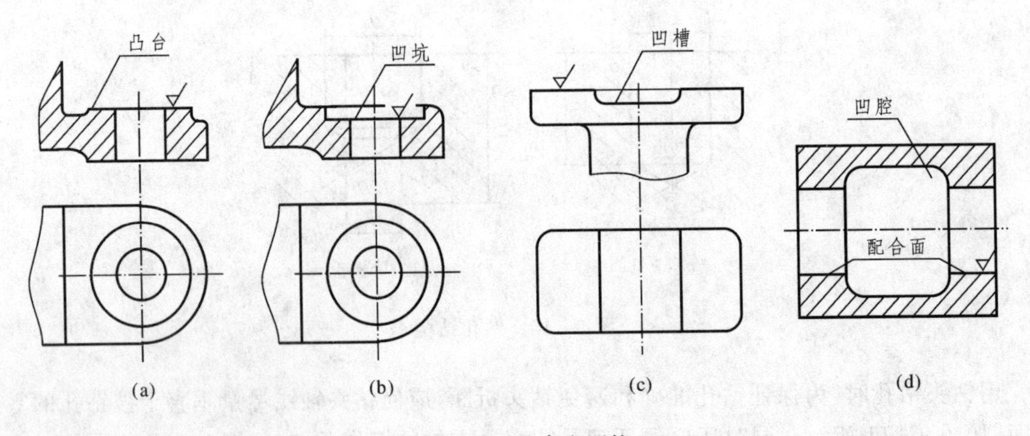

图 9-13　凸台和凹坑

5. 滚花

为了防止操作时在零件表面上打滑，在某些手柄和螺钉的头部通常做出滚花。滚花有直纹和网纹两种形式。滚花的画法和尺寸标注如图 9-14 所示。

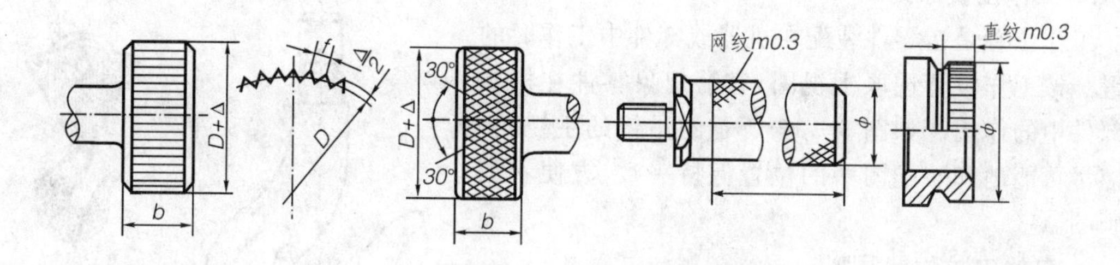

图 9－14　滚花的画法及尺寸标注

9.3　零件图的视图选择

零件的形状结构要用一组视图来表示，这一组视图并不只限于三个基本视图，可采用各种手段，以最简明的方法将零件的形状和结构表达清楚，为此在画图之前要详细考虑视图的选择问题。选择视图时，应在分析零件结构形状特点的基础上，选用适当的表达方法，正确、完整地表达出零件各部分的结构形状。主要包括零件主视图的选择和其他图形数量、表达方法的选择。

9.3.1　主视图的选择

主视图是零件图中的核心，主视图的选择直接影响到其他视图的数量和位置的确定，影响到读图和画图的方便，因此，必须选好主视图。选择主视图的原则有形状特征原则、加工位置原则、工作位置原则和自然安放位置原则。

1. 形状特征原则

无论零件的结构怎样复杂，总可以将它分解为若干个基本形体，主视图应较明显且较多地反映出这些基本体的形状及其相对位置关系，使人看了主视图后，就能抓住零件的主要特征。

根据此原则来选择主视图，就是将最能反映零件结构形状和相对位置的方向作为主视图的投影方向。

2. 加工位置原则

按照零件在主要加工工序中的装夹位置选取主视图。如对在车床或磨床上加工的轴、套、轮、盘等零件。为方便看图，应将这些零件按轴线水平横向放置，如图 9－15 所示。

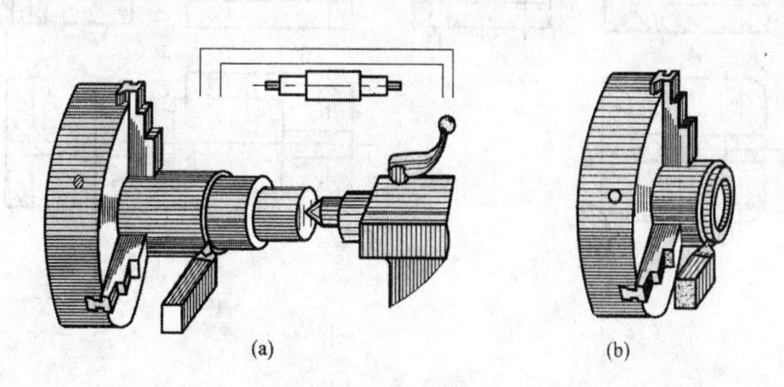

图 9－15　轴和端盖在车床上的加工位置

3. 工作位置原则

工作位置是指零件装配在机器或部件中工作时的位置。按工作位置选取主视图，容易想象零件在机器或部件中的作用。如图 9－16 所示的吊钩的主视图，还应尽可能地和装配图中的位置保持一致，方便看图和画图。

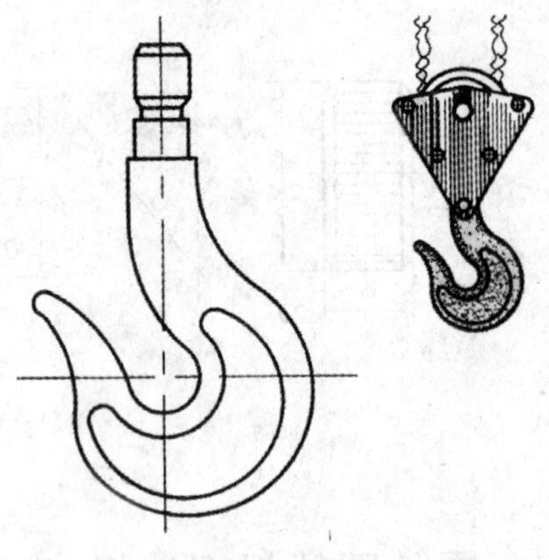

图 9－16　吊钩主视图符合工作位置

4. 自然安放位置原则

当加工位置各不相同，工作位置又不固定时，可按零件自然安放平稳的位置作为其主视图的位置。此外还应兼顾其他视图的选择，考虑视图的合理布局，充分利用图幅。

9.3.2　其他视图的选择

主视图确定后，其他视图的选择原则是在完整、清晰地表达出零件结构形状的前提下，视图数量尽可能的少。所以配置其他视图时应注意以下几个问题。

①根据零件的复杂程度以及内外结构形状，全面的考虑所需其他视图，使每个视图都有一个表达重点，各个视图相互配合，互相补充，表达内容尽量不重复。

②根据零件的内部结构选择恰当的剖视图和断面图。选择剖视图和断面图时，一定要明确剖视和断面图的意义，使其发挥最大作用。

③对尚未表达清楚的局部形状和细小结构，补充必要的局部视图和局部放大图。

④能采用省略、简化画法表达的要尽量采用。

⑤按照表达零件形状要正确、完整、清晰、简便的要求，对总体方案做进一步修改，以期选出最佳方案。如图 9－17 所示是支座零件的两种表达方案。从视图数量上看，图 9－17(b)比图 9－17(a)多了一个视图。但从表达来看，图 9－17(b)要比图 9－17(a)要好，因为它清楚地表达了支座的内部、外部及支撑断面的形状，易于读懂。

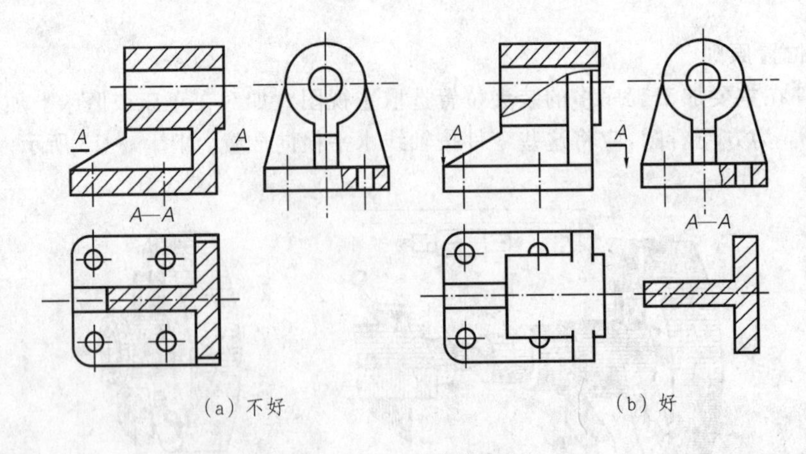

(a) 不好　　(b) 好

图 9－17　支座的表达

9.4　零件图上的尺寸标注

零件图上的尺寸是零件加工、检验的重要依据。因此在零件图中标注尺寸时，要认真、负责，一丝不苟。零件图尺寸标注的基本要求要正确、完整、清晰和合理。前三项要求在前面的章节中已经分别作了介绍，本节主要讲述尺寸标注合理性的基础知识。

所谓尺寸标注的合理，是指标注的尺寸既要符合零件的设计要求，又要便于加工和检验。这就要求根据零件的设计和加工工艺要求，正确地选择尺寸基准，恰当地配置零件的结构尺寸。显然，要使尺寸标注合理，需要有一定的生产实践经验和零件设计、加工检验知识。这是一位工程技术人员的重要专业修养，要通过其他有关课程的学习和生产实践来掌握。

9.4.1　尺寸基准的选择

1. 尺寸基准的概念

零件在设计、制造和检验时，计量尺寸的起点称为尺寸基准。根据零件在生产过程中所起的作用不同，尺寸基准可分为以下几种。

(1)设计基准　设计时确定零件在机器中的位置及其几何关系所依据的点、线、面。如图 9－18所示图中的轴线和 $\phi40$ 圆柱的左端面。

(2)工艺基准　加工制造时，根据零件加工、测量、检验的要求确定零件在机床或夹具中位置所依据的点、线、面。如图 9－18 中从轴的右端面注出轴向尺寸 50。

可作为设计基准或工艺基准的点、线、面主要有主回转结构的轴线、对称平面、主要加工面、安装底面、端面、重要的支承面、装配面等。

(3)测量基准　测量某些尺寸时，确定零件在量具中位置所依据的点、线、面。

每个零件都有长、宽、高三个方向的尺寸，每个方向上至少应该选择一个尺寸基准。但有时考虑加工和测量方便，常增加一些辅助基准。一般把确定重要尺寸的基准称为主要基准，把附加的基准称为辅助基准。在选择辅助基准时，要注意辅助基准和主要基准之间、两辅助基准之间，都需要直接标注尺寸，标注尺寸时要把他们联系起来，如图 9－19 所示。

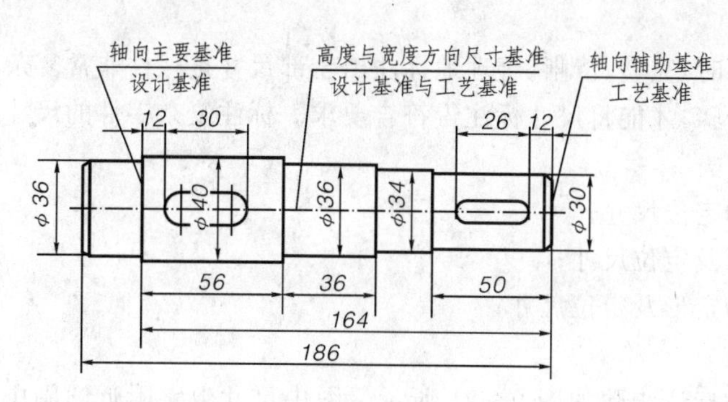

图 9－18　轴的尺寸基准

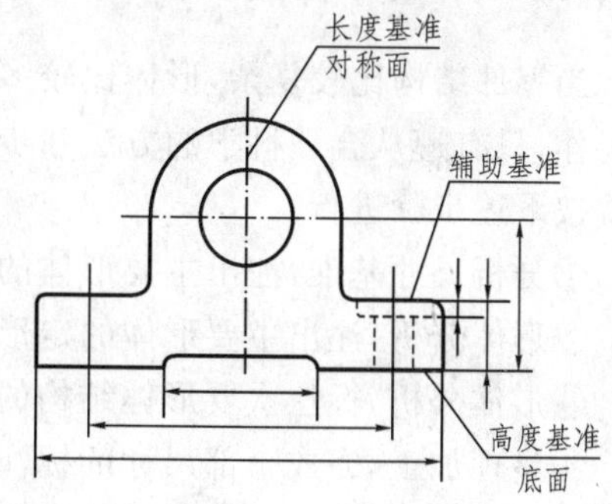

图 9－19　主要基准与辅助基准间的关系

2. 基准的选择

选择设计基准标注尺寸的优点是能反映设计要求，保证设计的零件达到机器对该零件的工作要求，满足机器的工作性能。

选择工艺基准标注尺寸的优点是能反映零件的工艺要求，使零件便于加工和测量。

由此可知，在标注尺寸时应尽可能地将设计基准和工艺基准重合。若两基准不能重合，则应以保证设计要求为主。

9.4.2 尺寸标注的形式

由于零件设计要求和工艺方法不同，尺寸基准的选择也不同。因此零件图上尺寸标注形式有坐标式、链状式和综合式。

1. 坐标式(又称并联式)

坐标式是把同一方向的一组尺寸，从同一基准出发标注，如图 9-20(a)所示。轴的轴向尺寸 A、B、C 都是以轴的左端面为基准标注的。

2. 链状式(又称串联式)

链状式是把同一方向的一组尺寸，逐段连续标注，基准各不相同，前一个尺寸的终止处就是后一个尺寸的基准，如图 9-20(b)所示。轴的轴向尺寸 A、D、E 即为链状式。

3. 综合式

综合式是上述两种尺寸标注形式的综合，如图 9-20(c)所示。这种尺寸标注形式最能满足零件设计与工艺要求。

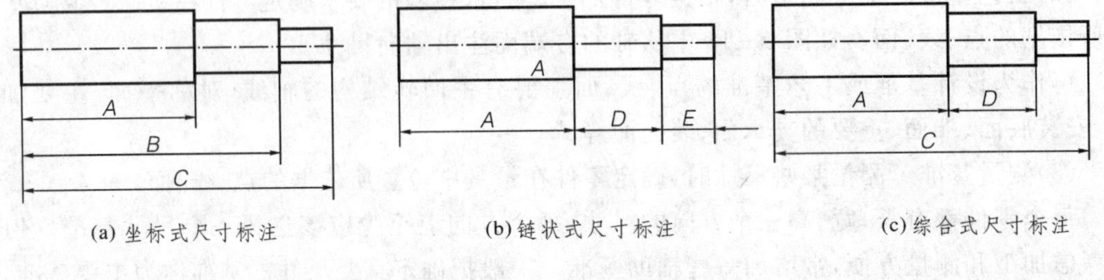

(a) 坐标式尺寸标注　(b) 链状式尺寸标注　(c) 综合式尺寸标注

图 9-20　尺寸标注的形式

9.4.3 尺寸标注步骤

当零件结构比较复杂，形体比较多时，完整、清晰、合理地标注出全部尺寸是一件非常复杂的工作，只有遵从合理科学的方法和步骤，才能将尺寸标注得符合要求。标注复杂零件的尺寸通常按下述步骤进行。

①分析尺寸基准，注出主要形体的定位尺寸；

②形体分析，注出主要形体的定形及定位尺寸；

③形体分析，标注次要形体结构的定形及定位尺寸；

④整理加工，完成全部尺寸的标注。

例如，蜗轮蜗杆减速器箱体的尺寸标注步骤如图 9-21 所示。图中尺寸数字附近圆圈中数字表示按形体分析标注尺寸的步骤。箱体长、宽、高三个方向的尺寸基准，多采用平面、轴线和对称平面为尺寸基准。主要形体为蜗轮轴孔和蜗杆轴孔的结构，以及长方形箱壁的结构。

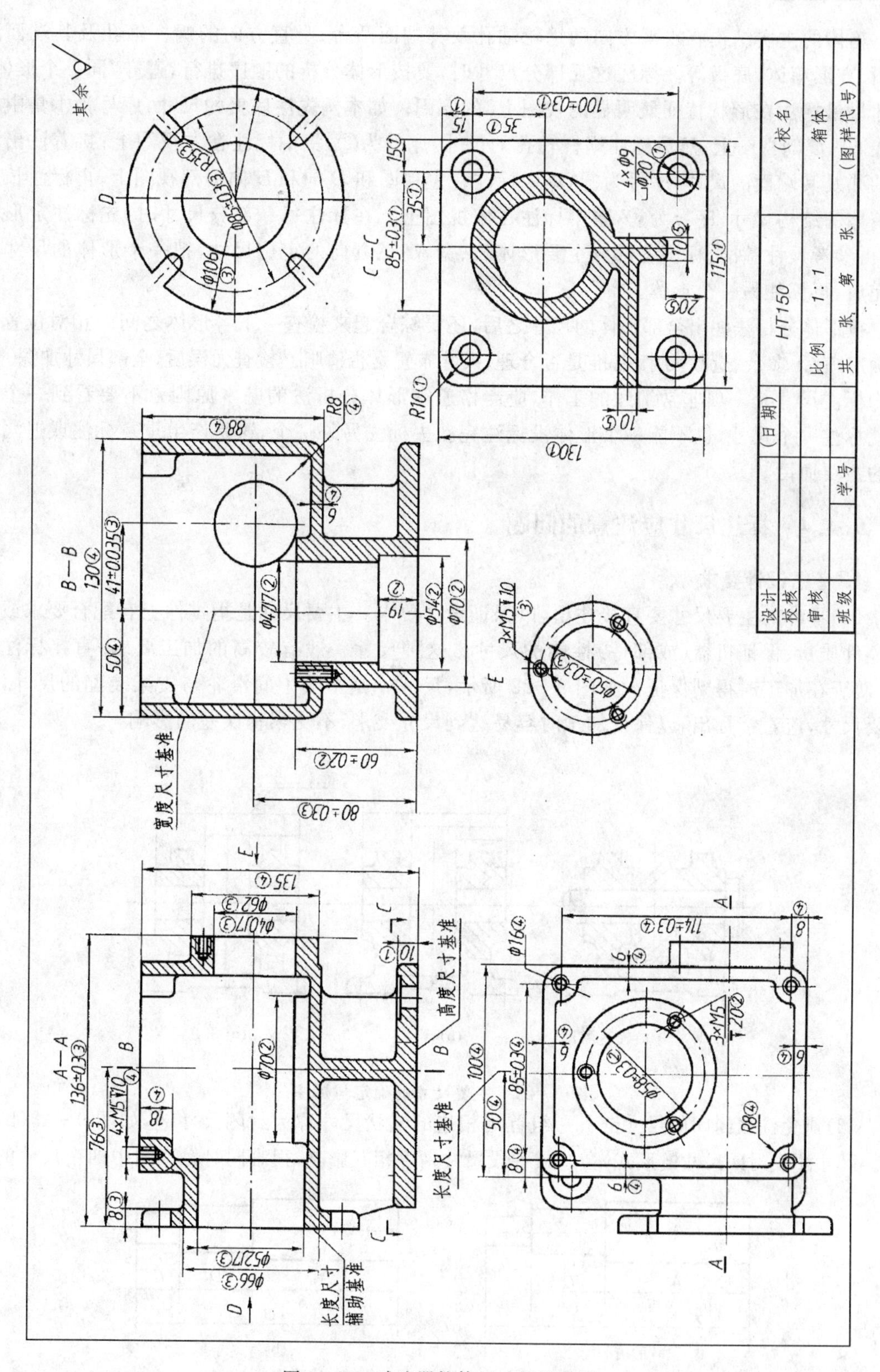

图 9-21　减速器箱体尺寸标注步骤

箱体的主要结构有水平方向的蜗轮轴孔及其端面凸台；竖直方向的蜗杆轴孔及其端面凸台；长方形箱体、底板等。标注这几部分尺寸时，要按形体分析的顺序进行，遵守"同一个形体，尺寸尽量标注在形状特征最明显的视图上"的原则。如本例先注底板的尺寸，序号为①集中标注在 $C—C$ 剖视图上；然后标注蜗杆轴孔的尺寸，序号为②，集中标注在左视图上；接着注出蜗轮轴孔及其端面的尺寸，序号为③，集中标注在主视图和 D 向和 E 向局部视图上；再标注长方形箱体的结构尺寸，序号为④，集中标注在俯视图上。在标注每一部分尺寸时，先标注定形尺寸，再参考尺寸基准，标出各部分主要形体长、宽、高三方向的定位尺寸，把一个形体的尺寸标注完后，再标注另一个形体。

按形体分析法注出全部形体的尺寸之后，还要综合起来检查一下各形体之间的相对位置是否确定，有无多余、遗漏尺寸，基准是否合理，尺寸布置是否清晰。检查无误后，全部尺寸加深。

标注尺寸是一项非常细致的工作，应严格遵守形体分析法的基本原则。不要看到一个位置就标注一个尺寸，也不能一个形体没标注完就去标注另外一个，这是产生重复标注或遗漏尺寸的主要原因。

9.4.4 标注尺寸应注意的问题

1. 考虑设计要求

(1)零件的主要尺寸要直接注出，以保证设计要求。主要尺寸是指零件上有配合要求或影响零件质量、保证机器(或部件)性能的尺寸。这种尺寸一般有较高的加工要求，直接标注出来，便于在加工时得到保证。如图 9-22 所示，尺寸 a 是影响中间滑轮与支架装配的尺寸，是主要尺寸，应直接标出，以保证加工时容易达到尺寸要求，不受累积误差的影响。

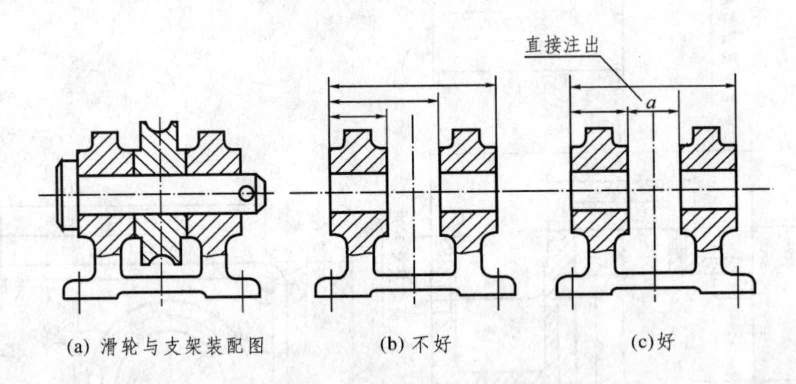

图 9-22 主要尺寸的确定与标注

(2)避免注成封闭的尺寸链 一组首尾相连的链状尺寸称为封闭尺寸链，如图 9-23(b)所示。尺寸注成封闭尺寸链形式，会造成各段尺寸精度相互影响，很难同时保证图中四个尺寸的精

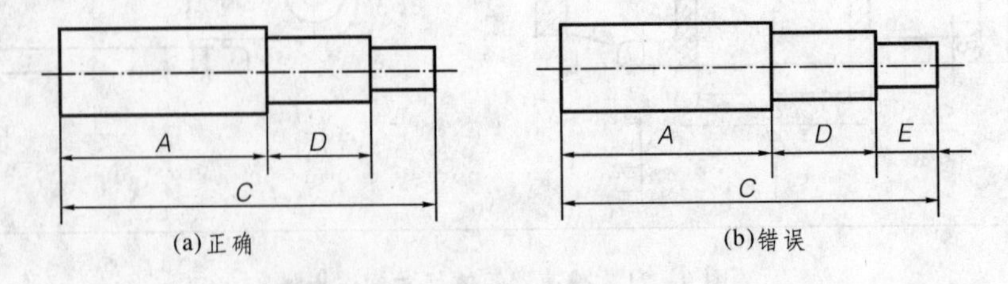

图 9-23 尺寸不应注成封闭形式

度，给加工带来困难。因此，应在封闭尺寸链中选择最不重要的尺寸空出不注，如图9－23(a)所示。

2. 考虑工艺要求

(1)标注尺寸应符合加工顺序　按加工顺序标注尺寸，符合加工过程，便于加工和测量。如图 9－24 所示的轴，只有尺寸 51 mm 是长度方向的功能尺寸，应直接注出，其余都按加工顺序标注。如为便于备料，注出了轴的总长 128 mm；为加工左端 ϕ35 mm 的轴颈，注出了尺寸 23 mm；调头加工 ϕ40 mm 的轴颈，应直接注出尺寸 74 mm；在加工右端 ϕ35 mm 时，应保证功能尺寸 51 mm。这样既保证了设计要求，又符合加工顺序。

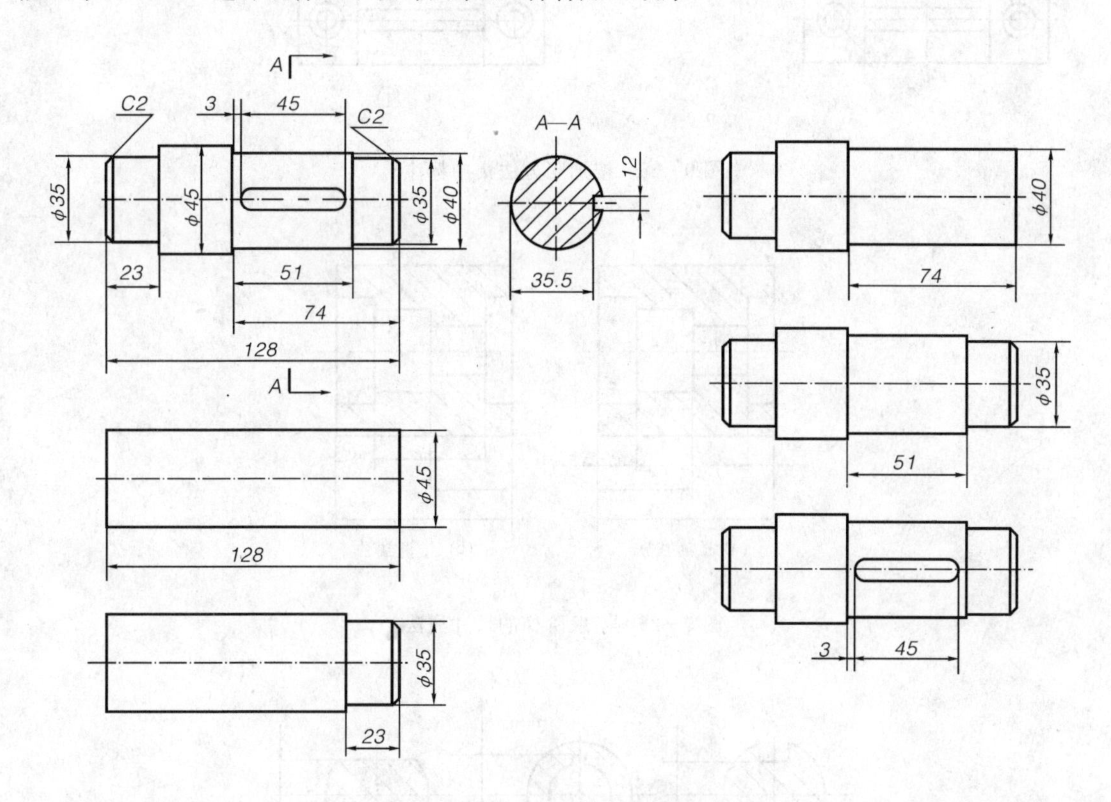

图 9－24　按加工顺序标注尺寸

(2)按不同加工方法尽量集中标注　一个零件一般是经过几种加工方法才能制成。在标注尺寸时，最好将不同加工方法的有关尺寸集中标注。如图 9－24 所示。轴上的键槽是在铣床上加工的，因此这部分的尺寸集中标注在两处(3 mm、45 mm 和 12 mm、35.5 mm)标注。又如图9－25所示零件上部的槽(刨削加工)、底部的通孔和沉孔(钻削加工)的有关尺寸，也采用集中标注为好。

(3)便于测量和检验　如图 9－26 所示阶梯孔，一般先加工出小孔，然后依次加工大孔，所以标注轴向尺寸应从端面标注孔的深度尺寸。

又如图 9－27(a)所示，是由设计基准注出中心至某面的尺寸，但不易测量。如果这些尺寸对设计要求影响不大时，应优先考虑测量方便，按图 9－27(b)标注。

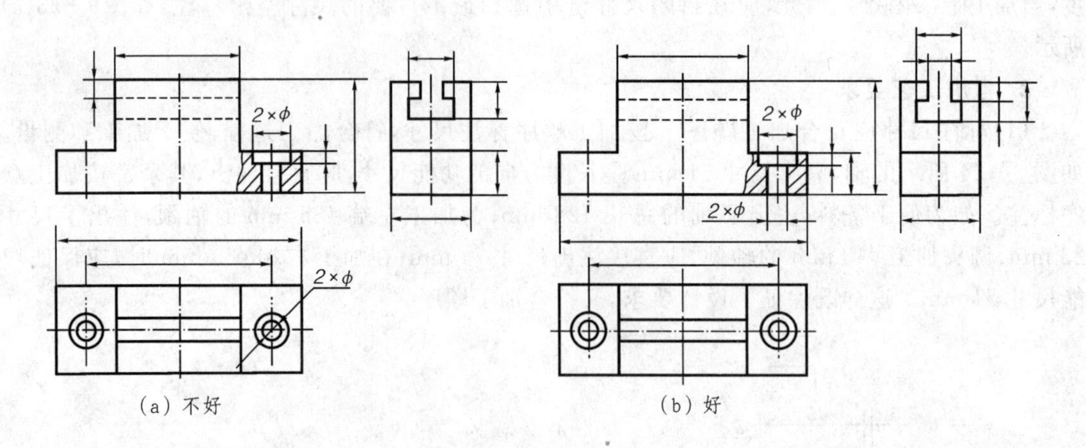

图 9－25　按加工方法集中标注

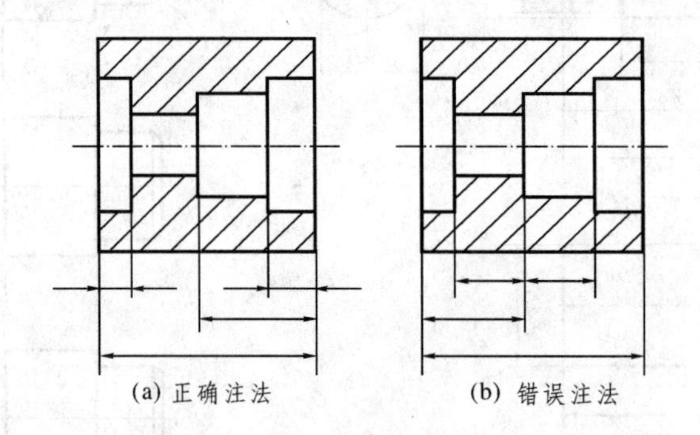

图 9－26　一般阶梯的尺寸注法

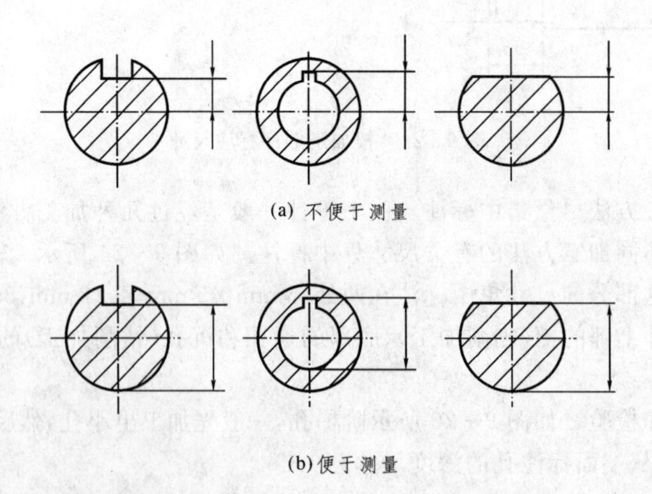

图 9－27　标注尺寸要便于测量

(4)加工面与毛面的尺寸标注　零件上同一加工面与其他毛面之间一般只能有一个联系尺寸,以免在切削加工面时其他尺寸同时改变,无法达到所注的尺寸要求,如图9-28所示。

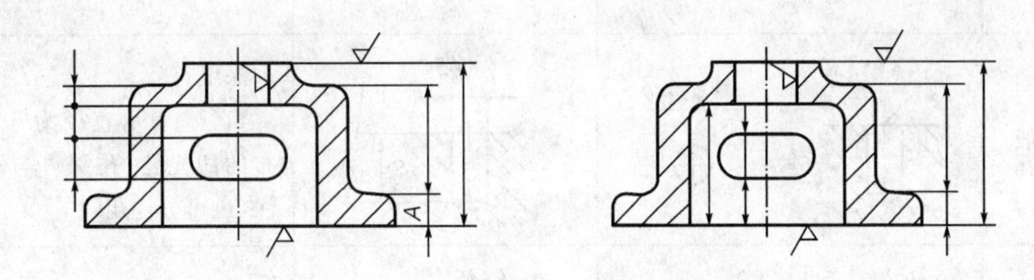

图9-28　非加工面与加工面的尺寸标注

(5)按加工工序不同标注尺寸　如图9-29所示,键槽是在铣床上加工的,阶梯轴的外圆柱面是在车床上加工的。因此,键槽尺寸集中标注在视图上方,而外圆柱面的尺寸集中注在视图的下方,使尺寸布置清晰,便于不同工种的工人读图。

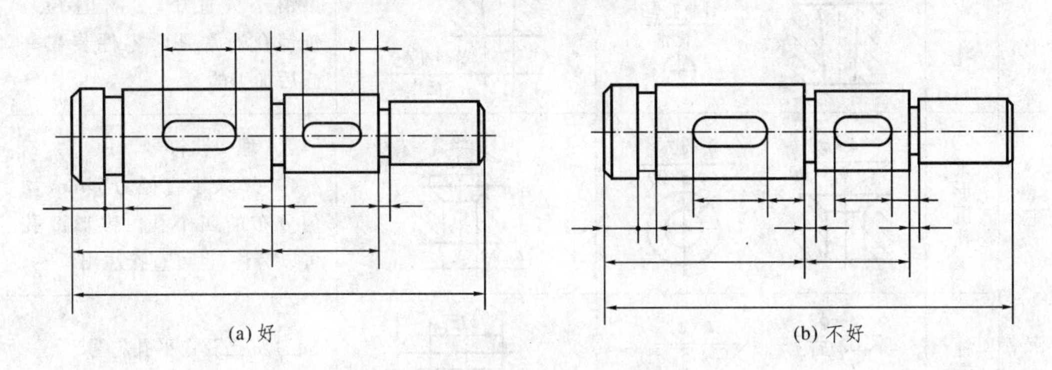

图9-29　按加工工序不同标注尺寸

(6)圆角过渡处的有关尺寸标注　应用细实线延长相交后引出标注。如图9-30所示。

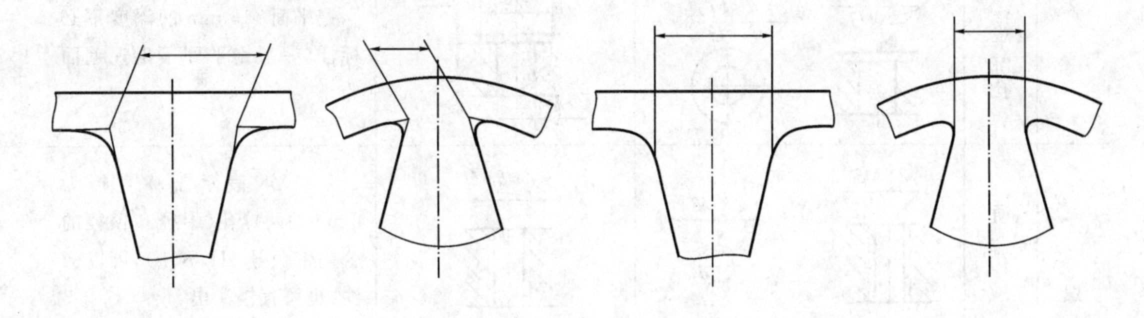

图9-30　圆角过渡处的尺寸标注

(7)零件上常见孔的尺寸注法见表9-1　国家标准《技术制图简化表示法》(GB/T 16675.2—1996)要求标注尺寸时,应使用符号和缩写词(见表9-1中说明)。

表 9-1 各种孔的尺寸注法

零件结构类型		简化注法	一般注法	说明
光孔	一般孔	4×φ5↧10 4×φ5↧10	4×φ5 10	↧深度符号 4×φ5 表示直径为 5 mm 均布的四光孔，孔深可与孔径连注，也可分注出
	精加工孔	$4\times\phi5^{+0.012}_{0}$ ↧10 孔↧12 $4\times\phi5^{+0.012}_{0}$ ↧10 孔↧12	$4\times\phi5^{+0.012}_{0}$ 10 12	光孔深为 12 mm，钻孔后需精加工至 $\phi5^{+0.012}_{0}$ mm，深度为 10 mm
	锥孔	锥销孔φ5 配作 锥销孔φ5 配作	锥销孔φ5 配作	φ5 mm 为与锥销孔相配的圆锥销小头直径（公称直径）。锥销孔通常是两零件装在一起后加工的
沉孔	锥形沉孔	4×φ7 ∨φ13×90° 4×φ7 ∨φ13×90°	90° φ13 4×φ7	∨ 埋头孔符号 4×φ7 表示直径为 7 mm 均匀分布的四个孔。锥形沉孔可以旁注，也可直接注出
	柱形沉孔	4×φ7 ⊔φ13↧3 4×φ7 ⊔φ13↧3	φ13 3 4×φ7	⊔ 沉孔及锪平孔符号 柱形沉孔的直径为 φ13 mm，深度为 3 mm，均需标注
	锪平沉孔	4×φ7 ⊔φ13 4×φ7 ⊔φ13	φ13 锪平 4×φ7	锪平面 φ13 mm 的深度不必标注，一般锪平到不出现毛面为止
螺孔	通孔	2×M8 2×M8	2×M8-6H	2×M8 表示公称直径为 8 mm的两螺孔（中径和顶径的公差带代号 6H 不注），可以旁注，也可直接注出
	不通孔	2×M8↧10 孔↧12 2×M8↧10 孔↧12	2×M8-6H 10 12	一般应分别注出螺纹和钻孔的深度尺寸（中径和顶径的公差带代号 6H 不注）

9.5　零件图上的技术要求

零件图中的技术要求包括如下。

①表面粗糙度。

②尺寸公差。

③表面形状和位置公差。

④材料及其热处理。

⑤对零件表面修饰的说明以及对指定加工方法和检验的说明等。

这些内容可以用符号在图中标注，也可以用文字在标题栏上方注写。本节就有关技术要求及其标注方法作简要介绍。

9.5.1　表面粗糙度

1. 表面粗糙度的概念

零件在加工的过程中，由于刀具运动的摩擦、机床的震动及零件的塑性变形等各种因素的影响，使零件表面存在着间距较小的轮廓峰谷。这种表面上具有较小间距的峰谷所形成的微观几何形状特性，称为表面粗糙度，如图9-31所示。

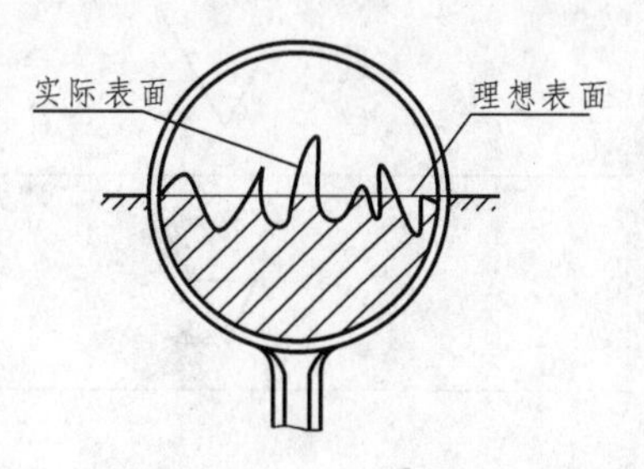

图9-31　零件表面的峰谷示意图

2. 表面粗糙度的评定参数

在零件图上表面粗糙度的评定参数常采用轮廓算术平均偏差R_a。轮廓算术平均偏差R_a的定义为在取样长度L内，轮廓偏距Y绝对值的算术平均值，其几何意义如图9-32所示。

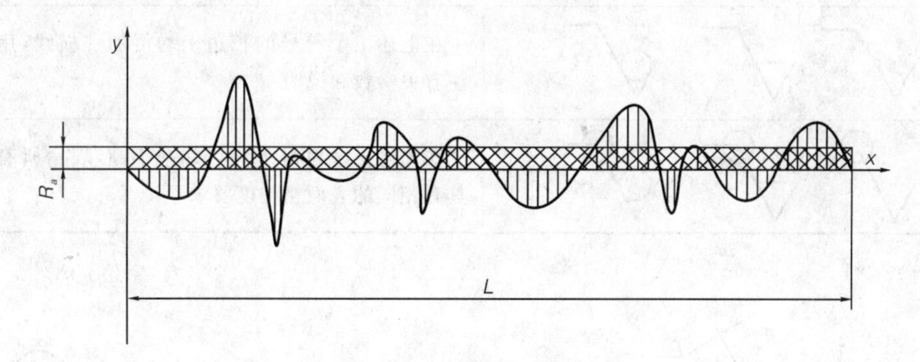

图9-32　轮廓算术平均偏差R_a

R_a按下列公式算出

$$R_a=\frac{1}{L}\int_0^L|Y(x)|\,\mathrm{d}x$$

近似值为

$$R_a=\frac{1}{n}\sum_{i=1}^{n}|Y_i|$$

表面粗糙度是评定零件表面质量的技术指标。它反映了零件表面的加工质量,直接影响零件的耐磨性、抗腐蚀性、疲劳强度、密封性和配合质量。但提高表面质量,减少表面粗糙度值,就会使加工工艺复杂化,从而增加加工成本。因此,应在满足零件表面功能的前提下,科学地、合理地选用表面粗糙度值。表 9-2 列出了国家标准推荐的 R_a 优先选用系列。

表 9-2 轮廓算术平均偏差 R_a 值

0.012	0.025	0.05	0.1	0.2	0.4	0.8
1.6	3.2	6.3	12.5	25	50	100

3. 表面粗糙度符号和代号(GB/T 131—1993)

(1)表面粗糙度符号 其意义及说明见表 9-3,该符号的比例、尺寸、画法如图 9-33 所示。

表 9-3 表面粗糙度及其意义

符号	意义及其说明
	基本符号,表示表面可用任何方法获得。当不加注粗糙度参数值或有关说明(例如:表面处理、局部热处理状况等)时,仅适用于简化代号标注
	基本符号加一短画,表示表面是用去除材料的方法获得。例如:车、铣、钻、磨、剪切、抛光、腐蚀、电火花加工、气割等
	基本符号加一小圆,表示表面是用不去除材料的方法获得。例如:铸、锻、冲压变形、热轧、冷轧、粉末冶金等。或者是用于保持原供应状况的表面(包括保持上道工序的状况)
	在上述三个符号的长边上均可加一横线,用于标注有关参数和说明
	在上述三个符号上均可加一小圆,表示所有表面具有相同的表面粗糙度要求

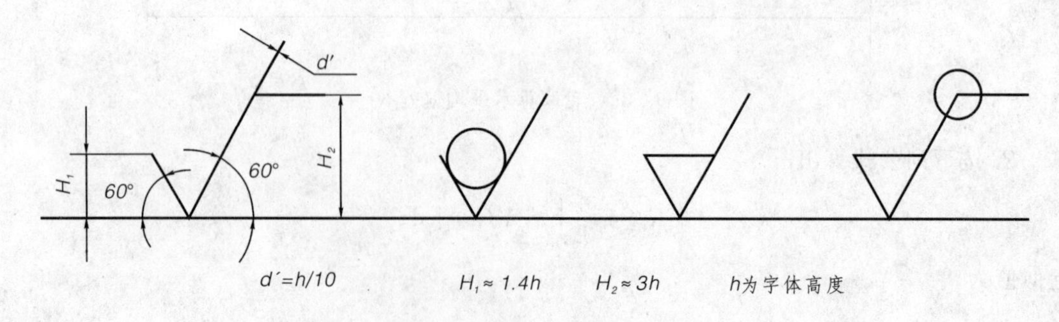

图 9-33 表面粗糙度符号的画法

(2)表面粗糙度代号　在表面粗糙度符号中标注有关参数及其他有关规定即组成各种表面粗糙度的代号。有关参数与规定在符号中注写的位置，如图 9－34 所示。

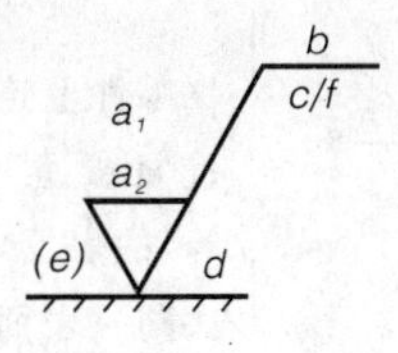

图注: a_1、a_2 — 粗糙度高度参数代号及其数值(单位为 μm);
b — 加工要求、镀覆、涂覆、表面处理或其他说明等;
c — 取样长度(单位为mm)波纹度(单位为 μm);
d — 加工纹理方向符号;
e — 加工余量(单位为mm);
f — 粗糙度间距参数值(单位为mm)或轮廓支承长度率。

图 9－34　表面粗糙度代号

需要注意的是，在通常情况下，零件图上注写的表面粗糙度值是 R_a 的上限值，这里所称的 R_a 上限值应理解为该表面所有的 R_a 实测值中，当超过规定值的个数少于总数的 16％时，该表面的粗糙度应认为是合适的。

4. 轮廓算术偏差的标注

轮廓算术平均偏差 R_a 值标注的方法及意义见表 9－4。

表 9－4　轮廓算术平均偏差 R_a 值的标注示例及其意义

代号	意义	代号	意义
3.2	用任何方法获得的表面，R_a 的上限值为3.2μm	3.2max	用任何方法获得的表面，R_a 的最大值为3.2μm
3.2	用不去除材料的方法获得的表面，R_a 的上限值为3.2μm	3.2max	用不去除材料的方法获得的表面，R_a 的最大值为3.2μm
3.2	用去除材料的方法获得的表面，R_a 的上限值为3.2μm	3.2max	用去除材料的方法获得的表面，R_a 的最大值为3.2μm
3.2 1.6	用去除材料的方法获得的表面，R_a 的上限值为3.2μm，R_a 的下限值为1.6μm	3.2max 1.6min	用去除材料的方法获得的表面，R_a 的最大值为3.2μm，R_a 的最小值为1.6μm

5. 表面粗糙度在图样中的标注

图样上所注的表面粗糙度代(符)号，为该表面加工后的要求。其标注规则如下。

①在同一图样上，每一表面一般只标注一次代(符)号。

②表面粗糙度代(符)号应注在可见轮廓线、尺寸线、尺寸界线或其延长线上。若位置不够时，可引出标注。

③表面粗糙度代(符)号的尖端，必须与所注的表面(或指引线)相接触，并且必须从材料外指向被注表面。表面粗糙度标注方法见表 9－5。

表 9-5　表面粗糙度在图样上的标注

图例	说明	图例	说明
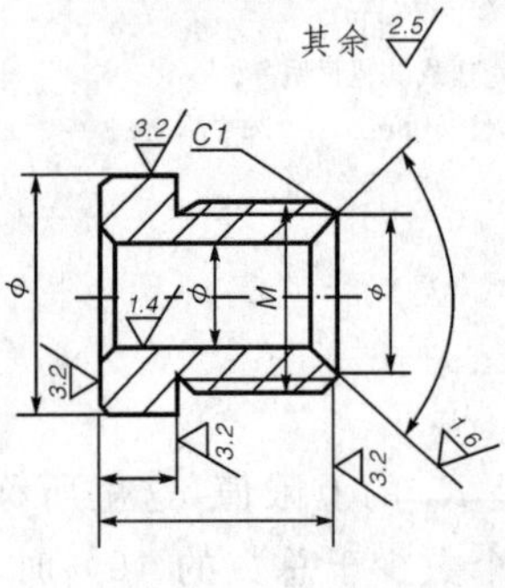	表面粗糙度代号中数字的方向必须与尺寸数字方向一致。对其中使用最多的一种代(符)号可以统一标注在图样右上角,并加注“其余”两字,且应是图形上其他代(符)号的1.4倍	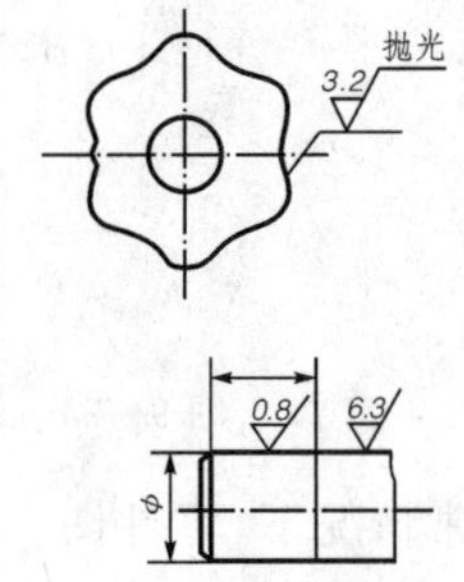	零件上连续表面及重复要素(孔槽、齿等)的表面,只标注一次同一表面上有不同的表面粗糙度要求,须用细实线画出其分界线并注出相应的表面特征代号
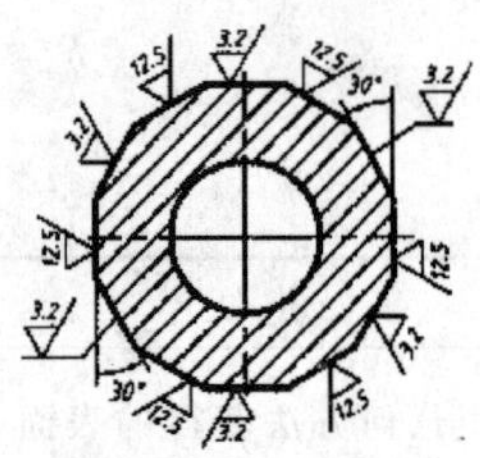	各倾斜表面粗糙度代(符)号的注法	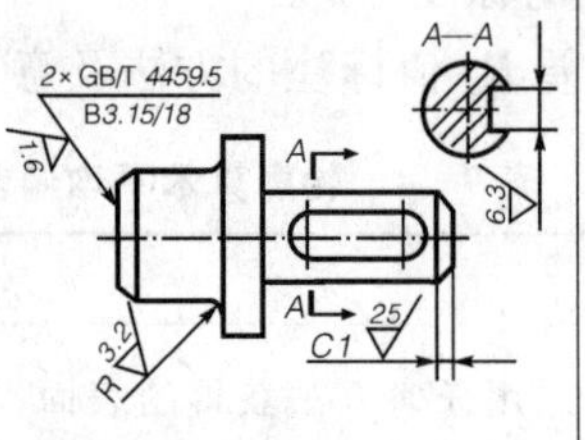	中心孔的工作面、键槽工作面、倒角、圆角的表面,其表面粗糙度代(符)号可以简化标注 螺纹表面粗糙度的注法
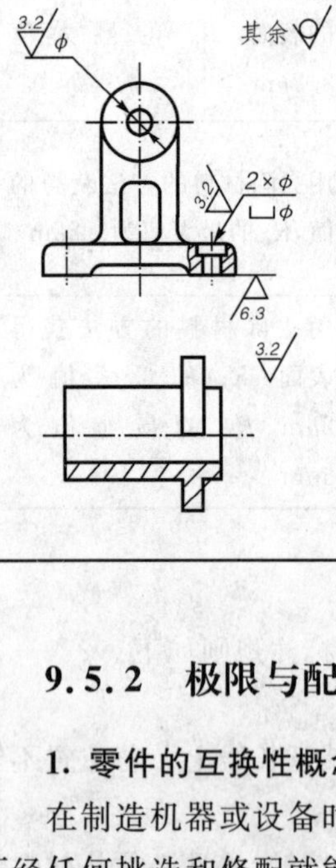	当地位狭小或不便标注时,代(符)号可以引出标注。对不连续的同一表面,可用细实线相连,其表面粗糙度代(符)号可只标注一次 当零件所有表面具有相同的表面粗糙度要求时,其代(符)号可在图样的右上角统一标注	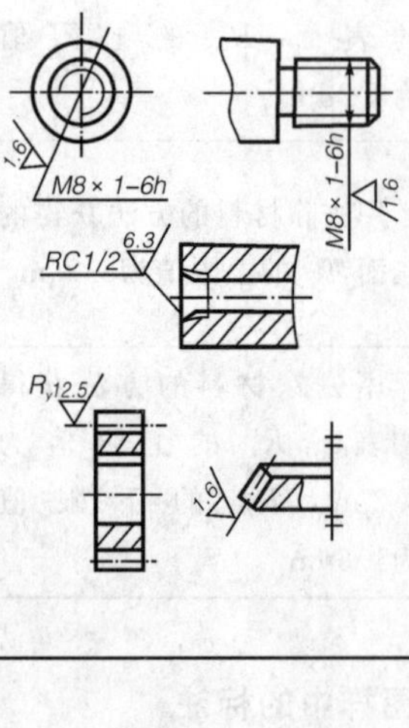 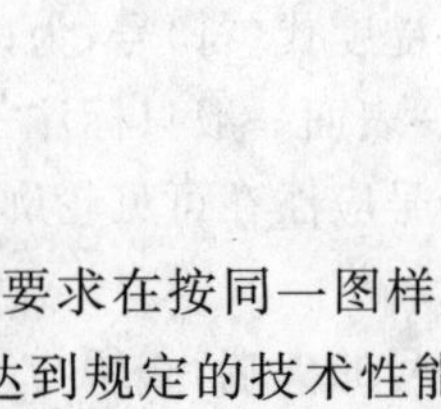	齿轮表面粗糙度的注法

9.5.2　极限与配合

1. 零件的互换性概念

在制造机器或设备时,为了便于装配和维修,要求在按同一图样加工的零件中,任取一件,不经任何挑选和修配就能顺利地装配使用,并能达到规定的技术性能要求,零件所具有的这种性质称为零件的互换性。具有互换性的零件,既能保证产品质量的稳定性;又便于实现高效率的专业化生产;还能满足生产部门广泛协作的要求;并使设备使用、维护方便。

2. 极限与配合的概念

实际生产中,零件的尺寸是不可能做到绝对精确的,为了使零件具有互换性,就必须对零件尺寸限定一个变动范围。这个范围既要保证相互结合零件的尺寸之间形成一定的关系,以满足不同的使用要求;又要在制造上经济合理,这就形成了“极限与配合”。

3. 极限与配合的有关术语

现以图 9-35 为例,说明极限与配合的基本术语。

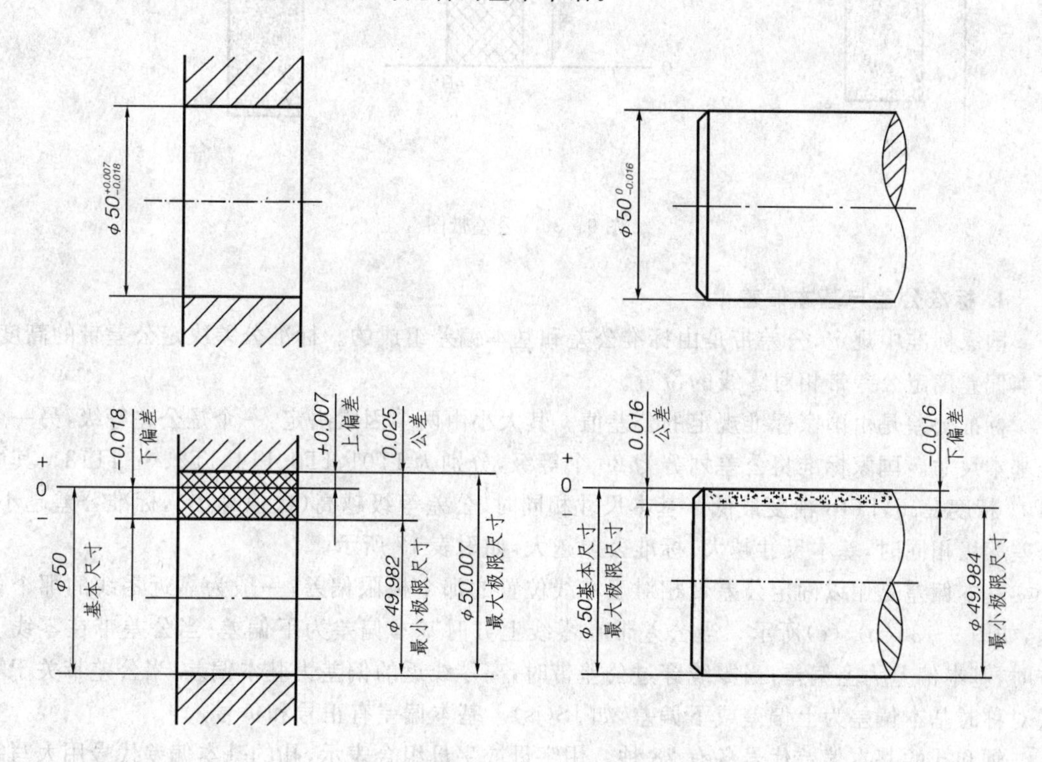

图 9-35 极限与配合的基本概念

(1)基本尺寸 设计时给定的尺寸,如 ϕ50。

(2)极限尺寸 允许尺寸变化的极限值。加工尺寸的最大允许值称为最大极限值;最小允许值称为最小极限尺寸。如 ϕ50.007 为孔的最大极限尺寸,ϕ49.982 为孔的最小极限尺寸。

(3)尺寸偏差 有上偏差和下偏差之分。最大极限尺寸与基本尺寸的代数差称为上偏差;最小极限尺寸与基本尺寸的代数差称为下偏差。孔的上偏差用 ES 表示,下偏差用 EI 表示。轴的上偏差用 es 表示,下偏差用 ei 表示。尺寸偏差可为正、负或零值。

(4)尺寸公差(简称公差) 允许尺寸的变动量。尺寸公差等于最大极限尺寸减去最小极限尺寸,或上偏差减去下偏差。公差总是大于零的正数,如图 9-35 中孔的公差为 0.025。

(5)公差带 在公差带图解中,用零线表示基本尺寸,上方为正,下方为负。公差带是指由代表上下偏差的两条直线限定的区域,如图 9-36(a)所示。图中的矩形上边代表上偏差,下边代表下偏差,矩形的长度无任何意义,高度代表公差。

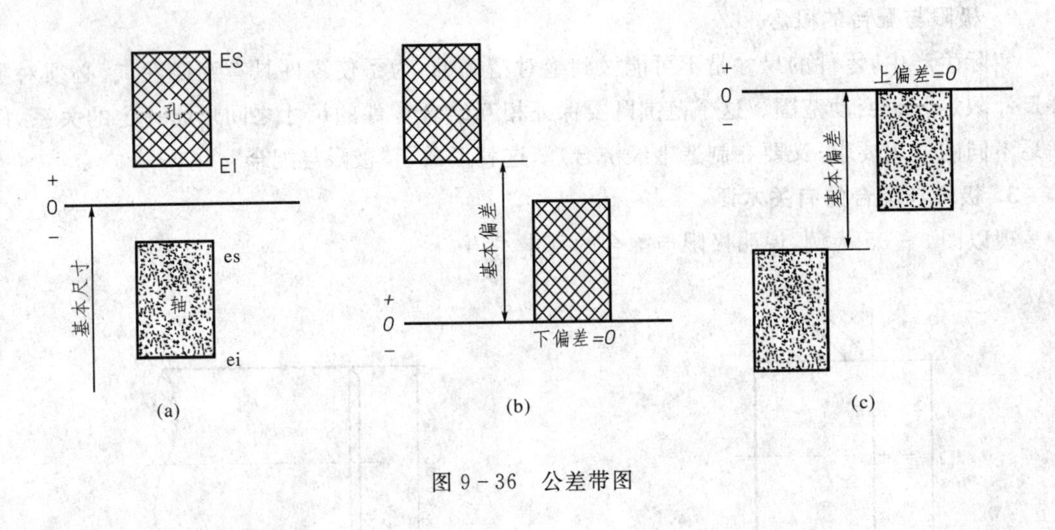

图 9-36　公差带图

4. 标准公差与基本偏差

国家标准中规定，公差带是由标准公差和基本偏差组成的。标准公差决定公差带的高度，基本偏差确定公差带相对零线的位置。

标准公差是由国家标准规定的公差值。其大小由两个因素决定：一个是公差等级，另一个是基本尺寸。国家标准将公差划分为20个等级，分别为IT01、IT0、IT1、IT2、…、IT18。其中IT01精度最高，IT18精度最低。基本尺寸相同时，公差等级越高（数值越小），标准公差越小；公差等级相同时，基本尺寸越大，标准公差越大，如附表17所示。

基本偏差是用以确定公差带相对于零线位置的那个极限偏差，一般为靠近零线的那个偏差，如图9-36(b)、(c)所示。当公差带在零线上方时基本偏差为下偏差；当公差带在零线下方时，基本偏差为上偏差；当零线穿过公差带时，离零线近的偏差为基本偏差；当公差带关于零线对称时基本偏差为上偏差或下偏差，如JS(js)。基本偏差有正号和负号。

轴和孔的基本偏差代号各有28种。用字母或字母组合表示，孔的基本偏差代号用大写字母表示，轴用小写字母表示。如图9-37表示。需要注意的是，基本尺寸相同的轴和孔若基本偏差代号相同，则基本偏差值一般情况下互为相反数。此外在图9-37中，公差带不封口，这是因为基本偏差只决定公差带位置的原因。一个公差带代号，由表示公差带位置的基本偏差代号和表示公差带大小的公差等级和基本尺寸组成。如ϕ50H8，ϕ50是基本尺寸，H是基本偏差代号，大写表示孔，公差等级为IT8。

5. 配合类型

基本尺寸相同的相互结合的孔和轴公差带之间的关系，称为配合。配合分为间隙配合、过盈配合和过渡配合三种。如图9-38所示。

(1)间隙配合　孔与轴配合时，始终产生间隙（包括最小间隙为零）的配合，如图9-38(a)所示。

(2)过渡配合　孔与轴配合时，有时产生间隙，有时产生过盈的配合，如图9-38(b)所示。

(3)过盈配合　孔与轴配合时，始终产生过盈（包括最小过盈为零）的配合，如图9-38(c)所示。

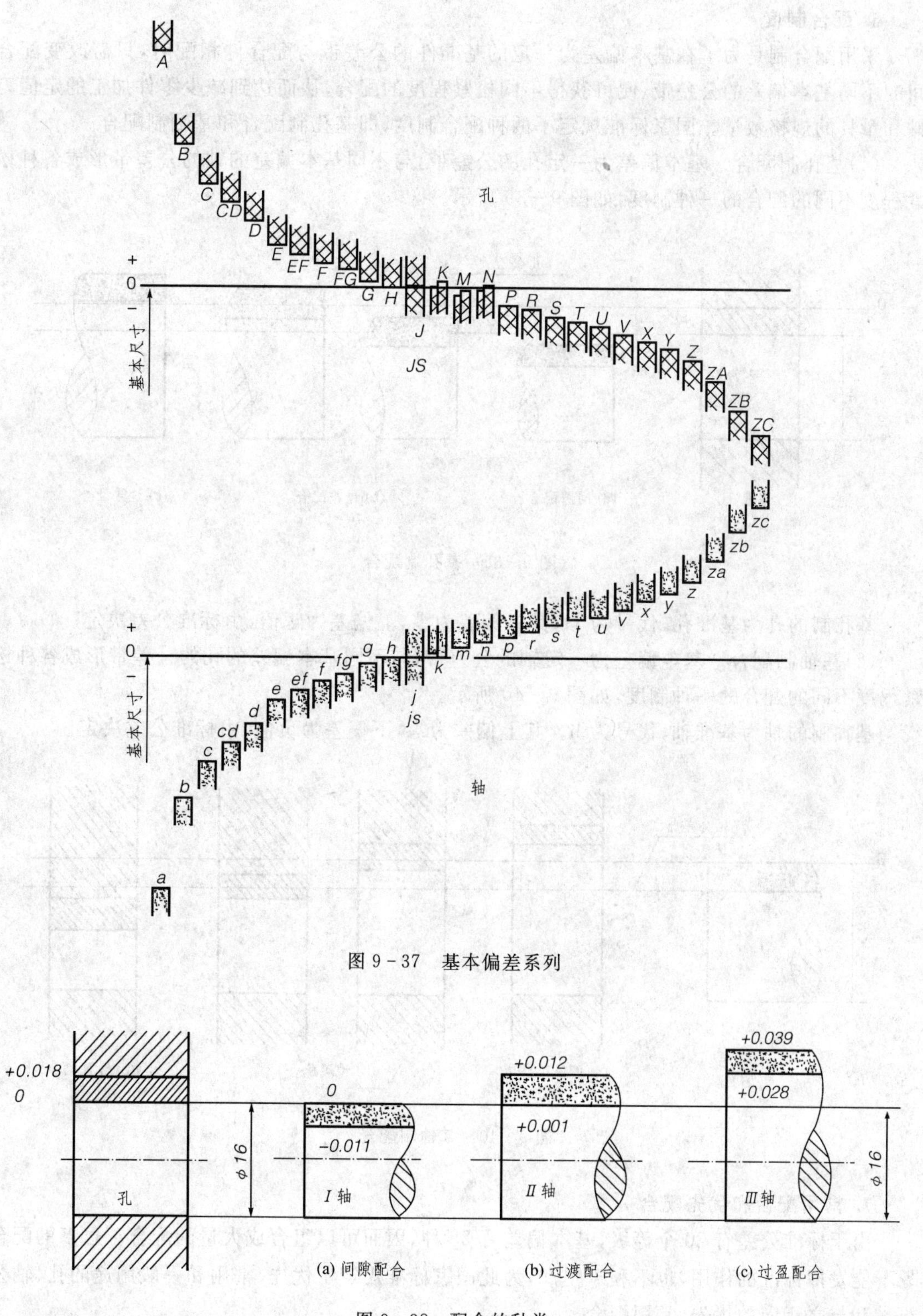

图 9-37 基本偏差系列

图 9-38 配合的种类

6. 配合制度

采用配合制是为了在基本偏差为一定的基准件的公差带与配合件相配时，只需改变配合间的不同基本偏差的公差带，便可获得不同松紧程度的配合，从而达到减少零件加工的定值刀具和量具的规格数量。国家标准规定了两种配合制度，即基孔制配合和基轴制配合。

(1)基孔制配合　基本偏差为一定孔的公差带，与不同基本偏差的轴的公差带形成各种松紧程度不同的配合的一种制度，如图 9-39 所示。

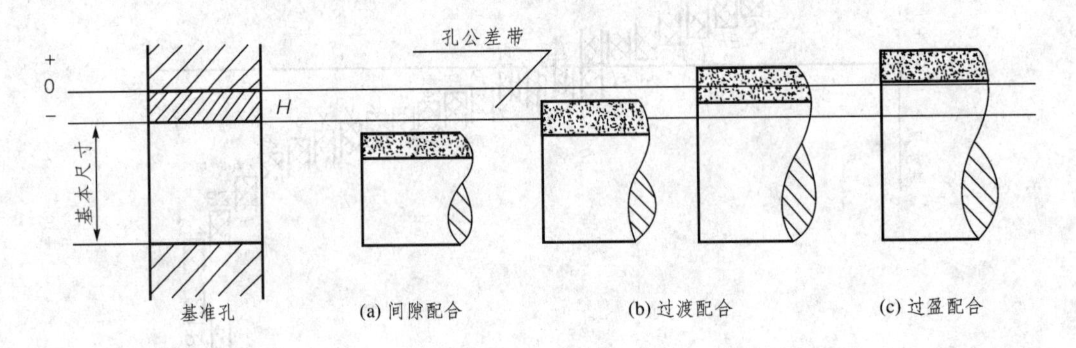

图 9-39　基孔制配合

基孔制的孔为基准孔，代号为 H，其下偏差为零，上偏差为正值，由标准公差决定。

(2)基轴制配合　基本偏差为一定轴的公差带，与不同基本偏差的孔的公差带形成各种松紧程度不同的配合的一种制度，如图 9-40 所示。

基轴制的轴为基准轴，代号为 h。其上偏差为零，下偏差为负值，由标准公差决定。

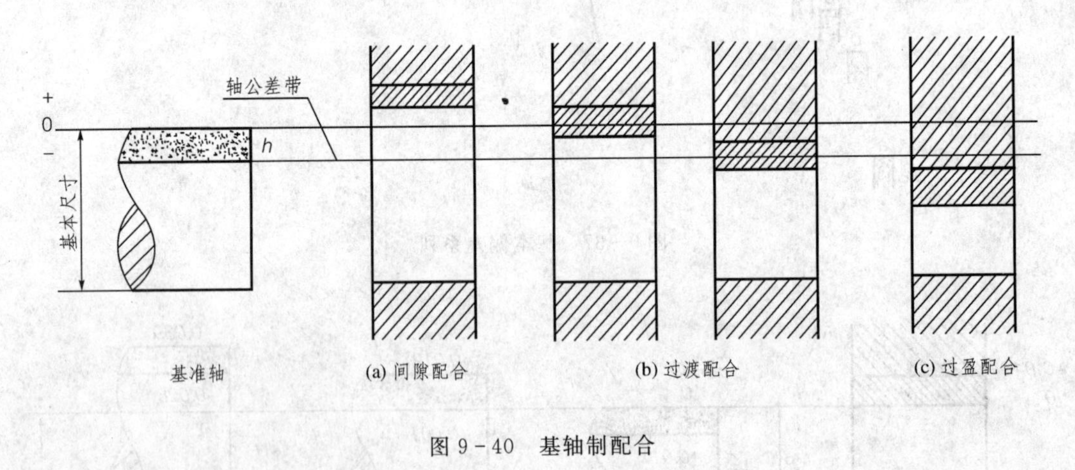

图 9-40　基轴制配合

7. 常用配合和优先配合

由于标准公差有 20 个等级，基本偏差有 28 种，因而可以组合成大量的配合。过多的配合既不能发挥标准的作用，也不利于生产，为此国家标准规定了优先、常用和一般用途的孔、轴公差带和与之相应的优先、常用配合。

(1)基孔制优先配合　国家标准规定的基孔制常用配合有 59 种，其中优先配合 13 种。见表 9-6。

表 9-6　基孔制优先、常用配合

基准孔	轴																				
	a	b	c	d	e	f	g	h	js	k	m	n	p	r	s	t	u	v	x	y	z
	间隙配合								过渡配合			过盈配合									
H6						H6/f5	H6/g5	H6/h5	H6/js5	H6/k5	H6/m5	H6/n5	H6/p5	H6/r5	H6/s5	H6/t5					
H7						H7/f6	H7/g6▼	H7/h6▼	H7/js6	H7/k6▼	H7/m6	H7/n6▼	H7/p6▼	H7/r6	H7/s6▼	H7/t6	H7/u6▼	H7/v6	H7/x6	H7/y6	H7/z6
H8					H8/e7	H8/f7▼	H8/g7	H7/h7▼	H8/js7	H8/k7	H8/m7	H8/n7	H8/p7	H8/r7	H8/s7	H8/t7	H8/u7				
				H8/d8	H8/e8	H8/f8		H8/h8													
H9			H9/c9	H9/d9▼	H9/e9	H9/f9		H9/h9▼													
H10			H10/c10	H10/d10				H10/h10													
H11	H11/a11	H11/b11	H11/c11▼	H11/d11				H11/h11▼													
H12		H12/b12						H12/h12													

注：1. $\frac{H6}{n5}$、$\frac{H7}{p6}$在基本尺寸小于或等于 3 mm 和$\frac{H8}{r7}$在小于或等于 100 mm 时，为过渡配合。

2. 注有符号▼的配合为优先配合。

(2)基轴制优先配合　国家标准规定了基轴制常用配合共 47 种，其中优先配合 13 种。见表 9-7。

表 9-7　基轴制优先、常用配合

基准轴	孔																				
	A	B	C	D	E	F	G	H	JS	K	M	N	P	R	S	T	U	V	X	Y	Z
	间隙配合								过渡配合			过盈配合									
h5						F6/h5	G6/h5	H6/h5	JS6/h5	K6/h5	M6/h5	N6/h5	P6/h5	R6/h5	S6/h5	T6/h5					
h6						F7/h6	G7/g6▼	H7/h6▼	JS7/h6▼	K7/h6▼	M7/h6	N7/h6▼	P7/h6▼	R7/h6	S7/h6▼	T7/h6	U7/h6▼				
h7					E8/h7	F8/h7▼		H8/h7▼	JS8/h7	K8/h7	M8/h7	N8/h7									
h8				D8/h8	E8/h8	F8/h8		H8/h8													
h9				D9/h8	E9/h9	F9/h9		H9/h9													
h10				D10/h10				H10/h10													
h11	A11/h11	B11/h11	C11/h11▼	D11/h11				H11/h11▼													
h12		B12/h12						H12/h12													

注：标注▼的配合为优先配合。

(3)优先采用基孔制 这样可以减少定值刀具、量具的规格数量，只有在具有明显经济效益和不适合采用基孔制的场合才采用基轴制。例如：使用冷拔钢作轴与孔的配合；标准的滚动轴承的外圈与孔的配合，往往采用基轴制。

8. 极限与配合的标注

(1) 极限与配合在零件图上的标注

在零件图中，线性尺寸的公差有三种标注形式。①只标注公差带代号；②只标注上、下偏差；③既标注公差带代号，又标注上、下偏差，但偏差值用括号括起来。如图 9－41 所示。

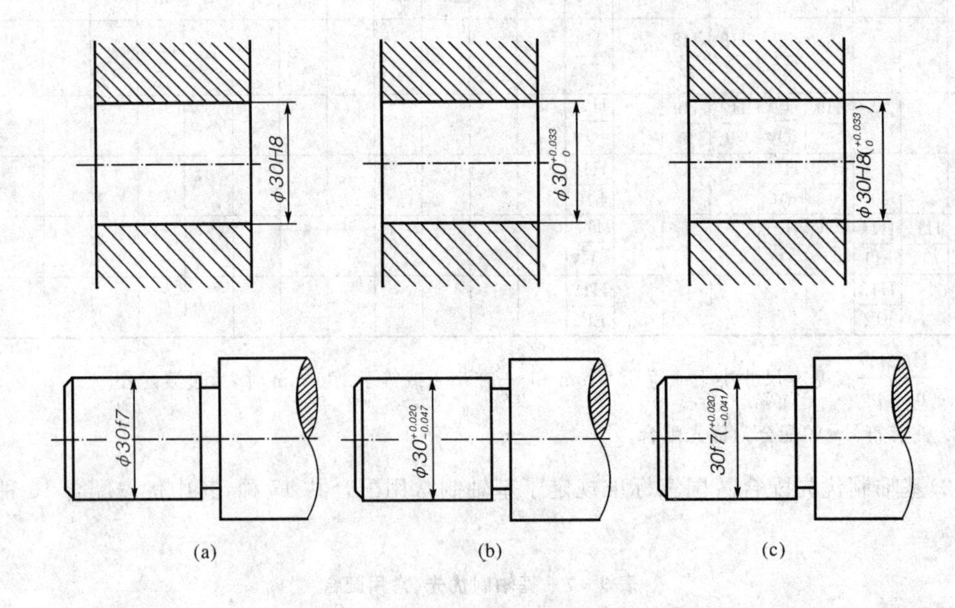

图 9－41 零件图中尺寸公差的标注

标注极限与配合时应注意以下几点。

① 上下偏差的字高比尺寸数字小一号，且下偏差与尺寸数字在同一水平线上。

② 当公差带相对于基本尺寸对称时，即上下偏差互为相反数时，可采用“±”加偏差的绝对值的注法，如 $\phi30\pm0.016$(此时偏差和尺寸数字为同字号)。

③ 上下偏差的小数位必须相同、对齐。当上偏差或下偏差为零时，用数字“0”标出，如 $\phi30^{+0.03}_{+0}$。小数点后末位的“0”一般不必注写，仅当为凑齐上下偏差小数点后的位数时，才用“0”补齐。

(2) 极限与配合在装配图中的标注

在装配图中一般只标注配合代号。配合代号用分数形式表示，分子为孔的公差带代号，分母为轴的公差带代号。对于与轴承等标准件相配的孔或轴，则只标注非基准件(配合件)的公差带代号。如轴承内圈孔与轴的配合，只标注轴的公差带代号；外圈的外圆与箱体孔的配合，只标注箱体孔的公差带代号，如图 9－42 所示。

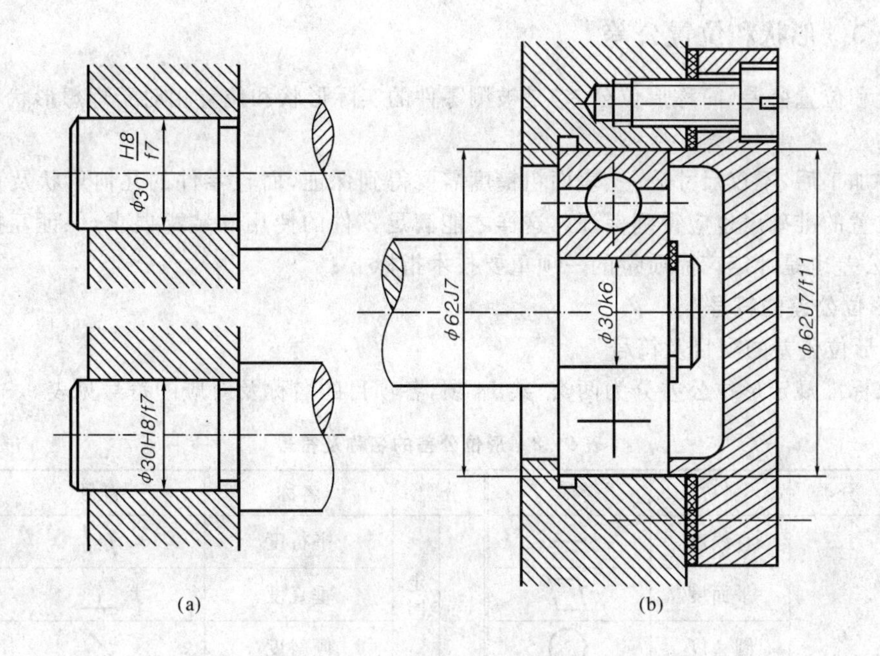

图 9-42　装配图中尺寸公差的标注

9. 极限与配合查表举例

【例 9-1】　查表确定 $\phi50\ \dfrac{H8}{s7}$ 中轴和孔的极限偏差。

【解】　基本尺寸 $\phi50$ 属于“>40～50 尺寸段”。轴的公差带代号为 s7，孔的公差带代号为 H8，属于基孔制配合。由附表 18、附表 19 查得轴的上偏差 es = 68 μm、下偏差 ei = 43 μm；孔的上偏差 ES = 39 μm、下偏差 EI = 0。

【例 9-2】　查表确定 $\phi32\ \dfrac{N7}{h6}$ 轴、孔的极限偏差，画出公差带图，判断配合性质。

【解】　此配合为基本尺寸 $\phi32$ 的基轴制配合。轴的公差带代号为 $\phi32$h6，孔的公差带代号为 $\phi32$N7。查附表 18、附表 19 得轴的极限偏差为 $\phi32^{+0}_{-0.016}$，孔的基本尺寸极限偏差为 $\phi32^{-0.008}_{-0.033}$，公差带图如图 9-43 所示，由图可知，配合性质为过渡配合，最大间隙为 8 μm，最大过盈为 33 μm。

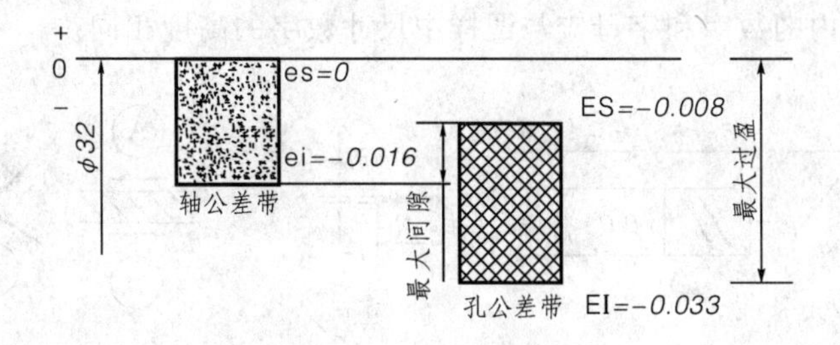

图 9-43　公差带图

9.5.3 形状和位置公差

形状和位置公差(简称形位公差)是被测零件的实际形状和位置相对于理想形状和位置的允许变动量。

零件加工后,不仅尺寸公差、表面粗糙度需要得到保证,而且零件的几何形状及几何要素的相对位置的准确度也应得到保证。这样才能满足零件的使用和装配要求,保证互换性。因此,形位公差也是评定产品质量的一项重要技术指标。

1. 形位公差的符号

(1) 形位公差的项目及符号

国家标准规定形位公差分为两类,共 14 项,各项目的名称及对应的符号见表 9-8 所示。

表 9-8 形位公差的名称及符号

分类	名称	符号	分类		名称	符号
形状公差	直线度	—	位置公差	定向	平行度	//
	平面度	▱			垂直度	⊥
	圆　度	○			倾斜度	∠
	圆柱度	⌭		定位	同轴度	◎
	线轮廓度	⌒			对称度	⌯
					位置度	⌖
	面轮廓度	⌓		跳动	圆跳动	↗
					全跳动	⌰

(2) 形位公差的代号

在技术图样中,形位公差采用代号标注。当无法采用代号时,允许在技术要求中用文字说明。

形位公差的代号由框格和带箭头的指引线组成,如图 9-44(a)所示。框格用细实线绘制,高为 $2h$,只能在图样上水平或竖直放置。框格内从左到右填写以下内容:第一格填写形位公差项目符号,第二格填写形位公差数值和有关符号,第三格和以后各格填写基准代号的字母和有关符号。框格内的数字和字母应与图样中尺寸数字的高度相同。

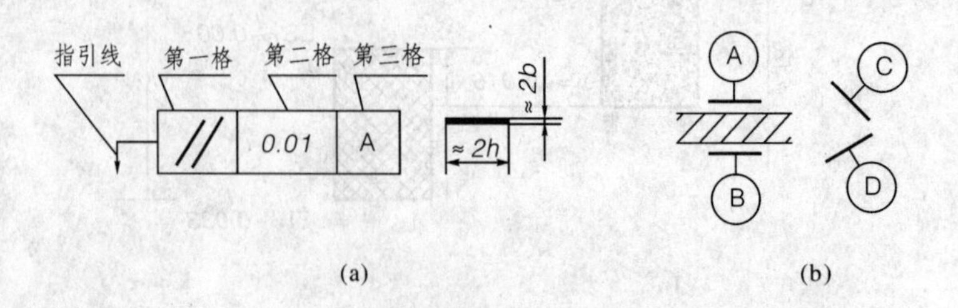

图 9-44 形位公差代号和基准代号

(3) 基准代号

对有位置公差要求的零件，在图样上应注明基准代号。基准代号由基准符号(粗短画线)、圆圈、连线和字母组成，如图 9-44(b)所示。基准代号中的粗短画线应靠近基准要素，无论基准代号在图样中的方向如何，圆圈内的字母都应水平书写。

2. 被测要素的标注形式

用带箭头的指引线将被测要素与公差框格的一端相连，箭头应垂直指向被测要素，如图 9-45所示。

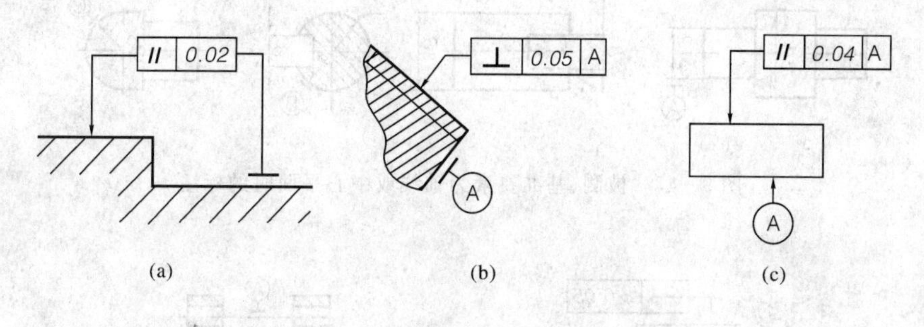

图 9-45　被测要素和基准要素的标注形式

3. 基准要素的标注形式

(1)用带基准符号的连线将基准要素与公差框格的另一端相连。基准符号的连线必须与基准要素垂直，基准符号要靠近基准要素的轮廓线或其延长线，如图 9-45(a)所示。

(2)当基准符号不便与公差框格直接相连时，则采用基准代号标注，并在框格的第三格内填写与基准代号相同的字母，如图 9-45(b)所示。

(3)当位置公差的两要素为任选基准时，不需画基准符号，两边都用箭头表示，如图 9-45(c)所示。

4. 形位公差的标注方法

(1)当被测要素或基准要素为轮廓线或表面时，指引线的箭头应垂直指向基准符号平行靠近该要素的轮廓线或其延长线上，并都应明显地与尺寸错开，如图 9-46(a)所示。当被测要素或基准符号指向实际表面时，箭头或基准符号可置于带点的参考线上，该点指在实际表面上，如图 9-46(b)所示。

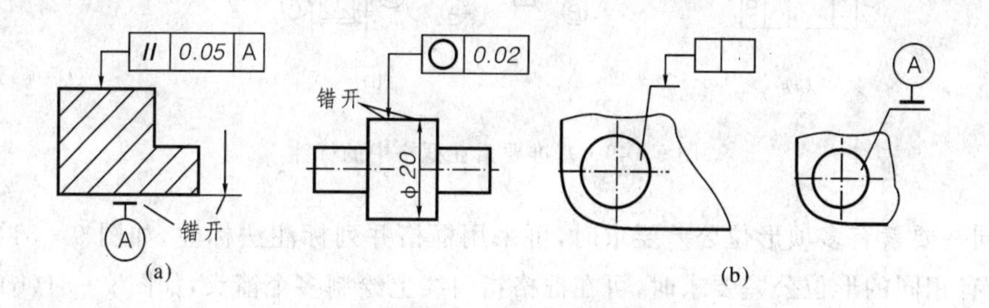

图 9-46　被测要素或基准要素为线或面时的标注

(2)当被测要素或基准要素为轴线、对称平面或由带尺寸要素确定的点时，指引线箭头或基准符号应与相应要素的尺寸线对齐，如图 9-47 所示。

(3)当被测要素或基准要素为单一要素的轴线或各要素的公共轴线、公共中心平面时指引线的箭头可以指在轴线或中心线上，基准符号可以直接靠近公共轴线或公共中心线，如图 9-48所示。

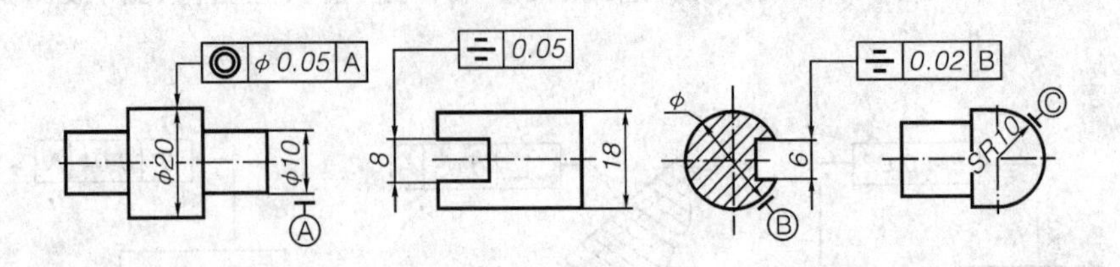

图 9-47　被测、基准要素为轴线或中心平面时的标注

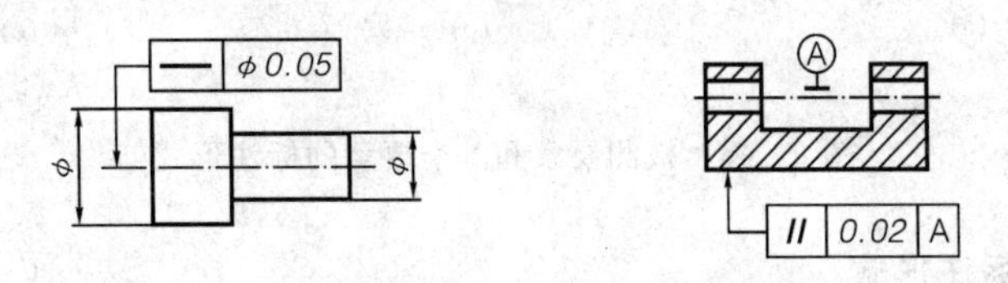

图 9-48　被测要素或基准要素为整体轴线时的标注

(4)当基准要素是两个要素组成的公共基准时，其标注如图 9-49(a)所示；两个或三个要素组成的基准时的标注如图 9-49(b)所示。

(5)当基准符号与尺寸线的箭头重叠时，则该尺寸线的箭头可以省略，如图 9-50(a)所示；当指引线的箭头与尺寸线的箭头重叠时，则指引线的箭头可以代替尺寸箭头，如图 9-50(b)所示。

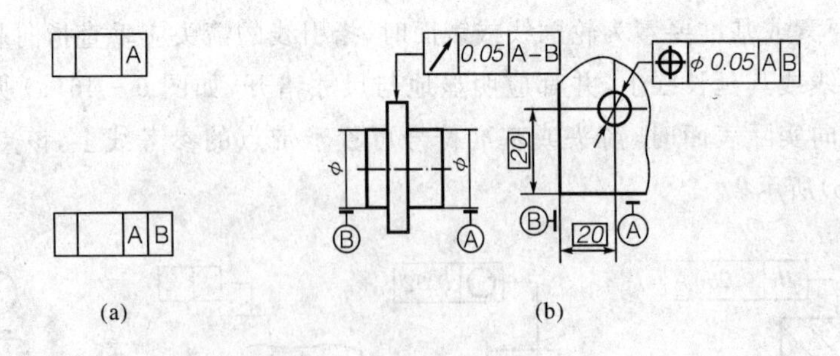

图 9-49　基准要素在框格中的标注

(6)同一要素有多项形位公差要求时，可采用框格并列标注法标注，如图 9-51(a)所示；多处要素有相同的形位公差要求时，可在框格指引线上绘制多个箭头，如图 9-51(b)所示。

(7)当被测范围仅为被测要素的一部分时，应用粗点画线加尺寸标出指定范围，如图9-52所示。

(8)当给定的公差带为圆、圆柱或圆球时，应在公差数值前加注 ϕ 或 $S\phi$，如图 9-53 所示。

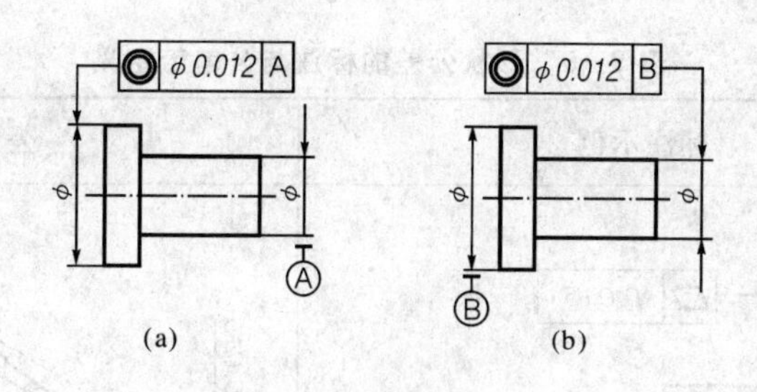

图 9-50　省略箭头的标注

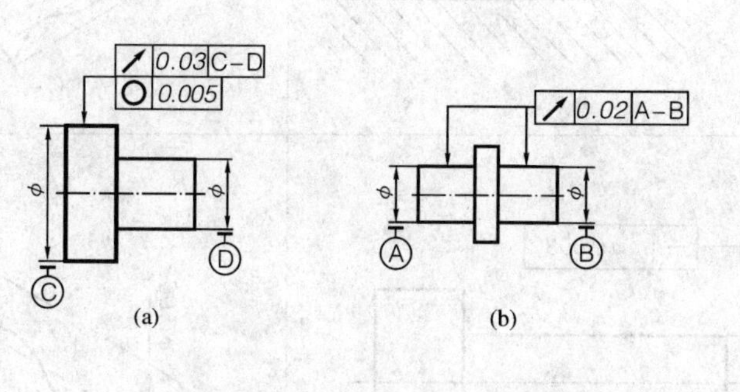

图 9-51　一处多项、一项多处的标注

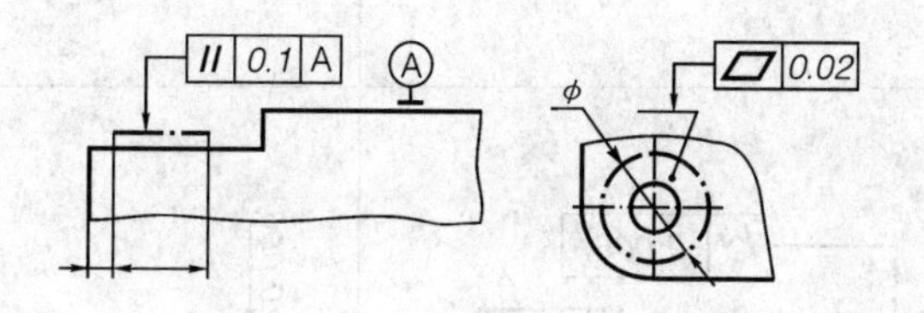

图 9-52　指定范围的标注

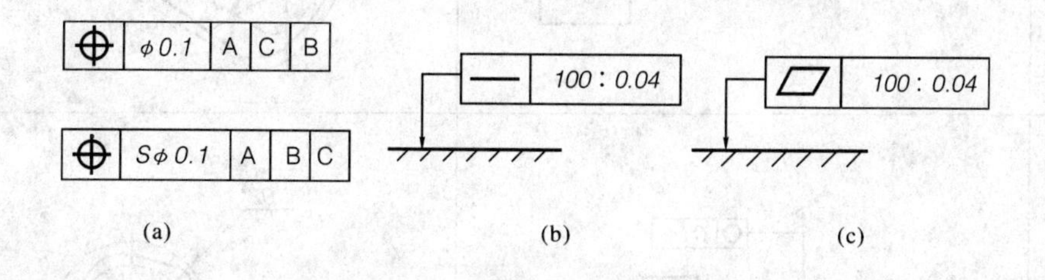

图 9-53　公差带为圆、圆柱或球的标注

5. 形位公差在图样上的标注示例

常见的形状公差的公差带定义和标注见表 9-9,常见的位置公差的公差带定义和标注见表 9-10。

表 9－9　形状公差的标注与公差带定义

名称	标注示例	公差带形状
平面度	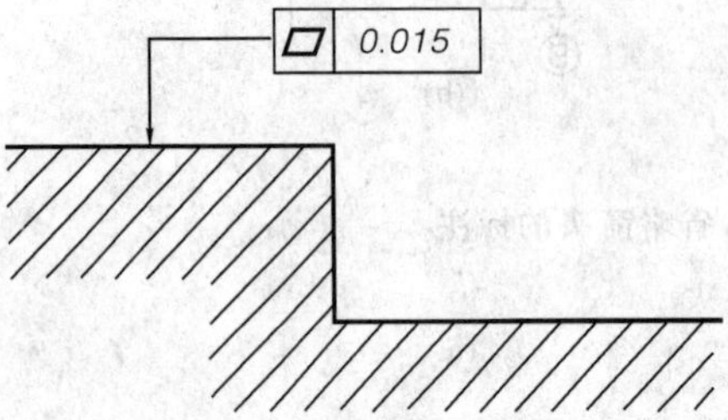 ⏥ 0.015	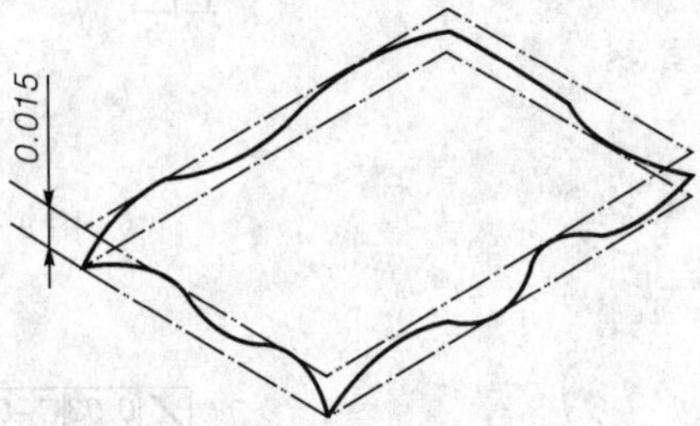 0.015
直线度	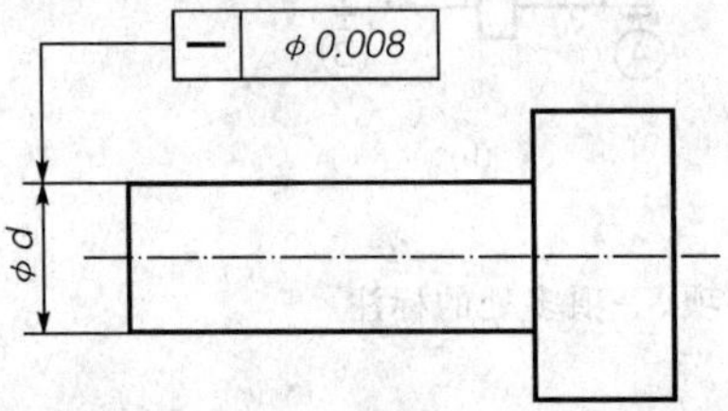 — φ0.008 φd	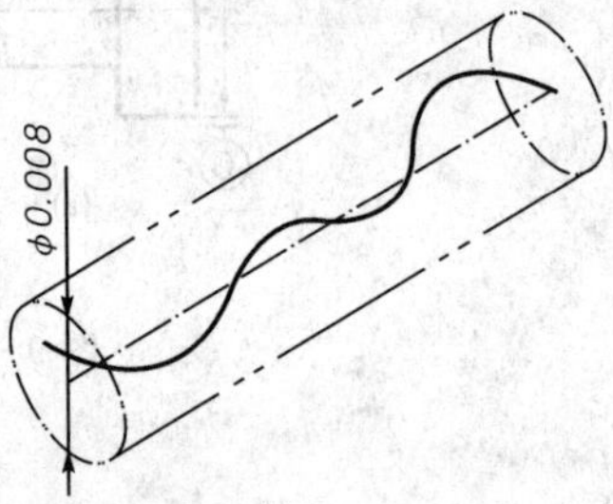 φ0.008
圆柱度	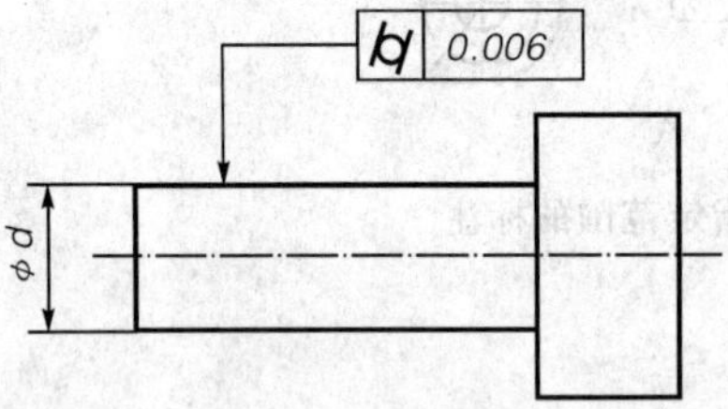 ⌭ 0.006 φd	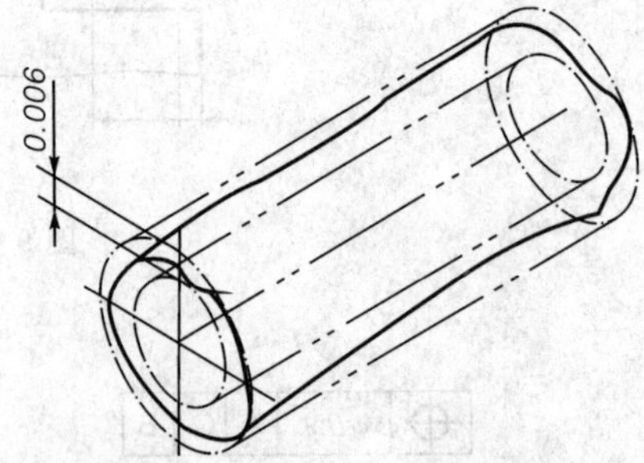 0.006
圆度	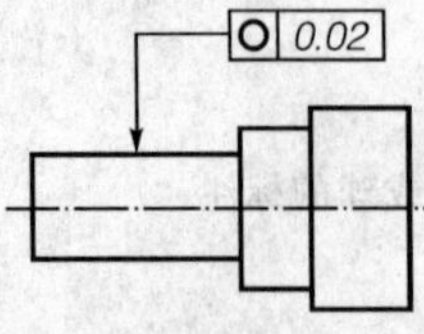 ○ 0.02	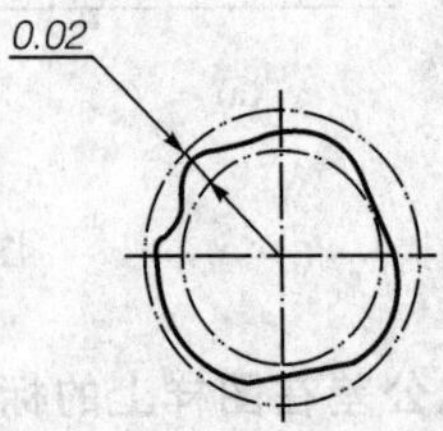 0.02

表 9-10 位置公差的标注与公差带定义

名称	标注示例	公差带定义
平行度	// 0.025 A；A	0.025；基准平面
平行度	// 0.025 A；A	0.025；基准平面
对称度	A；≡ 0.025 A；C；B	0.025；基准平面
垂直度	⊥ φ0.02 A；φd；A	φ0.02；基准平面
同轴度	◎ φ0.015 A；A；ϕd_1；ϕd_2	0.02；基准轴线
圆跳动	↗ 0.02 A—B；φd；φd；A；B	0.02；基准轴线；测量平面

9.6 常见典型零件分析

虽然零件的形状、用途多种多样，加工方法各不相同，但零件也有许多共同之处。总结零件的共性，按其结构特点、视图表达、尺寸标注、制造方法等，大致可以分为轴套类、盘盖类、叉架类和箱体类四种类型。同种类零件的表达方案有许多相同之处，熟悉这四类零件的视图表达方法，有助于更好掌握零件图视图选择的一般规律。

9.6.1 轴套类零件

1. 用途

轴套类零件是机器中最常见的一类零件，包括各种轴、丝杠、套筒等。主要用来支撑传动件（如齿轮、链轮、带轮等），传递运动和动力。

2. 结构分析

形体比较简单、规则，多数由大小不等而同轴的圆柱、圆锥等回转体组成。直径不等所形成的台阶可供安装在轴上的零件轴向定位。由于设计、加工和装配工艺的需要，此类零件常有轴肩、键槽、螺纹、退刀槽、砂轮越程槽、圆角、倒角、中心孔等。

3. 表达方法

由于轴套类零件加工的主要工序一般都在车床、磨床上进行，加工时轴线成水平位置。因此，主视图常将轴线水平横向放置，符合加工位置原则。一般用一个基本视图（主视图）表达各组成部分的轴向位置。对轴上的孔、键槽等局部结构可用局部视图、局部剖视图或断面图来表达；对退刀槽、越程槽和圆角等细小结构可用局部放大图加以表达；对套筒或空心轴可采用全剖、半剖或局部剖视图来表达。

如图 9－54 所示的齿轮轴，主视图采取轴线水平放置的加工位置，主视图投影方向取垂直

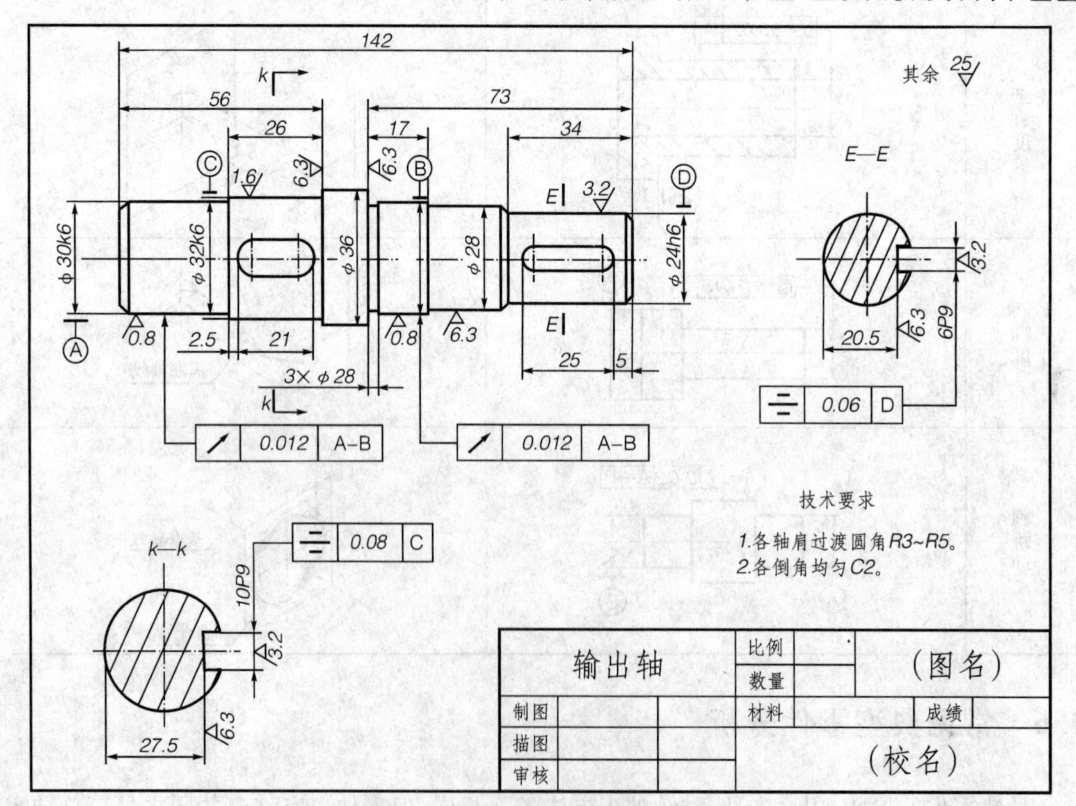

图 9－54 输出轴零件图

于轴线正对着键槽的方向。主视图反映了轴的结构特点、键槽的形状倒角等。采用移出断面图表达键槽的深度,局部放大图表达退刀槽的结构。

如图 9 - 55 所示的柱塞套,主视图采用全剖视图,表达内部左右通孔的结构和上下通孔的位置。全剖 $D—D$ 左视图表达上下通孔及气孔结构。局部放大图表达细小的倒圆角。

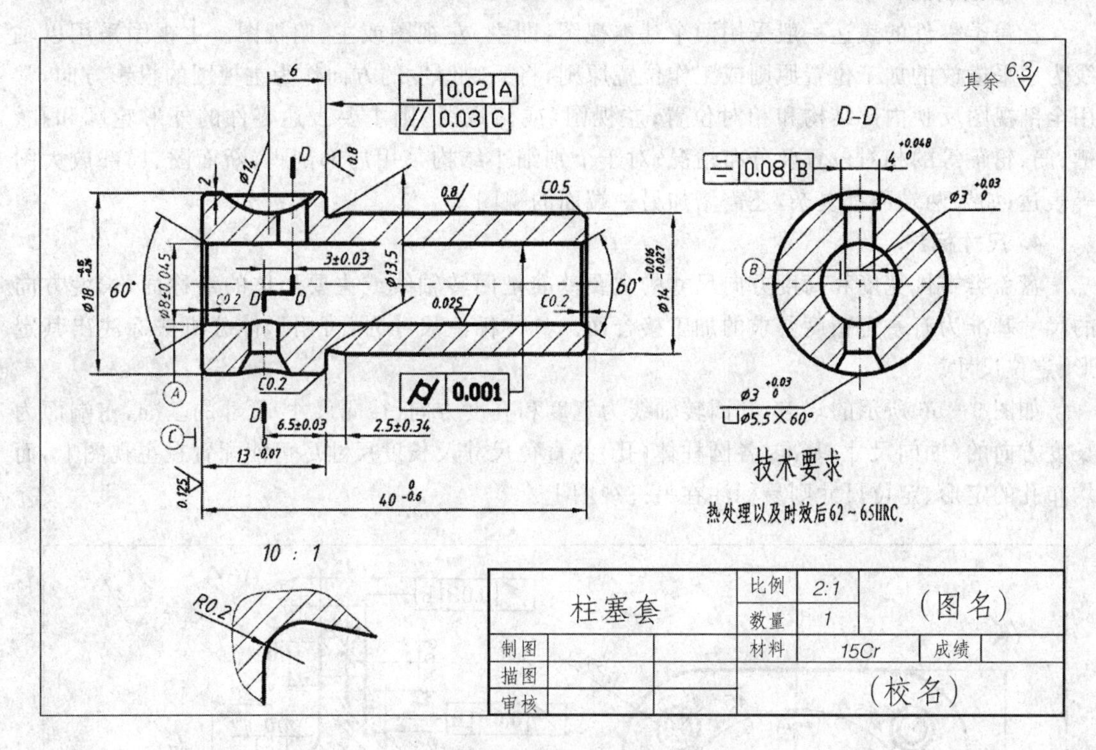

图 9 - 55　柱塞套零件图

4. 尺寸标注

轴套类零件要求注出各轴段直径大小的径向尺寸和各轴段长度的轴向尺寸。一般径向尺寸以轴线为主要基准,轴向尺寸以重要轴肩端面为主要基准,如图 9 - 54 中 $\phi36$ 的轴肩端面是定位面,是轴向尺寸的主要基准。为了加工测量方便,轴的两个外端面和另一定位面为轴向尺寸辅助基准。标注轴向尺寸时,应按加工顺序标注,并注意按不同工序分类集中标注。如图 9 - 54 所示。

图 9 - 55 柱塞套零件图上的尺寸标注读者可自行分析。

5. 技术要求

有配合要求的表面,表面粗糙度要求较高,且应选择并标注尺寸公差。有配合的轴颈和重要的端面应有形位公差的要求,如同轴度、径向圆跳动、端面圆跳动及键槽的对称度。

9.6.2　盘盖类零件

1. 用途

这类零件包括各种端盖(如图 9 - 56 所示的端盖)、法兰盘和各种轮子(齿轮、手轮、带轮)等。它们在机器中通常起着传递扭矩、支撑轴承、轴向定位和密封的作用。虽然作用各不相同,但在结构和表达方法上都有共同之处。

2. 结构分析

盘盖类零件主要由同轴回转体或其他平板形构成，其厚度方向的尺寸比其他两个方向的尺寸要小。根据其作用的不同，常有凸台、凹坑、均布安装孔、轮辐、键槽、螺孔、销孔等结构。

3. 表达方法

盘盖类零件的表达一般采用两个基本视图，即主、左视图或主、俯视图。主视图采用以轴线为水平横放的加工位置原则或工作位置原则，将反映厚度的方向作为主视图的投影方向，常用全剖视图反映内部结构和相对位置；左视图（或俯视图）则主要表达零件的外形轮廓和孔、槽、筋、轮辐等的相对位置及分布情况；对于个别细小结构采用局部剖视、断面图、局部放大图等表达；如果两端面都复杂，还需增加另一端面的视图。

4. 尺寸标注

盘盖类零件宽度和高度方向尺寸的主要基准是回转轴线或主要形体的对称面，长度方向的尺寸基准为有一定精度要求的加工接合面。具体标注尺寸时，可用形体分析法标注出其定形、定位尺寸。

如图 9－56 所示的端盖，其回转轴线为宽度和高度方向（径向尺寸）尺寸的基准，左端面为长度方向的（轴向尺寸）基准，各圆柱体（孔）的直径尺寸及长度尺寸尽可能配置在主视图上，而均布孔的定形、定位尺寸则易标注在另一视图上。

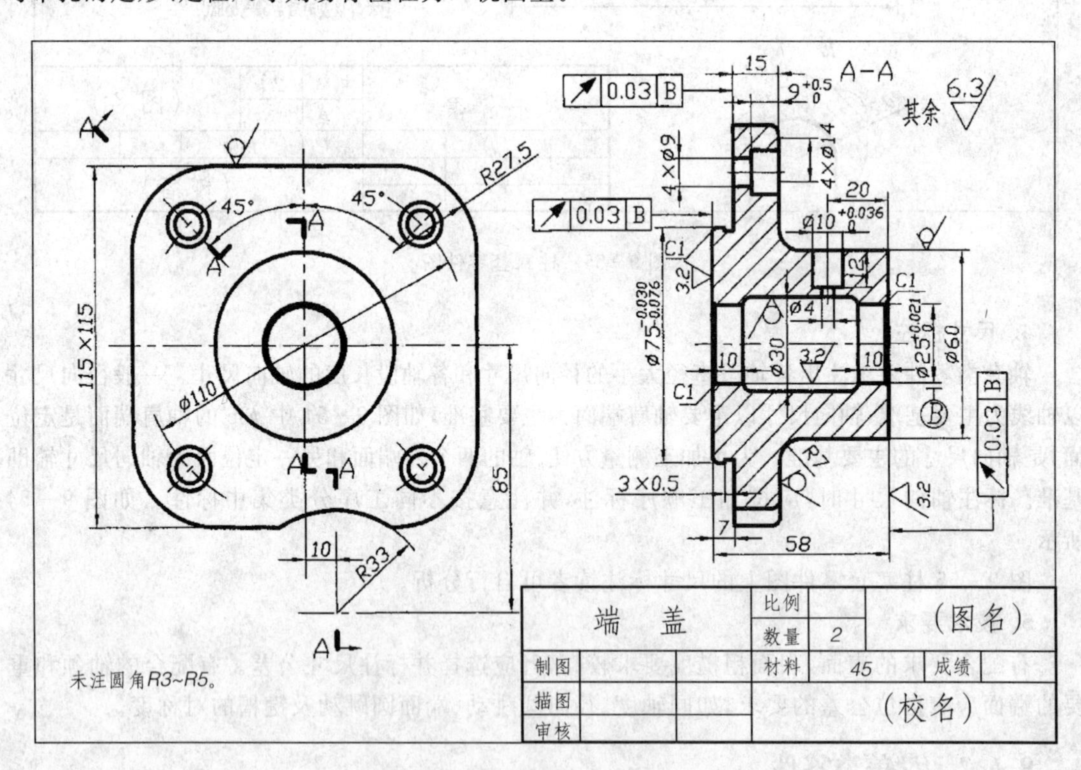

图 9－56　端盖零件图

5. 技术要求

有配合要求的表面、轴向定位的端面，其表面粗糙度和尺寸精度要求较高，端面和轴线之间常有垂直度或端面圆跳动的要求；外圆柱和内孔的轴线间也常有同轴度要求；此外，均布的孔、槽有时会有位置的要求。

9.6.3　叉架类零件

1. 用途

机器上的拨叉、连杆、摇臂、支架、杠杆、踏脚座等均属此类零件，用以实现零件间的某个动作或起支撑作用。

2. 结构分析

叉架类零件多数形状不规则，外形结构比内腔复杂，且整体结构复杂多样，形状差异较大。叉架类零件多为铸造或锻造成毛坯，再经过必要的一些加工而成。这类零件通常由支撑部分、工作部分和连接部分组成。常带有倾斜结构和凸台、凹坑、圆孔、螺孔等结构。图 9－57 所示的拨叉就属于这类零件。

3. 表达方法

叉架类零件常用 1～3 个基本视图表达主要结构。由于这类零件加工工序较多，加工位置经常变化。因此，主视图应按零件的工作位置或自然安放位置选择，并选取最能反映形状特征的方向作为主视图的投影方向。叉架类零件的内部结构通常采用全剖或局部剖视来表达，倾斜结构用斜视图或斜剖视图表达，连接部分用断面图表达。

如图 9－57 所示的拨叉，采用主、俯两个基本视图。由于其在工作时处于倾斜位置，加工

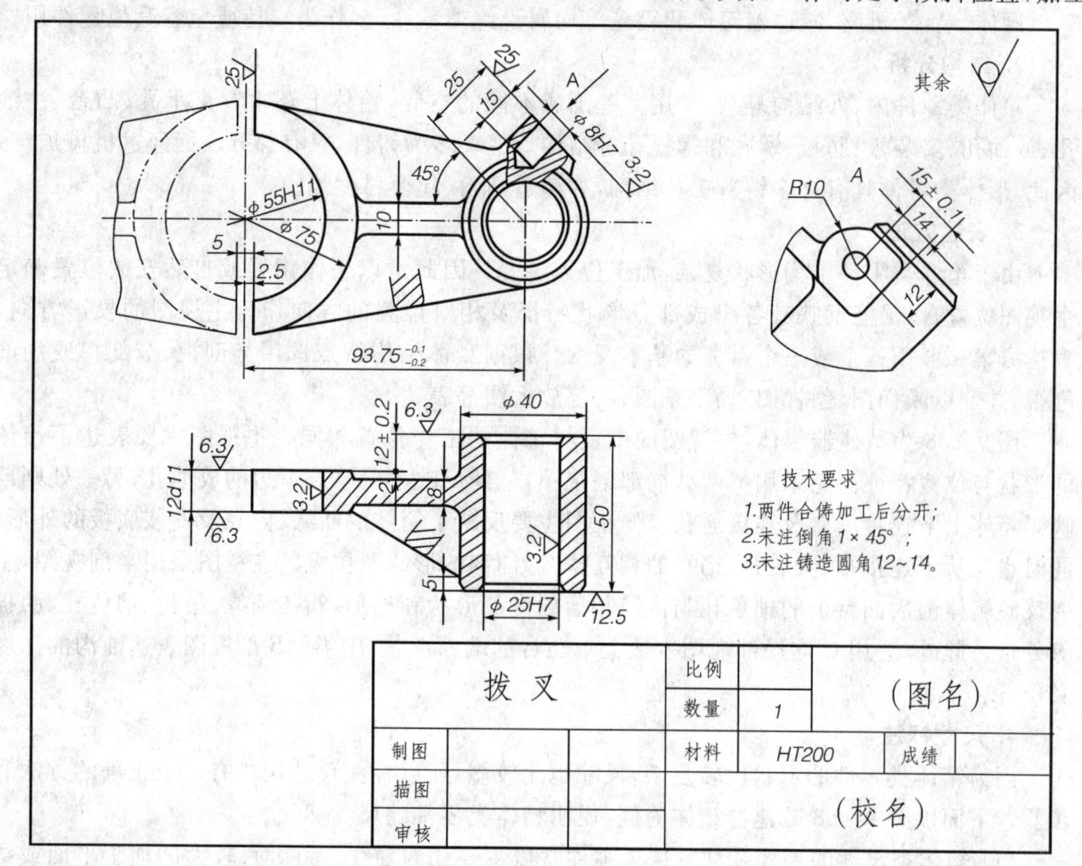

图 9－57　拨叉零件图

位置又不确定，所以主视图将其平放，以反映拨叉形状特征的方向作为主视图的投影方向。主视图主要表达外形，在凸台销孔处用局部剖视表示。俯视图取过拨叉基本对称中心线的全剖视图，表达圆柱形套筒、叉架及其链接关系。A 斜视图表达倾斜凸台的真实形状。由于拨叉制造过程中，两件合铸，加工后分开，因而在主视图上，用双点画线画出与其对称的另一件的部分投影。

4. 尺寸标注

叉架类零件常以主要孔的轴线、对称平面、较大加工面或接合面作为长、宽、高三个方向尺寸的主要基准，按形体分析法标注其定形、定位尺寸。

如图 9－57 所示，以叉架孔 ϕ55H11 的轴线为长度方向的尺寸基准，标出与孔 ϕ25H7 轴线间的中心距 $93.75^{-0.1}_{-0.2}$；高度方向以拨叉的基本对称平面为主要基准；宽度方向则以叉架的两工作侧面为主要基准，标出尺寸 12d11、12±0.2。

5. 技术要求

叉架类零件的安装孔、轴座、圆孔、加工面、接合面的表面粗糙度、尺寸精度较高。根据零件的使用要求，常有圆度、平行度、垂直度等形位公差要求。

9.6.4 箱体类零件

1. 用途

阀体、泵体、机座、减速器箱体和箱盖等均属于此类零件，多作为支持或包容其他零件用。

2. 结构分析

箱体类零件内、外结构复杂，常用薄壁围成不同的空腔，箱体上还常有支承孔、凸台、注油孔、放油孔、安装板、肋板、螺孔和螺栓孔等结构。毛坯多为铸件，只有部分表面经过机械加工。因此，形体类零件具有许多铸造工艺结构，如铸造圆角、起模斜度等。

3. 表达方法

由于箱体类零件结构形状复杂，加工位置多变。因此常以工作位置或自然安放位置确定主视图位置，以最能反映其各组成部分形状特征及相对位置的方向作为主视图的投影方向。表达方案一般用三个或三个以上的基本视图。根据具体结构特点选用半剖视、全剖视或局部剖视，并辅以断面图、斜视图、局部视图、局部放大图等表达方法。

图 9－58 为减速器箱体，主视图的位置与箱体的工作位置相同。主视图主要表达了箱体的形状与位置特征。它采用了两处局部剖视图，一处反映了壁厚及下边的放油孔；另一处则反映了箱体上下连接凸台及连接通孔。俯视图主要反映了箱体的凸缘、内腔及安装底板的外形；同时也反映了连接孔、安装孔、销孔的相互位置，油沟的形状及位置。左视图采用半剖视图，主要反映箱体前后凸台上的轴承孔与内腔相通的内部形状和外形，箱体凸缘、吊钩、油位孔、肋板等外形。此外，还用 C 向局部视图表达上下凸台的端面形状；用 B—B 剖视图表达油沟的深度及位置。

4. 尺寸标注

因为箱体类零件的形状比较复杂，尺寸也比较多，所以标注尺寸应当有一个正确的方法和步骤。下面以图 9－58 减速器箱体为例，说明箱体类零件的尺寸标注。

(1) 箱体类零件的尺寸基准　这类零件常以主要孔的轴线、对称面、较大的加工平面或结合面作为长、宽、高方向的主要基准。

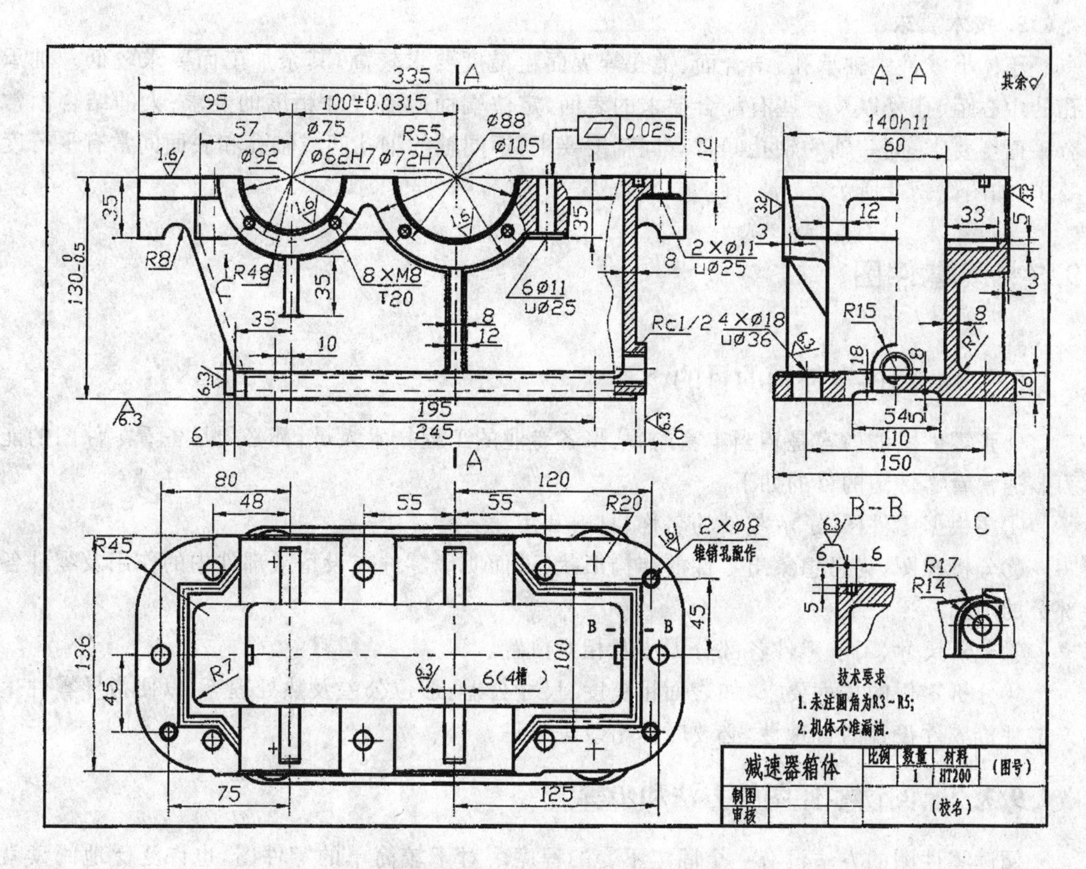

图 9-58 减速器箱体零件图

(2) 直接注出箱体类结构的重要尺寸　箱体中的重要尺寸是指直接影响机器工作性能和质量好坏的一些尺寸。如:中心距、配合尺寸和与安装有关的尺寸等。

①中心距。如图 9-58 减速器箱体中两轴承孔间的距离 100±0.0315,它直接影响两齿轮的正确啮合。

②配合尺寸。如图 9-58 减速器箱体中两轴承孔 ϕ62H7 和 ϕ72H7,它影响着轴承的配合性能。

③与安装有关的尺寸。如图 9-58 减速器中结合面到安装面的距离 $130^{0}_{-0.5}$。

(3) 标注定形、定位尺寸　箱体类零件主要是铸件。因此,所注的尺寸必须满足木模制造的要求且便于制作。在标注定形、定位尺寸时应采用形体分析法结合结构分析,逐个注出各形体的定形、定位尺寸。

减速器箱体的尺寸标注顺序如下。

① 上、下底板及螺栓孔的尺寸标注;

② 轴孔的尺寸标注;

③ 观察油孔和放油孔的尺寸标注;

④ 箱体、吊板和肋板的尺寸标注;

⑤ 检查有无遗漏和重复的尺寸,对尺寸配置乱的地方进行调整。

最后得出图 9-58 所示的全部尺寸。

5. 技术要求

箱体类零件中轴承孔、结合面、销孔等表面粗糙度要求较高，其余加工面要求较低。轴承孔的中心距、孔径以及一些有配合要求的表面、定位端面应有尺寸精度的要求；大的结合面常有平面度要求；同一轴的轴孔间常有同轴度要求，不同轴的轴孔间或轴孔和底面间常有平行度要求，如图 9－58 所示。

9.7 读零件图

9.7.1 阅读零件图的目的

一张零件图的内容是相当丰富的，从事各专业的工程技术人员，都必须具备看零件图的能力。通常看零件图的目的如下。

①要根据零件图，了解零件的名称、材料和用途。

②分析视图，构思想象出零件的结构形状，进而明确零件在设备或部件中的作用及零件各部分的功能。

③分析尺寸，了解零件各部分大小及相对位置。

④分析零件的技术要求，如表面粗糙度、尺寸公差、形位公差及热处理等，以便指导零件生产或评价零件设计的合理性，必要时提出改进意见。

9.7.2 阅读零件图的方法和步骤

阅读零件图的方法没有一个固定不变的程序。对于较简单的零件图，也许泛泛地阅读就能想象出物体的形状及明确其精度要求；对于较复杂的零件，则需要通过深入分析，由整体到局部，再由局部到整体反复推敲，最后才能搞清其结构和精度要求。一般应按下述步骤去阅读一张零件图。

1. 看标题栏

看一张图，首先从标题栏入手。标题栏内列出了零件的名称、材料、比例等信息，从标题栏可以得到一些有关零件的概括信息。

如图 9－59 所示的机座零件图，从名称就能联想到，它是一个起支承作用的零件。从材料 HT200 知道，零件毛坯采用铸件，所以具有铸造工艺要求的结构，如铸造圆角、起模斜度、铸造壁厚均匀等。

2. 明确视图关系

所谓视图关系，即视图表达方法和各视图之间的投影联系。

如图 9－59 所示的机座零件图，采用了主、俯、左三个基本视图。主视图采用半剖视，左视图采用局部剖视，俯视图采用全剖视。

3. 分析视图，想象零件结构形状

从学习阅读机械图来说，分析视图、想象零件的结构形状是最关键的一步。看图时，仍采用前述组合体的看图方法，对零件进行形体分析、线面分析。由组成零件的基本形体入手，由大到小，从整体到局部，逐步想象出物体的结构形状。

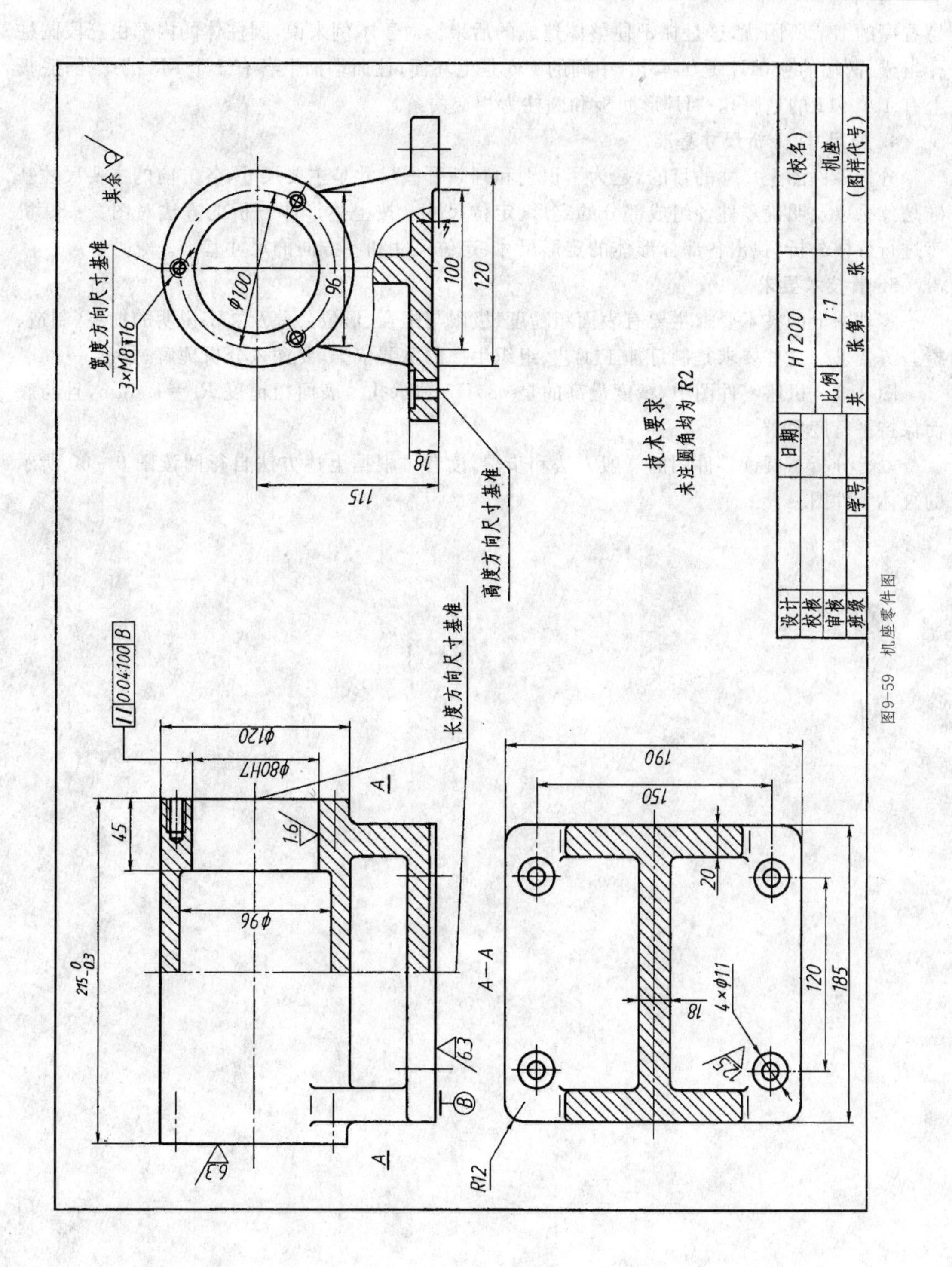

图 9－59　机座零件图

从图 9－59 机座零件图的三个视图可以看出零件的基本结构形状。它的基本形体由三部分构成。上部是圆柱体，下部是长方形底板，底板和圆柱体之间用“H”形肋板连接。

想象出基本形体之后，再深入到细部，这一点一定要引起高度重视。初学者往往被某些不易看懂的细节所困扰，这是抓不住整体造成的后果。对于本例来说，圆柱体的内部由三段圆柱孔组成，两端的 ϕ80H7 是轴承孔，中间的 ϕ96 是毛坯面；柱面端面上各有 3 个 M8 的螺孔；底板上有 4 个 ϕ11 的地脚孔；“H”形肋板和圆柱为相交关系。

4. 看尺寸，分析尺寸基准

分析零件图上尺寸的目的，是为了识别和判断哪些尺寸是主要尺寸，各方向的主要尺寸基准是什么以及明确零件各组成部分的定形、定位尺寸。按上述形体分析的方法对图 9-59 机座进行形体分析，找出各部分形体的定形尺寸、定位尺寸和各方向的尺寸基准。

5. 看技术要求

零件图上的技术要求主要有表面粗糙度、极限与配合、形位公差及文字说明的加工、制造、检验等要求。这些要求是制订加工工艺、组织生产的重要依据，要深入分析理解。

图 9-59 机座零件图中，精度最高的是 ϕ80H7 轴承孔。表面粗糙度 $R_a=1.6\mu m$，且与底面保持平行度要求。

以上分析了阅读零件图的一般方法和步骤，读者可根据上述方法自行阅读图 9-60 所示的缸体零件图。

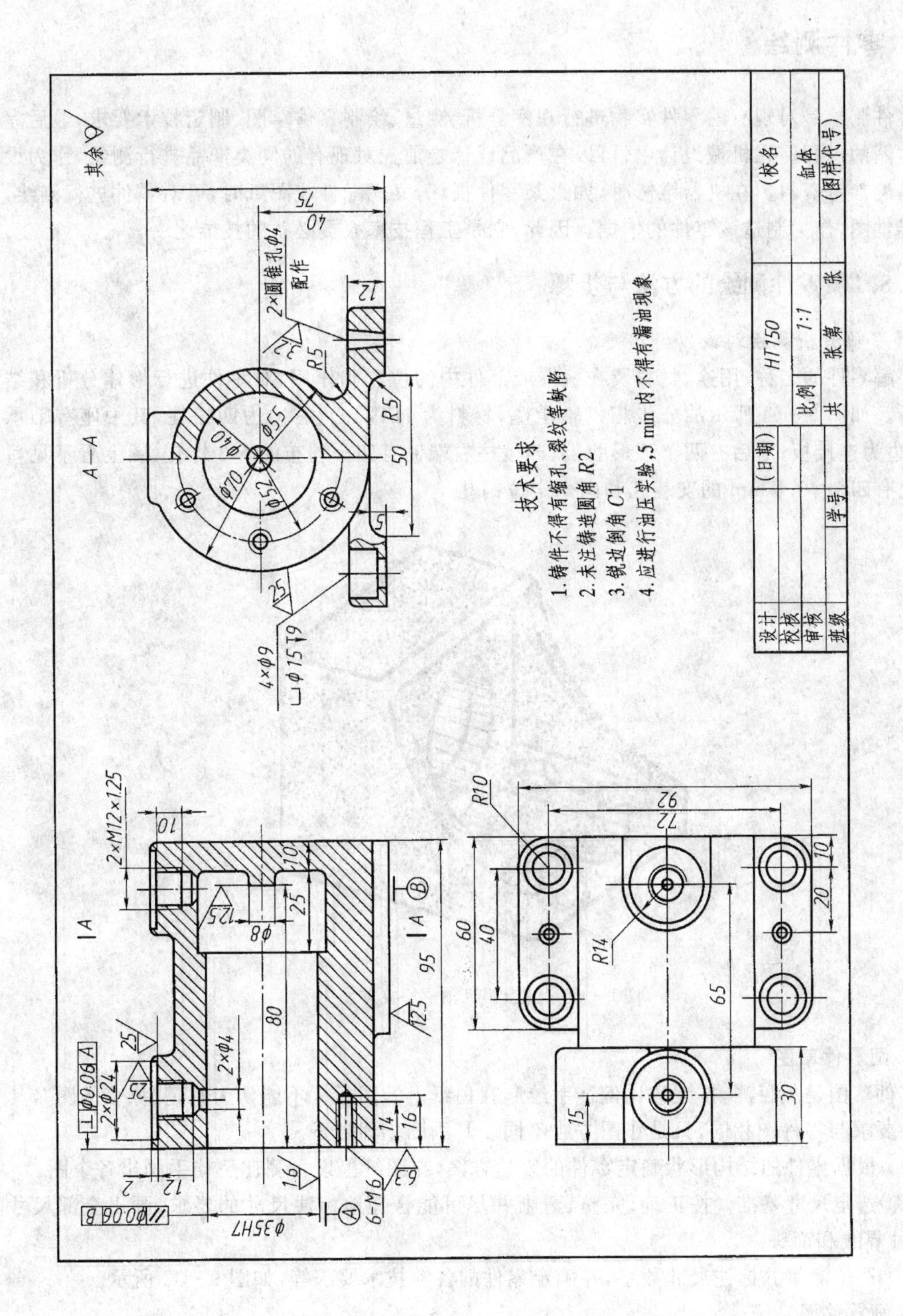
A—A
其余
技术要求
1. 铸件不得有缩孔、裂纹等缺陷
2. 未注铸造圆角 R2
3. 锐边倒角 C1
4. 应进行油压实验,5 min 内不得有漏油现象
HT150
(校名)
缸体
(图样代号)
比例 1:1
共 张 第 张
设计
校核
审核
班级
学号
(日期)

图 9-60　缸体零件图

9.8 零件测绘

零件测绘是对现有的零件实物进行观察分析、测量、绘制零件草图、制定技术要求，最后完成零件图的过程。在机械设计中，可以在产品设计之前先对现有的同类产品进行测绘，作为设计产品的参考资料。在机器维修时，如果某零件损坏，又无配件或图纸时，可对零件进行测绘，画出零件图，作为制造该零件的依据。因此，它是工程技术人员必备的技能之一。

9.8.1 零件测绘的方法与步骤

1. 了解分析测绘对象

了解零件的名称、用途、材料及在机器或部件中的位置和作用，对零件进行形体分析和结构分析。如图 9-61 所示的分步相机轴承座，材料为 HT250。右边为四棱柱，其中座有轴承孔；左边为连接板；前后有两个弧形肋板；四棱柱右端钻有四个均布的 M3 螺孔(图上看不见)；底板上有四个 $\phi5.5$ mm 的安装孔和两个定位销孔。

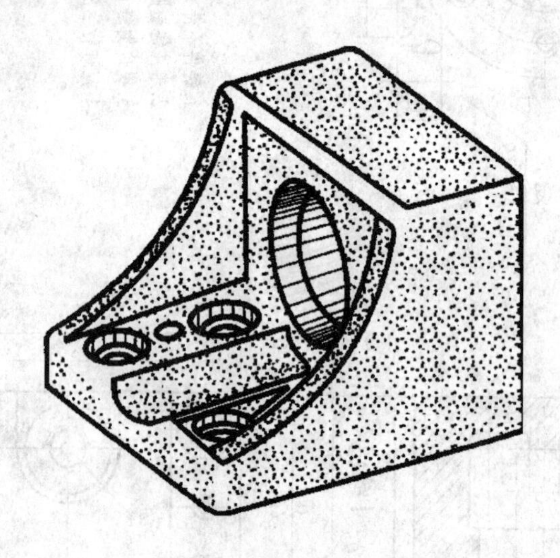

图 9-61 分步相机轴承座立体图

2. 画零件草图

零件草图是凭目测，按大致比例徒手绘制在白纸上的图形。不能认为它是"潦草的图"，其内容和要求与零件图相同，只是作图方法不同。其画图步骤如下。

(1) 根据零件的结构形状确定零件的表达方案，在图纸上以目测比例徒手画出各个图。

(2) 选定尺寸基准。按正确、完整、清晰并尽可能合理地标注尺寸的要求，画出全部尺寸线、尺寸界线和箭头。

(3) 逐个测量并标注尺寸数字，并确定零件的各项技术要求等，如图 9-62 所示。

3. 画零件图

由于零件草图常常是在机器现场测绘的，受时间和场地的限制，有些问题考虑得不够全面和完善，不能作为正式生产图样。因此在画零件图时，还必须对草图进行细致地审查、修改、补充，最后画出符合标准的零件图。整理出的分步相机轴承座零件图如图 9-63 所示。

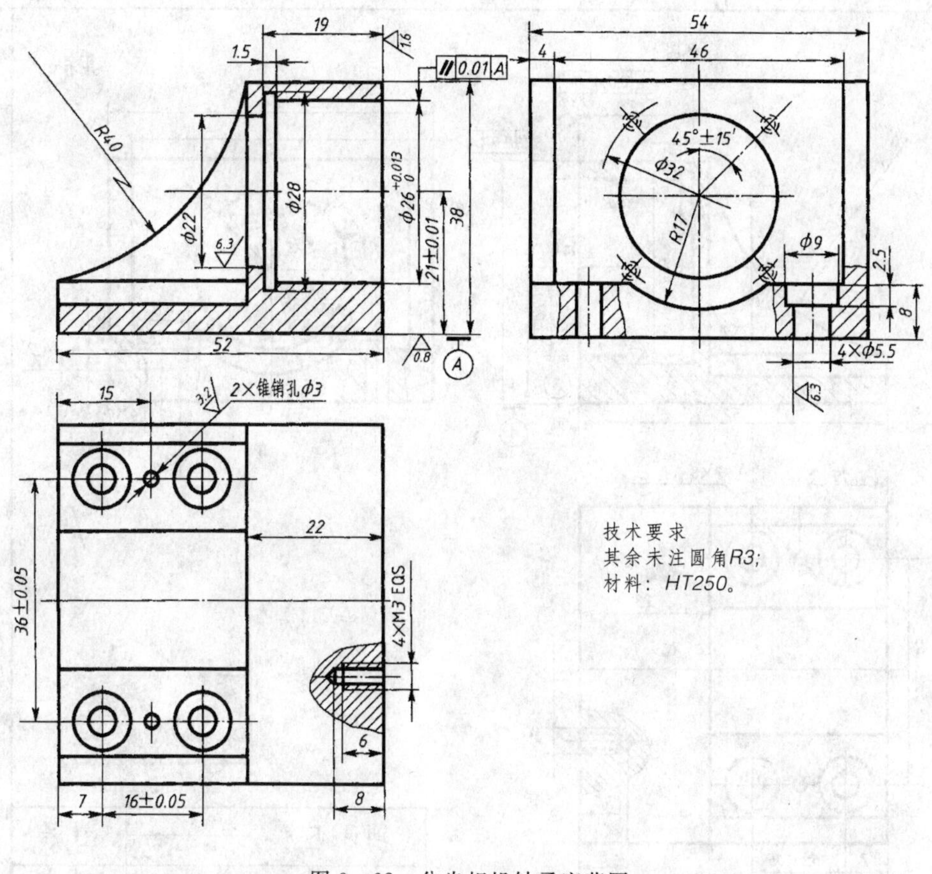

图 9－62　分步相机轴承座草图

9.8.2　零件尺寸的测量和数据处理

1. 零件尺寸的测量

画出零件草图的各视图后，再画出全部尺寸的尺寸界线和尺寸线。然后用量具精确测量出主要尺寸及部分结构尺寸，而一般结构的尺寸经测量圆整后逐一注写到草图上。能计算出的主要尺寸，如齿轮啮合中心距等要通过计算再标注。标准化结构可先测量再查有关的标准，根据标准值注写。

测量零件尺寸常用的测量工具有内外卡钳、游标卡尺、钢直尺、圆角规、角规、螺纹规等。线性尺寸如壁厚、中心距及直径等可直接用量具测出，这里不作介绍。下面重点介绍螺纹和齿轮参数的测量。

(1) 螺纹参数的测量　螺纹参数主要有牙形、公称直径(大径)、螺距、线数和旋向。线数和旋向凭目测即可，牙形若为标准螺纹可根据其类型确定牙形角。外螺纹的大径可用游标卡尺直接测量；内螺纹的大径可通过与之旋合的外螺纹的大径确定；没有外螺纹时，可测出其小径，再根据其类型和螺距查出其标准大径值。

螺距的测量可采用螺纹规，如图 9－64 所示。

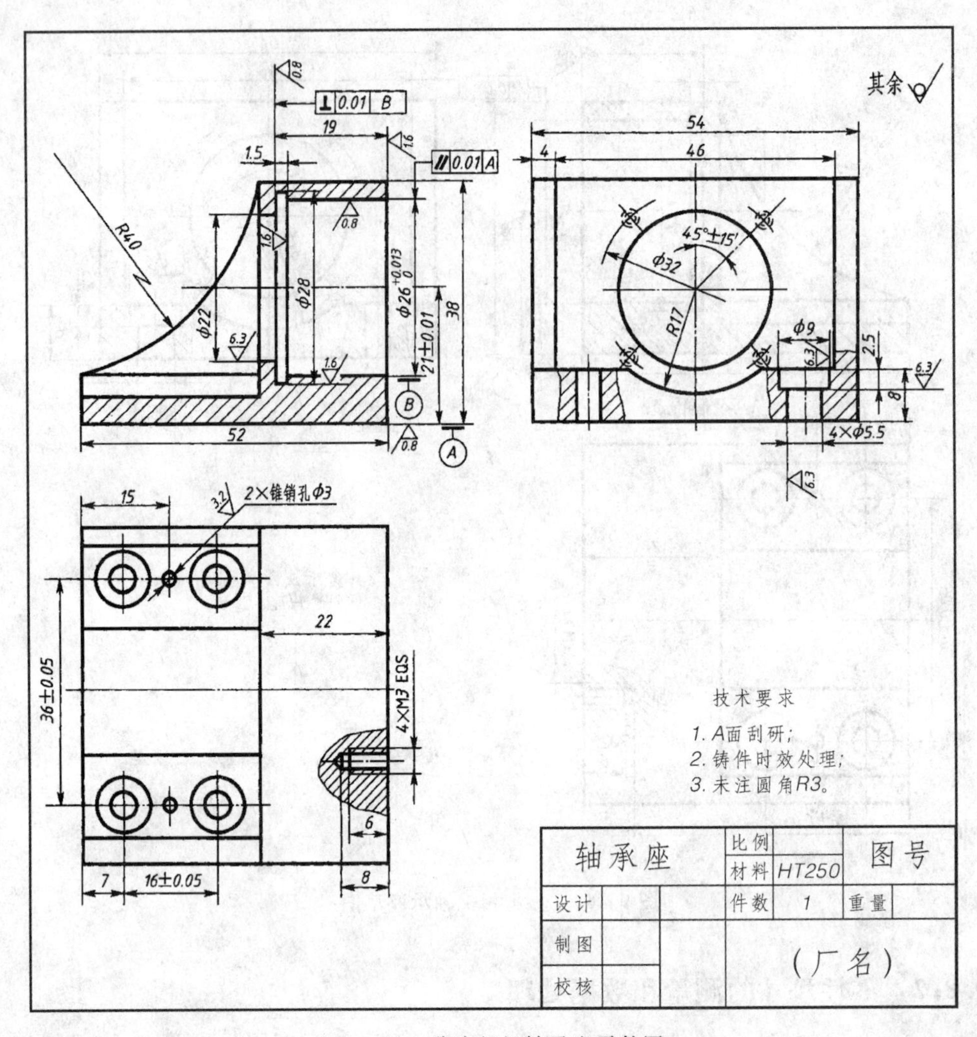

图 9-63　分步相机轴承座零件图

没有螺纹规时可采用简单的压印法测量螺距，螺距 $P=T/(n-1)$，式中 n 为测量范围 T 内的螺纹压痕数，如图 9-65 所示。

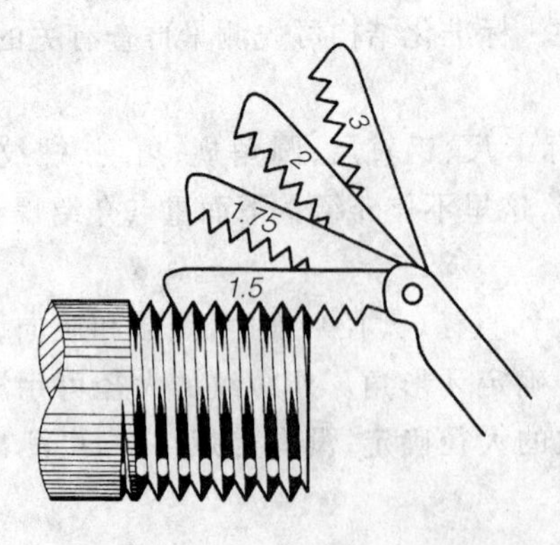

图 9-64　螺距的测量

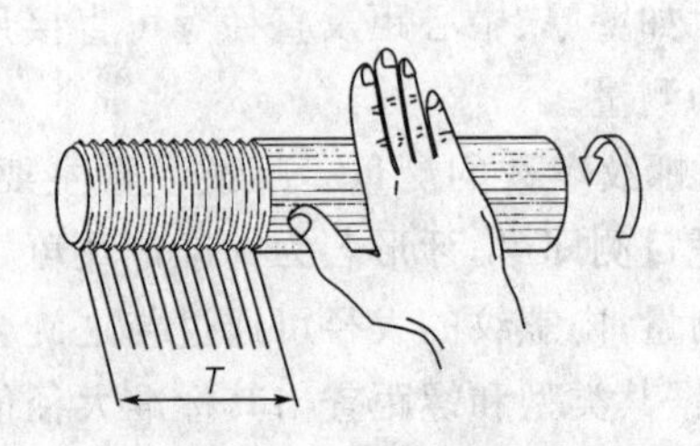

图 9-65　压印法测量螺距

采用压印法时应多测几个螺距值，然后取平均值。不论是大径还是螺距，测量后应查阅有关的标准再圆整测量值，标注到图纸上的应当是标准值。

(2)齿轮参数的测量　标准直齿圆柱齿轮的参数有齿数、模数、齿顶圆直径、分度圆直径等。齿数数一数即知，模数和分度圆直径没法直接测量，可通过测量齿顶圆直径，然后换算出模数和分度圆直径。

齿顶圆直径的测量分两种情况：第一种是齿数为偶数时，相对的两个齿顶距离即为齿顶圆直径，可用游标卡尺直接测量；第二种是齿数为奇数时，由于轮齿对齿槽，所以无法直接测量，可按图 9-66 所示的方法测出 D 和 e，则 $d_a=D+2e$。

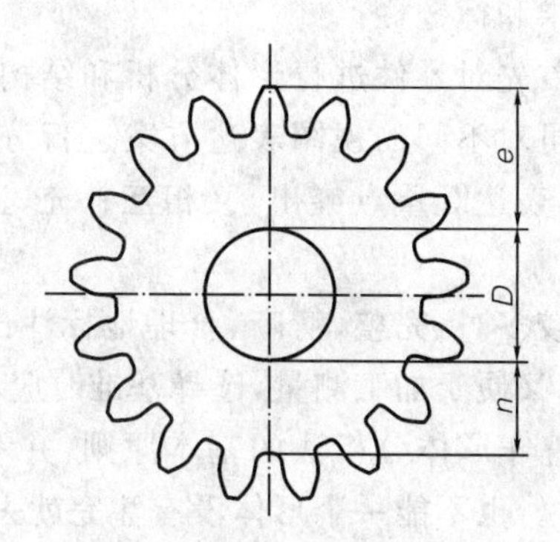

图 9-66　奇数齿轮齿顶圆的测量

测出齿顶圆直径和齿数后可按 $m=d_a/(z+2)$ 计算出模数(注意，计算出的模数要查标准，选择和计算值接近的标准值)，然后按 $d=mz$ 计算出分度圆直径。

2. 数据处理

测绘时，对实际测得的数据有时要进行处理，而不能按实际测量所得直接标注在图上。

①零件上非配合面、非接触面、不重要表面在测量所得的尺寸有小数时，应圆整，并尽可能与标准尺寸系列中的数值相同或相近。

②零件的配合尺寸应取标准值。

③对一些计算尺寸不能圆整，并应精确到小数点后三位。

④对标准结构或与标准件相配合的结构如直径、键槽、齿、退刀槽、销孔以及与滚动轴承相配合的轴或壳体孔的尺寸都应取标准值。

9.8.3　零件测绘应注意的问题

①零件的制造缺陷如砂眼、气孔、刀痕和对称图形不对称或长期使用所造成的磨损，都应在分析基础上，不画或加以改正。

②零件上因制造、装配的需要形成的工艺结构，如圆角、倒角、退刀槽等应查有关标准手册来确定，并画在图纸上，不能忽略。

③有配合关系的尺寸，一般只要测量其基本尺寸，其配合性质及相应的公差值，应在分析后，查阅有关手册确定。

④标注尺寸时应集中测量，统一注写尺寸数字，标注配合尺寸或两零件有链接关系的尺寸

时，应将这些尺寸同时注在相关的两零件上，以节约时间，避免遗漏和差错。

本章小结

本章重点介绍了零件图的画法和阅读零件图的方法。学习完本章内容，应掌握零件图的画法，并具有初步的阅读、绘制零件的能力。具体内容如下。

(1)零件图是机械图样的重要内容，它要求综合应用已学过的全部知识和绘图技能。其主要内容为一组视图、全部尺寸、技术要求和标题栏。

(2)选择零件视图表达方案时，应首先对零件进行形体分析和结构分析，然后按视图选择原则和步骤，确定表达方案。选择时，可对不同的视图表达方案进行分析比较，最后确定一个比较恰当的表达方案，做到各个视图的表达既重点突出，又相互补充，正确、完整、清晰地表达出零件的结构形状。

(3)当零件结构比较复杂，形体比较多时，完整、清晰、合理地标注出全部尺寸是一件非常复杂的工作。为了确保零件设计要求，又便于加工测量，选择基准时应尽可能做到设计基准和工艺基准重合。具体标注时，应严格遵守形体分析法的基本原则，并考虑设计要求和工艺要求，切忌看到一个位置就标注一个尺寸。也不能一个形体没有注完就去标注另外一个形体，这是产生重复标注或遗漏尺寸的主要原因。

(4)对于零件图的技术要求，只要求了解表面粗糙度、公差与配合及形位公差的一般知识，重点掌握其在图样上的标注方法。

(5)根据零件的作用及其结构特点，通常将零件大体上分为四类：轴套类、盘盖类、叉架类和箱体类。应注意归纳不同类型的零件在视图选择和尺寸注法上的不同特点，并很好地掌握这两部分重点内容。但是，零件的结构形状多种多样，在选择视图和标注尺寸时，还应针对零件的具体结构和形状特点进行具体分析。

(6)零件测绘是对现有的零件实物进行观察分析、测量，绘制零件草图，制定技术要求，最后完成零件图的过程。由于它是工程技术人员必备的技能之一，因此零件测绘也是我们要求大家掌握的内容。要学好零件测绘，我们必须知道零件测绘的方法与步骤，这样才能正确地进行测绘。另外要注意测量方法及测量工具的使用，以及零件测绘时应注意的问题。

第 10 章　装配图

10.1　装配图概述

10.1.1　装配图的作用

一台较复杂的机器设备都是由若干个部件组成的，而部件又是由若干零件按一定的关系和技术要求组装而成的。用来表达机器或部件的图样称为装配图。

在产品或部件的设计过程中，一般是先设计画出装配图，然后再根据装配图进行零件设计，画出零件图；在产品或部件的制造过程中，先根据零件图进行零件加工和检验，再按照依据装配图所制定的装配工艺规程将零件装配成机器或部件；在产品或部件的使用、维护及维修过程中，也经常要通过装配图来了解产品或部件的工作原理及构造。它是进行设计、装配、检验、安装、调试和维修时所必需的技术文件。

10.1.2　装配图的内容

由如图 10-1 所示的装配图可知，装配图一般具备以下内容。

1. 一组视图

选择一组视图并用恰当的表达方法，正确、完整、清晰地表达机器或部件的工作原理、各零件的装配关系和连接关系、传动路线以及零件的主要结构形状。

2. 必要的尺寸

根据装配、调整、检验、使用和维修的要求，在部件装配图中，一般应注出反映机器的性能、规格、零件之间的配合和相互之间位置的要求，以及总体尺寸和安装时所需要的尺寸。

3. 技术要求

用文字或符号注写出机器或部件的性能，装配和调整要求，验收条件，试验和使用，维护规则等。

4. 标题栏、序号和明细栏

为了便于生产组织和管理图样及零件装配的需要，在装配图上必须对每个零件标注序号并编制明细栏。明细栏说明机器或部件上各个零件的名称、序号、数量、材料及备注等。对零件编号的另一个作用是将明细栏与图样联系起来，使看图时便于找到零件的位置。标题栏说明机器或部件的名称、比例、数量、图号及设计单位和人员等。

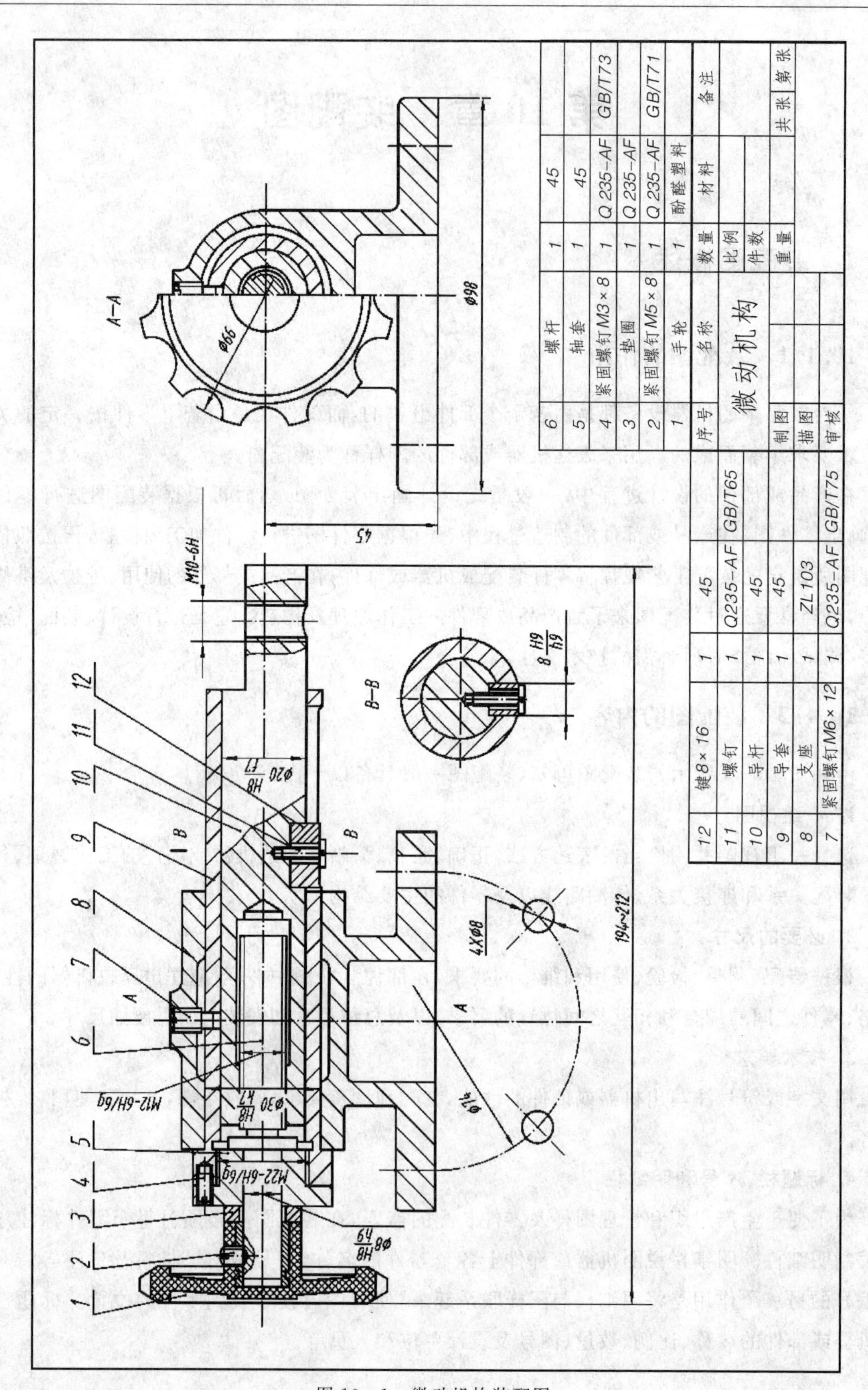

图 10-1　微动机构装配图

10.2　装配图的规定画法和特殊画法

装配图和零件图的表达方法基本相同。都要表达出零、部件的内、外结构形状。前面介绍的各种视图、剖视图、断面图等表达方法都适用于装配图。不同之处是零件图需要清晰、完整地表达零件的结构形状;装配图则要表达机器或部件的工作原理和主要装配关系,把机器或部件的内部构造、外部形状和零件的主要结构形状表达清楚,而不需要把每个零件的形状完全表达清楚。针对装配图的这些特点,装配图有自己的规定画法和特殊表达方法。

10.2.1　规定画法

①相邻两个零件的接触面和基本尺寸相同的配合面,只画一条轮廓线。但若相邻两个零件的基本尺寸不相同,则无论间隙大小,均要画成两条轮廓线,如图 10-2 所示。

②相邻的两个或两个以上的金属零件,其剖面线的倾斜方向应该相反;或方向相同但间隔不同,如图 10-2 所示。但在各视图中,同一零件剖面线的方向与间隔必须一致。

③在装配图中,对于紧固件及轴、球、手柄、键、连杆等实心零件,若沿纵向剖切且剖切平面通过其对称平面或轴线时,这些零件均按不剖绘制,如图 10-2 中所示的轴。若该零件上有连接关系需要表达,如键、销连接等,可画出局部剖视加以表示。

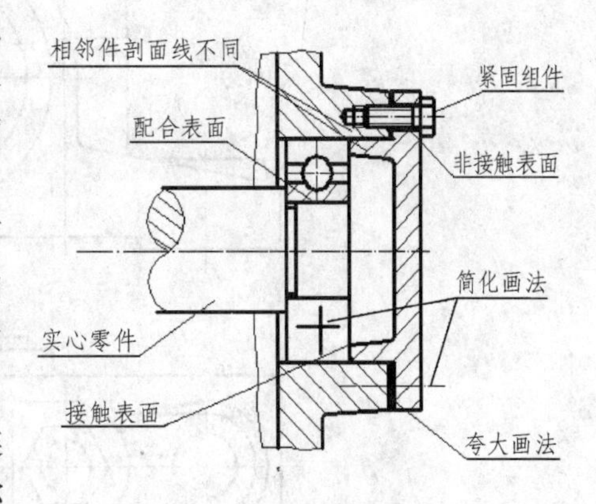

图 10-2　装配图的规定画法

10.2.2　特殊画法

1. 沿结合面剖切画法

绘制装配图时,根据需要可沿某些零件的结合面选取剖切平面,这时在结合面上不应画出剖面线。如图 10-3 所示润滑泵的 A—A 视图,为沿着泵体与垫片间的结合面剖切后画出的视图。

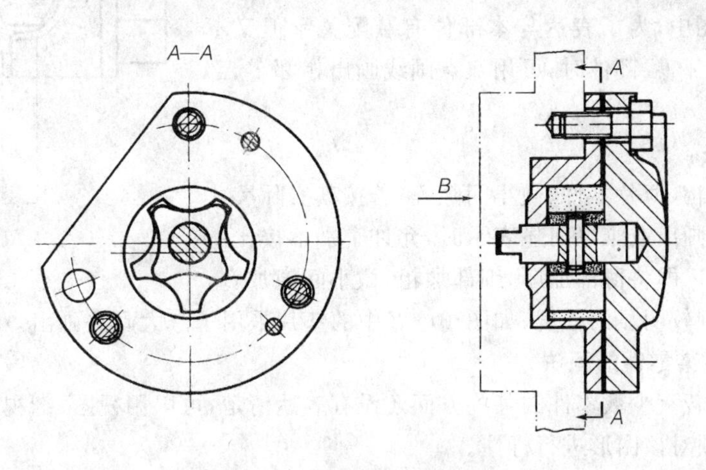

图 10-3　沿结合面剖切画法

2. 拆卸画法

在装配图中，若部分部件或零件的内部结构成装配关系，且被一个或几个其他零件遮住，而这些零件在其他视图中已经表达清楚，则可以假想将这些零件拆卸后绘制，这种方法称为拆卸画法。拆卸画法一般要标注“拆去××”等字样。如图 10-4 所示，俯视图是拆去轴承盖、螺栓和螺母后绘制的。

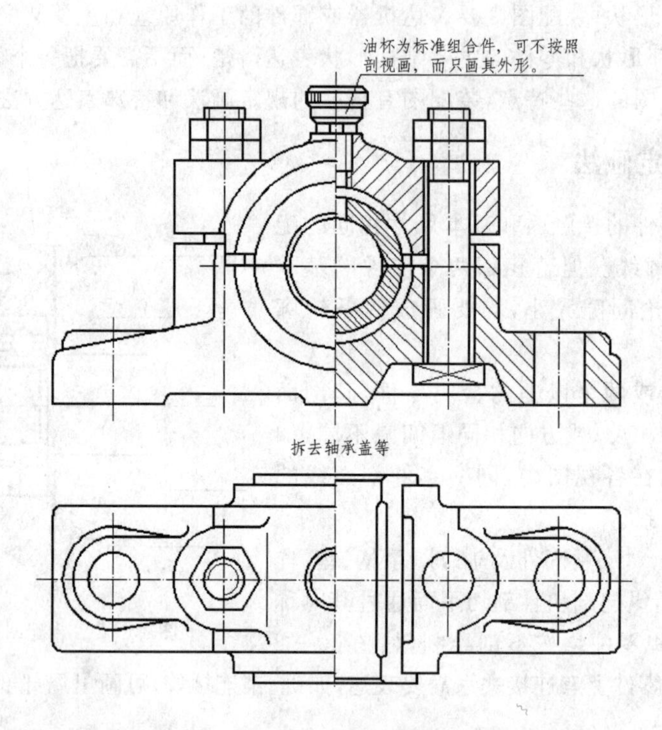

图 10-4　拆卸画法

3. 假想画法

(1)需要表达装配图中某零件的运动极限位置时，用双点画线画出该零件的极限位置轮廓，如图 10-5 中球阀手柄的极限工作位置。

(2)在装配图中，为了表达与本部件有装配关系但又不属于本部件的相邻零、部件时，可用双点画线画出相邻零、部件的部分轮廓。

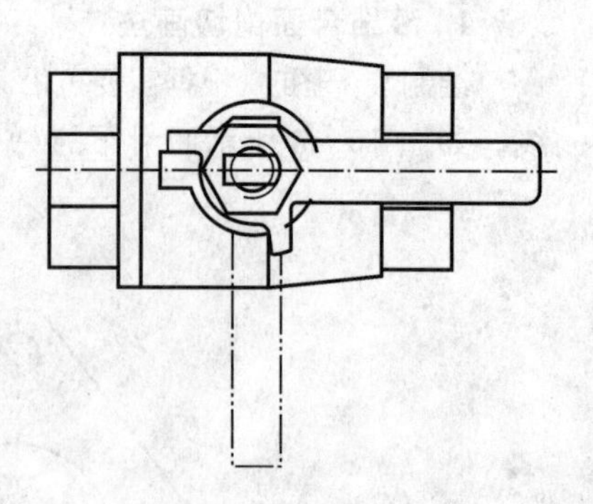

图 10-5　假想画法

4. 夸大画法

对于细小结构、薄片零件、微小间隙等，若按其实际尺寸在装配图上很难画出或难以明显表示时，允许个别不按比例而采用夸大画法。即将薄部加厚，细部加粗，微小间隙加宽，斜度、锥度加大到较明显的程度，如图 10-2 中的垫片采用了夸大画法画出。

5. 单独表达某零件的画法

在装配图中若有少数零件的某些方面还没有表达清楚，可以用视图、剖视或剖面单独画出这些零件，但必须对该图形进行标注。

6. 简化画法

①多个相同规格的紧固组件，如螺栓、螺母、垫片组件，同一规格只需画出一组装配关系，其余可用点画线表示其安装位置，如图10-2中紧固组件。

②装配图的滚动轴承可以采用如图10-2的简化画法。

③外购成品件或另有装配图表达的组件，虽剖切平面通过其对称中心也可以简化为只画其外形轮廓。

④零件的一些工艺结构，如小圆角、倒角、退刀槽等可不画出。

10.3 装配图上的尺寸标注和技术要求

10.3.1 装配图上的尺寸标注

装配图中应标注出必要的尺寸。这些尺寸是为了说明部件的性能、工作原理、装配关系和装配时的安装要求。装配图上应标注下列几种尺寸。

1. 性能(规格)尺寸

它是表示机器或部件性能和规格的重要尺寸，它在设计时就已经确定，是设计、了解和选用零件的依据。

2. 装配尺寸

表示机器或部件与部件之间装配关系的尺寸，包含如下。

(1)配合尺寸 表示零件间有配合要求的尺寸；

(2)相对位置尺寸 表示在装配时需要保证的零件间较重要的距离、间隙等尺寸；

(3)装配时加工尺寸 有些零件要装配在一起后才能进行加工，装配图上要标注出装配时加工尺寸。

3. 外形尺寸

是机器或部件的外形轮廓尺寸。反映了机器或部件的总长、总宽、总高，这是机器或部件在包装、运输、安装、厂房设计时所需的依据。

4. 安装尺寸

机器或部件安装时涉及到的尺寸，应在装配图中标出，供安装时使用。

5. 其他置要尺寸

是在设计中经过计算确定或选定的尺寸，未包括在上述尺寸中。这种尺寸在拆画零件图时不能改变。

上述五类尺寸，并非在每张装配图上都需要注全，有时同一个尺寸可能有几种含义。因此在装配图上到底应注哪些尺寸，需根据具体情况分析而定。

10.3.2 装配图上的技术要求

在装配图中，用简明文字逐条说明机器或部件的性能、装配、检验和使用、维护等方面的注意事项，在技术要求中的文字应简明扼要，通俗易懂，可写在标题栏的上方或左边。技术要求应根据实际需要注写，其内容如下。

(1)装配要求　包括机器或部件中零件的相对位置、装配方法及工作状态等。

(2)检验要求　包括对机器或部件基本性能的检验方法和测试条件等。

(3)使用要求　包括对机器或部件的使用条件、维修、保养的要求以及操作说明等。

(4)其他要求　不便用符号或尺寸标注的性能规格参数等,也可用文字注写在技术要求中。

10.4　装配结构的合理性简介

为了保证机器或部件的性能、质量,并给加工制造和装拆带来方便,在设计机器或部件时,必须考虑到零件之间装配结构的合理性,并在装配图上把这些结构正确地反映出来。

10.4.1　接触面和配合面结构的合理性

在两零件接触面和配合面结构的合理性方面主要考虑以下几个方面。

1. 两零件的接触面数量

两零件在同一个方向上,只能有一对接触面和配合面,见图 10-6。这样既保证让装配工作能顺利地进行,又给加工带来很大的方便。

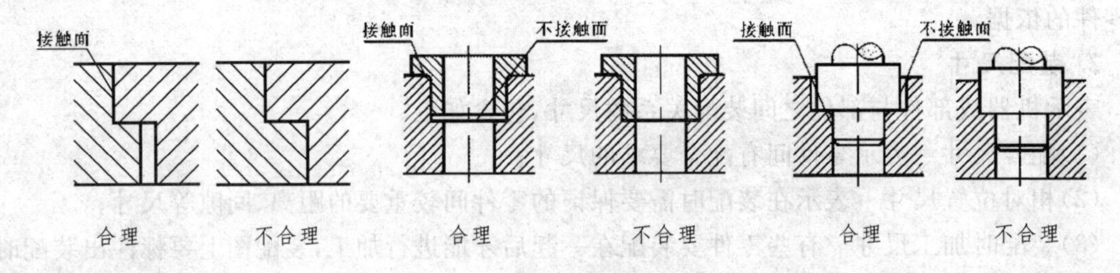

图 10-6　同一方向上的接触面

2. 加工面

对于需要进行机加工的面,为了减少加工面积,可作成沉孔、凸台等结构。这样,一方面可降低加工成本,另一方面又能保证连接件和被连接件间的良好接触。

3. 孔和轴的端面结构

为保证轴肩端面和孔端面接触,可在轴肩处加工出退刀槽,或在孔的端面加工出倒角,如图 10-7 所示。

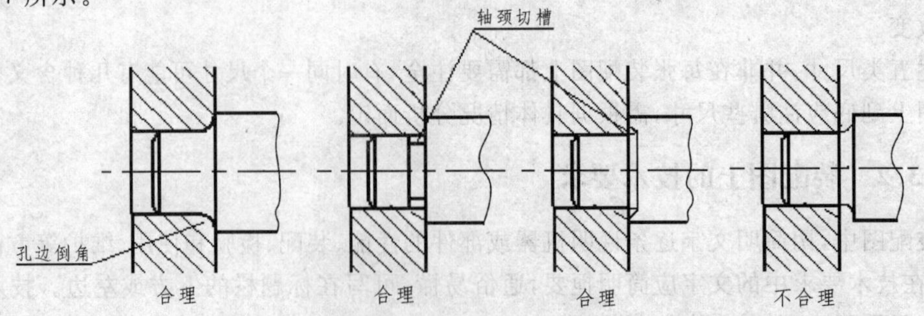

图 10-7　接触面拐角结构

10.4.2　连接件装配的合理结构

①被连接件通孔的直径要比螺纹大径或螺杆直径大些，以便装配。

②为了便于拆装，应留出扳手活动空间和装拆螺栓的空间。如图 10-8 中(b)和(d)。

③为紧固零件，要适当加长螺纹尾部，在螺杆上加工出退刀槽或者在螺孔上作出凹坑或倒角。

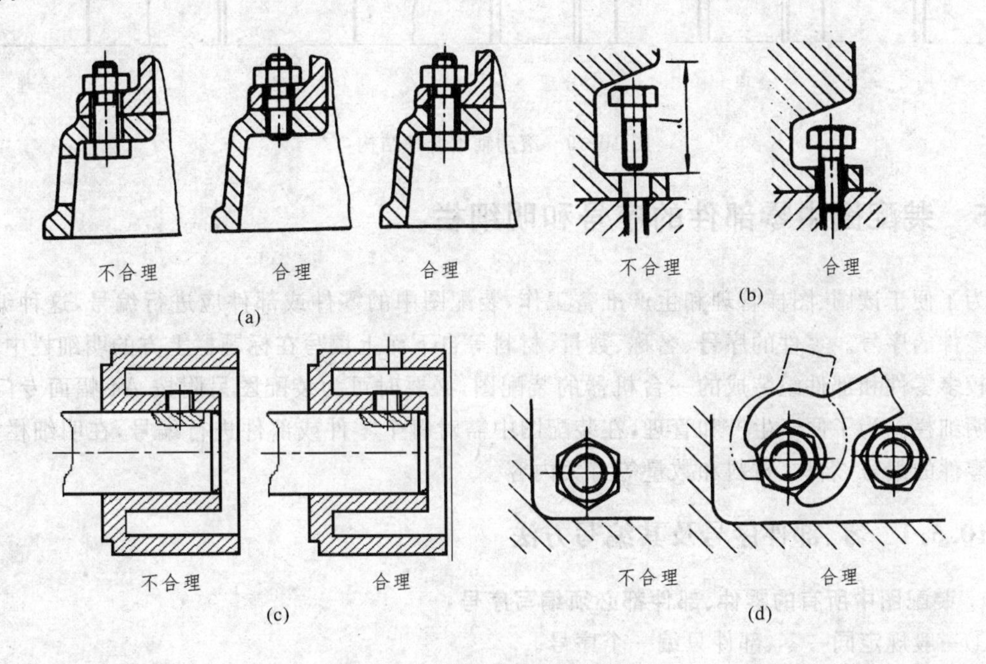

图 10-8　螺纹紧固件的合理结构

10.4.3　防松装置结构

机器运转时，由于受到振动或冲击等，有些零、部件(如螺纹连接件)可能产生松动，因此要采用防松结构。在螺纹连接中可用弹簧垫圈、开口销、双螺母锁紧和止动垫片等防松装置。

10.4.4　密封装置结构

在机器或部件中，为防止内部液体外漏及外部灰尘侵入，常需要采用密封装置。滚动轴承的密封方式有毡圈式、沟槽式、皮碗式、挡片式等。

10.4.5　装拆方便的合理结构

①在用轴肩或孔肩定位滚动轴承时，应注意到维修时拆卸的方便与可能，如图 10-9 所示。

②当零件用螺纹紧固件连接时，应考虑到装、拆的可能性。图 10-9 为一些合理与不合理结构的对比。图 10-9 中，螺栓无法上紧，须加手孔或改用双头螺柱。图 10-8(b)中，为了便于装拆，必须留出装拆螺栓的空间。

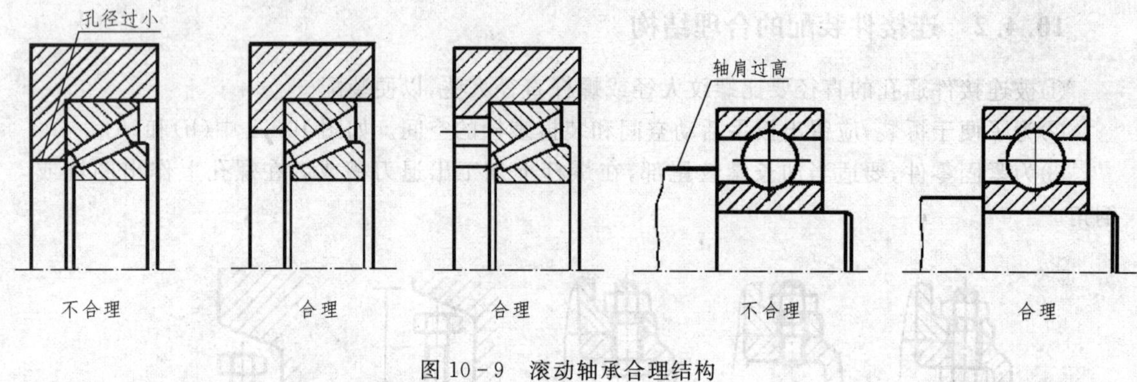

图 10-9　滚动轴承合理结构

10.5　装配图中零部件的序号和明细栏

为了便于读图、图样管理和生产准备工作，装配图中的零件或部件应进行编号，这种编号称为零件的序号。零件的序号、名称、数量、材料等自下而上填写在标题栏上方的明细栏中，表达由较多零件和部件组装成的一台机器的装配图，必要时可为装配图另附按 A4 幅面专门绘制的明细栏。为了便于生产和管理，在装配图中需对每个零件或部件进行编号，在明细栏中，填写零件的编号、名称、材料和数量等有关内容。

10.5.1　零、部件序号及其编写方法

1. 装配图中所有的零件、部件都必须编写序号

①一般规定同一零、部件只编一个序号。

②同一装配图中相同的零、部件应编写同样的序号。

③图中的序号应与明细栏中的序号一致。

④序号沿水平或垂直方向按顺时针或逆时针顺序排列整齐，同一张装配图中的编号形式应一致。

2. 序号的编排方法

① 编注零、部件序号的三种通用表示方法如图 10-10(a)所示。其中序号的标注由圆点(对很薄的零件或涂黑的剖面可用箭头代替)、指引线(用细实线绘制)、水平线或圆(用细实线绘制，也可不画)和序号组成。

②序号应注写在水平线上或圆(用细实线绘制)内，序号字高应比图中的尺寸数字高度大一或两号。不画水平线或圆时，序号字高应比图中的尺寸数字高度大两号，如图 10-10 所示。

③若所指零件很薄或涂黑的剖面，可在指引线的起始处画出指向该零件的箭头，如图中 10-10(b)零件 5 的指引线。

④指引线应是自所指部分的可见轮廓内引出，指引线彼此不得相交。指引线通过剖面区域时，不应与剖面线平行(必要时可画成折线但只允许曲折一次)，如图中 10-10(b)零件 1 的指引线。

⑤对紧固组件装配关系清楚的零件组，可以采用公共指引线进行编号，如图 10-10 中螺栓组件的几种编号形式，其他公共线的形式如图 10-10(c)所示。

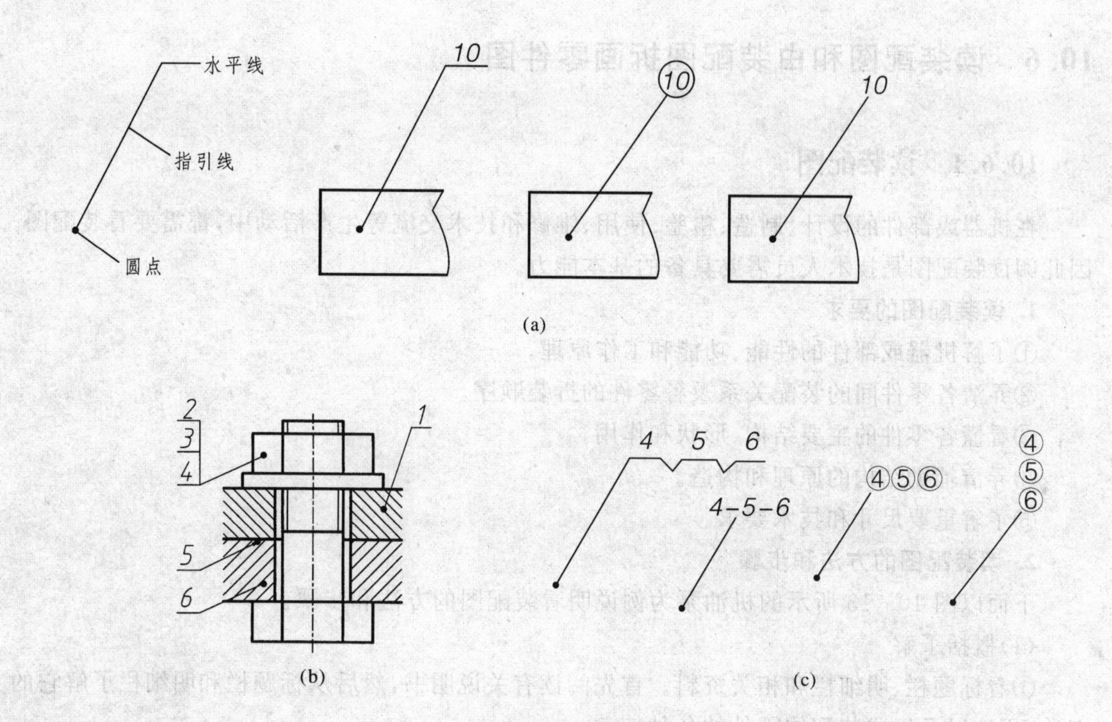

图 10－10　零件序号编绘形式

⑥装配图中的标准化组件或成品件，如电动机、滚动轴承、油杯等，可视为一件，只编一个序号。

10.5.2　明细栏

零件明细栏是部件中全部零件的详细目录，装配图的明细栏画在标题栏上方，按自下而上的顺序填写，假如地方不够，可在标题栏的左方继续填写。其内容应包括零件序号，零件的名称、数量、材料和备注等。对较为复杂的部件也常将单独的明细栏装订成册，其序号按自上而下的顺序读写，作为装配图的附件。图 10－11 为教学中建议采用的标题栏与明细表的标准格式。

3					
2					
1					
序号	名称		数量	材料	备注
图名			比例		（图号）
			件数		
制图		（日期）	重量		共 张　第 张
描图		（日期）	（校名）		
审核		（日期）			

图 10－11　学校暂用标题栏与明细栏格式

10.6 读装配图和由装配图拆画零件图

10.6.1 读装配图

在机器或部件的设计、制造、检验、使用、维修和技术交流等生产活动中，都需要看装配图。因此阅读装配图是技术人员需要具备的基本能力。

1. 读装配图的要求

①了解机器或部件的性能、功能和工作原理。

②弄清各零件间的装配关系及各零件的拆装顺序。

③看懂各零件的主要结构、形状和作用。

④弄清辅助结构的原理和构造。

⑤了解重要尺寸和技术要求。

2. 读装配图的方法和步骤

下面以图 10－13 所示的机油泵为例说明看装配图的方法和步骤。

(1)概括了解

①看标题栏、明细栏和相关资料。首先阅读有关说明书，然后从标题栏和明细栏了解它的名称、用途以及组成装配体零件的各种信息。

从图 10－13 可知，部件名称为机油泵，是液压传动系统或润滑系统中输送液压油或润滑油的一个部件，是产生一定工作压力和流量的装置。其工作原理见图 10－12 所示。对照明细栏和序号可以看出机油泵由泵体、主动齿轮、从动齿轮、轴、泵盖等零件组成。

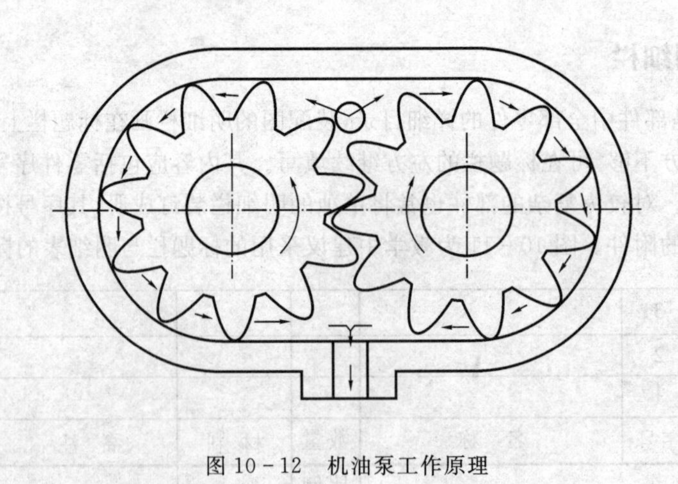

图 10－12 机油泵工作原理

②分析视图。要了解装配图采用了哪些视图，剖视图、断面图、剖切平面的位置及每个视图要表达的意图。

图 10－13 中，主视图采用局部剖，主要为了表达机油泵的外形及两齿轮轴系的装配关系。左视图采用了全剖，主要为了表达机油泵的进出油路及溢流装置。俯视图采用了局部剖图，主要为了表达机油泵的泵体、泵盖外形。

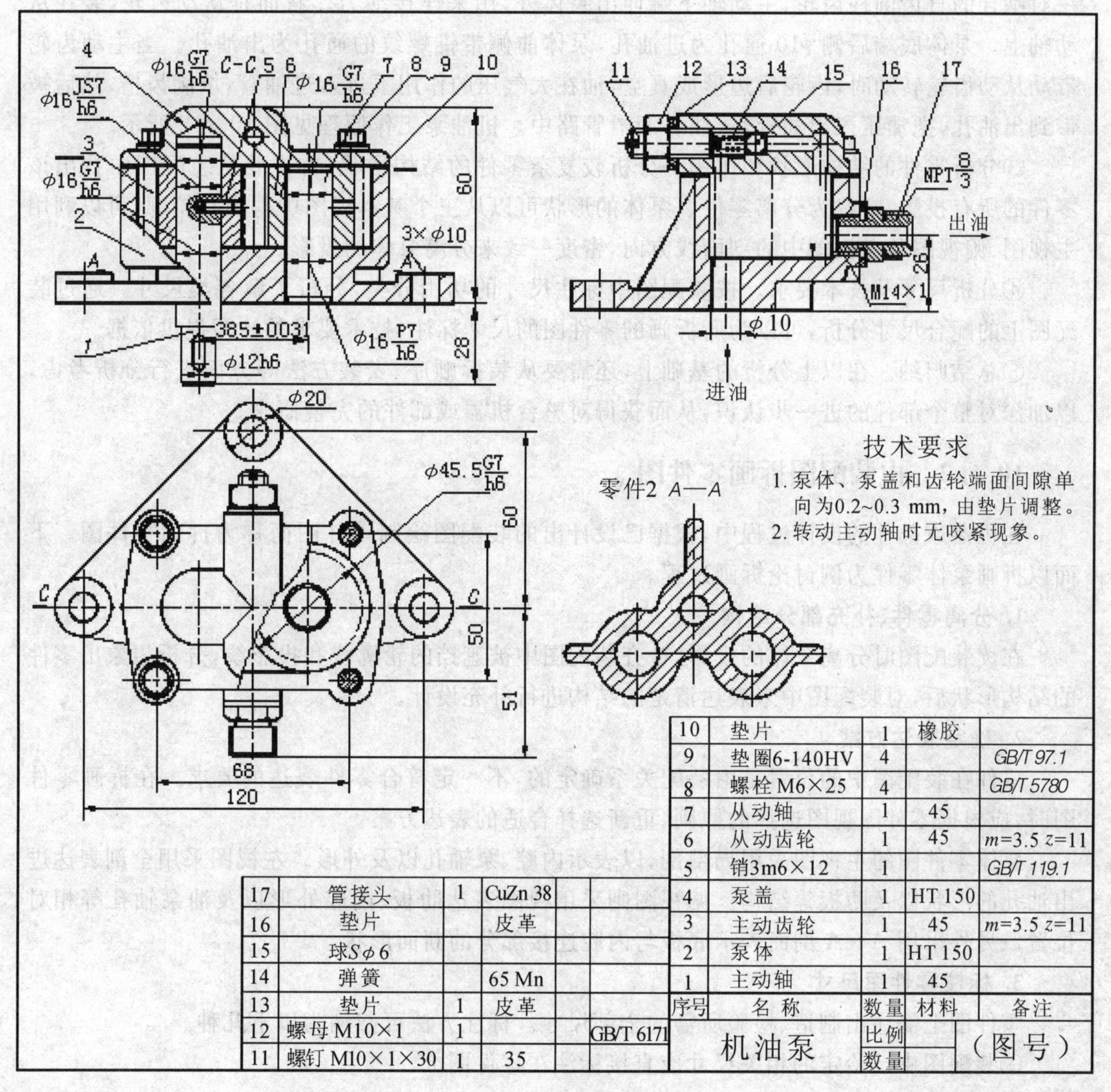

序号	名称	数量	材料	备注
17	管接头	1	CuZn 38	
16	垫片		皮革	
15	球Sφ6			
14	弹簧		65 Mn	
13	垫片	1	皮革	
12	螺母 M10×1	1		GB/T 6171
11	螺钉 M10×1×30	1	35	
10	垫片	1	橡胶	
9	垫圈6-140HV	4		GB/T 97.1
8	螺栓 M6×25	4		GB/T 5780
7	从动轴	1	45	
6	从动齿轮	1	45	m=3.5 z=11
5	销3m6×12	1		GB/T 119.1
4	泵盖	1	HT 150	
3	主动齿轮	1	45	m=3.5 z=11
2	泵体	1	HT 150	
1	主动轴	1	45	

机油泵	比例		（图号）
	数量		

图 10－13　机油泵体装配图

(2)深入分析

①分析零件间的装配、连接关系。分析零件间的装配关系，首先要找出装配件的主要装配干线，沿着装配路线弄清相关零件间的装配关系。

如图 10－13 中，机油泵有两条装配主线。可从主视图中看出，主动轴 1 的下端伸出泵体外，通过销 5 与主动齿轮相接。主动轴与泵体孔的配合为间隙配合，故齿轮轴可在孔中转动。从动齿轮 6 装在从动轴 7 上，其配合为间隙配合，故齿轮可在从动轴上转动。从动轴 7 装在泵体轴孔中，其配合为过盈配合，从动轴 7 与泵体轴孔之间没有相对运动。第二条装配干线是安装在泵盖上的安全装置，它由钢球 15、弹簧 14、调节螺钉 11 和防护螺母 12 组成，该装配干线中的运动件是钢球 15 和弹簧 14。

②了解部件的工作原理。通过以上的分析，可以知道机油泵的工作原理是在泵体内装有

一对啮合的直齿圆柱齿轮，主动轴下端伸出泵体外，用来连接动力。右面是从动齿轮，装在从动轴上。泵体底端后侧 $\phi10$ 通孔为进油孔，泵体前侧带锥螺纹的通孔为出油孔。当主动齿轮带动从动齿轮转动时，齿轮后边形成真空，油在大气压的作用下进入进油管，填满齿槽，然后被带到出油孔，把油压入出油管，送往各润滑管路中。机油泵工作原理见图 10 - 12 所示。

③分析零件的结构形状和作用。分析较复杂零件的结构形状，首先要从装配图中找出该零件的所有投影，常称为分离零件。泵体的形状可以从三个基本视图中得出其轮廓，可以利用主视图、俯视图和左视图中的剖面线方向，密度一致来分离泵体的投影。

④分析尺寸及技术要求。按装配图中标注尺寸的功用分类，分析了解各类尺寸。通过装配图上的配合尺寸分析，可以为所拆画的零件图的尺寸标注、技术要求的注写提供依据。

⑤总结归纳。在以上分析的基础上，还需要从装拆顺序、安装方法等方面进行分析考虑，以加深对整个部件的进一步认识，从而获得对整台机器或部件的完整概念。

10.6.2 由装配图拆画零件图

在机器或部件的设计过程中，根据已设计出的装配图绘制零件图简称为拆画零件图。下面以拆画泵体零件为例讨论拆画过程。

1. 分离零件、补充部分结构

在读装配图时分离泵体的投影，补齐装配图中被遮挡的轮廓线和投影线，分析想象出零件的结构形状后，对装配图中未表达清楚的结构进行补充设计。

2. 确定表达方案

零件在装配图中的位置是由装配关系确定的，不一定符合零件表达的要求。在拆画零件图时，应根据零件图视图选择的原则，重新选择合适的表达方案。

泵体零件图的主视图采用局部剖，以表示内腔、泵轴孔以及外形。左视图采用全剖表达进出油孔的形状以及肋板等结构。俯视图则采用视图表达肋板、内腔外形以及油泵轴孔等相对位置。另外采用 $A—A$ 剖面表示底板与内腔连接部分的断面形状。

3. 标注零件图尺寸

零件图上需注出制造、检验所需的全部尺寸。标注方法可归纳为以下几种。

①装配图中已给定的相关尺寸应直接标注在零件图上。

②装配图中标注的配合尺寸，需查标准后注出尺寸的上、下偏差值。

③根据明细栏中给出的参数算出有关尺寸，如齿轮的分度圆直径、齿顶圆直径等。

④对零件上的工艺结构，查出有关国家标准后注出或按工艺常规选用。

⑤次要部位的尺寸，按比例在装配图上量取，数值经过圆整后标注。

4. 确定技术要求和标题栏

零件各表面的粗糙度等级及其他技术要求，应根据零件的作用和装配要求来确定。要恰当地确定技术要求，应具有足够的工程知识和经验。有时也可以根据零件加工工艺，查阅有关设计手册，或参考同类型产品加以比较确定。

标题栏应填写完整，零件图名称、材料、图号等要与装配图中明细栏所注内容一致。

10.6.3 综合举例

【例 10 - 1】 看图 10 - 14，回答问题 1～4。

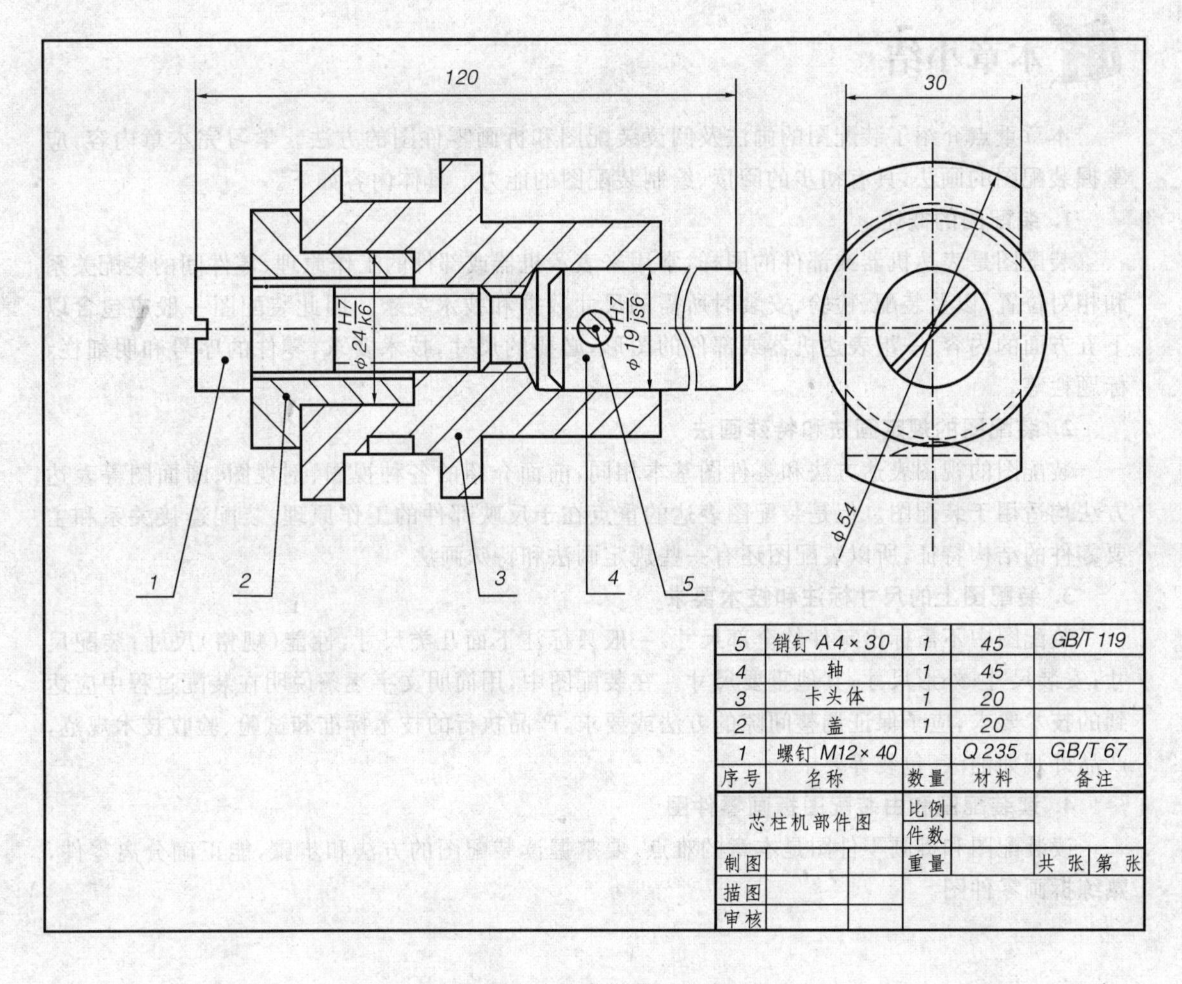

图 10－14　芯柱机部件图

1. 装配图中需要标注哪些尺寸？图中若有，请举例说明。

2. 说明 $\phi24\ \dfrac{H7}{K6}$的含义。

3. 该装配图共有几种零件？有多少个零件？其中标准件有多少种？

4. 若要拆下件 4，应该先拆下哪一个？

【解】

1. 需要标注尺寸有：①外形尺寸，如图中 120、$\phi54$；②配合尺寸，如图中 $\phi24\ \dfrac{H7}{K6}$；③规格尺寸；④安装尺寸。

2. $\phi24$ 为基本尺寸，$\dfrac{H7}{K6}$为基孔制过渡配合，H7 为基孔的标准公差与基本偏差。

3. 该装配图共有五种零件，有五个零件，其中标准件有两种。

4. 若要拆下件 4，应该先拆下件 5。

本章小结

本章重点介绍了装配图的画法及阅读装配图和拆画零件图的方法。学习完本章内容，应掌握装配图的画法，具有初步的阅读、绘制装配图的能力。具体内容如下。

1. 装配图的概述

装配图是表达机器或部件的图样，常用来表示机器或部件的工作原理、零件间的装配关系和相对位置，以及装配、检验、安装时所需的尺寸数据和技术要求。因此装配图一般应包含以下五方面的内容：一组表达机器或部件的图形，必要的尺寸，技术要求，零件的序号和明细栏，标题栏等。

2. 装配图的规定画法和特殊画法

装配图的视图表达方法和零件图基本相同，前面介绍的各种视图、剖视图、断面图等表达方法均适用于装配图。但是装配图表达的重点在于反映部件的工作原理、装配连接关系和主要零件的结构特征，所以装配图还有一些规定画法和特殊画法。

3. 装配图上的尺寸标注和技术要求

装配图中不需标出零件的全部尺寸，一般只标注下面几类尺寸：性能（规格）尺寸；装配尺寸；安装尺寸；外形尺寸；其他重要尺寸。在装配图中，用简明文字逐条说明在装配过程中应达到的技术要求，应予保证调整间隙的方法或要求，产品执行的技术标准和试验、验收技术规范，产品外观如油漆、包装等要求。

4. 读装配图和由装配图拆画零件图

读装配图和拆画零件图是本章的难点，要掌握读装配图的方法和步骤，能正确分离零件，熟练拆画零件图。

第 11 章　展开图与焊接图

11.1　展开图

11.1.1　展开图的基本知识

1. 概述

在工业生产中，经常会遇到有一些零部件或设备是由薄板材料加工制成的，如锅炉、罐、管道、防护罩以及各种管接头等。制造这类产品时，一般是先在金属薄板上画出各个部分的表面展开图，然后按图下料，加工成型，最后经焊接或铆接成制件。

将立体表面按其实际形状大小依次摊平在同一平面上，称为表面展开。展开后所得到的平面图形，称为展开图。

2. 可展表面与不可展表面

根据能否准确地展开成一个平面，立体表面可分为可展表面与不可展表面两大类。能摊平在一个平面上的立体表面，称为可展表面；只能近似地摊平在一个平面上的立体表面称为不可展表面。

平面立体的表面都是平面，属于可展表面。曲面立体因其表面构成性质的不同，分为可展曲面和不可展曲面两种。以直线为母线、而相邻两素线是平行或相交直线(即相邻两素线构成一个平面)的曲面均为可展曲面，如圆柱面、圆锥面等。以直线为母线、但相邻两素线为交叉两直线不能构成一个平面的曲面，或以曲线为母线的曲面，均为不可展曲面，如柱状面、锥状面、球面、环面等。对于不可展曲面，能用近似作图法展开。

11.1.2　平面立体表面的展开

平面立体的表面都是平面，因此将组成立体表面的各个平面分别求出其实形，然后依次排列在一个平面上，即能得到平面立体的表面展开图。

1. 棱柱体侧棱面的展开

【例 11－1】　求六棱柱侧面的展开图。

【解】分析　六棱柱的前后两侧棱面在主视图上反映实形；另外四个侧棱面分别在俯视图反映实际宽度；在主视图上反映实际高度；所以六个侧面均可画出实形。

作图过程如下(见图 11－1)。

①沿棱柱底面作一水平线，令 AB、BC、CD、DE、EF、FA 分别等于六个侧棱面的宽度 ab、bc、cd 、de、ef、fa。

②由 A、B、C、D、E、F 作垂线，并由主视图作平行线截取相应棱线的高度，即可得到端点 G、H、I、J 、K、L、G。

③用直线依次连接这些端点，即可得到六棱柱侧面的展开图。如图 11－1 所示。

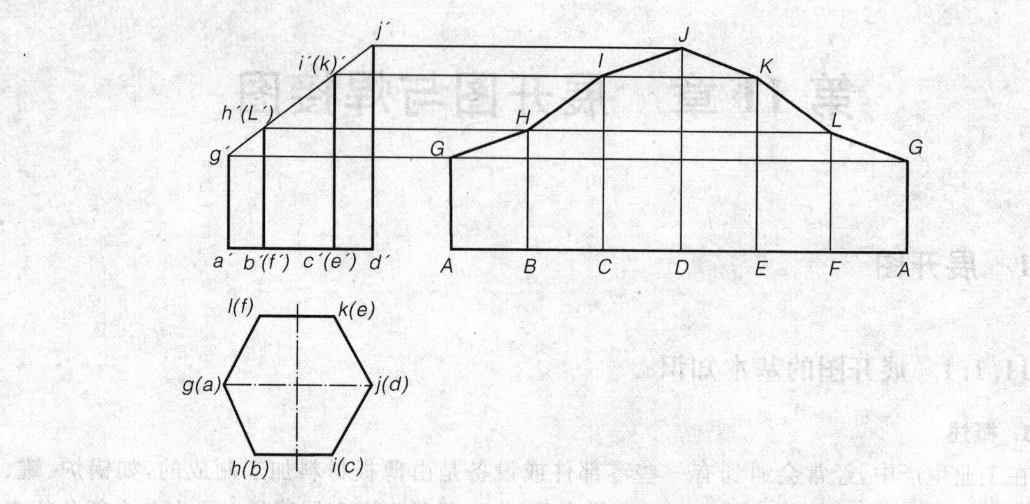

图 11-1 斜口直六棱柱管的展开

2. 棱锥体侧棱面的展开

【例 11-2】 图中所示为四棱台的主、俯视图，求作其侧面的展开图。

【解】分析 在两个视图上四个侧棱面都不反映实形，必须另求实形。为此可将各个侧棱面用对角线分成两个三角形，求出各三角形实形，再依次画出各个三角形即得展开图。作图步骤如下。

①用直角三角形法求出 BC、BD、BE 的实长 B_1C_1、B_1D_1、B_1E_1，如图 11-2(b)所示。

②按各实长边拼画三角形，作出前面和右面的两个梯形。由于后面和左面的两个梯形分别是它们的全等图形，也同样作出，即得四棱台的展开图，如图 11-2(c)所示。

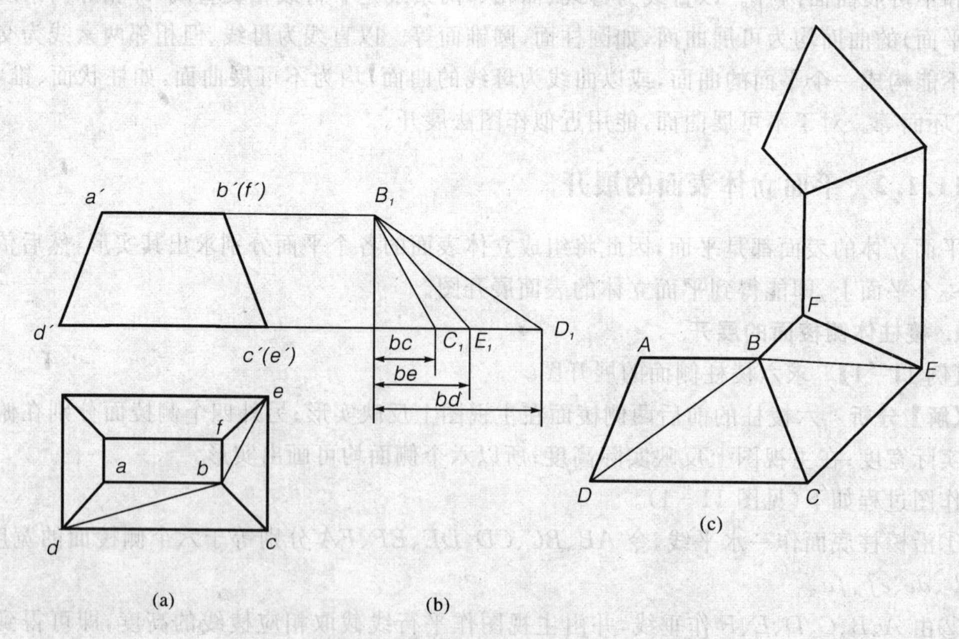

图 11-2 四棱台的展开

11.1.3　可展曲面的展开

当曲面上相邻两素线平行或相交，则这个曲面是可展曲面。圆柱面和圆锥面是常见的可展曲面。它们是由直母线形成的曲面。将这些曲面展开时，可以把相邻两素线间的很小一部分曲面当作平面进行展开。

1. 正圆柱表面的展开

正圆柱表面的展开即圆管的展开，其展开图为一个矩形，该矩形的高 H 等于正圆柱表面的高，该矩形的长度等于正圆柱表面的圆周长 πD(D 为正圆柱表面的直径)。其展开图的作图方法如图 11－3 所示。

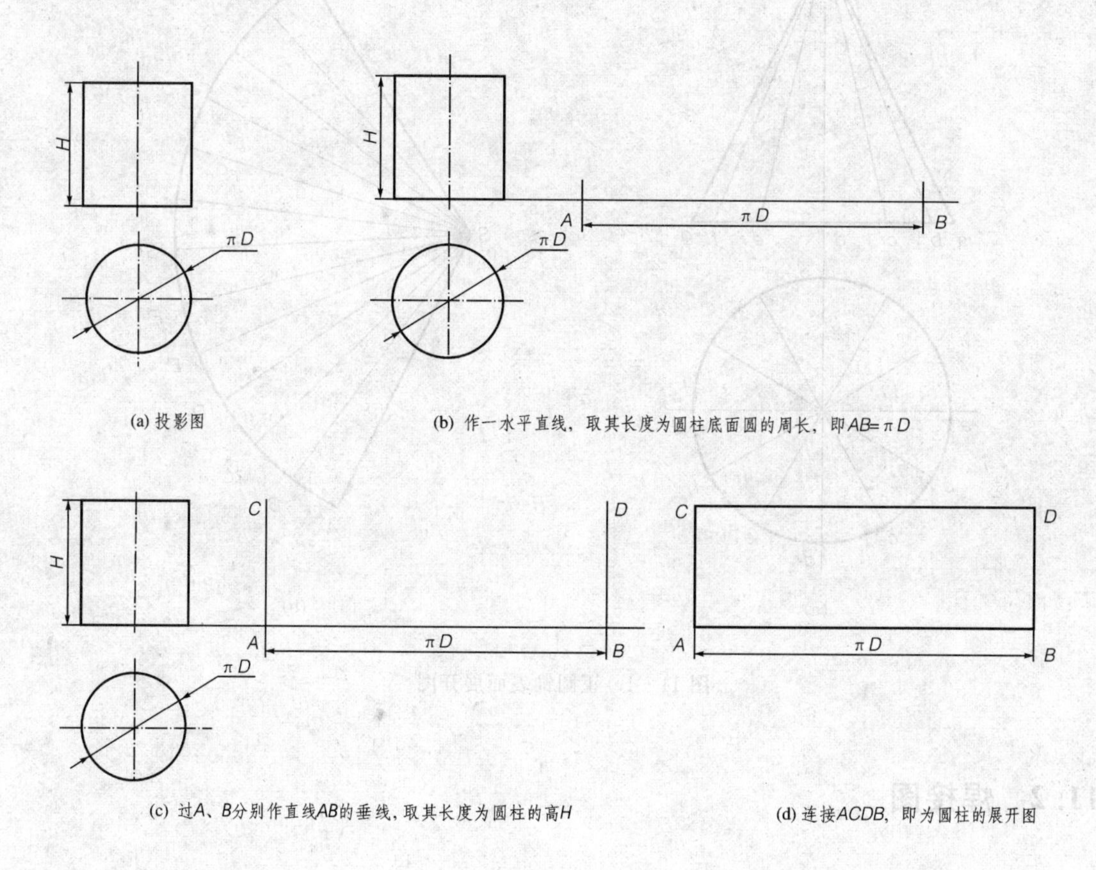

图 11－3　正圆柱面展开图

2. 正圆锥表面的展开

正圆锥表面的展开图是一个扇形，该扇形的半径等于圆锥素线的实长，扇形的弧长等于圆锥底面的周长，扇形的圆心角为

$$\theta = 180^\circ \times d/l$$

式中，d 为正圆锥底面的直径；l 为锥面素线的实长。

用作图法求作正圆锥表面的展开图时，可将正圆锥表面看作为棱线无限多的正棱锥，其展开方法与棱锥面相似，即将圆锥表面划分成若干个三角形，近似代替圆锥面，依次将这些三角形摊平摆一起，即得到圆锥表面的展开图。作图方法与步骤如图所示。

①在水平投影图中，将圆周等分为十二等份，得到等分点 a、b、c、d、e、f、g，过各等分点在正面投影中作出相应的素线 $s'a'$、$s'b'$、$s'c'$、$s'd'$、$s'e'$、$s'f'$、$s'g'$，如图 11-4(a)所示。

②以适当的位置点 S 为圆心，圆锥素线实长 $s'a'$ 为半径作一圆弧，在圆弧上量取 AB 的弦长近似等于 ab 的弧长，BC 的弦长近似等于 bc 的弧长，CD 的弦长近似等于 cd 的弧长，以此类推，共十二段，得一扇形，即为正圆锥表面的展开图，如图 11-4(b)所示。

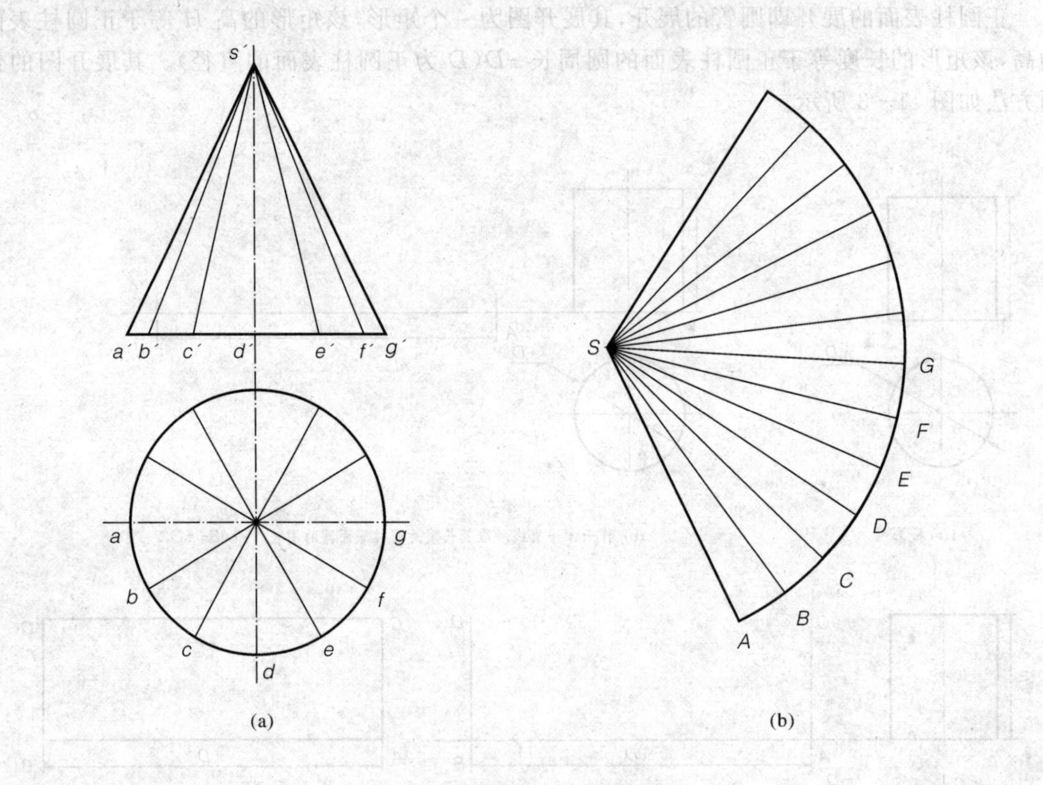

图 11-4 正圆锥表面展开图

11.2 焊接图

11.2.1 焊接的基本知识

焊接主要是利用电流或火焰产生的热量，将需要连接的构件在连接处局部加热到熔化或半熔化状态后再用压力使它们融合在一起。或以熔化的金属材料填充，使它们冷却后融合成一体。

焊接图是焊接件进行加工时所用的图样。应能清晰地表示出各焊接件的相互位置、焊接形式、焊接要求以及焊缝尺寸等。

焊接件中常见的焊缝接头有对接接头、搭接接头、T 形接头、角接接头等。焊接形成的被连接件熔接处称为焊缝，焊缝形式主要有对接焊缝、点焊缝和角焊缝等。

11.2.2　焊缝符号及其标注方法

在焊接图样上，零件的焊接处应标注上焊缝符号，用以说明焊缝形式和焊接要求。焊缝符号一般由基本符号与指引线组成。必要时还可以加注辅助符号、补充称号和焊接尺寸符号等。

1. 指引线

指引线采用细实线绘制，一般由带箭头的箭头线和两条基准线（一条为实线，一条为虚线）组成。箭头线用来将整个焊缝符号指到图样上的有关焊缝处，必要时允许弯折一次。基准线应与主标题栏平行。基准线的上下方用来加注各种符号和焊缝尺寸，基准线中的虚线可画在实线的上侧或下侧。

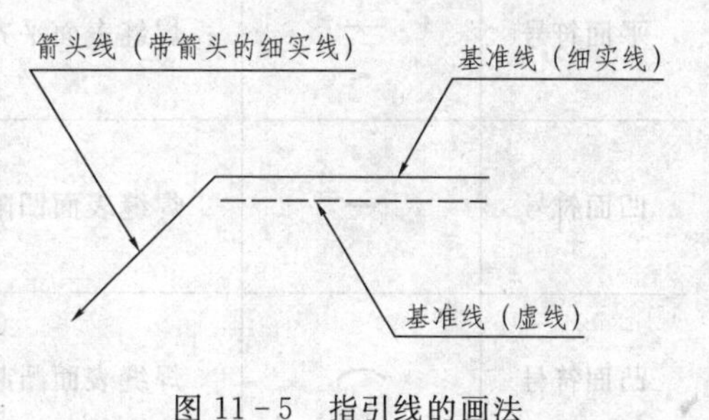

图 11－5　指引线的画法

2. 基本符号

基本符号是表示焊缝横断面形状的符号，近似于焊缝横断面的形状。基本符号用粗实线绘制。常用焊缝的基本符号、图示法及符号的标注方法示例见表 11－1。

表 11－1　常用焊缝的基本符号、图示法及符号的标注方法示例

名称	基本符号	示意图	图示法	标注方法
I型焊缝				
V型焊缝				
角焊缝				
点焊缝				

3. 焊缝的辅助符号

焊缝的辅助符号是表示焊缝表面形状特征的符号，见表 11－2。不需要确切地说明焊缝的表面形状时，可以不用辅助符号。

表 11-2　辅助符号及其标注示例

名称	符号	符号说明	焊缝形式	标注示例及说明
平面符号	—	焊缝表面平齐		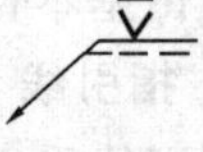 平面V型对接焊缝
凹面符号	◡	焊缝表面凹陷	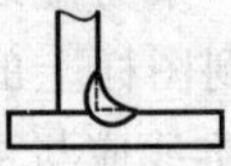	 凹面焊缝
凸面符号	⌒	焊缝表面凸起		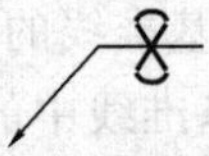 凸面X型对接焊缝

4. 补充符号

为了补充说明焊缝的某些特征，用粗实线绘制补充符号，见表 11-3。

表 11-3　常用的补充符号及其标注示例

名称	符号	图例	说明
带垫板符号			焊缝底部有垫板
三面焊缝符号		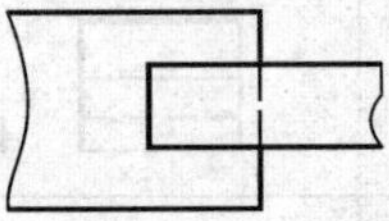	三面带有焊缝
周围焊缝符号	 ○	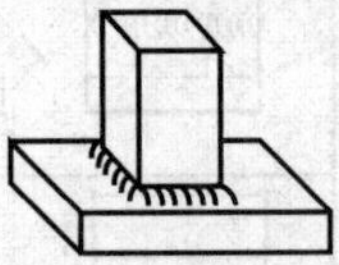	环绕工件周围焊缝
现场符号		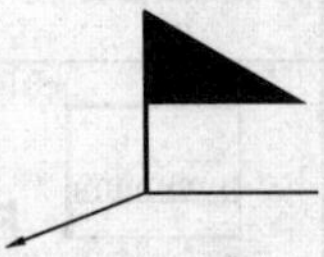	在现场或工地进行焊接
尾部符号	<	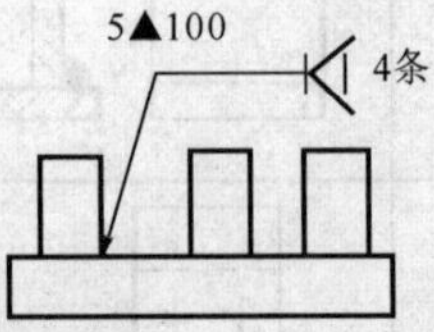 5▲100　4条	用手电弧焊接，有 4 条相同的角焊缝

5. 焊缝尺寸

焊缝尺寸指的是工件厚度、坡口角度、根部间隙等参数值，一般不标注，但有时也将焊角尺寸标注在基本符号的左侧。

焊缝尺寸的标注原则如下。

①焊缝横截面上的尺寸，标在基本符号的左侧；

②焊缝长度方向上的尺寸，标在基本符号的右侧；

③坡口角度 α、坡口面角度 β、根部间隙 b，标在基本符号的上侧或下侧；

④相同焊接的数量符号标在尾部；

⑤当需要标注的尺寸数据较多，又不易分辨时，可在数据前面增加相应的尺寸符号。

11.2.3　焊接图实例

图 11-6 为挂架焊接图。该件由背板、横板、肋板和圆筒四部分组成。从图中可知，背板与横板采用两面角焊缝，焊角高为 5 mm；肋板与横板及圆筒采用焊角高为 5 mm 的角焊缝，与背板采用焊角高为 4 mm 的双面角焊缝；圆筒与背板采用焊角高为 4 mm 的单边 V 形周围焊缝。

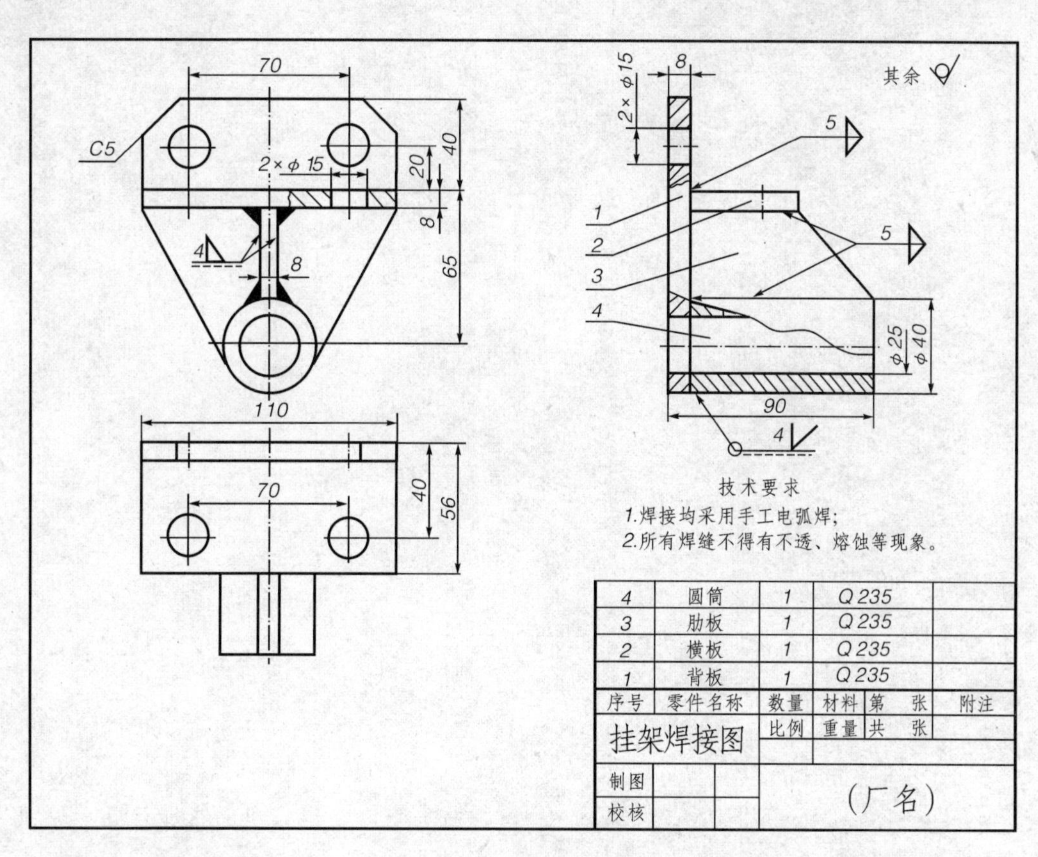

图 11-6　挂架焊接图

焊接图表达方法与零件图相同，并要标注完整的尺寸。与零件图不同的是各构件的剖面线方向应相反，且在焊接图中需对各构件进行编号，并填写标题栏，这一点与装配图相同。从形式上看焊接图与装配图类似，但表达的内容与装配图不同，装配图表达的应是部件或机器，而焊接图表达的仅是一个零件。因此，通常说的焊接图有装配图的形式、零件图的内容。

本章小结

本章介绍了展开图和焊接图需要从以下几个方面去理解和学习。

①作任何表面的展开图都要画出表面的实形，归根到底是要求出直线段的实长，以及画出空间各种平面的实形，用来拼画成整张表面的展开图。注意理论联系实际，在完成理论作图后，还要考虑实际产品中金属板的厚度。

②焊接图样与机械图样表达方法基本一样，重点掌握焊接图中焊接符号和标注。

第 12 章　AutoCAD 2007 基础知识

AutoCAD 2007 是美国 AutoDesk 公司开发的通用计算机辅助设计(Computer Aided Design,CAD)绘图软件,它不仅功能强大、易于掌握、使用方便,还可以编辑和修改图形信息,而且能利用自身的图形信息数据库将这些数据信息输出到其他程序当中进行相应的处理。该软件具有开放式体系结构,便于用户或第三方厂商通过各种开发接口,在其基础上开发各种满足自己需要的命令、标准文件库和各种应用程序等。

本章将全面、详细地介绍 AutoCAD 2007 中文版的各种功能和使用方法。

12.1　AutoCAD 2007 基础操作

中文版 AutoCAD 2007 是一款具有强大图形编辑功能的软件,如对于图形对象,可以采用删除、恢复、移动、复制、镜像、旋转、修剪、倒角等方法进行修改和编辑。本节将从 AutoCAD 2007 的启动与退出开始介绍。

12.1.1　AutoCAD 2007 的启动与退出

1. 启动 AutoCAD 2007

在安装中文版 AutoCAD 2007 软件后,桌面会自动创建一个快捷图标,双击该图标即可启动中文版 AutoCAD 2007。

若找不到该图标,用户可单击“开始”|“所有程序”| Autodesk | AutoCAD 2007-Simplified Chinese | AutoCAD 2007 命令,即可启动中文版 AutoCAD 2007 程序,并弹出如图 12-1 所示的“工作空间”界面。

界面中分别提供了“三维建模”与“AutoCAD 经典”两种工作空间供用户选择,初学者可以选择“AutoCAD 经典”选项,再单击“确定”,这样即会以默认的图形样板作为新文件打开,并显示软件的经典默认界面。

接着会弹出“新功能专题研习”界面,如图 12-2 所示。选择“不,不再显示此消息”,则下次启动程序时不再显示该界面。

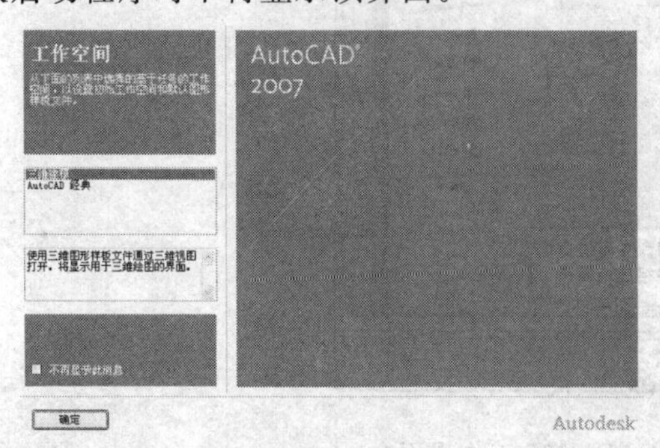

图 12-1　中文版 AutoCAD 2007 工作界面

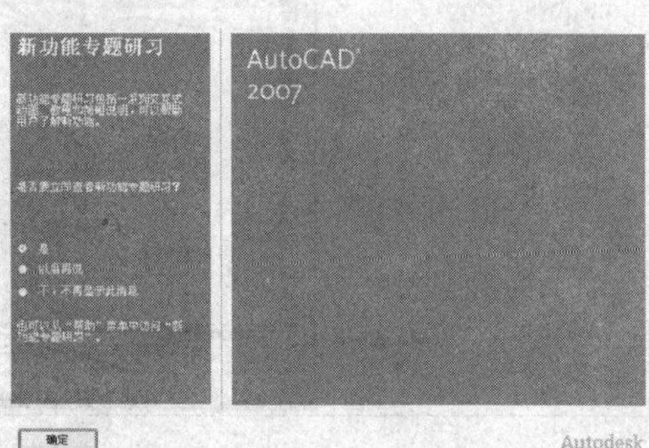

图 12-2　“新功能专题研习”界面

提示:

如果选择"是",则进入"新功能专题研习"窗口,用来帮助您更好地认识 AutoCAD 2007 的各大新增功能。

关闭"新功能专题研习"窗口后,即可弹出中文版 AutoCAD 2007 的经典界面,下节将详细介绍此操作界面。

提示:

双击计算机中已保存的 AutoCAD 文件,系统也将打开 AutoCAD 2007,同时打开该文件。

2. 退出 AutoCAD 2007

与其他应用软件一样,使用中文版 AutoCAD 2007 完成绘图任务后,就需要退出该软件。在退出中文版 AutoCAD 2007 时,应先将所有正在执行的绘图任务保存后退出。

退出中文版 AutoCAD 2007 有以下几种方法。

① 单击"文件"|"退出"命令。

② 单击中文版 AutoCAD 2007 工作界面右上角的"关闭"按钮☒。

③ 单击中文版 AutoCAD 2007 工作界面标题栏左侧的图标,在弹出的快捷菜单中选择"关闭"选项。

④ 在命令行中执行 Quit 命令。

⑤ 按 Alt+F4 键,亦可退出 AutoCAD 2007。

提示:

如果在退出中文版 AutoCAD 2007 时还有图形文件没有保存,系统将弹出提示信息对话框,询问用户是否需要保存,单击相应的按钮进行处理,然后才能退出中文版 AutoCAD 2007。

12.1.2 AutoCAD 2007 经典界面

要想轻松地驾驭一款软件,就必须熟悉它的操作界面。中文版 AutoCAD 2007 的经典界面(也称为工作界面)按照功能可以分为标题栏、菜单栏、工具栏、绘图窗口、命令行与文本窗口、工具选项板和状态栏等七个组成部分,如图 12-3 所示。

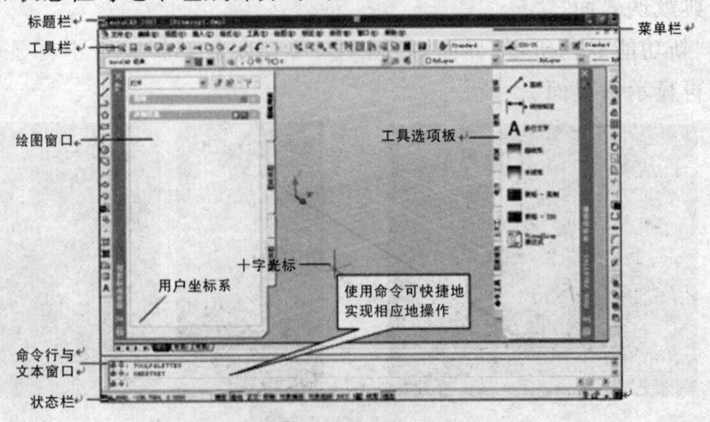

图 12-3　中文版 AutoCAD 2007 工作界面

提示：

在系统默认状态下，中文版 AutoCAD 2007 的绘图窗口显示为黑色。在本书中，为了获得较好的显示效果，将绘图窗口设置为白色，具体设置方法详见后面章节相关内容。

1. 标题栏

标题栏位于工作界面的最上方，其左侧主要显示中文版 AutoCAD 2007 的软件图标、软件名称、版本号、当前文件名称及文件格式；其右侧的“最小化”按钮、“最大化”按钮或“还原”按钮和“关闭”按钮主要用于控制工作窗口的大小和退出中文版 AutoCAD 2007，如图 12－4 所示。

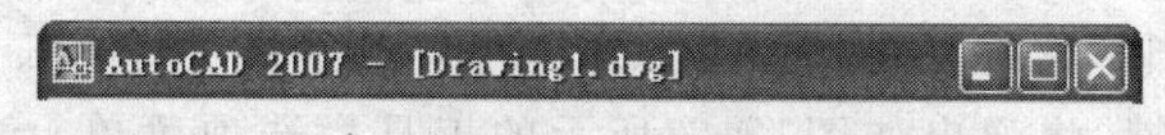

图 12－4　标题栏

提示：

无论中文版 AutoCAD 2007 工作界面是以最大化显示还是还原显示，只要在标题栏中双击鼠标就可使窗口在最大化和还原之间进行切换。当中文版 AutoCAD 2007 工作窗口处于还原状态时，在标题栏中拖曳鼠标，可以将中文版 AutoCAD 2007 工作界面移动到任意位置；将鼠标指针放置在工作窗口的任意边缘，待光标显示为双向箭头形状↕或↔时，按下鼠标左键并拖曳，可调整中文版 AutoCAD 2007 工作窗口的大小。

2. 菜单栏

菜单栏位于标题栏的下方，主要由“文件”、“编辑”、“视图”、“插入”、“格式”、“工具”、“绘图”、“标注”、“修改”、“窗口”和“帮助”十一个菜单项组成。选择相应的菜单项可打开其菜单，再在其中选择相应的命令选项，便可执行相应的命令或打开下一级子菜单。这些命令选项中包含有中文版 AutoCAD 2007 的各类图形绘制及编辑命令。

在使用菜单命令时应注意以下几方面。

① 命令后跟有“▶”符号，表示该命令下还有子菜单，有时候子菜单还有下级级联子菜单。

② 命令后跟有快捷键，表示按下快捷键即可执行该命令，仅在菜单打开的情况下在键盘上按相应的字母键才可执行该命令。

③ 命令后跟有组合键，表示直接按组合键即可执行该命令。

④ 命令后跟有“…”符号，表示单击该命令将弹出一个对话框。

⑤ 命令呈现灰色，表示该命令在当前状态下不可使用。

快捷菜单又称为上下文相关菜单。在不同的对象或位置单击鼠标右键，会弹出相关的快捷菜单，如图 12－5 所示。快捷菜单中的命令选项取决于鼠标右键单击的位置和 AutoCAD 当前的状态。快捷菜单可以设置成禁止在绘图窗口中使用的状态。此时，单击鼠标右键表示确认当前选项或重复上一次操作的命令。

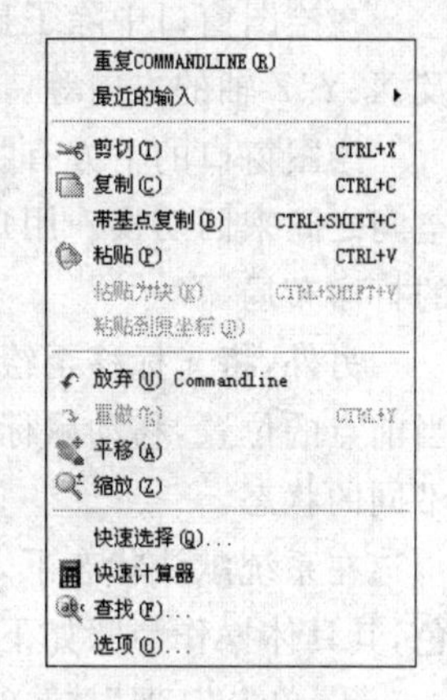

图 12－5　快捷菜单

3. 工具栏

在中文版 AutoCAD 2007 中，工具栏是执行操作命令快捷方式的集合，其中的每个按钮都代表一个命令。在系统默认状态下，中文版 AutoCAD 2007 工作界面中只显示“标准”、“样式”、“图层”、“对象特性”、“绘图”、“修改”、“工作空间”和“绘图次序”八个工具栏，它们是操作过程中最常用的工具栏。如图 12-6 为处于浮动状态的“绘图”工具栏。

图 12-6 “绘图”工具栏

除了上述八个工具栏之外，中文版 AutoCAD 2007 还提供了其他二十二个工具栏，在任意工具栏上单击鼠标右键，将弹出如图12-7所示的工具栏选项菜单。当相应的选项前出现“✓”，说明该工具栏处于显示状态；如果单击前面有“✓”的选项，则“✓”消失，说明该工具栏将被隐藏。

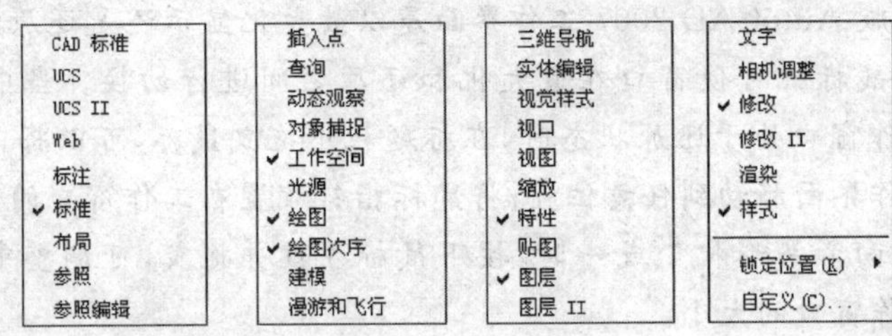

图 12-7 工具栏选项菜单

4. 绘图窗口

绘图窗口也称为绘图区，是用户用来绘图的工作区域，所有的绘图结果都反映在这个窗口中。用户可以根据需要关闭或移动其周围的各个工具栏，以增大绘图空间或方便绘图。如果图纸比较大，需要查看未显示的部分，可以单击并拖动窗口右侧与底部的滚动条来移动图纸。

在绘图窗口中除了显示当前的绘图结果外，还显示了当前使用的坐标系类型、坐标原点以及 X、Y、Z 轴的方向等。默认情况下的坐标系为世界坐标系（WCS）。

绘图窗口的下方有“模型”、“布局 1”和“布局 2”选项卡，单击它们可以在模型空间和图纸空间之间来回切换。用户通常在模型空间中按照实际尺寸进行绘图，在图纸空间中创建最终的打印布局。

另外，将光标移至绘图区中即会变成带有正方小框的“十字光标”。十字光标的中心代表当前点的位置，移动鼠标即可改变十字光标的位置。还可以用于选择对象，不同的命令下呈现不同的状态。

在系统默认状态下，绘图窗口的背景显示为黑色，为了获得较好的显示效果可以设置为白色，其具体操作步骤如下。

① 单击“工具”|“选项”命令，在弹出的“选项”对话框中选择“显示”选项卡，如图 12-8 所示。

② 单击“窗口元素”区域中的 颜色(C)... 按钮，弹出“图形窗口颜色”对话框，在“背景”列表框中选择“二维模型空间”，在“界面元素”列表框中选择“统一背景”，在“颜色”下拉列表框中选

择“白色”，如图 12－9 所示。

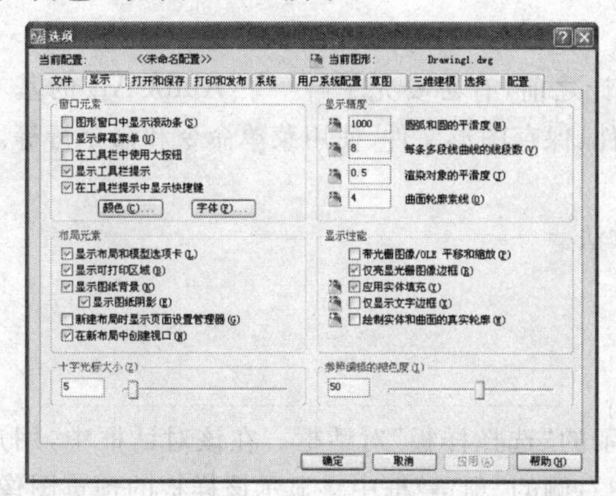

图 12－8　“显示”选项卡

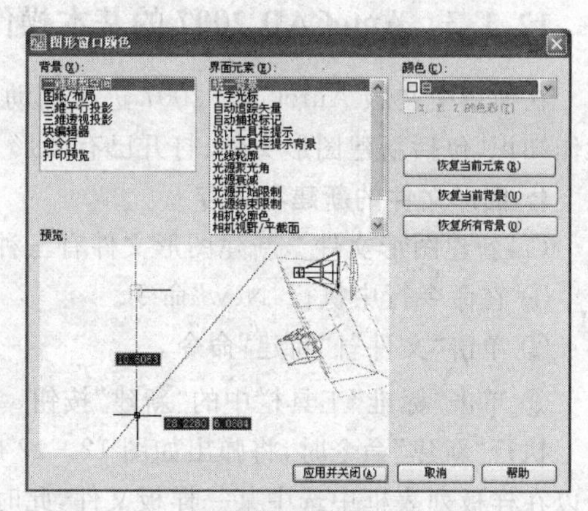

图 12－9　将“模型空间背景”设置为白色

③ 依次单击“应用并关闭”和“确定”按钮，关闭“图形窗口颜色”和“选项”对话框，即可将绘图窗口设置为白色。

5. 命令行与文本窗口

命令行位于绘图窗口的底部，用于接受用户输入的命令，并显示提示信息。在中文版 AutoCAD 2007 中，“命令行”窗口可以拖放为浮动窗口，如图 12－10 所示。

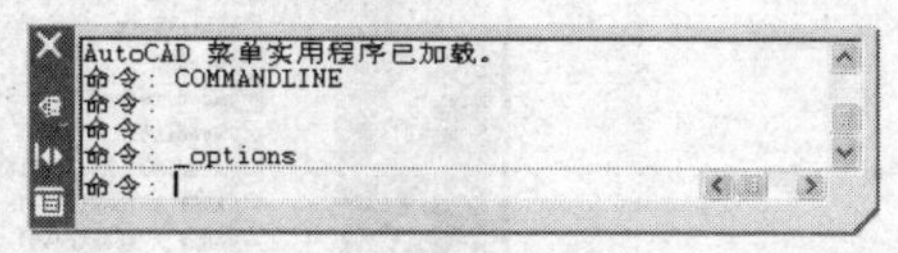

图 12－10　浮动窗口型的命令行

文本窗口是记录 AutoCAD 命令的窗口，它是放大的命令行窗口，可在其中输入命令，查看提示及其他信息。在 AutoCAD 2007 中，用户可以单击“视图”|“显示”|“文本窗口”命令来打开文本窗口。此外，在命令行直接输入 Textscr 命令或按【F2】快捷键也可快速打开文本窗口。

6. 工具选项板

主要用于三维建模、查看与渲染。它让用户无需显示多个工具栏，从而使操作界面更加简单。

7. 状态栏

AutoCAD 2007 的状态栏如图 12－11 所示，用来显示 AutoCAD 当前的状态。如当前指针的坐标、功能按钮的帮助说明等。

图 12－11　中文版 AutoCAD 2007 的状态栏

用户在绘图窗口中移动光标指针时，状态栏上将动态地显示当前指针的坐标信息。

在状态栏中还指示着各种绘图模式，如捕捉、栅格等，这些绘图模式状态的切换是通过鼠标单击相应的按钮来实现的。单击第一次时打开，再次单击则关闭。

单击状态栏菜单按钮▼，即可打开状态栏菜单，这里提供了控制坐标显示与各选项设置的命令。

12.1.3 AutoCAD 2007 的基本操作

在使用中文版 AutoCAD 2007 进行辅助设计之前，有必要先了解一下 AutoCAD 的基本操作知识，包括新建图形文件、打开已有图形文件、保存图形文件、使用菜单命令和命令行等。

1. 图形文件的新建和保存

(1)新建图形文件　新建图形文件有三种方法。

① 在命令行中执行“New”命令。

② 单击“文件”|“新建”命令。

③ 单击“标准”工具栏中的“新建”按钮。

执行“新建”命令时，将弹出如图 12-12 所示的“选择样板”对话框。在该对话框中，用户可以在样板列表框中选中某一样板文件，此时在右侧的“预览”框中将显示该样板的预览图像，单击 打开(O) 按钮即可根据该样板来创建新图形。

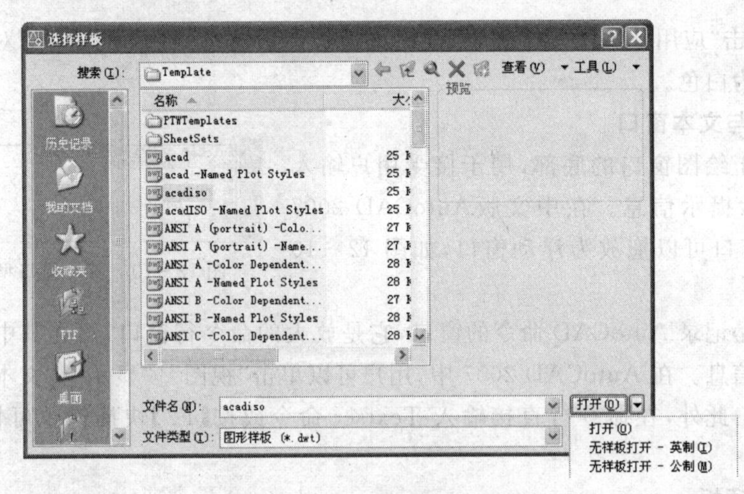

图 12-12　“选择样板”对话框

样板文件中通常包含与绘图相关的一些通用设置，如图层、线型、文字样式等。利用样板创建新图形不仅可以提高绘图的效率，而且还能保证图形的一致性。

如果不想使用样板文件时，可以单击 打开(O) 按钮后面的按钮，选择“无样板打开-公制(M)”。

提示：

当启动中文版 AutoCAD 2007 之后，如果在“选项”对话框的“系统”选项卡中设置了显示“启动”对话框选项，那么以后再启动中文版 AutoCAD 2007 或利用“新建”命令创建新图形时，都将弹出“启动”对话框，通过该对话框也可以设置中文版 AutoCAD 2007 的绘图环境。

(2)保存图形文件　保存图形文件也有三种方法。

① 在命令行中执行 Save 命令。

② 单击“文件”|“保存”命令。

③ 单击“标准”工具栏中的“保存”按钮。

执行“保存”命令，用户在第一次保存创建的图形时，系统将弹出“图形另存为”对话框，如图 12－13 所示。

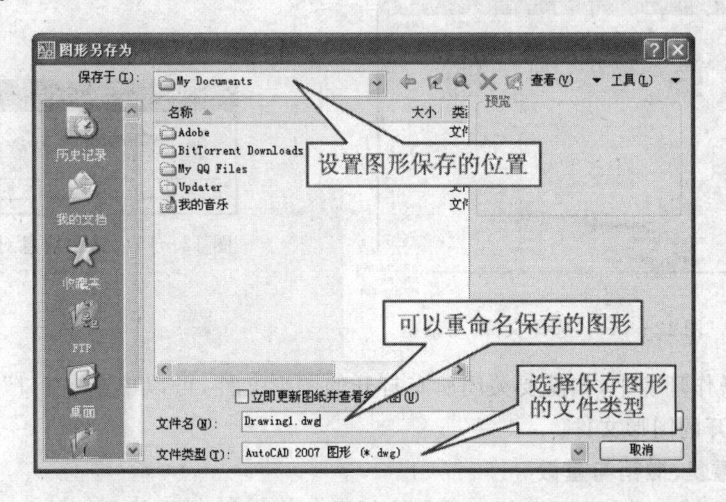

图 12－13　“图形另存为”对话框

默认情况下，文件以“AutoCAD 2007 图形(＊.dwg)”格式保存，或者在“文件类型”下拉列表框中选择其他格式。

用户也可以单击“文件”|“另存为”命令，将当前图形以新的名字或在其他位置保存。若将打开的图形进行编辑后再保存，必须正确区分“保存”和“另存为”这两个命令的不同。“保存”命令是将编辑后的图形在原图形的基础上直接进行保存，并覆盖原文件；而“另存为”命令则会弹出“图形另存为”对话框，以便将编辑后的图形重新命名保存。

2. 打开与关闭现有图形文件

(1)打开图形文件　打开图形文件有三种方法。

① 在命令行中执行 open 命令。

② 单击“文件”|“打开”命令。

③ 单击“标准”工具栏中的“打开”按钮。

执行“打开”命令时，将弹出 “选择文件”对话框，用户可以在文件列表框中选择某一图形文件，同时在右侧的“预览”框中将显示该图形的预览图像。

利用“打开”命令，可以打开计算机中保存的 dwg、dws、dxf 或 dwt 格式的文件。在“选择文件”对话框中单击 打开(O) 按钮右侧的下拉按钮，用户可以在弹出的快捷菜单中选择“打开”、“以只读方式打开”、“局部打开”和“以只读方式局部打开”四种方式打开选中的图形文件，如图 12－14 所示。

(2)关闭图形文件　关闭图形文件有四种方法。

① 单击“文件”|“关闭”命令。

② 单击“窗口”|“关闭”命令。

③ 单击菜单栏右侧的“关闭”按钮。

④ 在命令行中输入 Close 命令。

如果图形文件已经保存过，启用“关闭”命令后图形文件将直接被关闭。如果文件尚未保存，则会弹出提示信息对话框，询问是否需要保存，如图 12－15 所示。此时可根据需要选择。

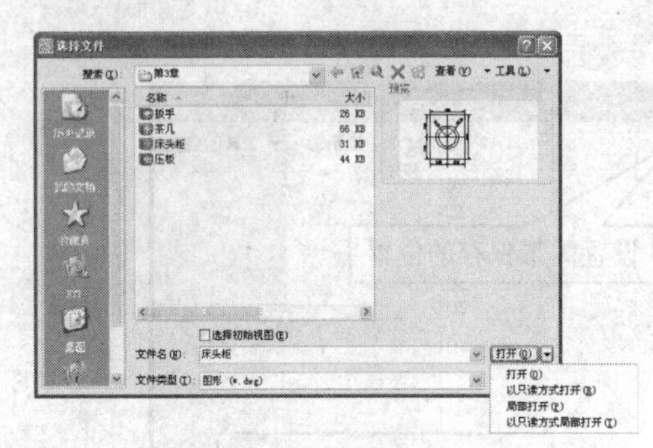

图 12－14 “选择文件”对话框

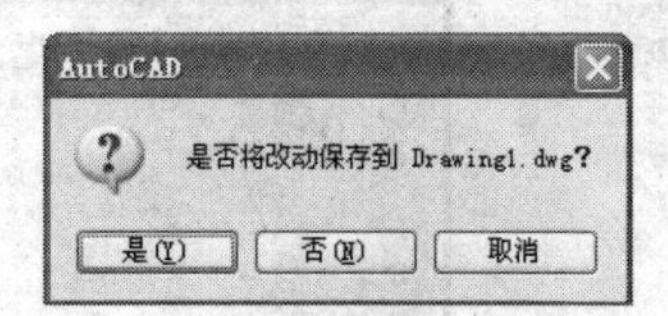

图 12－15 提示信息对话框

在多文档操作环境中，如需要关闭所有打开的图形文件，可以单击“窗口”|“全部关闭”命令，关闭所有打开的图形文件。

3. 命令的重复、撤销与重做

在 AutoCAD 中，用户可以方便地重复执行同一条命令；或撤销前面执行的一条或多条命令；也可以通过重做来恢复前面执行的命令。

(1)重复命令　在 AutoCAD 2007 中，用户可以使用多种方法来重复执行 AutoCAD 命令。下面将分别介绍这几种方法。

① 按回车键或空格键。

② 在绘图区的空白区域单击鼠标右键，从弹出的快捷菜单中选择“重复”选项。

③ 要重复执行最近使用的六个命令中的某一个命令，可在命令窗口或文本窗口中单击右键，从弹出的快捷菜单中选择“近期使用的命令”下最近使用过的六个命令之一。

④ 在命令行中输入 Multiple 命令，然后在“输入要重复的命令名：”提示下输入需要重复执行的命令，这样可以多次重复执行同一个命令，直到用户按【Esc】键为止。

提示：

终止命令的操作是按【Esc】键即可终止执行任何命令，这也是 Windows 程序用于取消操作的标准键。

(2)撤销命令　放弃最近一次操作，有以下四种方法。

① 在命令行中执行 Undo 命令。

② 在绘图区的空白区域单击鼠标右键，从弹出的快捷菜单中选择“放弃”选项。

③ 单击“编辑”|“放弃”命令。

④ 单击“标准”工具栏中的“放弃”按钮。

放弃最近多次操作，有以下两种方法。

① 在命令提示下输入 Undo 命令，根据提示在命令行中输入要放弃的操作数目。

② 在“标准”工具栏中单击右侧的下拉按钮，在弹出的下拉菜单中选择需要放弃的最近多次操作。

(3)重做命令　重做最近一次操作，有以下三种方法。

① 在命令行中执行 Redo 命令。

② 在绘图区的空白区域单击鼠标右键，从弹出的快捷菜单中选择“重做”选项。

③ 单击“标准”工具栏中的“重做”按钮。

重做最近多次操作，在“标准”工具栏中单击右侧的下拉按钮，在弹出的下拉菜单中选择需要重做的最近多次操作。

12.2　绘图环境设置及辅助功能介绍

在使用中文版 AutoCAD 2007 绘图前需要做一些准备工作，如设置图形单位、图形界限以及熟悉各种辅助功能的使用等。通过本节学习，将掌握绘图环境的设置方法以及能够灵活地搭配使用辅助功能来完成基本命令的操作。

12.2.1　设置图形界限

设置图形界限就是指设置图纸的大小。在中文版 AutoCAD 2007 中，绘图窗口可以看作是一张无限大的纸，在绘图之前设置适当的图形界限。

设置图形界限有以下两种方法。

① 单击“格式”|“图形界限”命令。

② 在命令行中输入 Limits 命令，然后按回车键。

经上述两种操作后，命令行提示如下。

提示：

命令：Limits

重新设置模型空间界限：

指定左下角点或［开(ON)/关(OFF)］<0.0000,0.0000>：

指定右上角点 <420.0000,297.0000>：42000,29700(输入设置数值)

12.2.2　设置图形单位

设置图形单位，可以在创建新文件时进行；也可以在建立图形文件后，改变其默认的单位设置。

其具体操作步骤如下。

① 单击“格式”|“单位”命令(或在命令行中输入 Units 命令)，打开“图形单位”对话框，如图 12-16 所示。

② 在“图形单位”对话框的“长度”选项区中，用户可以改变长度的类型和精度。

③ 在“角度”选项区中，用户可以设置图形的角度类型和精度。

④ 在“插入比例”选项区的“用于缩放插入内容的单位”下拉列表框中，可以选择设计中心块的图形单位，默认情况下为“毫米”。

⑤ 在“图形单位”对话框中单击 方向(D)... 按钮，可以在弹出的“方向控制”对话框设置起始角度(0°角)的方向，如图 12-17 所示。默认情况下，角度的 0°方向是指向右(即正东方)方向，逆时针方向为角度增加的正方向。

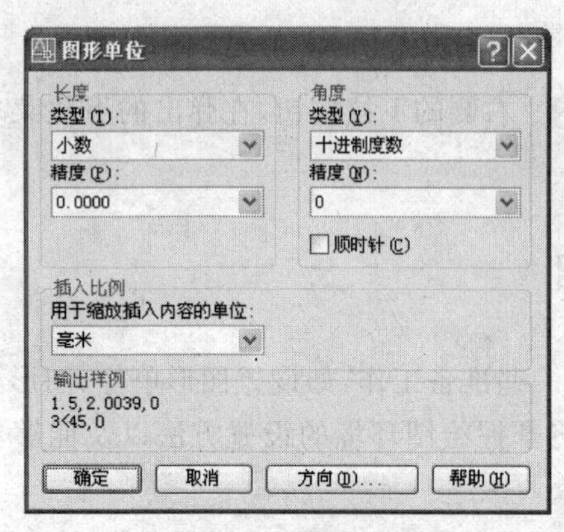

图 12-16 “图形单位”对话框

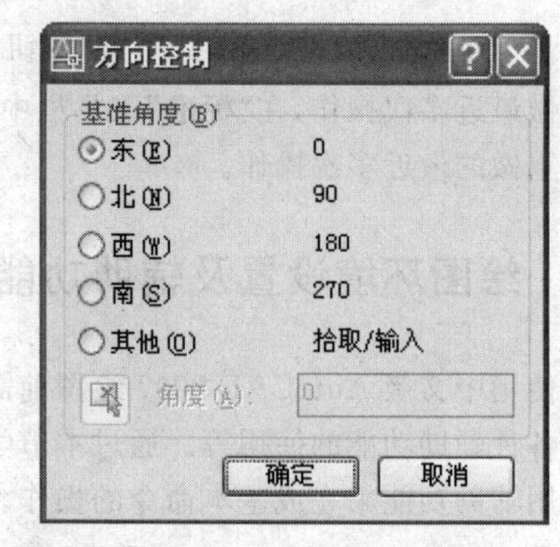

图 12-17 “方向控制”对话框

12.2.3 设置参数选项

单击“工具”|“选项”命令或执行 Options 命令；或在绘图区单击鼠标右键，从弹出的快捷菜单中选择“选项”选项，打开“选项”对话框，如图 12-18 所示。在该对话框中包括“文件”、“显示”、“打开和保存”、“打印和发布”、“系统”、“用户系统配置”、“草图”、“三维建模”、“选择”和“配置”十个选项卡。

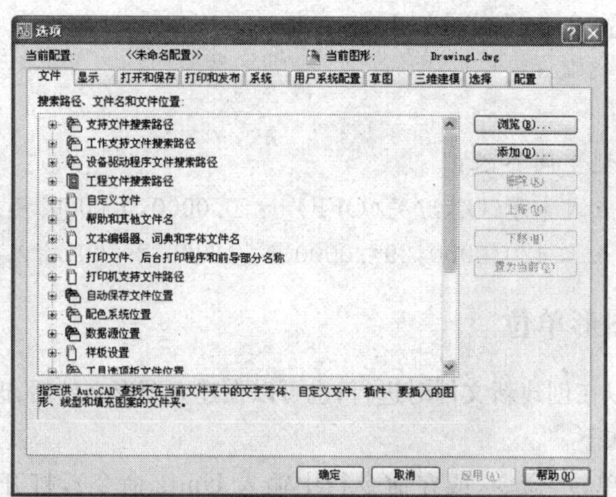

图 12-18 “选项”对话框

各个选项卡的主要功能如下。

(1)“文件”选项卡　用于确定 AutoCAD 搜索支持文件、驱动程序文件、菜单文件和其他文件时的路径以及用户定义的一些设置。

(2)“显示”选项卡　用于设置窗口元素、布局元素、显示精度、显示性能、十字光标大小和参照编辑的褪色度等显示属性。

(3)“打开和保存”选项卡　用于设置是否保存文件、自动保存的间隔时间、最近打开的文件数、是否使用外部参照等。

(4)“打印和发布”选项卡　用于设置输出设备，可以根据实际需要进行输出设置。

(5)“系统”选项卡　用于设置当前三维图形的显示特性。

(6)“用户系统配置”选项卡　用于设置是否使用快捷菜单、是否启用 Windows 标准加速键、关联标注、超链接及字段自动更新等。

(7)“草图”选项卡　用于设置自动捕捉、自动追踪、自动捕捉标记框颜色和大小、靶框大小等。

(8)“三维建模”选项卡　用于设置在三维空间中绘制图形时所需的各个选项。默认情况下,“栅格”以网格的形式显示,增加了绘图的三维空间感。

(9)“选择”选项卡　用于设置选择模式、拾取框大小、夹点大小与不同方式的夹点颜色。

(10)“配置”选项卡 用于实现新建系统配置文件、重命名系统配置文件以及删除系统配置文件等操作。

12.2.4　使用捕捉与栅格

“捕捉”是用于设定鼠标指针移动的间距。“栅格”是一些标定设置的小点,所起的作用就像是坐标纸,使用它可以提供直观的距离和位置参照。在中文版 AutoCAD 2007 中,使用“捕捉”和“栅格”功能,可以极大地提高绘图效率。

1. 启用捕捉与栅格

(1)启用和关闭捕捉　启用和关闭捕捉的方法有以下几种。

① 在状态栏中单击 捕捉 按钮,使其凹下,即可启用捕捉;再次单击此按钮,使其凸起,可以关闭捕捉。

② 反复按【F9】键,可以使捕捉在启用和关闭之间进行切换。

③ 单击“工具”|“草图设置”命令,在弹出的“草图设置”对话框的“捕捉和栅格”选项卡中,选择“启用捕捉”复选框,就可以启用捕捉;反之将会关闭捕捉。

④ 在命令行中输入 Snap 命令或 Sn,然后在命令行提示中选择“开”选项,就可以启用捕捉;选择“关”选项,则会关闭捕捉。

(2)启用和关闭栅格　启用和关闭栅格的方法有以下几种。

① 单击状态栏中的 栅格 按钮,使其凹下,即可启用栅格;再次单击此按钮,使其凸起,则会关闭栅格。

② 反复按【F7】键,可以使栅格在启用和关闭之间进行切换。

③ 单击“工具”|“草图设置”命令,在弹出的“草图设置”对话框的“捕捉和栅格”选项卡中,选择“启用栅格”复选框,就可以启用栅格;反之将会关闭栅格。

④ 在命令行中输入 Grid 命令,然后在命令行提示中选择“开”选项,就可以启用栅格;选择“关”选项,则会关闭栅格。

2. 设置捕捉和栅格

单击“工具”|“草图设置”命令,在弹出的“草图设置”对话框中选择“捕捉和栅格”选项卡,从中进行如图 12-19 所示的设置即可。

提示:

如果设置捕捉类型为极轴捕捉,此时,在启用了极轴追踪或对象捕捉追踪情况下指定点,光标将沿极轴角(0°、90°、180°、270°)或对象捕捉追踪角度进行捕捉。这些角度是相对最后指定的点或最后获取的对象捕捉点计算的,并且在左侧的“极轴间距”选项区的“极轴距离”文本框中可设置极轴捕捉间距。

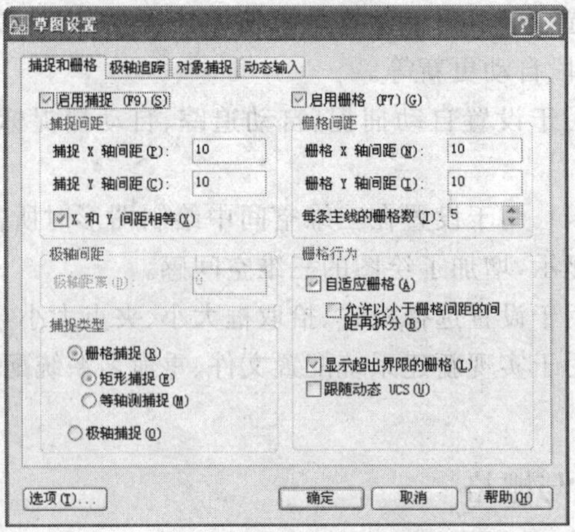

图 12-19 “捕捉和栅格”选项卡

12.2.5 使用正交

使用 AutoCAD 正交模式，可以加快绘图速度。例如，在打开正交模式的情况下绘制一组垂直线。由于这些线被限制在水平轴和垂直轴，可以肯定线是垂直的，因此加快了绘制速度。

启用正交命令有以下几种方法。

① 在命令行中输入 Ortho 命令并按回车键。

② 单击状态栏中的“正交”按钮 正交 。

③ 按键盘上的【F8】键。

④ 按键盘上的【Ctrl＋L】组合键。

使用上述方法，可以实现正交功能的开与关。打开正交功能后，移动光标会出现一条拖引线来显示沿着水平轴或垂直轴的位移，具体沿着哪根轴位移取决于光标离哪根轴近一些。

当在命令行中输入坐标或处于透视视图或指定对象捕捉时，AutoCAD 将忽视正交模式。也就是说可以绘制任意角度的线。

12.2.6 使用对象捕捉功能

对象捕捉是在对象上准确定位，因此不必知道坐标或绘制构造线。例如，使用对象捕捉来绘制一条通过圆心、线段虚拟交点的直线。使用对象捕捉，用户可以迅速、准确地捕捉到某些特殊点，从而能够精确地绘制图形。

根据对象捕捉的使用方式，可以分为临时对象捕捉和自动对象捕捉两种方式，下面分别介绍这两种使用方式。

提示:

设置临时捕捉方式后，所选的捕捉方式只能对当前一步进行的绘制起作用。而设置自动捕捉方式后，可以一直保持这种目标捕捉状态。若取消这种捕捉方式，则需要在设置对象捕捉时取消选择这种捕捉方式。

1. 自动对象捕捉

使用自动对象捕捉方式绘制直线时，可以保持捕捉设置，不需要每次绘制时重新调用捕捉方式进行设置，从而节省了绘图时间。

切换自动对象捕捉命令的启用或关闭，有以下几种方法。

(1) 单击“状态”栏中的 对象捕捉 按钮。

(2) 按键盘上的【F3】键。

(3) 按键盘上的【Ctrl+F】组合键。

【实例】 练习使用在“草图设置”对话框中设置“对象捕捉”，其具体操作步骤如下。

①单击“工具”|“草图设置”命令，或者在“状态”栏中的 对象捕捉 按钮上单击鼠标右键，从弹出的快捷菜单中选择“设置”选项，均可打开“草图设置”对话框。

②从“草图设置”对话框中选择“对象捕捉”选项卡，选中“启用对象捕捉”复选框，即可开启对象捕捉命令，如图 12－20 所示。反之，则取消对象捕捉命令。

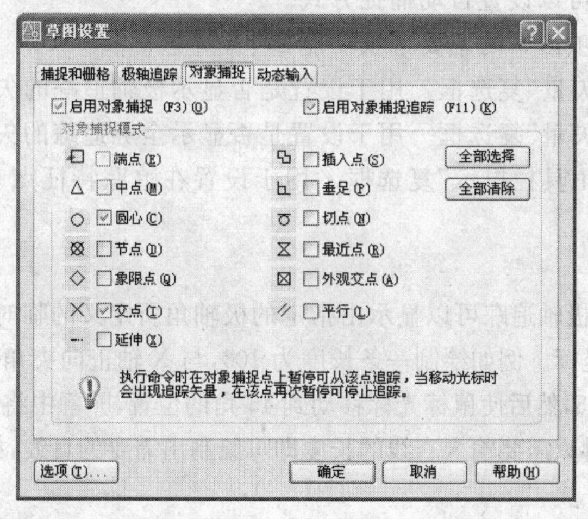

图 12－20　“对象捕捉”选项卡

③在“对象捕捉模式”选项区中，提供了十三种对象捕捉方式，可以通过勾选复选框来选择需要启用的捕捉方式。

2. 临时对象捕捉

在 Auto CAD 窗口界面的任意工具栏上，单击鼠标右键，从弹出的快捷菜单中选择“对象捕捉”选项，将弹出“对象捕捉”工具栏，如图 12－21 所示。

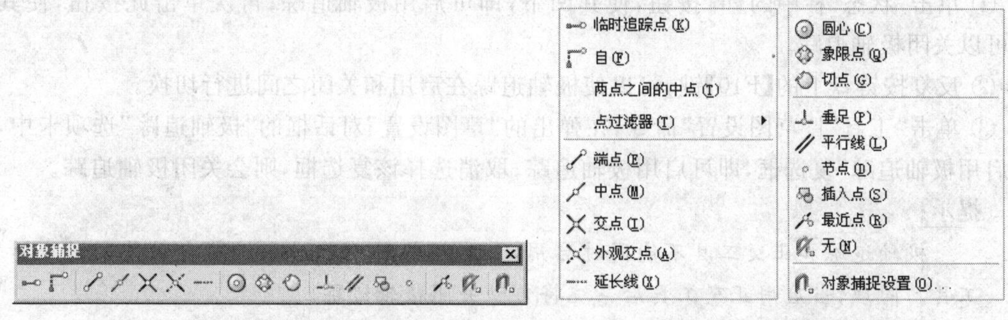

图 12－21　“对象捕捉”工具栏　　　　图 12－22　快捷菜单

单击“对象捕捉”工具栏中所需要的捕捉按钮即可开启相应的捕捉功能，捕捉结束后，该功能会自动关闭；再次使用时需要重新设置。

当要求用户指定点时，可以按住键盘上的【Ctrl】或【Shift】键，在绘图窗口中单击鼠标右键，从弹出的快捷菜单中选择捕捉方式，如图 12－22 所示。选择相应的捕捉选项后，再把光标移到所要捕捉对象的特征点附近，即可捕捉到相应的对象特征点。

12.2.7 使用自动追踪功能

在 AutoCAD 中，自动追踪是一个非常有用的辅助绘图工具，使用它可以按指定角度绘制对象；或者绘制与其他对象有特定关系的对象。自动追踪功能分为极轴追踪和对象捕捉追踪两种，下面分别介绍这两种功能。

1. 设定自动追踪参数

在 Auto CAD 窗口中单击“工具”|“选项”命令，将弹出“选项”对话框，在“草图”选项卡的“自动追踪设置”选项区可以设置自动捕捉方式。

“自动追踪设置”选项区中的主要选项功能如下。

①“显示极轴追踪矢量”复选框　用于设置是否显示极轴追踪的矢量数据。

②“显示全屏追踪矢量”复选框　用于设置是否显示全屏追踪的矢量数据。

③“显示自动追踪工具栏提示”复选框　用于设置在追踪特征点时是否显示工具栏上的相应按钮的提示文字。

2. 使用极轴追踪

在绘图过程中，使用极轴追踪可以显示由指定的极轴角所定义的临时对齐路径，有助于快速、准确地输入点的相对极坐标。例如绘制一条长度为 100，与 X 轴正向夹角为 45°的直线 *BC* 时。将极轴角捕捉增量设置为 45，然后使鼠标光标移动到 45°角的位置，屏幕中将自动显示如图 12－23 所示的临时对齐路径。此时只需要输入直线的长度即可绘制出需要的直线，如图 12－24 所示。

图 12－23　自动显示的临时对齐路径　　　图 12－24　输入长度绘制出的直线

在中文版 AutoCAD 2007 中，启用和关闭极轴追踪的方法有以下几种。

① 单击“状态”栏中的极轴按钮，使其凹下，即可启用极轴追踪；再次单击此按钮，使其凸起，可以关闭极轴追踪。

② 反复按键盘上的【F10】键，可以使极轴追踪在启用和关闭之间进行切换。

③ 单击“工具”|“草图设置”命令，在弹出的“草图设置”对话框的“极轴追踪”选项卡中，选择“启用极轴追踪”复选框，即可启用极轴追踪；取消选择该复选框，则会关闭极轴追踪。

提示：

极轴追踪和正交工具不能同时启用，当启用极轴追踪后系统将自动关闭正交工具。同理，当启用正交工具后系统将自动关闭极轴追踪。

启用极轴追踪之前，首先要在“草图设置”对话框的“极轴追踪”选项卡中，在“增量角”下拉列表框中，设置极轴角变化的增值量，如图 12－25 所示。

在“草图设置”对话框的“极轴追踪”选项卡中，各选项的功能和含义如下。

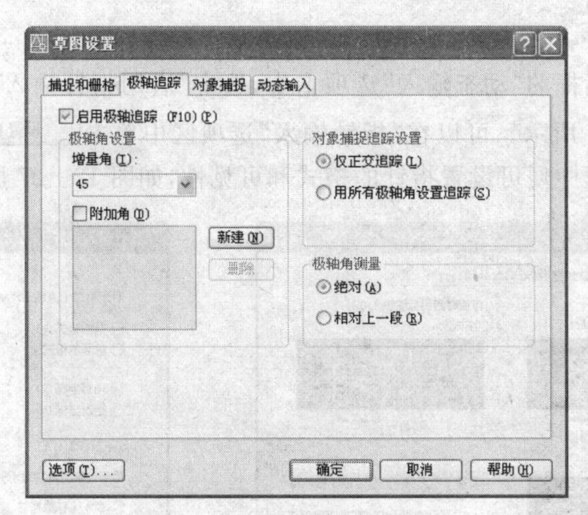

图 12-25　"极轴追踪"选项卡

①"增量角"下拉列表框　用于设置极轴追踪对齐路径的极轴角度增量。可以直接输入角度值;也可以从增量角下拉列表框中选择 90°、45°、30°或 22.5°等常用角度。当启用极轴追踪功能之后,系统将自动追踪该角度整数倍的方向。

②"附加角"复选框　选中此复选框,然后单击 新建(N) 按钮,可以在左侧窗口中设置增量角之外的附加角度。

③"极轴角测量"选项区　用于选择极轴追踪对齐角度的测量基准。若选择"绝对"单选按钮,将以当前用户坐标系(UCS)的 X 轴正向为基准确定极轴追踪的角度;若选择"相对上一段"单选按钮,将根据上一次绘制线段的方向为基准确定极轴追踪的角度。

3. 对象捕捉追踪

在中文版 AutoCAD 2007 中,启用和关闭对象捕捉追踪的方法有以下几种。

① 单击状态栏中的 对象追踪 按钮,使其凹下,即可启用对象捕捉追踪;再次单击此按钮,使其凸起,可以关闭对象捕捉追踪。

② 反复按键盘上的【F11】键,可以使对象捕捉追踪在启用和关闭之间进行切换。

③ 在"草图设置"对话框的"对象捕捉"选项卡中,选择"启用对象捕捉追踪"复选框,即可启用对象捕捉追踪;取消选择该复选框,则会关闭对象捕捉追踪。在使用对象追踪绘图时,必须保持"对象捕捉"命令的启用状态。

12.2.8　使用动态输入

使用动态输入功能可以在工具栏提示中输入坐标值,而不必在命令行中进行输入。在中文版 AutoCAD 2007 中有两种动态输入方法。

① 指针输入,用于输入坐标值。

② 标注输入,用于输入距离和角度。

可以通过单击状态栏上的"DYN"按钮来打开或关闭动态输入。打开指针输入后,当在绘图区域中移动光标时,光标处将显示坐标值。要输入坐标,输入坐标值后按【Tab】键将焦点切换到下一个工具栏提示,然后输入下一个坐标值。在指定点时,第一个坐标是绝对坐标;第二个或下一个点的格式是相对极坐标。如果需要输入绝对值,则需要在值前加上前缀井号(#)。

1. 启用指针输入

在“草图设置”对话框的“动态输入”选项卡中，选中“启用指针输入”复选框可以启用指针输入功能，如图 12-26 所示。可以在“指针输入”选项区中单击 设置(S)... 按钮，在打开的“指针输入设置”对话框中便可设置指针的格式和可见性，如图 12-27 所示。

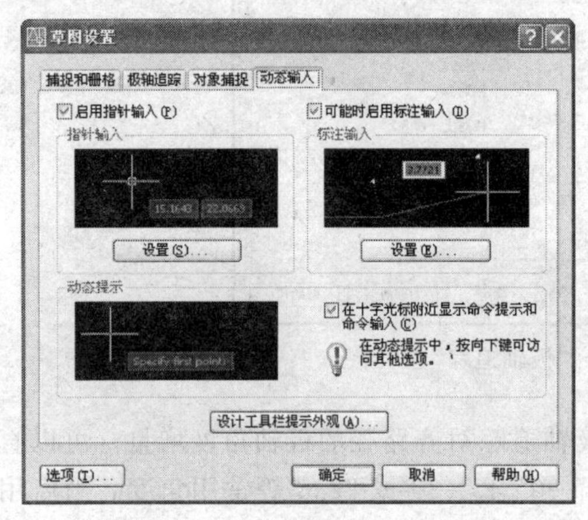

图 12-26 “动态输入”选项卡

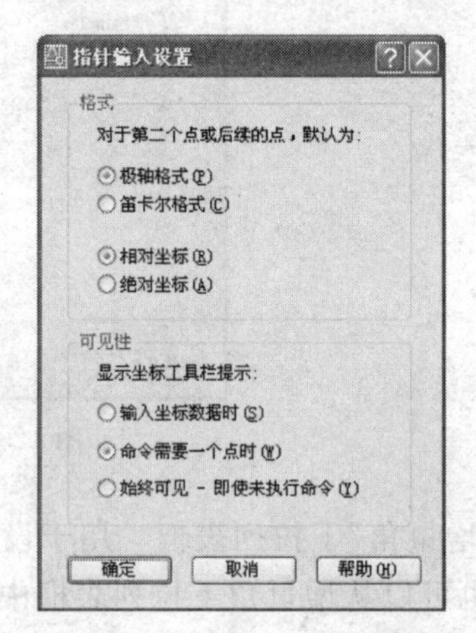

图 12-27 “指针输入设置”对话框

2. 启用标注输入

在“草图设置”对话框的“动态输入”选项卡中，选中“可能时启用标注输入”复选框可以启用标注输入功能。在“标注输入”选项区中单击 设置(S)... 按钮，在打开的“标注输入的设置”对话框中便可以设置标注的可见性，如图 12-28 所示。

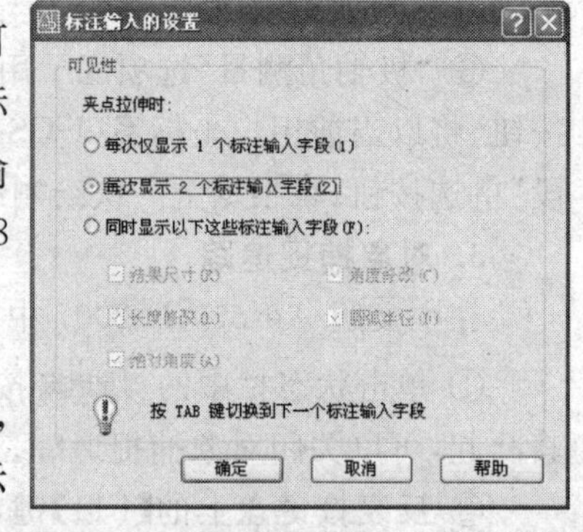

图 12-28 “标注输入的设置”对话框

3. 显示动态提示

在图 12-26“草图设置”对话框的“动态输入”选项卡中，选中“动态提示”选项区中的“在十字光标附近显示命令提示和命令输入”复选框，便可以在光标附近显示命令提示。

4. 设置工具栏提示外观

在“草图设置”对话框的“动态输入”选项卡中，单击 设计工具栏提示外观(A)... 按钮，将弹出“工具栏提示外观”对话框，在该对话框中可以设置工具栏提示的颜色、大小、透明度以及应用范围。

12.2.9 使用视图显示

按一定比例、观察位置和角度显示的图形称为视图。AutoCAD 提供了多种控制图形视图的方式。在编辑图形时，如果希望查看所作图形的整体效果，可以通过缩放、平移来显示视图的不同区域，通过视图显示的缩放还可以显示视图的细节。

1. 缩放视图

通过改变显示区域和图形对象的大小，用户可以更准确和更详细地绘图。增大图形可以更详细地观察细节称为放大；收缩图形可以更大面积地观察图形称为缩小。

缩放并没有改变图形的绝对大小，它仅仅改变了图形区中视图的大小。启动缩放视图命令有以下几种方法。

(1)在命令行中输入 Zoom 命令或 Z。

(2)单击“视图”|“缩放”命令中的子命令。

(3)单击“标准”工具栏中的“实时缩放”按钮或“窗口缩放”按钮。

(4)单击“缩放”工具栏中相应的按钮，如图 12－29 所示。

图 12－29　“缩放”工具栏

在命令行中输入 Zoom 命令，按回车键后，命令行提示如下。

命令：Zoom

指定窗口的角点，输入比例因子 (nX 或 nXP)，或者[全部(A)/中心(C)/动态(D)/范围(E)/上一个(P)/比例(S)/窗口(W)/对象(O)] <实时>：

下面介绍“标准”工具栏和“缩放”工具栏中相应按钮的含义。

◆“全部缩放”按钮　可以显示整个图形中的所有对象。在平面视图中，它以图形界限或当前图形范围为显示边界。在具体情况下，范围大的就作为其显示边界。如果图形延伸到图形界限以外，则仍显示图形中的所有对象，此时的显示边界是图形范围。

◆“中心缩放”按钮　单击此按钮，光标变成十字形，在需要放大的图形中间位置单击鼠标左键，确定放大显示的中心点，再绘制一条垂直线段来确定需要放大显示的高度，图形将按照所绘制的高度被放大并充满整个绘图窗口。

◆“实时缩放”按钮　在该模式下，光标变为放大镜符号。此时按住鼠标左键向上或左上拖动光标可放大整个图形；向下或右下拖动光标可缩小整个图形；释放鼠标按钮后将停止缩放。

提示：

在绘图空白区单击鼠标右键，从弹出的快捷菜单中选择“缩放”选项也可启动“实时缩放”命令。在使用“实时缩放”工具时，如果放大到了最大程度，光标显示为时，表示不能再进行放大；反之，如果缩小到最小程度，光标显示为时，表示不能再进行缩小。

◆“动态缩放”按钮　单击此按钮，光标变成中心有“×”标记的矩形框。移动鼠标，将矩形框放在图形的适当位置上单击，矩形框的中心标记变为右侧“→”标记，移动鼠标调整矩形框的大小，矩形框的左侧位置不会发生变化，按回车键确认，矩形框中的图形被放大并充满整个绘图窗口。

◆“范围缩放”按钮　可以在屏幕上尽可能大地显示所有图形对象。与全部缩放模式的区别是，范围缩放使用的显示边界只是图形范围而不是图形界限。

◆“缩放上一个”按钮　单击“标准”工具栏中的“缩放上一个”按钮，将缩放显示返回前一个视图效果，最多可以返回十个视图显示效果。

◆“比例缩放”按钮　以一定的比例来缩放视图。执行它时要求用户输入一个数字作为缩放的比例因子，该比例因子适用于整个图形。输入的数字大于 1 时放大视图；等于 1 时显示整个视图；小于 1 时(必须大于 0)缩小视图。

◆“窗口缩放”按钮　单击此按钮，光标变成十字形。在需要放大图形的一侧单击鼠标左键，并向其对角方向移动鼠标，系统显示出一个矩形框，将矩形框包围住需要的图形，按回车键，矩形框内的图形将被放大并充满整个绘图窗口。矩形框的中心就是新的显示中心。

◆“对象缩放”按钮 可以用来显示图形文件中的某一个部分。选择该模式后，单击图形中的某个部分，该部分将显示在整个图形窗口中；如果有多个图形，可一并选择，则所有选中的图形都将显示在整个图形窗口中。

◆“放大”按钮 单击此按钮，系统将整个视图放大1倍，即默认比例因子为2。

◆“缩小”按钮 单击此按钮，系统将整个图形缩小1倍，即默认比例因子为0.5。

2. 平移视图

平移命令可在不改变图形缩放比例的情况下，在屏幕中移动图形的位置。它通常与缩放命令配合使用。

启动平移视图命令有以下几种方法。

① 在命令行中输入 Pan 命令或 P。

② 单击“视图”|“平移”命令中的子菜单，如图12-30所示。

③ 单击“标准”工具栏中的“平移”按钮。

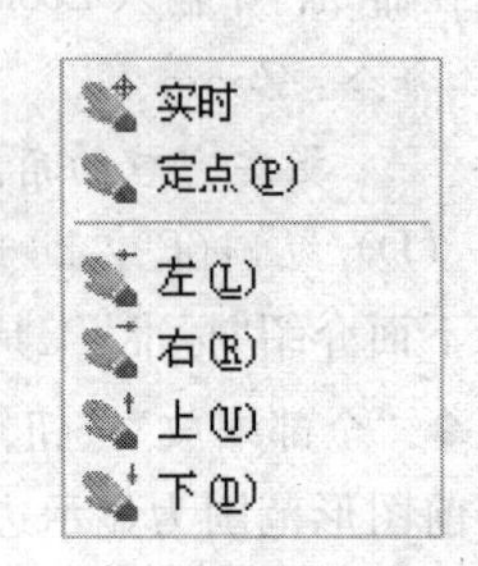

图12-30 “平移”命令中的子菜单

在中文版 AutoCAD 2007 中，系统提供了六种平移工具，其中最常用的是“实时平移”工具。用户除了可以通过“平移”的子菜单左、右、上、下平移视图，使图形处于相应的方位外；还可以使用“实时”和“定点”命令平移视图。其中在实时平移模式下，指针将变成一只小手，按下鼠标左键拖动图形对象，窗口内的图形就会按光标移动的方向移动；释放鼠标，可返回到平移等待状态；按“Esc”键或回车键，可以退出实时平移模式。而“定点”命令是通过指定基点和位移值来平移视图。

12.2.10 坐标

在 AutoCAD 中绘图时必须借助世界坐标系以及用户坐标系来确定物体的几何位置，而具体的坐标值会显示在状态栏的左下角。AutoCAD 会以“X,Y,Z”的形式表示各坐标点的坐标值。对于二维平面图形来说，坐标值只有“X,Y”两个值，Z轴的坐标值为“0”，可以省略不写。在中文版 AutoCAD 2007 中最常用的坐标输入形式，包括绝对坐标和相对坐标两种。

1. 绝对坐标

绝对坐标是以坐标原点为基点来定位其他所有点的。点的绝对坐标又有两种输入形式：绝对直角坐标和绝对极坐标。

(1)点的绝对直角坐标　点的绝对直角坐标可以表示为(X,Y)，其中X表示该点到Y轴的垂直距离，即与坐标原点在水平方向的距离；Y表示该点到X轴的垂直距离，即与坐标原点在垂直方向的距离。在绘图过程中，绝对直角坐标的输入方法为：依次输入X坐标，英文逗号“,”，然后输入Y坐标，最后按回车键。

提示：

在输入点坐标时，X坐标和Y坐标之间的逗号必须为英文逗号；点坐标输入完成后要按回车键确认，否则系统不知道用户是否输入完毕。另外，在二维空间中绘图时，Z坐标默认为0，在输入时可以省略；但在三维空间中，点的位置必须由X坐标、Y坐标和Z坐标共同决定。

(2)点的绝对极坐标　点的绝对极坐标可以表示为(L＜A),其中 L 表示极半径,即该点与坐标原点之间的距离;A 表示极角,即该点和坐标原点连线与 X 轴正方向之间的夹角。绝对极坐标的输入方法为:依次输入极半径,小于号“＜”,极角 A,然后按回车键。

提示:

在输入点的极坐标时,极角有正负之分。在系统默认状态下,逆时针方向为正,顺时针方向为负。若在“图形单位”对话框中选中“顺时针”复选框,则顺时针方向为正,逆时针方向为负。

例如,在 XOY 坐标平面中,一个二维点距离坐标系原点 O 的长度为 15,并且该点与坐标系原点 O 的连线与 X 轴正方向的夹角为 45°,那么该点极坐标的输入形式为“15＜45”。

2. 相对坐标

相对坐标是指当前输入点相对于前一个输入点的坐标。即前一个输入点成为了当前坐标系的坐标原点,输入的坐标是当前输入点在新坐标系下的坐标值。它又分为相对直角坐标和相对极坐标两种形式。

(1)点的相对直角坐标　点的相对直角坐标需要输入该点与上一输入点的绝对坐标之差,它可以表示为(@X,Y)。其中 X 表示该点与上一输入点在水平方向(X 轴)的坐标差,Y 表示该点与上一输入点在垂直方向(Y 轴)的坐标差。相对直角坐标的输入方法为:依次输入“@”符号,X 轴上的坐标差,英文逗号“,”,Y 轴上的坐标差,最后按回车键。

例如,当绘制直线 AB 时,点 A 的坐标为(30,40),点 B 与点 A 的水平距离为 120,垂直距离为 60,那么点 B 相对于点 A 的坐标为(@120,60)。

(2)点的相对极坐标　点的相对极坐标可以表示为(@L＜A),其中 L 表示极半径,即该点与上一输入点之间的距离;A 表示极角,即两点连线与 X 轴正方向之间的夹角。点的相对极坐标的输入方法为:依次输入“@”符号,极半径,小于号“＜”和极角,最后按回车键。

12.3 基本绘图命令使用

在 AutoCAD 中,无论多么复杂的图形都是由点、线、圆、圆弧、矩形、正多边形和椭圆等基本图形组合而成。这些基本图形看起来简单,绘制起来也很容易,但它们却是整个中文版 AutoCAD 2007 的绘图基础。读者只有熟练掌握它们的绘制方法和技巧,才能在以后的学习与实践中得心应手。本节将通过几个具体实例操作来学习这些基本绘图命令的使用。

12.3.1 绘制点

在 AutoCAD 2007 中,点对象可用做捕捉和偏移对象的节点或参考点。可以通过“单点”、“多点”、“定数等分”和“定距等分”四种方法来创建点对象。

中文版 AutoCAD 2007 提供了多种点的样式,在绘制图形时,用户可以根据需要设置不同的点样式。其操作方法如下。

① 单击“格式”|“点样式”命令。

② 在命令行中输入 Ddptype 命令并按回车键。

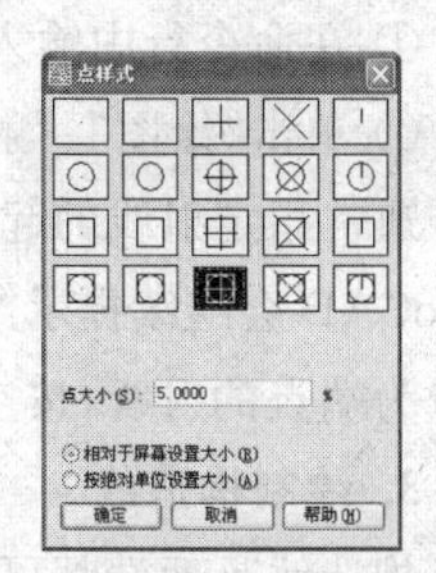

图 12 - 31　“点样式”对话框

执行该命令后,将打开如图 12 - 31 所示的“点样式”对话框,用户可以根据绘图需要任意选择一种点样式。

12.3.2 绘制线

图形由对象组成,可以使用定点设备指定点的位置;或者在命令行中输入坐标值来绘制对象。在 AutoCAD 中,直线、射线和构造线是最简单的一组线性对象。

1. 绘制直线

直线是各种绘图中最常用、最简单的一类图形对象。执行绘制直线命令,一次可画一条线段,也可以连续画多条线段(其中每一条线段都彼此相互独立)。

通常情况下,可使用下列几种方法启动绘制直线命令。

(1) 在命令行中输入 Line 命令。

(2) 在命令行中输入 L。

(3) 单击"绘图"|"直线"命令。

(4) 单击"绘图"工具栏中的"直线"按钮。

绘制直线时应注意以下几点。

① 在绘制二维绘图时,任何点的位置确定都是由坐标轴中 X 轴与 Y 轴的坐标点确定的。在绘制三维绘图时,还须加上 Z 轴的坐标点。

② 执行绘线命令并输入起始点的位置后,将在命令行提示窗口中出现"指定下一点或[闭合(C)/放弃(U)]"的提示。在该命令行提示下输入直线的端点并按回车键后此命令行提示会继续出现。若不输入端点,而是按空格键、【Esc】键或回车键时,命令执行都将结束。

③ 用 Line 命令所绘出折线中的每一条直线段都是一个独立的对象。即可以对每一条直线段进行单独的修改等操作。

④ 在绘制连续折线的过程中,当在"指定下一点或[闭合(C)/放弃(U)]提示下输入 C 即可闭合折线并退出本次操作。在执行该功能时,必须已绘出由两条或两条以上的直线段组成的折线。若输入 U 则可删除折线中最后绘制的直线段,这样可及时纠正绘图过程中出现的错误。此时单击鼠标右键从弹出的快捷菜单中选择"闭合"选项或"放弃"选项也可实现相应的功能。

2. 绘制射线

射线是以一个起始点,单方向无限延长的直线。可以作为图形设计时的辅助线,帮助用户进行定位。

可以通过以下几种方法,启动绘制射线命令。

① 在命令行中输入 Ray 命令。

② 单击"绘图"|"射线"命令。

通常指定射线的起点和通过点,即可绘制一条射线。命令执行后,在指定射线的起点后,AutoCAD 会继续提示"指定通过点:"。在该命令行提示下指定多个通过点,则可绘制多条以起点为端点的射线,按空格键、【Esc】键或回车键可退出 Ray 命令。

3. 绘制构造线

构造线是两端都可以无限延伸的直线,它没有起点和终点,在绘图过程中多用于绘制各种辅助线。绘制构造线时,先指定一点作为中心点,然后再指定构造线上的一点确定构造线的方向,即可以按默认方法绘制一条构造线。

可以使用以下几种方法,启动绘制构造线命令。

① 在命令行中输入 Xline 命令或 XL。

② 单击“绘图”|“构造线”命令。

③ 单击“绘图”工具栏中的“构造线”按钮。

其中各选项的含义分别如下。

◆“指定点”选项　　该项用来绘制通过指定两点的构造线。

◆“水平(H)”选项　　选择此选项,可以绘制通过指定点的水平构造线。

◆“垂直(V)”选项　　选择此选项,可以绘制通过指定点的垂直构造线。

◆“角度(A)”选项　　选择此选项,命令行提示为“输入构造线的角度 (0) 或 [参照(R)]:”,此时可以输入一个角度值或选择“参照”选项,绘制通过指定点且与 X 轴正方向或参照线成一定角度的构造线。

◆“二等分(B)”选项　　选择此选项,然后根据命令行提示依次指定角的顶点、起点和端点,可以绘制出二等分该角的构造线。

提示:

通过指定两点来绘制构造线时,第一点默认为构造线概念上的中点。

12.3.3　绘制矩形

通过指定矩形对角线上两个端点的位置,可以绘制矩形。通过设置矩形的长和宽,可以绘制出正方形或长方形。绘制矩形有以下三种方法。

① 在命令行中输入 Rectang 命令或 Rec。

② 单击“绘图”|“矩形”命令。

③ 单击“绘图”工具栏中的“矩形”按钮。

执行“矩形”命令即可绘制如图 12-32 所示的矩形。

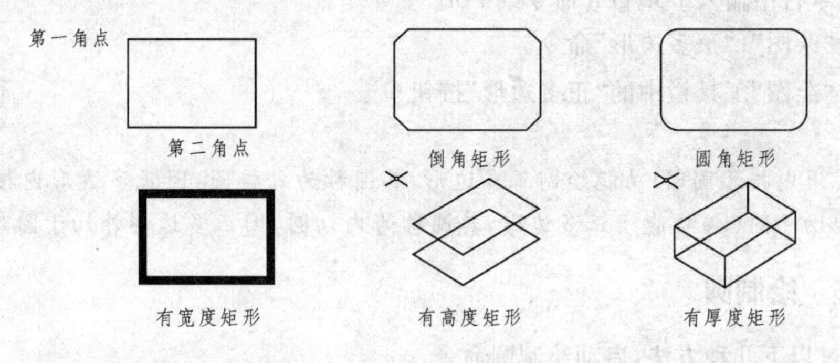

图 12-32　矩形的各种样式

提示:

有高度的矩形与有厚度的矩形是两个不同的概念。有高度的矩形指的是指定矩形所在的平面高度,而有厚度矩形则是三维造型。在绘制矩形时,可以只利用其中的某一功能选项;也可以利用其中的几种选项。实际上,每一个矩形的绘制都包含了所有的功能选项,只不过是使用其默认值罢了。

【实例】 绘制一个标高为30，厚度为20，倒角为10，宽度为5，大小为任意的矩形，其具体操作步骤如下。

```
命令：_Rectang
    指定第一个角点或[倒角(C)/标高(E)/圆角(F)/厚度(T)/宽度(W)]：E
    指定矩形的标高 <0.0000>：30
    指定第一个角点或[倒角(C)/标高(E)/圆角(F)/厚度(T)/宽度(W)]：T
    指定矩形的厚度 <0.0000>：20
    指定第一个角点或[倒角(C)/标高(E)/圆角(F)/厚度(T)/宽度(W)]：C
    指定矩形的第一个倒角距离 <0.0000>：10
    指定矩形的第二个倒角距离 <10.0000>：10
    指定第一个角点或[倒角(C)/标高(E)/圆角(F)/厚度(T)/宽度(W)]：W
    指定矩形的线宽 <0.0000>：5
    指定第一个角点或[倒角(C)/标高(E)/圆角(F)/厚度(T)/宽度(W)]：(捕捉任意点)
    指定另一个角点或[面积(A)/尺寸(D)/旋转(R)]：(捕捉另一任意点)
```

单击“视图”|“三维视图”|“西南等轴测”命令，查看绘制好的图形，效果如图12-33所示。

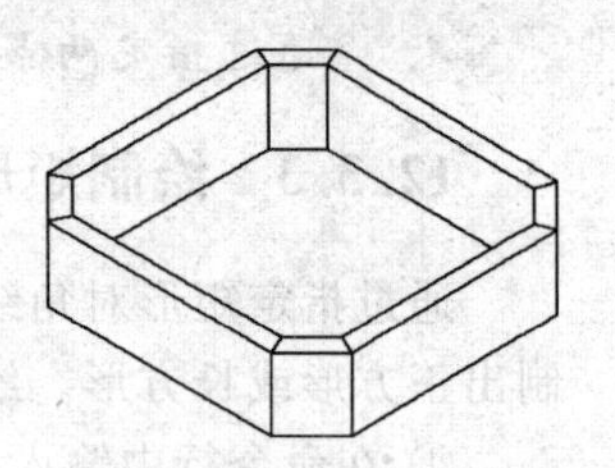

图12-33 绘制矩形

12.3.4 绘制正多边形

在中文版AutoCAD 2007中，使用“正多边形”命令可以绘制圆的内接正多边形和外切正多边形；也可以根据指定的一条边绘制正多边形，其边数范围是3～1024之间的任意整数。用户只需要确定正多边形的边数，再根据提示即可完成正多边形的绘制。

绘制正多边形有以下三种方法。

① 在命令行中输入Polygon命令或Pol。

② 单击“绘图”|“正多边形”命令。

③ 单击“绘图”工具栏中的“正多边形”按钮。

提示：

利用内接于圆(I)功能绘制正多边形，其圆称为外接圆，因正多边形内接圆内。利用外切于圆(C)功能绘正多边形，其圆称为内切圆，因正多边形外切于圆外。

12.3.5 绘制圆

可以通过以下几种方法，启动绘制圆命令。

(1) 在命令行中输入Circle命令或C。

(2) 单击“绘图”|“圆”命令中的子菜单。

(3) 单击“绘图”工具栏中的“圆”按钮。

在中文版AutoCAD 2007中绘制圆时，根据已知条件不同，系统共提供了六种方法绘制圆。单击“绘图”|“圆”命令，弹出绘制圆命令的子菜单，如图12-34所示。

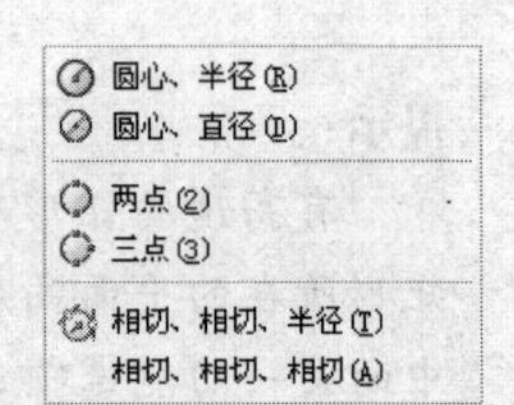

图12-34 绘制圆子菜单

提示：

在 AutoCAD 2007 中，“相切、相切、相切”方法只能通过菜单命令调用。另外，利用“相切、相切、半径”方法绘制圆时，如果圆的两条切线均为直线，那么这两条直线必须为相交直线（直接相交或延长线相交），否则将无法绘制出相应的圆。使用“相切、相切、半径”方法绘制圆时，系统总是在距拾取点最近的部位绘制相切的圆。因此，拾取相切对象时，所拾取的位置不同，最后得到的结果有可能也不相同，如图 12-35 所示。

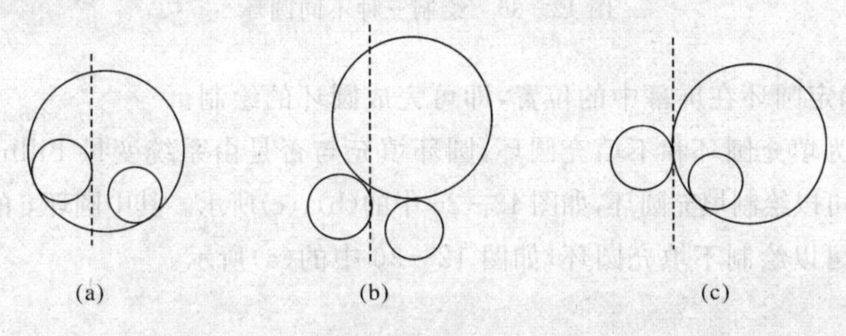

图 12-35　使用“相切、相切、半径”方法绘制圆时产生的不同效果

12.3.6　绘制椭圆

可以通过以下几种方法，启动绘制椭圆命令。

① 在命令行中输入 Ellipse 命令或 EL。

② 单击“绘图”|“椭圆”命令的子菜单。

③ 单击“绘图”工具栏中的“椭圆”按钮。

在中文版 AutoCAD 2007 中，绘制椭圆的方法有两种：如果已知椭圆主轴的两个端点和另一条半轴的长度，通常使用“轴、端点”方法进行绘制；如果已知椭圆的中心、主轴的一个端点和另一条半轴的长度，通常使用“中心点”方法进行绘制。

提示：

当椭圆的两个半轴长度相等时，绘制的椭圆为圆，半轴长度是圆的半径。另外，当指定主轴的端点之后，若选择“旋转”选项，可以将另一个轴围绕主轴进行旋转，旋转角度的范围为 0～89.4 度，当旋转角度为 0 时，绘制圆形；当旋转角度大于 89.4 度时，将无法绘制出椭圆。

12.3.7　绘制圆环

圆环是由两个大小不同的同心圆组成的实体填充环或填充圆，在中文版 AutoCAD 2007 中可以直接绘制出三种形状不同的圆环，即可完成圆环的绘制，其效果如图 12-36 所示。

绘制圆环有以下几种方法。

① 单击“绘图”|“圆环”命令。

② 在命令行中输入 Donut 命令或 DO。

圆环的绘制非常简单，首先指定圆环的内半径和外半径，即确定圆环的大小；然后指定圆

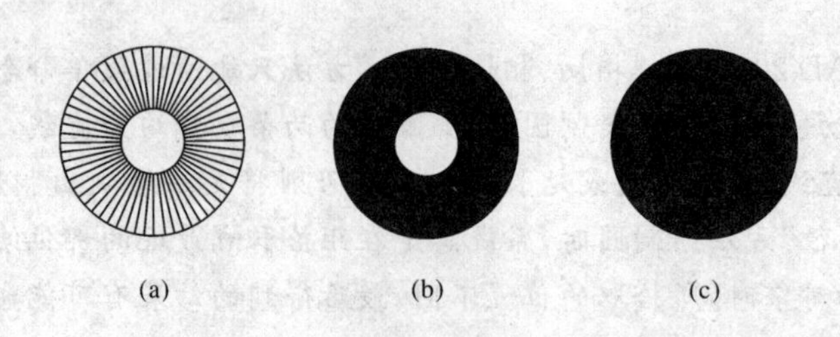

图 12－36　绘制三种不同圆环

环的中心点，即确定圆环在屏幕中的位置，即可完成圆环的绘制。

圆环可以分为填充圆环和不填充圆环，圆环填充与否是由系统变量 Fillmode 决定的。当 Fillmode＝1 时，可以绘制填充圆环，如图 12－36 中的(b)、(c)所示。其中圆环 c 的内半径为 0。当 Fillmode＝0 时，可以绘制不填充圆环，如图 12－36 中的(a)所示。

提示：

由于系统变量 Fillmode 的值决定了圆环填充与否，所以在绘制圆环之前首先要设置 Fillmode 的值。

12.3.8　绘制圆弧

可以通过以下几种方法，启动绘制圆弧命令。

① 在命令行中输入 Arc 命令或 A。

② 单击"绘图"|"圆弧"命令中的子菜单。

③ 单击"绘图"工具栏中的"圆弧"按钮。

由于圆弧要受到圆心、半径、起始角、终止角和方向等诸多因素的影响，所以圆弧的绘制方法比圆更加复杂。在中文版 AutoCAD 2007 中提供了十一种绘制圆弧的方法，单击"绘图"|"圆弧"命令，可弹出如图 12－37 所示的绘制圆弧的子菜单。

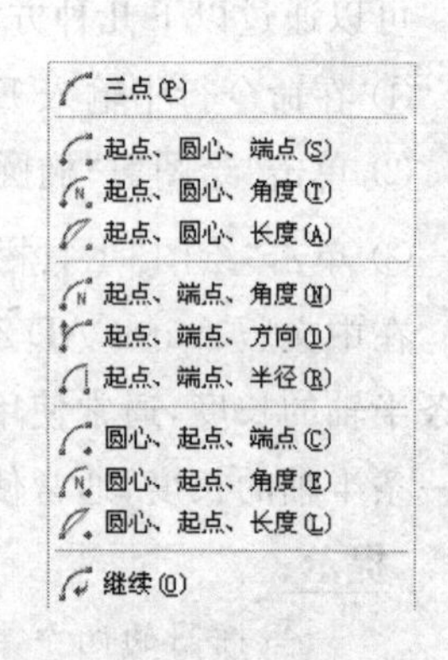

图 12－37　绘制圆弧的子菜单

1. 使用"三点"方法绘制圆弧

其具体操作步骤如下。

```
命令：_Arc
    指定圆弧的起点或［圆心(C)］：(捕捉起点)
    指定圆弧的第二个点或［圆心(C)/端点(E)］：(捕捉第二点)
    指定圆弧的端点：(捕捉端点)
```

执行结果如图 12－38(a)所示。

2. 使用"起点、圆心、端点"方法绘制圆弧

具体操作步骤如下。

```
命令:_Arc
    指定圆弧的起点或[圆心(C)]:(捕捉起点)
    指定圆弧的第二个点或[圆心(C)/端点(E)]: _c
    指定圆弧的圆心:@60,20
    指定圆弧的端点或[角度(A)/弦长(L)]:@90,20
```

执行结果如图 12－38(b)所示。

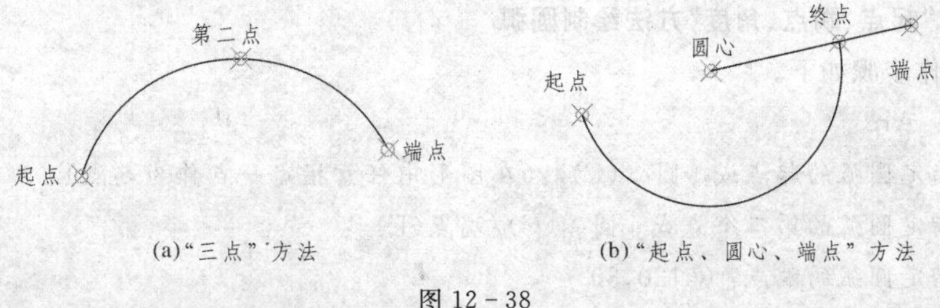

(a)"三点"方法　　(b)"起点、圆心、端点"方法

图 12－38

3. 使用"起点、圆心、角度"方法绘制圆弧

具体操作步骤如下。

```
命令: _Arc
    指定圆弧的起点或[圆心(C)]:(在图形中任意指定一点作为起点)
    指定圆弧的第二个点或[圆心(C)/端点(E)]: _c
    指定圆弧的圆心:@50,30
    指定圆弧的端点或[角度(A)/弦长(L)]: _a
    指定包含角: 120
```

执行结果如图 12－39 所示。

4. 使用"起点、圆心、长度"方法绘制圆弧

"起点、圆心、长度"方法可以通过指定圆弧的起点、圆心和圆弧所对的弦长来绘制圆弧,其具体操作步骤如下。

```
命令: _Arc
    指定圆弧的起点或[圆心(C)]:(在图形中任意指定一点作为起点)
    指定圆弧的第二个点或[圆心(C)/端点(E)]: _c
    指定圆弧的圆心: @20,40
    指定圆弧的端点或[角度(A)/弦长(L)]: _l
    指定弦长: 80
```

执行结果如图 12－40 所示。

提示:

使用"起点、圆心、长度"方法绘制圆弧时,弦长必须小于起点到圆心距离的 2 倍,即必须小于直径,否则将无法绘制出相应的圆弧。另外,当弦长为正值时,绘制的圆弧为劣弧;当弦长为负值时,绘制的圆弧为优弧。

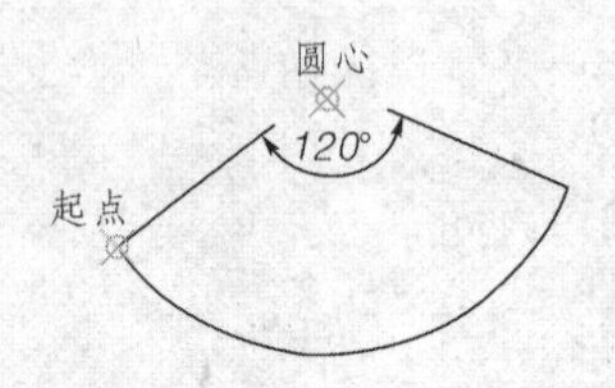

图 12-39 “起点、圆心、角度”方法

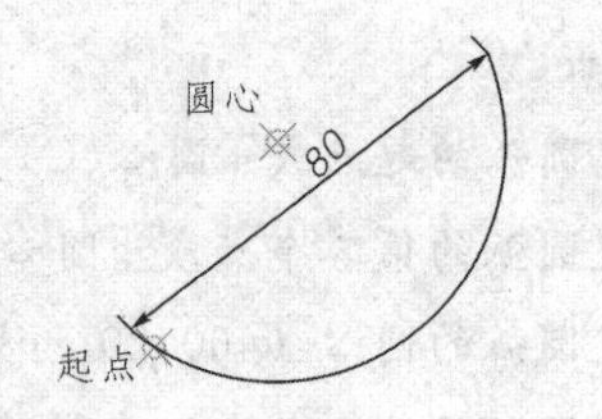

图 12-40 “起点、圆心、长度”方法

5. 使用“起点、端点、角度”方法绘制圆弧

具体操作步骤如下。

```
命令：_Arc
    指定圆弧的起点或[圆心(C)]:(在图形中任意指定一点作为起点)
    指定圆弧的第二个点或[圆心(C)/端点(E)]：_e
    指定圆弧的端点：@120,30
    指定圆弧的圆心或[角度(A)/方向(D)/半径(R)]：_a
    指定包含角：120
```

执行结果如图 12-41 所示。

6. 使用“起点、端点、方向”方法绘制圆弧

“起点、端点、方向”方法可以通过指定圆弧的起点、端点和经过圆弧起点的切线方向来绘制圆弧,其具体操作步骤如下。

```
命令：_Arc
    指定圆弧的起点或[圆心(C)]:(在图形中任意指定一点作为起点)
    指定圆弧的第二个点或[圆心(C)/端点(E)]：_e
    指定圆弧的端点：@110,-25
    指定圆弧的圆心或[角度(A)/方向(D)/半径(R)]：_d
    指定圆弧的起点切向：@10,45
```

执行结果如图 12-42 所示。

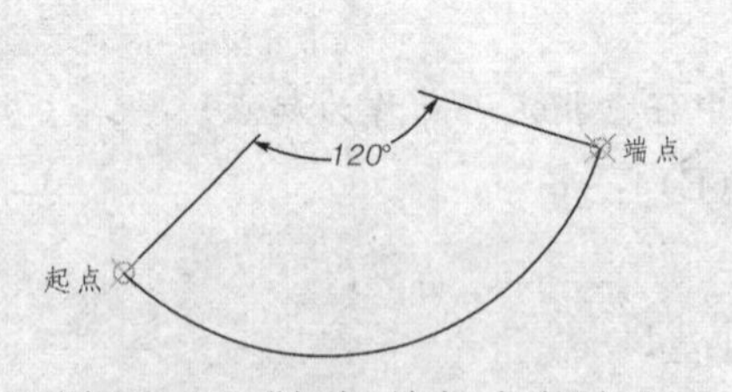

图 12-41 “起点、端点、角度”方法

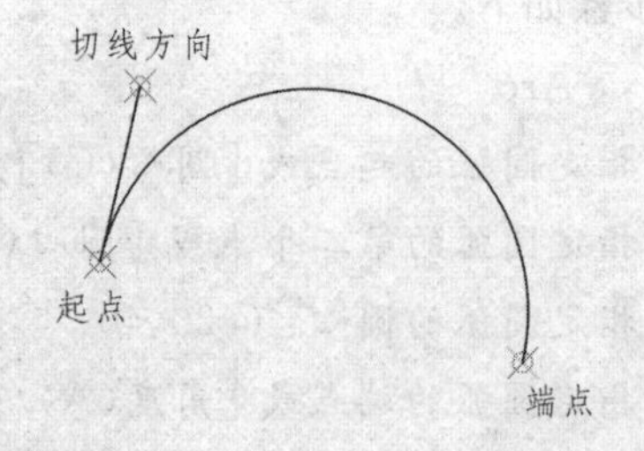

图 12-42 “起点、端点、方向”方法

7. 使用“起点、端点、半径”方法绘制圆弧

“起点、端点、半径”方法可以通过指定圆弧的起点、端点和半径来绘制圆弧,其具体操作步骤如下。

```
命令：_Arc
    指定圆弧的起点或［圆心(C)］:(在图形中任意指定一点作为起点)
    指定圆弧的第二个点或［圆心(C)/端点(E)］：_e
    指定圆弧的端点：@120，－40
    指定圆弧的圆心或［角度(A)/方向(D)/半径(R)］：_r
    指定圆弧的半径：80
```

执行结果如图 12－43 所示。

提示：

使用"起点、端点、半径"方法绘制圆弧时，圆弧的半径必须大于或等于起点与端点之间距离的一半，否则将无法绘制出相应的圆弧。

8. 使用"继续"方法绘制连续圆弧

"继续"方法也是一种默认的绘制圆弧方法，单击"绘图"|"圆弧"|"继续"命令；或者在第一个圆弧命令提示下按回车键均可激活此命令。它可以绘制一个新圆弧，并且此圆弧的起点与前一次绘制的直线或圆弧的端点连接并相切，如图 12－44 所示。

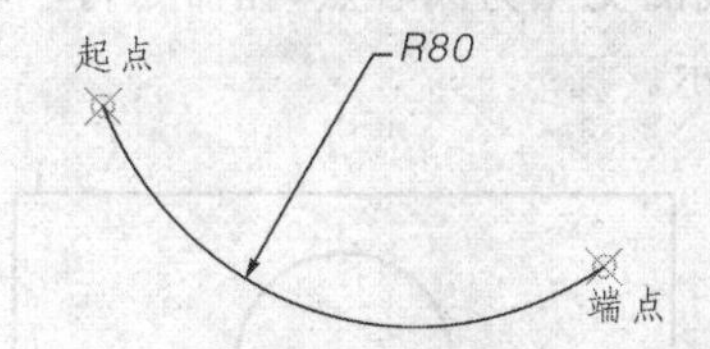

图 12－43　"起点、端点、半径"方法

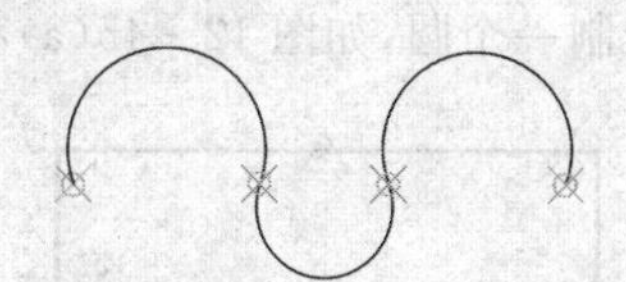

图 12－44　使用"继续"方法

提示：

除了上面介绍的八种绘制圆弧的方法之外，在圆弧命令的子菜单中还有三种绘制方法，它们的绘制过程与前面介绍的绘制方法基本相同，在此不再一一介绍，读者可根据命令行提示信息进行操作。

12.3.9　绘制椭圆弧

椭圆弧是椭圆的一部分。绘制椭圆弧时，首先要绘制出椭圆弧的母体，然后再根据命令提示指定它的起始角和终止角，即可绘制出一个椭圆弧。

可以通过以下几种方法，启动绘制椭圆弧命令。

(1) 单击"绘图"|"椭圆"|"圆弧"命令。

(2) 单击"绘图"工具栏中的"椭圆弧"按钮。

(3) 在命令行中输入 Ellipse 命令或 EL。

提示：

包含角度指的是椭圆弧的起点与终点到端点相交的夹角，终止角度指的是终点到端点的连线与 X 轴的夹角。

【实例一】【操作要求】

(1)建立新图形文件　建立新图形文件，绘图区域为 100×100。

(2)绘图　绘制一个长为 60、宽为 30 的矩形；在矩形对角形交点处绘制一个半径为 10 的圆；在矩形下边线左右各$\frac{1}{8}$处绘制圆的切线；再绘制一个圆的同心圆半径为 5，完成后的图形如图12－45(d)所示。

(3)保存　将完成的图形以 KSCAD2－1.DWG 文件名保存。

具体操作步骤如下。

①执行“新建”命令，打开“选择样板”对话框。以“无样板打开-公制”方式快速创建一个空白文件，具体操作如图 12－12 所示。

②单击“格式”菜单中的“图形界限”命令，设置图形的作图区域为 100×100。

③单击“视图”菜单中的“缩放”/“全部”命令，将作图区域最大化显示。

④单击“绘图”工具栏中的“矩形”按钮，在制图区单击指定矩形第一角点，在命令行中输入“@60，30”，按回车键确定矩形另一角点。

⑤设置对象捕捉追踪，光标移到状态栏“对象捕捉”，单击鼠标右键，按“设置”选项，打开草图设置对话框，勾选对话框中的“启用对象捕捉”和“启用对象捕捉追踪”复选框，激活捕捉和追踪功能，在“对象捕捉模式”选项组中，勾选“中点”选项，单击“确定”按钮。

⑥单击“绘图”工具栏中“圆”按钮，捕捉矩形对角线的交点为圆心点，在命令行中输入“10”按回车键绘制一个圆，如图 12－45(a)和 12－45(b)所示。

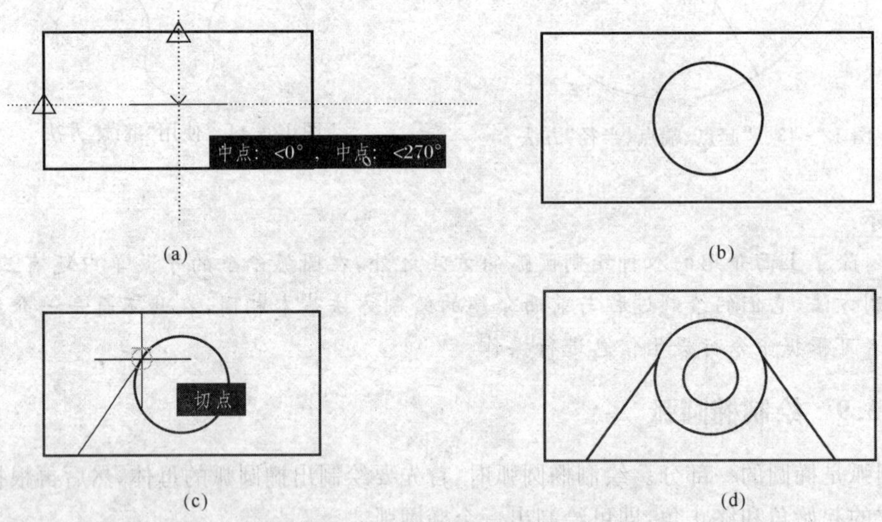

图 12－45　绘制椭圆弧(一)

⑦单击“修改”工具栏中“分解”按钮，选择矩形进行分解。

⑧选择“绘图”菜单中“点”子菜单中的“定数等分”命令。选择下边的直线，在命令行中输入“8”，设定等分线段数目，回车确定。

⑨重新设置对象捕捉选项，在“对象捕捉模式”选项组中，勾选“节点”和“切点”两个选项，单击“确定”按钮。

⑩单击“绘图”工具栏中“直线”按钮，捕捉下边直线左侧$\frac{1}{8}$处的节点为第一点，捕捉圆形的切点为第二点；重复直线命令，绘制另一切线，如图 12－45(c)和 12－45(d)所示。

⑪修改对象捕捉选项，在“对象捕捉模式”选项组中，勾选“圆心”选项，单击“绘图”工具栏

中“圆”按钮，捕捉圆心点，在命令行中输入“5”，按回车键绘制一个圆，如图 12－45(d)所示

⑫选择“文件”菜单中的“保存”命令，打开“图形另存为”对话框。设置文件名为“KSCAD2－1. DWG”，单击“保存”按钮。

【实例二】

【操作要求】

(1)绘制一个两轴长分别为 100 及 60 的椭圆。

(2)椭圆中绘制一个三角形。三角形三个顶点分别为椭圆上四分点、椭圆左下四分之一椭圆弧的中点，以及椭圆右四分之一椭圆弧中点；绘制三角形的内切圆，完成后的图形如图 12－46(c)所示。

具体操作步骤如下。

①单击“绘图”工具栏中的“椭圆”按钮，在制图区单击指定椭圆轴端点，拖动鼠标确定长轴的方向为水平，在命令行中输入“100”，按回车确定另一个端点，继续输入“30”单位，回车确定另一轴的长度。

②设置对象捕捉选项，在“对象捕捉模式”选项组中，勾选“节点”选项，单击“确定”按钮。

③选择“绘图”菜单中“点”子菜单中的“定数等分”命令，选择椭圆，在命令行中输入“8”，设定等分线段数目，回车确定。

④单击“绘图”工具栏中“直线”按钮，捕捉椭圆上边中点为第一点，捕捉椭圆左下节点为第二点，如图 12－46(a)所示，捕捉椭圆右下节点为第三点，在命令行中输入“C”，回车确定，闭合直线命令，绘制出三角形如图 12－46(b)所示。

⑤设置对象捕捉为“切点”选项，单击“绘图”工具栏中“圆”按钮，在命令行中输入“3P”，捕捉三角形三边的切点为圆上三点，完成绘制，如图 12－46(c)所示。

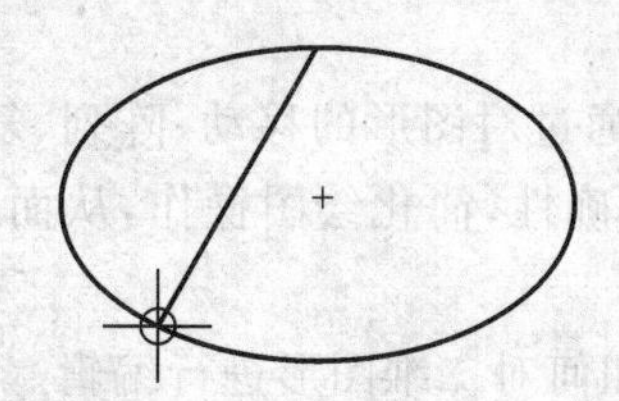

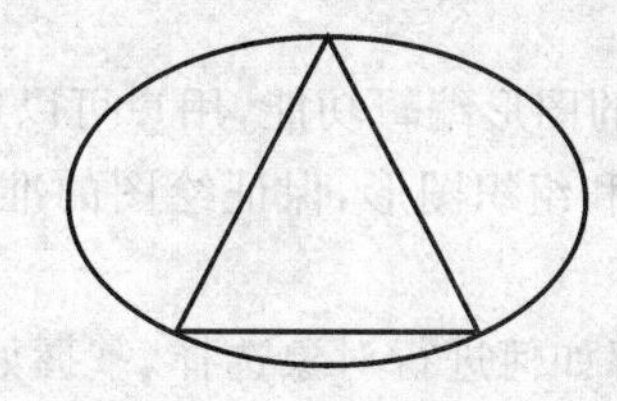

图 12－46　绘制椭圆弧(二)

【实例】

【操作要求】

(1) 绘制一个 100×25 的矩形。

(2) 在矩形中绘制一个样条曲线，样条曲线顶点间距相等，左端点切线与垂直方向的夹角为 45°，右端点切线与垂直方向的夹角为 135°，完成后的图形如图 12－46(b)所示。

具体操作步骤如下。

①单击“绘图”工具栏中的“矩形”按钮，在制图区单击指定矩形第一角点，在命令行中输入“@100，25”，按回车键确定矩形另一角点。

②单击“修改”工具栏中“分解”按钮，将矩形进行分解。

③选择“绘图”菜单中“点”子菜单中的“定数等分”命令，对上下水平线定数等分 12 份。

④单击“绘图”工具栏中“样条曲线”按钮，捕捉左边垂直线中点指定为第一点，捕捉上

方水平线第1节点为第二点，捕捉下方水平线左边第2节点为第三点，如图12-47(a)所示，对照题目完成所有捕捉样条曲线，当完成右边垂直线中点连接时，按回车键，此时命令行提示为“指定起点切向”

⑤将光标移到状态栏“对象捕捉”，单击鼠标右键，按“设置”选项，打开”草图设置”对话框，设置极轴追踪角度为45°，确认退出，移动光标如图12-47(a)所示位置，左键确认。再移动光标如图12-47(b)所示位置，左键确认，完成绘制。

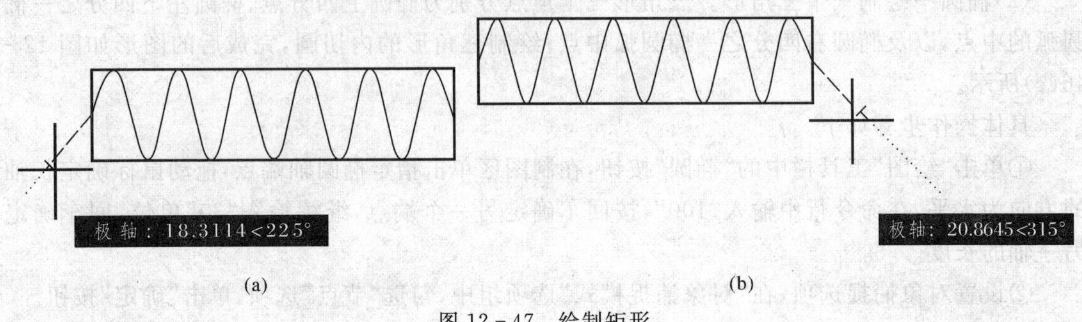

图12-47 绘制矩形

12.4 基本编辑命令使用

在AutoCAD中绘图时，单纯地使用绘图命令或绘图工具，只能创建一些基本的图形对象。而要绘制复杂的图形，在很多情况下就必须借助于图形编辑命令。在编辑对象前，首先要选择对象，然后再对其进行编辑加工。当选中对象时，在其中部或两端将显示若干夹点，利用它们可对图形进行简单的编辑。

AutoCAD 2007提供了强大的图形编辑功能，用户可以通过对图形的移动、阵列、复制、倒角及参数修改等合理地进行构造和组织图形，保证绘图的准确性，简化绘图操作，从而极大地提高绘图效率。

通过学习本节，读者可以了解如何进行对象选择，掌握如何对二维图形进行编辑。

12.4.1 选择对象的方法

在编辑图形之前，首先要指定一个或多个编辑对象，这个指定编辑对象的过程就是选择。准确熟练地选择对象是编辑操作的基本前提，它可以给绘图工作带来很大的帮助。中文版AutoCAD 2007提供了多种选择图形对象的方法。对于不同位置的图形使用合适的选择方法，能够进一步提高工作效率。

1. 基本选择对象方法

在命令行中输入Select命令时，在出现的“选择对象:”提示下输入“?”，命令行提示如下：

需要点或窗口(W)/上一个(L)/窗交(C)/框(BOX)/全部(ALL)/栏选(F)/圈围(WP)/圈交(CP)/编组(G)/添加(A)/删除(R)/多个(M)/前一个(P)/放弃(U)/自动(AU)/单个(SI)/子对象/对象。

根据提示信息，输入其中的大写字母，就可以指定对象选择模式。下面将介绍该提示信息中常用选择。

① 默认情况下，可以直接选择对象，此时光标变成一个小方框□（即拾取框），利用该方框可逐个拾取所需对象。这种方法也称为单选方法，即单击鼠标一次只能选择一个对象。

② "上一个(L)"选项　选取图形窗口内可见元素中最后创建的对象，不管使用多少次，都只有一个对象被选中，执行本选项只有最后创建的图形被选中。

③ "窗口(W)"选项　可以通过绘制一个矩形区域来选择对象。当指定了矩形窗口的两个角点时，位于这个矩形窗口内的对象都将被选中，不在该窗口内或者只有部分在该窗口内的对象则不被选中。选取方法是按住鼠标左键从左至右拖动选取选择对象，以实线、半透明的蓝色显示矩形窗口。

④ "窗交(C)"选项　使用交叉窗口可以选择对象。该方法与窗口选择对象的方法类似，但使用该方法时，全部位于窗口之内或与窗口边界相交的对象都将被选中。选取方法是按住鼠标左键从右至左拖动选取选择对象，以虚线、半透明的绿色显示矩形窗口。

提示：

在"选择对象"命令行提示下，首先在适当位置单击鼠标左键指定选择框的第一个角点，然后自左向右移动光标，将以窗口方式选择对象；自右向左移动光标，将以交叉窗口方式选择对象。在实际绘图过程中，此技巧非常实用，希望读者能够熟练掌握。

⑤"框(B)"选项　由窗口和窗交组合的一个单独选项。从左到右设置拾取框的两角点，则执行"窗口"选项；从右到左设置拾取框的两角点，则执行"窗交"选项。

⑥"全部(A)"选项　选取图形中没有被锁定，关闭或冻结层上的所有对象。

⑦"栏选(F)"选项　通过绘制一条开放的多点栅栏(多段直线)来选择，其中所有与栅栏相接触的对象均会被选中。使用栏选方法定义的直线可以自身相交。

⑧"圈围(WP)"选项　通过绘制一个不规则的封闭多边形，并用它作为"窗口"来选取对象，完全包围在多边形中的对象将被选中。如果用户给定的多边形顶点不封闭系统将自动将其封闭。

提示：

绘制的多边形可以是任意形状，但不能自身相交。

⑨"删除(R)"选项　可以从选择集中(而不是图中)移出已选取的对象，此时只需单击要从选择集中移出的对象即可。

⑩"多个(M)"选项　可以选取多点但不醒目显示对象，从而加速对象的选取。

⑪"前一个(P)"选项　将最近的选择集设置为当前选择集。

⑫"放弃(U)"选项　取消最近的对象选择操作。如果最后一次选择的对象多于一个，此时将从选择集中删除最后一次选择的所有对象。

⑬"自动(AU)"选项　自动选择对象。如果第一次拾取点就发现了一个对象，则单个对象就会被选取，而"框"模式被中止。

2. 快速选择对象

当用户需要选择具有某些共同特性的对象时，使用"快速选择"对话框可以根据指定的过滤条快速定义选择集。它主要根据对象的图层、线型、颜色、线宽、超链接等特性和类型，创建选择集。

快速选择对象的步骤如下。

①先打开一个不同线条颜色的图形。

②单击“工具”|“快速选择”命令，可弹出“快速选择”对话框，如图 12－48 所示。

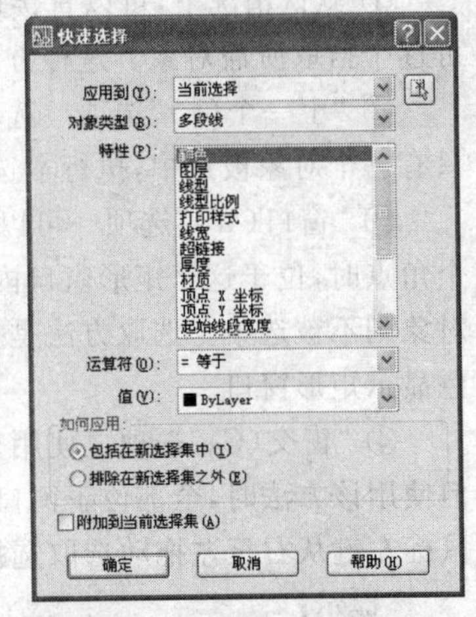

图 12－48 “快速选择”对话框

③ 单击“选择对象”按钮。将切换到绘图窗口中，用户可以根据当前所指定的过滤条件来选择对象。选择完毕后，按回车键结束选择并返回到“快速选择”对话框中，同时“应用到”下拉列表框中的选项设置为“当前选择”。

④“特性”列表框。用于指定作为过滤条件的对象特性。

⑤“运算符”下拉列表框。用于控制过滤的范围。运算符包括=、◇、＞、＜、*、全部选择等，其中“＞”和“＜”对于某些对象特性是不可用的；而“*”操作符仅对可编辑的文本起作用。

⑥“值”下拉列表框。用于输入过滤的特性值。

⑦“如何应用”选项区。包含两个单选按钮。其中，如果选中“包含在新选择集中”单选按钮，则由满足条件的对象构成选择集；如果选中“排除在新选择集之外”单选按钮，则由不满足条件的对象构成选择集。

⑧“附加到当前选择集”复选框。用于指定由 qselect 命令所创建的选择集是追加到当前选择集中，还是替代当前选择集。

12.4.2 使用夹点编辑对象

夹点就是对象上的控制点。在不执行任何命令的情况下选择对象，在对象上将显示出若干个小方框，这些小方框用来标记被选中对象的夹点。

在中文版 AutoCAD 2007 中，夹点是一种集成的编辑模式，具有非常实用的功能，它为用户提供了一种方便快捷的编辑操作途径。例如，可以使用夹点对对象进行拉伸、移动、旋转、缩放及镜像等操作。

要使用夹点模式，请选择作为操作基点的夹点，即基准夹点。另外，选中的夹点也称为热夹点。然后接着选择一种夹点模式，通过按下 Enter 键或空格键可以循环选择这些模式。

【实例】 将如图 12－49(a)所示图形使用夹点的生成新图形。

①单击“绘图”工具栏中的“矩形”按钮，生成一个矩形。

②选择矩形，出现四个蓝色夹点，单击左上夹点成热加点，向上移动，得 12－49(c)图。

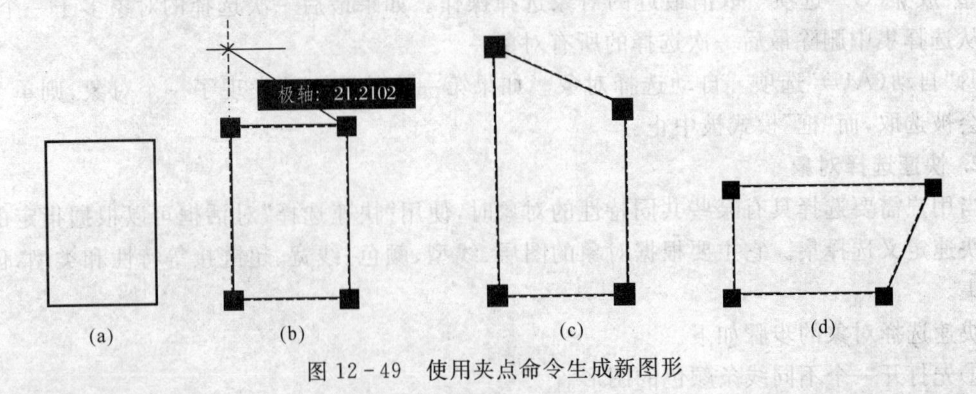

图 12－49 使用夹点命令生成新图形

③再单击 12 - 49(c)图右下夹点成热加点，按空格键两次，变旋转模式，在指定旋转角度输入－90°，完成图形如图 12 - 49(d)所示。

12.4.3　基本编辑方法

图形编辑就是对图形对象进行移动、旋转、复制、陈列等操作的过程，它是对已绘制图形对象进行优化的过程。

1. 移动对象

移动命令可以将图形从一个位置移动到另一个位置，两个位置之间的距离称为位移。位移的第一点称为基点，位移的另一点称为第二点。对象在图形中的位置是由基点和第二点决定的。首先指定一点作为基点；然后通过输入第二点的相对坐标来移动对象，或利用捕捉功能直接指定对象移动后的位置。

移动对象有以下三种方法。

① 在命令行中输入 Move 命令或 M。

② 单击“修改”|“移动”命令。

③ 单击“修改”工具栏中的“移动”按钮。

在移动操作过程中，命令行中各选项的功能如下。

◆“位移”选项　在命令行的“指定基点或［位移(D)］<位移>：”提示中选择此选项，系统自动把坐标原点作为基点，并提示“指定位移：”，此时可以直接输入图形相对于基点的位移来移动图形。

◆“使用第一点作为位移”选项　在最后一步命令行提示下，按回车键选择“使用第一个点作为位移”选项，系统将自动把第一点的坐标作为位移。

2. 删除对象

在绘图过程中往往会有一些错误或没有用(比如辅助线)的图形，在最终的图纸上不应出现这些痕迹，这时可利用 AutoCAD 提供的删除功能将它们删除。

删除对象有以下三种方法。

① 在命令行中输入 Erase 命令或 E。

② 单击“修改”|“删除”命令。

③ 单击“修改”工具栏中的“删除”按钮。

3. 旋转对象

旋转命令可以将用户所选择的一个或多个对象绕指定的基点旋转一定的角度。

旋转对象有以下三种方法。

① 在命令行中输入 Rotate 命令或 RO。

② 单击“修改”|“旋转”命令。

③ 单击“修改”工具栏中的“旋转”按钮。

通常有两种旋转方式。

◆ 角度旋转　直接输入一定的角度，旋转所选择的图形。

◆ 参照旋转　通常用于旋转角度未知的情况下，将某一对象作为参照，旋转所选对象与另一对象对齐。

【实例】　将图 12 - 50(a)中的三角形及三弧线绕圆心逆时针方向旋转 35°，如图 12 - 50(c)

所示。

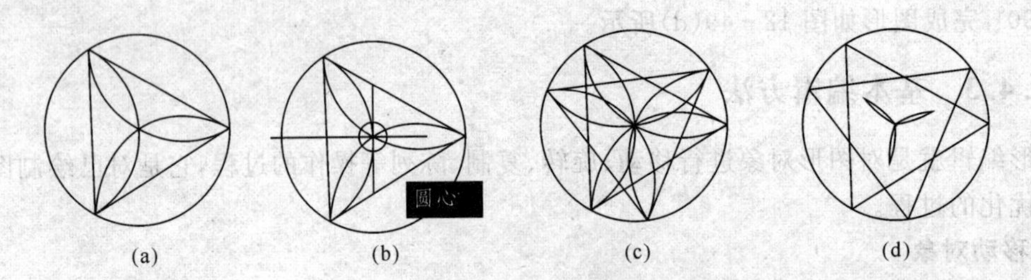

图 12-50　旋转对象示例

①激活“旋转”按钮，在命令行“选择对象:”提示下选择三角形及三弧线并按 Enter 键结束选择。

②在“指定基点:”提示下，捕捉圆心为旋转基点，输入字母 c，回车；在指定旋转角度时，输入 35°，按 Enter 键结束，得到图形如图 12-50(c)所示。

4. 修剪对象

修剪命令是比较常用的编辑命令。通过确定修剪的边界，可以对两条相交的线段进行修剪，也可以同时对多条线段进行修剪。

修剪对象有以下三种方法。

① 在命令行中输入 Trim 命令或 TR。

② 单击“修改”|“修剪”命令。

③ 单击“修改”工具栏的“修剪”按钮。

在修剪图形的过程中，命令行提示中各选项的功能及意义分别如下。

“按住 Shift 键选择要延伸的对象”选项　如果按住【Shift】键，同时选择与修剪边不相交的对象，修剪边将变为延伸边界，将选择的对象延伸至与修剪边界相交，修剪的效果如图 12-51中的(b)图和(c)图所示。

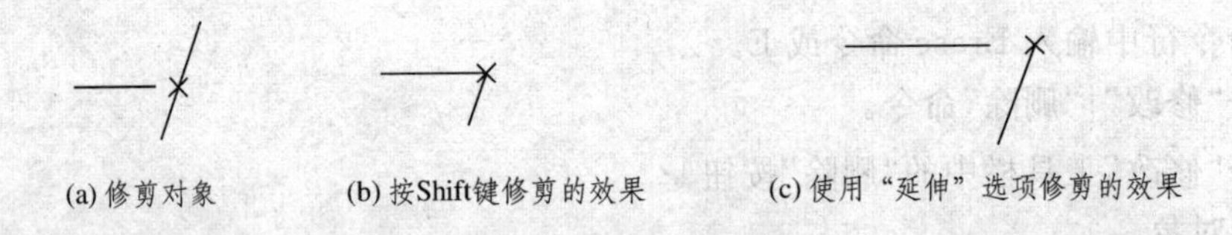

图 12-51　修剪对象示例

【实例】　使用“修剪”命令，将图 12-50(c)所示图形改变成为图 12-50(d)所示结果。

(1)单击“修改”工具栏中的“修剪”按钮，在命令行“选择对象或<全部选择>:”提示下，选择所有圆弧。

(2)在命令行“选择对象:”提示下，按回车键。

(3)在命令行“选择要修剪的对象，或按住 Shift 键选择要延伸的对象，或[栏选(F)/窗交(C)/投影(P)/边(E)/删除(R)/放弃(U)]:”提示下，选择要修剪圆弧，并按回车键，结果如图 12-50(d)所示。

5. 复制对象

“复制”命令用于将选择的图形从一个位置复制到其他位置，并同时可获得多个相同的图形。

复制对象有以下三种方法。

① 在命令行中输入 Copy 命令或 CO 或 CP。

② 单击“修改”|“复制”命令。

③ 单击“修改”工具栏中的“复制”按钮。

6. 缩放对象

利用“缩放”命令可以根据指定的比例因子放大或缩小图形，从而改变图形的尺寸大小。

缩放对象有以下三种方法。

① 在命令行中输入 Scale 命令或 SC。

② 单击“修改”|“缩放”命令。

③ 单击“修改”工具栏中的“缩放”按钮。

【实例】

【操作要求】

(1)将图 12-52(a)图形中的圆放大 1.2 倍。

(2)使用“缩放”、“复制”和“修剪”命令完成图形如图 12-52(c)所示结果。

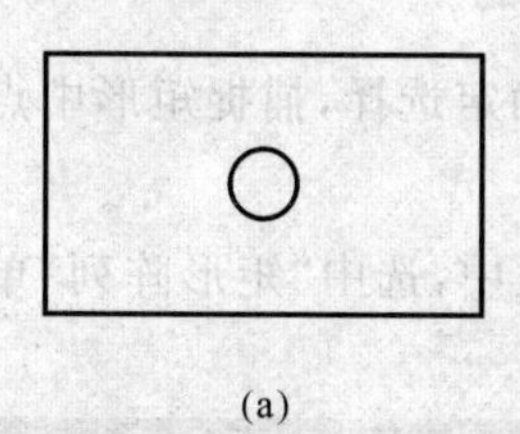
(a)

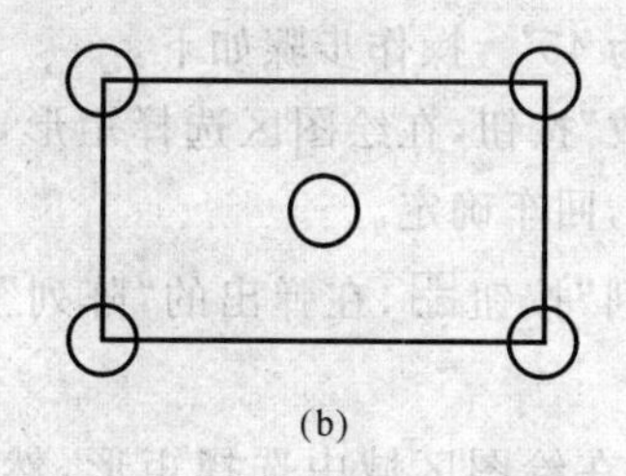
(b)

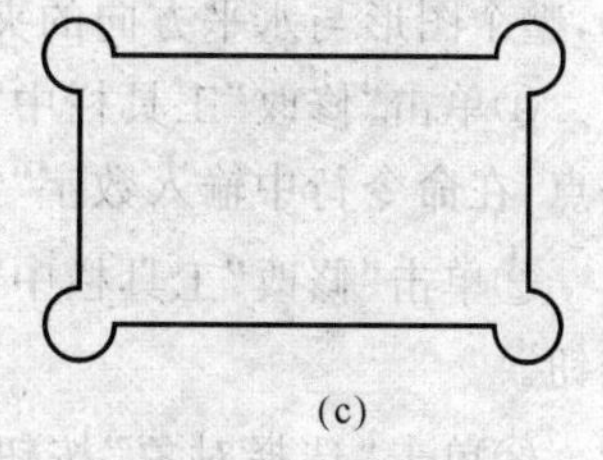
(c)

图 12-52　缩放对象示例

①单击“修改”工具栏中“缩放”按钮，在绘图区选择圆形，右键确定选择，捕捉圆心点为基点，在命令行中输入数字“1.2”，回车确定。

②单击“修改”工具栏中“复制”按钮，在绘图区选择圆形，右键确定选择，单击设置圆心点为基点，鼠标分别捕捉至矩形的四个端点，单击鼠标按钮进行复制，右键确定，如图 12-52(b)所示。

③单击“修改”工具栏中“修剪”按钮，在“选择对象或＜全部选择＞：”提示下，右键确定选择，在绘图区单击要修剪的线段，右键确定修剪。

④单击“修改”工具栏中“删除”按钮，选择中间的圆形，右键确定删除，如图 12-52(c)所示。

7. 阵列对象

阵列命令用于创建大规模的、有规则的复杂图形结构。在阵列过程中，根据生成对象的分布情况，可以分为矩形阵列和环形阵列。

阵列对象有以下三种方法。

① 在命令行中输入 Array 命令或 AR。

② 单击“修改”|“阵列”命令。

③ 单击“修改”工具栏的“阵列”按钮。

【实例一】

【操作要求】

(1)将图 12 - 53(a)图中的矩形以对角线交点为基准等比缩放 0.6 倍。

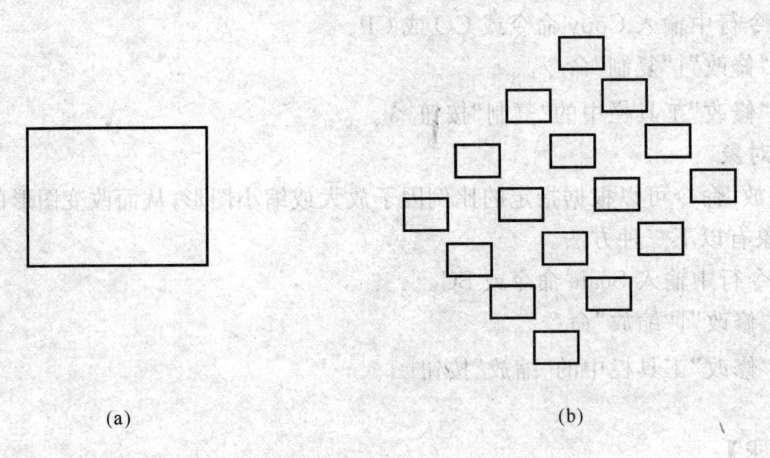

图 12 - 53　陈列对象示例

(2)将缩放后的矩形阵列成图 12 - 53(b)形状;行数为 4,行间距为 25;列数为 4,列间距为 30,整个图形与水平方向的夹角为 45°。操作步骤如下。

①单击“修改”工具栏中“缩放”按钮,在绘图区选择矩形,右键确定选择,捕捉矩形中点为基点,在命令行中输入数字“0.6”,回车确定。

②单击“修改”工具栏中“阵列”按钮,在弹出的“阵列”对话框中,选中“矩形阵列”单选按钮。

③单击“选择对象”按钮,在绘图区域中选择矩形,然后按回车键,返回“阵列”对话框。对话框中各项参数设置如图 12 - 54 所示。

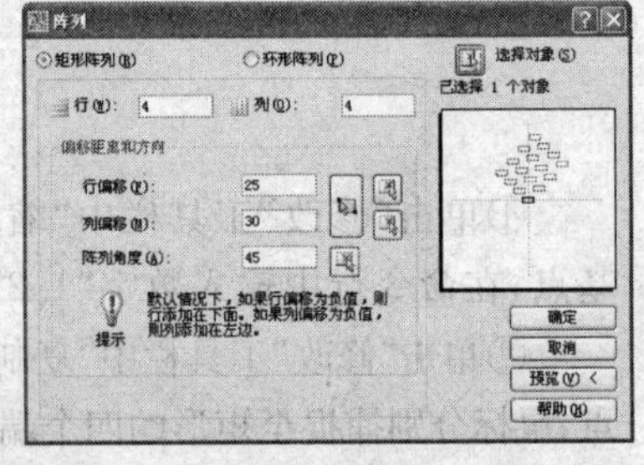

图 12 - 54　“陈列”对话框

④单击 确定 按钮,结果如图 12 - 53(b)所示。

【实例二】

【操作要求】

(1)将图 12 - 55 中的矩形以矩形对角线交点为中心旋转 90°。

(2)以旋转后的矩形作环形阵列,阵列中心为圆心,阵列后矩形个数为 8,环形阵列的圆心为 270°。完成后的图形参如图 12 - 55(c)所示。

①激活“旋转”命令,选择矩形,右键确定,捕捉矩形对角线的中点为基点,在命令行中“旋转数值”输入“90”,回车确定,结果如图 12 - 55(b)所示。

②激活“阵列”按钮,打开“阵列”对话框,单击 “选择对象”按钮,在绘图区选择矩形,右键确定,设置为“环形阵列”。

③单击“中心点”选项区右侧的“拾取中心点”按钮,在绘图区捕捉圆心点,单击确定,设置“项目总数”为“8”,设置“填充角度”为“270”,单击“确定”按钮,结果如图 12 - 55(c)所示。

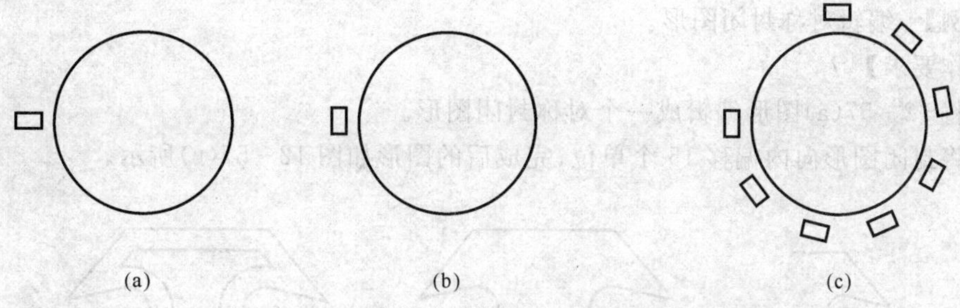

图 12－55　文字完全镜像和不完全镜像时的效果

8. 偏移对象

使用偏移命令可以绘制直线的平行线，也可以绘制曲线的同心结构。偏移命令是一个可连续执行的命令，如果偏移距离相同，调用一次偏移命令可以连续进行多次偏移，但在偏移时只能以单选方式选择对象。可进行偏移复制的对象有：直线、多边形、圆形、弧形、多段线或样条曲线工具绘制的图形。

偏移对象有以下三种方法。

①在命令行中输入 Offset 命令或 O。

②单击“修改”|“偏移”命令。

③单击“修改”工具栏中的“偏移”按钮。

9. 镜像对象

镜像对绘制对称的图形非常有用，可以快速地绘制半个对象，然后将其镜像，而不必绘制整个对象。因为需要绕轴(镜像线)翻转对象创建镜像图形，所以要通过输入两点指定临时镜像线；同时，还可以选择是删除源对象还是保留源对象。

镜像对象有以下三种方法。

① 在命令行中输入 Mirror 命令或 MI。

② 单击“修改”|“镜像”命令。

③ 单击“修改”工具栏中的“镜像”按钮。

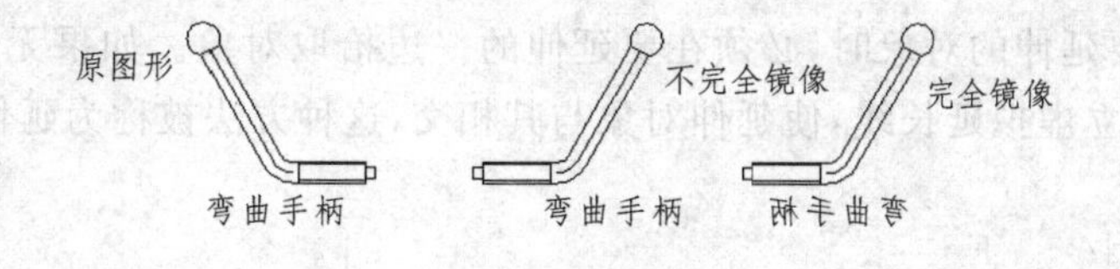

图 12－56　镜像示例

提示：

在 AutoCAD 中进行镜像操作时，如果镜像图形中包含文字对象，可以使用系统变量 mirrtext 来控制文字是否完全镜像。在系统默认状态下，mirrtext 的值为 1，此时文字完全镜像，即文字位置和文字本身均镜像；在命令行中输入 mirrtext 命令，将变量值修改为 0，此时文字将不完全镜像，即只对文字位置进行镜像。文字完全镜像和不完全镜像时的效果，如图 12－56 所示。

【实例】 编辑对称封闭图形。

【操作要求】

(1)将12-57(a)图形编辑成一个对称封闭图形。

(2)将封闭图形向内偏移15个单位;完成后的图形如图12-57(c)所示。

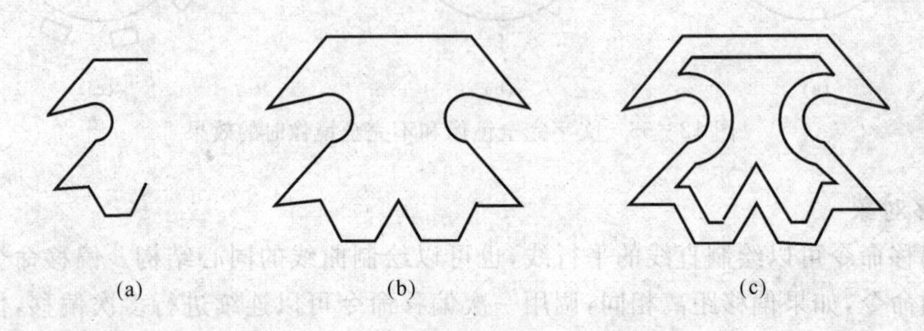

图12-57 编辑对称封闭图形示例

①单击“修改”|“镜像”命令,在命令行“选择对象:”提示下选择所有线形,右键确定。

②在命令行“指定镜像线的第一点:”提示下,捕捉图形右上侧端点,单击鼠标左键;在命令行“指定镜像线的第二点:”提示下,捕捉第一点垂直线上的任意点单击,按回车键确定镜像。

③在命令行“是否删除源对象?[是(Y)/否(N)]<N>:”提示下,按回车键,不删除源对象。

④单击“修改”|“对象”|“多段线”命令,点选其中一条直线,在“是否将其转换为多段线”提示下,回车,在命令行中输入“J”,回车确定,在“选择对象”提示下,窗口选择全部线型,右键确定,回车结束命令。

⑤单击“修改”工具栏中“偏移”按钮,在命令行中输入“15”,回车确定偏移距离,单击图形中任意线形,鼠标移动至图形中间,单击鼠标左键,右键确定,如图12-57(c)所示。

10. 延伸对象

延伸对象与修剪对象的操作相同,但不同的是修剪是将对象修剪到剪切边,而延伸则是将圆弧、椭圆弧、直线、开放的二维多段线等对象精确的延伸到所定义的边界边,如图12-58所示。在选择一个要延伸的对象时,必须在要延伸的一边拾取对象。如果无法与指定的边界相交,系统将自动建立虚拟延长线,使延伸对象与其相交,这种方法被称为延伸到隐含边界。

图12-58 延伸对象

延伸对象有以下三种方法。

① 在命令行中输入Extend命令或EX。

② 单击“修改”|“延伸”命令。

③ 单击“修改”工具栏中的“延伸”按钮。

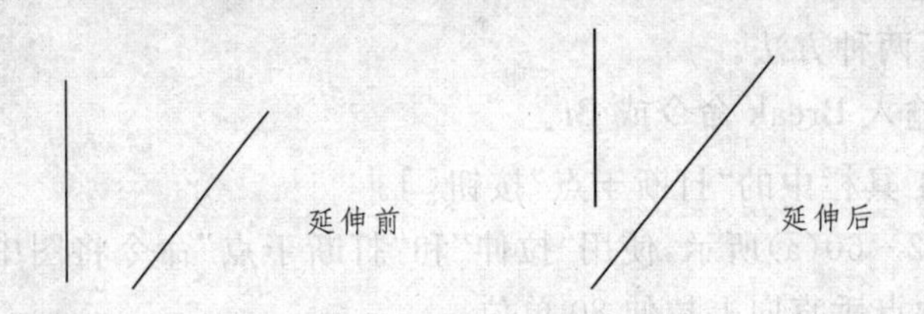

图 12－59　两条不相交线延伸

提示：

延伸方法与修剪方法的不同之处在于：使用延伸命令时，如果按下【Shift】键的同时选择对象，则执行修剪命令。使用修剪命令时，如果按下【Shift】键的同时选择对象，则执行延伸命令，如果两条线不能相交，需要延伸的线段将会延伸到边界线虚拟延长线上的某一点，如图 12－59 所示。

11. 拉伸对象

拉伸命令用于将选定目标对象按指定的方向矢量拉长或缩短，可选择拉伸的对象有圆弧、椭圆弧、直线、多段线、二维实体、射线、宽线和样条曲线。其中，多段线的每一段都被当作简单的直线或圆弧，分开处理。拉伸对象的选择只能使用“交叉窗口”或“交叉多边形”方式选择对象。

对拉伸图形而言，在选择时如果在交叉窗口内的端点将会被移动，而位于交叉窗口外的端点将保持不动。如果整个图形的端点和顶点都位于交叉窗口内，那么整个图形将被移动。对于不可拉伸的图形文字、图块、椭圆和圆而言，只有当它们的主定义点位于交叉窗口内时，它们可移动，否则不会移动。

拉伸对象有以下三种方法。

① 在命令行中输入 Stretch 命令或 ST。

② 单击“修改”|“拉伸”命令。

③ 单击“修改”工具栏中的“拉伸”按钮。

12. 打断对象和打断于点

中文版 AutoCAD 2007 提供了两种用于打断对象的命令。“打断”命令可以删除所选对象的一部分并将对象分为两个部分；“打断于点”命令可以打断所选对象并将对象分为两个部分。可打断的对象包括：直线、圆、圆弧、多段线、样条曲线等。

打断对象有以下三种方法。

① 在命令行中输入 Break 命令或 Br。

② 单击“修改”|“打断”命令。

③ 单击“修改”工具栏中的“打断”按钮。

提示：

对圆执行打断命令后，AutoCAD 将沿逆时针方向把圆上从第一断点到第二断点之间的那段圆弧删除掉。

打断于点有以下两种方法。

① 在命令行中输入 Break 命令或 Br。

② 单击"修改"工具栏中的"打断于点"按钮□。

【实例】 如图 12-60(a)所示，使用"拉伸"和"打断于点"命令将图中四边形变成五边形，其中 *E* 点为 *CD* 线中点垂直向上拉伸 80 单位。

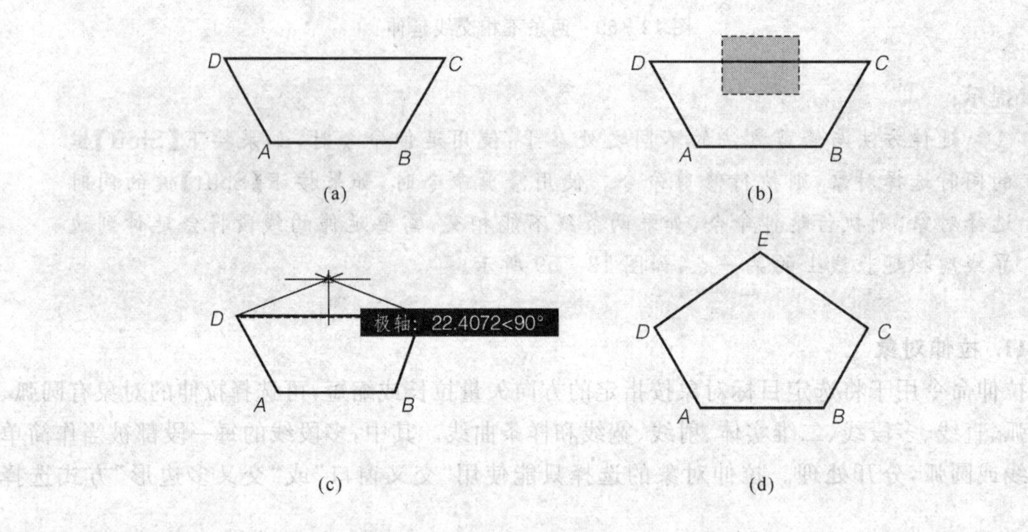

图 12-60 "拉伸"和"打断于点"命令示例

①单击"修改"工具条"打断于点"按钮□|，在命令行"选择对象："提示下，拾取 *CD* 直线，在"指定第一个打断点："提示下，捕捉 *CD* 直线中点，左键确认。*CD* 直线即被分割为两断。

②单击"修改"|"拉伸"命令，在命令行"选择对象："提示下，用交叉窗口选择方式，框选 *CD* 直线的中点，如图 12-60(b)所示。

③在命令行"指定基点或[位移(*D*)] ＜位移＞："提示下，捕捉中点为基点，向上移动，如图 12-60(c)所示。

④在命令行"指定第二个点或＜使用第一个点作为位移＞："提示下，输入拉伸距离 80，回车确认，即可获得五边形，如图 12-60(d)所示。

13. 拉长对象

拉长命令主要用于延长或缩短直线、多段线、圆弧或样条曲线的长度。它仅作用于开放图形，对闭合图形无效。在拉长对象时，如果拉长对象是直线，直线将沿原来的方向进行延长或缩短；如果拉长对象是圆弧，圆弧将沿圆周方向进行延长或缩短，从而改变圆心角的角度；如果拉长对象是开放样条曲线，则此对象只能被缩短，不能被拉长。

拉长对象有以下三种方法。

① 在命令行中输入 Lengthen 命令或 LEN。

② 单击"修改"|"拉长"命令。

③ 单击"修改"工具栏中的拉长按钮。

单击"拉长"命令后,命令行提示四种增量方式,下面分别介绍各选项的含义。

◆"增量(DE)"　用于以指定的增量修改对象的长度,从距离选择点最近的端点处开始测量;还可以修改弧的角度,同样是从距离选择点最近的端点处开始测量。其中,正值为扩展对象,负值为修剪对象。

◆"百分数(P)"　通过指定总长度的百分数进行拉长或缩短对象,长度的百分数必须为正且非零。修改弧的角度时,是按照圆弧包含角度所指定的百分比来修改的。

◆"全部(T)"　通过从固定端点测量的总长度的绝对值来设置选定对象的长度;也可以按照指定的总角度设置选定圆弧的包含角。

◆"动态(DY)"　通过拖动选定对象的端点来改变其长度。

14. 倒角对象

倒角就是用于以一条斜线段连接两条非平行的图线。用于倒角的对象有直线、多段线、射线、构造线和三维实体。

倒角有以下三种方法。

① 在命令行中输入 Chamfer 命令或 Cha。

② 单击"修改"|"倒角"命令。

③ 单击"修改"工具栏中的"倒角"按钮。

【实例】 对矩形进行倒角。

①启动"直线"命令,绘制 100×50 矩形,如图 12-61(a)所示。

②启动"倒角"命令,命令行提示下输入各选项内容如下。

```
("修剪"模式)当前倒角距离 1 = 0.0000,距离 2 = 0.0000
    选择第一条直线或[放弃(U)/多段线(P)/距离(D)/角度(A)/修剪(T)/方式(E)/多个(M)]:
```

③输入 D 回车。指定第一倒角距离为 10 回车,指定第二倒角距离为 10 回车。

④输入 M 回车。分别单击矩形的四条边,倒角结果如图 12-61(b)所示。

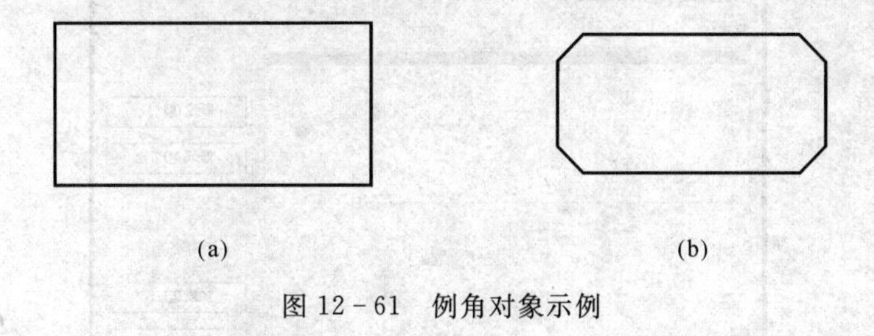

图 12-61　例角对象示例

15. 圆角对象

圆角将使用与对象相切并且具有指定半径的圆弧来连接两个对象。内角点称为内圆角,外角点称为外圆角;这两种圆角均可使用同一个命令绘制。用户可以对圆弧、圆、椭圆和椭圆弧、直线、多段线、射线、样条曲线、构造线、三维实体进行圆角。

圆角有以下三种方法。

① 在命令行中输入 Fillet 命令。

② 单击"修改"|"圆角"命令。

③ 单击“修改”工具栏中的“圆角”按钮。

提示：

如果用于圆角的两个对象相互平行，那么系统将自动在其端点处画一半圆，半圆的直径是两平行直线之间的距离，而当前的圆角半径被忽略。

16. 分解对象

“分解”命令可以分解矩形、多段线、多线、图块、尺寸标注、表格、多行文字和图案填充等多种对象，但不能分解圆、椭圆和样条曲线等图形。

分解对象有以下三种方法。

(1) 在命令行中输入 Explode 或 X。

(2) 单击“修改”|“分解”命令。

(3) 单击“修改”工具栏中的“分解”按钮。

在对象被分解后，长度不会发生变化，但其颜色、线型和线宽等属性，都可能会改变，其结果取决于所分解的合成对象的类型。

12.5 绘制与编辑复杂图形常用命令

12.5.1 绘制与编辑多线

多线是指多重互相平行的线条，组成多线的直线称为多线元素。主要用于绘制墙体和路线图等平行结构，绘图时可以根据需要为每条多线元素设置不同的颜色和线型。

1. 设置多线样式

在命令行中输入 Mlstyle 命令，或单击“格式”|“多线样式”命令，均可弹出如图 12-62 所示的“多线样式”对话框。在该对话框中，可以设置多线元素的颜色、线型、是否对多线的起点和端点进行封口以及是否填充颜色等特性。

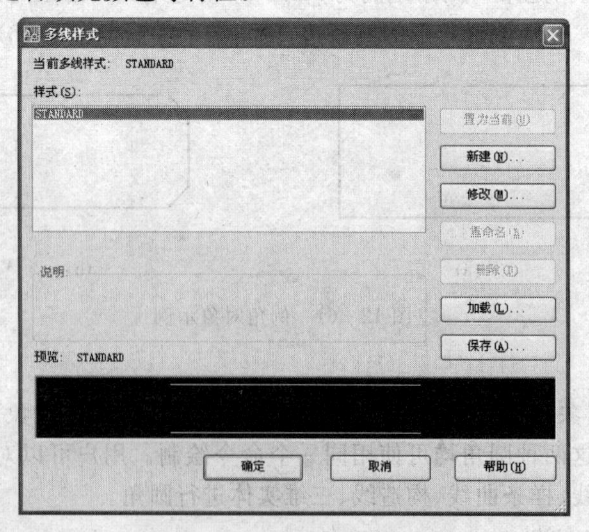

图 12-62 “多线样式”对话框

提示:

对话框"封口"选项区:该区域中的选项决定是否对多线的两端进行封口,并可以选择两端的封口形状,"直线"选项表示在多线的每一端创建一条直线;"外弧"选项表示在多线最外侧的元素之间创建一条圆弧;"内弧"选项表示在内部的成对元素之间创建一条圆弧;"角度"选项可以指定封口的角度。选择不同封口形状的多线图形如图 12-63 所示。

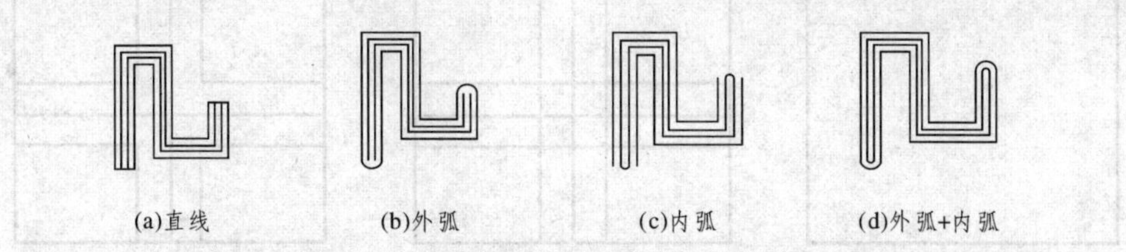

图 12-63　选择不同封口形状的多线图形

2. 绘制多线

绘制多线有以下几种方法。

① 在命令行中输入 mline 命令或 ML。

② 单击"绘图"|"多线"命令。

提示:

命令行提示中"对正(J)"选项:此选项用于控制多线元素与基线的对齐方式。选择此选项,命令行将提示"输入对正类型［上(T)/无(Z)/下(B)］＜上＞:",其中"上"表示最上端的元素和基线对齐;"下"表示最下端的元素和基线对齐;"无"表示多线的中心和基线对齐。

3. 编辑多线

在命令行中输入 Mledit 命令,或单击"修改"|"对象"|"多线"命令,都将弹出如图 12-64 所示的"多线编辑工具"对话框,在该对话框中,中文版 AutoCAD 2007 提供了十二种编辑工具,用于定义多线的相交关系及打断方式。

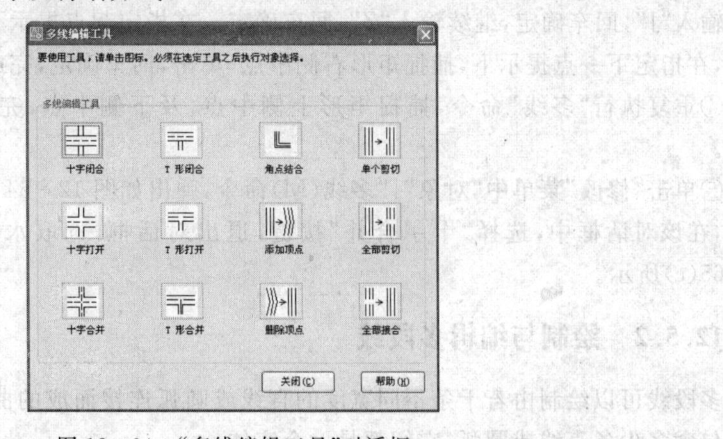

图 12-64　"多线编辑工具"对话框

【实例】

【操作要求】

(1)绘制一个 100×80 的矩形。

(2)在矩形中绘制两条相交多线,多线类型为三线,且多线的每两元素间的间距为 10,两相交多线在中间断开,完成后的图形如图 12-65(c)所示。

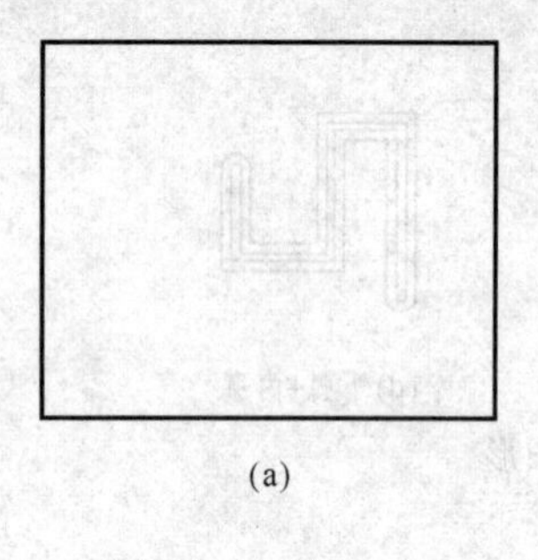
(a)

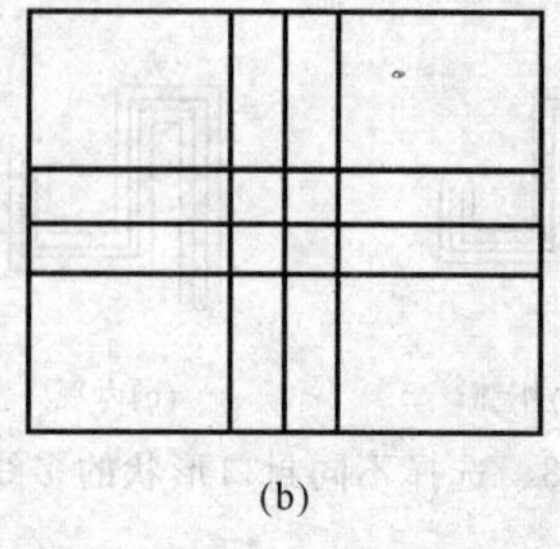
(b)

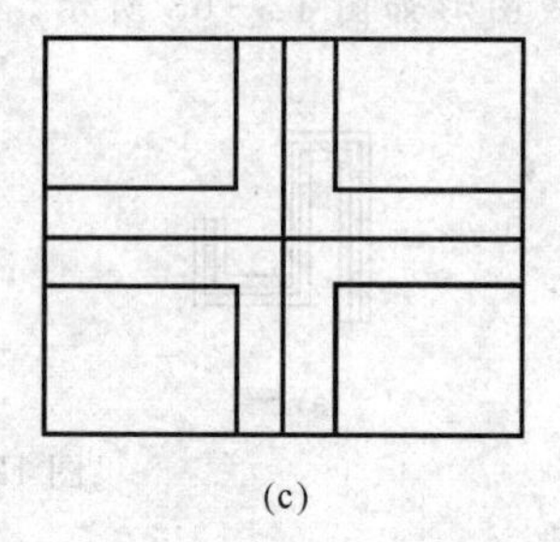
(c)

图 12-65　编辑多线示例

①单击“绘图”工具栏中“矩形”按钮,在绘图区单击指定矩形第一角点,在命令行中输入“@100,80”,回车绘制出矩形,如图 12-65(a)所示。

②选择“格式”菜单中的“多线样式”命令,出现“多线样式”对话框,如图 12-62 所示,单击“新建”按钮,打开“创建新的多线样式”对话框,在“新样式名”框内输入“三线”,单击“继续”按钮,打开“新建多线样式:三线”对话框,单击“添加(A)”按钮,设置为三线,设置偏移距离为“0”单位,“图元对话框”中各参数设置如图 12-66 所示,单击“确定”按钮。回到“多线样式”对话框,点选“三线”,单击“置为当前(U)”,单击“确定”按钮。

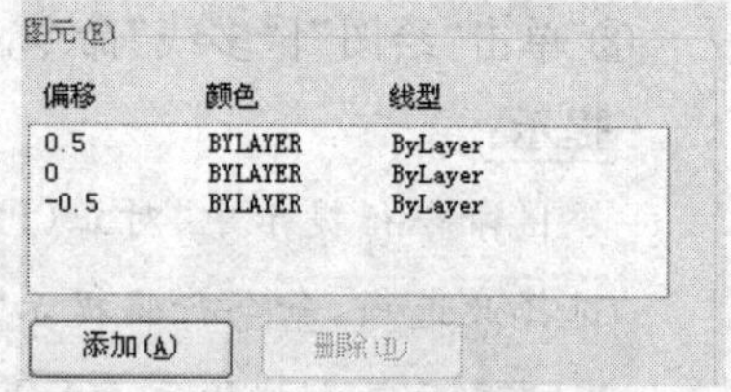

图 12-66　“图元对话框”参数设置

③单击“绘图”工具栏中 “多线”按钮,在命令行中出现:

```
当前设置:对正 = 上,比例 = 20.00,样式 = 三线
指定起点或[对正(J)/比例(S)/样式(ST)]:
```

输入“J”,回车确定,继续输入“Z”,回车确定。在指定起点提示下,在绘图区捕捉矩形左侧中点,在指定下一点提示下,捕捉矩形右侧中点,单击,回车确定,完成绘制。

④重复执行“多线”命令,捕捉矩形上侧中点,及下侧中点,完成绘制,如图 12-65(b)所示。

⑤单击“修改”菜单中“对象”|“多线(M)命令,弹出如图 12-64 所示的“多线编辑工具”对话框,在该对话框中,选择“十字合并”按键,退出对话框,选取水平和竖直多线,结果如图 12-65(c)所示。

12.5.2　绘制与编辑多段线

多段线可以绘制由若干条不同宽度的直线或圆弧连接而成的曲线或折线,并且无论多段线中包含多少条直线或圆弧,它们都是一个实体。

1. 绘制多段线

绘制多段线有以下几种方法。

① 在命令行中输入 Pline 命令或 PL。

② 单击“绘图”|“多段线”命令。

③ 单击“绘图”工具栏中的“多段线”按钮。

【实例】

【操作要求】

(1)绘制一个 150 单位长的水平线，并将线等分为四等分。

(2)绘制多段线，其中线宽在 *B*、*C* 两点处为 10；*A*、*D* 两点处为 0，如图 12-67(e)所示。

①选择状态栏“正交”命令；单击“绘图”工具栏中“直线”按钮，在制图区单击指定为第一点，鼠标放置在第一点水平位置，输入“150”单位，回车确定，完成绘制。

②选择“格式”菜单中“点样式”命令，出现“点样式”对话框，选择“×”样式，单击“确定”按钮。

③单击“绘图”工具栏中“点”按钮，选择“定数等分”，选择左边的直线，输入“4”单位，回车确定等分线段数目，如图 12-67(a)所示。

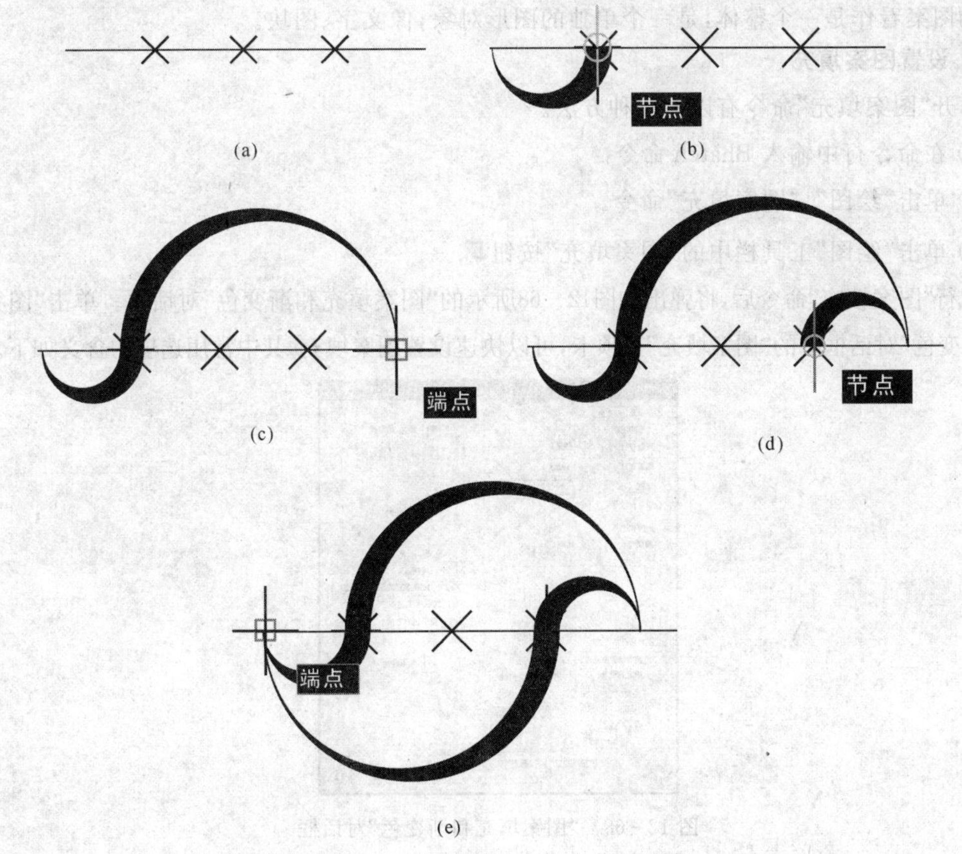

图 12-67　“图案填充和渐变色”对话框

④单击“绘图”工具栏中“多段线”按钮，以直线左端点为起点，设置线宽起点为“0”，端点为“10”，回车确定，在命令行中输入“A”，回车确定绘制圆弧，在命令行中输入“D”，回车确定，圆弧方向输入“－90”，捕捉第二结点为端点，如图 12-67(b)所示，在命令行中输入“W”，设置线

宽起点为“10”，端点为“0”，捕捉直线右端点，如图 12－67(c)所示，在命令行中输入“W”，设置线宽起点为“0”，端点为“10”，在命令行中输入“D”，确定圆弧方向为“90”，捕捉直线右边第一节点，如图 12－67(d)所示，在命令行中输入“W”设置线宽起点为“10”，端点为“0”，捕捉直线左边端点，回车确定，完成绘制，如图 12－67(e)所示。

2. 编辑多段线

如果想改变多段线的颜色、线宽等特征，可以使用多段线的编辑命令对多段线图形进行修改。如果是直线、多边形等非多段线的图形对象，可以通过多段线的编辑命令，将图形转化为多段线。

编辑多段线的方法有以下几种。

① 在命令行中输入 Pedit 命令或 PE。

② 单击“修改”|“对象”|“多段线”命令。

③ 单击“修改 II”工具栏中的“编辑多段线”按钮。

12.5.3 图案填充

图案填充命令用于为所指定闭合区域内填充各种颜色或不同的剖面符号。AutoCAD 将填充的图案看作是一个整体，是一个单独的图形对象，像文字、图块。

1. 设置图案填充

打开“图案填充”命令有以下几种方法。

① 在命令行中输入 Bhatch 命令。

② 单击“绘图”|“图案填充”命令。

③ 单击“绘图”工具栏中的“图案填充”按钮。

执行“图案填充”命令后，将弹出如图12－68所示的“图案填充和渐变色”对话框。单击“图案填充和渐变色”对话框中的“图案填充”选项卡，可以快速设置图案填充，其中常用选项的含义如下。

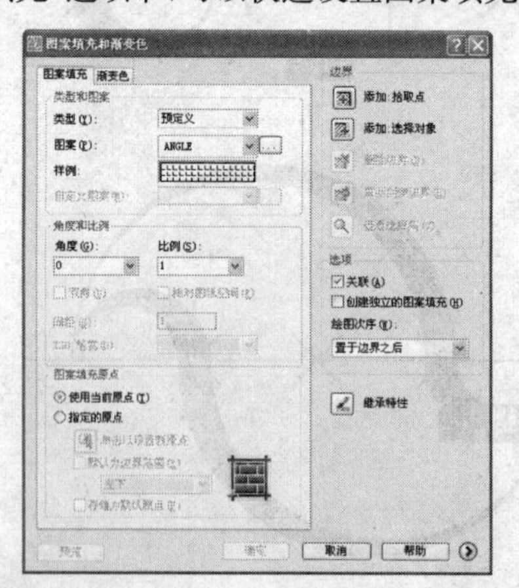

图 12－68 “图案填充和渐变色”对话框

(1)“类型”下拉列表框　用于设置填充的图案类型，包括“预定义”、“用户定义”和“自定义”三个选项。其中，选择“预定义”选项，可以使用 AutoCAD 提供的图案。

(2)“图案”下拉列表框　当在“类型”下拉列表框中选择“预定义”选项时，可以单击其后的

...按钮，在弹出的“填充图案选项板”对话框中进行选择图案类型，如图 12－69 所示。

(3)“样例”预览窗口 用于显示当前选中的图案样例。单击所选的样例图案，也可弹出“填充图案选项板”对话框，供用户选择图案。

(4)“角度”下拉列表框 用于设置填充的图案旋转角度，每种图案在定义时的旋转角度都为零。

(5)“比例”下拉列表框 用于设置图案填充时的比例值。每种图案在定义时的初始比例值都为 1，用户可以根据需要进行放大或缩小。

2. 设置孤岛和边界

在进行图案填充时，通常将位于一个已定义好的填充区域内的封闭区域称为孤岛。单击图 12－68“图案填充和渐变色”对话框右下角的按钮⊙，将会出现有关图案和渐变色填充的其他选项区，其中还包括孤岛、边界保留和边界集等，如图12－70所示。

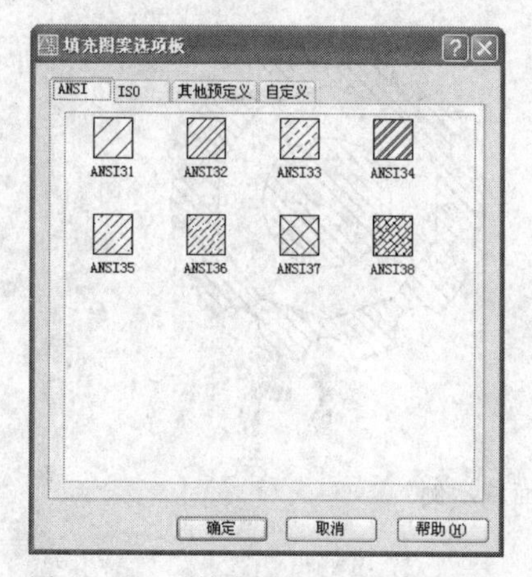

图 12－69 “填充图案选项板”对话框

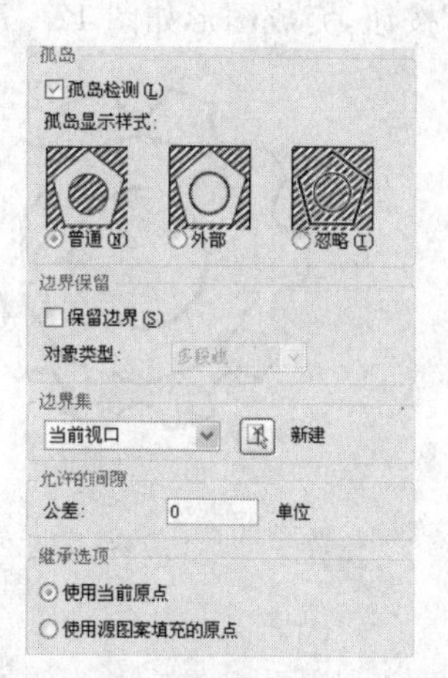

图 12－70 “孤岛”选项区对话框

在“孤岛”选项区中，可以设置孤岛检测样式。

(1)“普通”单选按钮 用于从外部边界向内填充。第一层填充，第二层不填，如此交替进行，直到选定边界填充完毕。

(2)“外部”单选按钮 只有结构的最外层被填充，结构内部仍然保留为空白。

(3)“忽略”单选按钮 忽略所有内部的对象，填充图案时将通过这些对象。

3. 编辑图案填充

创建图案填充后，如果需要修改填充图案或修改图案区域的边界，可以利用“图案填充编辑”对话框进行编辑，弹出“图案填充编辑”对话框有以下几种方法。

① 在命令行中执行 Hatchedit 命令。

② 单击“修改”|“对象”|“图案填充”命令。

这时将弹出“图案填充编辑”对话框，从对话框中可以修改图案、比例、旋转角度和关联性等，而不能修改它的边界。

12.5.4 创建与使用面域

面域是用封闭边界创建的二维封闭区域。面域的边界可以是一条曲线或一系列相连的曲线，组成边界的可以是直线、多段线、圆、圆弧、椭圆、椭圆弧、样条曲线、三维面、宽线和实体。这些对象可以是封闭的，或与其他对象有公共端点而形成封闭区域，但它们必须是在同一平面上。

创建面域有以下几种方法。

① 在命令行中输入 Region 命令或 REG。

② 单击“绘图”|“面域”命令。

③ 单击“绘图”工具栏中的“面域”按钮。

【实例】 将 12-71(a)图形填充剖面线，剖面线比例合适，完成后图形如图 12-71(b)所示。

①设定图层“HATCH”为当前图层；

②单击“绘图”工具栏中“图案填充”按钮，打开“图案填充和渐变色”对话框。

③单击 “添加:拾取点”按钮，在绘图区选择图形最外环单击，右键确定，设置比例为“5”，单击“确定”按钮，完成图形如图 12-71(b)所示。

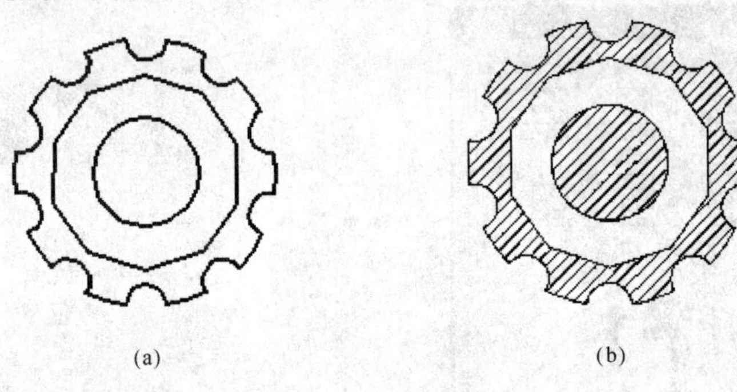

图 12-71　创建面域示例

12.6　对象特性设置及图块创建和使用

12.6.1　特性与匹配

每一个 CAD 图形都是由基本特性(如颜色、线型、图层、高度、文字样式等属性)所决定的。通过这些内部特性，将图形的基本形态和形体结果表现出来。不同的图形对象，其内部的特性也是不同的，用户可以通过改变特性的内部特性，而改变图形。

1. 修改对象属性改变图形

如图 12-72 所示，“特性”选项面板是图形编辑命令的集合，它可以方便地修改图形的颜色、线型、线型比例、线宽、位置、所在图层等属性设置。

打开“特性”选项面板有以下几种方法。

① 在命令行中输入 Properties 命令。

② 按键盘上的【Ctrl+1】组合键。

③ 单击“标准”工具栏中的“特性”按钮。

④ 选择一个或多个对象，在绘图区域中单击鼠标右键，从弹出的快捷菜单中选择“特性”选项。

⑤ 在大多数对象上双击鼠标左键，均可以打开“特性”选项面板。

根据所选对象不同,“特性”选项面板中显示的属性项也不同。但有一些属性项目几乎是所有对象都拥有的,如颜色、图层、线型等。

用户可以改变选项面板的内容,以改变图形的属性。

2. 特性匹配

“特性匹配”命令是一个非常有用的编辑工具,用户可以使用此命令将源对象的属性(如颜色、线型、图层等)复制给目标对象,它相当于 Microsoft Office 等软件中的“格式刷”工具。

执行“特性匹配”命令有以下几种方法。

① 单击“修改”|“特性匹配”命令。

② 单击“标准”工具栏中的“特性匹配”按钮。

③ 在命令行中输入 Matchprop 命令。

图 12-72　“特性”选项面板

若用户仅想使目标对象的部分属性与源对象相同,可在命令行出现“选择目标对象或[设置(S)]:”时,输入字母“S”,然后按回车键,此时将弹出“特性设置”对话框,用户从中设置相应的选项即可将其中的部分属性传递给目标对象。

【实例】 将图 12-73(a)中矩形修改成 12-73(b)所示图形。

①首先绘制 200×50 矩形。

图 12-73　“特性匹配”命令示例

②选取矩形按右键,打开“特性”选项面板,如图 12-72 所示。

③在“厚度”文本框内输入 20,在下侧的“全局宽度”文本框内输入 5,关闭对话框。

④单击“视图”菜单中的“三维视图”|“西南等测图”结果如图 12-73(b)所示。

12.6.2　图层设置

图层就像一些叠放在一起的透明纸,用户可以在不同的透明纸上绘制不同的图形,最后将这些透明纸叠加起来,即可获得复杂图形。

利用图层管理图形,可以根据图形的特征、类别或用途等,将图形分为若干个组,每一组图形绘制在一个单独的图层中。在中文版 AutoCAD 中可以为每个图层分别指定不同的颜色、线型和线宽等属性。

1. 创建新图层

创建新图层有以下几种方法。

① 在命令行中输入 Layer 命令或 LA。

② 单击“格式”|“图层”命令。

③ 单击“图层”工具栏中的“图层”按钮。

执行“图层”命令后，将弹出“图层特性管理器”对话框，如图 12－74 所示。单击“新建”按钮，图层名为“图层 1”的新图层将自动添加到图层列表中。

提示：

用户开始绘制新图形时，AutoCAD 将自动创建一个图层，即图层 0，此图层不可以重新命名，也不可以被删除。

此时用户可在高亮度显示的图层名上输入新图层名，按回车键即可确定新图层的名称。最后单击 应用(A) 按钮保存修改，或单击 确定 按钮保存修改并关闭对话框。

提示：

在创建新图层时，新图层将继承当前图层的一切特性。

2. 设置图层特性

设置好图层以后，用户还可以根据需要设置图层的颜色、线型与线宽等特性，用以体现出各层的特色，更加方便观察好编辑图形对象。下面以图层颜色为例，说明图层特性的设置过程。操作步骤如下。

①激活图层命令，打开图层管理器对话框，如图 12－74 所示。

②在“图层特性管理器”对话框中，选择需要改变颜色的图层，然后单击“颜色”栏的图标，将弹出“选择颜色”对话框，如图 12－75 所示。

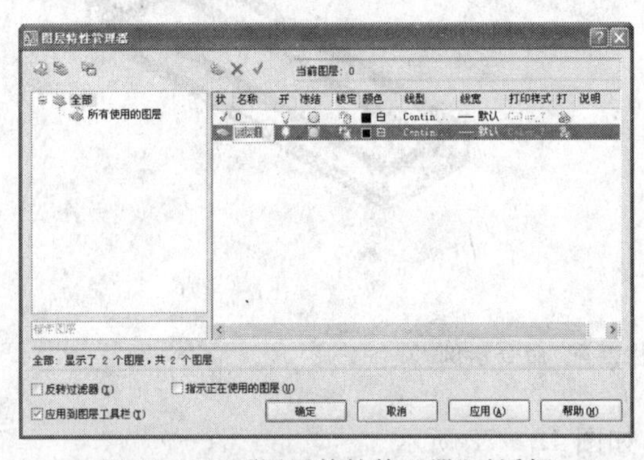

图 12－74 “图层特性管理器”对话框

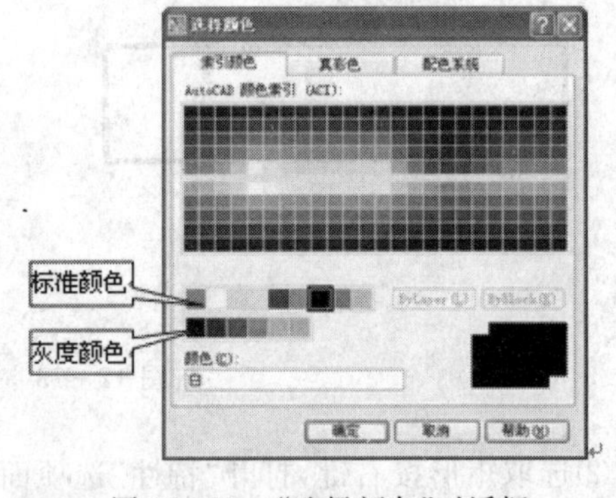

图 12－75 “选择颜色”对话框

③从颜色列表中选择适合的颜色，此时“颜色”文本框中将显示该颜色的名称。在该对话框下方系统提供了七种标准颜色和六种灰黑色。

④单击 确定 按钮，返回“图层特性管理器”对话框，在图层列表中会显示新设置的颜色。其他图层的颜色设置与此相同。

提示：

图层线型、线宽设置方法与颜色设置相同。特别提示：如果单击位于“线型”列的 Continuous，弹出如图 12－76 所示的“选择线型”对话框中没有合适的线型，则单击 加载(L)... 按钮，弹出如图 12－77 所示的“加载或重载线型”对话框，从当前线型库中选择需要加载的线型。

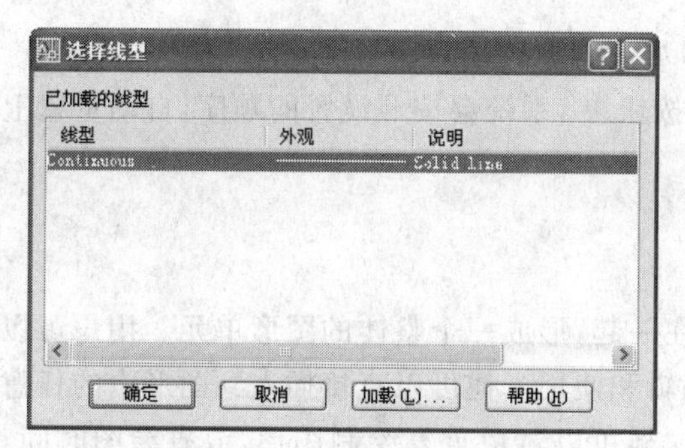

图 12-76　“选择线型”对话框

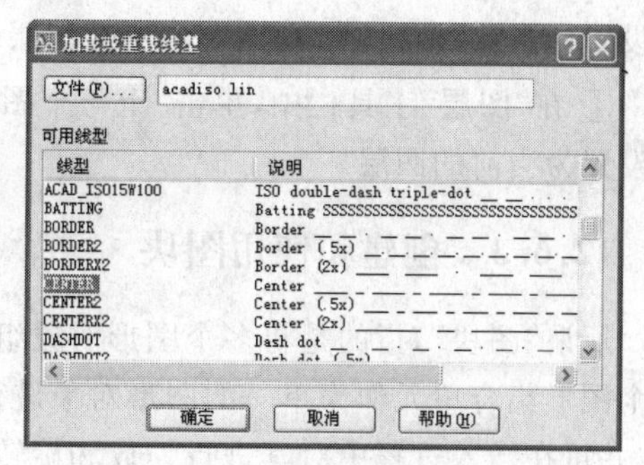

图 12-77　“加载或重载线型”对话框

3. 管理图层

利用“图层特性管理器”对话框可以方便地管理图层，包括打开/关闭图层、解冻/冻结图层、重命名图层、删除图层以及设置当前图层等。

(1)**打开/关闭**　单击图层的灯泡图标或，即可切换图层的打开/关闭状态。处于打开状态的图层是可见的；而处于关闭状态的图层是不可见的，也不能被编辑或打印。当图形重新生成时，被关闭的图层将一起被生成。

(2)**解冻/冻结**　单击图层的图标或，即可切换图层的冻结/解冻状态，处于冻结状态的图层上的图形对象将不再显示在屏幕上，不能被编辑，不能打印输出。被冻结的图层可以解冻恢复到原来的状态。

冻结图层和关闭图层的区别在于冻结图层可以减少重新生成图形时的计算时间，图层越复杂越能体现出冻结图层的优越性。

(3)**解锁/锁定**　单击图标或即可锁定图层，使图层中的对象不能被编辑和选择。但被锁定的图层是可见的，并且可以查看、捕捉此图层上的对象，还可以在此图层上绘制新的图形对象。解锁图层是将图层恢复为可编辑和选择的状态。

(4)**打印/不打印**　单击图层的图标或，即可切换图层的打印/不打印状态。当指定某层不打印后，该图层上的对象仍是可见的。图层的不打印设置只对图形中可见的图层(即图层是打开的并且是解冻的)有效。若图层设为打印但该层是冻结的或关闭的，此时 AutoCAD 将不打印该图层。

(5)**删除图层**　在“图层特性管理器”对话框中，选择要删除的图层，单击“删除图层”按钮，或按键盘上的【Delete】键，此时图层的状态图标变为。

(6)**设置当前图层**　在绘图过程中，用户只能在当前图层中绘制新图形。将图层设置为当前图层的方法如下。

① 在“图层特性管理器”对话框中，选择一个图层，双击状态栏中的图标；或单击“置为当前”按钮；或按键盘上的【Alt+C】组合键，都能使状态栏的图标变为当前图层图标。

② 在绘图窗口中，不选取任何对象，在“图层”工具栏的下拉列表中直接选择要设置为当前图层的图层即可。

③ 在绘图窗口中，选择已经设置图层的对象，然后在“图层”工具栏中，单击“将对象的图

层设置为当前”按钮，则该对象所在图层即可成为当前图层。

④ 在“图层”工具栏中，单击“上一个图层”按钮，系统会按照设置的顺序，自动重置上一次设置为当前的图层。

12.6.3 创建和使用图块

所谓“图块”，指的是将多个图形对象组合在一起，形成一个整体的图形单元。用户可以将这个图形集合单元作为单一的图形对象进行编辑和使用。他可以直接插入到图形中的任意位置，并可在插入过程中对其进行缩放和旋转。这样可以避免重复绘制图形，节省绘图时间，提高工作效率。

1. 创建块

使用“创建块”按钮创建的图块，也称内部图块。此类图块只能在当前图形中使用，不能被其他图形文件调用。

创建图块有以下几种方法。

① 在命令行中输入 Block 命令或 B。

② 单击“绘图”|“块”|“创建”命令。

③ 单击“绘图”工具栏中的“创建块”按钮。

执行命令后，将弹出如图 12－78 所示的“块定义”对话框，执行相关选项可以将已绘制的对象创建为块，其各选项功能如下。

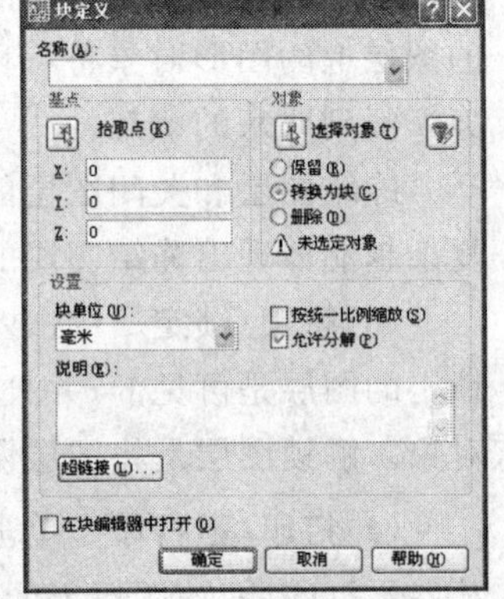

图 12－78 “块定义”对话框

◆“基点”选项区　用于设置块的插入基点位置。用户可以直接在 X、Y、Z 文本框中输入；也可以单击“拾取点”按钮，切换到绘图窗口中选择基点。

◆“名称”文本框　用于输入块的名称，最多可使用 255 个字符。

◆“对象”选项区　用于设置组成块的对象。单击“选择对象”按钮，可以切换到绘图窗口中选择组成块的各对象；也可以单击“选择对象”按钮，从弹出的“快速选择”对话框中设置所选择对象的过滤条件。在“对象”选项区域，单击“保留”单选按钮，表示创建块后仍在绘图窗口中保留组成块的各对象；单击“转换为块”单选按钮，表示创建块后将组成块的各对象保留并把它们转换成块；单击“删除”单选按钮，表示创建块后删除绘图窗口中组成块的各对象。

◆“设置”选项区　用于设置从 AutoCAD 设计中心拖动块时的缩放单位。

◆“说明”文本框　用于输入当前块的说明部分。

◆超链接(L)...按钮　单击该按钮将弹出“插入超链接”对话框，在该对话框中可以插入超级链接文档。

【实例】 将图 12－79(a)所示的图形创建为块，其具体操作步骤如下。

①单击“绘图”工具栏中的按钮，打开“块定义”对话框。

②在“名称”文本框中输入块的名称，如“零件图”。

③在“基点”选项区中，单击“拾取点”按钮，然后单击正六边形的中心，确定基点位置。

④在“对象”选项区中单击“保留”单选按钮，再单击“选择对象”按钮，切换到绘图窗口，使用窗口选择方法，选择所有图形，然后按回车键返回“块定义”对话框。

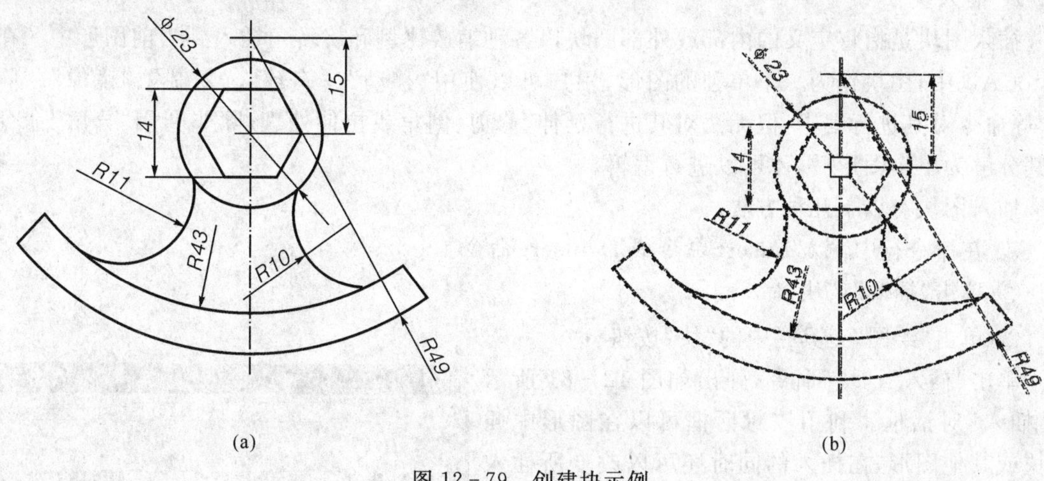

图 12－79 创建块示例

⑤在“块单位”下拉列表框中，选择“毫米”选项，将单位设置为毫米。

⑥在“说明”文本框中输入图块的说明，如零件 1。

⑦设置完成后，单击 确定 按钮保存设置，创建为块后的图形如图 12－79(b)所示。

2. 写块

“创建块”命令创建的图块只供当前文件使用，不能应用到其他文件中，为弥补这一不足，AutoCAD 又提供“写块”命令，它能够将选择对象保存为 DWG 格式，故称此块为外部图块。它不仅可以作为图块插入到当前图形中，还可以被打开和编辑。实际上，任何一个在 AutoCAD 中绘制的图形都可以作为一个外部图块插入到当前图形中。

创建写块有以下两种方法。

① 在命令行中输入 Wblock 后按回车键。

② 在命令行中输入 W 后按回车键。

执行 Wblock 命令后，弹出如图 12－80 所示的“写块”对话框。此对话框有三种创建外部块的形式。

① “块”单选项用于将当前图形中含有内部图块作为外部块存盘。

② “整个图形”单选项用于将当前图形作为一个外部图块存盘。

③ “对象”单选项用于将所选的部分图形作为外部块存盘。

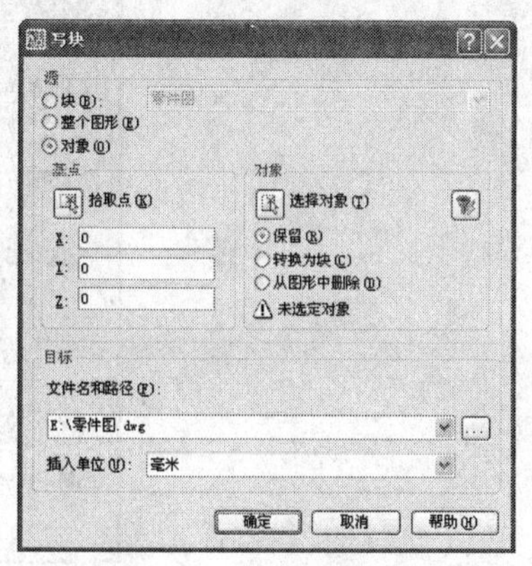

图 12－80 “写块”对话框

【实例】 将“零件图”块转化为外部块，操作步骤如下。

①继续上述操作。

②激活“写块”命令，打开“写块”对话框。

③在“源”选项组内激活“块”选项。

④在“块”下拉列表框内选择刚创建的“零件图”内部块;在“文件名或路径”文本列表框内设置块的存盘路径或重新更名。

3. 插入块

插入图块是指将定义的内部或外部图块以各种缩放比例和旋转角插入到当前图形中。在AutoCAD中,图块作为一个单独的图形,用户可以使用“移动”、“旋转”、“复制”、“镜像”、“阵列”等命令对其进行编辑,但无法对其进行延伸、修剪、倒角或拉伸处理,除非利用“分解”命令将其分解为单个图形后,才可以进行编辑。

插入图块有以下几种方法。

① 在命令行中输入 Iinsert 命令或 Ddinsert 命令。

② 单击“插入”|“块”命令。

③ 单击“绘图”工具栏中的“块”按钮。

单击“插入”|“块”命令,弹出如图 12-81 所示的“插入”对话框。利用该对话框可以在图形中插入块或其他图形,在插入的同时还可以改变所插入块或图形的比例与旋转角度。

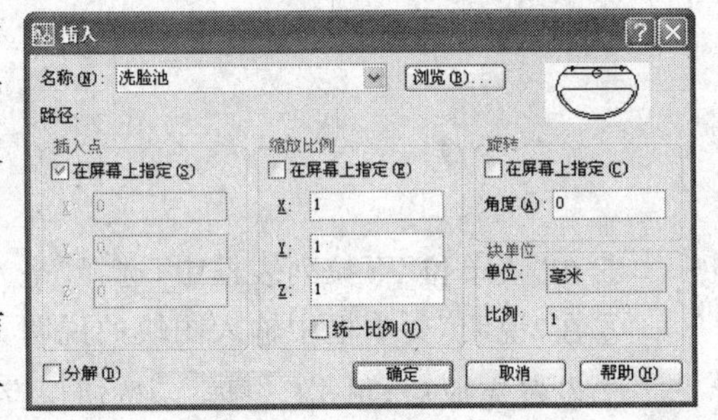

图 12-81 “插入”对话框

4. 创建带属性的块

在 AutoCAD 中,可以为图块附加一些文字信息,这些文字信息就是图块属性。属性是图块的一个组成部分,它从属于图块。当插入带属性的块时,系统会提示输入属性值,并允许为同一图块指定不同的属性值。此外,当图块插入后,还可以对图块属性进行修改。

创建图块属性有以下几种方法。

① 在命令行中输入 Attdef 命令或 ATT。

② 单击“绘图”|“块”|“定义属性”命令。

执行命令后,弹出如图 12-82 所示的“属性定义”对话框,利用该对话框可以创建块属性。

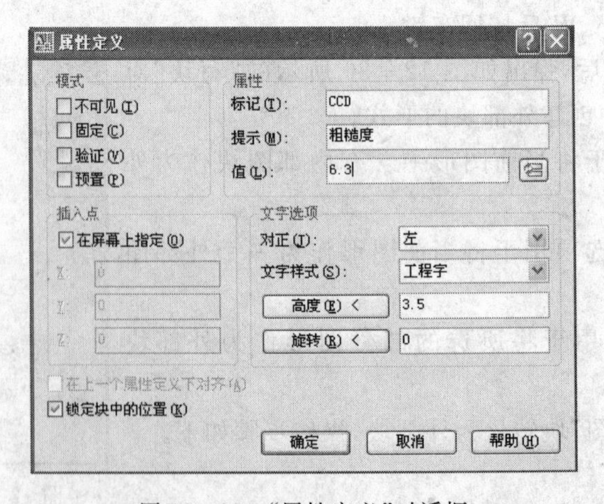

图 12-82 “属性定义”对话框

【实例 3】 创建带有属性的块并在图形中应用,其具体操作步骤如下。

①单击“绘图”工具栏中的“直线”按钮，绘制如图 12－83(a)所示的图形。

②单击“绘图”|“块”|“定义属性”命令，弹出“属性定义”对话框，在属性栏内填入如图 12－83(b)所示内容。

③单击 确定 按钮，关闭该对话框，在适当位置单击，确定属性文字的位置，如图 12－83 所示。

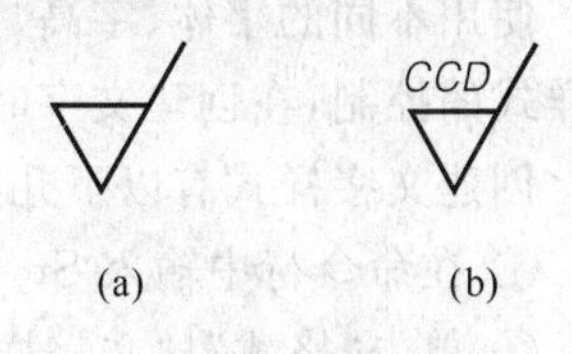

图 12－83

④单击“绘图”工具栏中的“创建块”按钮，弹出“块定义”对话框，将图形和文字设置为块，块名为“粗糙度”，如图 12－84 所示。

⑤单击 确定 按钮，弹出“编辑属性”对话框，从中显示所设置的块名称和提示，在“输入粗糙度”文本框中，输入适当的数值，如图 12－85 所示。

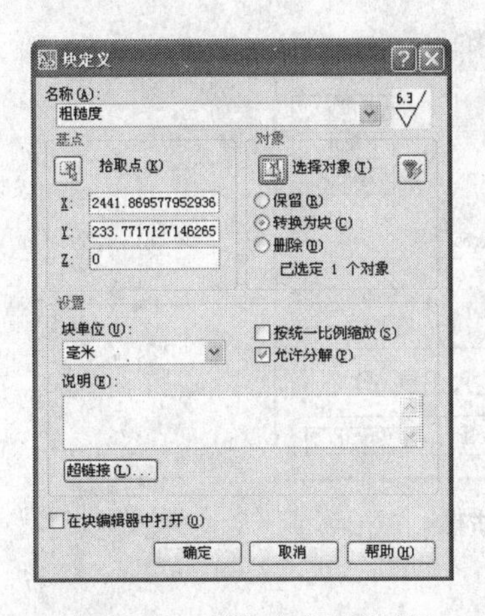

图 12－84　“块定义”对话框

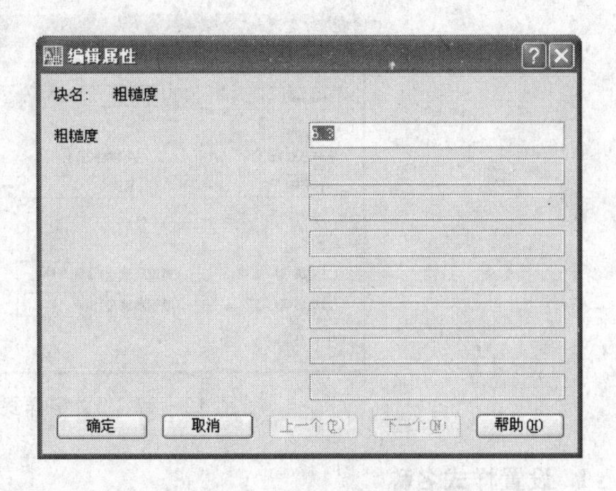

图 12－85　“编辑属性”对话框

⑥单击 确定 按钮，将绘制的图形与属性文字定义为带有属性的块。

⑦如果要在图形中应用带有属性的块，单击“绘图”工具栏中的“插入块”按钮，在弹出对话框中，设置插入块的方式。

⑧单击 确定 按钮，在图形的适当位置单击插入块的位置，在命令行提示下进行操作。

```
命令：_Insert
    指定插入点或［基点(B)/比例(S)/旋转(R)/预览比例(PS)/预览旋转(PR)］:
    输入属性值
    输入粗糙度:3.2
```

执行结果如图 12－86 所示。

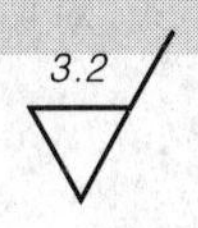

图 12－86　插入的块

12.7　创建文字

在绘制机械或建筑图形时，对于图纸中无法用图形表达的信息，如技术说明、材料要求等内容都要附加必要的文字说明。针对这一问题，中文版 AutoCAD 2007 为用户提供了多种文字创建及编辑工具，通过本节的学习，读者可以掌握文字注释的创建方法与操作技巧。

12.7.1 设置文字样式

使用不同的字体、字高、字宽等创建出的文字，其外观效果都不同。文字的这些因素受文字样式的控制，在创建文字时，一般要根据需要使用不同的文字样式。

创建文字样式有以下几种方法。

① 在命令行中输入 Style 命令或 ST。

② 单击“格式”|“文字样式”命令。

③ 单击“文字”工具栏中的“文字样式”按钮。

执行“文字样式”命令后，弹出如图 12-87 所示的“文字样式”对话框，利用该对话框可以进行文字效果参数的设置。

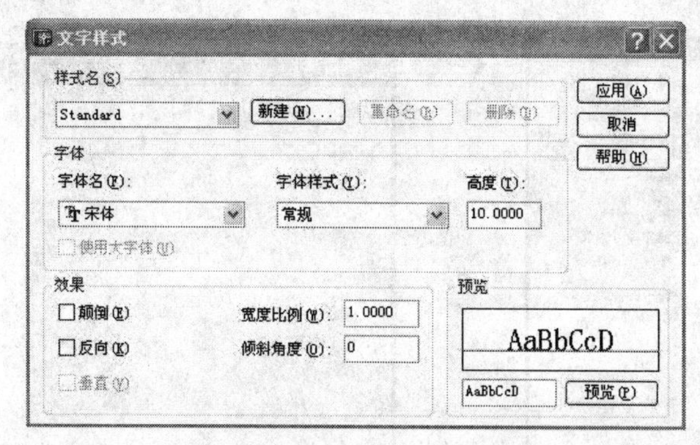

图 12-87 “文字样式”对话框

1. 设置样式名称

在“文字样式”对话框中，单击 新建(N)... 按钮，将弹出如图 12-88 所示的“新建文字样式”对话框，在“样式名”文本框中，输入新建样式的名称，单击 确定 按钮，返回“文字样式”对话框，样式名称将在“样式名”下拉列表中显示出来。

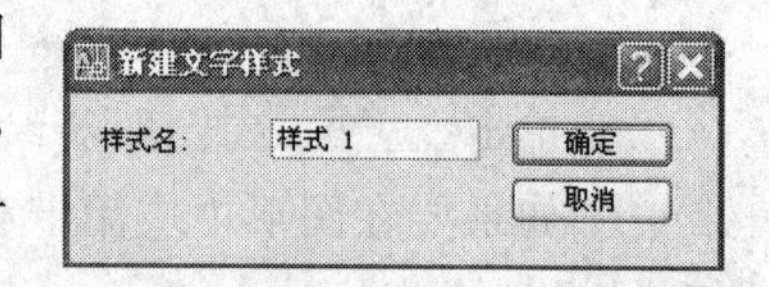

图 12-88 “新建文字样式”对话框

2. 设置字体

在“文字样式”对话框的“字体”选项区中，可以设置文字样式使用的字体和字高等属性。其中，“字体名”下拉列表框中列出了所有注册的 TrueType 字体和 Fonts 文件夹中编译型(SHX)字体的字体族名。

3. 设置文字效果

在“文字样式”对话框中的“效果”选项区中，可以控制文字的显示效果，并通过“预览”窗口查看效果。

4. 预览

在“文字样式”对话框的“预览”选项区中，可以预览所选择或所设置的文字样式效果。其中，在 预览(P) 按钮左侧的文本框中输入要预览的字符，单击 预览(P) 按钮，就可以将输入的字符按当前文字样式显示在预览框中。

当设置好文字样式后，单击 应用(A) 按钮即可使用该文字样式；然后单击 关闭(C) 按钮，关闭“文字样式”对话框。

12.7.2　单行文字

“单行文字”命令用于创建单行或多行文字对象，无论创建文字有多少行，每行文字都是一个单独的图元。

输入单行文字有以下几种方法。

① 在命令行中输入 Text 命令或 Dtext 或 DT。

② 单击“绘图”|“文字”|“单行文字”命令。

③ 单击“文字”工具栏中的“单行文字”按钮A|。

执行“单行文字”命令后，在绘图窗口中单击以确定文字的插入点，然后设置文字的高度、旋转角度，当插入点变成 I 样式时，直接输入文字。输入完成后，在绘图窗口中单击鼠标左键即可。

【实例】 使用“单行文字”命令输入图 12-89 所示的文字内容，其具体操作步骤如下。

机械制图

AutoCAD文本窗口

图 12-89　使用“单行文字”命令输入文字内容

①单击“格式”|“文字样式”命令，在弹出的“文字样式”对话框中，单击[新建(N)...]按钮，创建一个新样式“样式 1”，如图 12-88 所示。

②单击[确定]按钮，在“文字样式”对话框中，设置字体名为“T 宋体”，文字高度为 10，如图 12-87 所示。

③单击[应用(A)]按钮，应用对当前样式的修改，然后单击[关闭(C)]按钮关闭“文字样式”对话框。

④激活“单行文字”命令，在命令行“指定文字的起点或 [对正(J)/样式(S)]提示下：”在绘图区拾取一点作为文字插入点

⑤在“指定文字的旋转角度 <0>：”提示下，回车默认。

⑥此时在文字插入点处出现一个单行文本输入框，输入“机械制图”字样，回车，再输入“AutoCAD 文本窗口”，连续两次回车，即完成图 12-89 所示的文字内容。

12.7.3　设置文字的对正方式

在输入单行文字的过程中，当命令行提示“指定文字的起点或[对正(J)/样式(S)]：”时，用户若输入字母“J”，按回车键则可指定文字的对齐方式，此时命令行提示如下。

> 输入选项[对齐(A)/调整(F)/中心(C)/中间(M)/右(R)/左上(TL)/中上(TC)/右上(TR)/左中(ML)/正中(MC)/右中(MR)/左下(BL)/中下(BC)/右下(BR)]：

各项基点的位置如图 12-90 所示。

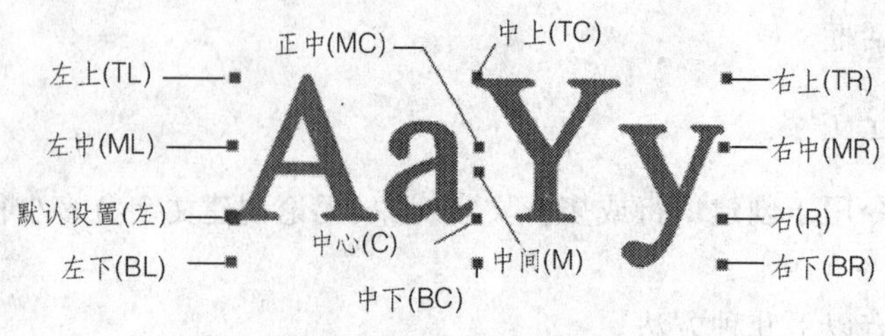

图 12-90 文字对正方式

命令行中各选项的含义如下。

(1)"对齐(A)"选项 指定文字行的起点和终点，AutoCAD会根据起点和终点的距离自动调整文字高度。

(2)"调整(F)"选项 指定文字行的起点和终点，AutoCAD自动调整宽度但不改文高。

(3)"中心(C)"选项 从基线的水平中心对正文字。

(4)"中间(M)"选项 文字在基线的水平中点和指定高度的垂直中点上对齐，中间对齐的文字不保持在基线上。

(5)"右(R)"选项 在基线右端点对正文字。

(6)"左上(TL)"选项 在指定为文字顶线左端点对正文字。

(7)"中上(TC)"选项 在指定为文字顶线中点居中对正文字。

(8)"右上(TR)"选项 在指定为文字顶线右端点对正文字。

(9)"左中(ML)"选项 在指定为文字中线靠左对正文字。

(10)"正中(MC)"选项 在文字的中央水平和垂直居中对正文字。

(11)"右中(MR)"选项 在指定为文字的中线靠右对正文字。

(12)"左下(BL)"选项 在指定为底线的点上靠左对正文字。

(13)"中下(BC)"选项 在指定为底线的点上居中对正文字。

(14)"右下(BR)"选项 在指定为底线的点上靠右对正文字。

提示:

从图 12-90 中可以看出，文字对正方式基于四条参考线，从上往下分别时顶线、中线、基线、底线。

12.7.4 编辑单行文字

单行文字和其他对象一样，可以进行移动、旋转、删除和复制等编辑。除此之外，还可以对单行文字的文字内容、对正方式以及缩放比例进行编辑修改。

1. 编辑单行文字的内容

编辑单行文字的内容有以下几种方法。

① 单击"修改"|"对象"|"文字"|"编辑"命令。

② 单击"文字"工具栏中的"编辑"按钮 A/。

③ 在命令行中输入 Ddedit 命令。

④ 在绘图窗口中双击需要编辑的文字。

⑤ 选择单行文字对象，然后单击鼠标右键，从弹出的快捷菜单中选择"编辑"命令。

2. 缩放文字大小

缩放单行文字大小有以下几种方法。

① 单击"修改"|"对象"|"文字"|"比例"命令。

② 单击"文字"工具栏中的"比例"按钮。

③ 在命令行中输入 Scaletext 命令。

3. 修改文字的对正方式

修改文字的对正方式有以下几种方法。

① 单击"修改"|"对象"|"文字"|"对正"命令。

② 单击"文字"工具栏中的"对正"按钮。

③ 在命令行中输入 Justifytext 命令。

12.7.5 输入特殊字符

由于在工程图中用到的许多特殊符号不能由键盘直接输入，所以输入单行文字时，必须输入相应的代码，来创建所需的特殊符号，常用的特殊字符代码如表 12－1 所示。

表 12－1 AutoCAD 2007 常用特殊字符代码

代 码	功 能	代 码	功 能
%%O	上划线	\U+2220	角度∠
%%U	下划线	\U+2260	不相等≠
%%D	标注度数符号(°)	\U+2248	几乎等于≈
%%P	标注正负公差符号(±)	\U+0394	差值△
%%C	标注直径符号(ϕ)		

在 AutoCAD 的控制符中，%%O 和%%U 分别是上划线与下划线的开关。在第一次出现此符号时，可打开上划线或下划线；在第二次出现此符号时，则关闭上划线或下划线。

12.7.6 多行文字

多行文字是相对于单行文字而言的，用于创建复杂的文字对象。无论输入几行或几段文字，系统都将它们作为一个整体进行处理。

创建多行文字有以下几种方法。

① 在命令行中输入 Mtext 命令或 M 或 MT。

② 单击"绘图"|"文字"|"多行文字"命令。

③ 单击"文字"工具栏中的"多行文字"按钮。

④ 单击"绘图"工具栏中的"多行文字"按钮**A**。

激活|"多行文字"命令后，光标变为的形状。在绘图窗口中，需拉出一个矩形方框，此时系统会弹出"多行文字编辑器"。在"文字输入"窗口中，输入需要的文字，如图 12－91 所示。

图 12-91　输入多行文字

提示：

绘图区内出现的矩形方框用于指定多行文字的输入位置与大小，其箭头指示文字书写的方向。在输入多行文字时，每行文字输入完成后，系统会自动换行；拖曳右侧的按钮可以调整文字输入窗口的宽度。

1."文字格式"工具栏

"文字格式"工具栏用于设置文字的格式。包括当前文字样式、字体、高度、颜色以及是否使用粗体、斜体或下划线等。"文字格式"工具栏的组成部分如图 12-92 所示，其主要功能如下。

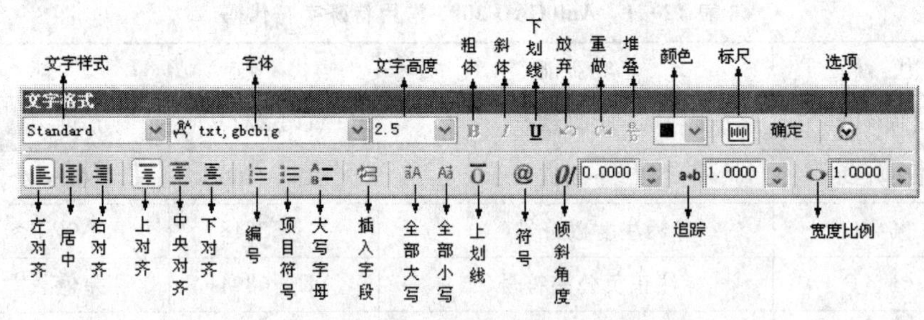

图 12-92　"文字格式"工具栏

(1) B、I 和 U 按钮　激活 B 按钮可以使选择的文字以粗体形式显示；激活 I 按钮可以使选择的文字以斜体形式显示；激活 U 按钮可以为选择的文字添加下划线。

(2)（堆叠）按钮　此按钮可以将左右并排显示的分数变为上下重叠格式。

(3)（标尺）按钮　此按钮决定是否显示下方的定位标尺。

(4)定位标尺　主要用于控制多行文字的宽度以及第一行文字和段落文字的缩进距离。在标尺右端的按钮上按下鼠标左键拖曳，可以改变标尺的长度，以改变多行文字的宽度；通过移动"首行缩进标记"和"段落缩进标记"的位置可以控制第一行文字和段落文字的起始位置。

(5)、和按钮　用于决定输入的多行文字是左对齐、居中还是右对齐。

(6)、和按钮　用于决定多行文字和文字输入窗口是上对齐、中央对齐还是下对齐。

(7)、和按钮　在中文版 AutoCAD 2007 中，多行文字可以格式化为用数字、项目符号或字母编号的列表。

(8)和按钮　这两个按钮决定选择的字母是全部大写显示还是小写显示。

(9)（上划线）按钮　激活此按钮可以为选择的文字添加上划线。

(10)、和按钮分别用于决定当前选择文字的倾斜角度、字间距和宽度比例。

2. 输入分数与公差

“文字格式”工具栏中的“堆叠”按钮用于设置分数、公差等形式的文字。通常使用“/”、“^”或“#”等符号设置文字的堆叠方式。具体如下。

(1)分数形式　使用“/”或“#”连接分子与分母，选择分数文字，单击“堆叠”按钮即可显示为分数的表示形式。

(2)上标形式　使用字符“^”标识文字，将“^”放在文字之后，然后将其与文字都选中，并单击“堆叠”按钮即可设置所选文字为上标字符。

(3)下标形式　将“^”放在文字之前，然后将其与文字都选中，并单击“堆叠”按钮即可设置所选文字为下标字符。

(4)公差形式　将字符“^”放在文字之间，然后将其与文字都选中，单击“堆叠”按钮即可将所选文字设置为公差形式，如图 12－93 所示。

168+0.05^-0.05　　$168^{+0.05}_{-0.05}$

图 12－93　公差形式

3. 输入特殊符号

若想在多行文字中输入度数“°”、正/负号“±”、直径“ϕ”或几乎等于“≈”等特殊符号，可以单击“文字格式”工具栏中的“符号”按钮@，在弹出的符号菜单中选择需要的特殊符号或直接输入该符号所对应的输入法；若符号菜单中没有需要的符号，可以选择“其他”选项，在弹出的“字符映射表”对话框中含有更多的符号以供选择。

12.7.7　编辑多行文字

编辑多行文字有以下几种方式。

① 单击“修改”|“对象”|“文字”|“编辑”命令。

② 在绘图窗口中双击需要编辑的文字。

③ 单击“文字”工具栏中的“编辑文字”按钮。

④ 在命令行中输入 Ddedit 命令。

⑤ 执行“编辑”命令后，将弹出多行文字编辑器，然后参照多行文字的设置方法修改并编辑文字。

【实例】　使用“多行文字”命令输入图 12－94(b)所示的文字内容，其具体操作步骤如下。

①激活“多行文字”命令，根据命令行提示，指定两点拉出一矩形框，打开“文字格式”编辑器。

②单击对话框中“字体”列表框，展开其下拉菜单，选择“T 宋体”作为当前字体，在“文字高度”列表框内输入 10，在下侧的文字输入栏内单击左键，输入“机械制图”如图 12－94(a)所示。

③在“文字高度”列表框内输入 7.5，在下侧的文字输入栏内按回车键，输入《输入度数“°”、正/负号“±”》，如图 12－94(b)所示。

④当光标移动到要书写“度数符号”和“正负符号”时，单击“文字格式”工具栏中的“符号”按钮@按钮，选择所需符号。

⑤单击确定按钮，结束标注。

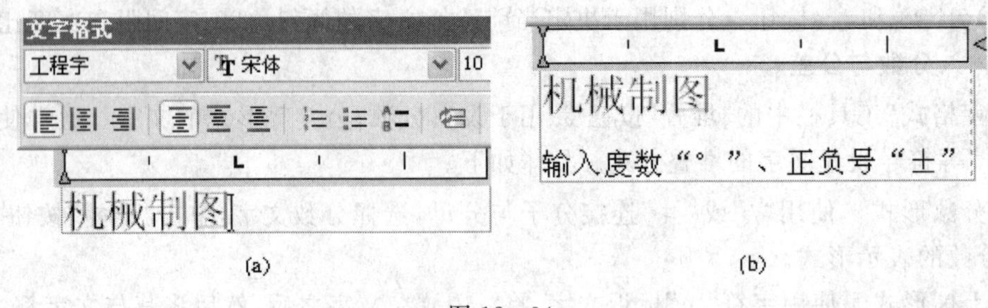

图 12-94

12.8 尺寸标注

尺寸标注是图形设计中的一个重要步骤,本节将学习掌握创建和设置尺寸的方法与操作技巧。

12.8.1 创建和设置尺寸标注样式

不同的图形,需有不同尺寸标注效果,以体现图形的尺寸特色,尺寸标注样式将设定尺寸标注的外观形状。

创建尺寸标注样式有以下几种方法。

① 在命令行中输入 Dimstyle 命令或 DST。

② 单击“格式”|“标注样式”命令。

③ 单击“标注”工具栏中的“标注样式”按钮。

执行“标注样式”命令后,将弹出如图 12-95 所示的“标注样式管理器”对话框。各选项功能如下。

①“置为当前”按钮　用于设置当前尺寸标注样式。

②“新建”按钮。用来创建新标注样式。

③“修改”按钮。用于修改标注样式的各个选项。当用户修改了标注样式后,当前图形中的所有尺寸对象都会自动更正。

④“替代”按钮。用于修改当前使用的标注样式的各个选项。当用户创建了了替代样式后,当前标注样式将应用到以后图形中的所有尺寸标注,不会代替以前的标注样式。

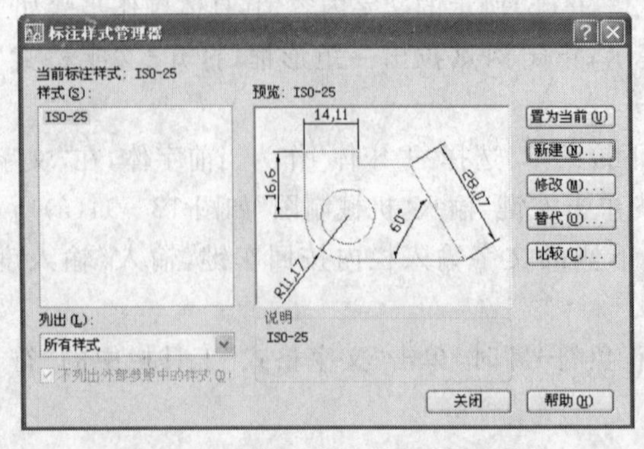

图 12-95 “标注样式管理器”对话框

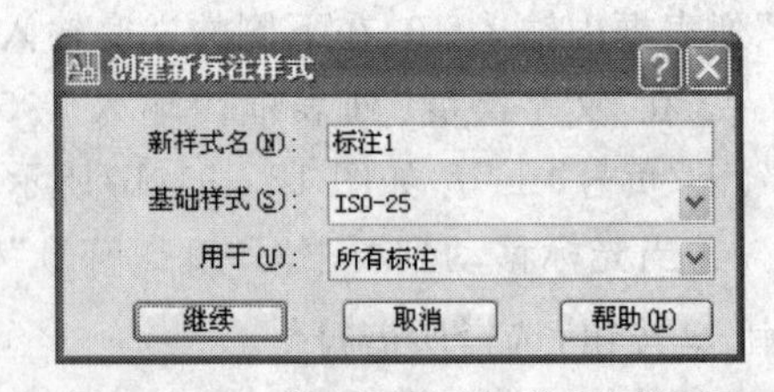

图 12-96 “创建新标注样式”对话框

12.8.2　设置尺寸标注样式

在“标注样式管理器”对话框中，单击[新建(N)...]按钮，打开“创建新标注样式”对话框，如图 12－96 所示。在“新样式名”文本框中，输入新的样式名称；在“基础样式”下拉列表中选择新标注样式是基于哪一种标注样式创建的；在“用于”下拉列表中选择标注的应用范围。在[继续]按钮下，打开“新建标注样式”对话框，此时用户便可应用对话框中的七个选项卡进行设置，如图 12－97 所示。

1.“直线”选项卡

使用“直线”选项卡可以设置尺寸线、尺寸界线的格式和位置。

(1)**设置尺寸线**　在“尺寸线”选项区中，各选项内容如下。

① “颜色”下拉列表框。用于设置尺寸线的颜色。

② “线宽”下拉列表框。用于设置尺寸线的宽度。

③ “超出标记”文本框。可以设置尺寸线超出尺寸界线的长度。

④ “基线间距”文本框。设置基线标注的尺寸线之间的距离，即平行排列的尺寸线间距。

⑤ “隐藏”选项。选中“尺寸线 1”或“尺寸线 2”复选框，可以隐藏尺寸线及其相应的箭头。

(2)**设置尺寸界线**　在“尺寸界线”选项区中，各选项内容如下。

① “颜色”下拉列表框。用于设置尺寸界线的颜色。

② “线宽”下拉列表框。用于设置尺寸界线的宽度。

③ “超出尺寸线”文本框。用于设置尺寸界线超出尺寸线的距离。

④ “起点偏移量”文本框。用于设置图形中定义标注的点到尺寸界线的偏移距离。

⑤ “隐藏”选项。选择“尺寸界线 1”或“尺寸界线 2”复选框，可以隐藏相应尺寸界线。

2.“符号和箭头”选项卡

使用“符号和箭头”选项卡可以设置箭头、圆心标记、弧长符号和折弯半径标注的格式和位置。

① 设置箭头。在“箭头”选项区中，可以设置标注箭头的外观和大小。通常情况下，尺寸线的两个箭头应一致。

② 圆心标记。在“圆心标记”选项区中，可以设置圆心标记的类型和大小。

③ 弧长符号。选项区可控制弧长标注中圆弧符号的显示。

④ 半径标注折弯。选项区可控制折弯(Z 字型)半径标注的显示。

3.“文字”选项卡

使用“文字”选项卡可以设置标注文字的外观、位置和对齐方式，如图 12－98 所示。

(1)**设置文字外观**

在“文字外观”选项区中，可以设置文字的样式、颜色、高度和分数高度比例，以及控制是否绘制文字边框。

(2)**设置文字位置**

① 水平位置。用于设置标注文字相对于尺寸线水平方向的位置。

② 垂直位置。用于设置标注文字相对于尺寸线垂直方向的位置。

③ 从尺寸线偏移。设置尺寸线与文字之间的距离。

(3)**设置文字对齐**

① 水平放置。标注文字水平放置。

② 与尺寸线对齐。标注文字方向与尺寸线方向一致。

③ ISO 标准。标注文字按 ISO 标准放置。当标注文字在尺寸界线之内时，它的方向与尺寸线方向一致；而在尺寸线界线外时将水平放置。

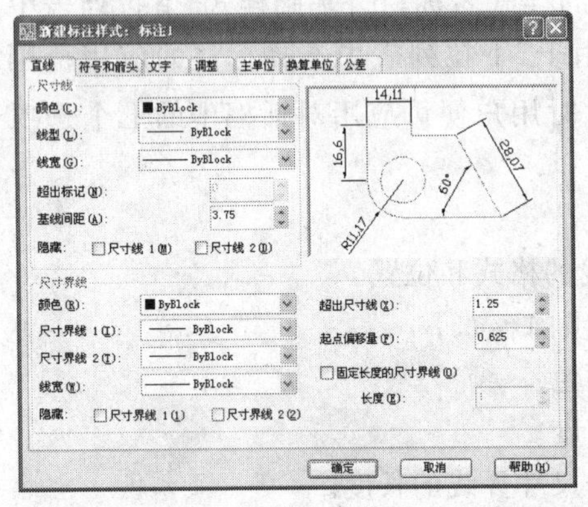

图 12－97 “新建标注样式”对话框

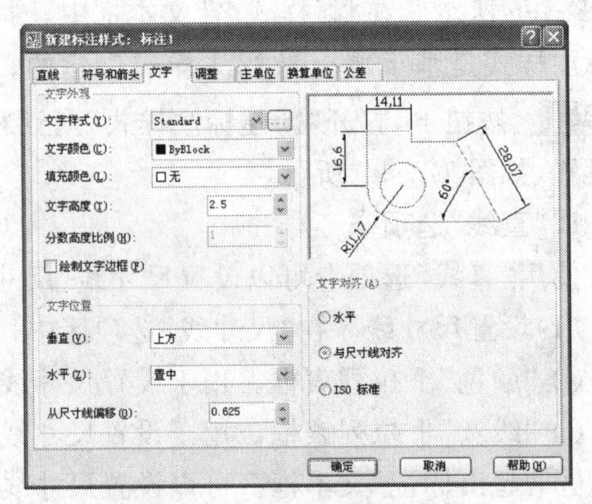

图 12－98 “文字”选项卡

4.“调整”选项

使用“调整”选项卡可以设置标注文字、尺寸线、尺寸箭头的位置，如图 12－99 所示。

(1)调整选项

① 文字或箭头。表示系统将根据尺寸界线的大小自动调整文字和箭头的位置。使二者达到最佳。

② 箭头。表示当尺寸界线间距离不能同时容纳文字和箭头，首先移动箭头。

③ 文字。表示当尺寸界线间距离不能同时容纳文字和箭头，首先移动文字。

④ 文字和箭头。表示当尺寸界线间距离不足以放下文字和箭头时，同时移动。

⑤ 文字始终保持在尺寸界线之间。表示系统会始终将文字放在尺寸界限之间。

⑥ 若不能放在尺寸界线内，则消除箭头复选框。表示当尺寸界线内没有足够的空间，系统则隐藏箭头。

(2)文字位置

在“文字位置”选项区中，用户可以设置标注文字不在默认位置上时的位置。

① 尺寸线旁边。表示将标注文字放在尺寸线旁边。

② 尺寸线上方，加引线。表示将标注放在尺寸线的上方，并加上引线。

③ 尺寸线上方，不加引线。表示将文本放在尺寸线的上方，但不加引线。

(3)标注特征比例

① 使用全局比例。可以为所有标注样式设置一个比例，指定大小、距离或间距，此外还包括文字和箭头大小，但并不改变标注的测量值。

② 将标注缩放到布局。可以根据当前模型空间视口与图纸空间之间的缩放关系设置比例。

(4)优化

在“优化”选项区中，可以对标注文本和尺寸线进行细微调整。选中“手动放置文字”复选框，则忽略标注文字的水平设置，在标注时可将标注文字放置在用户指定的位置。

选中“在尺寸界线之间绘制尺寸线”复选框，表示始终在测量点之间绘制尺寸线，同时 AutoCAD 将箭头放在测量点之处。

5."主单位"选项

使用"主单位"选项卡可以设置主单位的格式与精度等属性,如图 12 - 100 所示。

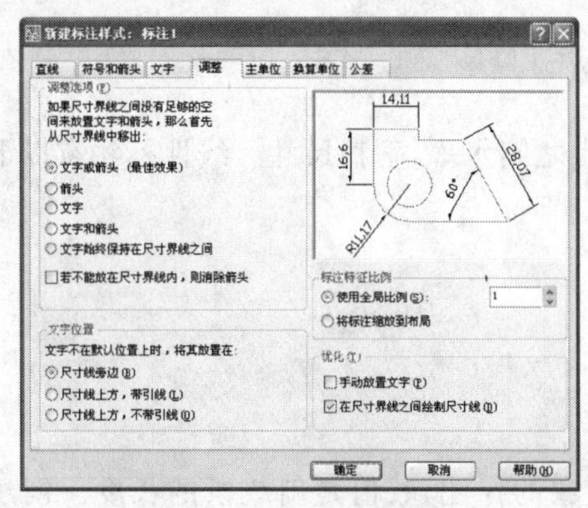

图 12 - 99　"调整"选项卡

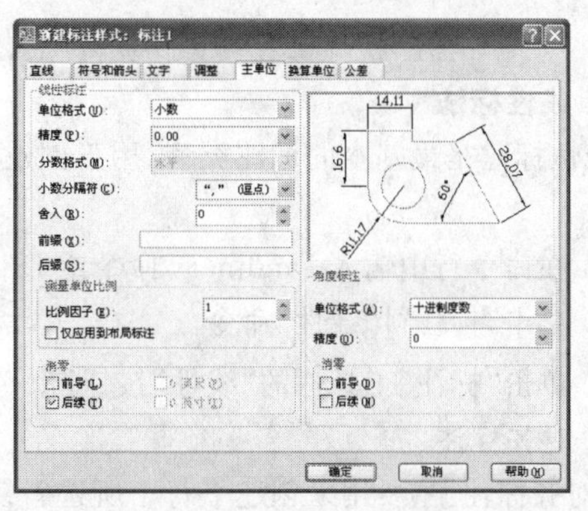

图 12 - 100　"主单位"选项卡

(1)"线性标注"选项区

① 单位格式。用来设置除角度标注之外的各标注类型的尺寸单位。

② 精度。用于设置标注文字中的小数位数。"分数格式"下拉列表框用于设置分数的格式,包括"水平"、"对角"和"非堆叠"三种方式。在"单位格式"下拉列表框中选择小数时,此选项不可用。

③ 小数分隔符。用于设置小数的分隔符。包括"逗点"、"句点"和"空格"三种方式。

④ "舍入"数值框。用于设置除角度标注以外的尺寸测量值的舍入值。

⑤ "前缀"和"后缀"文本框,用于设置标注文字的前缀和后缀。

(2)**"测量单位比例"**　使用"比例因子"数值框可以设置测量尺寸的缩放比例。

(3)**"消零"选项区**　用于设置是否显示尺寸标注中的前导和后续零。

(4)**角度标注**　可以设置标注角度时的单位和精度。

6."公差"选项

在"公差格式"选项区中,可以设置公差的标注格式,其中各选项说明如下。

(1)"方式"下拉列表框　确定以何种方式标注公差,包括"无"、"对称"、"极限偏差"、"极限尺寸"和"基本尺寸"选项。

(2)"精度"下拉列表框　用于设置尺寸公差的精度。

(3)"上偏差"、"下偏差"文本框　用于设置尺寸的上下偏差。

(4)"高度比例"文本框　用于确定公差文字的高度比例因子。

(5)"垂直"下拉列表框　用于控制公差文字相对于尺寸文字的位置,有"上"、"中"和"下"三种方式。

(6)"消零"选项　用于设置是否消除公差值的前导或后续 0。

12.8.3　常用基本标注类型

在中文版 AutoCAD 2007 中,系统共提供了十四种尺寸标注类型,标注工具条如图

12-101所示。本节主要介绍常用基本尺寸标注类型的功能及创建方法。

图12-101　标注工具条

1. 线性标注

线性标注是最基本的标注类型，用于创建两点之间水平、垂直尺寸。线性标注有以下几种方法。

① 在命令行中输入 Dimlinear 命令或 Dli。

② 单击“标注”|“线性”命令。

③ 单击“标注”工具栏的“线性”按钮。

2. 对齐标注

“对齐标注”主要用来创建平行于所选斜线对象的标注，数值是斜线段的长度。创建方法如下。

① 在命令行中输入 Dimaligned 命令或 DAL。

② 单击“标注”|“对齐”命令。

③ 单击“标注”工具栏中的“对齐”按钮。

【实例】 标注如图12-102(a)所示的图形，其具体操作步骤如下。

①单击“标注”工具栏中的按钮，在标注图形中竖直尺寸，捕捉图形右下端点，作为第一条尺寸界线原点；捕捉图形右上端点，为第二条尺寸界线原点；鼠标向右移动到合适位置，左键确定，结果如图12-102(b)图所示。

②按回车键，重复执行“线性标注”命令。在命令行提示下，捕捉图形左下端点，作为第一条尺寸界线原点；捕捉图形右下端点，为第二条尺寸界线原点。

③在命令行“指定尺寸线位置或[多行文字(M)/文字(T)/角度(A)/水平(H)/垂直(V)/旋转(R)]:”提示下，输入 T，按回车键。

④在命令行“输入标注文字”提示下，输入“%%c250”回车，结果如图12-102(b)所示。

⑤标注上方斜线尺寸。单击“对齐”命令，捕捉图形左上端点及右上端点，作为尺寸界线原点，鼠标向上移动到合适位置，左键确定，结果如图12-102(b)图所示。

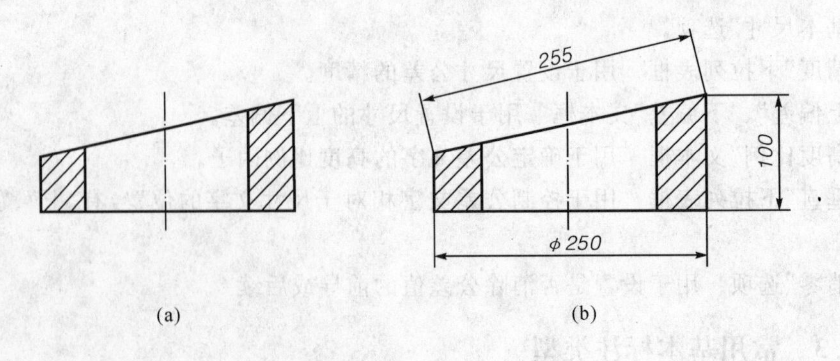

图12-102　线性标注

3. 半径标注

半径标注主要用于标注圆形或圆弧的半径尺寸，半径标注有以下几种方法。

① 在命令行中输入 Dimradius 命令或 DRA。

② 单击“标注”|“半径”命令。

③ 单击“标注”工具栏中的“半径”按钮。

4. 直径标注

直径标注可以标注圆和圆弧的直径，直径标注有以下几种方法。

① 在命令行中输入 Dimdiamete 命令或 DDI。

② 单击“标注”|“直径”命令。

③ 单击“标注”工具栏中的“直径”按钮。

直径标注的方法与半径标注的方法相同。当选择了需要标注直径的圆或圆弧并指定尺寸线位置后，系统将按实际测量值标注出圆或圆弧的直径，如图 12－103 所示。

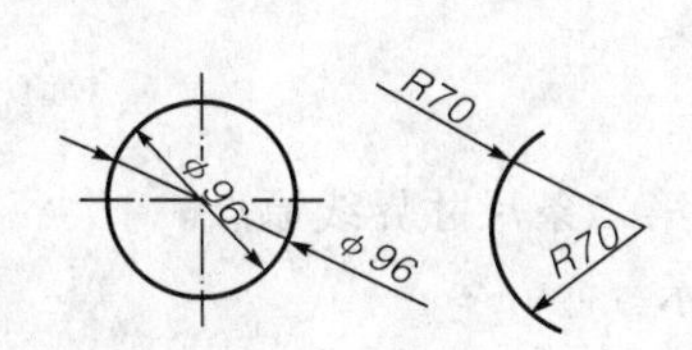

图 12－103　半径和直径标注

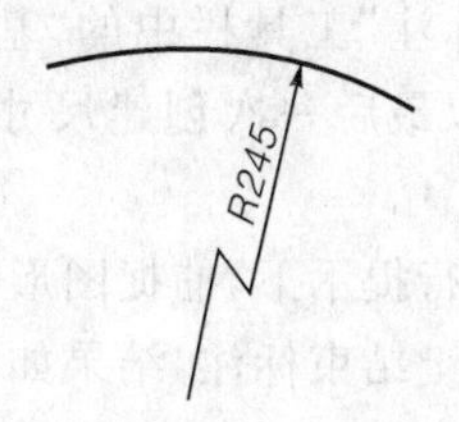

图 12－104　折弯标注

5. 折弯标注

折弯标注主要用于测量圆形或圆弧的半径尺寸，并显示前面带有半径符号的标注文字，同时还可以在任意合适的位置指定尺寸线的原点，如图 12－104 所示。

折弯标注有以下几种方法。

① 单击“标注”|“折弯”命令。

② 单击“标注”工具栏中的“折弯”按钮。

③ 在命令行中输入 Dimjogged 命令。

6. 角度标注

角度型尺寸标注用于测量圆或圆弧的角度、非平行直线间的夹角、三点之间的角度。角度标注有以下几种方法。

① 在命令行中输入 Dimangular 命令或 DAN。

② 单击“标注”|“角度”命令。

③ 单击“标注”工具栏中的“角度”按钮。

三种标注形式如图 12－105 所示。

7. 基线标注

用于从上一个标注或选定标注的基线处创建，必须先创建线性标注。基线标注有以下几种方法。

(1) 在命令行中输入 Dimbaseline 命令或 DBA。

(2) 单击“标注”|“基线”命令。

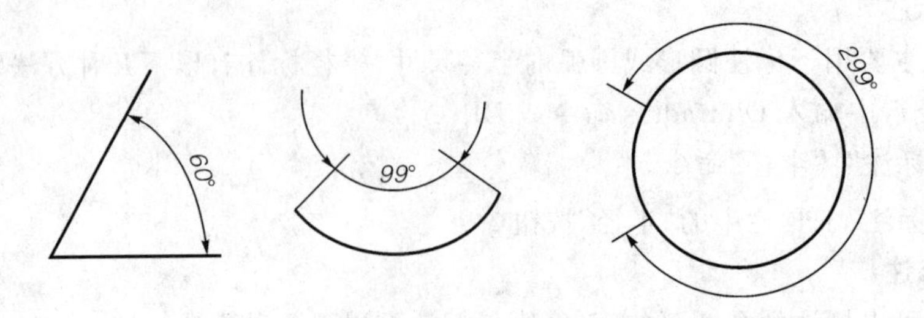

图 12－105 折弯标论

(3) 单击“标注”工具栏中的“基线”按钮。

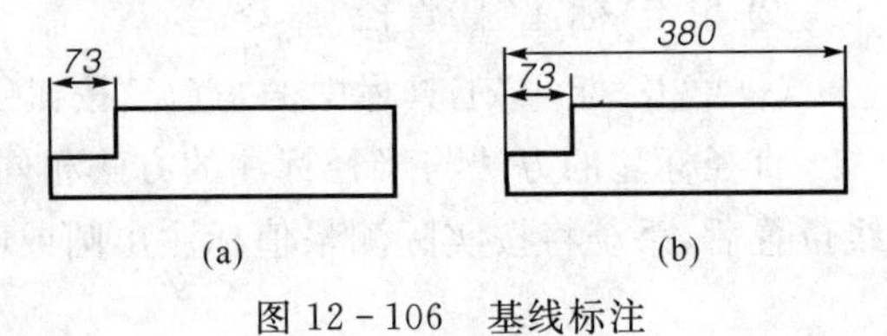

图 12－106 基线标注

【实例】 使用基线标注命令对图 12－106(a)图所示的图形进行标注，其具体操作步骤如下。

①单击“标注”工具栏中的“基线标注”按钮，AutoCAD 将以最后一次创建尺寸标注的原点作为基点。

②在命令行提示下，捕捉图形的最右侧端点，指定第二条尺寸界线原点。

③按回车键结束标注，结果如图 12－106(b)图所示。

8. 连续标注

连续标注可以用于创建同一方向上连续的线性标注、坐标标注或角度标注，其创建方法与基线标注基本相同。只是连续标注要以上一个标注或指定标注的第二条尺寸界线为基准进行创建。

连续标注有以下几种方法。

① 在命令行中输入 Dimcontinue 命令或 DCO。

② 单击“标注”|“连续”命令。

③ 单击“标注”工具栏中的“连续”按钮。

单击“标注”|“连续”命令，命令行提示如下。

```
命令：_dimcontinue
    指定第二条尺寸界线原点或[放弃(U)/选择(S)]＜选择＞：
```

9. 引线标注

引线标注用于创建一端带有箭头、另一端带有注释信息的引线尺寸。在引线的末端可以输入文本、公差、图形元素等。在创建引线标注的过程中可以控制引线的形式、箭头的外观形式、尺寸文字的对齐方式。引线标注有以下几种方法。

(1)在命令行中输入 Qleader 命令。

(2)单击“标注”|“引线”命令。

(3)单击“标注”工具栏中的“引线”按钮。

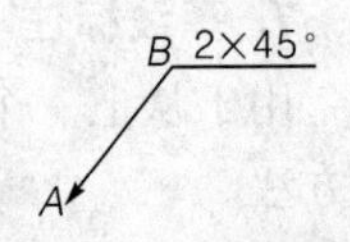

图 12－107 引线标注

【实例】 使用“引线标注”命令对图 12－107 中的图形进行引线标注，其具体操作步骤如下。

```
命令：_Qleader
    指定第一个引线点或[设置(S)]<设置>:(在 A 点单击)
    指定下一点:(在 B 点单击)
    指定文字宽度 <0>:
    输入注释文字的第一行 <多行文字(M)>: 2×45%%d
    输入注释文字的下一行:
```

单击“标注”工具栏中的“快速引线”按钮，在命令行“指定第一个引线点或［设置(S)］＜设置＞:”提示下，直接按回车键，将弹出“引线设置”对话框，如图 12-108 所示。

通过该对话框中的“注释”、“引线或箭头”、“附着”三个选项卡可以对引线标注进行选择设置。

(1) “注释”选项卡中常用选项功能如下。

① 多行文字。用于在引线末端创建多行文字注释。

② “复制对象。用于复制已有的多行文字、单行文字、公差或块参照对象作为下一个注释。

③ “公差。用于显示“公差”对话框，可以创建公差注释。

④ “块参照。用于插入块参照作为注释对象。

⑤ “无。用于创建无注释的引线。

⑥ “提示输入宽度”复选框　用于指定多行文字注释的宽度。

⑦ “始终左对齐”复选框　设置引线位置无论在何处，多行文字注释都将靠左对齐。

⑧ “文字边框”复选框　用于在多行文本注释外面加一个边框。

(2)“引线及箭头”选项卡中常用选项功能如下。

在“引线设置”对话框中，选择“引线和箭头”选项卡，可以设置引线和箭头的格式，引线点数的数值及引线角度的约束，如图 12-109 所示。

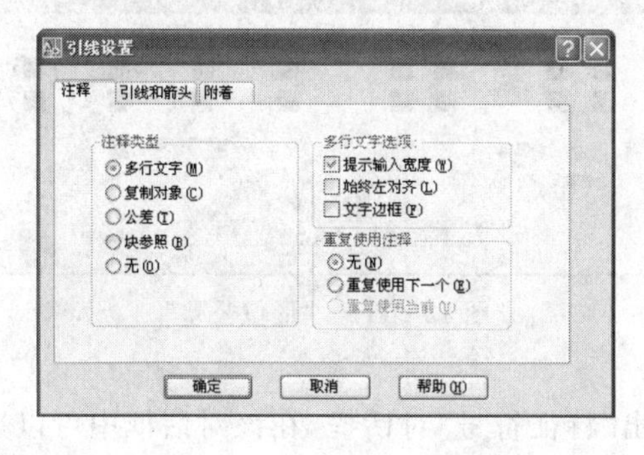

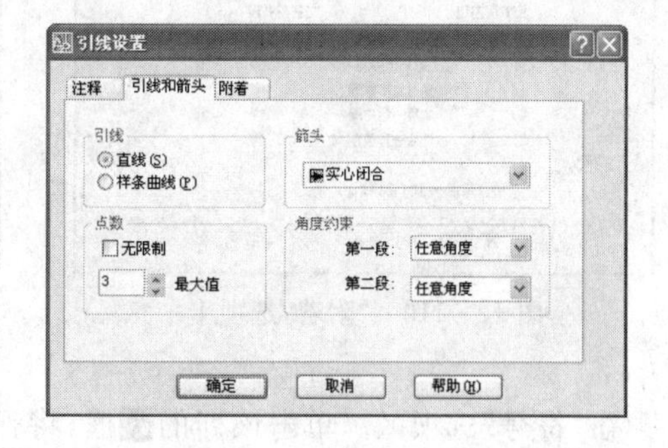

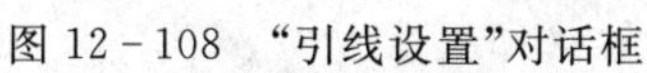
图 12-108　“引线设置”对话框

图 12-109　“引线和箭头”选项卡

① 直线。用于设置在指定点之间创建直线段，即引线为直线。

② 样条曲线。用于设置指定的引线点作为控制点创建样条曲线对象。

③ “箭头”选项区　用于设置箭头的类型。

④ “点数”选项区　用于设置确定引线形状控制点的数量；如果选中“无限制”复选框，系统将一直提示指定引线点，直到用户按回车键后确定。

⑤ “角度约束”选项区　可以设置第一段与第二段引线以固定的角度进行约束。

(3)“附着”选项卡中常用选项功能如下。

选择“附着”选项卡,可以设置多行文字注释相对于引线终点的位置。只有在“注释”选项卡中选中“多行文字”单选按钮,此选项卡才为可用状态,如图 12-110 所示。

在“多行文字附着”选项区中,可以设置文字附着的位置,每个选项的文字有文字在左边或在右边两种方向可供选择。

① 第一行顶部。将引线附着到多行文字的第一行顶部。

② 第一行中间。将引线附着到多行文字的第一行中间。

③ 多行文字中间。将引线附着到多行文字的中间。

④ 最后一行中间。将引线附着到多行文字的最后一行中间。

⑤ 最后一行底部。将引线附着到多行文字的最后一行底部。

⑥ 另外,选中“最后一行加下划线”复选框,表示用于给多行文字的最后一行加下划线。

12.8.4 公差标注

“公差标注”用于标注机械图形的形位公差。

公差标注有以下几种方法。

① 在命令行中输入 Tolerance 命令或 TOL。

② 单击“标注”|“公差”命令。

③ 单击“标注”工具栏中的“公差”按钮。

执行“公差”命令后,将弹出如图 12-111 所示的对话框,在该对话框中可以设置公差的符号、值及基准等参数。

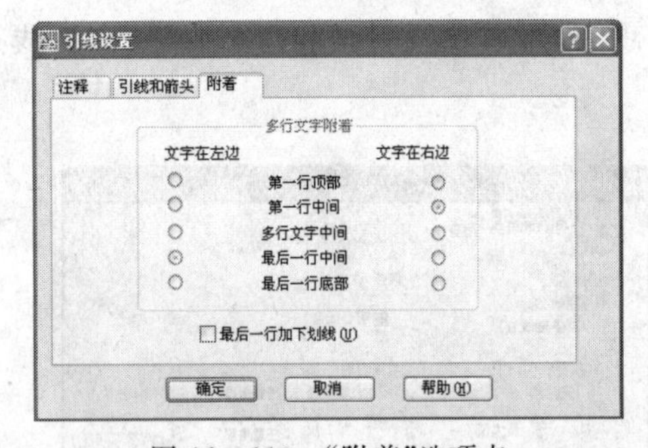

图 12-110 “附着”选项卡

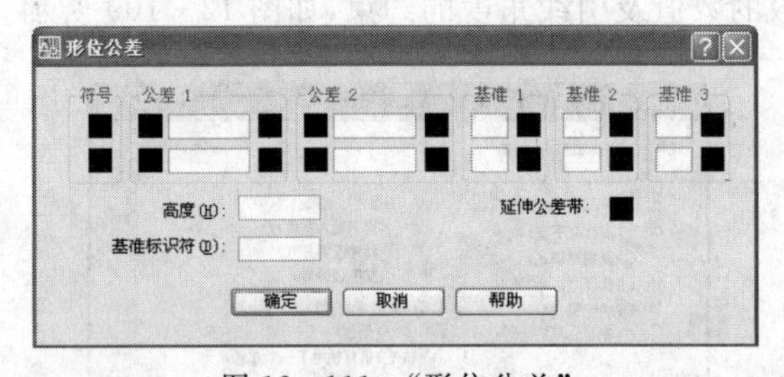

图 12-111 “形位公差”

④ “符号”选项区。单击该列的■框,将弹出“特征符号”对话框,在该对话框中可以选择几何特征符号,如图 12-112 所示。

⑤ “公差 1”和“公差 2”选项区。单击该列前面的■框将插入一个直径符号;在中间的文本框中可以输入公差值;单击该列后面的■框将弹出“附加符号”对话框,可以为公差选择附加符号,如图 12-113 所示。

⑥ “基准 1”、“基准 2”和“基准 3”选项区。用于设置公差基准和相应的包容条件。

图 12-112　“特征符号”

图 12-113　“附加符号”

12.8.5　编辑和更新标注

编辑标注对象主要包括修改标注文字，调整标注位置等几个方面。标注更新命令主要用于更新当前图形中的现有标注，将当前标注样式应用到现有标注中。

1. 编辑标注

编辑标注有以下几种方法。

① 在命令行中输入 Dimedit 命令或 DED。

② 单击“标注”工具栏中的“编辑尺寸标注样式”按钮。

③ 在命令行中输入 Dimedit 命令，命令行提示如下：

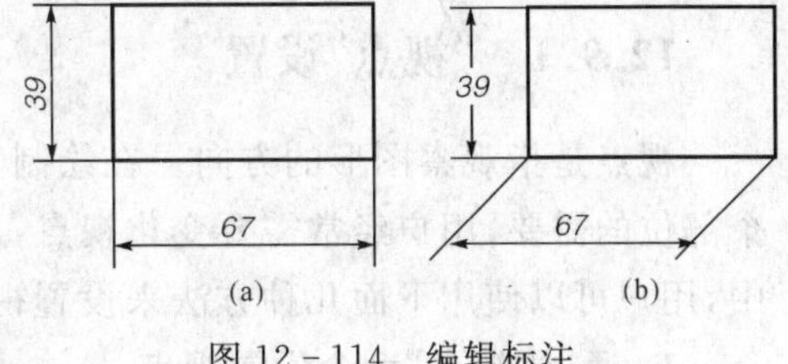

图 12-114　编辑标注

【实例】　使用“编辑标注”命令修改 12-114(a) 图中的尺寸标注成为 12-114(b)，其具体操作步骤如下：

命令：Dimedit
　　输入标注编辑类型[默认(H)/新建(N)/旋转(R)/倾斜(O)] <默认>：R
　　指定标注文字的角度：15
　　选择对象：选择尺寸文字为 39
　　选择对象：
　　命令：Dimedit
　　输入标注编辑类型[默认(H)/新建(N)/旋转(R)/倾斜(O)] <默认>：o
　　选择对象：选择尺寸文字为 67
　　输入倾斜角度（按 ENTER 表示无）：45

2. 编辑标注文字

在尺寸标注中，如果仅仅对尺寸文字进行编辑，可以使用以下几种方法。

① 使用“文字格式”工具栏和文字输入窗口。选中需要修改的尺寸标注，单击“修改”|“对象”|“文字”|“编辑”命令，系统将弹出“文字格式”工具栏和文字输入窗口。在文字输入窗口中，对文字进行修改即可。

② 使用“特性”面板进行编辑。单击“工具”|“特性”命令，打开“特性”面板，选择需要修改的标注，在“特性”面板中的“文字替代”文本框中，输入替代的文字，按回车键即可。

3. 编辑标注文字的位置

编辑标注文字命令可以修改尺寸的文字位置，编辑标注文字有以下几种方法。

① 在命令行输入 Dimtedit 命令。

② 单击“标注”|“对齐文字”命令。

③ 单击“标注”工具栏中的“编辑标注文字”按钮。

执行命令后，可以单击要修改的尺寸通过拖动光标来确定尺寸文字的新位置。

4. 更新标注

此命令用于将使用其他标注样式标注的尺寸修改为当前的标注样式，更新标注有以下几种方法。

① 在命令行中输入 Dimstyle 命令或 DST。

② 单击“标注”|“更新”命令。

③ 单击“标注”工具栏中的“标注更新”按钮。

在更新尺寸标注样式时，需要事先将标注样式设置为当前样式，再激活 “标注更新”命令。

12.9 创建三维实体

12.9.1 “视点”设置

视点是指观察图形的方向。在绘制三维立体图形时，一个视点往往不能满足观察图形各个部位的需要，用户经常需要变化视点，从不同的角度来观察物体。在中文版 AutoCAD 2007 中，用户可以使用下面几种方法来设置视点。

1. 通过“视点”命令设置视点

“视点”命令就是直接输入观察点的坐标或角度来确定视点，执行方法如下。

① 在命令行中输入 Vpoint 命令。

② 或单击“视图”|“三维视图”|“视点”命令。

执行命令后，模型空间将自动显示坐标球和三轴架，鼠标落于坐标球的不同位置，三轴架以不同状态显示，三轴架的显示直接反映三维坐标轴的状态。当移动鼠标使三轴架的状态达到所要求的效果后，单击鼠标左键，就可以对图形进行观察。

2. 使用“视点预置”对话框设置视点

在“视点预置”对话框中可以为当前视口设置视点，启动该对话框有以下几种方法。

① 在命令行中输入 Ddvpoint 命令或 VP。

② 单击“视图”|“三维视图”|“视点预置”命令。

执行命令后，系统将弹出“视点预置”对话框，如图 12－115所示。

在“视点预置”对话框中，左图用于设置原点和视点之间的连线在 XY 平面的投影与 X 轴正向的夹角；右面的半圆形用于设置该连线与投影线之间的夹角，用户在图上直接拾取即可，也可以在“X 轴”、“XY 平面”两个文本框中输入相应的角度。

单击 设置为平面视图(V) 按钮，可以将坐标系设置为平面视图。默认情况下，观察角度都是相对于 WCS 坐标系的。单击“相对于 UCS”单选按钮，可相对于 UCS 坐标系定义角度。

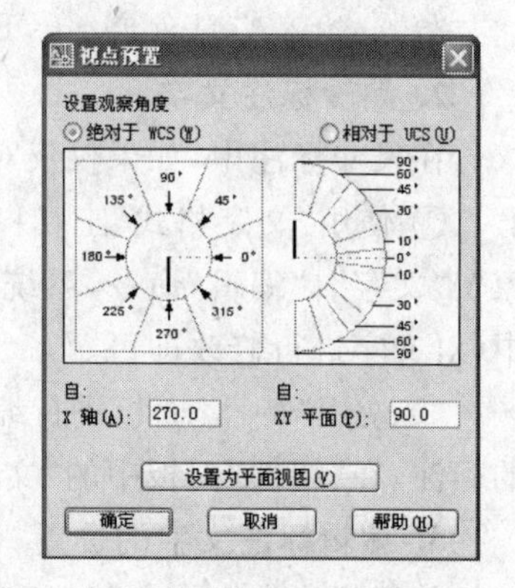

图 12－115 “视点预置”对话框

3. 使用平面视图命令

单击“视图”|“三维视图”|“平面视图”|“当前 UCS”(“世界 UCS”或“命名 UCS”)命令,可以生成相对于当前 UCS(WCS 或命名坐标系)的平面视图,但该命令不能用于图纸空间。

4. 特殊视图命令

使用特殊视图命令,可以从不同角度观察图形,使用特殊视图命令有以下几种方法。

① 单击“视图”|“三维视图”菜单中的“俯视”、“仰视”、“左视”、“右视”、“主视”、“后视”、“西南等轴测”、“东南等轴测”、“东北等轴测”和“西北等轴测”子命令。

② 单击“视图”工具栏上的各视图按钮,如图 12－116 所示。

图 12－116　“视图”工具栏

12.9.2　使用视口

视口是用于绘制、显示图形的区域。默认状态下,AutoCAD 将整个绘图区作为一个视口。一般在三维绘图中,有时需要将绘图区域拆分成一个或多个相邻的矩形视图,并在每个视口中设置不同的视点,使用户可以从不同的方向观察三维模型的形状,如图 12－117 所示。

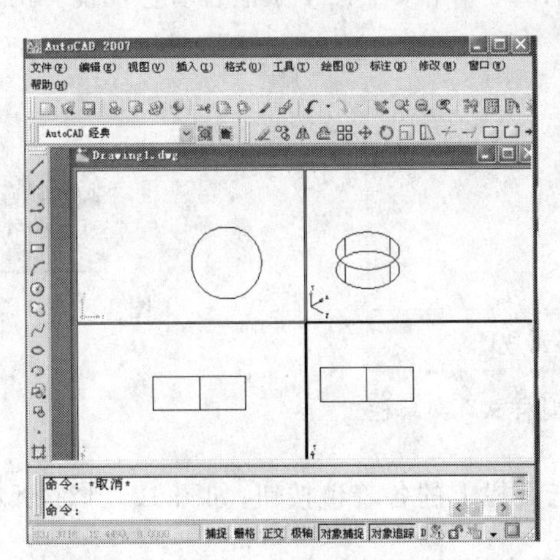

图 12－117　模型空间视口

1. 新建视口

在中文版 AutoCAD 2007 中,单击“视图”|“视口”|“新建视口”命令,弹出如图 12－118 所示的“视口”对话框。在“新建视口”选项卡的“新名称”文本框中输入新视口的名称;在“标准视口”列表框中,选择相应的视口数,在其右侧的预览窗口显示视口情况。单击 确定 按钮,新建的视口如图 12－119 所示。

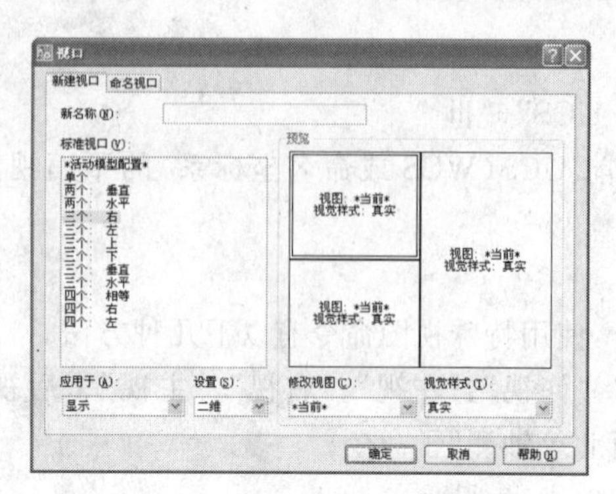

图 12－118 “视口”对话框

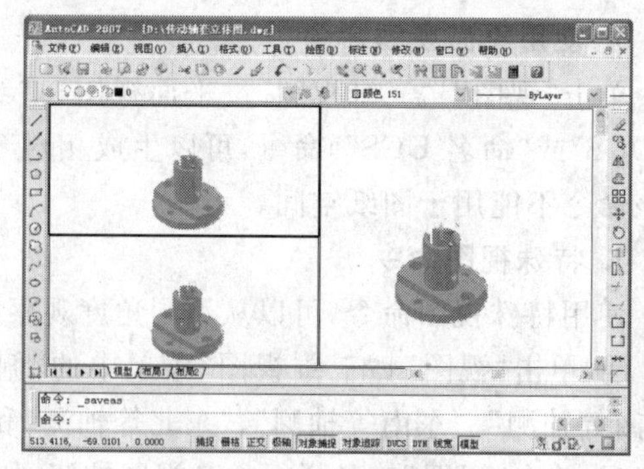

图 12－119 新建的视口

2. 删除视口

如果要删除布局视口,则选择视口边界,然后按【Delete】键,即可删除视口。

12.9.3 视觉样式

AutoCAD 为三维提供了几种控制模型外观显示效果的工具,巧妙运用这些着色功能,能快速显示出三维物体的 逼真形态,对三维模型的显示效果有很大帮助。

执行视觉样式工具主要有一下几种方式。

① 单击“视图”|“视觉样式”,在菜单栏中激活各着色功能,如图 12－120 所示。

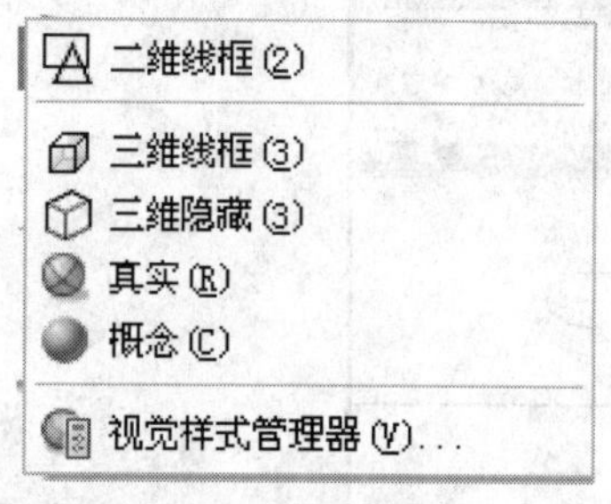

图 12－120 “视觉样式”,菜单栏

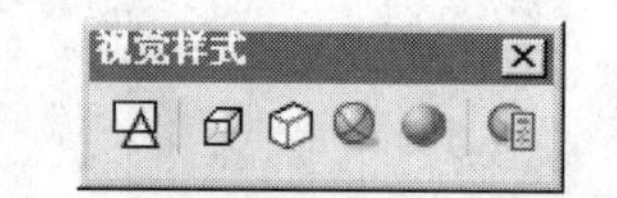

图 12－121 “视觉样式”工具栏

② 单击“视觉样式”工具栏上的各着色按钮,如图 12－121 所示。

12.9.4 世界坐标系与用户坐标系

在三维空间中,对象上每一点的位置均是用三维坐标表示的。所谓三维坐标就是平时所说的 XYZ 空间。同二维坐标系一样,AutoCAD 中的三维坐标系有世界坐标系(WCS)和用户坐标系(UCS)两种形式。

1. 世界坐标系

世界坐标系又称为绝对坐标系,是 AutoCAD 自动设置完成的。通常 AutoCAD 默认启动后进入的就是世界坐标系下的模型空间。世界坐标系的平面图如图 12－122(a)所示,其中 X 轴正向向右,Y 轴正向向上,Z 轴正向由屏幕指向操作者,坐标原点位于屏幕左下角。当用户从三维空间观察世界坐标系时,其图标如图 12－122(b)所示。

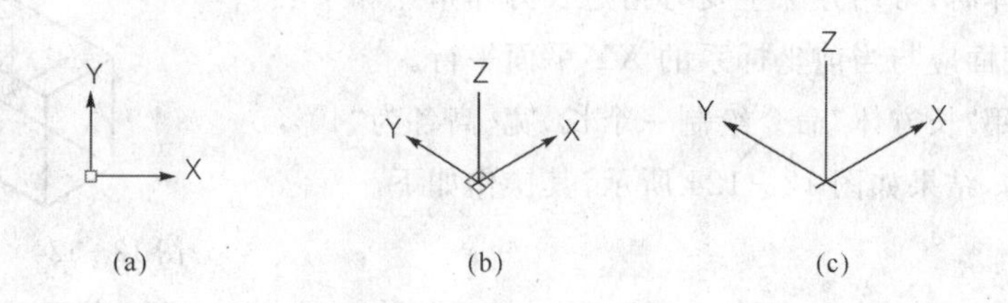

图 12-122　世界坐标系

2. 用户坐标系

在绘制图形对象的过程中，经常会改变坐标系的原点，建立新的坐标系，称用户坐标系。用户可以根据需要定义二维或三维空间中的用户坐标系。熟练使用用户坐标系，有助于高效、准确地绘制出三维图形。

判断图形中是何种坐标系，就观察图示中的小方框，如果消失，就是用户坐标系，如图 12-122(c)所示。

创建用户坐标系的方法如下。

图 12-123　UCS 工具栏

① 在命令行中输入 UCS 命令

② 单击 UCS 工具栏中提供的按钮(如图 12-123 所示)。

③ 单击"工具"|"新建 UCS"子菜单下提供的菜单命令。

④ 命令执行后，命令行中各选项的含义如下。

⑤ "指定 UCS 原点"选项　用于指定三点，分别定位处新坐标系的原点、x、y 轴方向。

⑥ "面(F)"选项　用于选择一个实体的表面作为新坐标系 XOY 面。

⑦ "命名(NA)"选项　AutoCAD 将恢复其他坐标系为当前坐标系。

⑧ "上一个(P)"选项　选择此选项，AutoCAD 将恢复到最近一次使用的 UCS。AutoCAD 最多保存最近使用的十个 UCS。

⑨ "对象(OB)"选项　通过选定的对象创建坐标系，用户必须使用点选法。

⑩ "x"/"y"/"z"选项　原坐标系坐标平面分别绕 x、y、z 旋转而形成新的用户坐标系。

⑪ "z 轴"选项　用于指定 z 轴方向以确定新的用户坐标系。

⑫ "世界(W)"选项　选择此选项，系统恢复到默认的世界坐标系，并作为当前坐标系。

12.9.5　创建常用基本实体

AutoCAD 提供了众多的实体建模工具，本节主要将介绍常用实体的造型方法及创建技巧。如果没有特殊说明，本章所有三维图形的观察方向都是从西南方向观察的，即西南等轴测视图。

1. 绘制长方体

长方体作为最基本的几何形体，其应用非常广泛。绘制长方体有以下几种方法。

① 在命令行中输入 box 命令。

② 单击"绘图"|"建模"|"长方体"命令。

③ 单击"建模"工具栏中的"长方体"按钮。

在绘制长方体时，常用方法主要有指定长方体角点和中心点两种，同时其底面应与当前坐标系的 XY 平面平行。

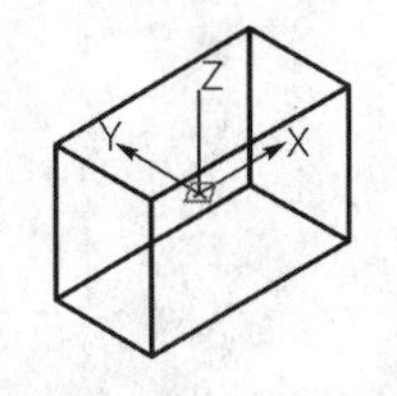

图 12-124　绘制长方体

【实例】 使用“长方体”命令绘制一个长、宽、高各为“40×15×30”的长方体，结果如图 12-124 所示，其操作如下。

命令：_box

指定第一个角点或［中心(C)］：−20，−7.5，−15

指定其他角点或［立方体(C)/长度(L)］：@40，15

指定高度或［两点(2P)］＜0.0000＞：30

提示：

命令中“中心点(CE)”选项，则可以根据长方体的中心点位置绘制长方体。即首先定位长方体的中心点；“立方体”选项，用于根据长度直接创建立方体。

2. 绘制多段体

绘制多段体与绘制多段线的方法相同。在默认情况下，多段体始终带有一个矩形轮廓，可以指定轮廓的高度和宽度。绘制多段体有以下几种方法。

① 单击“绘图”|“建模”|“多段体”命令。

② 单击“建模”工具栏中的“多段体”按钮。

③ 在命令行中输入 Polysolid 命令。

使用“多段体”命令，可以从现有的直线、二维多段线、圆弧或圆创建多段体。绘制多段体时，可以使用“圆弧”选项将弧线段添加到多段体。

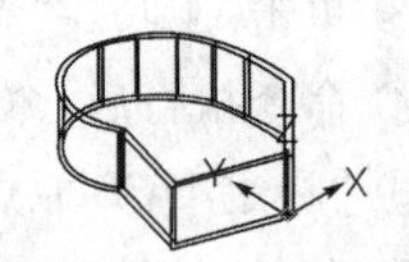

图 12-125　绘制多段体

【实例】 使用“多段体”命令绘制如图 12-125 所示的图形，其操作如下。

命令：_Polysolid

指定起点或［对象(O)/高度(H)/宽度(W)/对正(J)］＜对象＞：h

指定高度＜80.0000＞：50

指定起点或［对象(O)/高度(H)/宽度(W)/对正(J)］＜对象＞：w

指定宽度＜3.5000＞：5

指定起点或［对象(O)/高度(H)/宽度(W)/对正(J)］＜对象＞：0，0

指定下一个点或［圆弧(A)/放弃(U)］：60，60

指定下一个点或［圆弧(A)/放弃(U)］：60，100

指定下一个点或［圆弧(A)/闭合(C)/放弃(U)］：A

指定圆弧的端点或［闭合(C)/方向(D)/直线(L)/第二个点(S)/放弃(U)］：0，180

指定下一个点或［圆弧(A)/闭合(C)/放弃(U)］：指定圆弧的端点或［闭合(C)/方向(D)/直线(L)/第二个点(S)/放弃(U)］：−60，100

指定下一个点或［圆弧(A)/闭合(C)/放弃(U)］：指定圆弧的端点或［闭合(C)/方向(D)/直线(L)/第二个点(S)/放弃(U)］：L

指定下一个点或［圆弧(A)/闭合(C)/放弃(U)］：−80，30

指定下一个点或［圆弧(A)/闭合(C)/放弃(U)］：C

3. 绘制楔体

绘制楔体有以下几种方法。

① 在命令行中输入 wedge 命令。

② 单击“绘图”|“建模”|“楔体”命令。

③ 单击“建模”工具栏中的“楔体”按钮。

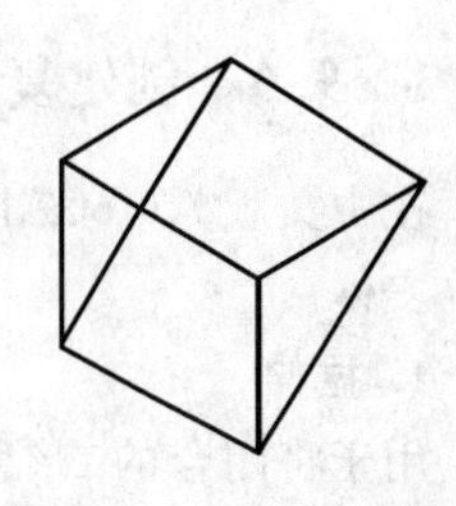

图 12-126　绘制楔体

【实例】　使用“楔体”命令绘制一个如图 12-126 所示的楔体，其操作如下。

```
命令：_wedge
    指定第一个角点或［中心(C)］：在绘图区拾取一点
    指定其他角点或［立方体(C)/长度(L)］：@100，-80
    指定高度或［两点(2P)］：-80
```

4. 绘制圆柱体

使用“圆柱体”命令，可以绘制以圆为底面的圆柱体。绘制圆柱体有以下几种方法。

① 在命令行输入 Cylinder 命令。

② 单击“绘图”|“建模”|“圆柱体”命令。

③ 单击“建模”工具栏中的“圆柱体”按钮。

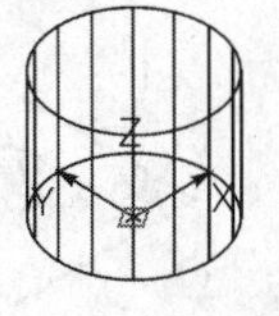

(a) 圆柱体

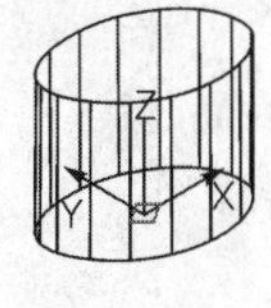

(b) 椭圆柱体

图 12-127　绘制圆柱体

【实例】　绘制一个底面半径为 100，高为 200 的圆柱体，如图 12-127(a)所示，其操作如下。

```
命令：_cylinder
    指定底面的中心点或[三点(3P)/两点(2P)/相切、相切、半径(T)/椭圆(E)]：
在绘图区拾取一点
    指定底面半径或[直径(D)] <30.0000>：100
    指定高度或[两点(2P)/轴端点(A)] <60.0000>：200
```

使用“圆柱体”命令，也可以绘制以椭圆为底面的椭圆柱体，如图 12-127(b)所示。

5. 绘制球体

在 AutoCAD 中，绘制球体需要直接或间接地定义球体的球心位置和球体的半径或直径。绘制球体有以下几种方法。

① 在命令行中输入 Sphere 命令。

② 单击“绘图”|“建模”|“球体”命令。

③ 单击“建模”工具栏中的“球体”按钮。

6. 绘制圆锥体

绘制圆锥体有以下几种方法。

① 在命令行中输入 Cone 命令。

② 单击“绘图”|“建模”|“圆锥体”命令。

③ 单击“建模”工具栏中的“圆锥体”按钮。

使用“圆锥体”命令，可以绘制以圆或椭圆为底面的圆锥体，其绘制方法与圆柱体的方法基本相同如图 12-128 所示。

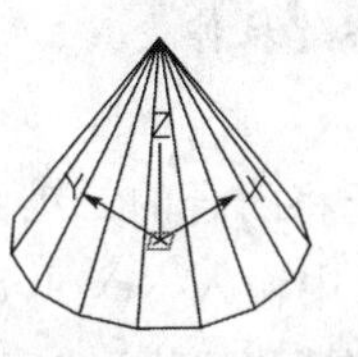

(a) 底面为圆

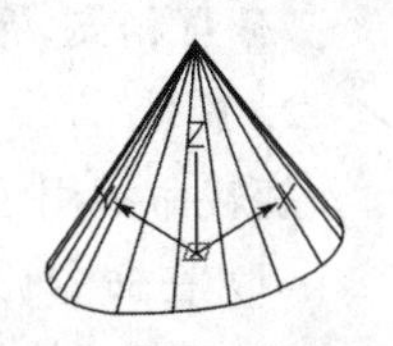

(b) 底面为椭圆

图 12-128　绘制圆锥体

12.9.6　创建复杂实体

在中文版 AutoCAD 2007 中，通过对二维图形进行拉伸、旋转等操作可以创建各种复杂的三维实体。

1. 拉伸

用于将闭合的二维图形按照指定的高度或路径拉伸成三维实体模型。用于拉伸的对象有二维封闭多段线、圆、多边形、椭圆、封闭样条曲线和面域，但多段线的顶点数不能超过 500 个，也不能少于 3 个。

拉伸生成实体有以下三种方法。

① 在命令行中输入 Extrude 或 Ext 命令。

② 单击“绘图”|“建模”|“拉伸”命令。

③ 单击“建模”工具栏中的“拉伸”按钮。

【实例】 使用“拉伸”命令将图 12－129(a)图的图形拉伸 100，结果如图 12－129(b)所示。

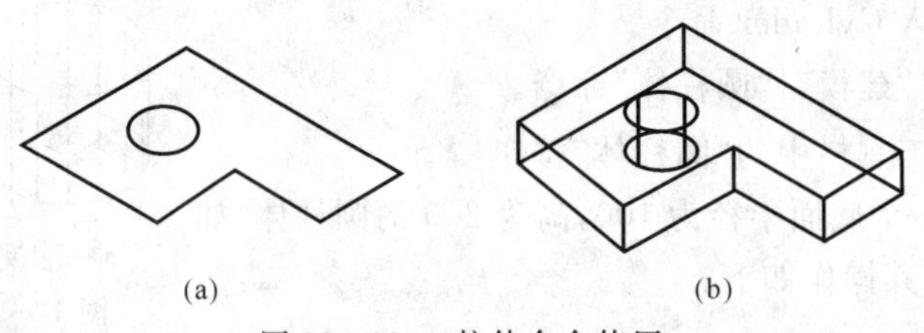

图 12－129　拉伸命令使用

①使用绘图基本命令及编辑命令完成图 12－129(a)所示图形。

②激活“面域”命令，在“选择对象”提示下：窗口选择所有对象，右键确认。

③激活“拉伸”命令，在“选择要拉伸的对象：(选择面域)”提示下：左键选择所创建的两个面域对象，右键确认。

④在“指定拉伸的高度或[方向(D)/路径(P)/倾斜角(T)] <20.0000>：”提示下：输入 100，结果如图 12－129(b)所示。

提示：

使用命令中的“倾斜角(T)”选项时，如果角度为正，将产生内锥度，生成的侧面向里；如果为负，将产生外锥度，生成的侧面向外。

使用命令中的“路径(P)”选项时，可以将闭合二维边界或面域，按指定的直线或曲线路径拉伸。拉伸路径可以是开放的，也可以是封闭的，但路径不能与被拉伸对象共面。如果路径中包含曲线，则该曲线应不带尖角，因为尖角曲线会使拉伸实体自相交，导致拉伸失败。

2. 旋转

旋转命令用于将闭合的二维图形绕旋转轴线旋转生成实体，操作方法如下。

(1) 在命令行中输入 Revolve 或 REV 命令。

(2) 单击“绘图”|“建模”|“旋转”命令。

(3) 单击“建模”工具栏中的“旋转”按钮。

提示：

用于旋转的二维图形可以是多边形、圆、椭圆、封闭多段线、封闭样条曲线、圆环以及封闭区域，每次只能旋转一个对象。但三维图形、包含在块中的对象、有交叉或自干涉的多段线不能被旋转。

【实例】 使用“旋转”命令生成如图 12－130(b)所示图形。

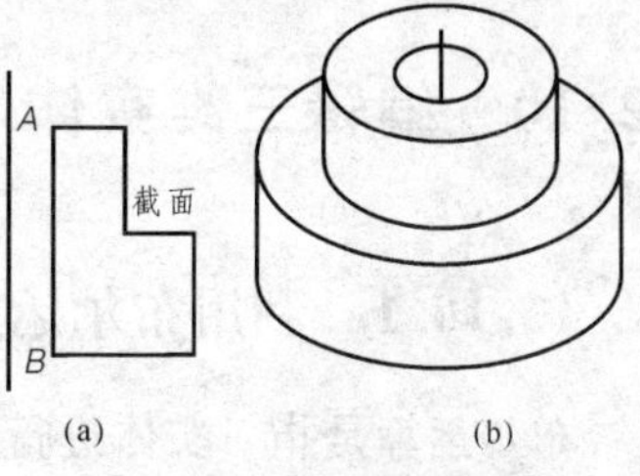

图 12－130　旋转命令使用

(1)单击“视图”工具条“左视”按钮，绘制如图 12－130(a)图形。

(2)激活“面域”命令，在“选择对象”提示下：窗口选择截面中所有对象，右键确认。

(3)激活“旋转”命令，在“选择要旋转的对象：”提示下：左键选择面域截面，右键确认。

(4)在“指定轴起点或根据以下选项之一定义轴［对象(O)/X/Y/Z］<对象>：”提示下：捕捉 A 点。

(5)在“指定轴端点：”提示下：捕捉 B 点。

(6)在“指定旋转角度或［起点角度(ST)］<360>：”提示下：直接回车。结果如图 12－130(b)所示。

3. 生成扫掠实体

使用“扫掠”命令，可以通过沿开放或闭合的二维或三维路径，扫掠开放或闭合的平面曲线(轮廓)来生成新实体或曲面。

扫掠生成实体有以下几种方法。

(1) 单击“绘图”|“建模”|“扫掠”命令。

(2) 单击“建模”工具栏中的“扫掠”按钮。

(3) 在命令行中输入 Sweep 命令。

【实例】 使用“扫掠”命令生成弹簧实体。

①单击“绘图”|“螺旋”命令，创建螺旋形体。

②在适当位置拾取底面的中心点，分别设置底面、顶面半径为 100，圈数为 11，高度为 300，结果如图 12－131 所示。

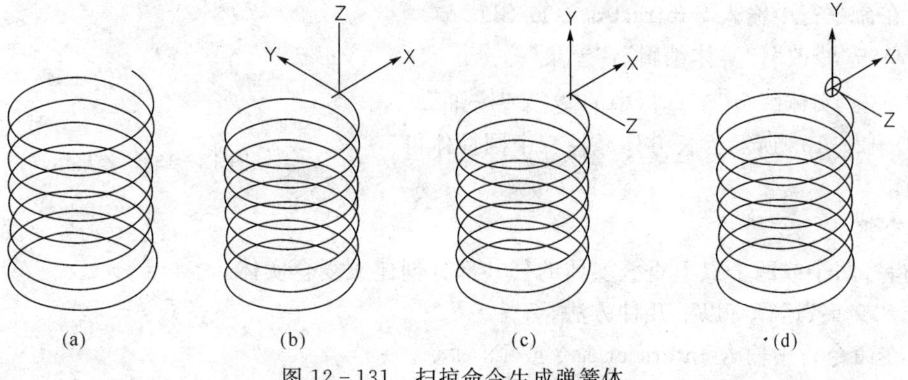

图 12－131　扫掠命令生成弹簧体

③单击 “UCS”工具栏中“原点”按钮，移动坐标系如图 12-131(b)所示位置，创建螺旋线。

④单击 “UCS”工具栏中“x 轴”按钮，旋转 x 轴“90°”，创建坐标系如图 12-131(c)所示。

⑤单击“圆”命令，在坐标原点绘制直径为 10 的圆，如图 12-131(d)所示。

⑥激活“扫掠”命令，选择圆作为扫掠的对象；选择螺旋线作为扫掠路径，即生成弹簧实体。

12.10 编辑三维实体

12.10.1 利用布尔运算编辑实体

布尔运算是指对实体进行并集、交集、差集的运算，从而形成新的实体。

1. 并集

“并集”运算可以在图形中选择两个或两个以上的三维实体合并成一个新的实体。

执行“并集”运算有以下几种方法。

① 在命令行中输入 Union 命令或 Uni 命令。

② 单击“修改”|“实体编辑”|“并集”命令。

③ 单击“实体编辑”工具栏中的“并集”按钮。

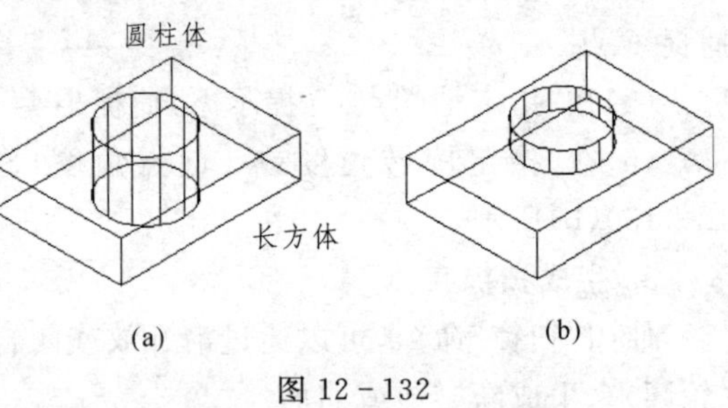

图 12-132

【实例】 使用“并集”命令对图 12-132(a)中的长方体和圆柱体进行并集运算，结果如图 12-132(b)所示，其操作如下：

```
命令：_union
    选择对象:(选择长方体)
    选择对象:(选择圆柱体)
    选择对象:
```

2. 差集

“差集”运算即从一组实体中减去与另一组实体中相交的部分，同时删除后面实体。

执行“差集”运算有以下几种方法。

① 在命令行中输入 Subtract 命令或 SU。

② 单击“修改”|“实体编辑”|“差集”命令。

③ 单击“实体编辑”工具栏中的“差集”按钮。

如图 12-133 所示为长方体减掉三个圆柱体得到的实体。

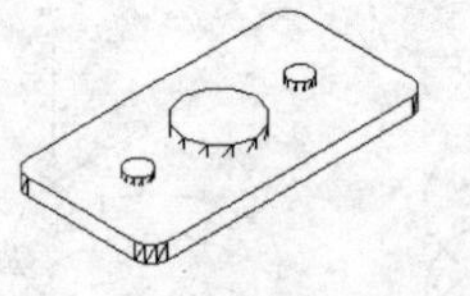
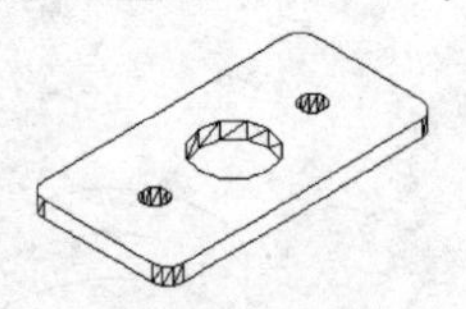

图 12-133 差集运算

3. 交集

是指将两个或两个以上重叠实体的公共部分创建成复合实体。

执行“交集”运算有以下几种方法。

① 在命令行中输入 Intersect 命令或 IN 命令。

② 单击“修改”|“实体编辑”|“交集”命令。

③ 单击“实体编辑”工具栏中的“交集”按钮。

12.10.2　三维阵列

同二维阵列相似，三维阵列可以在三维空间绘制对象的矩形阵列或环形阵列，与二维阵列不同的是三维阵列除了指定列数(X 方向)和行数(Y 方向)以外，还可以指定层数(Z 方向)。

阵列三维图形有以下几种方法。

① 单击“修改”|“三维操作”|“三维阵列”命令。

② 在命令行中输入 3Darray 命令。

其中，矩形阵列的行、列、层分别沿着当前 UCS 的 Y、X、Z 轴的方向；输入某方向的间距值为正值时，表示将沿相应坐标轴的正方向阵列，否则沿反方向阵列。

12.10.3　三维镜像

“三维镜像”命令，可以用于绘制以镜像平面为对称面的三维对象。使用时首先选择需要镜像的三维对象，然后指定一个平面作为镜像平面，即可生成所选对象的对称结构。

镜像三维图形有以下几种方法。

① 单击“修改”|“三维操作”|“三维镜像”命令。

② 在命令行中输入 Mirror3D 命令。

12.10.4　三维旋转

对三维图形进行旋转可以使用二维旋转命令，也可以使用三维旋转命令。使用二维旋转命令只能在当前用户坐标系的 XY 平面内指定一点，并默认旋转轴为通过该点且与当前用户坐标系的 Z 轴平行。而使用三维旋转命令则可以灵活定义旋转轴并将三维实体进行旋转。

旋转三维图形有以下几种方法。

① 单击“修改”|“三维操作”|“三维旋转”命令。

② 在命令行中输入 3Drotate 命令。

③ 单击“建模”工具栏中的“三维旋转”按钮。

12.10.5　对齐三维图形

三维对齐是在三维空间中对齐两个三维实体。在三维对齐的操作过程中，最关键的是选择合适的源点与目标点。其中，源点是在被移动、旋转的对象上选择；目标点是在相对不动、作为放置参照的对象上选择。对齐三维图形有以下几种方法。

① 单击“修改”|“三维操作”|“三维对齐”命令。

② 在命令行中输入 3Dalign 命令。

③ 单击“建模”工具栏中的“三维对齐”按钮。

【实例】　使用“三维对齐”命令将图 12 - 134(a)中的长方体和楔体进行对齐，结果如图 12 - 134(b)所示，其操作如下。

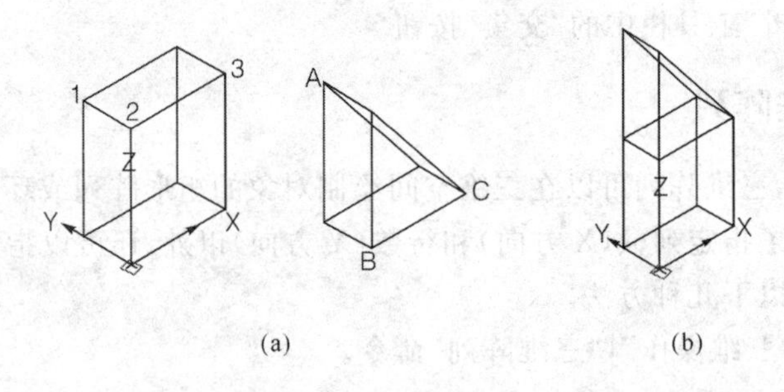

图 12-134　三维对齐命令

```
命令：_3Dalign
    选择对象：(选择楔体)
    选择对象：
    指定源平面和方向...
    指定基点或[复制(C)]：(选择 A 点)
    指定第二个点或[继续(C)]<C>：(选择 B 点)
    指定第三个点或[继续(C)]<C>：(选择 C 点)
    指定目标平面和方向...
    指定第一个目标点：(选择点 1)
    指定第二个目标点或[退出(X)]<X>：(选择点 2)
    指定第三个目标点或[退出(X)]<X>：(选择点 3)
```

12.10.6　移动三维图形

“三维移动”操作是指在三维视图中显示移动夹点工具，并沿指定方向将对象移动指定的距离。

移动三维图形有以下几种方法。

① 在命令行输入 Cylinder 命令。

② 单击“修改”|“三维操作”|“三维移动”命令。

③ 单击“建模”工具栏中的“三维移动”按钮。

12.10.7　倒角和圆角实体

对三维图形进行倒角和圆角可以去除实体的棱边，使边角过渡平滑。下面分别介绍对三维实体进行倒角和圆角的方法。

1. 倒角实体

对三维实体倒角的命令与对二维图形加倒角的命令相同，都是 chamfer 命令。倒角实体有以下几种方法。

① 在命令行中输入 Chamfer 命令。

② 单击“修改”|“倒角”命令。

③ 单击“修改”工具栏中的“倒角”按钮。

在选择需要倒角的边时，只能在基面上选取，而在基面上的边不能被选取。

2.圆角实体

圆角实体有以下几种方法。

① 在命令行中输入 Fillet 命令。

② 单击“修改”|“圆角”命令。

③ 单击“修改”工具栏中的“圆角”按钮。

【实例】 三维图形综合练习，完成如图 12-135(d)所示图形立体图。

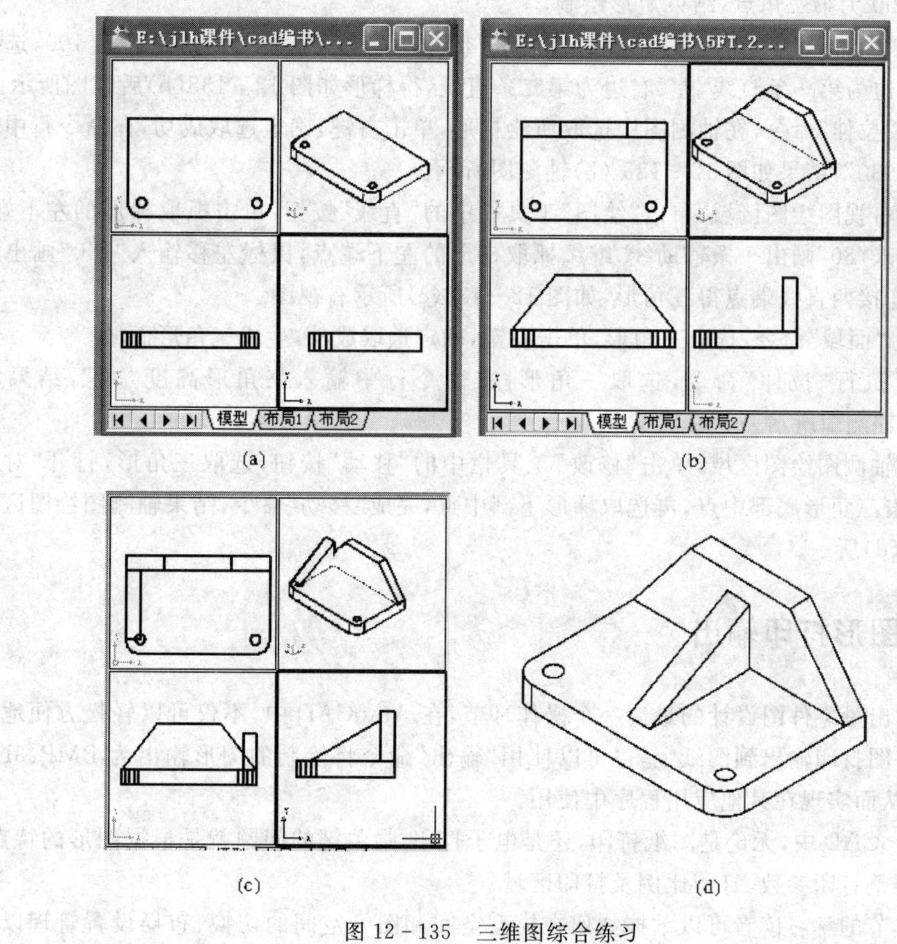

图 12-135　三维图综合练习

①单击“视图”菜单中“视口|四个视口”命令，将 AutoCAD 绘图区域变成四个视口，打开视图工具栏，单击“俯视图”按钮，将左上角视图切换成俯视图，单击“东南等轴测”按钮，将右上角视图切换成轴测图，单击“后视图”按钮，将左下角视图切换成后视图，单击“右视图”按钮，将右下角视图切换成右视图，如图 12-135(a)所示。

②单击“绘图”工具栏中的“矩形”按钮，在俯视图中画出矩形“@300，-200”，同时在其他视图会显示出矩形的各个角度。

③单击“修改”工具栏中的“圆角”按钮，在命令行中输入“R”半径“30”，分别选择矩形的左下角和右下角的两条边，画出圆角矩形。

④执行“圆”命令，单击键盘的“F3”键打开“对象捕捉”命令，将鼠标移动到矩形倒圆角处

捕捉到圆心点，单击鼠标选取圆心点，在命令行中输入“10”(半径)。

⑤执行三维实体“拉伸”命令，在轴测图中选取圆角矩形、两个圆形，单击右键，确定选取成功，在命令行中输入矩形高度“30”，拉伸圆角矩形及圆形。

⑥选择“修改”菜单栏“实体编辑|差集”命令，选取拉伸圆角矩形，单击右键，确定选取成功，继续选取拉伸的两个圆柱形，单击右键，圆柱形被圆角矩形减去，如图 12-135(a)所示。

⑦选择后视图绘图区域，单击“绘图”工具栏中的“矩形”按钮，端点捕捉左上角点为第一角点，@300,100 为第二角点，结束矩形绘制

⑧单击“倒角”命令，输入字母“D”回车，第一倒角距离为 80，第二倒角距离为 100，选择绘制矩形的上边为第一条直线，左、右边为第二条直线，得梯形如图 12-135(b)后视图所示。

⑨执行“拉伸”命令，在轴测图中选取所绘梯形，单击右键，确定选取成功，在命令行中输入梯形高度“—30”，结果如图 12-135 (b)轴测图所示。

⑩选择右视图绘图区域，单击“绘图”工具栏中的“直线”按钮，单击抓取梯形的左下端点，鼠标上移输入“80”画出一条辅助线，继续抓取梯形的左下端点，鼠标左移输入“140”画出第二条辅助线，连接两直线端点得三角形，如图 12-135(c)所示右视图。

⑪单击 “面域”命令，选取三角形，单击右键，确定选取成功，生成三角形面域

⑫重新执行“拉伸”命令，选取三角形，在命令行中输入三角形高度“30”，结果如图 12-135(c)轴测图所示。

⑬选择轴测图绘图区域，单击“修改”工具栏中的“移动”按钮，选取三角形，打开“对象捕捉”命令单击三角形底部中点，再选取梯形下部中点，完成“移动”命令，结果轴测图绘图区域如图 12-135(d)所示。

12.11 图形打印输出

打印输出是零件图设计的最后一个操作环节，在 AutoCAD 中，不仅可以轻松方便地将设计好的零件图打印输出到图纸上，也可以使用“输出”命令将绘制的图形输出为 BMP、3DS 等格式文件，从而实现在其他应用程序中使用。

在 AutoCAD 中，无论是图纸打印，还是电子打印，最关键的问题就是根据图形的特点，合理地设置调整打印参数、打印比例及打印区域。

通过本节的学习读者可以掌握如何在模型空间和图纸空间的切换、布局设置管理以及打印图形的方法与操作技巧。此外了解图形输出的其他简单操作。

12.11.1 模型空间和布局空间

如何精确出图，在很大程度上，跟 AutoCAD 的两种操作空间有关，在 AutoCAD 中包括两个绘图空间：模型空间和布局空间。

1. 模型空间和布局空间

模型空间是 AutoCAD 的默认空间，是完成绘图和设计工作的空间，是图形处理的主要工作空间，在此空间下的屏幕左下角会看到 WCS 图标。此空间与打印输出不直接相关，只是一个辅助的出图空间，因为在此操作空间内只能进行单一视口、单一比例的简单出图，并且打印比例不容易调整。

布局空间也称图纸空间，如图 12－136 所示。此空间可认为是一张“虚拟的图纸，是图形打印的主要操作空间，在图纸空间，不仅可以直观看到图形的打印效果，还可以实现在模型空间无法实现的打印功能。

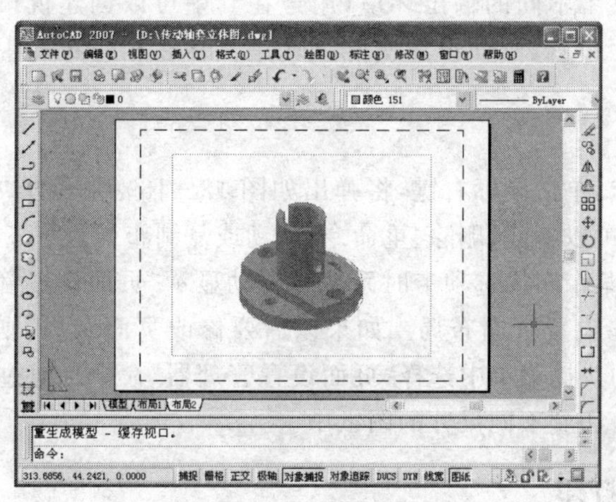

图 12－136　“图纸空间”选项卡

在图纸空间，可使用布局处理单份或多份图纸。创建一个或多个打印布局，每个打印布局能够定义不同视口，各个视口可用不同的打印比例，并能控制可见性及是否打印。可见，在图纸空间中打印图纸的功能非常强大。

2. 在模型空间和布局空间的切换

模型空间和布局空间之间的切换，主要通过以下几种方法实现。

① 单击绘图窗口左下角的“模型”选项卡或“布局”选项卡，如图 12－137 所示。

② 单击 AutoCAD 状态栏中的“模型”按钮或“图纸”按钮，如图 12－138 所示。

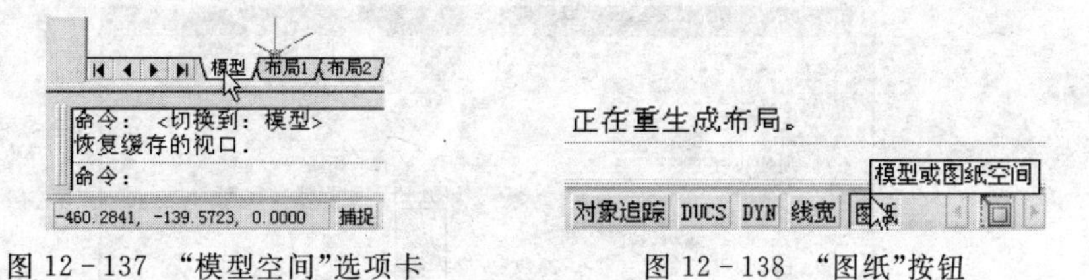

图 12－137　“模型空间”选项卡　　　　图 12－138　“图纸”按钮

③ 在命令行提示下，输入 Mspace 命令进入模型空间或者输入 Pspace 命令进入图纸空间。

④ 修改系统变量 Tilemode，该变量为 0 时为图纸空间，为 1 时为模型空间。

12.11.2　使用布局设置

1. 布局简介

当用户完成图形的绘制之后，需在图纸空间出图时，就必须选择或者创建一个图形打印布局，以使图形能以合适的方式输出。

布局，就是模拟一张图纸并提供预置的打印设置。布局用以创建和定位视口对象，并增加标题块或者其他对象。

默认状态下，AutoCAD 中，提供了“布局 1”、“布局 2”两个布局，用户还可以根据需要创建多种布局来显示不同的视图,每个视图都可以包含不同的打印比例和图纸大小,视图中的图形就是打印时所见到的图形。通过布局功能,用户可以多方面地表现同一设置图形,从而真正实现“所见即所得”。

每一个布局都提供了不同的输出环境,用户在其中可以创建视口并指定每个布局的页面设置,页面设置实际上就是保存在相应布局中的打印设置。

2. 布局管理

选择“布局”选项卡,单击鼠标右键,将弹出如图 12-139 所示的快捷菜单,通过这些命令可以新建、删除、重命令、移动或复制布局。

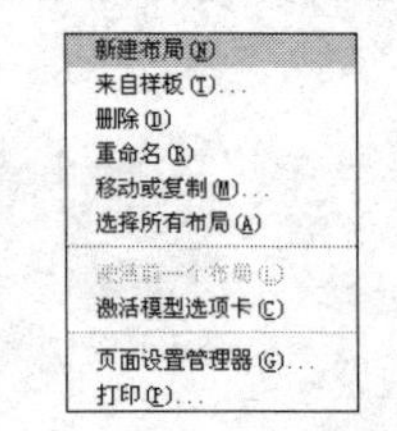

图 12-139 布局选项卡下的快捷菜单

默认情况下,单击某个布局选项卡时系统将自动显示“页面设置管理器”对话框,以供用户设置页面布局。如果以后要修改页面布局,则可从图 12-139 所示的快捷菜单中选择“页面设置管理器”命令。通过修改布局的页面设置,可将图形按不同比例打印到不同尺寸的图纸中。

12.11.3 图形打印

图形打印就是要保证图形中的文字、符号和线型等元素在图纸中大小适当,比例协调,图形打印的操作步骤如下。

1. 选择打印设备

将打印机正确接入计算机后,便可进行打印操作,但任何文档在打印前的一系列设置是必不可少的。在命令行中输入 Plot 命令,或单击“文件”|“打印”命令,或按【Ctrl+P】组合键,或单击“标准”工具栏中的“打印”按钮,将弹出如图 12-140 所示的“打印-模型”对话框,从中进行打印设置,如图纸尺寸、打印区域和打印比例等。

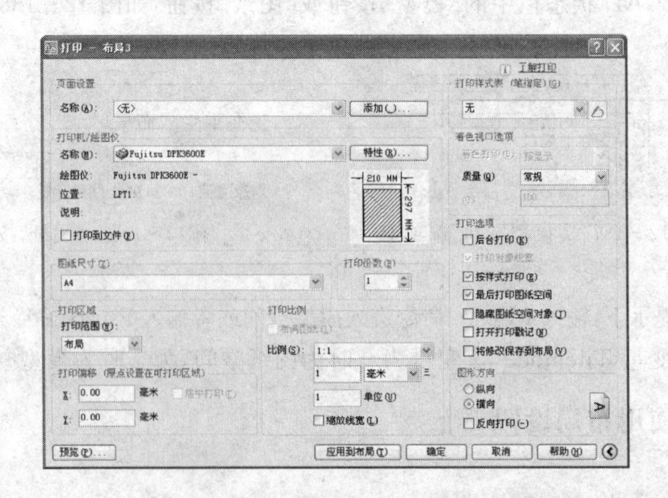

图 12-140 “打印-模型”对话框

2. 选择图纸尺寸

在“打印-模型”对话框中,“图纸尺寸”区域用于选择图纸的尺寸。

在“图纸尺寸”下拉列表中,用户可以根据打印的要求选择相应的图纸。若该下拉列表中没有相应的图纸,则需要用户自定义图纸尺寸,其操作方法是单击“打印机/绘图仪”区域中的

“特性”按钮，打开“绘图仪配置编辑器”对话框，从中选择“自定义图纸尺寸”选项，并在“自定义图纸尺寸”区域中单击“添加”按钮，接着根据系统提示依次输入相应的图纸尺寸即可。

3. 设置打印区域

在“打印-模型”对话框中，“打印区域”用于设置图形的打印范围。在“打印区域”中的“打印范围”下拉列表中，选择所要输出图形的范围，如图 12－141 所示。

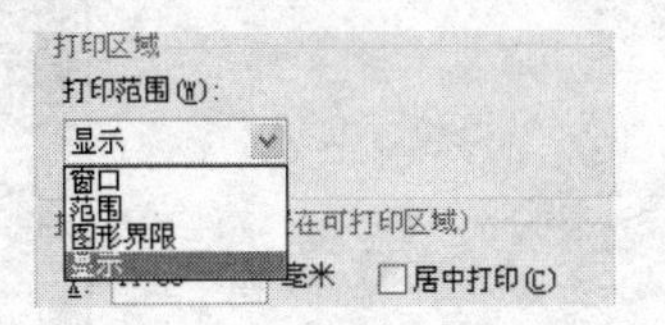

图 12－141　打印区域

(1)“窗口”选项　当用户在“打印范围”下拉列表中选择“窗口”选项时，用户可以选择指定的打印区域。其操作方法是在“打印范围”下拉列表中选择“窗口”选项时，其右侧将出现“窗口”按钮，单击“窗口”按钮，系统将隐藏“打印-模型”对话框，用户即可在绘图窗口内指定打印的区域。

(2)“范围”选项　当用户在“打印范围”下拉列表中选择“范围”选项时，系统可打印出图形中所有的对象。

(3)“图形界限”选项　当用户在“打印范围”下拉列表中选择“图形界限”选项时，系统将按照用户设置的图形界限来打印图形，此时在图形界限范围内的图形对象将打印在图纸上。

(4)“显示”选项　当用户在“打印范围”下拉列表中选择“图形界限”选项时，系统将打印绘图窗口内显示的图形对象。

4. 设置打印比例

在“打印-模型”对话框中，“打印比例”区域用于设置图形打印的比例。

当用户选中“布满图纸”复选框时，系统将自动按照图纸的大小适当缩放图形，使打印的图形布满整张图纸。同时，“打印比例”的其他选项变为不可选状态。

5. 设置打印方向

在“打印-模型”对话框中，“图形方向”区域用于设置图形在图纸上的打印方向。其中“纵向”、“横向”和“反向打印”选项的含义如下。

(1)“纵向”选项　当用户选择“纵向”选项时，图形在图纸上的打印位置是纵向的，即图形的长边为垂直方向。

(2)“横向”选项　当用户选择“横向”选项时，图形在图纸上的打印位置是横向的，即图形的长边为水平方向。

(3)“反向打印”复选框　当用户选中“反向打印”复选框时，可以使图形在图纸上倒置打印。该选项可以与“纵向”、“横向”两个选项结合使用。

12.11.4　图形输出

如果在另一个应用程序中需要使用图形文件中的信息，可通过输出将其转换为特定格式。单击“文件”|“输出”命令，将弹出如图 12－142 所示的“输出数据”对话框，用户可以在“保存于”下拉列表框中设置文件输出的路径；在“文件”文本框中输入文件名称；在“文件类型”下拉列表框中，选择文件的输出类型，如“图元文件”、ACIS、“平板印刷”、“封装 PS”、“DXX 提取”、“位图”、3D Studio 以及“块”等。

当用户设置了文件的输出路径、名称及文件类型后，单击对话框中的“保存”按钮，切换到绘图窗口中，可以选择需要以指定格式保存的对象。

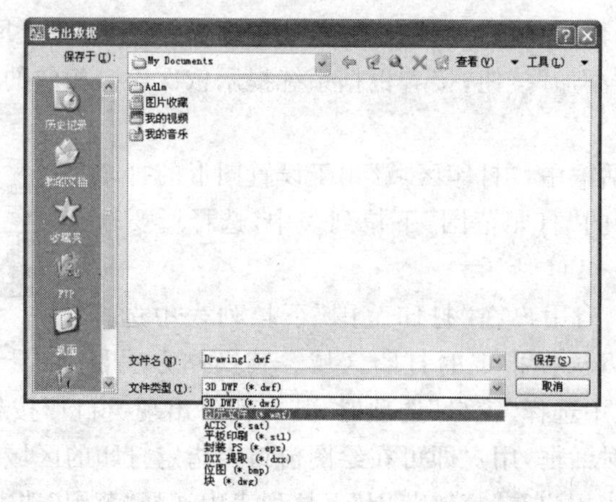

图 12-142 “输出数据”对话框

【实例】 图形输出综合练习,将在模型空间设计的长方体在布局空间进行多视口打印,完成结果如图 12-143 所示。

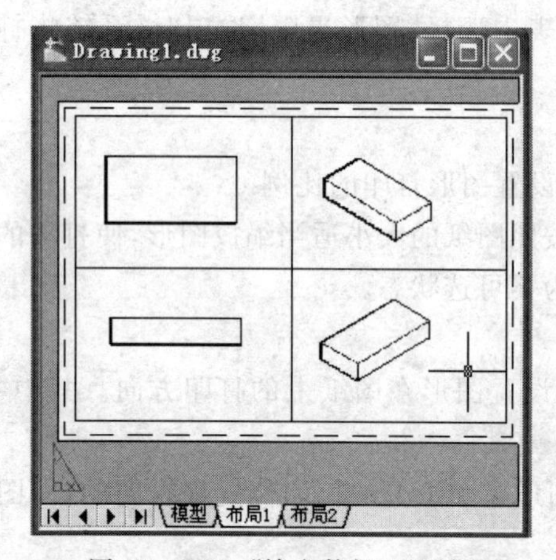

图 12-143 “输出数据”对话框

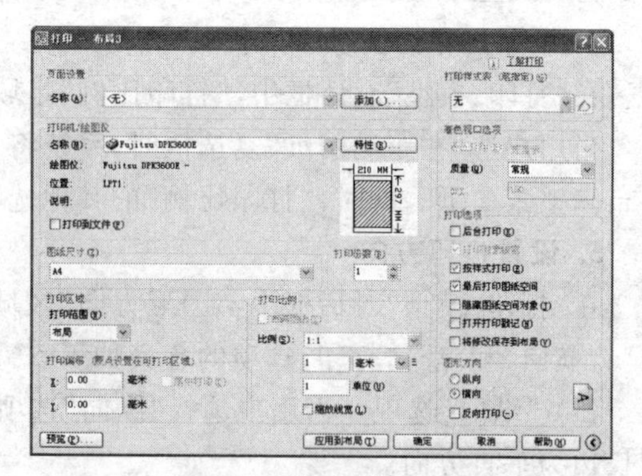

图 12-144 “打印-模型”对话框

①首先在模型空间绘制一个长方体,单击绘图窗口左下角的“布局 1”切换到图纸空间。

②移动鼠标,左键单击系统产生的矩形视口边界,按”Delete”键,删除视口与图形。

③移动鼠标到“布局 1”选项卡,单击鼠标右键,在弹出如图 12-139 所示的快捷菜单中选择“页面设置管理器”。按“修改”按钮,打开“页面设置”对话框,选好打印机,把打印的范围设置为“布局”、图形方向为“横向”,如图 12-144 所示,其他默认。

④关闭“页面设置”对话框,单击“视图”菜单中“视口|四个视口”命令,单击左上角和右上角,将图纸区域变成四个视口,如图 12-143 所示,双击每个视口,即可将视口激活,将左上角视图切换成俯视图,将右上角视图切换成东南轴测图,将左下角视图切换成后视图,将右下角视图切换成西南轴测图。单击状态栏中的“模型”按钮,切换到图纸空间。

⑤移动鼠标到“布局 1”选项卡,单击鼠标右键,在弹出如图 12-139 所示的快捷菜单中选择“打印”。打开“打印-布局 1”窗口,检查打印设置是否有问题,完成后单击“预览”按钮,浏览图形的打印效果。

⑥确认无误后,即可将图形打印出来。

附表 1　普通螺纹的直径与螺距
(摘自 GB/T 193—2003 GB/T 196—2003)

标记示例：

M10（粗牙普通外(或内)螺纹、公称直径 d(或 D)＝10、右旋、中径及顶径公差带代号均为 6g(或 6H)、中等旋合长度）

M10×1LH(细牙普通内(或外)螺纹、公称直径 D(或 d)＝10、螺距 P＝1、左旋、中径及顶径公差带代号均为 6H(或 6g)，中等旋合长度）

mm

公称直径 D、d		螺　距 p		粗牙中径	粗牙小径
第一系列	第二系列	粗牙	细牙	D_2、d_2	D_1、d_1
3		0.5	0.35	2.675	2.459
	3.5	(0.6)		3.110	2.850
4		0.7	0.50	3.545	3.242
	4.5	(0.75)		4.013	3.688
5		0.8		4.480	4.134
6		1	0.75	5.350	4.917
8		1.25	1,0.75	7.188	6.647
10		1.5	1.25,1,0.75	9.026	8.376
12		1.75	1.5,1.25,1	10.863	10.106
	14	2	1.5,(1.25)*,1	12.701	11.835
16		2	1.5,1	14.701	13.835
	18	2.5	2,1.5,1	16.376	15.294
20		2.5		18.376	17.294
	22	2.5		20.376	19.294
24		3		22.051	20.752
	27	3		25.051	23.752
30		3.5	(3),2,1.5,1	27.727	26.211
	33	3.5	(3),2,1.5	30.727	29.211
36		4	3,2,1.5	33.402	31.670
	39	4		36.402	34.670
42		4.5	4,3,2,1.5	39.007	37.129
	45	4.5		42.007	40.129
48		5		44.752	42.587
	52	5		48.752	46.587
56		5.5		52.428	50.046
	60	5.5		56.428	54.046
64		6		60.103	57.505
	68	6		64.103	61.505

注：1. 优先选用第一系列，第三系列未列入。

2. 括号内尺寸尽可能不用。

3. * M14×1.25 仅用于火花塞。

附表 2　55°非密封管螺纹(摘自 GB/T 7303—1987)

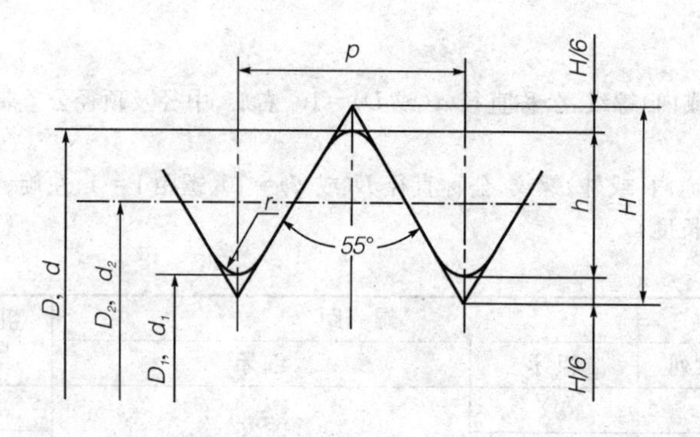

标记示例:

G1 $\frac{1}{2}$ - LH(尺寸代号 1 1/2,左旋内螺纹)

G1 $\frac{1}{4}$ A(尺寸代号 1 1/4,A 级右旋外螺纹)

G2B - L(尺寸代号 2, B 级左旋外螺纹)

mm

尺寸代号	基面上的直径(GB/T7306) 基本直径(GB/T7307)			螺距 P/mm	牙高 h/mm	圆弧半径 r/mm	每 25.4 mm 内的牙数 n	有效螺纹长度/mm (GB/T7306)	基准基本长度/mm (GB/T7306)
	大径 $d=D$/mm	大径 $d_2=D_2$/mm	大径 $d_1=D_1$/mm						
1/16	7.723	7.142	6.561	0.907	0.581	0.125	28	6.5	4.0
1/8	9.728	9.147	8.566						
1/4	13.157	12.301	11.445	1.337	0.856	0.184	19	9.7	6.0
3/8	16.662	15.806	14.950					10.1	6.4
1/2	20.955	19.793	18.631	1.814	1.162	0.249	14	13.2	8.2
3/4	26.441	25.279	24.117					14.5	9.5
1	33.249	31.770	30.291	2.309	1.479	0.317	11	16.8	10.4
1 1/4	41.910	40.431	28.952					19.1	12.7
1 1/2	47.803	46.324	44.845						
2	59.614	58.135	56.656					23.4	15.9
2 1/2	75.184	73.705	72.226					26.7	17.5
3	87.884	86.405	84.926					29.8	20.6
4	113.030	111.551	110.072					35.8	25.4
5	138.430	136.951	135.472					40.1	28.6
6	163.830	162.351	160.872						

附表 3　梯形螺纹(摘自 GB/T 5796.1～5796.4—1986)

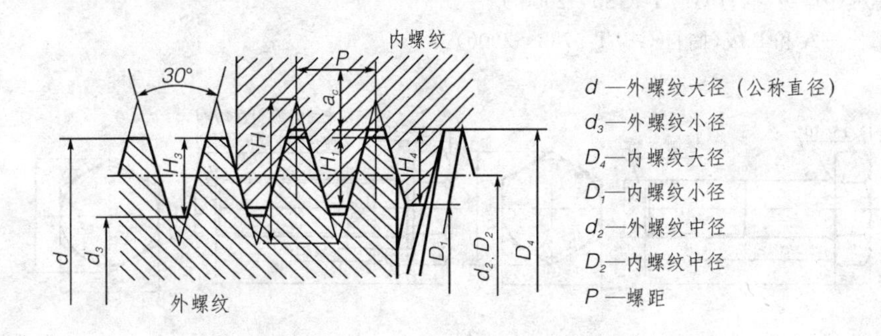

标记示例：

Tr40X7－7H(单线梯形内螺纹、公称直径 d＝40、螺距 P＝7、右旋、中径公差带为 7H、中等旋合长度)

Tr60X18(P9)LH－8e－L(双线梯形外螺纹、公称直径 d＝60、导程 s＝18、螺距 P＝9、左旋、中径公差带为 8e、长旋合长度)

mm

梯形螺纹的基本尺寸

d 公称称列		螺距	中径	大径	小径		d 公称称列		螺距	中径	大径	小径	
第一系列	第二系列	P	$d_2=D_2$	D_4	d_3	D_1	第一系列	第二系列	P	$d_2=D_2$	D_4	d_3	D_1
8	—	1.5	7.25	8.3	6.2	6.5	32	—		29.0	33	25	26
—	9		8.0	9.5	6.5	7	—	34	6	31.0	35	27	28
10	—	2	9.0	10.5	7.5	8	36	—		33.0	37	29	30
—	11		10.0	11.5	8.5	9	—	38		34.5	39	30	31
12	—	3	10.5	12.5	8.5	9	40	—	7	36.5	41	32	33
—	14		12.5	14.5	10.5	11	—	42		38.5	43	34	35
16	—		14.0	16.5	11.5	12	44	—		40.5	45	36	37
—	18	4	16.0	18.5	13.5	14	—	46		42.0	47	37	38
20	—		18.0	20.5	15.5	16	48	—	8	44.0	49	39	40
—	22		19.5	22.5	16.5	17	—	50		46.0	51	41	42
24	—	5	21.5	24.5	18.5	19	52	—		48.0	53	43	44
—	26		23.5	26.5	20.5	21	—	55	9	50.5	56	45	46
28	—		25.5	28.5	22.5	23	60	—		55.5	61	50	51
—	30	6	27.0	31.0	23.0	24	—	65	10	60.0	66	54	55

注：1. 优先选用第一系列的直径。

2. 表中所列的螺距和直径，是优先选择的螺距及与之对应的直径。

附表 4　六角头螺栓

六角头螺栓—C 级(摘自 GB/T 5780—2000)

六角头螺栓—A 和 B 级(摘自 GB/T 5782—2000)

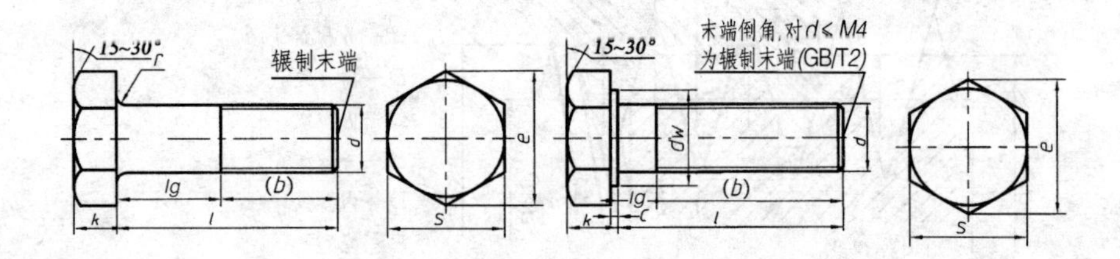

标记示例:

螺纹规格 d=12、公称长度 l=80、性能等级为 8.8 级、表面氧化、A 级六角头螺栓

记为:螺栓　GB/T 5782—2000　M12×80

mm

螺纹规格 d			M3	M4	M5	M6	M8	M10	M12	M16	M20	M24	M30	M36	M42
b 参考	$l\leqslant125$		12	14	16	18	22	26	30	38	46	54	66		
	$125<l\leqslant200$		18	20	22	24	28	32	36	44	52	60	72	84	96
	$l>200$		31	33	35	37	41	45	49	57	65	73	85	97	109
c			0.4	0.4	0.5	0.5	0.6	0.6	0.6	0.8	0.8	0.8	0.8	0.8	1
d_w	产品等级	A	4.75	5.88	6.88	8.88	11.63	14.63	16.63	22.49	28.19	33.61	—	—	—
		B、C	4.45	5.74	6.74	8.74	11.47	14.47	16.47	22	27.7	33.25	42.75	51.11	59.95
e	产品等级	A	6.01	7.66	8.79	11.05	14.38	17.77	20.03	26.75	33.53	39.98	—	—	—
		B、C	5.88	7.50	8.63	10.89	14.20	17.59	19.85	26.17	32.95	39.55	50.85	60.79	72.02
k 公称			2	2.8	3.5	4	5.3	6.4	7.5	10	12.5	15	18.7	22.5	26
r			0.1	0.2	0.2	0.25	0.4	0.4	0.6	0.6	0.8	0.8	1	1	1.2
s 公称			5.5	7	8	10	13	16	18	24	30	36	46	55	65
l(产品规格范围)			20~30	25~40	25~50	30~60	40~80	45~100	50~120	65~160	80~200	90~240	110~300	140~360	160~440
l 系列			12,16,20,25,30,35,40,45,50,55,60,65,70,80,90,100,110,120,130,140,150,160,180,200,220,240,260,280,300,320,340,360,380,400,420,440,460,480,500												

注:1. A 级用于 $d\leqslant24$ 和 $l\leqslant10d$ 或 $\leqslant150$ mm 的螺栓;B 级用于 $d>24$ 和 $l>10d$ 或 >150 的螺栓。

2. 螺纹规格 d 范围:GB/T 5780—2000 为 M5~M64;GB/T 5782—2000 为 M1.6~M64。

3. 公称长度范围:GB/T 5780—2000 为 25~500;GB/T 5782—2000 为 12~500。

附表5　六角螺母

六角螺母—C级（摘自 GB/T 41—2000）

I型六角螺母—A和B级（摘自 GB/T 6170—2000）

六角薄螺母—A和B级（摘自 GB/T 6172—2000）

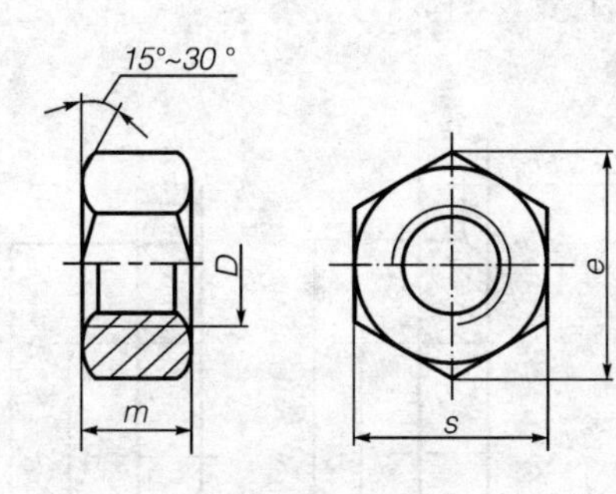

标记示例：

螺纹规格 D=M12、C级六角螺母　记为：螺母 GB/T 41—2000 M12

螺纹规格 D=M12、A级I型六角螺母　记为：螺母 GB/T 6170—2000 M12

螺纹规格 D=M12、A级六角薄螺母　记为：螺母 GB/T 6172—2000 M12

mm

螺纹规格 D		M3	M4	M5	M6	M8	M10	M12	M16	M20	M24	M30	M36	M42
e_{min}	GB/T 41			8.63	10.89	14.20	17.59	19.85	26.17	32.95	39.55	50.85	60.79	72.02
	GB/T 6170	6.01	7.66	8.79	11.05	14.38	17.77	20.03	26.75	32.95	39.55	50.85	60.79	72.02
	GB/T 6172	6.01	7.66	8.79	11.05	14.38	17.77	20.03	26.75	32.95	39.55	50.85	60.79	72.02
s_{max}	GB/T 41			8	10	13	16	18	24	30	36	46	55	65
	GB/T 6170	5.5	7	8	10	13	16	18	24	30	36	46	55	65
	GB/T 6172	5.5	7	8	10	13	16	18	24	30	36	46	55	65
m_{max}	GB/T 41			5.6	6.4	7.9	9.5	12.2	15.9	18.7	22.3	26.4	31.9	34.9
	GB/T 6170	2.4	3.2	4.7	5.2	6.8	8.4	10.8	14.8	18	21.5	25.6	31	34
	GB/T 6172	1.8	2.2	2.7	3.2	4	5	6	8	10	12	15	18	21

注： A级用于 $D \leqslant 16$；B级用于 $D > 16$。

附表 6　垫圈

小垫圈—A 级(摘自 GB/T 848—1985)

平垫圈—A 级(摘自 GB/T 97.1—1985)

平垫圈 倒角型—A 级(摘自 GB/T 97.2—1985)

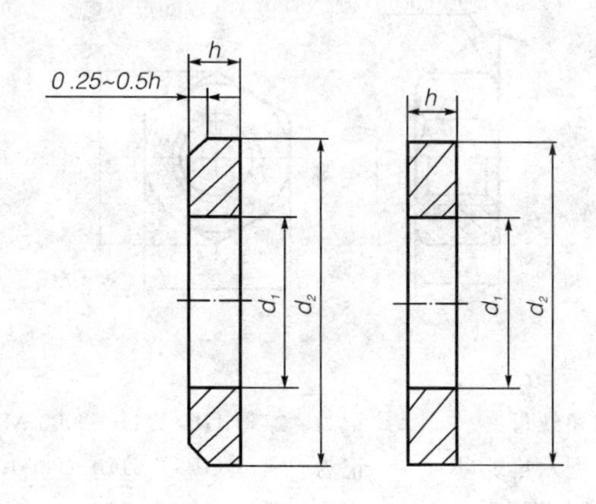

标记示例:

标准系列、公称直径 d=8 mm、性能等级为 140HV 级、不经表面处理的平垫圈

记为:垫圈 GB/T 97.1—1985 - 8

mm

公称尺寸 (螺纹规格 d)		1.6	2	2.5	3	4	5	6	8	10	12	14	16	20	24	30	36
d_1	GB/T 848	1.7	2.2	2.7	3.2	4.3	5.3	6.4	8.4	10.5	13	15	17	21	25	31	37
	GB/T 97.1	1.7	2.2	2.7	3.2	4.3	5.3	6.4	8.4	10.5	13	15	17	21	25	31	37
	GB/T 97.2						5.3	6.4	8.4	10.5	13	15	17	21	25	31	37
d_2	GB/T 848	3.5	4.5	5	6	8	9	11	15	18	20	24	28	34	39	50	60
	GB/T 97.1	4	5	6	7	9	10	12	16	20	24	28	30	37	44	56	66
	GB/T 97.2						10	12	16	20	24	28	30	37	44	56	66
h	GB/T 848	0.3	0.3	0.5	0.5	0.5	1	1.6	1.6	1.6	2	2.5	2.5	3	4	4	5
	GB/T 97.1	0.3	0.3	0.5	0.5	0.8	1	1.6	1.6	2	2.5	2.5	3	3	4	4	5
	GB/T 97.2						1	1.6	1.6	2	2.5	2.5	3	3	4	4	5

附表 7 弹簧垫圈

标准型弹簧垫圈(摘自 GB/T 93—1987)

轻型弹簧垫圈(摘自 GB/T 859—1987)

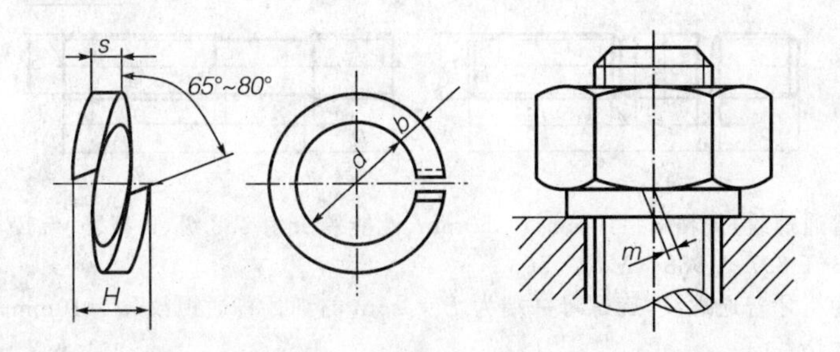

标记示例:

规格 16 mm、材料为 65Mn、表面氧化处理的标准型弹簧垫圈

记为:垫圈 GB/T93—1987 - 16

mm

规格(螺纹大径)		3	4	5	6	8	10	12	(14)	16	(18)	20	(22)	24	(27)	30
d		3.1	4.1	5.1	6.1	8.1	10.2	12.2	14.2	16.2	18.2	20.2	22.5	24.5	27.5	30.5
H	GB/T 93	1.6	2.2	2.6	3.2	4.2	5.2	6.2	7.2	8.2	9	10	11	12	13.6	15
	GB/T 859	1.2	1.6	2.2	2.6	3.2	4	5	6	6.4	7.2	8	9	10	11	12
S(*b*)	GB/T 93	0.8	1.1	1.3	1.6	2.1	2.6	3.1	3.6	4.1	4.5	5	5.5	6	6.8	7.5
S	GB/T 859	0.6	0.8	1.1	1.3	1.6	2	2.5	3	3.2	3.6	4	4.5	5	5.5	6
m≤	GB/T 93	0.4	0.55	0.65	0.8	1.05	1.3	1.55	1.8	2.05	2.25	2.5	2.75	3	3.4	3.75
	GB/T 859	0.3	0.4	0.55	0.65	0.8	1	1.25	1.5	1.6	1.8	2	2.25	2.5	2.75	3
b	GB/T 859	1	1.2	1.5	2	2.5	3	3.5	4	4.5	5	5.5	6	7	8	9

注:1. 括号内的规格尽可能不用。

2. *m* 应大于零。

附表8　双头螺柱

双头螺柱 $b_m=1d$（摘自 GB/T 897—1988）　双头螺柱 $b_m=1.25d$（摘自 GB/T 898—1988）

双头螺柱 $b_m=1.5d$（摘自 GB/T 899—1988）双头螺柱 $b_m=2d$（摘自 GB/T 900—1988）

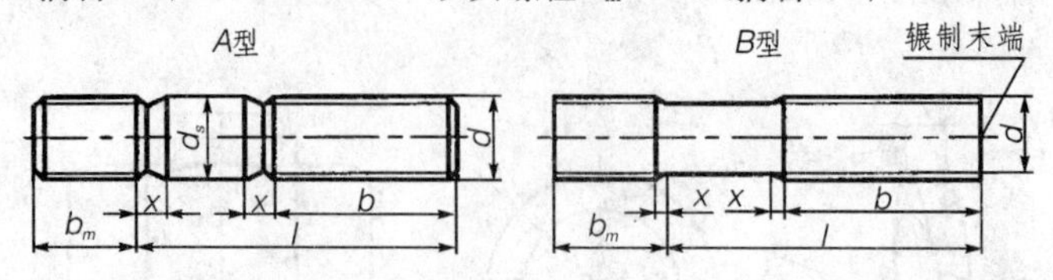

标记示例：

两端均为粗牙普通螺纹，规格 $d=10$mm，$l=50$mm、性能等级为 4.8 级、B 型、$b_m=1d$

记为：螺柱　GB/T 897—1988　M10×50

旋入机体一端为粗牙普通螺纹，旋螺母一端为 $P=1$mm 的细牙普通螺纹，$d=10$mm，$l=50$mm，性能等级为 4.8 级，A 型、$b_m=1d$

记为：螺柱　GB/T 897—1988　AM10—M10×1×50

旋入机体一端为过渡配合的第一种配合，旋螺母一端为粗牙普通螺纹，$d=10$mm，$l=50$mm，性能等级为 8.8 级，镀锌钝化，B 型、$b_m=1d$

记为：螺柱　GB/T 897—1988　GM10—M10×50—8.8—Zn. D

螺纹规格 d	b_m(旋入机体端长度)				d_s	x	l/b(螺柱长度/旋螺母端长度)
	GB/T 897	GB/T 898	GB/T 899	GB/T 900			
M4			6	8	4	1.5P	16～22/8　25～40/14
M5	5	6	8	10	5	1.5P	16～22/10　25～50/16
M6	6	8	10	12	6	1.5P	20～22/10　25～30/14　32～75/18
M8	8	10	12	16	8	1.5P	20～22/12　25～30/16　32～90/22
M10	10	12	15	20	10	1.5P	25～28/14　30～38/16　40～120/26 130/32
M12	12	15	18	24	12	1.5P	25～30/16　32～40/20　45～120/30　130～180/36
M16	16	20	24	32	16	1.5P	30～38/20　40～55/30　60～120/38　130～200/44
M20	20	25	30	40	20	1.5P	35～40/25　45～65/35　70～120/46　130～200/52
M24	24	30	36	48	24	1.5P	45～50/30　55～75/45　80～120/54　130～200/60
M30	30	38	45	60	30	1.5P	60～65/40　70～90/50　95～120/66　130～200/72　210～250/85
M36	36	45	54	72	36	1.5P	65～75/45　80～110/60　120/78　130～200/84　210～300/97
M42	42	52	65	84	42	1.5P	70～80/50　85～110/70　120/90　130～200/96　210～300/109
M48	48	60	72	96	48	1.5P	80～90/60　95～110/80　120/102　130～200/108　210～300/121
l系列	12,(14),16,(18),20,(22),25,(28),30,(32),35,(38),40,45,50,(55),60,(65),70,(75),80,(85),90,(95),100,110～260(10 进位),280,300						

注： 1. 括号内的规格尽可能不用。

2. P 为螺距。

3. $b_m=1d$，一般用于钢对钢；$b_m=1.25d$、$b_m=1.5d$，一般用于钢对铸铁；$b_m=2d$，一般用于钢对铝合金。

附表 9　开槽盘头螺钉(摘自 GB/T 67—2000)

标记示例：

螺纹规格 d=5mm、l=20mm、性能等级为 4.8 级、不经表面处理的 A 级开槽盘头螺钉

记为：螺钉 GB/T 67—2000 M5×20

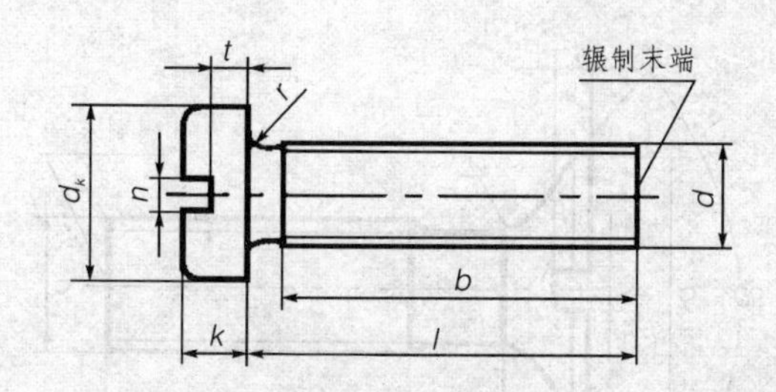

mm

螺纹规格 g	M1.6	M2	M2.5	M3	M4	M5	M6	M8	M10
P(螺距)	0.35	0.4	0.45	0.5	0.7	0.8	1	1.25	1.5
b	25	25	25	25	38	38	38	38	38
d_k	3.2	4	5	5.6	8	9.5	12	16	20
k	1	1.3	1.5	1.8	2.4	3	3.6	4.8	6
n	0.4	0.5	0.6	0.8	1.2	1.2	1.6	2	2.5
r	0.1	0.1	0.1	0.1	0.2	0.2	0.25	0.4	0.4
t	0.35	0.5	0.6	0.7	1	1.2	1.4	1.9	2.4
公称长度 l	2～6	2.5～20	3～25	4～30	5～40	6～50	8～60	10～80	12～80
l 系列	2,2.5,3,4,5,6,8,10,12,(14),16,20,25,30,35,40,45,50,(55),60,(65),70,(75),80								

注： 1. 括号内的规格尽可能不用。

2. M1.6～M3 的螺钉，公称长度 l≤30 的，制出全螺纹；M4～M10 的螺钉，公称长度 l≤40 的，制出全螺纹。

附表 10　开槽沉头螺钉(摘自 GB/T 68—2000)

标记示例：

螺纹规格 d=5 mm、l=20 mm、性能等级为 4.8 级、不经表面处理的 A 级开槽沉头螺钉

记为：螺钉　GB/T 68—2000　M5×20

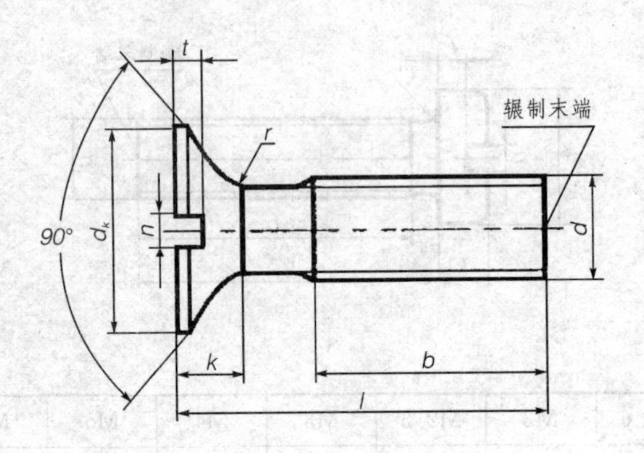

mm

螺纹规格 g	M1.6	M2	M2.5	M3	M4	M5	M6	M8	M10
P(螺距)	0.35	0.4	0.45	0.5	0.7	0.8	1	1.25	1.5
b	25	25	25	25	38	38	38	38	38
d_k	3.2	4	5	5.6	8	9.5	12	16	20
k	1	1.3	1.5	1.8	2.4	3	3.6	4.8	6
n	0.4	0.5	0.6	0.8	1.2	1.2	1.6	2	2.5
r	0.1	0.1	0.1	0.1	0.2	0.2	0.25	0.4	0.4
t	0.35	0.5	0.6	0.7	1	1.2	1.4	1.9	2.4
公称长度 l	2～6	2.5～20	3～25	4～30	5～40	6～50	8～60	10～80	12～80
l 系列	2, 2.5, 3, 4, 5, 6, 8, 10, 12, (14), 16, 20, 25, 30, 35, 40, 45, 50, (55), 60, (65), 70, (75), 80								

注：1. 括号内的规格尽可能不用。

2. M1.6～M3 的螺钉，公称长度 $l \leqslant 30$ 的，制出全螺纹；M4～M10 的螺钉，公称长度 $l \leqslant 40$ 的，制出全螺纹。

附表 11　开槽圆柱头螺钉(摘自 GB/T 65—2000)

标记示例:

螺纹规格 d=5 mm、l=20 mm、性能等级为 4.8 级、不经表面处理的 A 级开槽圆柱头螺钉

记为:螺钉　GB/T 65—2000　M5×20

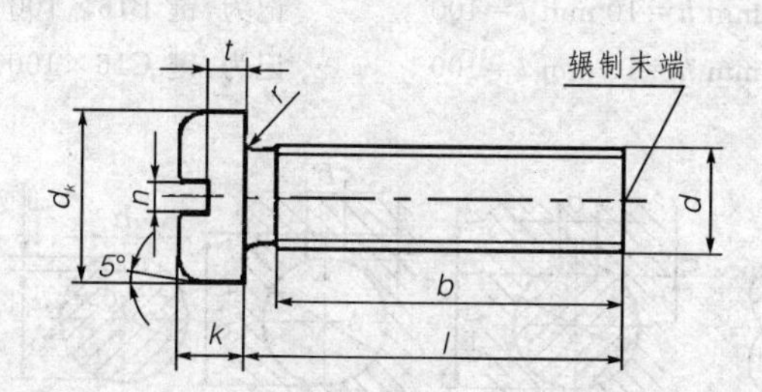

mm

螺纹规格 d	M1.6	M2	M2.5	M3	M4	M5	M6	M8	M10
P(螺距)	0.35	0.4	0.45	0.5	0.7	0.8	1	1.25	1.5
b	25	25	25	25	38	38	38	38	38
d_k	3	3.8	4.5	5.5	7	8.5	10	13	16
k	1.1	1.4	1.8	2.0	2.6	3.3	3.9	5.0	6.0
n	0.4	0.5	0.6	0.8	1.2	1.2	1.6	2	2.5
r	0.1	0.1	0.1	0.1	0.2	0.2	0.25	0.4	0.4
t	0.35	0.5	0.6	0.7	1	1.2	1.4	1.9	2.4
公称长度 l	2～16	3～20	3～25	4～30	5～40	6～50	8～60	10～80	12～80
l 系列	2,3,4,5,6,8,10,12,(14),16,20,25,30,35,40,45,50,(55),60,(65),70,(75),80								

注: 1. M1.6～M3 的螺钉,公称长度 $l \leqslant 30$ 的,制出全螺纹;M4～M10 的螺钉,公称长度 $l \leqslant 40$ 的,制出全螺纹。

2. 括号内的规格尽可能不用。

附表 12　键与键槽各部分尺寸
(摘自 GB/T 1095—2003 和 GB/T 1096—2003)

标记示例：

圆头普通平键　$b=16$ mm $h=10$ mm $l=100$　　记为：键 16×100　GB/T1096—2003

平头普通平键　$b=16$ mm $h=10$ mm $l=100$　　记为：键 B16×100　GB/T1096—2003

单圆头普通平键　$b=16$ mm $h=10$ mm $l=100$　　记为：键 C16×100　GB/T1096—2003

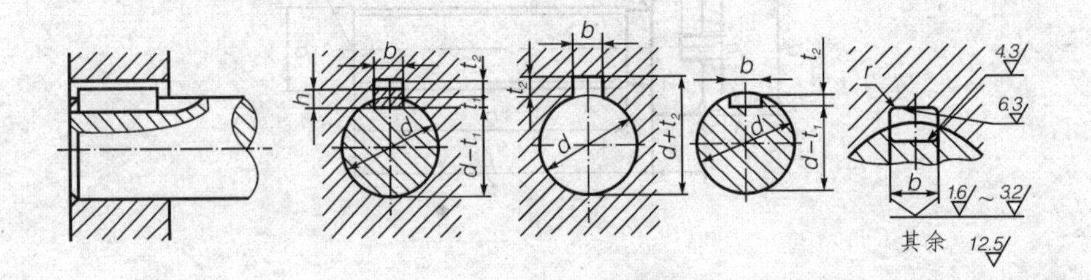

mm

轴直径 d	键尺寸 b×h	键槽											
		宽度 b						深度				半径 r	
		基本尺寸	极限偏差					轴 t_1		毂 t_2			
			正常连接		紧连接	松连接		基本尺寸	极限偏差	基本尺寸	极限偏差	min	max
			轴 N9	毂 JS9	轴和毂 P9	轴 N9	毂 D10						
6～8	2×2	2	−0.004	±0.0125	−0.006	+0.025	+0.060	1.2		1.0			
>8～10	3×3	3	−0.029		−0.031	0	+0.020	1.8		1.4		0.08	0.16
>10～12	4×4	4	0		−0.012	+0.030	+0.078	2.5	+0.1	1.8	+0.1		
>12～17	5×5	5	−0.030	±0.015	0.042	0	+0.030	3.0	0	2.3	0		
>17～22	6×6	6						3.5		2.8		0.16	0.25
>22～30	8×7	8	0	±0.018	−0.015	+0.036	+0.098	4.0		3.3			
>30～38	10×8	10	−0.036		0.051	0	+0.040	5.0		3.3			
>38～40	12×8	12						5.0		3.3			
>40～50	14×9	14	0	±0.0215	−0.018	+0.043	+0.012	5.5		3.8		0.25	0.40
>50～58	16×10	16	−0.043		−0.061	0	+0.050	6.0	+0.2	4.3	+0.2		
>58～65	18×11	18						7.0	0	4.4	0		
>65～75	20×12	20						7.5		4.9			
>75～85	22×14	22	0	±0.026	−0.022	+0.052	+0.149	9.0		5.4		0.40	0.60
>85～95	25×14	25	−0.052		−0.074	0	+0.065	9.0		5.4			
>95～100	28×16	28						10.0		6.4			

注：表中轴直径 d 不属于 GB/T 1095－2003

附表13 销

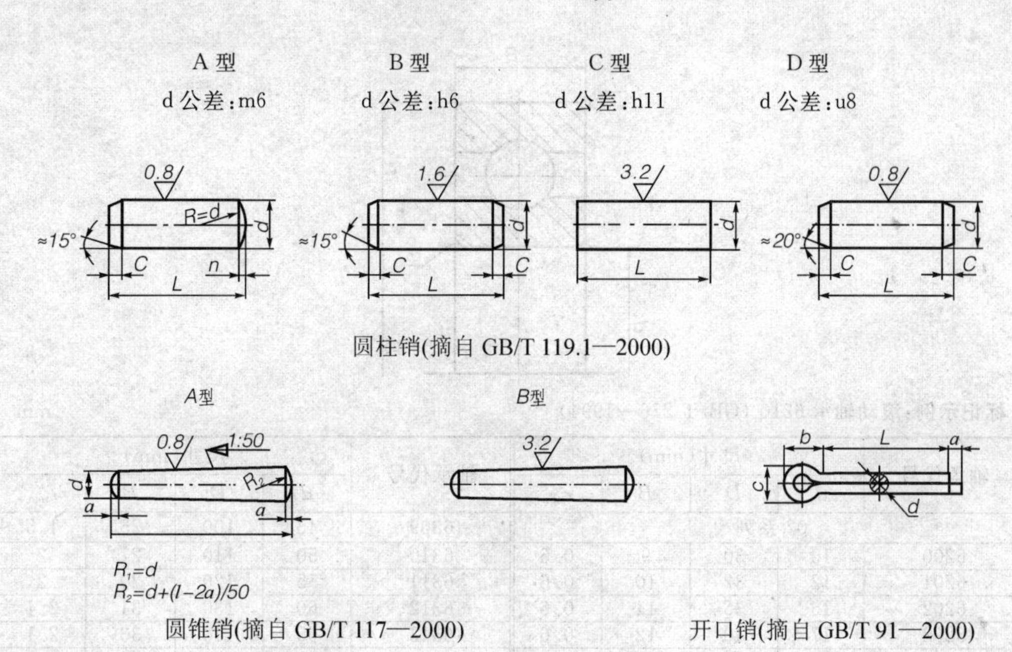

圆柱销(摘自 GB/T 119.1—2000)

圆锥销(摘自 GB/T 117—2000)

开口销(摘自 GB/T 91—2000)

标记示例：

公称直径 d＝10 mm　l＝50 的 A 型圆柱销　　记为：销 GB/T 119.1—2000　6m10×50

公称直径 d＝10 mm　l＝60 的 A 型圆锥销　　记为：销 GB/T 117—2000　10×60

公称直径 d＝10 mm　l＝50 的开口销　　记为：销 GB/T 91—2000　10×50

mm

名称	公称直径	1	1.2	1.5	2	2.5	3	4	5	6	8	10	12
圆柱销	n≈	0.12	0.16	0.20	0.25	0.30	0.40	0.50	0.63	0.80	1.0	1.2	1.6
	c≈	0.20	0.25	0.30	0.35	0.40	0.50	0.63	0.80	1.2	1.6	2	2.5
圆锥销	a≈	0.12	0.16	0.20	0.25	0.30	0.40	0.50	0.63	0.80	1	1.2	1.6
开口销	d	0.6	0.8	1	1.2	1.6	2	2.5	3.2	4	5	6.3	8
	c	1	1.4	1.8	2	2.8	3.6	4.6	5.8	7.4	9.2	11.8	15
	b≈	2	2.4	3	3	3.2	4	5	6.4	8	10	12.6	16
	a	1.6	1.6	1.6	2.5	2.5	2.5	4	4	4	4	4	4
	l（规格）	4～12	5～16	6～20	8～25	8～32	10～40	12～50	14～65	18～80	22～100	30～120	40～160
	l系列	2、3、4、5、6～32(2 进位)、35～100(5 进位)、120											

附表 14　深沟球轴承(摘自 GB/T 276—1994)

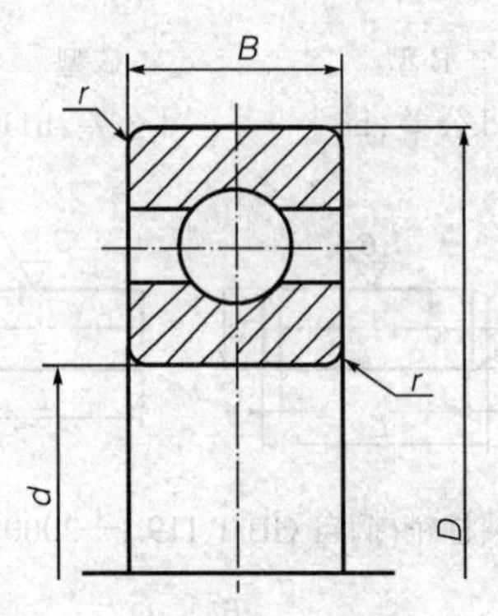

标记示例:滚动轴承 6210 (GB/T 276—1994)　　mm

轴承代号	尺寸(mm)				轴承代号	尺寸(mm)			
	d	D	B	r_{min}		d	D	B	r_{min}
02 系列					6309	45	100	25	1.5
6200	10	30	9	0.6	6310	50	110	27	2
6201	12	32	10	0.6	6311	55	120	29	2
6202	15	35	11	0.6	6312	60	130	31	2.1
6203	17	40	12	0.6	6313	65	140	33	2.1
6204	20	47	14	1	6314	70	150	35	2.1
6205	25	52	15	1	6315	75	160	37	2.1
6206	30	62	16	1	6316	80	170	39	2.1
6207	35	72	17	1.1	6317	85	180	41	3
6208	40	80	18	1.1	6318	90	190	43	3
6209	45	85	19	1.1	6319	95	200	45	3
6210	50	90	20	1.1	6320	100	215	47	3
6211	55	100	21	1.5	04 系列				
6212	60	110	22	1.5	6403	17	62	17	1.1
6213	65	120	23	1.5	6404	20	72	19	1.1
6214	70	125	24	1.5	6405	25	80	21	1.5
6215	75	130	25	1.5	6406	30	90	23	1.5
6216	80	140	26	2	6407	35	100	25	1.5
6217	85	150	28	2	6408	40	110	27	2
6218	90	160	30	2	6409	45	120	29	2
6219	95	170	32	2.1	6410	50	130	31	2.1
6220	100	180	34	2.1	6411	55	140	33	2.1
03 系列					6412	60	150	35	2.1
6300	10	35	11	0.6	6413	65	160	37	2.1
6301	12	37	12	1	6414	70	170	39	3
6302	15	42	13	1	6415	75	180	42	3
6303	17	47	14	1	6416	80	190	45	3
6304	20	52	15	1.1	6417	85	200	48	4
6305	25	62	17	1.1	6418	90	210	52	4
6306	30	72	19	1.1	6419	95	225	54	4
6307	35	80	21	1.5	6420	100	250	58	4
6308	40	90	23	1.5					

注: d—轴承公称内径;D—轴承公称外径;B—轴承公称宽度;r—内外圈公称倒角尺寸的单向最小尺寸;r_{min}—r 的单向最小尺寸。

附表 15　圆锥滚子轴承(摘自 GB/T 297—1994)

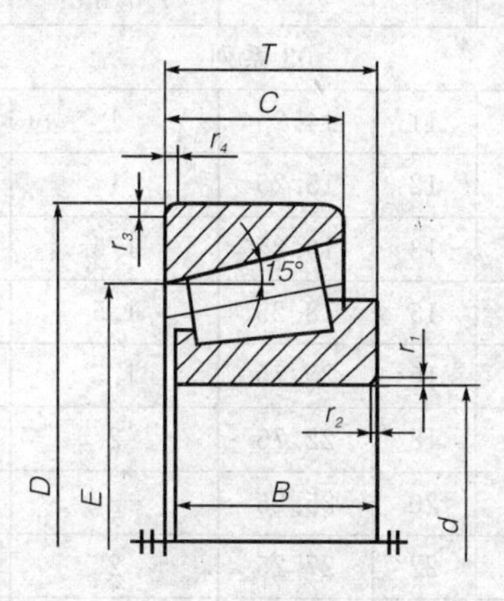

标记示例：

滚动轴承 30312(摘自 GB/T297—1994) 标准外形

mm

轴承代号	尺寸(mm)							
	d	D	B	C	T	$r_1 a_1$ min $r_2 a_2$ min	$r_3 a_3$ min $r_4 a_4$ min	a
02 系列								
30203	17	40	12	11	13.25	1	1	12°57′10″
30204	20	47	14	12	15.25	1	1	12°57′10″
30205	25	52	15	13	16.25	1	1	14°02′10″
30206	30	62	16	14	17.25	1	1	14°02′10″
30207	35	72	17	15	18.25	1.5	1.5	14°02′10″
30208	40	80	18	16	19.75	1.5	1.5	14°02′10″
30209	45	85	19	16	20.75	1.5	1.5	15°06′34″
30210	50	90	20	17	21.75	1.5	1.5	15°38′32″
30211	55	100	21	18	22.75	2	1.5	15°06′34″
30212	60	110	22	19	23.75	2	1.5	15°06′34″
30213	65	120	23	20	24.75	2	1.5	15°06′34″
30214	70	125	24	21	26.75	2	1.5	15°38′32″
30215	75	130	25	22	27.25	2	1.5	16°10′20″
30216	80	140	26	22	28.25	2.5	2	15°38′32″
30217	85	150	28	24	30.5	2.5	2	15°38′32″
30218	90	160	30	26	32.5	2.5	2	15°38′32″
30219	95	170	32	27	34.5	3	2.5	15°38′32″
30220	100	180	34	29	37	3	2.5	15°38′32″

续附表 15

轴承代号	尺寸(mm)							
	d	D	B	C	T	r_1a_1 min r_2a_2 min	r_3a_3 min r_4a_4 min	a
03 系列								
30302	15	42	13	11	14.25	1	1	10°45′29″
30303	17	47	14	12	15.25	1	1	10°45′29″
30304	20	52	15	13	16.25	1.5	1.5	11°18′36″
30305	25	62	17	15	18.25	1.5	1.5	11°18′36″
30306	30	72	19	16	20.75	1.5	1.5	11°51′35″
30307	35	80	21	18	22.75	2	1.5	11°51′35″
30308	40	90	23	20	25.25	2	1.5	12°57′10″
30309	45	100	25	22	27.25	2	1.5	12°57′10″″
30310	50	110	27	23	29.25	2.5	2	12°57′10″
30311	55	120	29	25	31.5	2.5	2	12°57′10″
30312	60	130	31	26	33.5	3	2.5	12°57′10″
30313	65	140	33	28	36	3	2.5	12°57′10″
30314	70	150	35	30	38	3	2.5	12°57′10″
30315	75	160	37	31	40	3	2.5	12°57′10″
30316	80	170	39	33	42.5	3	2.5	12°57′10″
30317	85	180	41	34	44.5	4	3	12°57′10″
30318	90	190	43	36	46.5	4	3	12°57′10″
30319	95	200	45	38	49.5	4	3	12°57′10″
30320	100	215	47	39	51.5	4	3	12°57′10″

附表 16　推力球轴承(摘自 GB/T 301—1995)

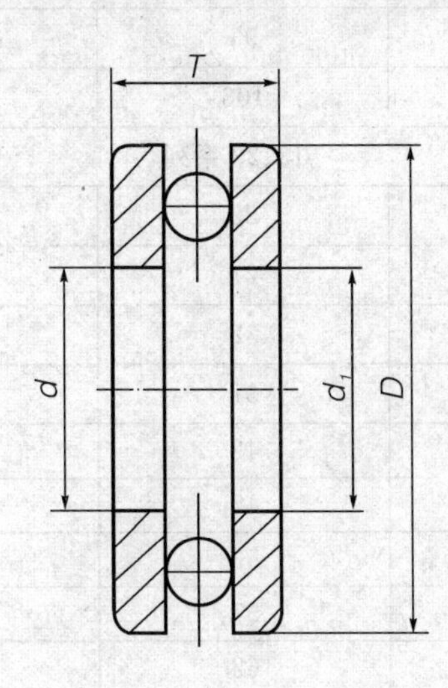

51000 型(标准外形)

标记示例:滚动轴承 51214(摘自 GB/T 301—1995)　　mm

轴承代号	尺寸(mm)			
51000 型	*d*	*d*1	*D*	*T*
		12、22 系列		
51000	10	12	26	11
51201	12	14	28	11
51202	15	17	32	12
51203	17	19	35	12
51204	20	22	40	14
51205	25	27	47	15
51206	30	32	52	16
51207	35	37	62	18
51208	40	42	68	19
51209	45	47	73	20
51210	50	52	78	22
51211	55	57	90	25
51212	60	62	95	26
51213	65	67	100	27
51214	70	72	105	27
51215	75	77	110	27

续附表 16

51216	80	82	115	28
51217	85	88	125	31
51218	90	93	135	35
51220	100	103	150	38
13、23 系列				
51304	20	22	47	18
51305	25	27	52	18
51306	30	32	62	21
51307	35	37	68	24
51308	40	42	78	26
51309	45	47	85	28
51310	50	52	95	31
51311	55	57	105	35
51312	60	62	110	35
51313	65	67	115	36
51314	70	72	125	40
51315	75	77	135	44
51316	80	82	140	44
51317	85	88	150	49
51318	90	93	155	52
51320	100	103	170	55
14、24 系列				
51405	25	27	60	24
51406	30	32	70	28
51407	35	37	80	32
51408	40	42	90	36
51409	45	47	100	39
51410	50	52	110	43
51411	55	57	120	48
51412	60	62	130	51
51413	65	67	140	56
51411	70	72	150	60
51415	75	77	160	65
51417	85	88	180	72
51418	90	93	190	77
51420	100	103	210	85

附表 17　标准公差数值(摘自 GB/T 1800—1999)

mm

基本尺寸 mm		标准公差等级																	
		IT1	IT2	IT3	IT4	IT5	IT6	IT7	IT8	IT9	IT10	IT11	IT12	IT13	IT14	IT15	IT16	IT17	IT18
大于	至	μm											mm						
	3	0.8	1.2	2	3	4	6	10	14	25	40	60	0.1	0.14	0.25	0.4	0.6	1	1.4
3	6	1	1.5	2.5	4	5	8	12	18	30	48	75	0.12	0.18	0.3	0.48	0.75	1.2	1.8
6	10	1	1.5	2.5	4	6	9	15	22	36	58	90	0.15	0.22	0.36	0.58	0.9	1.5	2.2
10	18	1.2	2	3	5	8	11	18	27	43	70	110	0.18	0.27	0.43	0.7	1.1	1.8	2.7
18	30	1.5	2.5	4	6	9	13	21	33	52	84	130	0.21	0.33	0.52	0.84	1.3	2.1	3.3
30	50	1.5	2.5	4	7	11	16	25	39	62	100	160	0.25	0.39	0.62	1	1.6	2.5	3.9
50	80	2	3	5	8	13	19	30	46	74	120	190	0.3	0.46	0.74	1.2	1.9	3	4.6
80	120	2.5	4	6	10	15	22	35	54	87	140	220	0.35	0.54	0.87	1.4	2.2	3.5	5.4
120	180	3.5	5	8	12	18	25	40	63	100	160	250	0.4	0.63	1	1.6	2.5	4	6.3
180	250	4.5	7	10	14	20	29	46	72	115	185	290	0.46	0.72	1.15	1.85	2.9	4.6	7.2
250	315	6	8	12	16	23	32	52	81	130	210	320	0.52	0.81	1.3	2.1	3.2	5.2	8.1
315	400	7	9	13	18	25	36	57	89	140	230	360	0.57	0.89	1.4	2.3	3.6	5.7	8.9
400	500	8	10	15	20	27	40	63	97	155	250	400	0.63	0.97	1.55	2.5	4	6.3	9.7
500	630	9	11	16	22	32	44	70	110	175	280	440	0.7	1.1	1.75	2.8	4.4	7	11
630	800	10	13	18	25	36	50	80	125	200	320	500	0.8	1.25	2	3.2	5	8	12.5
800	1000	11	15	21	28	40	56	90	140	230	360	560	0.9	1.4	2.3	3.6	5.6	9	14
1000	1250	13	18	24	33	47	66	105	165	260	420	660	1.05	1.65	2.6	4.2	6.6	10.5	16.5
1250	1600	15	21	29	39	55	78	125	195	310	500	780	1.25	1.95	3.1	5	7.8	12.5	19.5
1600	2000	18	25	35	46	65	92	150	230	370	600	920	1.5	2.3	3.7	6	9.2	15	23
2000	2500	22	30	41	55	78	110	175	280	440	700	1100	1.75	2.8	4.4	7	11	17.5	28
2500	3150	26	36	50	68	96	135	210	330	540	860	1350	2.1	3.3	5.4	8.6	13.5	21	33

注： 1. 基本尺寸大于 500 mm 的 IT1 至 IT5 的标准公差数值为试行的。

2. 基本尺寸小于或等于 1 mm 时，无 IT14 至 IT18。

附表 18 轴的基本偏差数值(摘自 GB/T 1800.3—1998)

mm

基本尺寸 \ 基本偏差	上偏差(es)														
	a*	b*	c	cd	d	e	ef	f	fg	g	h	js**	j		
	所有等级												5,6	7	8
≤3	−270	−140	−60	−34	−20	−14	−10	−6	−4	−2	0		−2	−4	−6
>3～6	−270	−140	−70	−46	−30	−20	−14	−10	−6	−4	0		−2	−4	
>6～10	−280	−150	−80	−56	−40	−25	−18	−13	−8	−5	0		−2	−5	
>10～14	−290	−150	−95		−50	−32		−16		−16	0		−3	−6	
>14～18															
>18～24	−300	−160	−110		−65	−40		−20		−7	0		−4	−8	
>24～30															
>30～40	−310	−170	−120		−80	−50		−25		−9	0		−5	−10	
>40～50	−320	−180	−130												
>50～65	−340	−190	−140		−100	−60		−30		−10	0		−7	−12	
>65～80	−360	−200	−150												
>80～100	−380	−220	−170		−120	−72		−36		−12	0	偏差 = ±IT/2	−9	−15	
>100～120	−410	−240	−180												
>120～140	−460	−260	−200		−145	−85		−43		−14	0		−11	−8	
>140～160	−520	−280	−210												
>160～180	−530	−310	−230												
>180～200	−66	−340	−240		−170	−100		−50		−15	0		−13	−21	
>200～225	−740	−380	−260												
>225～250	−820	−420	−280												
>250～280	−920	−480	−300		−190	−110		−56		−17	0		−16	−26	
>280～315	−1050	−540	−330												
>315～355	−1200	−600	−360		−210	−125		−62		−18	0		−18	−28	
>355～400	−1350	−680	−400												
>400～450	−1500	−760	−400		−230	−135		−68		−20	0		−20	−32	
>450～500	−1600	−840	−480												

续附表 18

下偏差(ei)															
k		m	n	p	r	s	t	u	v	x	y	z	za	zb	zc
4～7	≤3 >7	所有等级													
0	0	+2	+4	+6	+10	+14		+18		+20		+26	+32	+40	+60
+1	0	+4	+8	+12	+15	+19		+23		+28		+35	+42	+50	+80
+1	0	+6	+10	+15	+19	+23		+28		+34		+42	+52	+67	+97
+1	0	+7	+12	+18	+23	+28		+33		+40		+50	+64	+90	+130
									+39	+45		+60	+77	+108	+150
+2	0	+8	+15	+22	+28	+35		+41	+47	+54	+63	+73	+98	+136	+188
							+41	+48	+55	+64	+75	+88	+118	+160	+218
+2	0	+9	+17	+26	+34	+43	+48	+60	+68	+80	+94	+112	+148	+200	+274
							+54	+70	+81	+97	+114	+136	+180	+242	+325
+2	0	+11	+20	+32	+41	+53	+66	+87	+102	+122	+144	+172	+226	+300	+405
					+43	+59	+75	+102	+120	+146	+174	+210	+274	+360	+480
+3	0	+13	+23	+37	+51	+71	+91	+124	+146	+178	+214	+258	+335	+445	+585
					+54	+79	+104	+144	+172	+210	+254	+310	+400	+525	+690
+3	0	+15	+27	+43	+63	+92	+122	+170	+202	+248	+300	+365	+470	+620	+800
					+65	+100	+134	+190	+228	+280	+340	+415	+535	+700	+900
					+68	+108	+146	+210	+252	+310	+380	+465	+600	+780	+1000
+4	0	+17	+31	+50	+77	+122	+166	+236	+248	+350	+425	+520	+670	+880	+1150
					+80	+130	+180	+258	+310	+385	+470	+575	+740	+960	+1250
					+84	+140	+196	+284	+340	+425	+520	+640	+820	+1050	+1350
+4	0	+20	+34	+56	+94	+158	+218	+315	+385	+475	+580	+710	+920	+1200	+1550
					+98	+170	+240	+350	+425	+525	+650	+790	+1000	+1300	+1700
+4	0	+21	+37	+62	+108	+190	+268	+390	+475	+590	+730	+900	+1150	+1500	+1900
					+114	+208	+294	+435	+530	+660	+820	+1000	+1300	+1650	+2100
+5	0	+23	+40	+68	+126	+232	+330	+490	+595	+740	+920	+1100	+1450	+1850	+2400
					+132	+252	+360	+540	+660	+820	+1000	+1250	+1600	+2100	+2600

注: 1. * 基本尺寸小于或等于 1 时,各级的 a 和 b 均不采用。

2. ** js 的数值,对 IT7 至 IT11,若 IT 的数值(μm)为奇数时,则取 js=±(IT−1)/2。

附表 19 孔的基本偏差数值(摘自 GB/T 1800.3—1998)

mm

基本尺寸(mm) \ 基本偏差 / 公差等级	下偏差 EI												上偏差 ES								
	A*	B*	C	CD	D	E	EF	F	FG	G	H	JS**	J			K		M		N*	
	所有等级												6	7	8	≤8	>8	≤8	>8	≤8	>8
≤3	+270	+140	+60	+34	+20	+14	+10	+6	+4	+2	0	偏差=±IT/2	+2	+4	+6	0	0	−2	−2	−4	−4
>3~6	+270	+140	+70	+46	+30	+20	+14	+10	+6	+4	0		+5	+6	+10	−1+Δ		−4+Δ	−4	−8+Δ	0
>6~10	+280	+150	+80	+56	+40	+25	+18	+13	+8	+5	0		+5	+8	+12	−1+Δ		−6+Δ	−6	−10+Δ	0
>10~14	+290	+150	+95		+50	+32		+16		+6	0		+6	+10	+15	−1+Δ		−7+Δ	−7	−12+Δ	0
>14~18																					
>18~24	+300	+160	+110		+65	+40		+20		+7	0		+8	+12	+20	−2+Δ		−8+Δ	−8	−15+Δ	0
>24~30																					
>30~40	+310	+170	+120		+80	+50		+25		+9	0		+10	+14	+24	−2+Δ		−9+Δ	−9	−17+Δ	0
>40~50	+320	+180	+130																		
>50~65	+340	+190	+140		+100	+60		+30		+10	0		+13	+18	+28	−2+Δ		−11+Δ	−11	−20+Δ	0
>65~80	+360	+200	+150																		
>80~100	+380	+220	+170		+120	+72		+36		+12	0		+16	+22	+34	−3+Δ		−13+Δ	−13	−23+Δ	0
>100~120	+410	+240	+180																		
>120~140	+460	+260	+200		+145	+85		+43		+14	0		+18	+26	+41	−3+Δ		−15+Δ	−15	−27+Δ	0
>140~160	+520	+280	+210																		
>160~180	+580	+310	+230																		
>180~200	+600	+340	+240		+170	+100		+50		+15	0		+22	+30	+47	−4+Δ		−17+Δ	−17	−31+Δ	0
>200~225	+740	+380	+260																		
>225~250	+820	+420	+280																		
>250~280	+920	+480	+300		+190	+110		+56		+17	0		+25	+36	+55	−4+Δ		−20+Δ	−20	−34+Δ	−
>280~135	+1050	+540	+330																		
>315~355	+1200	+600	+360		+210	+125		+62		+18	0		+29	+39	+60	−4+Δ		−21+Δ	−21	−37+Δ	0
>355~400	+1350	+680	+400																		

注:1. * 基本尺寸小于 1 mm 时,各级的 A 和 B 及大于 8 级的 N 均不采用。

2. * * JS 的数值,对 IT7 至 IT11,若 IT 的数值(μm)为奇数,则 JS=±(IT−1)/2。

续表

基本偏差 / 公差等级 / 基本尺寸(mm)	P~ZC	P	R	S	T	U	V	X	Y	Z	ZA	ZB	ZC	Δ					
	上偏差 ES																		
	≤7	>7												3	4	5	6	7	8
≤3		−6	−10	−14		−18		−20		−26	−32	−40	−60	0					
>3~6		−12	−15	−19		−23		−28		−35	−42	−50	−80	1	1.5	1	3	4	6
>6~10		−15	−19	−23		−28		−34		−42	−52	−67	−97	1	1.5	2	3	6	7
>10~14		−8	−23	−28		−33		−40		−50	−64	−90	−130	1	2	3	3	7	9
>14~18							−39	−45		−60	−77	−108	−150						
>18~24		−22	−28	−35		−41	−47	−54	−63	−73	−98	−136	−188	1.5	2	3	4	8	12
>24~30					−41	−48	−55	−64	−75	−88	−118	−160	−218						
>30~40		−26	−34	−43	−48	−60	−68	−80	−94	−112	−148	−200	−274	1.5	3	4	5	9	14
>40~50					−54	−70	−81	−97	−114	−136	−180	−242	−325						
>50~65	在>7级的相应数值上增加一个Δ值	−32	−41	−53	−66	−87	−102	−122	−144	−172	−226	−300	−405	2	3	5	6	11	16
>65~80			−43	−59	−75	−102	−120	−146	−174	−210	−274	−360	−480						
>80~100		−37	−51	−71	−91	−124	−146	−178	−214	−258	−335	−445	−585	2	4	5	7	13	19
>100~120			−54	−79	−104	−144	−172	−210	−254	−310	−400	−525	−690						
>120~140		−43	−63	−92	−122	−170	−202	−248	−300	−365	−470	−620	−800	3	4	6	7	15	23
>140~160			−65	−100	−134	−190	−228	−280	−340	−415	−535	−700	−900						
>160~180			−68	−108	−146	−210	−252	−310	−380	−465	−600	−780	−1000						
>180~200		−50	−77	−122	−166	−236	−284	−350	−425	−520	−670	−880	−1150	3	4	6	9	17	26
>200~225			−80	−130	−180	−258	−310	−385	−470	−575	−740	−960	−1250						
>225~250			−84	−140	−196	−284	−340	−425	−520	−640	−820	−1050	−1350						
>250~280		−56	−94	−158	−218	−315	−385	−475	−580	−710	−920	−1200	−1550	4	4	7	9	20	29
>280~135			−98	−170	−240	−350	−425	−525	−650	−790	−1000	−1300	−1700						
>315~355		−62	−108	−190	−268	−390	−470	−590	−730	−900	−1150	−1500	−1900	4	5	7	11	21	32
>355~400			−114	−208	−294	−435	−530	−660	−820	−1000	−1300	−1650	−2100						